全国优秀教材一等奖
“十三五”国家重点出版物出版规划项目
“十二五”普通高等教育本科国家级规划教材
普通高等教育“十一五”国家级规划教材
普通高等教育“十五”国家级规划教材
面向21世纪课程教材

材料分析方法

第4版

主编　周　玉
参编　姜传海　魏大庆　徐　超
　　　饶建存　崔喜平
主审　刘文西　孟庆昌

机 械 工 业 出 版 社

本书主要包括材料X射线衍射分析和材料电子显微分析两大部分内容。书中介绍了用X射线衍射和电子显微技术分析材料微观组织结构的原理、设备及试验方法。其内容包括：X射线物理学基础、X射线的衍射基础、多晶物相分析、应力测量与分析、多晶体织构测量、三维X射线显微镜、电子光学及电子显微学基础、透射电子显微镜的结构与工作原理、电子衍射和衍衬成像分析、高分辨透射电子显微术、分析透射电子显微术、扫描电子显微镜和电子探针、电子背散射衍射分析技术和其他显微分析方法以及实验指导。书中的实例分析着重引入了材料微观组织结构分析方面的新成果。

本书可以作为材料科学与工程学科的本科生和研究生教材或教学参考书，也可供材料成型及控制工程等其他专业师生和从事材料研究及分析检测方面工作的技术人员学习参考。

图书在版编目（CIP）数据

材料分析方法/周玉主编. —4版. —北京：机械工业出版社，2020.7（2024.7重印）

普通高等教育“十一五”国家级规划教材　普通高等教育“十五”国家级规划教材　面向21世纪课程教材　“十三五”国家重点出版物出版规划项目　“十二五”普通高等教育本科国家级规划教材

ISBN 978-7-111-65350-9

Ⅰ.①材…　Ⅱ.①周…　Ⅲ.①工程材料-分析方法-高等学校-教材　Ⅳ.①TB3

中国版本图书馆CIP数据核字（2020）第061765号

机械工业出版社（北京市百万庄大街22号　邮政编码100037）
策划编辑：冯春生　责任编辑：冯春生
责任校对：陈立辉　封面设计：张　静
责任印制：常天培
固安县铭成印刷有限公司印刷
2024年7月第4版第9次印刷
184mm×260mm · 24.5印张 · 3插页 · 619千字
标准书号：ISBN 978-7-111-65350-9
定价：65.00元

前　言

本书第 1 版被列入普通高等教育“十五”国家级规划教材，曾获 2002 年全国普通高等学校优秀教材一等奖；2009 年入选普通高等教育“十一五”国家级规划教材，2010 年出版第 2 版，被评定为“面向 21 世纪课程教材”；2011 年出版第 3 版，2014 年入选“十二五”普通高等教育本科国家级规划教材。本书是在第 3 版的基础上进行修订的，修改了部分内容，并增加了一部分新内容。

本书第 3 版主要包括材料 X 射线衍射分析和材料电子显微分析两大部分内容。本次修订仍然以这两部分内容为主，将“X 射线衍射方向”和“X 射线衍射强度”两章合并为“X 射线的衍射基础”一章；将“多晶体分析方法”和“物相分析及点阵参数精确测定”两章合并为“多晶物相分析”一章；将“电子衍射”和“晶体薄膜衍衬成像分析”两章合并为“电子衍射和衍衬成像分析”一章；将“扫描电子显微镜”和“电子探针显微分析”两章合并为一章，增加了“三维 X 射线显微镜”和“分析透射电子显微术”两章，并对其他章节的部分内容及图片进行了适当的修改和补充。

本书从内容上力求简明扼要，从分析仪器的结构和工作原理出发，介绍分析方法的原理和适用范围，针对具体分析实例并与实践教学相结合，注重培养学生利用现代分析方法解决实际问题的能力。书中一些实例是编者亲身科研工作的成果，部分照片是编者亲自利用电子显微镜拍摄的。“材料分析方法”是材料、冶金学科必修的公共技术基础课之一，也是机械学科中材料成型及控制工程专业的技术基础课之一，还可作为物理、化学、生物、生命科学、精密加工与特种加工及新兴交叉学科的纳米技术等学科专业选修课之一。因此，本书在诸多学科专业有着广泛的使用。

科学技术的飞速发展对材料的分析手段不断提出新的要求，新的分析方法随之不断涌现。由于目前我国高校教学参考书的种类与发达国家相比尚不够多，因此本书在第 3 版的基础上增加了一些新内容后，其总学时数多于本课程的学时数，并附有实验指导，以供学生自学参考和不同学校或学科专业选择。

本次修订，第一、二章由哈尔滨工业大学崔喜平编写，第三、四、五章及实验一、实验二和实验三由上海交通大学姜传海编写，第六、十一章由哈尔滨工业大学徐超编写，第七、八、九、十二（第一节，第三至七节）、十四（第一至六节）章及附录由哈尔滨工业大学周玉编写，第十章由哈尔滨工业大学饶建存编写，第十二（第二节）、十三、十四（第七至十二节）章及实验四至九由哈尔滨工程大学魏大庆编写。全书由周玉统稿并担任主编，由天津大学刘文西教授、哈尔滨工业大学孟庆昌教授担任主审。

由于编者水平有限，加之时间仓促，书中若有不当之处，敬请读者批评指正。

编　者

目　录

绪　论

本课程是一门试验方法课，主要介绍采用X射线衍射和电子显微镜来分析材料的微观组织结构与显微成分的方法。

一、材料的组织结构与性能

1. 组织结构与性能的关系

结构决定性能是自然界永恒的规律。材料的性能（包括力学性能与物理性能）是由其内部的微观组织结构所决定的。不同种类材料固然具有不同的性能，即使是同一种材料经不同工艺处理后得到不同的组织结构时，也具有不同的性能（例如：同一种钢淬火后得到的马氏体硬，而退火后得到的珠光体软）。有机化合物中同分异构体的性能也各不相同。

2. 微观组织结构控制

在认识了材料的组织结构与性能之间的关系及显微组织结构形成的条件与过程机理的基础上，可以通过一定的方法控制其显微组织形成条件，使其形成预期的组织结构，从而具有所希望的性能。例如：在加工齿轮时，预先将钢材进行退火处理，使其硬度降低，以满足容易车、铣等加工工艺性能要求；加工好后再进行渗碳淬火处理，使其强度、硬度提高，以满足耐磨损等使用性能要求。

二、显微组织结构的内容

材料的显微组织结构所涉及的内容大致包括：①显微化学成分（不同相的成分，基体与析出相的成分，偏析等）；②晶体结构与晶体缺陷（面心立方、体心立方、位错、层错等）；③晶粒大小与形态（等轴晶、柱状晶、枝晶等）；④相的成分、结构、形态、含量及分布（球、片、棒、沿晶界聚集或均匀分布等）；⑤界面（表面、相界与晶界）；⑥位向关系（惯习面、孪生面、新相与母相）；⑦夹杂物；⑧内应力（喷丸表面、焊缝热影响区等）。

三、传统的显微组织结构与成分分析测试方法

1. 光学显微镜

光学显微镜是最常用的也是最简单的观察材料显微组织的工具。它能直观地反映材料样品的微观组织形态（如晶粒大小，珠光体还是马氏体，焊接热影响区的组织形态，铸造组织的晶粒形态等）。但由于其分辨率低（约200nm）和放大倍率低（约1000倍），因此只能观察到100nm尺寸级别的组织结构，而对于更小的组织形态与单元（如位错、原子排列等）则无能为力。同时，由于光学显微镜只能观察表面形态而不能观察材料内部的组织结构，更不能对所观察的显微组织进行同位微区成分分析，而目前材料研究中的微观组织结构分析已深入到原子的尺度，因此光学显微镜已远远满足不了当前材料研究的需要。

2. 化学分析

采用化学分析方法测定钢的成分只能给出一块试样的平均成分（所含每种元素的平均含量），并可以达到很高的精度，但不能给出所含元素的分布情况（如偏析，同一元素在不同相中的含量不同等）。光谱分析给出的结果也是样品的平均成分。而实际上元素在钢中的分布不是绝对均匀的，即在微观上是不均匀的。恰恰是这种微区成分的不均匀性造成了微观

组织结构的不均匀性，以致带来微观区域性能的不均匀性，这种不均匀性对材料的宏观性能有重要的影响。例如在淬火钢中，未溶碳化物附近的高碳区形成硬脆的片状马氏体，而含碳量较低的区域则形成强而韧的板条马氏体。片状马氏体在承载时往往易形成脆性裂纹源，并逐渐扩展而造成断裂。

四、X射线衍射与电子显微镜

1. X射线衍射（X-Ray Diffraction，XRD）

XRD是利用X射线在晶体中的衍射现象来分析材料的晶体结构、晶格参数、晶体缺陷（位错等）、不同结构相的含量及内应力的方法。这种方法是建立在一定晶体结构模型基础上的间接分析方法，即根据与晶体样品产生衍射后的X射线信号的特征去分析计算出样品的晶体结构与晶格参数，并可以达到很高的精度。然而由于它不像显微镜那样可以直观可见地观察，因此也无法把形貌观察与晶体结构分析微观同位地结合起来。由于X射线聚焦的困难，所能分析样品的最小区域（光斑）在毫米数量级，因此对微米及纳米级的微观区域进行单独选择性分析也是无能为力的。

2. 电子显微镜（Electron Microscope，EM）

EM是用高能电子束作光源，用磁场作透镜制造的具有高分辨率和高放大倍数的电子光学显微镜。

1）透射电子显微镜（Transmission Electron Microscope，TEM）。TEM是采用透过薄膜样品的电子束成像来显示样品内部组织形态与结构的。因此它可以在观察样品微观组织形态的同时，对所观察的区域进行晶体结构鉴定（同位分析）。其分辨率可达10^{-1}nm，放大倍数可达10^6倍。

2）扫描电子显微镜（Scanning Electron Mircoscope，SEM）。SEM是利用电子束在样品表面扫描激发出来代表样品表面特征的信号成像的。它最常用来观察样品表面形貌（断口等）。其分辨率可达1nm，放大倍数可达2×10^5倍。SEM还可以观察样品表面的成分分布情况。

3）电子探针显微分析（Eletron Probe Micro-Analysis，EPMA）。EPMA是利用聚焦得很细的电子束打在样品的微观区域，激发出样品该区域的特征X射线，分析其X射线的波长和强度来确定样品微观区域的化学成分。将扫描电镜与电子探针结合来，则可以在观察微观形貌的同时对该微观区域进行化学成分同位分析。

五、本课程内容及要求

1. 内容

本课程主要讲授X射线衍射分析的基本原理、试验方法及应用，透射电子显微镜、扫描电子显微镜、电子探针显微分析的基本原理与方法及应用。

2. 要求

掌握基本原理，了解常用的试验方法，在实际工作中能正确地选用本课程中介绍的试验方法，并能与专门从事X射线衍射与电子显微分析工作的人员共同制订试验方案与分析试验结果。

第一篇

材料X射线衍射分析

1

第一章　X射线物理学基础
第二章　X射线的衍射基础
第三章　多晶物相分析
第四章　应力测量与分析
第五章　多晶体织构测量
第六章　三维X射线显微镜

第一章　X射线物理学基础

1895年11月8日，德国物理学家威廉·康拉德·伦琴（Wilhelm Conrad Röntgen）在研究阴极射线时偶然发现了一种肉眼不可见的新型射线，它可以使照相底片感光并具有很强的穿透力，当时对于这种射线的本质和属性知之甚少，故称之为X射线，又称伦琴射线。X射线的发现是19世纪末20世纪初物理学的三大发现（X射线——1895年、放射线——1896年、电子——1897年）之一，这一发现标志着现代物理学的产生。而今，X射线的特性、它与物质相互作用的本质等基础理论已被认知，其在科学研究、医疗与工程技术上获得了广泛应用，相关的设备和技术方法也在快速发展中。

第一节　X射线的基本性质

一、X射线的本质

X射线是一种波长极短的电磁波，这是1912年由德国物理学家劳厄（M. von Laue）设计的著名X射线晶体（天然光栅）衍射实验所证明的，同时验证了晶体材料内部原子周期性排列的特征。在电磁波谱上，X射线处于紫外线与γ射线之间，如图1-1所示。X射线的波长范围为0.001~10nm（$1nm=10^{-9}m$），比可见光的波长更短，它的光子能量比可见光的光子能量大几万至几十万倍。其中波长在0.001~0.1nm之间的X射线能量较高，称为硬X射线，而波长在0.1~10nm之间的则称为软X射线。通常在医疗诊断上应用的X射线波长为0.008~0.031nm，而用于晶体衍射分析的X射线波长为0.05~0.25nm。

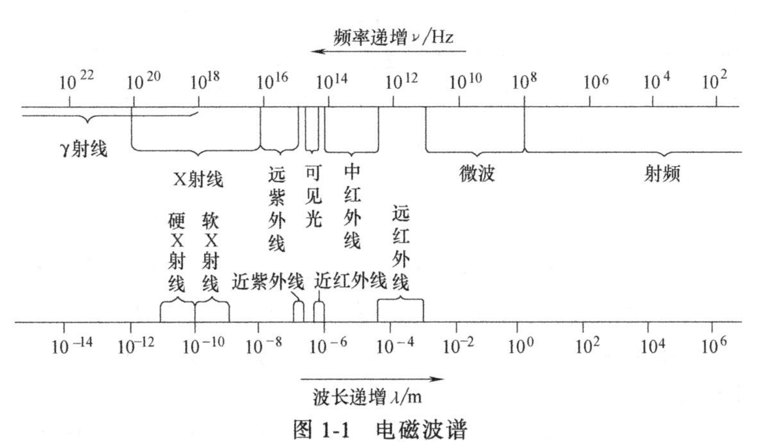

图1-1　电磁波谱

本质为电磁波的X射线，具有电磁波的共性——波粒二象性，即波动性和粒子性。X射线的波动性主要表现在以一定频率和波长在空间传播，实际是一种横波，在真空中的传播速度与光速相同，且与可见光一样，X射线具有衍射、偏振、反射、折射等现象。X射线的磁场分量在与物质的相互作用中效应很弱，因此只考虑它的电场分量A。一束沿y轴方向传播的波长为λ的X射线波的方程为

$$A = A_0\cos 2\pi\left(\frac{y}{\lambda} - \nu t\right) \tag{1-1}$$

式中，A_0 为电场强度振幅；ν 为频率（c/λ，c 为光速）；t 为时间。

若以 ϕ 表示其相位，即 $\phi = 2\pi\frac{y}{\lambda}$，令 $\omega = 2\pi\nu$，则式(1-1)可写成

$$A = A_0\cos(\phi - \omega t) \tag{1-1a}$$

其指数式

$$A = A_0 e^{i(\phi - \omega t)} \tag{1-1b}$$

当 $t=0$ 时，$A = A_0 e^{i\phi}$，$e^{i\phi}$ 称为相位因子。

由于X射线的波长很短，它的粒子性往往表现突出，故X射线也可视为一束具有一定能量的光量子流。每个光量子的能量 E 和动量 P 分别为

$$E = h\nu = \frac{hc}{\lambda} \tag{1-2}$$

$$P = \frac{h}{\lambda} = \frac{h\nu}{c} \tag{1-3}$$

式中，h 为普朗克常量，$h = 6.626\times10^{-34}$ J · s。

二、X射线的基本特性

X射线具有独特的物理、化学和生物特性。

1. 物理特性

X射线是不可见的，在均匀、各向同性的介质中呈直线传播，且X射线不带电，经过电场、磁场不发生偏转。此外，X射线还具有穿透作用、荧光作用、电离效应、热效应等物理特性。

（1）穿透作用　X射线的波长短、能量大，照射在物质上时仅一部分被物质所吸收，大部分经由原子间隙而透过，表现出很强的穿透能力。X射线的穿透力与X射线的光子能量有关：X射线的波长越短，光子的能量越大，穿透力越强。X射线的穿透力也与物质的密度有关：物质密度越小，穿透力越强，且X射线对不同物质的穿透力不同，利用差别吸收这种性质可以把密度不同的物质区分开来。因此，穿透作用主要用于透射、摄影、CT医疗检查和工业探伤等。

（2）荧光作用　X射线波长很短且不可见，但它可使物质（如磷、铂氰化钡、硫化锌镉、钨酸钙等）产生荧光（可见光或紫外线），荧光的强弱与X射线的照射量成正比。这种作用是X射线应用于透视的基础，利用这种荧光作用可制成透射荧光屏，用于透视时观察X射线通过人体组织的影像；也可制成增感屏，用于摄影时增强胶片的感光量。此外，还可用于制作闪烁计数器等。

（3）电离效应　物质受X射线照射时，可使核外电子脱离原子轨道产生电离。利用电离电荷的多少可测定X射线的照射量。根据这个原理可以制成X射线测量仪器。在电离作用下，气体能够导电，某些物质可以发生化学反应，在有机体内可以诱发各种生物效应。

（4）热效应　物质所吸收的X射线大部分能被转变成热能，使物体温度升高。

（5）干涉、衍射、反射、折射作用　这些作用主要应用于X射线显微镜、波长测定和物质结构分析。

2. 化学特性

X射线的化学特性包括感光作用和着色作用。感光作用主要用于X射线摄影和工业无损检测。着色作用主要是脱水作用，即使结晶体脱水改变颜色。

3. 生物特性

X射线对生物组织、细胞具有损伤的作用。当X射线照射到生物机体时，可使生物细胞受到抑制、破坏甚至坏死，致使机体发生不同程度的生理、病理和生化等方面的改变。但只要科学精确地控制X射线的剂量与照射区域，X射线可以用于医学放射治疗，其原理是利用X射线照射肌体组织内非正常细胞，如癌细胞等，使其体液发生电离，从而杀死或抑制其繁殖生长，达到治疗的目的。

第二节　X射线的产生及X射线谱

通常实验室获得的X射线是由X射线管产生的。X射线管是阳极靶材A（一般为铜、铬、钴等金属）和阴极C（一般为钨灯丝）密封在一个高真空的玻璃或陶瓷外壳内，在阴极和阳极间加以直流高压 U（数千伏至数十千伏），当阴极通电加热到白炽状态时（约2000℃）会释放出大量热电子 e，这些热电子将在高压电场作用下从阴极飞向阳极，与阳极靶材碰撞的瞬间产生X射线。轰击到靶面上的热电子束总能量只有极少一部分（<1%）转化为X射线，而绝大部分转换为热能。产生X射线的基本电子线路如图1-2所示。

高速电子与阳极靶面相互撞击产生的X射线包含两种类型的波谱：连续X射线谱（轫致辐射）和特征X射线谱（或标识X射线谱）。

一、连续X射线谱

高速电子与物质（靶材）原子核相互作用时，入射电子会损失能量并改变方向，损失的能量以X射线光子的形式释放出来，所得到的X射线强度与波长的关系如图1-3所示，其特点是X射线波长从最小值 λ_{SWL} 向长波方向伸展，强度在 λ_m 处有一最大值。这种强度随波长连续变化的谱线称为连续X射线谱，又称“白色”X射线。通常在X射线管两极间加以高压 U，并维持一定的管电流 i，就会获得连续X射线谱。此时X射线的最小波长 λ_{SWL} 称为该管电压下的短波限。

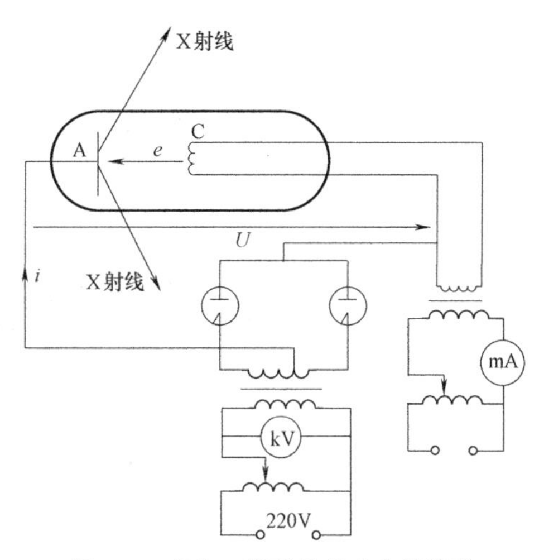

图1-2　产生X射线的基本电子线路

用量子力学的观点可以揭示连续谱的形成以及其何以存在短波限 λ_{SWL}。在管电压 U 的作用下，电子到达阳极靶时的动能为 eU，若一个电子在与阳极靶碰撞时，把全部能量给予一个光子，这就是一个光量子所可能获得的最大能量，即 $h\nu_{max}=eU$，此光量子的波长即为短波限 λ_{SWL}，即

$$\nu_{max}=\frac{eU}{h}=\frac{c}{\lambda_{SWL}} \tag{1-4}$$

所以

$$\lambda_{SWL}=\frac{hc}{eU}=\frac{6.626\times10^{-34}\text{J}\cdot\text{s}\times2.998\times10^{8}\text{m}\cdot\text{s}^{-1}}{1.602\times10^{-19}\text{C}\cdot U}=\frac{12.4\times10^{-7}\text{m}}{U}=\frac{1240\text{nm}}{U} \tag{1-5}$$

其中，U 的单位为 V，e 的单位为 C。

然而绝大多数到达阳极靶面的电子经过多次碰撞消耗其能量，每次碰撞产生一个光量子，故多次碰撞会产生能量各不相同的光量子流，其能量均小于短波限，即产生了波长大于 λ_{SWL} 的不同波长的辐射。这些不同波长的辐射构成了连续谱。

一般，连续谱受管电压 U、管电流 i 和阳极靶材的原子序数 Z 的影响，其相互关系的实验规律如下：

1）当提高管电压 U 时（i、Z 不变），各波长 X 射线的强度都提高，短波限 λ_{SWL} 和强度最大值对应的 λ_m 减小，如图 1-3a 所示。

2）当保持管电压 U 一定，提高管电流 i，各波长 X 射线的强度均提高，但 λ_{SWL} 和 λ_m 不变，如图 1-3b 所示。

3）在相同的管电压 U 和管电流 i 下，阳极靶材的原子序数 Z 越高，连续谱的强度越大，但 λ_{SWL} 和 λ_m 相同，如图 1-3c 所示。

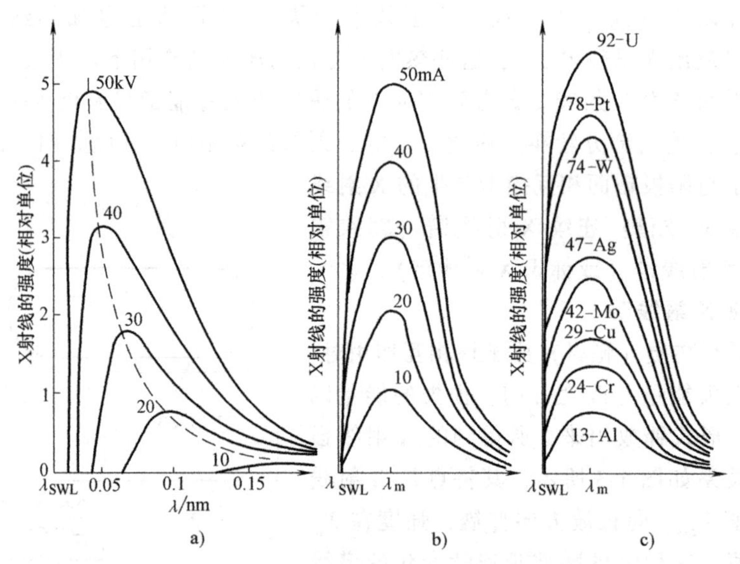

图 1-3 管电压、管电流和阳极靶的原子序数对连续谱的影响

a）管电压的影响 b）管电流的影响 c）阳极靶原子序数的影响

连续谱的总强度取决于上述 U、i、Z 三个因素，即

$$I_{连}=\int_{\lambda_{SWL}}^{\infty} I(\lambda)\,\text{d}\lambda = K_1 iZU^2 \tag{1-6}$$

式中，K_1 为常数。

当 X 射线管仅产生连续谱时，其效率 η 为

$$\eta=\frac{I_{连}}{iU}=K_1ZU \tag{1-7}$$

可见管电压越高，阳极靶材的原子序数越大，X 射线管的效率越高。但由于常数 K_1 的数值很小［$(1.1\sim1.4)\times10^{-9}\text{V}^{-1}$］，故即使采用钨阳极（$Z=74$），管电压为 100kV 时，其效

率仍很低，$\eta \approx 1\%$。碰撞阳极靶的电子束的大部分能量都耗费在使阳极靶发热上，所以阳极靶多用高熔点金属制造，如 W、Ag、Mo、Cu、Ni、Co、Fe、Cr 等，且 X 射线管在工作时要一直通水冷却靶材。连续 X 射线谱通常用于医学检查和工业无损检测。

二、特征 X 射线谱

当加于 X 射线管两极间的电压增高到与阳极靶材相应的某一特定值 U_K 时，在连续谱的某些特定的波长位置上，会出现一系列强度很高、波长范围很窄的线状光谱，称为特征 X 射线谱（图 1-4）。特征 X 射线谱的波长不受管电压、管电流的影响，只取决于阳极靶材元素的原子序数，可作为阳极靶材的标志或特征，又称标识谱。特征谱是英国物理学家布拉格（W. H. Bragg）于 1913 年发现的，随后英国物理学家莫塞莱（H. G. J. Moseley）对其进行了系统研究，于 1914 年发现了特征 X 射线谱的波长 λ 与阳极靶的原子序数 Z 之间的关系——莫塞莱定律，即

$$\sqrt{\frac{1}{\lambda}} = K_2(Z - \sigma) \tag{1-8}$$

式中，K_2 和 σ 都是常数。

由莫塞莱定律可知：阳极靶材的原子序数 Z 越大，相对应于同一系的特征谱波长 λ 越短。

按照经典的原子模型，原子内的电子分布在一系列量子化的壳层上。在稳定状态下，每个壳层有一定数量的电子，它们具有一定的能量，最内层（K 层）的能量最低，然后按 L、M、N…的顺序递增。令自由电子的能量为零，则各层上电子能量的表达式为

$$E_n = -\frac{2\pi^2 me^4}{h^2 n^2}(Z - \sigma)^2 \tag{1-9}$$

式中，E_n 为主量子数为 n 的壳层上电子的能量；n 为主量子数；m 为电子质量；其他符号同前。

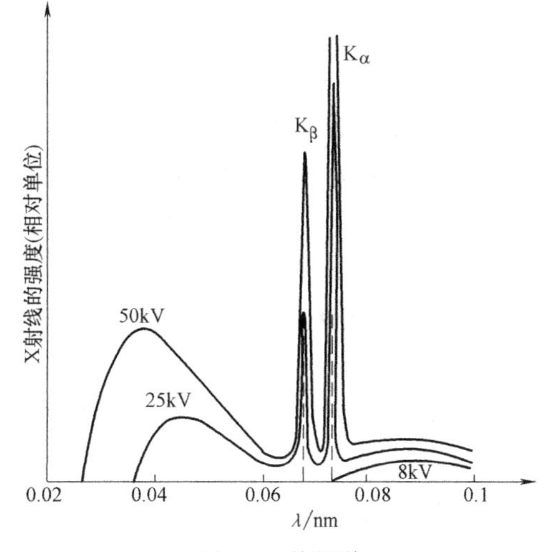

图 1-4　特征谱

当飞向阳极靶的电子具有足够的能量将靶物质的内层电子击出成为自由电子（二次电子），这时原子就处于能级较高的激发态。若 K 层电子被击出，称为 K 激发态，L 层电子被击出，称为 L 激发态，依次类推。原子的激发态是不稳定状态，寿命不超过 10s，这时离原子核更远的轨道上的电子将发生跃迁，来填充内层轨道上的空位，使原子能级降低，而多余的能量便以 X 射线光量子的形式辐射出来，这就是特征 X 射线。若 L 层电子发生跃迁填充 K 层的空穴，则发射 K_α 谱线。由于 L 层内尚有能量差别很小的亚能级，不同亚能级上电子的跃迁所辐射的能量稍有差异而形成波长较短的 $K_{\alpha1}$ 谱线和波长稍长的 $K_{\alpha2}$ 谱线。若 M 层电子向 K 层空位补充，则发射辐射波长更短的 K_β 谱线。此外，原子处于 K 激发态时，当不同外层的电子（L、M、N 层）向 K 层跃迁时释放的能量各不相同，产生的一系列辐射统称为 K 系辐射。同样，L 层电子被击出后，原子处于 L 激发态，所产生的一系列辐射则统称为 L 系辐射，依次类推。由此可知：特征 X 射线的波长只与原子处于不同能级时发生电子跃迁的能级差有关，而原子的能级是由原子结构决定的，因此，特征 X 射线能够反映出原子的

结构特点。特征谱的发射过程示意如图1-5所示。所辐射的特征谱的计算公式为

$$h\nu = w_{n2} - w_{n1} = (-E_{n2}) - (-E_{n1}) \tag{1-10}$$

式中，w_{n2}、w_{n1} 分别为电子跃迁前后原子激发态的能量。

将式(1-9)代入式(1-10)得

$$h\nu = \frac{2\pi^2 me^4}{h^2}(Z-\sigma)^2\left(\frac{1}{n_2^2}-\frac{1}{n_1^2}\right) \tag{1-11}$$

若 $n_2=1$（即K层），$n_1=2$（即L层），发射的 K_α 谱波长 λ_{K_α} 为

$$\sqrt{\frac{1}{\lambda_{K_\alpha}}} = K_2(Z-\sigma) \tag{1-12}$$

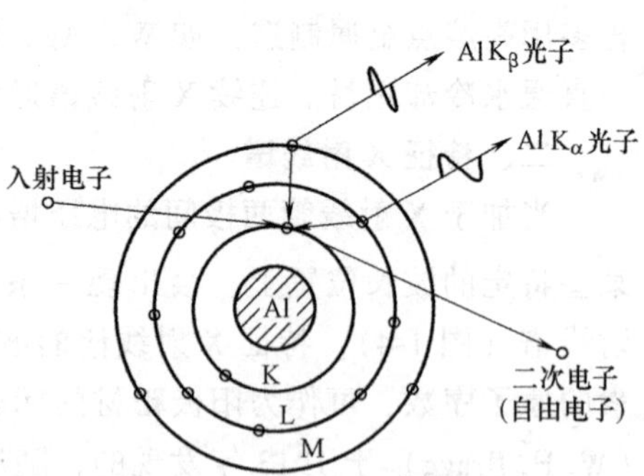

图1-5 特征谱的发射过程示意图

式中 $$K_2 = \sqrt{\frac{me^4}{8\varepsilon_0^2 h^3 c}\left(\frac{1}{n_2^2}-\frac{1}{n_1^2}\right)} = \sqrt{R\left(\frac{1}{n_2^2}-\frac{1}{n_1^2}\right)}$$

R 为里德伯常数，在国际单位制中，$R=\frac{me^4}{8\varepsilon_0^2h^3c}=1.0974\times10^7\text{m}^{-1}$。

根据莫塞莱定律可知：$h\nu_{K_\alpha}<h\nu_{K_\beta}$，即 $\lambda_{K_\alpha}>\lambda_{K_\beta}$，但由于在K激发态下，L层电子向K层跃迁的概率远大于向M层跃迁的概率，所以 K_α 谱线的强度约为 K_β 的5倍。由L层内不同亚能级电子向K层跃迁所发射的 $K_{\alpha1}$ 谱线和 $K_{\alpha2}$ 谱线的关系是：$\lambda_{K_{\alpha1}}<\lambda_{K_{\alpha2}}$，$I_{K_{\alpha1}}\approx 2I_{K_{\alpha2}}$（$I$ 表示辐射强度）。各元素的特征谱波长和K系谱线的特征波长见附录N。

特征谱的强度随管电压(U)和管电流(i)的提高而增大，其关系的实验公式为

$$I_{特} = K_3 i(U-U_n)^m \tag{1-13}$$

式中，K_3 为常数；U_n 为特征谱的激发电压，对K系而言，$U_n=U_K$；m 为常数（K系 $m=1.5$，L系 $m=2$）。

在多晶材料的衍射分析中总是希望应用以特征X射线谱为主的单色光源，即 $I_{特}/I_{连}$ 越高越好。由式(1-6)和式(1-13)可推得对K系谱线，当 $U/U_K=4$ 时，$I_{特}/I_{连}$ 达到最大值。所以X射线管适宜的工作电压 $U\approx(3\sim5)U_K$。表1-1列出了常用X射线管的适宜工作电压及特征谱波长等数据。

表1-1 几种常用阳极靶材料和特征谱参数

阳极靶元素	原子序数 Z	K系特征谱波长/0.1nm				K吸收限 λ_K/0.1nm	U_K/kV	$U_{适宜}$/kV
		$\lambda_{K_{\alpha1}}$	$\lambda_{K_{\alpha2}}$	λ_{K_α}	λ_{K_β}			
Cr	24	2.28970	2.293606	2.29100	2.08487	2.0702	5.43	20~25
Fe	26	1.936042	1.939980	1.937355	1.75661	1.74346	6.4	25~30
Co	27	1.788965	1.792850	1.790260	1.62079	1.60815	6.93	30
Ni	28	1.657910	1.661747	1.659189	1.500135	1.48807	7.47	30~35
Cu	29	1.540562	1.544390	1.541838	1.392218	1.38059	8.04	35~40
Mo	42	0.70930	0.713590	0.710730	0.632288	0.61978	17.44	50~55

注：$\lambda_{K_\alpha}=\frac{2\lambda_{K_{\alpha1}}+\lambda_{K_{\alpha2}}}{3}$。

第三节 X射线与物质的相互作用

X射线与物质相互作用是一个比较复杂的物理过程。从能量转换的观点宏观地看，一束X射线通过物质时，可分为三部分：一部分被吸收，一部分被散射，一部分透过物质继续沿原入射方向传播即透射。

一、X射线的吸收和透射

一束X射线通过物体时将被散射和吸收，其强度发生衰减，而吸收是造成强度衰减的主要原因。如图1-6所示，强度为 I_0 的入射线照射到厚度为 t 的均匀物质上，实验证明，X射线通过深度为 x 处的 dx 厚度物质其强度的衰减率 $\mathrm{d}I_x/I_x$ 与 d_x 成正比，即

$$\frac{\mathrm{d}I_x}{I_x}=-\mu_l\mathrm{d}x(\text{负号表示 }\mathrm{d}I_x\text{ 与 }\mathrm{d}x\text{ 符号相反}) \tag{1-14}$$

式中，μ_l 为常数，称为线吸收系数。

式(1-14)经积分得（积分限 $0\sim t$）

$$\frac{I}{I_0}=\mathrm{e}^{-\mu_l t} \qquad I=I_0\mathrm{e}^{-\mu_l t} \tag{1-15}$$

式中，$\frac{I}{I_0}(=\mathrm{e}^{-\mu_l t})$ 称为透射系数。

由式(1-15)可知，X射线通过物体后，其强度随透入深度呈指数衰减关系，如图1-7所示。

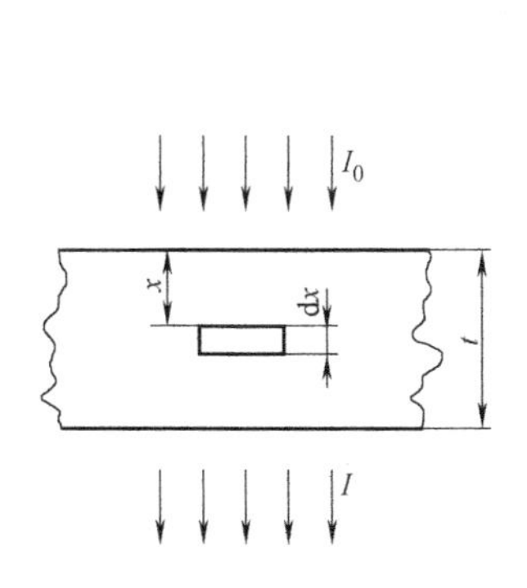

图1-6 X射线通过物质后的衰减

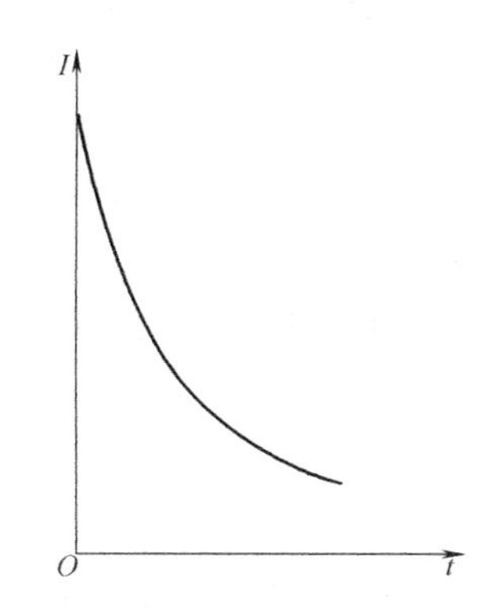

图1-7 X射线强度随透入深度的变化

线吸收系数 μ_l 表明物质对X射线的吸收特性。由式(1-14)可得 $\mu_l=-\frac{\mathrm{d}I_x}{I_x}\frac{1}{\mathrm{d}x}$，即 μ_l 是X射线通过单位厚度（即单位体积）物质的相对衰减量。单位体积内物质量随其密度而异，因而 μ_l 对一确定的物质也不是一个常量。为表达物质本质的吸收特性，提出了质量吸收系数 μ_m，即

$$\mu_m=\mu_l/\rho \tag{1-16}$$

式中，ρ 为吸收体的密度。

将式(1-16)代入式(1-15)得

$$I = I_0 e^{-\mu_m \rho t} = I_0 e^{-\mu_m m} \tag{1-17}$$

式中，m 为单位面积厚度为 t 的体积中的物质的质量($m=\rho t$)。由此可知 μ_m 的物理意义：μ_m 指 X 射线通过单位面积上单位质量物质后强度的相对衰减量，这样就摆脱了密度的影响，成为反映物质本身对 X 射线吸收性质的物理量。若吸收体是多元素的化合物、固溶体或混合物时，其质量吸收系数仅取决于各组元的质量吸收系数 μ_{mi} 及各组元的质量分数 w_i，即

$$\bar{\mu}_m = \sum_{i=1}^{n} \mu_{mi} w_i \tag{1-18}$$

式中，n 为吸收体中的组元数。

质量吸收系数取决于吸收物质的原子序数 Z 和 X 射线的波长 λ，其关系的经验公式为

$$\mu_m \approx K_4 \lambda^3 Z^3 \tag{1-19}$$

式中，K_4 为常数。

式(1-19)表明，物质的原子序数越大，对 X 射线的吸收能力越强；对一定的吸收体，X 射线的波长越短，穿透能力越强，表现为吸收系数的下降。但随着波长的降低，μ_m 并非呈连续的变化，而是在某些波长位置上突然升高，出现了吸收限。每种物质都有它本身确定的一系列吸收限，这种带有特征吸收限的吸收系数曲线称为该物质的吸收谱(图 1-8)，吸收限的存在暴露了吸收的本质。

吸收系数突变的现象可用 X 射线的光电效应来解释。当入射光量子的能量等于或略大于吸收体原子某壳层电子的结合能(即该层电子激发态能量)时，此光量子就很容易被电子吸收，获得能量的电子从内层逸出，成为自由电子，称为光电子，原子则处于相应的激发态，这种原子被入射辐射电离的现象称为光电效应。此效应会消耗大量入射能量，表现为吸收系数突增，对应的入射波长即为吸收限。使 K 层电子变成自由电子需要的能量是 W_K，亦即可引起激发态的入射光量子能量必须达到此值。

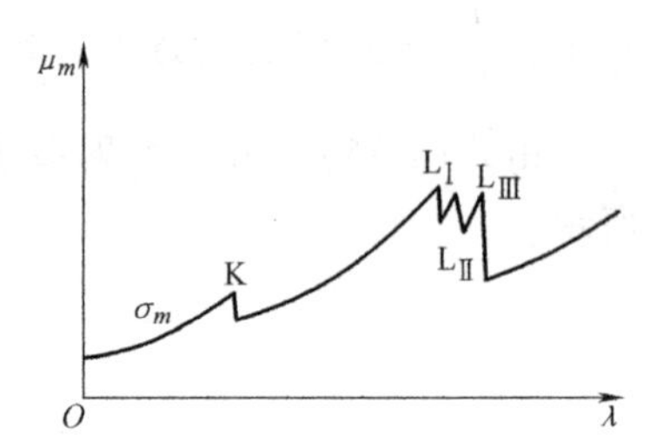

图 1-8　质量吸收系数 μ_m 随入射波长的变化(Z 一定)

$$h\nu_K = W_K = \frac{hc}{\lambda_K} \tag{1-20}$$

式中，ν_K 和 λ_K 分别为 K 吸收限的频率和波长。

L 壳层包括三个能量差很小的亚能级(L_I、L_{II}、L_{III})，它们对应三个 L 吸收限 λ_{L_I}、$\lambda_{L_{II}}$、$\lambda_{L_{III}}$ (图 1-8)。X 射线通过光电效应使被照物质处于激发态，这一激发态与由入射电子所引起的激发态完全相同，也要通过电子跃迁向较低能态转化，同时辐射被照物质的特征 X 射线谱。如前所述：

$$h\nu_{K_\alpha} = W_K - W_L = h\nu_K - h\nu_L \tag{1-21}$$

$$h\nu_{K_\beta} = W_K - W_M = h\nu_K - h\nu_M \tag{1-22}$$

由式(1-20)、式(1-21)和式(1-22)可知，对同一元素：$\lambda_K < \lambda_{K_\beta} < \lambda_{K_\alpha}$。这就是同一元素的 X 射线发射谱与其吸收谱的关系。由入射 X 射线所激发出来的特征 X 射线称为荧光辐射（荧光 X 射线或二次 X 射线）。

由于光电效应而处于激发态的原子还有一种释放能量的方式，即俄歇(Auger)效应。原子中一个K层电子被入射光量子击出后，L层一个电子跃入K层填补空位，此时多余的能量不以辐射X光量子的方式放出，而是被L层中另一个电子获得而跃出吸收体，这样的一个K层空位被两个L层空位代替的过程称为俄歇效应，跃出吸收体的L层电子称为俄歇电子，其能量E_{KLL}与吸收体元素特征密切相关。所以荧光X射线和俄歇电子都是被照物质化学成分的信号。通常，荧光效应用于重元素($Z>20$)的成分分析，俄歇效应用于表层轻元素的分析。

光电效应所造成的入射能量消耗即为真吸收。真吸收中还包括X射线穿过物质时所引起的热效应。

可以利用吸收限两侧吸收系数差异很大的现象制成滤波片，用于吸收不需要的辐射而得到近似单色的光源。如前所述，K系辐射包含K_α和K_β谱线，在多晶衍射分析中，为了使衍射谱线简明，有时希望除去强度较低的K_β谱线以及连续谱。为此，可以选取一种材料制成滤波片放置在光路上，这种材料的K吸收限λ_K处于光源的λ_{K_α}和λ_{K_β}之间，即λ_{K_β}(光源)<λ_K(滤波片)<λ_{K_α}(光源)，因此滤波片对光源的K_β辐射吸收很强烈，而对K_α辐射吸收很少，经过滤波片后发射光谱变化的形态如图1-9所示。通常需调整滤波片的厚度（按吸收公式计算），使滤波后的$I_{K_\beta}/I_{K_\alpha}\approx1/600$（在未滤波时，$I_{K_\beta}/I_{K_\alpha}\approx1/5$）。表1-2为常用X射线管及与其相配用的滤波片各参数。可以看出，滤波片元素的原子序数均比靶元素的原子序数小1~2。

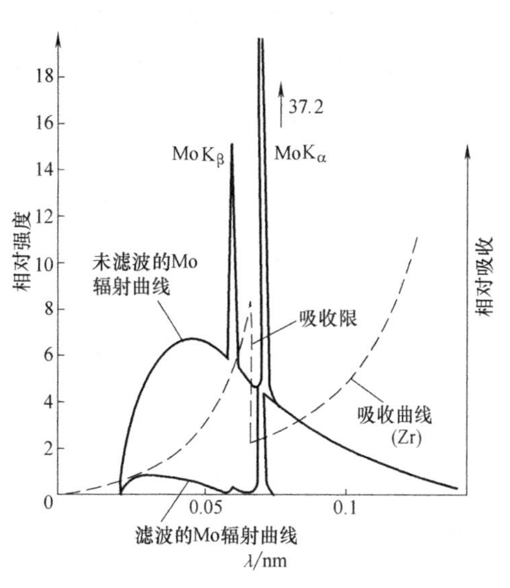

图1-9　滤波片原理示意图

表1-2　常用X射线管及与其相配用的滤波片各参数

阳极靶				滤波片				I/I_0
元素	Z	λ_{K_α}/0.1nm	λ_{K_β}/0.1nm	元素	Z	λ_K/0.1nm	厚度/mm	(K_α)
Cr	24	2.29100	2.08487	V	23	2.2691	0.016	0.5
Fe	26	1.937355	1.75661	Mn	25	1.89643	0.016	0.46
Co	27	1.790260	1.62079	Fe	26	1.74346	0.018	0.44
Ni	28	1.659189	1.500135	Co	27	1.60815	0.018	0.53
Cu	29	1.541838	1.392218	Ni	28	1.48807	0.021	0.40
Mo	42	0.710730	0.632288	Zr	40	0.68883	0.108	0.31

注：滤波后$I_{K_\beta}/I_{K_\alpha}\approx1/600$。

元素的吸收谱还可作为选择X射线管靶材的重要依据。在进行衍射分析时，总希望X射线少被待测试样吸收，获得高的衍射强度和低的背底。这样就应依图1-10所示的方式选用X射线管靶材。图示试样元素的吸收谱，靶的K_α谱(λ_T)应位于试样元素K吸收限的右近邻(稍大于λ_K)或左面远离λ_K(远小于λ_K)的低μ_m处。如Fe靶试样用Fe靶或Co靶，Al

($Z=13$)试样用 Cu 靶或 Mo 靶。

二、X 射线的散射

X 射线在穿过物质后强度衰减，除主要部分是由于真吸收消耗于光电效应和热效应外，还有一部分是偏离了原来的方向，即发生了散射。在散射波中包含与原波长相同的相干散射和与入射线波长不同的不相干散射。

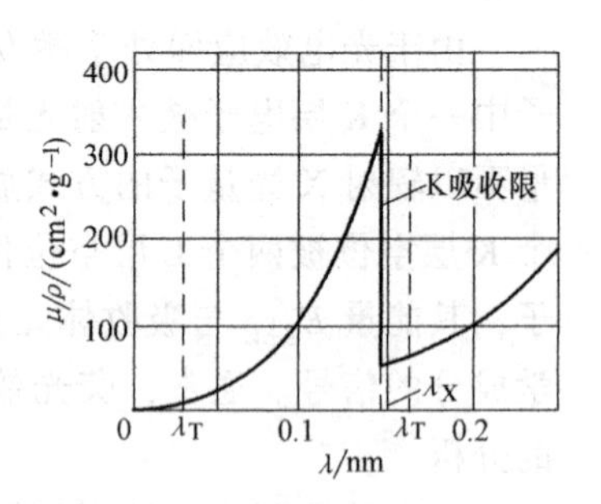

图 1-10　光源的波长(λ_T)与试样吸收谱的关系

1. 相干散射(Coherent Scattering，亦称经典散射)

当入射 X 射线与被照射物质原子内受核束缚较紧的电子相遇，X 射线量子能量不足以使物质的原子电离，但核外电子可在 X 射线交变电场作用下发生受迫振动，这样的电子就成为一个电磁波的发射源，向周围辐射与入射 X 射线波长相同的辐射，因为各电子所散射的射线波长相同，相位滞后恒定，有可能相互干涉，故称相干散射。

汤姆孙(J. J. Thomson)用经典方法研究了相干散射现象，推导出表明相干散射强度的汤姆孙散射公式。

当入射线为偏振时，电子在空间一点 P 的相干散射强度

$$I_e = \frac{I_0}{R^2}\left(\frac{\mu_0}{4\pi}\right)^2\left(\frac{e^2}{m}\right)^2 \sin^2\phi \tag{1-23a}$$

当入射线为非偏振时，在点 P 的相干散射强度

$$I_e = \frac{I_0}{R^2}\left(\frac{\mu_0}{4\pi}\right)^2\left(\frac{e^2}{m}\right)^2 \frac{1+\cos^2 2\theta}{2} \tag{1-23b}$$

式中，I_0 为入射线强度；I_e 为一个电子的相干散射强度；$\mu_0=4\pi\times10^{-7}\mathrm{m\cdot kg\cdot C^{-2}}$；$e$、$m$ 为同前的物理常数；ϕ 为入射线电场振幅 A_0 方向与散射方向 OP 间的夹角；R 为散射电子到空间一点 P 的距离；2θ 为散射方向与入射方向间的夹角，如图 1-11 所示。公式中的 $\left(\frac{\mu_0}{4\pi}\right)\left(\frac{e^2}{m}\right)$ 为常数项，称为电子散射因子 f_e。f_e 是个很小的数($f_e^2=7.94\times10^{-30}\mathrm{m}^2$)，说明一个电子的相干散射强度是很弱的；$\frac{1+\cos^2 2\theta}{2}$称为偏振因数，表明当入射线非偏振时，相干散射线的强度随 2θ 变化，是偏振的。若将汤姆孙公式用于质子或原子核，由于质子的质量是电子的 1840 倍，则散射强度只有电子的 $1/1840^2$，可忽略不计，所以物质对 X 射线的散射可以认为只是电子的散射。相干散射波虽然只占入射能量的极小部分，但相干散射波之间可以产生相互干涉（即相干特性)，因而可获得衍射，故相干散射是 X 射线衍射技术的基础。

晶体结构的特点是原子在空间呈规则的周期性排列，因而把原子看成单个独立的散射源，有利于分析晶体的衍射。原子中的电子在其周围形成电子云，当散射角 $2\theta=0°$时，各电子在这个方向的散射波之间没有光程差，它们的合成振幅 $A_a=ZA_e$；当散射角 $2\theta\neq0°$时，如图 1-12 所示，观察原点 O 和空间一点 G 的电子，它们的相干散射波在 2θ 角方向上的光程差 $\delta=Gn-Om$，设入射和散射方向的单位矢量分别是 $\boldsymbol{k}$ 和 $\boldsymbol{k'}$，位矢 $\overrightarrow{GO}=\boldsymbol{r}$，则其相位差 ϕ 为

$$\phi = \frac{2\pi}{\lambda}(Gn - Om) = \frac{2\pi}{\lambda}\boldsymbol{r}\cdot(\boldsymbol{k'} - \boldsymbol{k}) \tag{1-24a}$$

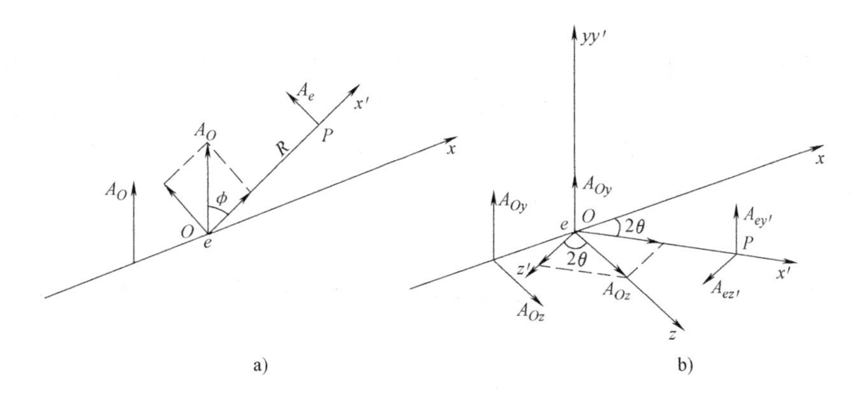

图 1-11　一个电子的相干散射

a) 入射线偏振　b) 入射线非偏振

由图 1-12 可知，$|\boldsymbol{k}'-\boldsymbol{k}|=2\sin\theta$，$\boldsymbol{r}$ 与$(\boldsymbol{k}'-\boldsymbol{k})$夹角为 α，则

$$\phi=\frac{2\pi}{\lambda}r2\sin\theta\cos\alpha=\frac{4\pi\sin\theta}{\lambda}r\cos\alpha$$

令 $K=\dfrac{4\pi\sin\theta}{\lambda}$，则

$$\phi=Kr\cos\alpha \tag{1-24b}$$

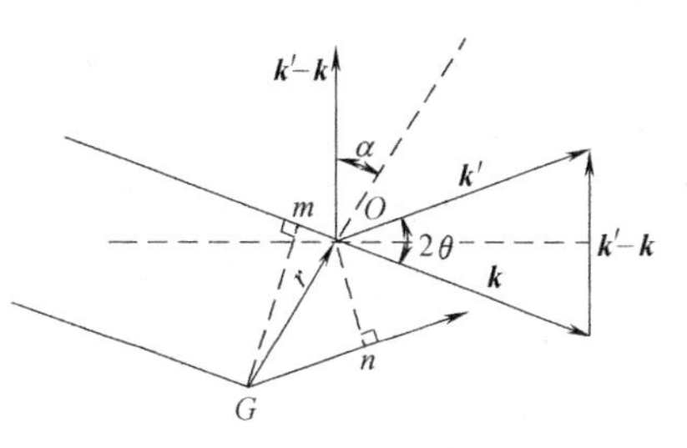

图 1-12　一个原子中二电子的相干散射

设 $\rho(\boldsymbol{r})$是原子中总的电子分布密度，则原子中所有电子在 $\boldsymbol{k}'$方向上散射波的合成振幅 A_a 为

$$A_a=A_e\int_V\rho(\boldsymbol{r})e^{i\phi}dV \tag{1-25}$$

dV 是位矢 $\boldsymbol{r}$ 端点周围的体积元。定义原子散射因子 f 为

$$f=\frac{A_a}{A_e}=\frac{\text{一个原子中所有电子相干散射波的合成振幅}}{\text{一个电子相干散射波的振幅}}$$

则

$$f=\int_V\rho(\boldsymbol{r})e^{i\phi}dV \tag{1-26}$$

若原子中电子云是对原子核呈球形对称分布，$U(\boldsymbol{r})$为其径向分布函数(半径为 r 的球面上的电子数)，$U(\boldsymbol{r})=4\pi r^2\rho(\boldsymbol{r})$，就可推得

$$f=\int_0^\infty U(\boldsymbol{r})\frac{\sin Kr}{Kr}dr \tag{1-27}$$

可见，原子散射因子取决于原子中电子分布密度以及散射波的波长和方向($\sin\theta/\lambda$)。当 $\theta=0°$时，$f=Z$；当 $\theta\neq0°$时，$f<Z$。f 可用量子力学方法计算，也可用实验测定。图 1-13 表示元素 Cs 的原子散射因子随 $\sin\theta/\lambda$ 的变化。由计算所得到的原子散射因子见附录 C。因为散射强度之比是散射振幅的平方比，所以原子的相干散射强度

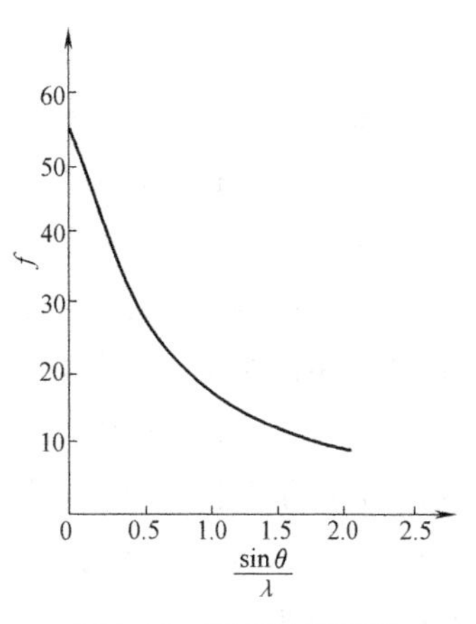

图 1-13　原子散射因子 f 随 $\sin\theta/\lambda$ 的变化

$$I_a = f^2 I_e \tag{1-28}$$

在上述分析中，将电子看成自由电子，忽略了核对电子的束缚和其他电子的排斥作用。由于电子处在物质中，必然受到这些因素的影响，特别是在入射波长 λ 接近被照物质的吸收限 λ_K 时($\lambda/\lambda_K \approx 1$)，此作用尤其显著，原子散射因子较计算值 f_0 相差一修正量，即发生反常散射现象。有效的原子散射因子 $f_{有效}$ 为

$$f_{有效} = f_0 + f' + if'' \tag{1-29}$$

式中，f' 和 f'' 为色散修正项。虚数项 f'' 通常忽略不计。对给定的散射体和波长，f' 与散射角无关。

2. 不相干散射(Incoherent Scattering，亦称量子散射)

美国物理学家康普顿(A. H. Compton)在1923年发现：在偏离原入射束方向上，不仅有与原入射X射线波长相同的相干散射波，还有波长变长、能量降低的不相干散射波。我国物理学家吴有训参加了此现象的研究，并做了大量卓有成效的实验，故此现象称康普顿-吴有训效应，通常称为康普顿散射(Compton Scattering)。他们用X射线光量子与自由电子碰撞的量子理论解释了这一现象。如图1-14所示，能量为 $h\nu$ 的光量子与自由电子或受核束缚较弱的电子(如外层电子)碰撞，将一部分能量给予电子，使其动量提高，成为反冲电子，X射线光量子损失了能量，并改变了运动的方向，能量减少为 $h\nu'$，显然 $\nu' < \nu$，这就是不相干散射。根据能量和动量守恒定律，推得不相干散射的波长变化 $\Delta\lambda$ 为

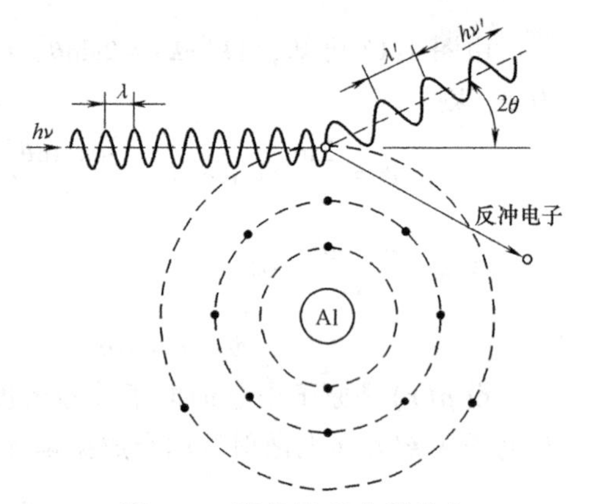

图1-14 康普顿-吴有训效应

$$\Delta\lambda = \lambda' - \lambda = 0.00243(1-\cos 2\theta) = 0.00486\sin^2\theta \tag{1-30}$$

康普顿散射的强度随 $\sin\theta/\lambda$ 的增大而增大。轻元素中电子受核的束缚较弱，有较明显的康普顿-吴有训效应。不相干散射的波长与入射波不同，且随散射方向(2θ)变化，故不能发生衍射，只会成为衍射谱的背底，给衍射分析工作带来干扰和不利的影响。

三、X射线与物质相互作用结果及应用

X射线与物质相遇时，一部分被吸收，一部分透过，一部分被散射，因而X射线与物质相互作用会产生一系列效应，如图1-15所示。其中吸收的X射线发生光电效应、俄歇效应和热效应等。散射包括相干散射和不相干散射。这些相互作用产生的一系列效应成为X射线应用的基础。如荧光X射线强度随入射X射线的强度和试样中元素含量的增加而增加，这是荧光X射线进行定性定量元素化学分析的基础；X射线激发的光电子和俄歇电子是X射线光电子能谱(XPS)和俄歇电子能谱(AES)分析的基础；相干散射是X射线衍射技术的基础；透射X射线是无损检测的基础，包括目前热门的X射线计算机断层扫描技术(X-ray Computed Tomography)，其已经广泛应用于医疗检测、工业无损检测和基础科研领域。X射线计算机断层扫描技术的基本原理将在后续章节详细介绍。

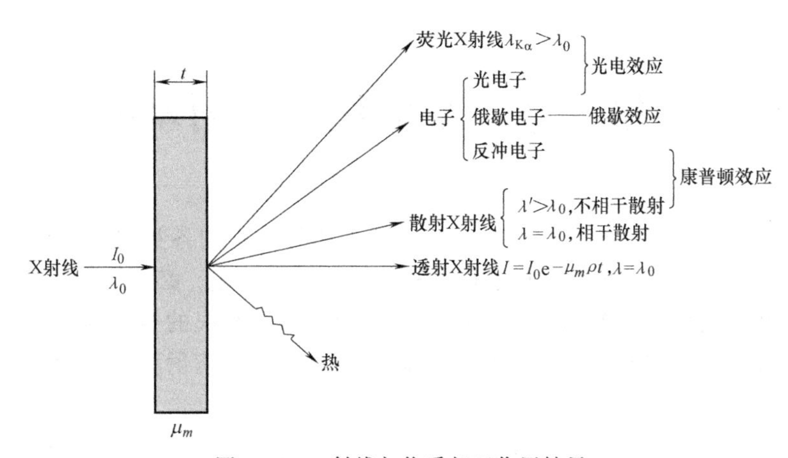

图 1-15　X 射线与物质相互作用结果

习　题

1. 在原子序 24(Cr)到 74(W)之间选择 7 种元素，根据它们的特征谱波长($K_{\alpha1}$)，用图解法验证莫塞莱定律。

2. 若 X 射线管的额定功率为 1.6kW，在管电压为 40kV 时，允许的最大电流是多少?

3. 讨论下列各组概念中二者之间的关系：

1）同一物质的吸收谱和发射谱。

2）X 射线管阳极靶材的发射谱和与其配用的滤波片的吸收谱。

3）X 射线管阳极靶材的发射谱与被照试样的吸收谱。

4. 为使 Cu 靶的 K_β 线透射系数是 K_α 线透射系数的 1/6，求滤波片的厚度。

5. 画出 MoK_α 辐射的透射系数(I/I_0)-铅板厚度(t)的关系曲线(t 取 0~1mm)。

6. 欲用 Mo 靶 X 射线管激发 Cu 的荧光 X 射线辐射，所需施加的最低管电压是多少? 激发出的荧光辐射的波长是多少?

7. 名词解释：相干散射、不相干散射、荧光辐射、吸收限、俄歇效应。

8. 简述 X 射线与物质相互作用的结果。

第二章　X 射线的衍射基础

X 射线在晶体中产生的衍射现象可以研究晶体结构中的各类问题，是 X 射线衍射分析的基础。为了通过衍射现象来分析晶体结构内部的各种问题，必须在衍射现象与晶体结构之间建立起定性和定量的关系，这是 X 射线衍射理论所要解决的核心问题。本章主要讨论晶体的 X 射线衍射理论基础，包括晶体学基础简介、X 射线衍射原理与判据、衍射强度的影响因素等。

第一节　几何晶体学简介

晶体几何结构是更为基础的知识，有关点阵、晶胞、晶系以及晶向指数、晶面指数等在某些课程中可能已涉及，但为更好地理解晶体的 X 射线衍射原理，本章再做概要的介绍。

一、布拉维点阵

晶体是由原子在三维空间中周期性规则排列而成的。这种堆砌模型复杂而烦琐。在研究晶体结构时一般只抽象出其重复规律，这种抽象的图形称为空间点阵。空间点阵上的阵点不只限于原子，也可以是离子、分子或原子团。为了方便，往往用直线连接阵点而组成空间格子。格子的交点就是点阵结点。纯元素物质点阵中的任何结点，都不具有特殊性，即每个结点有完全相同的环境（离子晶体如 NaCl，Na^+具有相同的环境，而 Cl^-具有另一同样的环境）。可取任一结点作为坐标原点，并在空间三个方向上选取重复周期 a、b、c（图 2-1）。在三个方向上的重复周期矢量 $\boldsymbol{a}$、$\boldsymbol{b}$、$\boldsymbol{c}$ 称为基本矢量。由基本矢量构成的平行六面体称为单位晶胞。单位晶胞在三个方向上重复即可建立整个空间点阵。

对于同一点阵，单位晶胞的选择有多种可能性。选择的依据是：晶胞应最能反映出点阵的对称性；基本矢量长度 a、b、c 相等的数目最多，三个方向的夹角 α、β、γ 应尽可能为直角；单胞体积最小。根据这些条件选择出来的晶胞，其几何关系、计算公式均最简单，称为布拉维晶胞。这是为了纪念法国结晶学家布拉维（M. A. Bravais）而命名的。

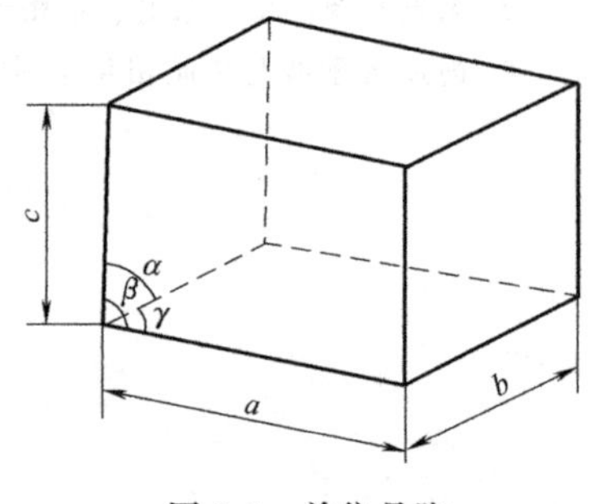

图 2-1　单位晶胞

按照点阵的对称性，可将自然界的晶体划分为 7 个晶系。每个晶系最多可包括 4 种点阵。如果只在晶胞的角上有结点，则这种点阵为简单点阵。有时在晶胞的面上或体中也有结点，就称为复杂点阵，它包括底心、体心及面心点阵。1848 年，布拉维证实了在 7 大晶系中，只可能有 14 种布拉维点阵。14 种布拉维点阵及其所属的 7 大晶系列于表 2-1。

二、晶体学指数

（一）晶向指数

晶体点阵是由阵点在空间中按照一定的周期规律排列而成的。可将晶体点阵在任何方向上分解为平行的结点直线簇，阵点就等距离地分布在这些直线上。不同方向的直线簇阵点密度互异，但同一线簇中的各直线其阵点分布则完全相同，故其中的任一直线均可充当簇的代表。

表 2-1　晶系及布拉维点阵

晶系	晶胞基本矢量参数	布拉维晶胞			
		简单晶胞(P)	底心晶胞(C)	体心晶胞(I)	面心晶胞(F)
立方晶系（等轴）	$a=b=c$ $\alpha=\beta=\gamma=90°$	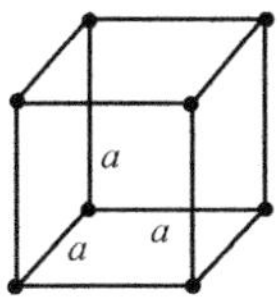 简单立方(P)		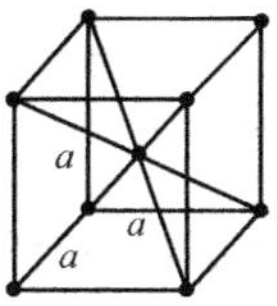 体心立方(I)	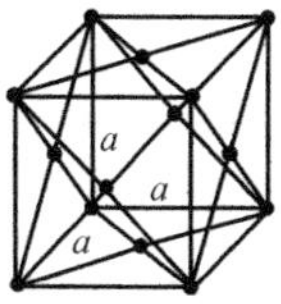 面心立方(F)
正方晶系（四方）	$a=b\neq c$ $\alpha=\beta=\gamma=90°$	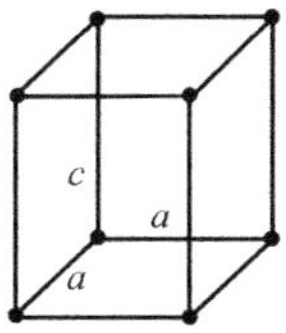 简单正方(P)		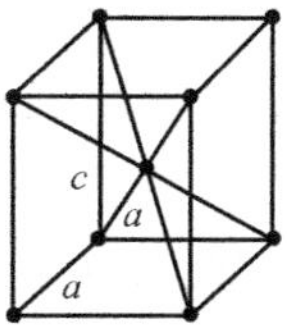 体心正方(I)	
斜方晶系（正交）	$a\neq b\neq c$ $\alpha=\beta=\gamma=90°$	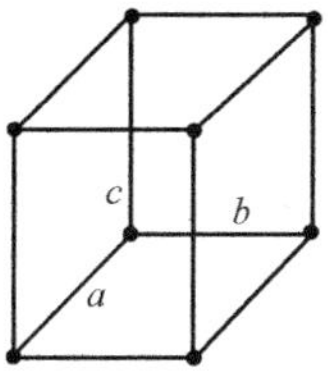 简单斜方(P)	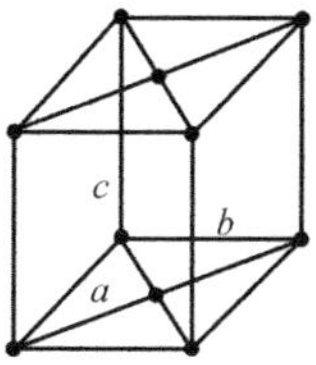 底心斜方(C)	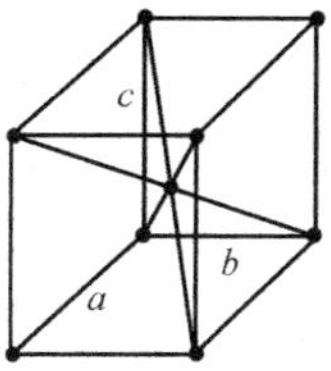 体心斜方(I)	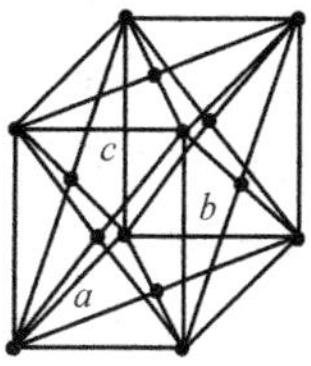 面心斜方(F)
菱方晶系（三方）	$a=b=c$ $\alpha=\beta=\gamma\neq 90°$	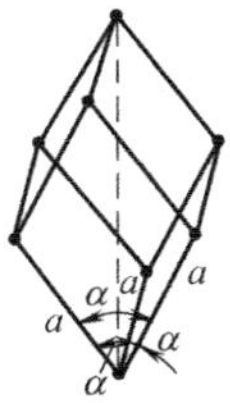 菱方(P)			
六方晶系	$a=b\neq c$ $\alpha=\beta=90°$ $\gamma=120°$	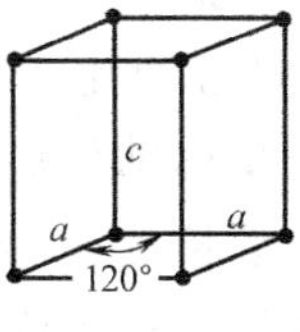 六方(P)			

（续）

晶系	晶胞基本矢量参数	布拉维晶胞			
		简单晶胞(P)	底心晶胞(C)	体心晶胞(I)	面心晶胞(F)
单斜晶系	$a \neq b \neq c$ $\alpha=\gamma=90° \neq \beta$	简单单斜(P)	底心单斜(C)		
三斜晶系	$a \neq b \neq c$ $\alpha \neq \beta \neq \gamma \neq 90°$	三斜(P)			

在晶体学上用晶向指数表示一直线簇。为确定某方向直线簇的指数，需引入坐标系统。取点阵结点为原点，布拉维晶胞的基本矢量为坐标轴，并用过原点的直线来求取。设晶胞的三个基本矢量分别为 $\boldsymbol{a}$、$\boldsymbol{b}$ 及 $\boldsymbol{c}$。从原点出发，在 X 方向上移动 a 长度的 u 倍，然后沿 Y 方向移动 b 长度的 v 倍，再沿 Z 方向移动 c 长度的 w 倍，可到达直线上与原点最近的结点 M（参看图 2-2）。若该点的坐标用[[uvw]]表示（注意此处用双括号），则该直线指数在数值上与此点坐标相同，并加上单括号表示，即[uvw]。u、v、w 是三个最小的整数，故用直线上其他结点确定出的晶向指数，其比值不变。

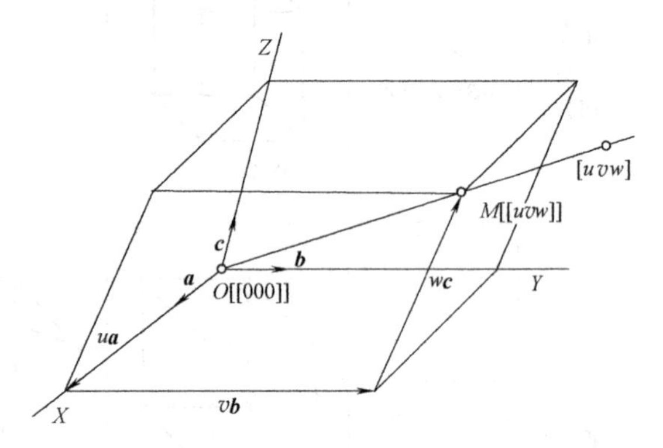

图 2-2 晶向指数的确定

若晶体中任意两点的坐标为已知，则过此两点的直线指数即可确定。设其坐标分别为[[$X_1Y_1Z_1$]]及[[$X_2Y_2Z_2$]]，则相应坐标差的最小整数比即为晶向指数。故

$$(X_2-X_1):(Y_2-Y_1):(Z_2-Z_1)=u:v:w$$

（二）晶面指数

可将晶体点阵在任意方向上分解为相互平行的结点平面簇。同一取向的平面，不仅互相平行、间距相等，而且其上结点的分布亦相同。不同取向的结点平面其特征各异。

在晶体学上习惯用(hkl)来表示一簇平面，称为晶面指数，亦称米勒(W. H. Miller)指数。实际上，h、k、l 是平面在三个坐标轴上截距倒数的互质比。为说明(hkl)可以表征晶面簇的原因，在平面簇中选取平面Ⅰ（图 2-3），它与三个坐标轴分别交于 M_1、N_1 及 P_1 点。由于这是结点平面，故三截距必是三个坐标轴上单位矢量长度 a、b、c 的整数倍，即 $OM_1=m_1a$，$ON_1=n_1b$，$OP_1=p_1c$。m_1、n_1、p_1 是用轴单位来量度截距所得的整份数。该平面的截距方程为

$$\frac{X}{m_1}+\frac{Y}{n_1}+\frac{Z}{p_1}=1 \qquad (2\text{-}1)$$

平面簇中另一平面Ⅱ的方程为

$$\frac{X}{m_2}+\frac{Y}{n_2}+\frac{Z}{p_2}=1 \qquad (2\text{-}2)$$

式中，m_2、n_2、p_2 与 m_1、n_1、p_1 有类似的意义。

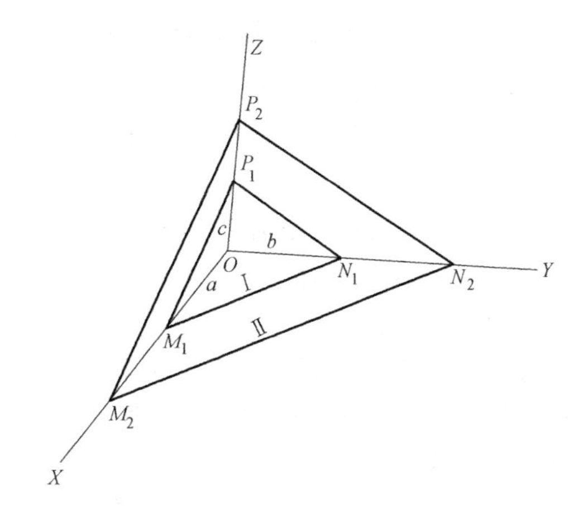

图 2-3　晶面指数的导出用图

按照比例关系

$$\frac{OM_1}{OM_2}=\frac{ON_1}{ON_2}=\frac{OP_1}{OP_2}=\frac{m_1}{m_2}=\frac{n_1}{n_2}=\frac{p_1}{p_2}$$

设这个共同的比值为 D，则 $m_1=m_2D$，$n_1=n_2D$，$p_1=p_2D$。

将以上各值代入式(2-1)中得

$$\frac{X}{m_2D}+\frac{Y}{n_2D}+\frac{Z}{p_2D}=1 \text{ 或} \frac{X}{m_2}+\frac{Y}{n_2}+\frac{Z}{p_2}=D$$

亦可写成

$$hX+kY+lZ=D$$

从上面几个式子可以看出

$$h:k:l=\frac{1}{m_2}:\frac{1}{n_2}:\frac{1}{p_2}=\frac{1}{m_1}:\frac{1}{n_1}:\frac{1}{p_1}$$

上式说明 $h:k:l$ 是平面簇中所有平面的共同比值，故可用以表征该平面簇。

为了求得晶面指数，需先求出晶面与三个坐标轴的截距（指用轴单位去量度截距所得的整倍数而非绝对长度），取其倒数，再化成互质整数比并加上圆括号。一般来说，知道了晶体点阵中任三点的坐标，就可将之代入方程中，从而求得包含该三点的平面的晶面指数。

低指数的晶面在 X 射线衍射中具有较大的重要性。这些晶面上的原子密度较大，晶面间距也较大，如（100）、（110）、（111）、（210）、（310）等。

在同一晶体中，存在着若干组等同晶面，其主要特征为晶面间距相等，晶面上结点分布相同。这些等同晶面构成晶面系或晶面族，用符号｛hkl｝来表示。在立方晶系中，｛100｝晶面族包括（100）、（010）、（001）、（$\bar{1}00$）、（$0\bar{1}0$）、（$00\bar{1}$）六个等同晶面。

（三）六方晶系的指数

六方晶系同样可用三个指数标定其晶面和晶向，即取 a_1、a_2、c 作为坐标轴，其中 a_1 与 a_2 轴的夹角为 120°，如图 2-4 所示。该方法的缺点是不能显示晶体的六次对称及等同晶面关系。例如六个柱面是等同的，但在三轴制中，其指数却分别为（100）、（010）、（$\bar{1}10$）、（$\bar{1}00$）、（$0\bar{1}0$）及（$1\bar{1}0$）。其晶向的表示上也存在着同样的缺点，如[100]与[110]实际上是等同晶向。为克服此缺点可采用四轴制。令 a_1、a_2、a_3 三轴间交角为 120°，此外再选一与它们垂直的 c 轴，此时晶面指数用

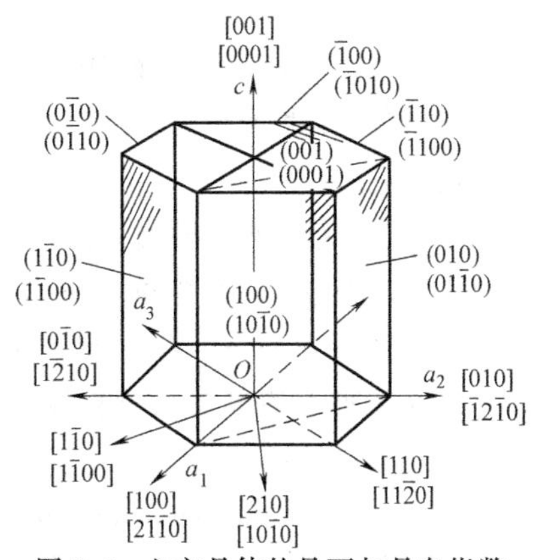

图 2-4　六方晶体的晶面与晶向指数

($hkil$) 来表示，六个柱面的指数分别为($10\bar{1}0$)、($01\bar{1}0$)、($\bar{1}100$)、($\bar{1}010$)、($0\bar{1}10$) 和 ($1\bar{1}00$)。这六个晶面便具有明显的等同性并可归入{$1\bar{1}00$}晶面族。

四轴制中的前三个指数只有两个是独立的，它们之间的关系为

$$i = -(h + k)$$

因第三个指数可由前两个指数求得，故有时将它略去而使晶面指数成为($hk \cdot l$)。

采用四轴坐标时，根据巴瑞特(C. S. Barrett)的建议，晶向指数的确定方法如下：从原点出发，沿着平行于四个晶轴的方向依次移动，最后到达欲标定的方向上的点。移动时需选择适当的路线，使沿 a_3 轴移动的距离等于沿 a_1、a_2 轴移动距离之和但方向相反。将上述距离化成最小整数，加上方括号，即为该方向的晶向指数，用[$uvtw$]来表示，其中 $t=-(u+v)$。具体的做法可参照图 2-5。例如，晶轴 a_1 的晶向指数为[$2\bar{1}\bar{1}0$]，标定时是从原点出发，沿 a_1 轴正向移动 2 个单位长度，然后沿 a_2 轴负方向移动 1 个单位长度，最后沿 a_3 轴的负方向移动 1 个单位长度回到 a_1 轴上的某点，此时 $u=2$，$v=-1$，$t=-1$，$w=0$，符合 $t=-(u+v)$ 的关系。

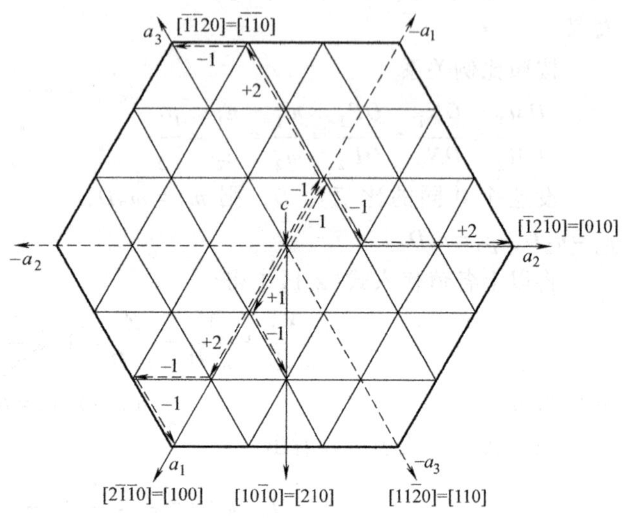

图 2-5 六方晶系晶向指数表示方法

三轴坐标系的晶向系数[UVW]和四轴坐标系的晶向指数[$uvtw$]之间可按下列关系互换：$U=u-t$，$V=v-t$，$W=w$

$$u = \frac{1}{3}(2U - V)\text{，}v = \frac{1}{3}(2V - U)$$

$$t = -(u + v)\text{，}w = W$$

三、简单点阵的晶面间距公式

如图 2-6 所示，使坐标原点 O 过面簇(hkl)中某一晶面，与之相邻的晶面将交三坐标轴于 A、B、C。过原点作此面的法线 ON，其长度即为晶面间距 d_{hkl}。

ON 与 X 轴的夹角为 α，与 Y 轴及 Z 轴的夹角分别是 β 和 γ。从图中可以看出

$$\cos\alpha = ON/OA = d/OA$$

若 X 轴上的单位矢量长度为 a，则截距 OA 可表示为 ma，即

$$\cos\alpha = d/(ma)$$

同样，若在 Y 和 Z 轴上的单位矢量长度分别

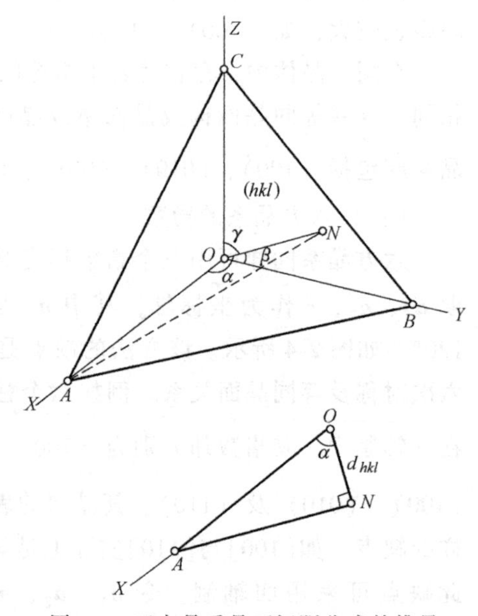

图 2-6 正交晶系晶面间距公式的推导

为 b 和 c，则有

$$\cos\beta = ON/OB = d/(nb)$$

$$\cos\gamma = \frac{ON}{OC} = \frac{d}{pc}$$

以上表达式中的 m、n、p 为晶面在三轴上的截距用单位矢量长度量度得的整倍数，它们与 h、k、l 具有倒数关系，故

$$\begin{cases}\cos\alpha = d/(a/h)\\ \cos\beta = d/(b/k)\\ \cos\gamma = d/(c/l)\end{cases}$$

若晶体的三个基本矢量互相垂直，则有关系

$$\cos^2\alpha+\cos^2\beta+\cos^2\gamma=1$$

亦即

$$\frac{d^2}{(a/h)^2}+\frac{d^2}{(b/k)^2}+\frac{d^2}{(c/l)^2}=1$$

$$d^2[(h/a)^2+(k/b)^2+(l/c)^2]=1$$

则

$$d_{hkl}=\frac{1}{\sqrt{h^2/a^2+k^2/b^2+l^2/c^2}} \tag{2-3}$$

这就是正交晶系的晶面间距公式。

对于四方晶系，因 $a=b$

则

$$d_{hkl}=\frac{1}{\sqrt{(h^2+k^2)/a^2+l^2/c^2}} \tag{2-4}$$

对于立方晶系，因 $a=b=c$

则

$$d_{hkl}=\frac{a}{\sqrt{h^2+k^2+l^2}} \tag{2-5}$$

六方晶系的晶面间距公式为

$$d_{hkl} = \frac{1}{\sqrt{\frac{4}{3}(h^2 + hk + k^2)/a^2 + l^2/c^2}} \tag{2-6}$$

第二节　X 射线晶体衍射原理

晶体衍射学是现代晶体学的核心，它研究晶体及类晶的（X 射线、中子、电子）衍射效应及晶体物相分析、结构分析的方法与理论。X 射线与晶体发生相互作用是非常复杂的过程，本节将首先讨论衍射的概念以及衍射束空间分布规律，即衍射线束在何种方位上出现的规律，而暂时不考虑衍射束的强度高低，强度将在后续介绍。

一、衍射的概念

当一束 X 射线照射到晶体上时，首先被晶体中束缚较紧的电子所散射即经典散射。晶体是由大量原子组成的，每个原子又有多个电子，每个电子都是一个新的辐射波源，向空间辐射出与入射波同频率的电磁波。在一个原子系统中主要是考虑电子间的相互干涉作用，所

有电子的散射波都可以近似地看作是由原子中心发出的。因此，可把晶体中每个原子都看成是一个新的散射波源，它们各自向空间辐射与入射波同频率的电磁波。由于这些散射波之间的干涉作用，使得空间某些方向上的波始终保持互相叠加，预示在这个方向上可以观测到衍射线，而在另一个方向上的波则始终是互相抵消的，于是就没有衍射线产生。所以，X射线在晶体中的衍射现象，实质上是大量的原子散射波互相干涉的结果。每种晶体所产生的衍射花样都反映出晶体内部的原子排布规律。

由波的干涉理论可知：振动方向相同、波长相同的两列波叠加，将造成某些固定区域的加强或减弱。如果叠加的波为一系列平行波，则形成固定的加强和减弱的必要条件是：这些波或具有相同的波程（相位），或者其波程差为波长的整数倍（相当于相位差为 2π 的整数倍）。

排列在一直线上无穷多的电子称为电子列。早期的研究指出，当X射线照射到电子列时，散射线相互干涉的结果，只能在某些方向上获得加强。在这些方向上，相邻电子散射线为同波程或波程差为波长的整数倍。忽略了同原子中各电子散射线的相位差时，原子列对X射线的散射，其情况当与电子列相同。德国物理学家劳厄在1912年指出：当X射线照射晶体时，若要在某方向上能获得衍射加强，必须同时满足三个劳厄方程，即在晶体中三个相互垂直的方向上相邻原子散射线的波程差为波长的整数倍。劳厄方程式从本质上解决了X射线在晶体中的衍射方向问题，但理论比较复杂，在使用上亦欠方便。从实用角度来说，该理论有简化的必要。

二、布拉格定律

晶体既然可看成由平行的原子面所组成，晶体的衍射线亦当是由原子面的衍射线叠加而得。这些衍射线会由于相互干涉而大部分被抵消，只其中一些可得到加强。更详细的研究指出，能够保留下来的那些衍射线，相当于某些网平面的反射线。按照这一观点，晶体对X射线的衍射可视为晶体中某些原子面对X射线的“反射”。将衍射看成反射，是导出布拉格方程的基础。这一方程首先由英国的物理学家布拉格在1912年导出。次年，俄国的结晶学家吴里夫（Г. В. Вулъф）也独立地导出了这一方程。

布拉格方程的导出是以下面几个假设为前提：①晶体是完整的，即不考虑晶体中存在的缺陷和畸变等；②忽略晶体中原子的热振动，即认为晶体中的原子静止在空间点阵的结点上；③原子中的电子皆集中在原子核中心；④入射X射线束严格平行且具有严格的单一波长；⑤晶体有无穷多晶面。

布拉格方程的导出过程如下：首先考虑同一晶面上的原子的散射线叠加条件。如图2-7所示，一束平行的单色X射线，以 θ 角照射到原子面 AA 上，如果入射线在 LL_1 处为同相位，则面上的原子 M_1 和 M 的散射线中，处于反射线位置的 MN 和 M_1N_1 在到达 NN_1 时为同光程。这说明同一晶面上的原子的散射线，在原子面的反射线方向上是可以互相加强的。

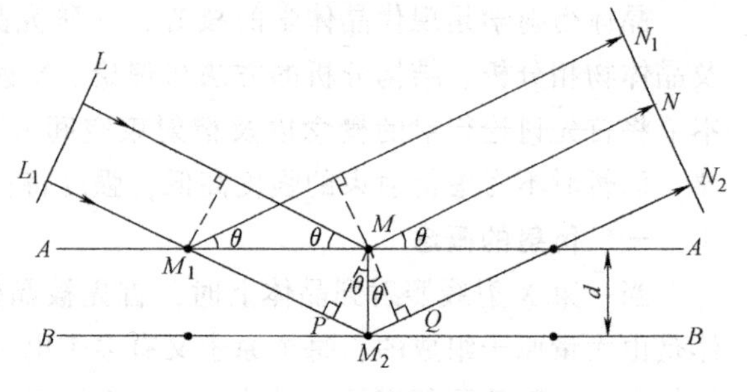

图2-7 布拉格方程的导出

X射线不仅可照射到晶体表面，而且可以照射到晶体内一系列平行的原子面。如果相邻两个晶面的反射线的相位

差为 2π 的整数倍（或波程差为波长的整数倍），则所有平行晶面的反射线可一致加强，从而在该方向上获得衍射。入射线 LM 照射到 AA 晶面后，反射线为 MN；另一条平行的入射线 L_1M_2 照射到相邻的晶面 BB 后，反射线为 M_2N_2。这两束 X 射线到达 NN_2 处的波程差为

$$\delta = PM_2 + QM_2$$

如果晶面间距为 d，则从图 2-7 可以看出

$$\delta = d\sin\theta + d\sin\theta = 2d\sin\theta$$

如果散射(入射)X 射线的波长为 λ，则在这个方向上散射线互相加强的条件为

$$2d\sin\theta = n\lambda \tag{2-7}$$

式(2-7)就是著名的布拉格方程。

还可以证明，X 射线束 L_1M_2 在照射晶面 AA 后，反射线到达 N_1 点；同一线束照射到相邻晶面 BB 后，反射线到达 N_2 点。在 N_1、N_2 处，两束反射 X 射线的波程差亦为 $2d\sin\theta$。这样，已经证明，当一束单色且平行的 X 射线照射到晶体时，同一晶面上的原子的散射线在晶面反射方向上是同相位的，因而可以叠加；不同晶面的反射线若要加强，必要的条件是相邻晶面反射线的波程差为波长的整数倍。

式(2-7)中的 θ 是入射线(或反射线)与晶面的夹角，称为掠射角或布拉格角。入射线与衍射线之间的夹角为 2θ，称为衍射角，n 为整数，称为反射的级数。

第三节　布拉格定律的相关讨论

将衍射看成反射，是布拉格方程的基础。但衍射是本质，反射仅是为了使用方便的描述方式。X 射线的晶面反射与可见光的镜面反射亦有所不同：①可见光在任意入射角方向均能产生反射，但 X 射线只有在满足布拉格角 θ 方向才能发生反射，因此，这种反射亦称选择反射；②可见光的反射只是物体表面的光学现象，而 X 射线衍射则是一定厚度内许多间距相同晶面共同作用的结果。

布拉格方程在解决衍射方向时是极其简单而明确的。波长为 λ 的入射线，以 θ 角投射到晶体中间距为 d 的晶面时，有可能在晶面的反射方向上产生反射(衍射)线，其条件为相邻晶面的反射线的波程差为波长的整数倍。下面将会看到，布拉格方程只是获得衍射的必要条件而非充分条件。

布拉格方程联系了晶面间距 d、掠射角 θ、反射级数 n 和 X 射线波长 λ 四个量。当知道了其中三个量就可通过公式求出其余一个量。必须强调的是，在不同场合下，某个量可能表现为常量或变量，故需仔细分析。布拉格方程是衍射中最基本最重要的方程，读者必须通过下面的讨论对该方程有较为深刻的认识。

一、反射级数

式(2-7)中的 n 称为反射级数。由相邻两个平行晶面反射出的 X 射线束，其波程差用波长去量度所得的整份数，在数值上就等于 n。在使用布拉格方程时，并不直接赋予 n 以 1、2、3 等数值，而是采用另一种方式。

参照图 2-8，假设 X 射线照射到晶体的(100)面，而且刚好能发生二级反射，则相应的布拉格方程为

$$2d_{100}\sin\theta = 2\lambda \tag{2-8}$$

设想在每两个(100)晶面中间均插入一个原子分布与之完全相同的面，此时面簇中最近原点的晶面在 X 轴上截距已变为1/2，故面簇的指数可写作(200)。又因面间距已减为原先的一半，相邻晶面反射线的波程差便只有一个波长，此种情况相当于(200)晶面发生了一级反射，其相应的布拉格方程为

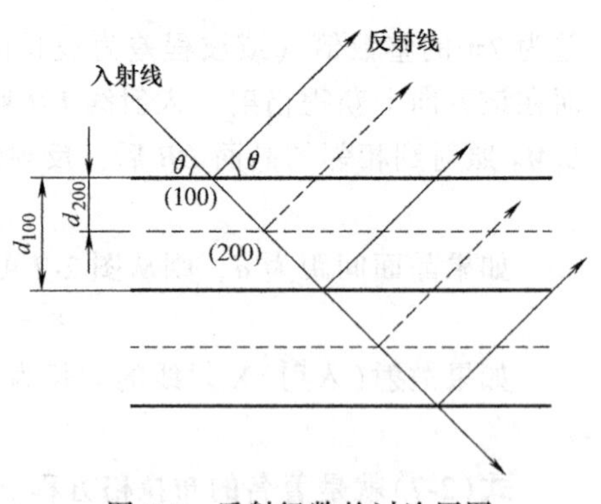

图 2-8 反射级数的讨论用图

$$2d_{200}\sin\theta = \lambda$$

上式又可写作

$$2(d_{100}/2)\sin\theta = \lambda \tag{2-9}$$

式(2-9)相当于将式(2-8)右边的2移到了左边，但这两个式子所对应的衍射方向是一样的。也就是说，可以将(100)晶面的二级反射看成(200)晶面的一级反射。一般的说法是，把(hkl)晶面的 n 级反射看作($nh\ nk\ nl$)晶面的一级反射。如果(hkl)的面间距是 d，则($nh\ nk\ nl$)的面间距为 d/n。

于是布拉格方程可以写成以下形式

$$2\frac{d}{n}\sin\theta = \lambda$$

有时也写成

$$2d\sin\theta = \lambda \tag{2-10}$$

这种形式的布拉格方程，在使用上极为方便，它可以认为反射级数永远等于1，因为级数 n 实际上已包含在 d 之中。也就是，(hkl) 的 n 级反射可以看成来自某种虚拟的晶面的一级反射。

二、干涉面指数

晶面(hkl)的 n 级反射面($nh\ nk\ nl$)，用符号(HKL)表示，称为反射面或干涉面。其中 $H=nh$，$K=nk$，$L=nl$。(hkl)是晶体中实际存在的晶面，(HKL)只是为了使问题简化而引入的虚拟晶面。干涉面的面指数称为干涉指数，一般有公约数 n。当 $n=1$ 时，干涉指数即变为晶面指数。对于立方晶系，晶面间距与晶面指数的关系为 $d_{hkl}=a/\sqrt{h^2+k^2+l^2}$；干涉面的间距与干涉指数的关系与此类似，即 $d_{HKL}=a/\sqrt{H^2+K^2+L^2}$。在X射线衍射分析中，如无特别声明，所用的面间距一般是指干涉面间距。

三、掠射角

掠射角 θ 是入射线(或反射线)与晶面的夹角，可表征衍射的方向。

从布拉格方程可得：$\sin\theta=\lambda/(2d)$。从这一表达式可导出两个概念：其一是，当 λ 一定时，d 相同的晶面，必然在 θ 相同的情况下才能获得反射，当用单色X射线照射多晶体时，各晶粒中 d 相同的晶面，其反射线将有着确定的关系，这里所指 d 相同的晶面，当然也包括等同晶面；另一个概念是，当 λ 一定时，d 减小，θ 就要增大，这说明间距小的晶面，其掠射角必须是较大的，否则它们的反射线就无法加强。在考察多晶体衍射时，这一概念非常重要。

四、衍射极限条件

掠射角的极限范围为0°~90°，但过大或过小都会造成衍射的探测困难。由于 $|\sin\theta|\leqslant 1$，

使得在衍射中反射级数 n 或干涉面间距 d 都要受到限制。

因为 $n=\frac{2d}{\lambda}\sin\theta$，所以 $n\leqslant 2d/\lambda$。当 d 一定时，λ 减小，n 可增大，说明对同一种晶面，当采用短波 X 射线照射时，可获得较多级数的反射，即衍射花样比较复杂。从干涉面的角度去分析亦有类似的规律。在晶体中，干涉面的划取是无限的，但并非所有的干涉面均能参与衍射，因存在关系 $d\sin\theta=\lambda/2$，或 $d\geqslant\lambda/2$。表达式说明只有间距大于或等于 X 射线半波长的那些干涉面才能参与反射。很明显，当采用短波 X 射线照射时，能参与反射的干涉面将会增多。但波长过短会导致衍射角过小，使衍射难以观测，也不宜使用。因此，常用于晶体衍射分析的 X 射线波长范围为 0.05～0.25nm。

五、布拉格方程的应用

布拉格方程是衍射分析中最重要的基础公式，它简单明确地阐明衍射的基本关系，应用非常广泛。归纳起来，从实验上可有两方面的应用：其一是用已知波长的 X 射线去照射未知结构的晶体，通过衍射角的测量求得晶体中各晶面的面间距 d，从而揭示晶体的结构，这就是晶体结构分析(衍射分析)；其二是用已知面间距的晶体来反射从样品发射出来的 X 射线，通过衍射角的测量求得 X 射线的波长，这就是 X 射线光谱学。该法除可进行光谱结构的研究外，从 X 射线波长尚可确定试样的组成元素。电子探针就是按照这一原理设计的。

第四节 倒易空间的衍射方程式及埃瓦尔德图解

X 射线在晶体中的衍射，除布拉格方程和劳厄方程外，还可以用倒易空间的衍射方程和埃瓦尔德图解来表达。在描述 X 射线衍射几何时，主要是解决两个问题：一是产生衍射的条件，即满足布拉格方程；二是衍射方向，即根据布拉格方程确定衍射角 2θ。现在把这两个方面的条件可以用一个统一的矢量形式来表达。为此，需要引入衍射矢量的概念。

如图 2-9 所示，当一束 X 射线照射到晶体上时，入射线方向用单位矢量 $\boldsymbol{k}$ 表示，衍射线方向用单位矢量 $\boldsymbol{k}'$表示，则入射线与衍射线的单位矢量之差垂直于衍射面，且其绝对值为

$$|\boldsymbol{k}'-\boldsymbol{k}|=2\sin\theta$$

由布拉格方程可得

$$|\boldsymbol{k}'-\boldsymbol{k}|=\frac{\lambda}{d_{hkl}} \tag{2-11}$$

$\boldsymbol{k}'-\boldsymbol{k}$ 称为衍射矢量。由此可以将布拉格定律理解为：当满足衍射条件时，衍射矢量 $\boldsymbol{k}'-\boldsymbol{k}$ 的方向垂直于衍射面 hkl，即反射晶面的法线方向 N；衍射矢量 $\boldsymbol{k}'-\boldsymbol{k}$ 的长度与反射晶面族的面间距倒数成比例，而 X 射线波长 λ 相当于比例系数。这一结果将引入一个解决衍射问题的矢量空间——倒易空间。

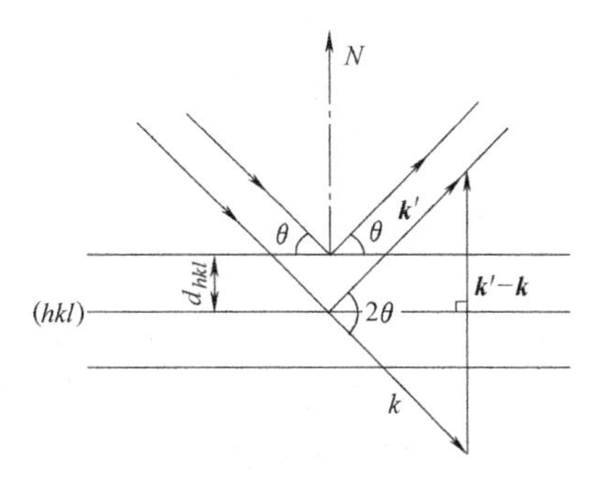

图 2-9 入射线矢量 $\boldsymbol{k}$ 与衍射线矢量 $\boldsymbol{k}'$的关系

一、倒易点阵的定义和性质

如前所述，晶体是原子(或离子、分子或原子团等)在三维空间内呈周期性规则排列的物质，这种三维周期性分布可以概括地用点阵平移对称来描述，因此称这种点阵为晶体点阵。当晶体点阵与倒易点阵相提并论时，又常称其为正点阵。倒易点阵是埃瓦尔德在 1924 年建

立的一种晶体学表达方法。它能十分巧妙地、正确地反映晶体点阵周期性的物理本质，是解析晶体衍射的理论基础，是衍射分析工作不可缺少的工具。

通常把晶体点阵(正点阵)所占据的空间称为正空间。所谓倒易点阵，是指在倒空间内与某一正点阵相对应的另一个点阵。正点阵和倒易点阵是在正、倒两个空间内相互对应的统一体，它们互为倒易而共存。

1. 倒易点阵的定义

设正点阵的基本矢量为 $\boldsymbol{a}$、$\boldsymbol{b}$、$\boldsymbol{c}$，定义相应的倒易点阵基本矢量为 $\boldsymbol{a}^*$、$\boldsymbol{b}^*$、$\boldsymbol{c}^*$，则有

$$\boldsymbol{a}^*=\frac{\boldsymbol{b}\times\boldsymbol{c}}{V},\quad \boldsymbol{b}^*=\frac{\boldsymbol{c}\times\boldsymbol{a}}{V},\quad \boldsymbol{c}^*=\frac{\boldsymbol{a}\times\boldsymbol{b}}{V} \tag{2-12}$$

式中，V 是正点阵单胞的体积，$V=\boldsymbol{a}\cdot(\boldsymbol{b}\times\boldsymbol{c})=\boldsymbol{b}\cdot(\boldsymbol{c}\times\boldsymbol{a})=\boldsymbol{c}\cdot(\boldsymbol{a}\times\boldsymbol{b})$

2. 倒易点阵的性质

(1) 倒易点阵基本矢量　按照矢量运算法则，根据式(2-12)有

$$\boldsymbol{a}^*\cdot\boldsymbol{b}=\boldsymbol{a}^*\cdot\boldsymbol{c}=\boldsymbol{b}^*\cdot\boldsymbol{a}=\boldsymbol{b}^*\cdot\boldsymbol{c}=\boldsymbol{c}^*\cdot\boldsymbol{a}=\boldsymbol{c}^*\cdot\boldsymbol{b}=0 \tag{2-13}$$

由式(2-13)可知，正、倒点阵异名基矢点乘积为0，由此可确定倒易点阵基本矢量的方向。而

$$\boldsymbol{a}^*\cdot\boldsymbol{a}=\boldsymbol{b}^*\cdot\boldsymbol{b}=\boldsymbol{c}^*\cdot\boldsymbol{c}=1 \tag{2-14}$$

可见正、倒点阵同名基矢点乘积为1，由此可确定倒易点阵基本矢量的大小，即

$$\boldsymbol{a}^*=\frac{1}{a\cos(\boldsymbol{a}^*,\boldsymbol{a})},\boldsymbol{b}^*=\frac{1}{b\cos(\boldsymbol{b}^*,\boldsymbol{b})},\boldsymbol{c}^*=\frac{1}{c\cos(\boldsymbol{c}^*,\boldsymbol{c})} \tag{2-15}$$

(2) 倒易点阵矢量　在倒易空间内，由倒易原点 O^* 指向坐标为 hkl 的阵点矢量称为倒易矢量，记为 $\boldsymbol{g}_{hkl}$，即

$$\boldsymbol{g}_{hkl}=h\boldsymbol{a}^*+k\boldsymbol{b}^*+l\boldsymbol{c}^* \tag{2-16}$$

倒易矢量 $\boldsymbol{g}_{hkl}$ 与正点阵中的 (hkl) 晶面之间的几何关系为

$$\boldsymbol{g}_{hkl}\perp(hkl),\quad \boldsymbol{g}_{hkl}=\frac{1}{d_{hkl}} \tag{2-17}$$

显然用倒易矢量 $\boldsymbol{g}_{hkl}$ 可以表征正点阵中的(hkl)晶面的特性(方位和晶面间距)。

(3) 倒易球(多晶体倒易点阵)　由以上讨论可知，单晶体的倒易点阵是由三维空间规则排列的阵点(倒易矢量的端点)所构成的，它与相应正点阵属于相同晶系。而多晶体是由无数取向不同的晶粒组成，所有晶粒的同族$\{hkl\}$晶面(包括晶面间距相同的非同族晶面)的倒易矢量在三维空间任意分布，其端点的倒易阵点将落在以 O^* 为球心、以 $1/d_{hkl}$ 为半径的球面上，故多晶体的倒易点阵由一系列不同半径的同心球面构成。显然，晶面间距越大，倒易矢量的长度越小，相应的倒易球面半径就越小。

二、埃瓦尔德图解

由式(2-11)得

$$\frac{\boldsymbol{k}'-\boldsymbol{k}}{\lambda}=\boldsymbol{g}_{hkl} \tag{2-18}$$

此即为倒易空间的衍射方程式，它表示当 hkl 面发生衍射时，其倒易矢量的 λ 倍等于入射线与衍射线的单位矢量之差，即倒易矢量就相当于衍射矢量，倒易点阵本身具有衍射属性，因而它与布拉格方程是等效的。此矢量式可用几何图形表达，即埃瓦尔德图解。

如图 2-10 所示，入射矢量的端点指向倒易原点 O^*，以入射方向上的 O 点作为反射球心，反射球半径为 $1/\lambda$，此球即为埃瓦尔德球（也叫反射球或干涉球）。球面过 O^*，$O^*O=1/\lambda$，若某倒易点 hkl 落在反射球面上，由反射球心 O 指向该点的矢量 $\boldsymbol{k}'/\lambda$ 必满足式(2-11)。埃瓦尔德图解法的含义是，被照晶体对应其倒易点阵，入射线对应反射球，反射球面通过倒易原点，凡倒易点落在反射球面上的干涉面均可能发生衍射，衍射线的方向由反射球心指向该倒易点，$\boldsymbol{k}'$与 $\boldsymbol{k}$ 之间的夹角即为衍射角 2θ。

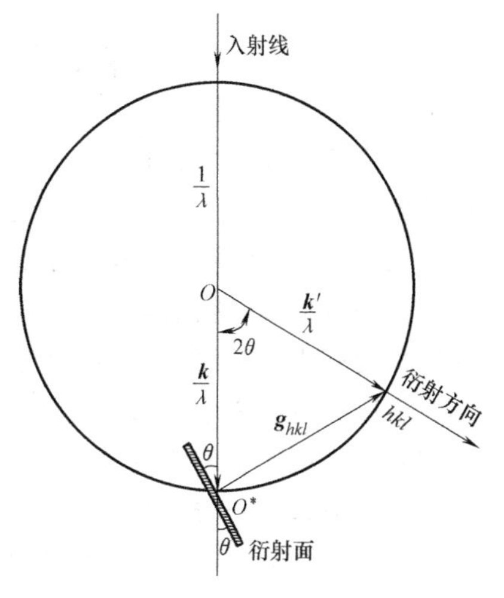

图 2-10　埃瓦尔德图解

三、晶体衍射花样的特点

1. 单晶体的衍射花样

单晶体的倒易点阵是在空间规则排列的阵点，它具有与相应正点阵相同的晶系，当 X 射线入射时，与反射球面相遇的倒易点满足衍射条件，若垂直于入射线放置感光底片，将得到规则排列的衍射斑点。

2. 多晶体的衍射花样

多晶体的倒易点阵是由一系列不同半径的同心球面构成的。显然，面间距越大，倒易球越小。当单色 X 射线入射时，其反射球面将与这些倒易球面分别相交形成一个个对应不同晶面族的同心圆，衍射线从反射球心指向这些圆周，形成以入射线为轴、不同半顶角(2θ)的衍射锥，衍射锥与垂直于入射线的底片相遇，得到同心圆形的衍射环，称为德拜环。若用围绕试样的条带形底片接收衍射线，会得到一系列衍射弧段；若用绕试样扫描的计数管接收衍射信号，则得到一系列衍射谱线，如图 2-11 所示。

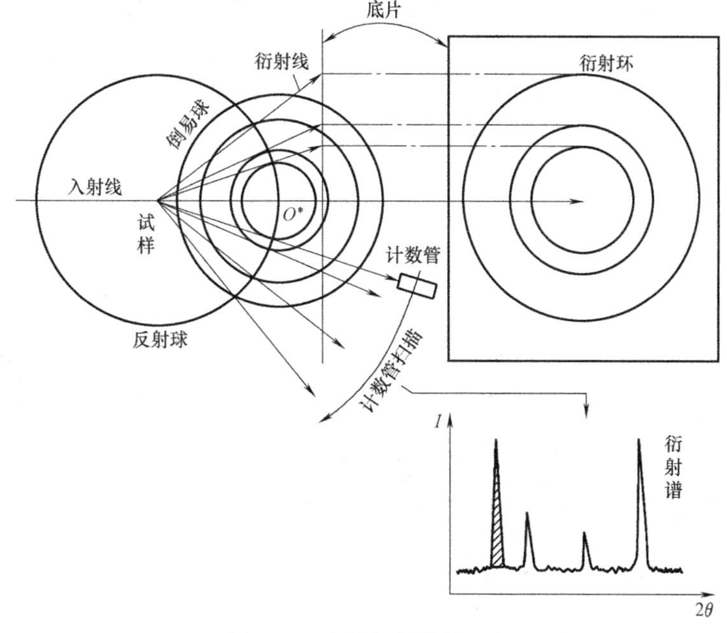

图 2-11　多晶衍射谱的形成

第五节 多晶体衍射花样的形成

在进行晶体结构分析时，首先要精确地获取多晶体的衍射花样。概括地讲，一个衍射花样的特征，可以认为由两个方面组成：一方面是衍射方向，即 θ 角，在 λ 一定的情况下取决于晶面间距 d。衍射方向反映了晶胞的大小、形状和位向等因数，可以利用布拉格方程来描述；另一方面就是衍射强度，而衍射强度则取决于原子的种类及其在晶胞中的位置，表现为反射线的有无或强度的大小。布拉格方程是无法描述衍射强度问题的。物相定量分析、固溶体有序度测定、内应力及织构测量等许多信息都必须从衍射强度中获得。本章第五节至第七节主要讨论有关衍射强度的相关问题。

在衍射仪上获得的衍射谱图反映的是衍射峰的高低(或积分强度——衍射峰轮廓所包围的面积，将在本章第七节详细说明)，在照相底片上则反映为黑度。严格地说，就是单位时间内通过与衍射方向相垂直的单位面积上的X射线光量子数目，但它的绝对值的测量既困难又无实际意义。因此，衍射强度往往用同一衍射图中各衍射强度(积分强度或峰高)的相对比值即相对强度来表示。为使讲述较为形象具体，拟从多晶体的德拜-谢勒(P. Debye-P. Scherrer)衍射花样的形成谈起。

德拜-谢勒法采用一束特征X射线垂直照射多晶体试样，并用圆筒窄条底片记录衍射花样，图2-12所示为德拜-谢勒法。通常，X射线照射到的微晶体数可超过10亿个。在多晶体试样中，各微晶体的取向是无规的，某种晶面在空间的方位按等概率分布。当用波长为 λ 的X射线照射时，某微晶体中面间距为 d 的晶面(暂称 d 晶面)若要发生反射，必要条件是它在空间相对于入射X射线呈 θ 角放置，即满足布拉格方程。上述微晶体数在10亿个以上，必然有很多不满足这一条件，对应的 d 晶面便不能参与衍射；但也必然有相当一部分晶体满足这一条件，其 d 晶面便能参与衍射。

各微晶体中满足布拉格方程的 d 晶面，在空间排列成一个圆锥面。该圆锥面以入射线为轴，以 2θ 为顶角。反射线亦呈锥面分布，顶角为 4θ(图2-13)。各微晶中间距为 d_1 的晶面，将产生顶角为 $4\theta_1$ 的另一反射锥面。因晶体中存在一系列 d 值不同的晶面，故对应也出现一系列 θ 值不同的反射圆锥面。当 $4\theta=180°$ 时，圆锥面将演变成一个与入射线相垂直的平面；

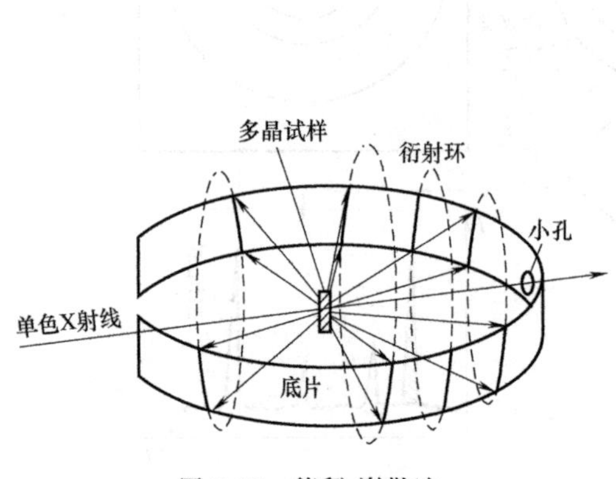

图2-12 德拜-谢勒法

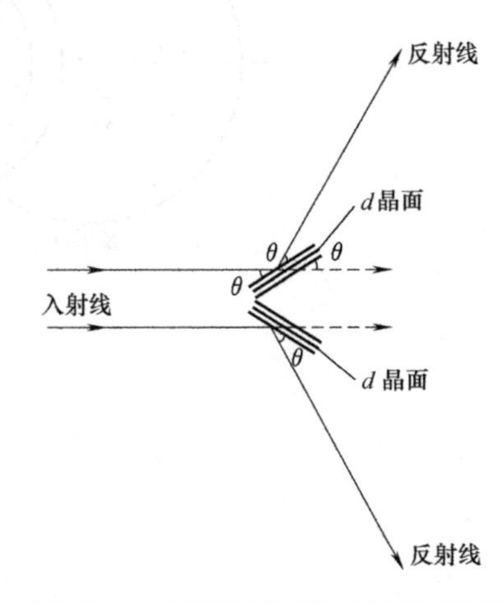

图2-13 d 晶面及其反射线的平面分布

当 $4\theta>180°$时，将形成一个与入射线方向相反的背反射圆锥。

可见，当单色 X 射线照射多晶试样时，衍射线将分布在一组以入射线为轴的圆锥面上。在垂直于入射线的平底片上所记录到的衍射花样将为一组同心圆。此种底片仅可记录部分衍射圆锥，故通常是用以试样为轴的圆筒窄条底片来记录。此种布置的示意图如图 2-12 所示。图 2-14 所示为一张展开的德拜相示意图。

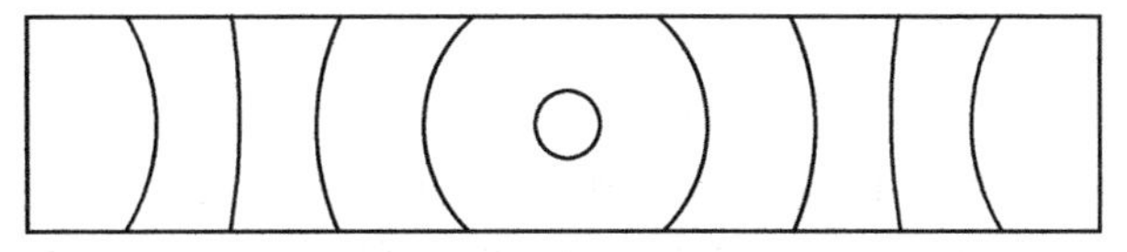

图 2-14　德拜相示意图

同一张照片上的衍射线条，其强度（黑度）是很不一样的。衍射方向的理论只能说明衍射线出现的位置，但弧线的强度却有赖于衍射强度理论来解决。如前所述，在 X 射线衍射分析中，如物相定量分析、固溶体有序度测定、内应力及织构测定等都必须进行衍射强度的准确测定。

从应用的角度出发，衍射强度的研究偏重于宏观效果，但若要弄清衍射强度的本质，就需从微观的角度进行。晶体是原子三维的周期性堆砌，而 X 射线衍射则是以电子对波的散射和干涉作为基础的。在第一章中已讨论了电子及原子对 X 射线的散射，下文将讨论单位晶胞乃至整个晶体的衍射强度，最后还要考虑衍射几何与实验条件的影响，从而得出多晶体衍射线条的积分强度。

第六节　原子散射因子和几何结构因子

讨论 X 射线在晶体中的衍射是以电子作为散射 X 射线的基本单元，将晶体中所有电子对 X 射线的散射分解为几个层次：首先，晶体对 X 射线的散射分解为单胞的散射之和；其次，单胞的散射再分解为单胞内原子的散射之和；然后，原子的散射分为核外电子的散射之和；最后，再结合实验方法得出衍射线束积分强度。因此，分析 X 射线的衍射强度在空间中的分布情况时，可以分成以下三个步骤：

1）首先计算被一个原子内的各个电子散射的电磁波的相互干涉，其结果常用原子散射因子表示。

2）其次计算一个单胞内各个原子散射波之间的相互干涉，一个单胞的总散射波的情况可以用几何结构因子表示。

3）最后计算各个单胞散射波之间的相互干涉。各单胞散射波之间的相互干涉加强条件即是布拉维格子中被各个格点散射的散射波之间的干涉加强条件，它们由劳厄方程或布拉格反射条件决定。

一、原子散射因子

对某一波长，原子内所有电子的散射波的振幅的几何和(A_a)与一个电子的散射波的振幅(A_e)之比，称为原子散射因子。原子散射因子 f 是以一个电子散射波的振幅为度量单位的一个原子散射波的振幅，也称原子散射波振幅。它表示一个原子在某一方向上散射波的振幅是一个电子在相同条件下散射波振幅的 f 倍。原子的散射因子的内容已经在第一章第三节中进行了详细阐述。原子散射因子的计算方法见式(1-27)。设 $\boldsymbol{K}=\boldsymbol{k}'-\boldsymbol{k}$，式(1-26)可以变为

$$f=\frac{A_a}{A_e}=\int_V\rho(\boldsymbol{r})\mathrm{e}^{\mathrm{i}\phi}\mathrm{d}V=\int_V\rho(\boldsymbol{r})\mathrm{e}^{\mathrm{i}2\pi\frac{\boldsymbol{K}\boldsymbol{r}}{\lambda}}\mathrm{d}V \tag{2-19}$$

由式(2-19)可知，当 $\boldsymbol{k}$ 一定时，$\boldsymbol{K}$ 只依赖于散射方向，因而原子散射因子是散射方向的函数；不同原子，电子分布函数(概率密度)$\rho(\boldsymbol{r})$不同，因而不同原子具有不同的散射因子；由 $A_a=fA_e$ 可见，原子所引起的散射波的总振幅也是散射波方向的函数，也因原子而异。综上所述，原子散射因子反映了原子将 X 射线向某一个方向散射时的散射效率。此外，原子散射因子与其原子序数 Z 密切相关，Z 越大，f 越大。因此，重原子对 X 射线散射的能力比轻原子要强。

二、几何结构因子

当晶胞(如复杂点阵单胞)中原子数大于 1 时，由于来自于同一单胞中各个原子的散射之间存在干涉，单胞中原子的分布不同，其散射能力也不同，因而必须考虑单胞中不同位置的原子对 X 射线的散射能力。晶胞中各个原子所在的子晶格引起的衍射极大存在着固定的相位，而各个衍射极大又可以相互干涉，因而总的衍射强度取决于两个因素：①各衍射极大的相位差，它取决于各子晶格的相对距离；②各衍射极大的强度，它取决于不同原子的散射因子。为描述以上两个因素对总的衍射强度的影响，这里引入几何结构因子这一概念。

单胞内所有原子在某一方向上引起的散射波的总振幅与某一电子在该方向上所引起的散射波的振幅之比，称为几何结构因子。因而，一个单胞的总散射波的情况可以用几何结构因子表示。简单点阵只由一种原子组成，每个晶胞只有一个原子，它分布在晶胞的顶角上，单位晶胞的散射强度相当于一个原子的散射强度。复杂点阵晶胞中含有 n 个相同或不同种类的原子，它们除占据单胞的顶角外，还可能出现在体心、面心或其他位置。可将复杂点阵看成是由简单点阵平移穿插而得。复杂点阵单胞的散射波振幅应为单胞中各原子的散射波振幅的矢量合成。由于衍射线的相互干涉，某些方向的强度将会加强，而某些方向的强度将会减弱甚至消失。这种规律习惯称为系统消光。研究单胞结构对衍射强度的影响，在衍射分析的理论和应用中都十分重要。

1. 几何结构因子公式的推导

如图 2-15 所示，取单胞的顶点 O 为坐标原点，A 为单胞中任一原子 j，它的坐标矢量为

$$\overrightarrow{OA}=\boldsymbol{r}_j=X_j\boldsymbol{a}+Y_j\boldsymbol{b}+Z_j\boldsymbol{c}$$

式中，$\boldsymbol{a}$、$\boldsymbol{b}$、$\boldsymbol{c}$ 为单胞的基本平移矢量；X_j、Y_j、Z_j 为 A 原子的坐标。

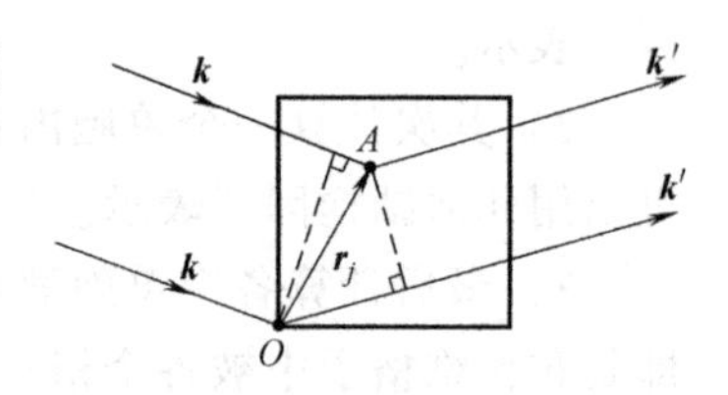

图 2-15 复杂点阵单胞中两原子的相干散射

A 原子与 O 原子间散射波的波程差为

$$\delta_j=\boldsymbol{r}_j\cdot\boldsymbol{k}'-\boldsymbol{r}_j\cdot\boldsymbol{k}=\boldsymbol{r}_j\cdot(\boldsymbol{k}'-\boldsymbol{k})$$

知其相位差应为

$$\phi_j=2\pi(HX_j+KY_j+LZ_j)$$

若单胞中各原子的散射波振幅分别为 f_1A_e、f_2A_e、…、f_jA_e、…、f_nA_e（A_e 为一个电子相干散射波振幅，不同种类原子其 f 不同），它们与入射波的相位差分别为 ϕ_1、ϕ_2、…、ϕ_j、…、ϕ_n（原子在单胞中的位置不同其 ϕ 也不同），则所有这些原子散射波振幅的合成就是单胞的散射波振幅 A_b。

至此，可引入一个以电子散射能力为单位的、反映单胞散射能力的参量——几何结构因子 F_{HKL}，则

$$F_{HKL}=\frac{\text{一个晶胞的相干散射波振幅}}{\text{一个电子的相干散射波振幅}}=\frac{A_b}{A_e}$$

即
$$F_{HKL}=\sum_{j=1}^{n}f_j e^{i\phi_j} \tag{2-20}$$

可将复指数展开成复三角函数形式

$$e^{i\phi}=\cos\phi+i\sin\phi$$

于是
$$F_{HKL}=\sum_{j=1}^{n}f_j[\cos2\pi(HX_j+KY_j+LZ_j)+i\sin2\pi(HX_j+KY_j+LZ_j)] \tag{2-21}$$

在 X 射线衍射工作中可测量到的衍射强度 I_{HKL} 与几何结构因子的平方 $|F_{HKL}|^2$ 成正比。欲求此值，需将式（2-21）乘以其共轭复数

$$|F_{HKL}|^2=F_{HKL}\cdot F_{HKL}^*=\left[\sum_{j=1}^{n}f_j\cos2\pi(HX_j+KY_j+LZ_j)\right]^2+$$
$$\left[\sum_{j=1}^{n}f_j\sin2\pi(HX_j+KY_j+LZ_j)\right]^2 \tag{2-22}$$

式中，几何结构因子的平方 $|F_{HKL}|^2$ 表征了单胞的衍射强度，反映了单胞中原子种类、原子数目及原子位置对(HKL)晶面衍射方向上衍射强度的影响。

2. 几种点阵的结构因子计算

下面是几种由同类原子组成的点阵(例如纯元素)的结构因子计算。

（1）简单点阵　单胞中只有一个原子，其坐标为(0，0，0)，原子散射因子为 f，根据式(2-22)有

$$|F_{HKL}|^2=[f\cos2\pi(0)]^2+[f\sin2\pi(0)]^2=f^2$$

该种点阵的结构因子与 HKL 无关，即 HKL 为任意整数时均能产生衍射，不会产生系统消光。例如（100）、（110）、（111）、（200）、（210）…。能够出现的衍射面指数平方和之比是 $(H_1^2+K_1^2+L_1^2):(H_2^2+K_2^2+L_2^2):(H_3^2+K_3^2+L_3^2)\cdots=1^2:(1^2+1^2):(1^2+1^2+1^2):2^2:(2^2+1^2)\cdots=1:2:3:4:5\cdots$

（2）体心点阵　单胞中有两种位置的原子，即顶角原子和体心原子，其坐标分别为（0，0，0）和$\left(\frac{1}{2},\frac{1}{2},\frac{1}{2}\right)$，原子散射因子均为 f。

$$|F_{HKL}|^2=\left[f\cos2\pi(0)+f\cos2\pi\left(\frac{H}{2}+\frac{K}{2}+\frac{L}{2}\right)\right]^2+$$
$$\left[f\sin2\pi(0)+f\sin2\pi\left(\frac{H}{2}+\frac{K}{2}+\frac{L}{2}\right)\right]^2$$
$$=f^2[1+\cos\pi(H+K+L)]^2$$

1）当 $H+K+L$=奇数时，$|F_{HKL}|^2=f^2(1-1)^2=0$，即该种晶面的散射强度为零，该种晶面的衍射线不能出现，例如（100）、（111）、（210）、（300）、（311）等。

2）当 $H+K+L$=偶数时，$|F_{HKL}|^2=f^2(1+1)^2=4f^2$，即体心点阵只有指数和为偶数的晶面可产生衍射，例如（110）、（200）、（211）、（220）、（310）…。这些晶面的指数平方和之比是：$(1^2+1^2):2^2:(2^2+1^2+1^2):(2^2+2^2):(3^2+1^2)\cdots=2:4:6:8:10\cdots$。

（3）面心点阵　单胞中有四种位置的原子，它们的坐标分别是(0,0,0)、$\left(0,\frac{1}{2},\frac{1}{2}\right)$、$\left(\frac{1}{2},\frac{1}{2},0\right)$、$\left(\frac{1}{2},0,\frac{1}{2}\right)$，其原子散射因子均为$f$。

$$
\begin{aligned}
|F_{HKL}|^2 = & \left[f\cos2\pi(0)+f\cos2\pi\left(\frac{K}{2}+\frac{L}{2}\right)+\right. \\
& \left.f\cos2\pi\left(\frac{H}{2}+\frac{K}{2}\right)+f\cos2\pi\left(\frac{H}{2}+\frac{L}{2}\right)\right]^2+ \\
& \left[f\sin2\pi(0)+f\sin2\pi\left(\frac{K}{2}+\frac{L}{2}\right)+f\sin2\pi\left(\frac{H}{2}+\frac{K}{2}\right)+f\sin2\pi\left(\frac{H}{2}+\frac{L}{2}\right)\right]^2 \\
= & f^2[1+\cos\pi(K+L)+\cos\pi(H+K)+\cos\pi(H+L)]^2
\end{aligned}
$$

1）当H、K、L全为奇数或全为偶数时，有

$$|F_{HKL}|^2=f^2(1+1+1+1)^2=16f^2$$

2）当H、K、L为奇偶混杂时，有

$$|F_{HKL}|^2=f^2(1-1+1-1)^2=0$$

即面心点阵只有指数为全奇或全偶的晶面才能产生衍射，例如（111）、（200）、（220）、（311）、（222）、（400）…。能够出现的衍射线，其指数平方和之比是：$(1^2+1^2+1^2):2^2:(2^2+2^2):(3^2+1^2+1^2):(2^2+2^2+2^2):(4^2+0^2+0^2)\cdots=3:4:8:11:12:16\cdots=1:1.33:2.67:3.67:4:5.33\cdots$。

由以上可知，结构因子只与原子的种类及在单胞中的位置有关，而不受单胞的形状和大小的影响。例如对体心点阵，不论是立方晶系、正方晶系还是斜方晶系，其消光规律均是相同的，可见系统消光的规律有较广泛的适用性。

图2-16所示为上述三种点阵的晶体经系统消光后所呈现的衍射线分布状况，其中$m=H^2+K^2+L^2$。由此可知，即使满足布拉格方程，若$|F_{HKL}|^2=0$，仍然不能得到衍射线，即衍射线的产生是由结构因子决定的，因而布拉格方程是产生衍射的必要条件，而结构因子$|F_{HKL}|^2\neq0$是产生衍射的充要条件。

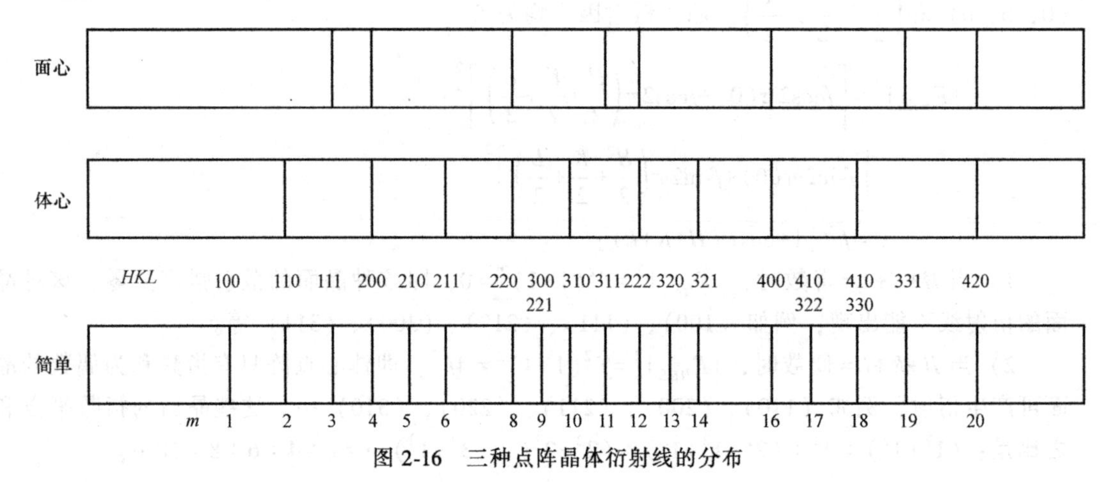

图2-16　三种点阵晶体衍射线的分布

各种点阵的结构因子见附录 D。

当晶胞中有异种原子存在时，则异种原子的原子散射因子不同，将会得到与同种原子组成时不同的结构因子，因而消光规律和衍射线强度都发生变化。例如由异类原子组成的化合物，其结构因子的计算与上述大体相同，但由于组成化合物的元素有别，致使衍射线条分布会有较大的差异。例如化合物 CuBe，具有简单立方点阵，Cu 原子占据着单胞的顶角，Be 原子位于单胞的中心（或相反），每种原子各自组成简单格子。结构因子的计算表明：当 $H+K+L=$奇数时，$|F_{HKL}|^2=(f_{\mathrm{Cu}}-f_{\mathrm{Be}})^2$；当 $H+K+L=$偶数时，$|F_{HKL}|^2=(f_{\mathrm{Cu}}+f_{\mathrm{Be}})^2$。由于 Cu 与 Be 的原子序数相差较大，晶体的衍射线条分布规律与简单点阵的基本相同，只是某些线条较弱。在另一种情况下，例如化合物 CuZn，结构同样为简单立方点阵，但由于 Cu 和 Zn 为相邻元素，f_{Cu} 与 f_{Zn} 极为接近，指数和为奇数的线条其结构因子接近于零，故 CuZn 晶体衍射线的分布规律与体心点阵的相同。某些固溶体在发生有序化转变后，不同元素的原子将固定地占据单胞中某些特定位置，晶体的衍射线条分布亦将随之变化。例如，实验中常出现在某一合金上原来不存在的衍射线，经过热处理形成长程有序后出现了，即所谓的超点阵谱线，这就是由于晶胞中固溶了异种原子所致。

第七节　洛伦兹因子

实际晶体不一定是完整的，而且入射线的波长也不是绝对单一的，且入射线并不绝对平行而是具有一定的发散角，因而，衍射线的强度尽管在满足布拉格方程的方向上最大，但偏离一定的布拉格角时也不会为零，故衍射曲线呈山峰状，具有一定的宽度，而不是严格的直线，如图 2-17 所示。所以，在测试衍射强度时，把晶体固定，仅在布拉格角的位置测定最大衍射强度的做法意义不大，一般应使晶体在布拉格角的附近左右旋转，把全部衍射记录在底片上或用计数器记录下衍射线的全部能量。以这种能量代表的衍射强度称为积分强度。如在多晶衍射分析中，每个衍射圆锥是由数目巨大的微晶体反射 X 射线形成的，底片上的衍射线是在相当长时间曝光后得到的，故所得衍射强度为累积强度或称积分强度。从横断面去考察一根衍射线(相当于察看圆锥面的厚度)，得知其强度近似呈概率分布，如图 2-17 所示。分布曲线所围成的面积(扣除背景强度后)称为衍射积分强度。衍射强度分布曲线即衍射峰，可利用 X 射线衍射仪(参看后续章节)直接采集得到。

衍射积分强度近似地等于 $I_{\mathrm{m}}B$，其中 I_{m} 为顶峰强度，B 为在 $I_{\mathrm{m}}/2$ 处的衍射线宽度，称为衍射峰的半高宽。I_{m} 与 $1/\sin\theta$ 成比例，而 B 与 $1/\cos\theta$ 成比例，故衍射积分强度与 $1/(\sin\theta\cos\theta)$ 即 $1/\sin 2\theta$ 成比例。

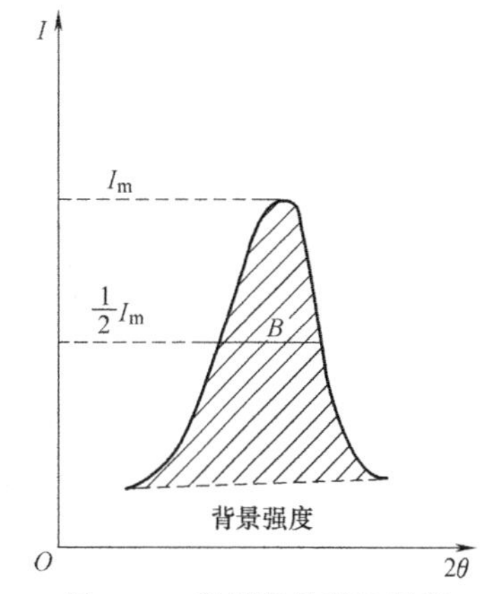

图 2-17　衍射线的积分强度

衍射积分强度除与上述的非理想实验条件有关外，还与晶粒大小、参加衍射晶粒数目及衍射线位置三个几何因子有关，由于这三种几何因子影响均与布拉格角有关，因而可将其归并在一起，统称为洛伦兹因子。洛伦兹因子可说明衍射的几何条件对衍射强度的影响。

一、晶粒大小的影响

在讨论布拉格方程时，常默认晶体为无穷大，而实际上并非如此。当晶体很小时，衍射情况会有一些变化。

一个小晶体在三维方向的积分强度可用下式表示：

$$I \propto \frac{\lambda}{t\cos\theta} \times \frac{\lambda^2}{N_a N_b \sin\theta} \tag{2-23}$$

式中，N_a 为晶面长度；N_b 为晶面宽度。

因为 $t \times N_a \times N_b = V_c$（体积），所以

$$I \propto \frac{\lambda^3}{V_c \sin 2\theta} \tag{2-24}$$

式（2-24）也称为第一几何因子，它反映了晶粒大小对衍射强度的影响。由式（2-24）可知，V_c 越小，I 越大，即晶粒越小，吸收越小，故衍射强度 I 越大。此外，当晶体很薄、晶面数目很少时，一些相消干涉也不能彻底，结果某些本应该相消的衍射线将会重新出现，也使衍射强度 I 增加。

衍射峰的半高宽 B 与晶粒大小存在如下关系：

$$B = \frac{\lambda}{t\cos\theta}$$

式中，$t = md$，m 为晶面数，d 为晶面间距。

这个结果具有实际意义：X 射线不是绝对平行的，存在较小的发散角；X 射线不可能是纯粹单色的（K_α 本身就有 0.0001nm 的宽度），它可以引起强度曲线变宽；晶体不是无限大的，如亚结构尺寸在 100nm 数量级，相互位相差 ε 有 1°至数分的差别，在参加反射时，在 $\theta \pm \varepsilon$ 处强度不为零，使 B 增加，衍射强度 I 也增加。

二、参加衍射的晶粒分数的影响

理想情况下，粉末样品中晶粒数目可以认为是无穷多的且晶粒的取向是无规的。如图 2-18 所示，被照射的全部晶粒，其（HKL）的投影将均匀分布在倒易球面上。能参与形成衍射环的晶面，在倒易球面的投影只是有影线的环带部分（理想情况下，只有与入射线成严格 θ 角的晶面可参与衍射，实际上衍射可发生在小角度 $\Delta\theta$ 范围内）。环带面积与倒易球面积之比，即为参加衍射的晶粒分数。

$$\text{参加衍射的晶粒分数} = \frac{2\pi r^* \sin(90° - \theta) r^* \Delta\theta}{4\pi (r^*)^2} = \frac{\cos\theta}{2}\Delta\theta$$

式中，r^* 为倒易球半径；$r^*\Delta\theta$ 表示环带宽。计算表明，参加衍射的晶粒分数与 $\cos\theta$ 成正比。

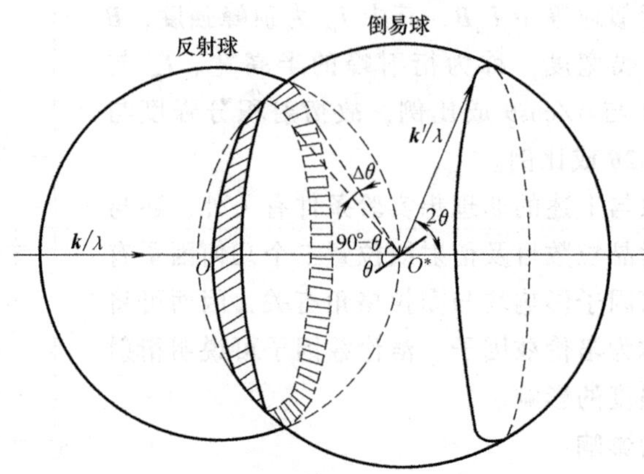

图 2-18 参加衍射的晶粒分数估计

也就是说，在晶粒完全混乱分布的条件下，粉末多晶体的衍射强度与参加衍射晶粒数目成正比，而这一数目又与衍射角有关，即 $I \propto \cos\theta$，也将这一项称为第二几何因子。可见，在背反射时参加衍射的晶粒数极少。

三、衍射线位置对强度测量的影响（单位弧长的衍射强度）

在德拜-谢勒法中，粉末试样的衍射圆锥面与底片相交构成感光的弧对(图 2-14)，而衍射强度是均匀分布于圆锥面上的。若圆锥面越大(θ 越大)，单位弧长上的能量密度就越小，在 $2\theta=90°$附近能量密度最小，在讨论相对衍射强度时并不是把一个衍射圆锥的全部衍射能量与其他的衍射圆锥的衍射能量相比较，而是比较几个圆环上的单位弧长的积分强度值，这时就应考虑圆弧所处位置所带来的单位弧长上的强度差别。

图 2-19 表明，衍射角为 2θ 的衍射环，其上某点至试样的距离若为 R，则衍射环的半径为 $R\sin2\theta$，衍射环的周长为 $2\pi R\sin2\theta$，可见单位弧长的衍射强度反比于 $\sin2\theta$，即 $I \propto 1/\sin2\theta$。有时也将因衍射线所处位置不同对衍射强度的影响称为第三几何因子。

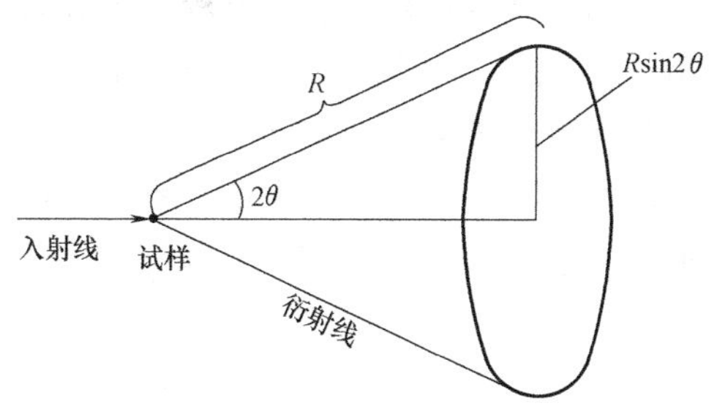

图 2-19　德拜法衍射几何

综合上述三种衍射几何可得

$$洛伦兹因子=\frac{1}{\sin2\theta}\cos\theta\frac{1}{\sin2\theta}$$

$$=\frac{\cos\theta}{\sin^2 2\theta}$$

$$=\frac{1}{4\sin^2\theta\cos\theta}$$

将洛伦兹因子与偏振因子$\frac{1}{2}(1+\cos^2 2\theta)$ 再合并，得到一个与掠射角 θ 有关的函数，称为角因数，或称洛伦兹-偏振因数。

$$角因数=\frac{1+\cos^2 2\theta}{8\sin^2\theta\cos\theta}$$

实际应用中多只涉及相对强度，所以通常称 $1/\sin^2\theta\cos\theta$ 为洛伦兹因子，而称 $(1+\cos^2 2\theta)/(\sin^2\theta\cos\theta)$为角因数。

角因数与 θ 角的关系如图 2-20 所示。应指出，常用的角因数表达式仅适用于德拜法，因为洛伦兹因子的表达式与具体的衍射几何有关。

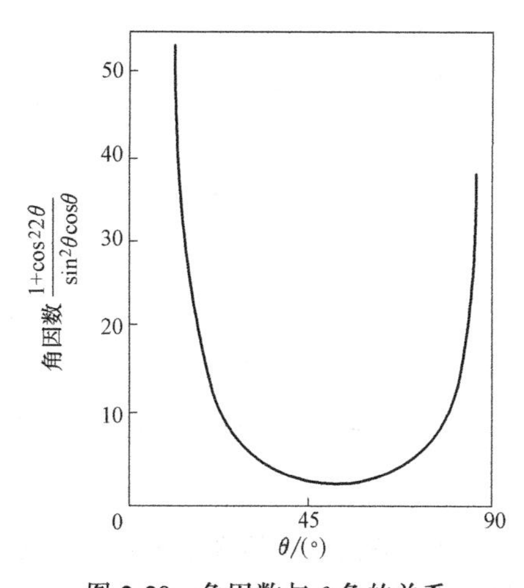

图 2-20　角因数与 θ 角的关系

第八节　衍射强度的其他影响因素与积分强度公式

本节主要阐述除结构因子和洛伦兹因子外，影响衍射强度的其他影响因素如多重性因数、吸收因数和温度因数等，并综合所有因数而提出多晶体衍射的积分强度公式。

一、衍射强度的其他影响因素

1. 多重性因数

晶体中同一晶面族{*hkl*}的各等同晶面，其原子排列相同，晶面间距相等，在多晶衍射中它们有相同的衍射角 2θ，故其衍射将重叠在同一个衍射环上。某种晶面的等同晶面数增加，参与衍射的概率随之增加，相应的衍射亦将增强。称某种晶面的等同晶面数为影响衍射强度的多重性因数 P。多重性因数与晶体对称性及晶面指数有关，如立方晶系{100}面族，$P=6$；{110}面族，$P=12$；四方晶系{100}面族，$P=4$。各晶系、各晶面族的多重性因数见附录E。

2. 吸收因数

由于试样本身对X射线的吸收，使衍射强度的实测值与计算值不符。为修正这一影响，需在强度公式中乘以吸收因数 $A(\theta)$。吸收因数与试样的形状、大小、组成以及衍射角有关。

（1）圆柱试样的吸收因数　如图2-21所示，若试样半径 r 和线吸收系数 μ_l 较大时，入射线仅穿透一定的深度便被吸收殆尽，实际只有表面一薄层物质（有影线部分）参与衍射。衍射线穿过试样也同样受到吸收，其中在透射方向上比较严重，背射方向影响较小。当衍射强度不受吸收影响时，通常取 $A(\theta)=1$。对同一试样，θ 越大，吸收越小，$A(\theta)$ 值越接近1。$A(\theta)$ 与 $\mu_l r$、θ 的关系曲线如图2-22所示。

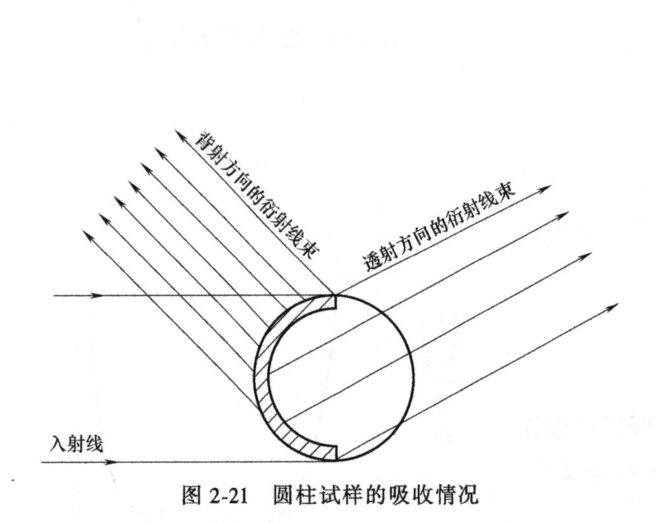

图2-21　圆柱试样的吸收情况

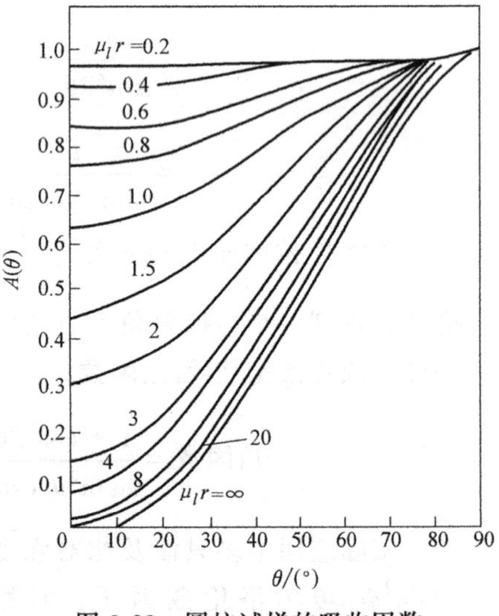

图2-22　圆柱试样的吸收因数与 $\mu_l r$ 及 θ 的关系

（2）平板试样的吸收因数　X射线衍射仪采用平板试样（参看后续章节），通常是使入射线与衍射线相对于板面呈等角配置，此时的吸收因数可近似看作与 θ 无关。它与 μ_l 成反比，其关系为 $A(\theta)=1/(2\mu_l)$。

3. 温度因数

晶体中的原子（或离子）始终围绕其平衡位置振动，其振动幅度随温度的升高而加大。这个振幅与原子间距相比不可忽略。例如，在室温下，铝原子偏离平衡位置可达0.017nm，相当于铝晶体最近原子间距的6%。

原子热振动使晶体点阵原子排列的周期性受到破坏，使得原来严格满足布拉格条件的相干散射产生附加的相差，从而使衍射强度减弱。为修正实验温度给衍射强度带来的影响，需在积分强度公式中乘以温度因数 e^{-2M}。

在温度 T 下的衍射 X 射线强度 I_T 与热力学温度为 0K 下的衍射强度 I 之比即为温度因数，即

$$I_T/I = e^{-2M}$$

显然，e^{-2M} 是个小于 1 的量。由固体物理理论可导出

$$M = \frac{6h^2}{m_a k\Theta}\left[\frac{\phi(x)}{x} + \frac{1}{4}\right]\frac{\sin^2\theta}{\lambda^2} \tag{2-25}$$

式中，h 为普朗克常量；m_a 为原子的质量；k 为玻尔兹曼常数；Θ 为以热力学温度表示的晶体的特征温度平均值；x 为 Θ/T，其中 T 为试样的热力学温度；$\phi(x)$ 为德拜函数；θ 为掠射角；λ 为 X 射线波长。

由式(2-25)可见，T 越高，x 越小，即原子热振动越剧烈，衍射强度减弱越显著。当 T 一定时，θ 越大，e^{-2M} 越小。

对于圆柱试样的衍射，当 θ 变化时，温度因数与吸收因数的变化趋势相反，二者的影响大约可抵消，因此，在一些对强度要求不很精确的工作中，可以把 e^{-2M} 与 $A(\theta)$ 同时略去。

晶体原子的热振动减弱了布拉格方向上的衍射强度，却增加了非布拉格方向上的散射强度，其结果造成衍射花样背底加重，且随 θ 角增大而越趋严重，这对于衍射分析是不利的。

二、多晶体衍射的积分强度公式

综上所述，将多晶体衍射的积分强度公式总结如下：

若以波长为 λ、强度为 I_0 的 X 射线，照射到单位晶胞体积为 V_0 的多晶试样上，被照射晶体的体积为 V，在与入射线夹角为 2θ 的方向上产生了指数为 (HKL) 晶面的衍射，在距试样为 R 处记录到衍射线单位长度上的积分强度为

$$I = I_0 \frac{\lambda^3}{32\pi R}\left(\frac{e^2}{mc^2}\right)^2 \frac{V}{V_0^2} P|F_{HKL}|^2 \frac{1+\cos^2 2\theta}{\sin^2\theta\cos\theta} A(\theta) e^{-2M} \tag{2-26}$$

公式中各符号的意义与前述相同。

式(2-26)是以入射线束强度 I_0 的若干分之一的形式给出的，故是绝对积分强度。实际工作中一般只需考虑强度的相对值。对同一衍射花样中同一物相的各根衍射线，其 $I_0 \frac{\lambda^3}{32\pi R}\left(\frac{e^2}{mc^2}\right)^2 \frac{V}{V_0^2}$ 之值是相同的，故比较它们之间的相对积分强度仅需考虑

$$I_{相对} = P|F_{HKL}|^2 \frac{1+\cos^2 2\theta}{\sin^2\theta\cos\theta} A(\theta) e^{-2M} \tag{2-27}$$

若比较同一衍射花样中不同物相的衍射，尚需考虑各物相的被照射体积和它们各自的单胞体积。

习 题

1. 试画出下列晶向及晶面（均属立方晶系）：[111]、[121]、$[21\bar{2}]$、[110]、$(0\bar{1}0)$、(123)、$(21\bar{1})$、$(\bar{3}11)$、(110)、(111)、(220)、(030)、$(\bar{1}\bar{3}2)$，同时试将其中的晶面间距从大到小按次序重新排列，并

计算$(\bar{3}11)$及$(\bar{1}\bar{3}2)$的共同晶带轴。

2. 当波长为λ的X射线照射到晶体并出现衍射线时，相邻两个(hkl)反射线的波程差是多少？相邻两个(HKL)反射线的波程差是多少？

3. α-Fe属立方晶系，点阵参数$a=0.2866$nm。如用CrK_{α}X射线($\lambda=0.2291$nm)照射，试求(110)、(200)及(211)晶面可发生衍射的掠射角。

4. 画出Fe_2B在平行于(010)晶面上的部分倒易点。Fe_2B属正方晶系，点阵参数$a=b=0.510$nm，$c=0.424$nm。

5. 用单色X射线照射圆柱多晶体试样，其衍射线在空间将形成什么图案？为摄取德拜相，应当采用什么样的底片去记录？

6. 原子散射因子的物理意义是什么？某元素的原子散射因子与其原子序数有何关系？

7. 洛伦兹因子是表示什么对衍射强度的影响？其表达式是综合了哪几方面考虑而得出的？

8. 多重性因数的物理意义是什么？某立方系晶体，其{100}的多重性因数是多少？如该晶体转变成四方系，这个晶面族的多重性因数会发生什么变化？为什么？

9. 总结简单点阵、体心点阵和面心点阵衍射线的系统消光规律。

10. 多晶体衍射的积分强度表示什么？今有一张用CuK_{α}摄得的钨(体心立方)的德拜相，试计算出头4根线的相对积分强度[不计算$A(\theta)$和e^{-2M}，以最强线的强度为100]。头4根线的θ值如下：

线条	1	2	3	4
θ/(°)	20.2	29.2	36.7	43.6

第三章　多晶物相分析

工程材料大都以多晶体的形式存在和使用，研究这类材料的组织结构极为重要，目前已陆续发展了多种物理分析方法。与其他方法相比，X射线衍射分析是非破坏性的，实验结果准确可靠，真正代表了检测区域的平均效果，而且对试样没有太严格的要求，可采用粉末或块状试样，甚至可直接对小型零件进行测量。

根据记录衍射信息的方式，X射线衍射方法可分为照相法和衍射仪法。照相法最早应用于衍射分析中，例如德拜-谢勒法（简称德拜法），它是多晶衍射方法的基础。衍射仪法在近几十年中得到了很大发展，出现了粉末衍射仪、四圆衍射仪和微区衍射仪等，其中粉末衍射仪应用最为广泛，它作为一种通用的实验仪器，在大多数场合取代了照相法。

任何多晶物质都具有其特定的X射线衍射谱，在此衍射谱中包含大量的结构信息。衍射谱线正如人的指纹一样，是鉴别物质结构及类别的主要标志。根据此特点，国际上建立了相应的标准物质衍射卡片库，收集了大量多晶物质的衍射信息。卡片库中包含了标准物质晶面间距和衍射强度，是进行物相分析的重要参考数据。

X射线物相分析包括定性分析与定量分析。定性分析就是通过实测衍射谱线与标准卡片数据进行对照，来确定未知试样中的物相类别。定量分析则是在已知物相类别的情况下，通过测量这些物相的积分衍射强度，来测算它们各自的含量。物相分析与化学分析方法不同，化学分析仅仅是获得物质中的元素组分，物相分析则是得到这些元素所构成的物相，而且物相分析还是区分相同物质同素异构体的有效方法。

第一节　照　相　法

近一个世纪以来，人们发展了许多晶体衍射的照相方法，各种方法都有自己的特点。下面主要介绍几种多晶试样的照相方法。

一、德拜-谢勒法

德拜-谢勒法用于多晶体的衍射分析，此法以单色X射线作为光源，摄取多晶体衍射环，是一种经典的且至今仍未失去其使用价值的衍射分析方法。该方法所用试样为细圆柱状，X射线照射其上，产生一系列衍射锥，用窄条带状底片环绕试样放置，衍射锥与底片相遇，得到一系列衍射环。图3-1所示为德拜相机的示意图，相机主体是一个带盖的密封圆筒，沿筒的直径方向装有一个前光阑和后光阑，试样置于可调节的试样轴座上，丝轴与圆筒轴线重合，底片围绕试样并紧贴于圆筒内壁。入射X射线通过前光阑成为近平行光束，经试样衍射使周围底片感光，多余的透射线束进入后光阑被其底部的铅玻璃所吸收，荧光屏主要用于拍摄前的对光。常用的德拜相机的直径有57.3mm、114.6mm、190mm几种。

德拜法所用试样多为圆柱形的粉末物质黏合体，也可是多晶体细丝，其直径为0.2~1.0mm，长约10mm。粉末试样可用胶水粘在细玻璃丝上，或填充于特制的细管中。对粉末粒度有一定要求，最好控制在250~350目（每平方英寸筛孔数），粒度过粗会使衍射环不连

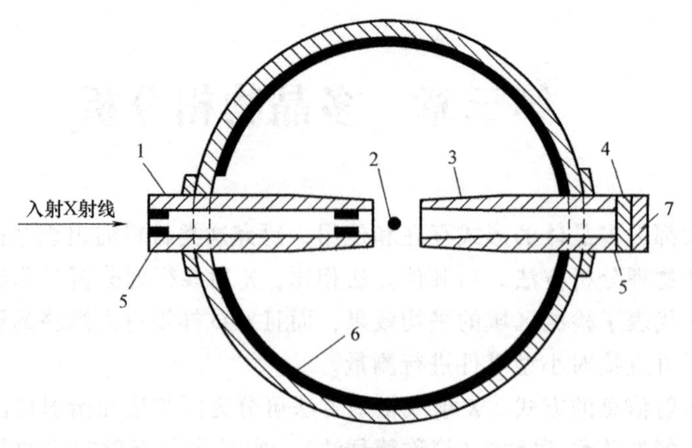

图 3-1 德拜相机

1—前光阑 2—试样 3—后光阑 4—荧光屏 5—黑纸 6—底片 7—铅玻璃

续，过细则会使衍射线发生宽化。为了避免衍射环出现不连续现象，试样在曝光期间可不断地以相机轴进行旋转，从而增加参加衍射的粒子数。底片裁成长条形，按光阑位置开孔，并贴相机内壁放置。图 3-2 示出了底片的三种安装方式及衍射花样。

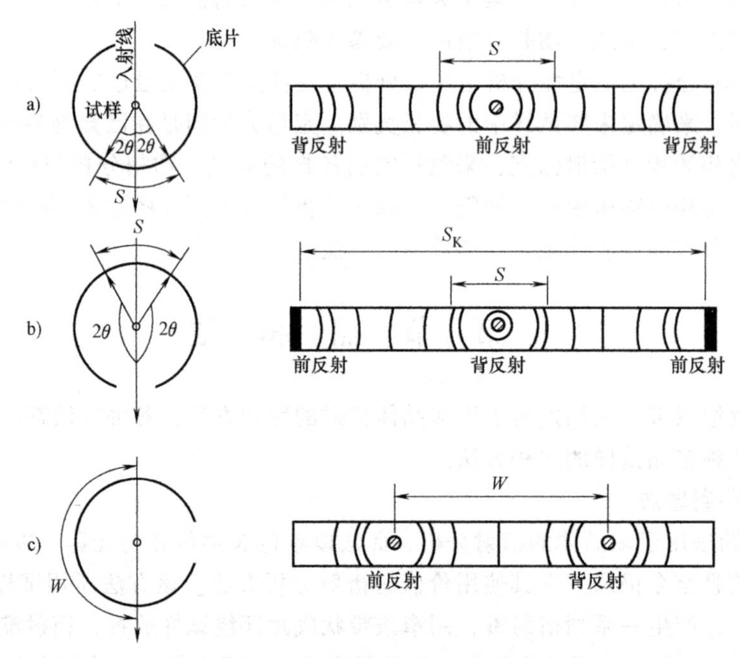

图 3-2 底片安装方式及衍射花样

a）正装 b）倒装 c）不对称装

二、聚焦法

将具有一定发散度的单色 X 射线照射到弧形的多晶试样表面，由各(hkl)晶面族产生的衍射束分别聚焦成一细线，此衍射方法称为聚焦法。

图 3-3 所示为聚焦原理示意图，图中片状多晶试样 AB 表面曲率与圆筒状相机相同，X 射线从狭缝 M 入射照到试样表面，其各点同一(hkl)晶面族所产生的衍射线都与入射线成相

等的 2θ 夹角，因而聚焦于相机壁上的同一点。

与德拜法相比，聚焦法的优点是入射线强度高，被照试样面积大，衍射线聚焦效果好，曝光时间短，而且相机半径相同时聚焦法的线条分辨本领高。该方法的缺点是角度范围小，例如背射聚焦相机的角度仅为 92°~166°。

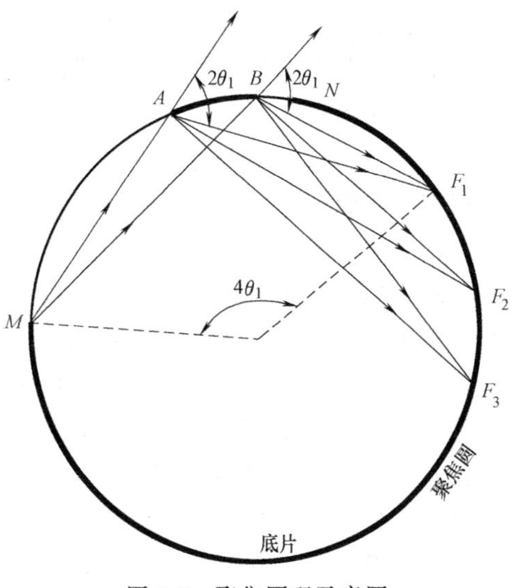

图 3-3 聚焦原理示意图

三、针孔法

X 射线通过针孔光阑照射到试样上，用垂直于入射线的平板底片接收衍射线，这种拍摄方法称为针孔法，如图 3-4 所示。该方法又可分为透射法和背反射法两种。利用单色 X 射线照射多晶体试样，所形成的针孔像为一系列同心圆环。如果衍射环半径 r 及试样到底片的距离 D 已知，则布拉格角 θ(°)可从下式中获得

$$透射法\ \theta=[\arctan(r/D)]/2,\quad 背反射\ \theta=[180°-\arctan(r/D)]/2 \tag{3-1}$$

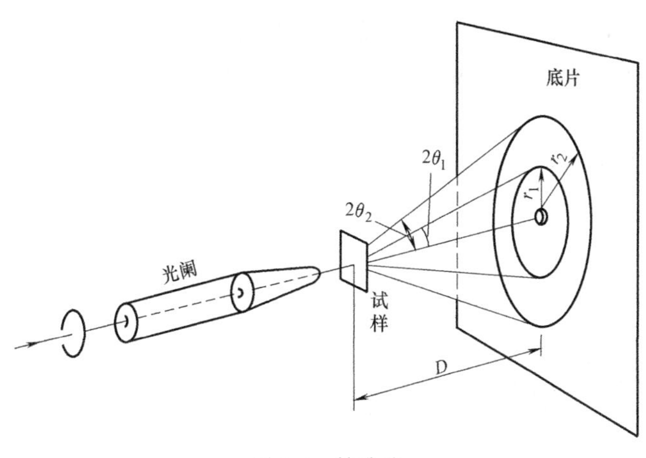

图 3-4 针孔法

由于利用的是单色 X 射线，上述针孔像中只包含少数的衍射环。如果利用连续 X 射线照射单晶体，仍利用上述针孔平板相机，实际已变为劳厄衍射法，劳厄像反映出晶体的取向，这也是单晶定向的一种方法。

第二节 衍射仪法

衍射仪法利用计数管来接收衍射线，可以省去照相法中的暗室工作，具有快速、灵敏及精确等优点。X 射线衍射仪包括辐射源、测角仪、探测器、控制测量与记录系统等，可以安装各种附件，如高低温衍射、小角散射、织构及应力测量等。

一台优良的 X 射线衍射仪，首先应具有足够的辐射强度，例如采用旋转阳极辐射源，可有效增加试样的衍射信息。从测量角度讲，仪器性能主要体现在以下几个方面：一是衍射

角测量要准确；二是采集衍射计数要稳定可靠；三是尽可能除掉多余的辐射线并降低背底散射。本节主要介绍与测量有关的仪器部件，包括测角仪、计数器和单色器。

一、测角仪

粉末衍射仪中均配备常规的测角仪，其结构简单且使用方便，扫描方式可分为 $\theta/2\theta$ 偶合扫描与非偶合扫描两种类型。

1. 偶合扫描方式

图 3-5 所示为粉末衍射仪的卧式测角仪示意图，它在构造上与德拜相机有很多相似之处。平板状试样 D 安装在试样台 H 上，二者可围绕 O 轴旋转。S 为 X 射线源，其位置始终是固定不动的。一束 X 射线由射线源发出，照射到试样 D 上并发生衍射，衍射线束指向接收狭缝 F，然后被计数管 C 所接收。接收狭缝 F 和计数管 C 一同安装在测角臂 E 上，它们可围绕 O 轴旋转。当试样 D 发生转动即 θ 改变时，衍射线束 2θ 角必然改变，同时相应地改变测角臂 E 位置以接收衍射线。衍射线束 2θ 角就是测角臂 E 所处的刻度，刻度尺制作在测角仪圆 G 的圆周上。在测量过程中，试样台 H 和测角臂 E 保持固定的转动关系，即当试样台转过 θ 角时测角臂恒转过 2θ 角，这种连动方式称为 $\theta/2\theta$ 偶合扫描。计数管在扫描过程中逐个接收不同角度下的计数强度，绘制强度与角度的关系曲线，即得到 X 射线的衍射谱线。

采用 $\theta/2\theta$ 偶合扫描，确保了 X 射线相对于平板试样的入射角与反射角始终相等，且都等于 θ 角。试样表面法线始终平分入射线与衍射线的夹角，当 2θ 符合某（hkl）晶面布拉格条件时，计数管所接收的衍射线始终是由那些平行于试样表面的（hkl）晶面所贡献，如图 3-6 所示。

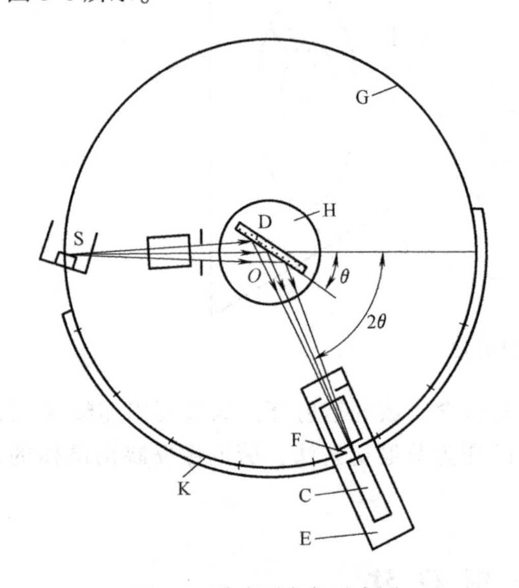

图 3-5 卧式测角仪示意图

G—测角仪圆 S—X 射线源 D—试样 H—试样台
F—接收狭缝 C—计数管 E—测角臂 K—刻度尺

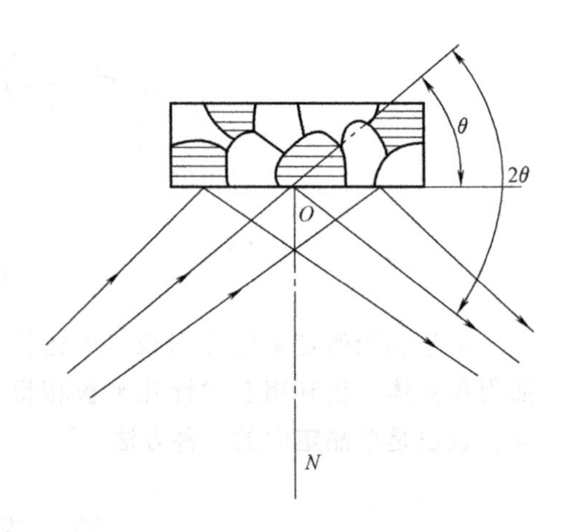

图 3-6 偶合扫描方式下对衍射有贡献的晶面

图 3-7 所示为测角仪的聚焦几何关系。根据图中的聚焦原理，光源 S、试样被照表面 MON 以及反射线会聚点 F 必须落到同一聚焦圆上。在实验过程中聚焦圆时刻在变化，其半径 r 随 θ 角的增大而减小。聚焦圆半径 r、测角仪圆半径 R 以及 θ 角的关系为

$$r = R/(2\sin\theta) \tag{3-2}$$

这种聚焦几何要求试样表面与聚焦圆有同一曲率。但因聚焦圆的大小时刻变化，故此要求难以实现。衍射仪习惯采用的是平板试样，在运转过程中始终与聚焦圆相切，即实际上只有 O 点在这个圆上。因此，衍射线并非严格地聚集在 F 点上，而是分散在一定的宽度范围内，只要宽度不大，在应用中是允许的。

这里的聚焦圆，与倒易点阵中的反射球属于两个不同的概念，反射球是晶体倒易空间中假想的一个半径为 $1/\lambda$ 的球面，代表的是布拉格方程，没有聚焦的含义。而这里的聚焦圆，是由发射焦点、被照射点及接收焦点在实际空间中所组成的几何圆周。

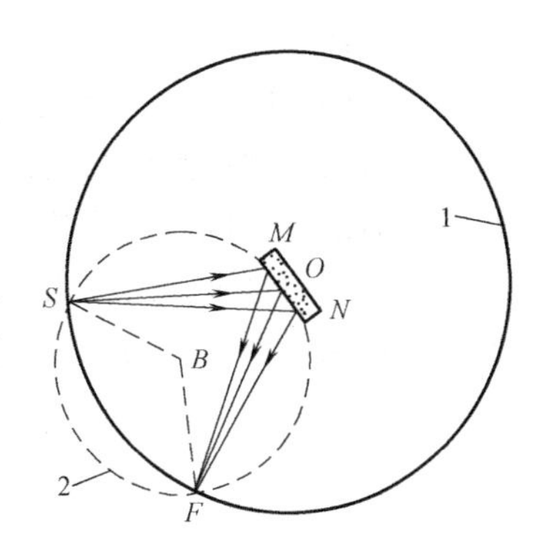

图 3-7 测角仪的聚焦几何关系

1—测角仪圆 2—聚焦圆

测角仪的光学布置如图 3-8 所示。靶面 S 为线焦点，其长轴沿竖直方向，因此射线在水平方向会有一定发散，而垂直方向则近乎平行。射线由光源 S 发出，经过入射梭拉狭缝 S_1 和发散狭缝 DS，照射到垂直放置的试样表面后，衍射线束依次经过防散射狭缝 SS、衍射梭拉狭缝 S_2 及接收狭缝 RS，最终被计数管接收。

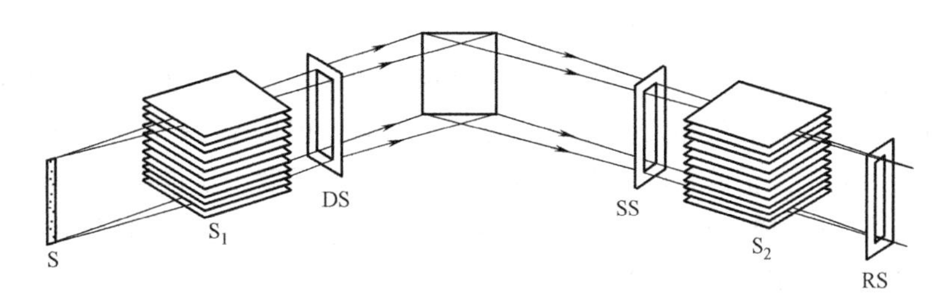

图 3-8 测角仪的光学布置

狭缝 DS 限制入射线束的水平发散度，SS 限制衍射线束的水平发散度，RS 限制衍射线束的聚焦宽度，梭拉狭缝 S_1 限制入射线束垂直发散，S_2 限制衍射线束垂直发散。使用上述一系列狭缝，可以确保正确的衍射光路，有效阻挡多余散射线进入计数管中，提高衍射分辨率。

狭缝 DS、SS 和 RS 的宽度是配套的，例如 DS = 1°、SS = 1°和 RS = 0.3mm，表示入射线束和衍射线束水平发散度为 1°，衍射线束聚焦宽度为 0.3mm。梭拉狭缝 S_1 和 S_2 由一组相互平行的金属薄片组成，例如相邻两片间空隙小于 0.5mm，薄片厚约 0.05mm 及长约 30mm，这样梭拉狭缝可将射线束垂直方向的发散限制在 2°以内。

2. 非偶合扫描方式

利用图 3-5 所示的测角仪，也可以实现非偶合扫描方式，例如 α 扫描和 2θ 扫描。如果测角臂 E 固定，仅让试样台 H 转动，实际是衍射角 2θ 固定而入射角变动，由于此时入射角并非是布拉格角，故改写为 α，这种扫描方式就是 α 扫描。若试样台 H 固定，仅让测角臂 E 转动，实际是入射角固定而衍射角 2θ 变动，故称为 2θ 扫描。在图 3-5 所示的偶合扫描方式下，X 射线入射角与反射角始终相等，试样表面法线平分入射线与衍射线的夹角，始终是那些平行于试样表面的晶面发生衍射(见图 3-6)，而在 α 扫描或 2θ 扫描方式下，则不存在这种几何关系。

图3-9a和图3-9b分别示出了α扫描过程中的两个试样位置，两个位置的衍射角2θ相同即被测晶面为同族晶面，但两个位置的X射线入射角α不同即参加衍射的晶面取向不同，所测量的是不同取向同族晶面的衍射强度。考虑到块体试样大都不同程度地存在晶面择优取向问题，利用这种扫描方式，能够初步判断材料中同族晶面的取向不均匀性，关于这方面内容，还将在后面的织构测量中继续讨论。

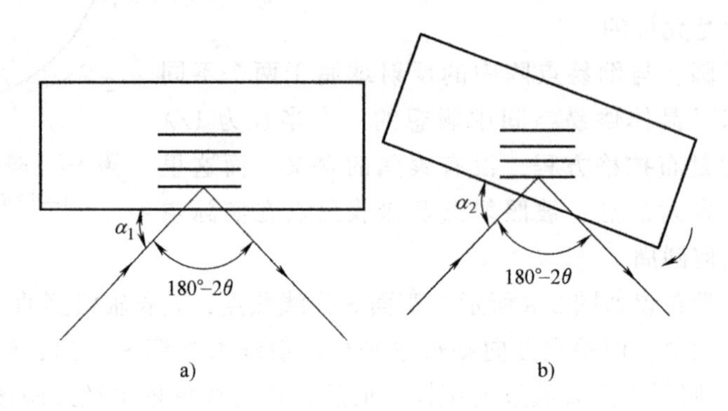

图3-9 非偶合α扫描方式下对衍射有贡献的晶面

a）位置1 b）位置2

图3-10a和图3-10b分别示出了2θ扫描过程中的两个衍射位置，两个位置的2θ角不同即被测晶面为异族晶面。虽然两位置的入射角α相同，但由于2θ不同而导致参加衍射的晶面取向不同，因此所测量的是不同取向异族晶面的衍射强度，这说明2θ扫描要比α扫描的问题复杂。由于2θ扫描方式的入射角固定不变，可以限制X射线穿透试样的深度，因此在薄膜材料的掠射分析中被广泛采用。

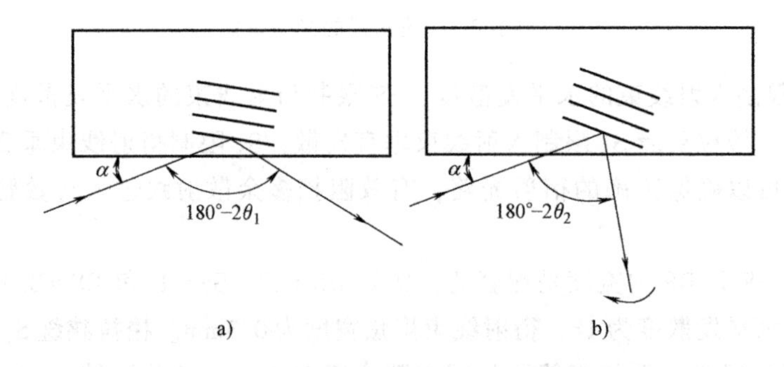

图3-10 非偶合2θ扫描方式下对衍射有贡献的晶面

a）位置1 b）位置2

如X射线以α角照射试样，其中$0\sim t$厚度所产生的衍射强度为

$$I_t = I_0\left[1-\exp\left(-\mu_l t\,\frac{\sin\alpha+\sin\beta}{\sin\alpha\sin\beta}\right)\right] \tag{3-3}$$

式中，β为衍射线与试样表面的夹角，$\beta=(2\theta-\alpha)$；μ_l为线吸收系数；I_0为试样总衍射强度，$I_0=I_t|_{t=\infty}$。

若射线有效穿透深度为t_e，定义为衍射强度占整个衍射强度的80%即$I_{t_e}=0.8I_0$，不难

证明

$$t_e \approx 1.6\sin\alpha\sin\beta/[\mu_l(\sin\alpha+\sin\beta)] \tag{3-4}$$

当 X 射线入射角 α 很小时即为掠射，式(3-4)则变为

$$t_e = 1.6\alpha(\pi/180°)/\mu_l \tag{3-5}$$

式中，α 单位为(°)，表明入射角 α 越小，则有效穿透深度 t_e 越浅，越容易揭示材料的表面信息。

在实际工作中，通常是选择不同入射角 α 并分别进行 2θ 扫描，这样可得到一系列穿透深度不同的衍射谱线，这些谱线代表了试样不同深度的组织结构特征，特别适合薄膜及表面改性等材料的表层衍射分析。这种方法，也称为二维 X 射线衍射分析。

二、计数器

衍射仪的 X 射线探测元件为计数管，计数管及其附属电路称为计数器。目前，使用最为普遍的是闪烁计数器。在要求定量关系较为准确的场合下，仍习惯使用正比计数器。近年来，有的衍射仪还使用较先进的位敏探测器及 Si(Li) 探测器等。

1. 闪烁计数器

闪烁计数器是利用 X 射线激发某些固体（磷光体）发射可见荧光，并通过光电管进行测量。由于所发射的荧光量极少，为获得足够的测量电流，须采用光电倍增管放大。因为输出电流与光线强度成正比，即与被计数管吸收的 X 射线强度成正比，故可以用来测量 X 射线强度。

真空闪烁计数管的构造及探测原理，如图 3-11 所示。磷光体一般为加入质量分数约 0.5%铊作为活化剂的碘化钠(NaI)单晶体，经 X 射线照射后可发射蓝光。晶体的一面常覆盖一薄层铝，铝上再覆盖一薄层铍。覆盖层位于晶体和计数管窗口之间，铍不能透进可见光，但对 X 射线是透明的，铝则能将晶体发射的光反射回光敏阴极上。

晶体吸收一个 X 射线光子后，在其中即产生一个闪光，这个闪光射进光电倍增管中，并从光敏阴极(一般用铯锑金属间化合物制成)上撞出许多电子。为简明起见，图 3-11 中只画了一个电子。在光电倍增管中装有若干个联极，后一个均较前面一个高出约 100V 的正电压，而最后一个则接到测量电路中去。从光敏阴极上迸出的电子被吸到第一联极，该电子可从第一联极金属表面上撞出多个电子(图中只撞出两个)，而每个到达第二个联极上的电子又可撞出多个电子，依次类推。各联极实际增益 4~5 倍，一般有 8~14 个联极，总倍增将超过 10^6。这样，晶体吸收了一个 X 射线光子以后，便可在最后一个联极上收集到数目众多的

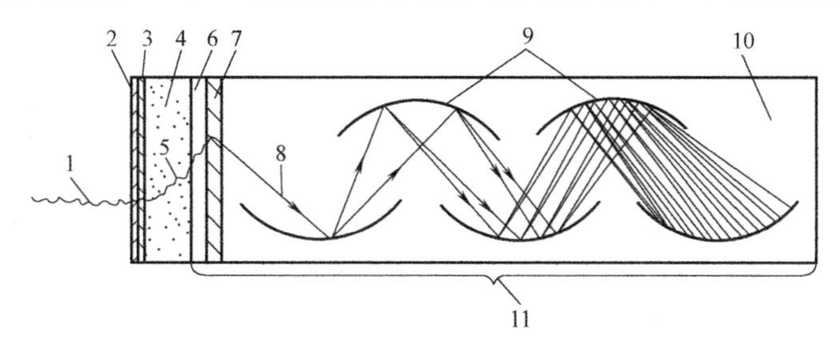

图 3-11　真空闪烁计数管

1—X 射线　2—铍箔　3—铝箔　4—晶体　5—可见光　6—玻璃　7—光敏阴极
8—电子　9—联极　10—真空　11—光电倍增管

电子，从而产生电压脉冲。

闪烁计数管的作用很快，其分辨时间可达10^{-8}s数量级，即使计数率在10^5次/s以下时也不存在计数损失的现象。闪烁计数器的主要缺点在于背底脉冲过高，在没有X射线光子射进计数管时仍会产生无照电流的脉冲，其来源是光敏阴极因热离子发射而产生电子。此外，闪烁计数器价格较高，体积较大，对温度的波动比较敏感，受振动时亦容易损坏，晶体易于受潮解而失效。

2. 正比计数器

正比计数管及其基本电路如图3-12所示。计数管外壳为玻璃，内充氩、氪及氙等惰性气体。计数管窗口由云母或铍等低吸收系数的材料制成。计数管阴极为一金属圆筒，阳极为共轴的金属丝，阴阳极之间保持一定的电位差。X射线光子进入计数管后，使其内部气体电离，并产生电子。在电场力的作用下，这些电子向阳极加速运动。电子在运动期间，又会使气体进一步电离并产生新的电子，新电子运动再次引起更多气体的电离，于是就出现了电离过程的连锁反应。在极短的时间内，所产生的大量电子便会涌向阳极，从而产生可探测到的电流。这样，即使少量光子的照射，也可以产生大量的电子和离子，这就是气体的放大作用。

若X射线光子直接电离气体的分子数为n，则经放大作用后的电离气体分子总数为A^n，因此A被称为气体放大因子，它与施加在计数管两极的电压有关。典型计数管气体放大因子A与两极电压U的关系曲线如图3-13所示。当施加较低的电压时，无气体放大作用。当电压升高到一定程度时，一个X射线光子能电离的气体分子数可达电离室的$10^3\sim10^5$倍，从而形成电子雪崩现象，在此区间A与U呈直线关系，因而这是正比计数器的工作区域，该区间一般为600~900V。如果电压继续升高到1000~1500V，计数管便处于电晕放电区，此时气体放大因子达$10^8\sim10^9$，即进入盖革计数器的工作区。

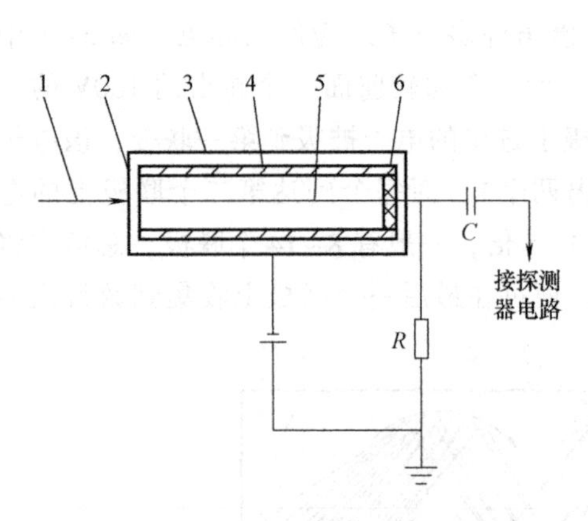

图3-12 正比计数管及其基本电路
1—X射线 2—窗口 3—玻璃壳
4—阴极 5—阳极 6—绝缘体

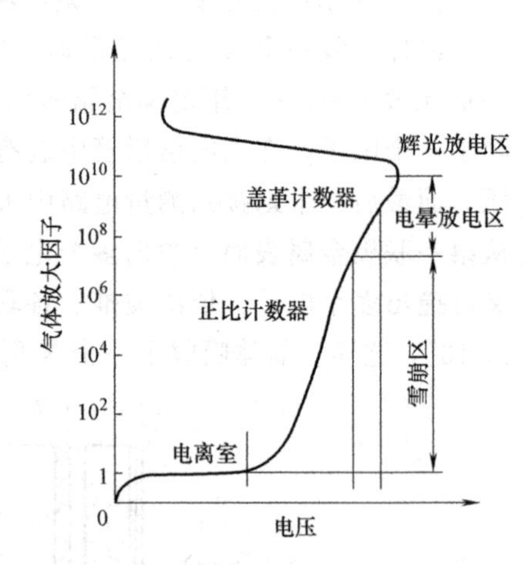

图3-13 电压对气体放大因子的影响

正比计数器所给出的脉冲大小和它所吸收的X射线光子能量成正比，在进行衍射强度测量时的结果比较可靠。正比计数器的反应极快，对两个连续到来的脉冲分辨时间只需

10^{-6}s。它性能稳定，能量分辨率高，背底脉冲低，光子计数效率高，在理想情况下可认为没有计数损失。正比计数器的缺点是对温度比较敏感，计数管需要高度稳定的电压，而且雪崩放电所引起电压的瞬时降落只有几毫伏。

三、单色器

在 X 射线进入计数管之前，需要除掉连续辐射线以及 K_β 辐射线，降低背底散射，以获得良好的衍射效果。单色化处理可采用滤波片、晶体单色器以及波高分析器等。

1. 滤波片

前面的章节曾经讨论过，为了滤去 X 射线中无用的 K_β 辐射线，需要选择一种合适的材料作为滤波片，这种材料的吸收限刚好位于 K_α 与 K_β 波长之间，滤波片将强烈地吸收 K_β 辐射线，而对 K_α 辐射线的吸收很少，从而得到的基本上是单色的 K_α 辐射线。

单滤波片，通常是将一 K_β 滤波片插在衍射光程的接收狭缝 RS 处。但某些情况下例外，例如 Co 靶测定 Fe 试样时，Co 靶 K_β 辐射线可能激发出 Fe 试样的荧光辐射，此时应将 K_β 滤波片移至入射光程的发散狭缝 DS 处，这样可以减少荧光 X 射线，降低衍射背底。使用 K_β 滤波片后难免还会出现微弱的 K_β 峰。

2. 晶体单色器

降低背底散射的最好方法是采用晶体单色器。如图 3-14 所示，在衍射仪接收狭缝 RS 后面放置一块单晶体即晶体单色器，此单色器的某晶面与通过接收狭缝的衍射线所成角度等于此晶面对靶 K_α 线的布拉格角。试样的 K_α 衍射线经过单晶体再次衍射后即进入计数管，而非试样的 K_α 衍射线却不能进入计数管。接收狭缝、单色器和计数管的位置相对固定，因此尽管衍射仪在转动，也只有试样的 K_α 衍射线才进入计数管。利用单色器不仅对于消除 K_β 线非常有效，而且由于消除了荧光 X 射线，也大大降低了衍射的背底。

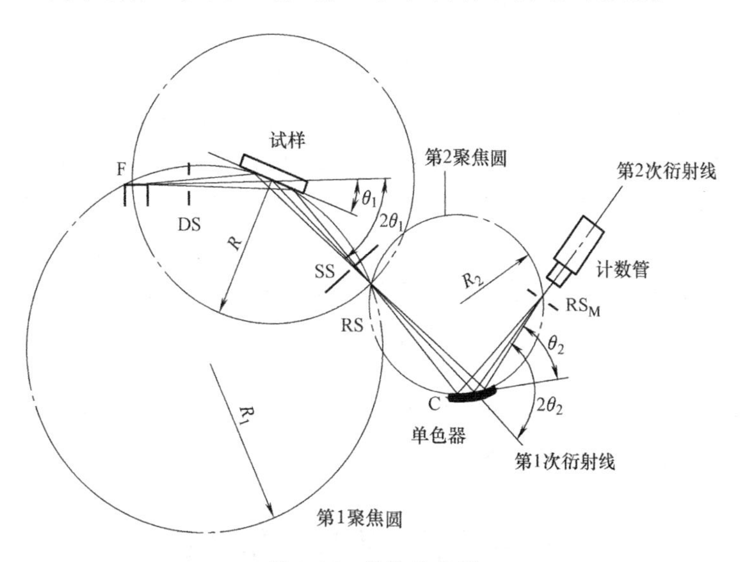

图 3-14　晶体单色器

选择单色器的晶体及晶面时，有两种方案：一是强调分辨率；二是强调反射能力，即强度。对于前者，一般选用石英等晶体；对于后者，则使用热解石墨单色器，它的(002)晶面的反射效率高于其他单色器。晶体单色器并不能排除所用 K_α 线的高次谐波，例如(1/2)λ_{K_α}

及(1/3)λ_{K_α}辐射线与K_α一起在试样上和单色器上发生反射，并进入探测器。然而利用下面将要介绍的波高分析器，可以排除这些高次谐波所贡献的信号。

如果采用晶体单色器，则强度公式中的角因子改为

$$L_p=(1+\cos^2 2\theta_M \cos^2 2\theta)/(\sin^2\theta\cos\theta) \tag{3-6}$$

式中，$2\theta_M$为单色器晶体的衍射角。

3. 波高分析器

闪烁计数器或正比计数器所接收到的脉冲信号，除了试样衍射特征X射线的脉冲外，还将夹杂着一些高度大小不同的无用脉冲，它们来自连续辐射、其他散射及荧光辐射等，这些无用脉冲只能增加衍射背底，必须设法消除。

来自探测器的脉冲信号，其脉冲波高正比于所接收的X射线光子能量(反比于波长)，因此通过限制脉冲波高就可以限制波长，这就是波高分析器的基本原理。如图3-15所示，根据靶的特征辐射(如CuK_α)波长确定脉冲波高的上、下限，设法除掉上、下限以外的信号，保留与该波长相近的脉冲信号（图中WINDOW区间)，这就是所需要的衍射信号。

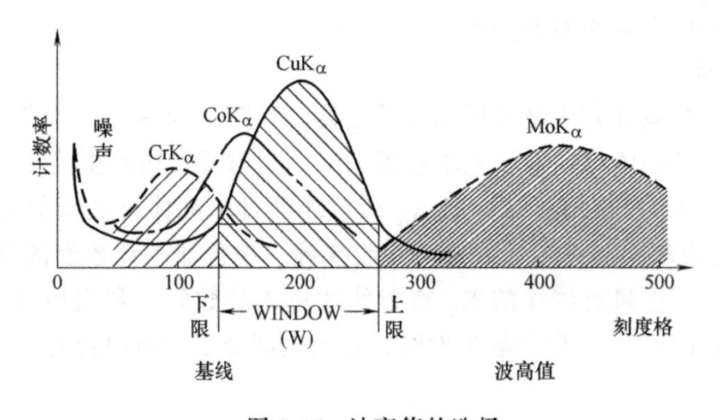

图3-15 波高值的选择

波高分析器又称脉冲高度分析器，实际是一种特殊的电路单元。脉冲高度分析器由上下甄别器等电路所组成。上下甄别器分别可以限制高度过大或过小的脉冲进入，从而起到去除杂乱背底的作用。上下甄别器的阈值可根据工作要求加以调整。脉冲高度分析器可选择微分和积分两种电路。只允许满足道宽(上下甄别器阈值之差)的脉冲通过时称为微分电路；超过下甄别阈高度的脉冲可以通过时称为积分电路。采用脉冲高度分析器后，可以使入射X射线束基本上成单色。所得到的衍射谱线峰背比(峰值强度与背底之比)P/B明显降低，谱线质量得到改善。

在实际应用中，为了尽可能提高单色化效果，一般是滤波片与波高分析器联合使用，或者是晶体单色器与波高分析器联合使用。

第三节 定性物相分析

定性物相分析需要有三个步骤：①利用照相法或衍射仪法获得被测试样的X射线衍射谱线，确定每个衍射峰的衍射角2θ和衍射强度I'，规定最强峰的强度为$I'_{max}=100$，依次计算其他衍射峰的相对强度$I=100(I'/I'_{max})$值；②根据辐射波长λ和各个2θ值，由布拉格方

程计算出各个衍射峰对应的晶面间距 d，并按照由大到小的顺序分别将 d 与 I 排成两列；③利用这一系列 d 与 I 的值进行 PDF 卡片检索，通过这些数据与标准卡片中的数据进行对照，从而确定出待测试样中各物相的类别。

自动 X 射线衍射仪不但能够确定出试样谱线中各衍射峰值强度及衍射角，而且还可以自动计算出晶面间距 d 及相对强度 I，所得数据一般能够满足定性分析的要求，因此定性分析的核心就是如何运用卡片库，即进行卡片检索的问题。传统的卡片检索工作，都是借助上述卡片索引来完成的。然而随着计算机技术的发展，手工检索方式已逐渐被计算机检索所代替，大大提高了检索的速度和准确性。

一、手工检索

目前已很少单纯利用手工方法来进行卡片检索工作，但作为一种基础知识，掌握这种方法还是有必要的。下面将通过两个示例，来说明手工检索的过程。

1. 全部元素未知的情况

在试样全部元素未知的情况下，只能利用数字索引（如 Hanawalt）进行定性分析，需要反复查对索引数据，检索难度较大。

表 3-1 中左边三列给出了某试样的衍射线条序号、晶面间距和相对强度。取表中第一及第二强线为依据查找 Hanawalt 索引，在包含第一强线 0.2331nm 的大组中找到第二强线 0.2506nm 的条目，将此条目中的其他 d 值与试样衍射谱对照，结果并不吻合，说明 0.2331nm 和 0.2506nm 两根衍射线不属于同一种物相。然后，取试样谱线中的第三强线 0.2020nm 作为第二强线重新检索，可找到 Al 条目，其 d 值与测量值吻合得较好，按索引给出的卡片号 04-0787 取出卡片，对照全谱线发现，该卡片中的数据与试样的 2、4、6、9 及 10 衍射线符合，说明这些衍射线属于 Al 相。最后，将剩余线条中的最强线 0.2506nm 作为第一强线，次强线 0.1536nm 作为第二强线，按上述方法查找 Hanawalt 索引，得出试样谱线与 SiC 的 29-1129 卡片基本符合，即属于 SiC 相。至此，整个定性物相分析工作结束，该试样由 Al 和 SiC 两相组成。在实际分析中，可能遇到第三相或更多的物相，其分析方法均如上所述。

从表面来看，这种检索方法似乎比较容易，但事实上由于不了解试样的任何信息，只借助衍射数据进行物相检索，必须反复查阅大量索引数据，是一项非常烦琐的工作。一般这类检索都要花费很长的时间。

表 3-1 实际定性分析数据表

线号	试样衍射谱		A104-0787		SiC29-1129	
	d/nm	I/I_1	d/nm	I/I_1	d/nm	I/I_1
1	0.2506	84			0.25200	100
2	0.2331	100	0.23380	100		
3	0.2170	18			0.21800	20
4	0.2020	64	0.20240	47		
5	0.1536	37			0.15411	35
6	0.1429	36	0.14310	22		
7	0.1311	27			0.13140	25
8	0.1256	5			0.12583	5
9	0.1220	55	0.12210	24		
10	0.1168	10	0.11690	7		
11	0.1087	5			0.10893	5

2. 部分元素已知的情况

在许多情况下试样中部分元素是已知的，甚至可以通过光谱、能谱及化学分析等方法，事先确定出试样的主要元素，此时利用字顺索引则比较方便。由于此时的索引数据范围缩小，因而检索工作相对容易。

仍以表3-1中的试样为例，首先进行能谱分析，结果主要为Al和Si元素。由于能谱仪只能分析Na以后的重元素，并不能排除Na之前轻元素的存在。因此，试样中可存在Al单质、Al化合物、Si单质及Si化合物等。在字顺索引中，单质Al的条目共有7条，分别将它们与试样衍射谱线对照，很容易就发现Al卡片04-0787与试样2、4、6、9及10衍射线符合，因此被确定为Al相。剩余线条在字顺索引的单质Si条目中没有发现合适卡片。然后扩大范围，在Si化合物条目中发现SiC卡片29-1129与剩余线条d值接近，从而证实了SiC相。至此，完成了定性分析工作。显然，这种检索方法的速度相对快一些。

二、计算机检索

物相分析在许多科学领域中有着广泛的应用。然而当物相组成比较复杂时，需要大量人力和时间来进行卡片检索，为此人们尝试借助计算机进行自动检索。就是利用计算机检索程序，根据被测衍射谱中一系列晶面间距与相对强度，快速且准确地检索出与之对应的物相类型。为此，必须建立计算机标准衍射数据库，尽可能储存全部PDF卡片资料。为了方便检索，可将这些资料按行业分成若干个物相分库。

许多X射线衍射仪都配备了计算机自动检索程序及相应的数据库，目前已有很多这类专业软件，从而促进了X射线物相分析的发展。对于全自动X射线衍射仪，只需操作者输入必要的检索参数，仪器就可利用衍射谱数据自动进行物相检索工作，实现全自动检索。当然，计算机检索也不是万能的，如果使用不当，难免会出现漏检或误检的现象。

1. 检索步骤

计算机检索软件尽管种类繁多，制定标准和使用方法也有所区别，不过它们的检索基本过程大致相同，介绍如下：

(1) 粗选　将某衍射谱线数据与分库(或总库)的全部卡片数据对照。凡卡片上的强线在试样谱图中有反映者，均被检索出来。这一步可能选出50~200张卡片。对实验数据给出合理的误差范围，确保顺利地进行对照。其后设置各种标准，对粗选出的卡片进行筛选。

(2) 总评分筛选　在试样谱图资料角度范围内，每张卡片应有几根线，而试样谱图中实际出现了几根，能匹配是强线还是弱线，吻合的程度如何等，按这些项目对各卡片给出拟合度的总评分数。d和I都在标准中时，d更重要，例如d权重为0.8，I权重则为0.2。对于各个d和I，d值大的在评分中较重要，I值高的也较重要。评出各卡片的总分后，将总分较低的淘汰掉。经过这次筛选后可剩下30~80张卡片。

(3) 元素筛选　将试样可能出现的元素输入，若卡片上物相组成元素与之不合则被淘汰。经元素筛选后可保留20~30张卡片。若无试样成分资料，则不做筛选。

(4) 合成谱图　试样中不可能同时存在上述20~30个物相，只能有其中一两个，一般不超过五至六个，若干个不同卡片谱线的组合就是试样的实测谱图。按此规律，将经元素筛选的候选卡片花样进行组合。但不必取数学上的全部组合，而须予以限制，以减少总的合成谱图数。将各个合成谱图与试样谱图进行对比，拟定若干谱图相似度的评分标准，将分数最高的几个物相卡片打印出来。经过以上处理，一般能给出正确的结果。

2. 检索示例

选用前面的 Al-SiC 试样进行 X 射线衍射分析。仪器完成试样衍射谱线的采集之后，进行适当的谱线光滑处理，使粗糙的衍射谱线变得光滑，采用自动寻峰或人工标定的方法，确定出各衍射峰位 2θ 值，计算出它们的晶面间距 d 和相对衍射强度 I 值。试样衍射谱线以及 2θ、d 和 I 值的结果如图 3-16 所示。

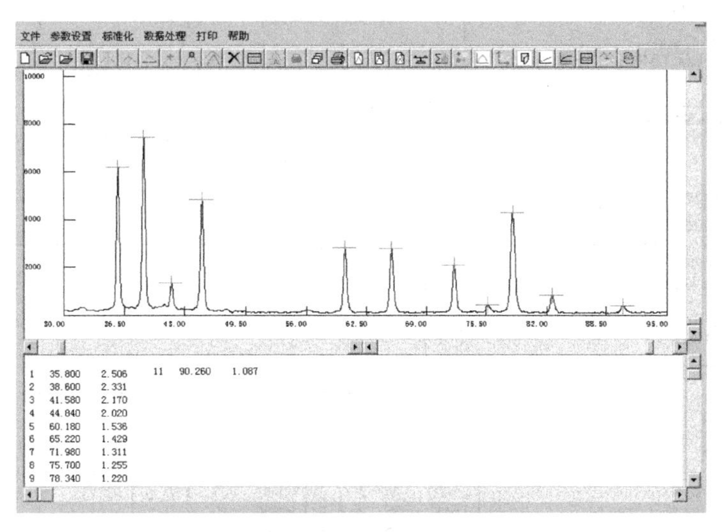

图 3-16　实际衍射谱线及其测量结果

然后，利用以上结果进行计算机物相鉴定工作。借助专用软件对这些 d 和 I 数据进行卡片检索，检索库选择为无机分库，输入可能存在的元素为 Al 和 Si，规定实测衍射谱线 d 值与卡片标准 d 值的最大误差为±0.002nm，检索结果如图 3-17 所示。图中不但提供了所检索到的物相分子式及卡片号，同时还给出了相应的标准卡片谱线。结果表明，该试样中只包括 Al 和 SiC 两种物相，而且标准卡片谱线与实测衍射谱线在 d 值上完全一致，I 值也比较接近。检索过程仅用 2min 时间，其速度大大快于手工检索。

三、其他问题

定性分析的原理和方法虽然简单，但在实际工作中往往会碰到很多问题，不但涉及衍射谱线的问题，更主要的是物相鉴别即卡片检索中的问题。

1. 关于 d 和 I 值的偏差

晶面间距 d 是定性物相分析的主要依据，但由于试样和测试条件与标准状态的差异，不可避免地存在测量误差，使 d 测量值与卡片上的标准值之间有一定偏差，这种偏差随 d 的增大即 2θ 的减小而增加，定性分析所允许的 d 值偏差可参考索引中 d 值大组的标题处。当被测物相中含有固溶元素时，此偏离量可能更大，这就有赖于测试者根据试样本身情况加以判断。

相对衍射强度 I 对试样物理状态和实验条件等很敏感，即使采用衍射仪获得较为准确的强度测量，也可能与卡片中的数据存在差异，当测试所用的辐射波长与卡片不同时，相对强度的差别则更为明显。如果不同相的晶面间距相近，必然造成衍射线条的重叠，也就无法确定各物相的衍射强度。当存在织构时，会使衍射相对强度出现反常分布。这些都是导致实测相对强度与卡片数据不符的原因。因此，在定性分析中不要过分计较衍射强度的问题。

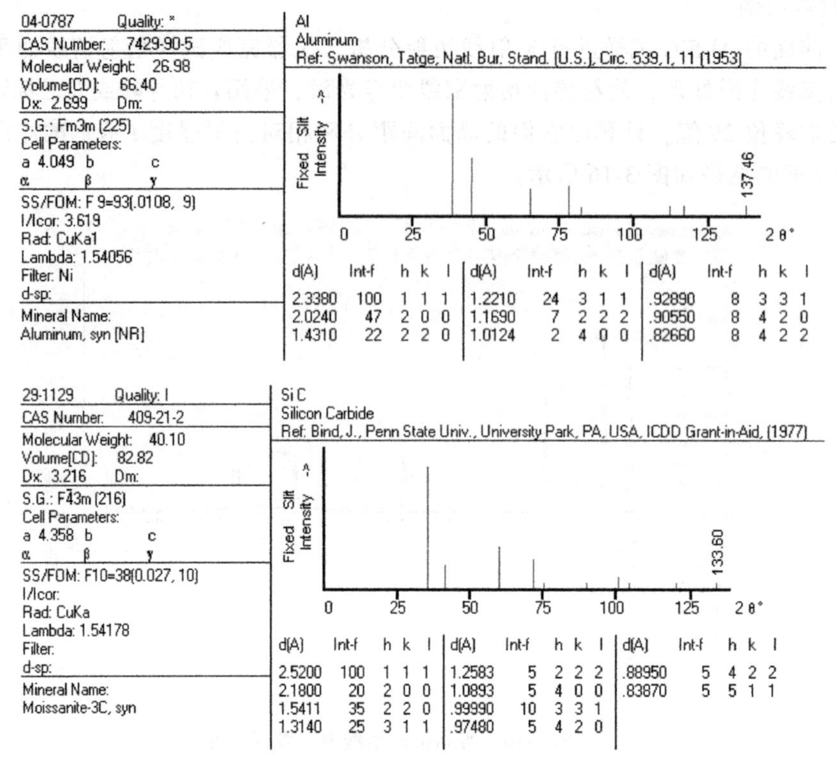

图 3-17 计算机物相检索结果

2. 定性分析的难点

在分析多相混合物衍射谱时，若某个相的含量过少，将不足以产生自己完整的衍射谱线，甚至根本不出现衍射线。例如，钢中的碳化物、夹杂物就往往不出现衍射线。这类分析须事先对试样进行电解萃取，针对具体的材料和分析要求，可选择合适的电解溶液和电流密度，使其溶解掉，而欲分析的微量相沉积下来。在分析金属的化学热处理层、氧化层、电镀时，有时由于表面层太薄而观察不到其中某些相的衍射线条，这时，除考虑增加入射线强度、提高探测器灵敏度之外，还应考虑采用能被试样强烈吸收的辐射。在检索过程中也会遇到很多困难。正如上面所述，不同相的衍射线条会因晶面间距相近而互相重叠，致使谱线中的最强线可能并非某单一相的最强线，而是由两个或多个相的次强或三强线叠加的结果。若以这样的线条作为某相的最强线条，将查找不到任何对应的卡片，于是必须重新假设和检索。比较复杂的定性物相分析往往需经多次尝试才能成功。有时还需要分析其化学成分，并结合试样的来源以及处理或加工条件，运用物质相组成方面的知识，才能得到合理可靠的结论。造成检索困难的另一原因，是待测物质谱线中 d 及 I 值存在误差。为克服这一困难，要求在测量数据过程中尽可能减少误差，并且适当放宽检索所规定的误差范围。标准卡片本身也可能存在误差，但这不是初学者所能解决的问题。

第四节 定量物相分析

如果不仅要求鉴别物相的种类，而且要求测定各相的含量，就必须进行定量分析。多相材料中某相的含量越多，则它的衍射强度就越高。但由于衍射强度还受其他因素的影响，在利用衍射强度计算物相含量时必须进行适当修正。

一、基本原理

定量分析的依据是物质中各相的衍射强度。多晶材料衍射强度由衍射强度公式决定，原本该式只适用于单相物质，但对其稍加修改后，也可用于多相物质。设试样是由 n 个相组成的混合物，则其中第 j 相的衍射相对强度可表示为

$$I_j=(2\overline{\mu}_l)^{-1}\left[(V/V_c^2)P|F|^2L_p\mathrm{e}^{-2M}\right]_j \tag{3-7}$$

式中，$(2\overline{\mu}_l)^{-1}$ 为对称衍射即入射角等于反射角时的吸收因子，$\overline{\mu}_l$ 为试样平均线吸收系数；V 为试样被照射体积；V_c 为晶胞体积；P 为多重因子；$|F|^2$ 为结构因子；L_p 为角因子；e^{-2M} 为温度因子。

由于材料中各相的线吸收系数不同，因此当某相 j 的含量改变时，平均线吸收系数 $\overline{\mu}_l$ 也随之改变。若第 j 相的体积分数为 f_j，并假定试样被照射体积 V 为单位体积，则 j 相被照射的体积 $V_j=Vf_j=f_j$。当混合物中 j 相的含量改变时，强度公式中除 f_j 及 $\overline{\mu}_l$ 外，其余各项均为常数，它们的乘积定义为强度因子，则第 j 相某根衍射线条的强度 I_j 和强度因子 C_j 分别为

$$\left.\begin{aligned}I_j&=(C_jf_j)/\overline{\mu}_l\\C_j&=\left[(1/V_c^2)P|F|^2L_p\mathrm{e}^{-2M}\right]_j\end{aligned}\right\},j=1,2,\cdots,n \tag{3-8}$$

用试样的平均质量吸收系数 $\overline{\mu}_m$ 代替平均线吸收系数 $\overline{\mu}_l$，可以证明

$$I_j=(C_jw_j)/(\rho_j\overline{\mu}_m) \tag{3-9}$$

式中，w_j 及 ρ_j 分别是第 j 相的质量分数和质量密度。

当试样中各相均为晶体材料时，体积分数 f_j 和质量分数 w_j 必然满足

$$\sum_{j=1}^{n}f_j=1\ ,\sum_{j=1}^{n}w_j=1 \tag{3-10}$$

式(3-8)~式(3-10)就是定量物相分析的基本公式，通过测量各物相衍射线的相对强度，借助这些公式即可计算出它们的体积分数或质量分数。这里的相对强度是相对积分强度，而不是相对计数强度，对此后面还要说明。

二、分析方法

X 射线定量物相分析，又称定量相分析或定量分析，其常用方法包括直接对比法、内标法以及外标法等。

1. 直接对比法

直接对比法，也称强度因子计算法。假定试样中共包含 n 种类型的相，每相各选一根不相重叠的衍射线，以某相的衍射线作为参考(假设为第 1 相)。根据式(3-8)，其他相的衍射线强度与参考线强度之比为 $I_j/I_1=(C_jf_j)/(C_1f_1)$，可变换为如下等式：

$$f_j=(C_1/C_j)(I_j/I_1)f_1,j=1,2,\cdots,n \tag{3-11}$$

如果试样中各相均为晶体材料，则体积分数 f_j 满足式(3-10)，此时不难证明

$$f_j=\left[(C_1/C_j)(I_j/I_1)\right]/\sum_{j=1}^{n}\left[(C_1/C_j)(I_j/I_1)\right] \tag{3-12}$$

这就是第 j 相的体积分数。因此，只要确定各物相的强度因子比 C_1/C_j 和衍射强度比 I_j/I_1，

就可以利用式(3-12)计算出每一相的体积分数。

直接对比法适用于多相材料，尤其在双相材料定量分析中的应用比较普遍，例如钢中残留奥氏体含量的测定，双相黄铜中某相含量的测定，钢中氧化物 Fe_3O_4 及 Fe_2O_3 含量的测定等。

残留奥氏体的含量一直是人们关心的问题。如果钢中只包含奥氏体及铁素体(马氏体)两相，则式(3-12)可简化为

$$f_\gamma = 1/[1+(C_\gamma/C_\alpha)(I_\alpha/I_\gamma)] \tag{3-13}$$

式中，f_γ 为钢中奥氏体的体积分数；C_γ 及 C_α 分别为奥氏体和铁素体的强度因子；I_γ 及 I_α 分别为奥氏体和铁素体的相对积分衍射强度。

必须指出的是，由于高碳钢试样中的碳化物含量较高，此时实际上已变为铁素体、奥氏体和碳化物的三相材料体系，因此不能直接利用式(3-13)来计算钢材中的奥氏体含量，需要对其进行适当的修正。比较简单的修正方法是将式(3-13)中的分子项减去钢材中碳化物的体积分数 f_C，而分母项保持不变，即奥氏体的体积分数可表示为

$$f_\gamma = (1-f_C)/[1+(C_\gamma/C_\alpha)(I_\alpha/I_\gamma)] \tag{3-14}$$

至于钢中碳化物的体积分数 f_C，可借助定量金相的方法进行测量，或者利用钢中的碳含量加以估算。如果实在不能确定出碳化物的体积分数，只能利用式(3-13)来计算钢中奥氏体与铁素体的相对体积分数。

2. 内标法

有时一些物理常数难以获得，无法计算强度因子 C_j，也就不能采用直接对比法进行定量物相分析。内标法就是将一定数量的标准物质(内标样品)掺入待测试样中，以这些标准物质的衍射线作为参考，来计算未知试样中各相的含量，这种方法避免了强度因子计算的问题。

(1) 普通内标法　在包含 n 种相的多相物质中，第 j 相质量分数为 w_j，如果掺入质量分数为 w_s 的标样，则 j 相的质量分数变为 $(1-w_s)w_j$，将此质量分数以及 w_s 分别代入式 (3-9)，整理后得到

$$w_j = \{(C_s/C_j)(\rho_j/\rho_s)[w_s/(1-w_s)]\}(I_j/I_s) = R(I_j/I_s) \tag{3-15}$$

式中，I_j 为 j 相衍射强度；I_s 为内标样品衍射强度。式(3-15)表明，当 w_s 一定时，第 j 相含量 w_j 只与强度比 I_j/I_s 有关，而不受其他物相的影响。

利用式(3-15)测算第 j 相的含量，必须首先确定常数 R 的值。为此，制备 j 相含量 w_j' 已知的不同试样，试样中都掺入 w_s 相同的标样。分别测量不同 w_j' 的已知试样衍射强度比 I_j'/I_s。利用测得的数据绘制出 I_j'/I_s 与 w_j' 的直线，这就是所谓的定标曲线，如图 3-18 所示。采用最小二乘法求得直线的斜率，该斜率即为系数 R 的值。

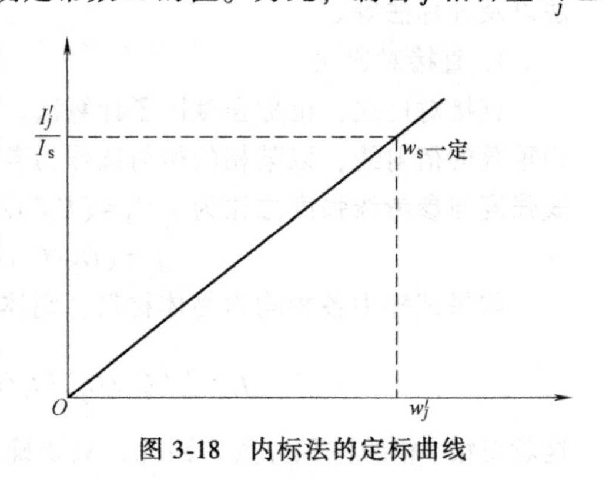

图 3-18　内标法的定标曲线

然后，方可测量未知试样中 j 相的含量。在待测试样中也掺入与上述试样中的 w_s 相同的标样，并测得 I_j/I_s 的值，根据式(3-15)及系数

R 来计算待测试样中 j 相的含量 w_j 值。需要说明，未知试样与上述已知试样所含标样的质量分数 w_s 必须相同，在其他方面二者之间并无关系，而且也不必要求两类试样所含物相的种类完全一样。

常用的内标样品包括 α-Al_2O_3、ZnO、SiO_2 及 Cr_2O_3 等，它们易于加工成细粉末，能与其他物质混合均匀，且具有稳定的化学性质。

上述内标法的缺点是：首先，在绘制定标曲线时需配制多个混合样品，工作量较大；其次，由于需要加入恒定含量的标样粉末，所绘制的定标曲线只能针对同一标样含量的情况，使用时非常不方便。为了克服这些缺点，可采用下面将要介绍的 K 值内标法。

（2）K 值内标法　选择公认的参考物质 c 和纯 j 相物质，将它们按质量 1∶1 的比例进行混合，混合物中它们的质量分数为 $w'_j=w'_c=0.5$。令式（3-15）中的 $w_j=w_s=0.5$，得到此混合物的衍射强度比

$$I'_j/I'_c=(C_j/C_c)(\rho_c/\rho_j)=K_j \tag{3-16}$$

式中，I'_j为 j 相的衍射强度；I'_c为参考物质的衍射强度；K_j 为 j 相的参比强度或 K 值。K 值只与物质参数有关，而不受各相含量的影响。

目前，许多物质的参比强度已经被测出，并以 I/I_c 的标题列入 PDF 卡片索引中，供人们查找使用，这类数据通常以 α-Al_2O_3 作为参考物质，并取各自的最强线计算其参比强度。

在对未知试样进行定量分析时，如果所选内标样品不是上述参考物质 c，则 j 相的含量为

$$w_j=[w_s/(1-w_s)](K_s/K_j)(I_j/I_s) \tag{3-17}$$

式中，K_s 为内标样品的参比强度；w_s 为内标样品的质量分数。

式(3-17)就是 K 值内标法 X 射线定量分析的基本公式。当所选内标样品是参考物质 c 时，只需令上式中 $K_s=K_c=1$ 即可。另外，式(3-17)要求被测 j 相为结晶材料，但并未要求其他相也必须是结晶材料。

当试样中各相均为晶体材料时，质量分数 w_j 则满足式（3-10），此时不难证明

$$w_j=(I_j/K_j)/\sum_{j=1}^{n}(I_j/K_j) \tag{3-18}$$

在这种情况下，一旦获得各物相的参比强度 K 值，测量出各物相的衍射强度 I，利用式(3-18)即可计算出每一相的质量分数。其中各个物相的参比强度为相同参考物质，测量谱线与参比谱线晶面指数也相对应，否则必须对它们进行换算。

由于 K 值内标法简单可靠，因而应用比较普遍，我国对此也制定了国家标准，在试样制备和测试条件等方面均提出了具体的要求。

（3）增量内标法　假设多相物质中第 j 相为待测未知相，第 1 相为参考未知相。如果添加质量分数为 Δw_j 的纯 j 相物质，则此时第 j 相的含量由 w_j 变为$(w_j+\Delta w_j)/(1+\Delta w_j)$，第 1 相的含量由 w_1 变为 $w_1/(1+\Delta w_j)$。将这两个质量分数分别代入式(3-9)，整理后得到

$$I_j/I_1=(C_j/C_1)(\rho_1/\rho_j)(1/w_1)(w_j+\Delta w_j)=B(w_j+\Delta w_j) \tag{3-19}$$

式中，I_j 为 j 相的衍射强度；I_1 为第 1 相的衍射强度；B 为常数。分别测量不同 Δw_j 试样的衍射强度比 I_j/I_1 值，采用最小二乘法，将测量数据回归为 I_j/I_1 与 Δw_j 的直线，往左下方延长这条直线，直至它与横轴相交，此交点横坐标的绝对值即为待测的 w_j 值，如图 3-19 所示。

增量内标法不必掺入其他内标样品，避免了试样与其他样品衍射线重叠的可能。通过增量还可以提高被测物相的检测灵敏度，当被测相的含量较低或被分析的试样很少时，用此方法效果明显，为了提高准确度，可取多根衍射线来求解。对于多相物质，仅留一相作为参考相，其余均给予一定的增量，按此方法就能得到全面的定量分析结果。

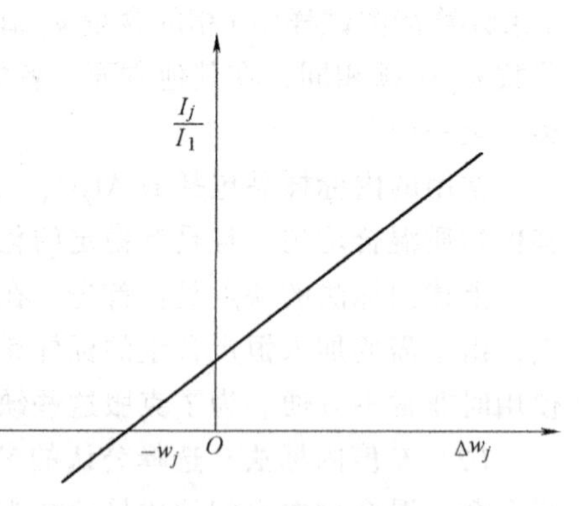

图 3-19 增量内标法的外推曲线

上述三种内标法特别适合于粉末试样，而且效果也比较理想。尤其是 K 值内标法，在已知各物相参比强度 K 值的情况下，不需要往待测试样中添加任何物质，可根据衍射强度及 K 值计算各物相的含量，因此该方法同样对块体试样适用。

3. 外标法

如果不能采用 K 值内标法分析，则块体试样只能采用外标法进行定量分析。下面将根据各相吸收效应差别，分两种情况进行讨论。

（1）各相吸收效应差别不大时　当试样中各相的吸收效应接近时，则只需测量试样中待测 j 相的衍射强度并与纯 j 相的同一衍射线的强度对比，即可得出 j 相在试样中的相对含量。若混合物中包含 n 个相，它们的吸收系数及质量密度均接近(例如同素异构物质)，由式(3-8)及式(3-9)可以证明，试样中 j 相的衍射强度 I_j 与纯 j 相的衍射强度 I_{j0} 之比为

$$I_j/I_{j0}=f_j=w_j, j=1,2,\cdots,n \tag{3-20}$$

式(3-20)表明，在此情况下第 j 相的体积分数 f_j 和质量分数 w_j 都等于强度比 I_j/I_{j0} 值。可见，这种方法具有简便易行的优点。但是，在对试样和纯 j 相进行衍射强度测量时，要求两次的辐照情况及实验参数必须严格一致，否则将直接影响到测量的精度，这是此方法的缺点。

（2）各相吸收效应差别较大时　各相吸收效应差别较大时，可采用以下的外标方法进行定量分析。选择 n 种与被测试样中相同的纯相，按相同的质量分数将它们混合，作为外标样品，即 $w'_1:w'_2:\cdots:w'_n=1:1:\cdots:1$，其中第 1 相作为参考相。根据式(3-9)，它们的衍射强度比为

$$I'_j/I'_1=(C_j/C_1)(\rho_1/\rho_j), j=1,2,\cdots,n \tag{3-21}$$

对于被测试样，相应的衍射强度比为

$$I_j/I_1=(C_j/C_1)(\rho_1/\rho_j)(w_j/w_1), j=1,2,\cdots,n \tag{3-22}$$

当各相均为晶体材料时质量分数 w_j 满足式(3-10)，由式(3-21)及式(3-22)得到

$$w_j=w_1[(I'_1/I'_j)(I_j/I_1)]/\sum_{j=1}^{n}[(I'_1/I'_j)(I_j/I_1)] \tag{3-23}$$

式(3-23)表明，只要测得外标样品的强度比 I'_1/I'_j 和实际试样的强度比 I_j/I_1，即可计算出各相的质量分数。此法不需要计算强度因子，不需要绘制工作曲线，也不必知道吸收系数。但是，此方法的前提是可以得到各个纯相物质。

三、其他问题

X 射线定量物相分析，实际是测量衍射强度，而影响衍射强度的因素是多方面的，如试样要求、测试条件及方法等，都必须予以特殊的关注。

1. 试样要求

首先试样应具有足够的大小和厚度，使入射线光斑在扫描过程中始终照在试样表面以内，且不能穿透试样。试样的粒度、显微吸收和择优取向也是影响定量分析的主要因素。粉末试样的粒度应满足以下等式

$$|\mu_l-\bar{\mu}_l|R\leqslant 100 \tag{3-24}$$

式中，μ_l 为待测相的线吸收系数(cm^{-1})；$\bar{\mu}_l$ 为试样的平均线吸收系数(cm^{-1})；R 为颗粒半径(μm)。

在一般情况下，颗粒半径的许可范围是 0.1~50μm。一方面，控制粒度是为了获得良好且准确的衍射谱线，颗粒过细时衍射峰比较散漫，颗粒过粗时由于衍射环不连续，而造成测量强度误差较大。另一方面，控制粒度则是为了减小显微吸收引起的误差。在定量分析的基本公式中，所用的吸收系数都是混合物的平均吸收系数，如果某相的颗粒粗大且吸收系数也较大，则它的衍射强度将明显低于计算值。各相的吸收系数差别越大，颗粒就要求越细。

择优取向也是影响定量分析的重要因素。择优取向，就是多晶体中各晶粒取向往某方位偏聚，即发生织构现象。显然该现象使衍射强度分布反常，与计算强度不符，会造成分析结果失真，因此必须减少或消除织构的影响。当织构不是很严重时，可取多条衍射线进行测量，例如在直接对比法中对 j 相选取 q 根衍射线，此时 $\sum_{i=1}^{q} I_{ij}=\left(\sum_{i=1}^{q} C_{ij}/\bar{\mu}_l\right)f_j$ ，利用这种处理方法，就可以减少织构的影响。在 X 射线强度测量时，可让织构试样侧倾和旋转，使不同方位的晶面都参与衍射；或者将试样加工成多面体，分别测量其每个面的衍射强度，然后取平均值；还可通过极图修正衍射强度；或者借助各相的取向关系，选择合适的衍射线进行计算。这些方法都可减少织构的影响。

2. 测试方法及条件

因为衍射仪法中各衍射线不是同时测定的，所以要求仪器必须具有较高的综合稳定性。为获得良好的衍射谱线，要求衍射仪的扫描速度较慢，建议采用阶梯扫描，时间常数要大，最好选用晶体单色器，以提高较弱衍射峰的峰形质量。

定量分析所用的相对强度是相对积分强度。多采用衍射仪法进行测量，因为它可以方便、快速且准确地获得测量结果。衍射峰积分强度，实际就是衍射峰背底以上的净峰形面积。采用衍射仪测量的具体做法是：首先在整个衍射谱线中确定出待测的衍射峰位，在其左右两边分别保留一段衍射背底，以保证该衍射峰形的完整性，如图 3-20 所示，可采用以下公式计算积分强度 I' 值

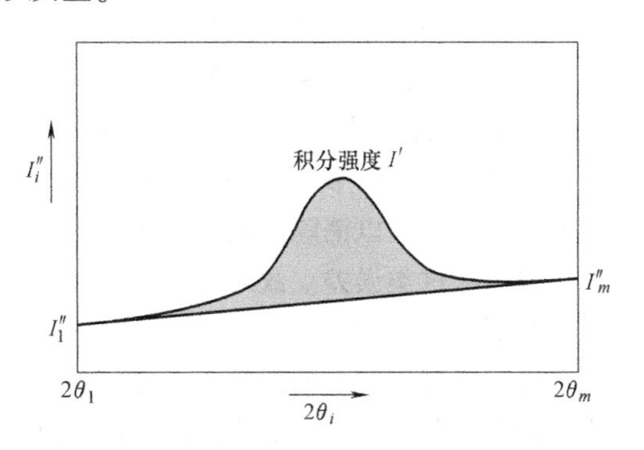

图 3-20　积分强度的计算方法

$$I'=\sum_{i=1}^{m}\left[I''_i-(I''_m-I''_1)(2\theta_i-2\theta_1)/(2\theta_m-2\theta_1)\right]\delta(2\theta) \tag{3-25}$$

式中，m为衍射峰形区间的采集数据点数；i为采集数据点的序号，$i=1$及m分别对应衍射峰左右两边的数据点；$2\theta_i$及I''_i分别为i点的衍射角和计数强度；$\delta(2\theta)$为扫描步进角（例如0.01°）。

式(3-25)并不是相对积分强度，严格意义上的相对积分强度I_j为

$$I_j=100(I'_j/I'_{max}),j=1,2,\cdots,n \tag{3-26}$$

式中，n为谱线中衍射线条总数；j为衍射线条序号，I'_j由式(3-25)确定；I'_{max}为I'_j中最大积分强度。

由于定量分析计算中都是以强度比值的形式出现，因此如果利用式（3-25）中的积分强度，其定量分析结果仍然正确。

第五节 点阵参数测定

晶体的点阵参数随晶体的成分和外界条件的改变而变化。所以在很多研究工作中，例如测定固溶体类型与成分、相图中相界以及热膨胀系数等，都需要测定点阵参数。实验目的不同，对点阵参数的精度要求也不同，精度要求越高，工作难度就越大。例如对于结晶良好的试样，在一定数量不相互重叠的高角衍射线情况下，只要工作方法正确，精度就可达到$\pm0.0001\times10^{-10}$m。而精度若要达到$\pm0.00001\times10^{-10}$m，则必须谨慎地处理各种误差。点阵参数测量是一种间接的测量方式，即首先测量衍射角2θ，由θ计算晶面间距d，再由d计算点阵参数。

布拉格定律的微分式为

$$\Delta d/d=-(\cot\theta)\Delta\theta \tag{3-27}$$

可见，当$\Delta\theta$一定时，θ角越大，则$|\Delta d/d|$越小。

对于立方晶系，有

$$\Delta a/a=\Delta d/d=-(\cot\theta)\Delta\theta \tag{3-28}$$

这说明，选用θ角较大的衍射线，有助于减少点阵参数的测量误差。

一、德拜法的误差来源

德拜法的主要系统误差来源为底片收缩误差、相机半径误差、试样偏心误差以及试样吸收误差等。但实际上还存在其他的误差来源，如入射光束是否垂直于转轴，以及某些物理偏差等。这里只讨论常见的问题。

1. 底片收缩误差和相机半径误差

在前面有关章节中已经讨论过，由于底片收缩所造成的德拜法测量误差，可采用倒装法或不对称装法加以消除。由于相机半径误差与底片收缩误差具有类似的性质，同样可用上述方法来消除这类误差。故对此问题不再赘述。

2. 试样偏心误差

由于机械制造上的误差，会使试样的转动轴线与相机圆柱体的轴线不重合，从而引起所谓的偏心误差，如图3-21所示。图中可将该误差分解为两个分量，即平行于入射方向的Δx误差和垂直于入射方向的Δy误差。

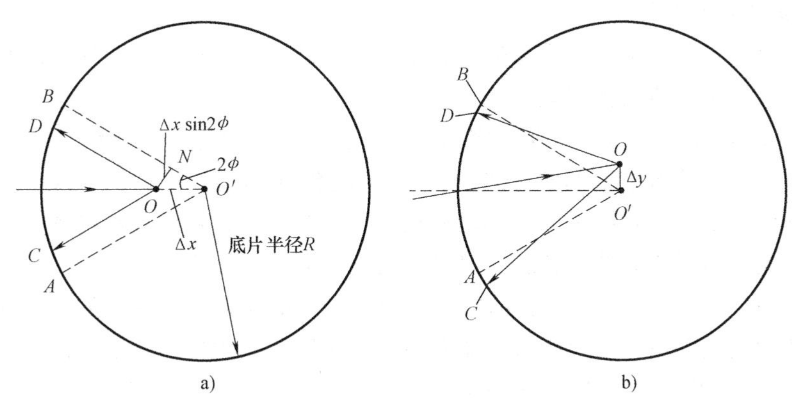

图 3-21　试样偏心误差分析图

a）水平偏心　b）垂直偏心

水平方向偏心误差 Δx 的影响如图 3-21a 所示。图中假定水平方向出现 $\Delta x=OO'$ 偏心，则圆周 A 点上移至 C，同时 B 点却下移至 D，因此弧长 CD 肯定小于弧长 AB。此时不难证明，底片上衍射线条之间的距离误差 Δs 为

$$\Delta s=AC+BD=2BD\approx 2ON=2\Delta x\sin 2\phi \tag{3-29}$$

因为 ϕ 角与 AB 弧长 s 及相机半径 R 的关系为

$$\phi=s/(4R) \tag{3-30}$$

所以有

$$\Delta\phi=\Delta s/(4R)=2\Delta x\sin 2\phi/(4R)=\Delta x\sin\phi\cos\phi/R \tag{3-31}$$

由于 $\phi=90°-\theta$，并结合式(3-27)及式(3-31)，得到

$$\Delta d/d=-(\cot\theta)\Delta\theta=(\sin\phi/\cos\phi)\Delta\phi=(\Delta x/R)\sin^2\phi=(\Delta x/R)\cos^2\theta \tag{3-32}$$

垂直方向偏心误差 Δy 的影响如图 3-21b 所示。图中假定垂直方向出现 $\Delta y=OO'$ 偏心，则圆周 A 点下移至 C，同时 B 点下移至 D。由于 A 及 B 两点都下移，结果是弧长 AB 与 CD 的差别不大。因此，垂直偏心误差 Δy 的影响可以忽略不计。

3. 试样吸收误差

试样对 X 射线的吸收，会影响衍射线的位置和线形，其效果相当于试样沿入射方向发生一定偏心 Δx，故此类误差与 θ 角的关系也可用式(3-32)来表示。这样，可将试样偏心误差及吸收误差归结在一个表达中，即

$$\Delta d/d=K\cos^2\theta \tag{3-33}$$

式中，K 为常数，与相机半径及试样线吸收系数有关。

在实验过程中，为了尽可能消除以上原始误差，需要采用精密加工的相机，并仔细调整试样的位置。采用不对称的底片安装方法，以消除相机半径误差及底片均匀收缩误差。底片上打孔的直径要尽可能小，尽量防止变形，以减小不均匀收缩误差。热胀或冷缩会分别导致晶面间距的增大或减小，因此照相及测量时必须减小温度的波动。

二、衍射仪法的误差来源

衍射仪使用方便，易于自动化操作，且可以达到较高的测量精度。但由于它采用更为间接的方式来测量试样点阵参数，导致误差分析较为复杂。衍射仪法的误差来源主要与测角仪、试样本身及其他因素有关。

1. 测角仪引起的误差

测角仪是衍射仪法的重要误差来源，主要包括 2θ 的 0°误差、2θ 刻度误差、试样表面离轴误差以及入射线垂直发散误差等。

（1）2θ 的 0°误差　测角仪是精密的分度仪器，调整得好坏对所测结果的影响是很重要的，在水平及高度等基准值调整好之后，把 2θ 转到 0°位置，此时的 X 射线管焦点中心线、测角仪转轴线以及发散狭缝中心线必须处在同一直线上。这种误差与机械制造、安装和调整中的误差有关，即属于系统误差，它对各衍射角的影响是恒定的。

（2）2θ 刻度误差　由于步进电动机及机械传动机构制造上存在误差，会使接收狭缝支架的真正转动角度并不等于控制台上显示的转动角度。测角仪的转动角，等于步进电动机的步进数乘以每步所走过的 2θ 转动角度，因此这种误差随 2θ 角度而变。不同测角仪的 2θ 刻度误差不同，而对于同一台测角仪，这种误差则是固定的。

（3）试样表面离轴误差　试样台的定位面不经过转轴的轴线、试样板的宏观不平、制作试样时的粉末表面不与试样架表面同平面以及不正确地安放试样等因素，均会使试样表面与转轴的轴线有一定距离。假设这种偏差距离为 s，如图 3-22 所示，图中转轴线为 O，试样的实际位置为 O'。可以证明，由此所造成的 2θ 及 d 误差为

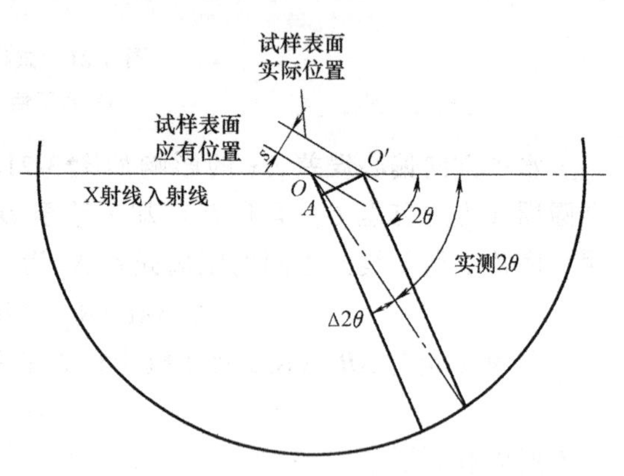

图 3-22　试样表面离轴误差示意图

$$\Delta(2\theta)=O'A/R=-2s\cos\theta/R,\Delta d/d=-(\cot\theta)\Delta\theta=(s/R)(\cos^2\theta/\sin\theta) \tag{3-34}$$

式（3-34）表明，当 2θ 趋近 180°时，此误差趋近于零。

（4）入射线垂直发散误差　测角仪上的梭拉狭缝，其层间距不能做得极小，否则 X 射线的强度严重减弱。所以入射 X 射线并不严格平行于衍射仪的平台，而是有一定的垂直发散范围。在使用线焦点并有前后两个梭拉狭缝的情况下，如果两个狭缝的垂直发散度 δ(狭缝层间距/狭缝长度）相等而且不大，此时的 2θ 及 d 误差分别为

$$\Delta(2\theta)=-(\delta^2/6)\cot(2\theta),\Delta d/d=(\delta^2/24)(\cot^2\theta-1) \tag{3-35}$$

式中，d 误差可以分为两部分，一部分是恒量 $\delta^2/24$，另一部分为 $\delta^2\cot^2\theta/24$，当 2θ 角趋近于 180°时，后者趋近于零，而当 $2\theta=90°$ 时总误差为零。

2. 试样引起的误差

试样本身的一些因素，也可以引起测量误差，这类误差来源主要包括试样平面性、试样晶粒大小及试样吸收等。

（1）试样平面性误差　如果试样表面是凹曲形，且曲率半径等于聚焦圆半径，则表面各处的衍射线聚焦于一点。但实际上采用的是平面试样，入射光束又有一定的发散度。所以，除试样的中心点外，其他各点的衍射线均将有所偏离。当水平发散角 ε 很小时（≤1°），可以估算出其误差的大小

$$\Delta(2\theta)=(\varepsilon^2\cot\theta)/12,\Delta d/d=(\varepsilon^2\cot^2\theta)/24 \tag{3-36}$$

因此，当 2θ 趋近于 180°时，此误差趋近于零。

（2）试样晶粒大小误差　在实际衍射仪测试中，试样照射面积约 $1cm^2$。起衍射作用的深度视吸收系数而定，一般为几微米到几十微米。因而 X 射线实际照射的体积并不大。如果晶粒度过粗，会使同时参加衍射的晶粒数过少，个别体积稍大并产生衍射的晶粒，其空间取向对峰位有明显的影响。一般用作衍射分析的粉末试样，常以 325 目为准。但 325 目筛网的孔径近 40μm，因而还是不够细。

（3）试样吸收误差　试样吸收误差，也称试样透明度误差。通常，只有当 X 射线仅在试样表面产生衍射时，测量值才是正确的。但实际上，由于 X 射线具有一定的穿透能力，即试样内部也有衍射，相当于存在一个永远为正值的偏离轴心距离，使实测的衍射角偏小。这类误差为

$$\Delta(2\theta)=-\sin2\theta/(2\mu R),\Delta d/d=\cos^2\theta/(2\mu R) \tag{3-37}$$

式中，μ 为线吸收系数；R 为聚焦圆半径。可见，当 2θ 趋近于 180°时，误差趋近于零。

3. 其他误差

除测角仪及试样本身所引起的误差外，还包括其他因素引起的误差，例如角因子偏差、定峰误差、温度变化误差、X 射线折射误差及特征辐射非单色误差等。

（1）角因子偏差　角因子包括了衍射的空间几何效应，对衍射线的线形产生一定影响。对于宽化的衍射线，此效应更为明显。校正此误差的方法是：用阶梯扫描法测得一条衍射线，把衍射线上各点计数强度除以该点的角因子，即得到一条校正后的衍射线，利用此衍射线可计算衍射线位角。

（2）定峰误差　利用上述角因子校正后的衍射线来计算衍射线位角，实际上是确定衍射峰位角 2θ 值，确定衍射峰位的误差(定峰误差)，直接影响点阵参数的测量结果。为确保定峰的精度，可采用半高宽中点及顶部抛物线等定峰方法。具体定峰方法将在后面章节中讨论。

（3）温度变化误差　温度变化可引起点阵参数的变化，从而产生误差。面间距的热膨胀公式为

$$d_{hkl,t}=d_{hkl,t_0}[1+\alpha_{hkl}(t-t_0)] \tag{3-38}$$

式中，α_{hkl} 为(hkl)晶面的面间距热膨胀系数；t_0 及 t 分别为变化前后的温度值。根据 α_{hkl} 以及所需的 d_{hkl} 值测量精度，可事先计算出所需的温度控制精度。

（4）X 射线折射误差　通常 X 射线的折射率极小，但在精确测定点阵参数时，有时也要考虑这一因素。当 X 射线进入晶体内部时，由于发生折射（折射率小于并接近于 1），λ 和 θ 将相应改变为 λ'和 θ'。此时需要对点阵参数进行修正，修正式如下：

$$a=a_0(1+C\lambda^2) \tag{3-39}$$

式中，a_0 及 a 分别为修正前后的点阵参数；λ 为辐射波长；C 为与材料有关的常数。

（5）特征辐射非单色误差　如果衍射谱线中包括 $K_{\alpha1}$ 与 $K_{\alpha2}$ 双线成分，在确定衍射峰位之前必须将 $K_{\alpha2}$ 线从总谱线中分离出去，这样就可以消除该因素的影响。其具体分离方法将在后面章节中讨论。

即使采用纯 $K_{\alpha1}$ 特征辐射，也并非是绝对单色的辐射线，而是有一定的波谱分布。由于包含一定的波长范围，也会引起一定的误差。当入射及衍射线穿透铍窗、空气及滤片时，各部分波长的吸收系数不同，从而引起波谱分布的改变，波长的重心及峰位值均会改变，从而导致误差。同样，X 射线在试样中衍射以及在探测器的探测物质中穿过时，也会产生类似偏

差。可以证明，特征辐射非单色所引起的 2θ 值偏差与 $\tan\theta$ 或 $\tan^2\theta$ 成正比，当衍射角 2θ 趋近于 180°时，此类误差急剧增大。如果试样的结晶较好并且粒度适当，这类误差通常很小。

以上论述了采用衍射仪法常见的一些重要误差。实际上，这些误差可细分为30余项，包括仪器固有误差、准直误差、衍射几何误差、测量误差、物理误差、交互作用误差、外推残余误差以及波长值误差等。工作性质不同，所着重考虑的误差项目也不同。例如一台仪器在固定调整状态和参数下，在比较几个试样的点阵参数的相对大小时，只需考虑仪器波动及试样制备等偶然误差。但对于经不同次数调整后的仪器，为了对比仪器调整前后所测得试样的点阵参数，就要考虑仪器准直(调整)误差。对不同仪器的测试结果进行比较时，还要考虑衍射仪几何误差、仪器固有系统误差以及某些物理因数所引起的误差等。在要求测试结果与其真值比较，即要获得绝对准确的结果时，则必须考虑全部误差来源。

三、消除系统误差的方法

任何实验误差都包括随机误差和系统误差两大类，采用多次重复测量并取平均值的方法，能够消除随机误差，但却不能消除系统误差。如果对结果精确度要求不是太高，可利用高角衍射线直接计算试样的点阵参数。为了获得精确的点阵参数，则必须消除有关的系统误差，可分别采用内标法或数据处理法。

1. 内标法

内标法就是利用一种已知点阵参数的物质(内标样品)来标定衍射谱线。一般选 Si 或 SiO_2 粉末作为内标样品，如果被测试样点阵参数较大，可选 As_2O_3 粉末。当被测试样是粉末时，直接将标样与待测试样均匀混合即可。当被测试样为块状时，可将少量标样粘附在试样表面即可。利用X射线衍射仪同时测量试样与标样的衍射谱线。从实测衍射谱线上确定试样 $2\theta_{hkl}$ 和已知 d_s 的标样 $2\theta_s$，则被试样的晶面间距 d_{hkl} 为

$$d_{hkl}=(\sin\theta_s/\sin\theta_{hkl})d_s \tag{3-40}$$

这样，根据已知 d_s 和测量的 θ_s 及 θ_{hkl}，即可得到经内标修正后的试样晶面间距 d_{hkl} 值。也可利用多条谱线绘制 d_s-$(\sin\theta_{hkl}/\sin\theta_s)$ 标定直线，利用最小二乘法求得斜率即 d_{hkl} 值。内标法使用方便可靠，缺点是测量精度不可能超过标准物质本身点阵参数的精度。

2. 线对法

线对法就是利用同一次测量所得到的两根衍射线的线位差值，来计算点阵参数。由于在计算过程中两衍射线的线位相减，因而消除了衍射仪 2θ 的零位设置误差。利用这种方法，仪器在未经精细调整的条件下，即可获得较高的点阵参数测量精度，非常适用于一般性分析工作或者用于点阵参数的相对比较等。

对于立方晶系，取两根衍射线 θ_1 和 θ_2，根据布拉格方程可得到

$$\begin{cases}(2a/\sqrt{m_1})\sin\theta_1=\lambda, & m_1=h_1^2+k_1^2+l_1^2\\ (2a/\sqrt{m_2})\sin\theta_2=\lambda, & m_2=h_2^2+k_2^2+l_2^2\end{cases} \tag{3-41}$$

由此可推导出点阵参数为

$$a^2=[B_1-B_2\cos(\theta_2-\theta_1)]/[4\sin^2(\theta_2-\theta_1)] \tag{3-42}$$

式中，$B_1=\lambda^2(m_1+m_2)$ 及 $B_2=2\lambda^2\sqrt{m_1m_2}$ 为与波长及晶面指数有关的常数。这就是线对法的基本公式，根据两根衍射线的 $(\theta_2-\theta_1)$、$(h_1k_1l_1)$ 和 $(h_2k_2l_2)$ 即可计算出点阵参数 a 值。

对式(3-42)取对数再微分，得到线对法点阵参数相对误差的表达式

$$\Delta a/a=-[\cos\theta_1\cos\theta_2/\sin(\theta_2-\theta_1)]\Delta(\theta_2-\theta_1) \tag{3-43}$$

式中，θ_1 及 θ_2 的误差是同向的，即 $\Delta(\theta_2-\theta_1)$ 是一个很小的值。如果 θ_1 取值较小，同时让 θ_2 接近 90°（即 $2\theta_2$ 接近 180°），此时 $\cos\theta_2$ 较小，同时 $\sin(\theta_2-\theta_1)$ 较大，因此点阵参数相对误差很小。也可采用多线条求值后取平均的方法，进一步提高测量精度。

3. 外推法

为了获得试样的精确点阵参数，除改进实验方法及提高测量精度外，还可以通过数学处理的方法消除实验中的系统误差，最终得到点阵参数的真值。数据处理法包括图解外推法和柯亨最小二乘法等。

（1）图解外推法　衍射仪误差中的衍射几何误差都有这样的特点，即当 2θ 值趋近于 180°时，这类点阵误差趋近于零，利用此规律进行数据处理，可以消除其影响。立方晶系 $\Delta a/a=\Delta d/d$，综合上述误差对点阵参数的影响，有

$$\Delta a/a\approx-(\cot\theta)\Delta\theta+(s/R)(\cos^2\theta/\sin\theta)+\cos^2\theta/(2\mu R)+(\varepsilon^2\cot^2\theta)/24+(\delta^2/24)\cot^2\theta \tag{3-44}$$

式中，$-(\cot\theta)\Delta\theta$ 为 2θ 的 0°误差；$(s/R)(\cos^2\theta/\sin\theta)$ 为离轴误差；$\cos^2\theta/(2\mu R)$ 为试样吸收误差；$(\varepsilon^2\cot^2\theta)/24$ 为试样平面性误差；$(\delta^2/24)\cot^2\theta$ 与垂直发散误差有关。对于这些误差，当 2θ 趋向 180°时均趋近于零，并且近似与 $\cos^2\theta$ 成正比。因此，可以测量试样中 2θ 大于 90°的各衍射线 2θ 值，并分别求出其 a 值，然后以 $\cos^2\theta$ 为横坐标，以 a 为纵坐标，取点作图，外推至 $\cos^2\theta=0°$，即 $2\theta=180°$，最终可得到点阵常数 a_0 值，这就是所谓的图解外推法。

在衍射仪法中，由于式(3-44)中各项函数并不完全相同，用一种函数外推实际上并不能绝对消除系统误差，即仍然存在外推残余误差。选择正确的外推函数，则可减小外推残余误差。对于立方晶系的试样一般以 $\cos^2\theta$ 外推，也可用 $\cos^2\theta/\sin\theta$ 外推。一般是先分析出主要误差，再确定外推函数的类型。例如，式(3-44)第一项及第二项分别对应 2θ 的 0°误差及离轴误差，如果能够精确调整仪器，原则上应考虑后三项。再如，钨对 CuK_α 射线吸收系数极大，即第三项极小，而后两项占主要部分，此时应主要考虑 $\cot^2\theta$ 项。但对于线吸收系数较小的试样(例如硅)，则第三项占大部分，故此时应选择 $\cos^2\theta$ 外推函数。

在德拜照相法中，通常以 $\cos^2\theta$ 或 $(\cos^2\theta/\sin\theta+\cos^2\theta/\theta)$ 为外推函数。当 θ 趋近于 90°(即 2θ 趋近于 180°)时，$\cos^2\theta$ 趋近于 0，故这与衍射仪外推法相类似，也可以用 $\cos^2\theta$ 作为外推函数来消除有关误差。事实上，以 $\cos^2\theta$ 作为外推函数时，仅适合于采用 $\theta\geqslant60°$ 的衍射线，而 $(\cos^2\theta/\sin\theta+\cos^2\theta/\theta)$ 适用于更低角度的衍射。其中分母中的 θ 项，单位是弧度。

（2）柯亨最小二乘法　柯亨(Cohen)方法的主要特点是直接利用所测得的 θ 值进行最小二乘法计算，并且它适用于任何晶系和任何外推函数，因而比上述图解外推法更具有普遍性。此方法的缺点是数据庞大且计算复杂，一般是利用计算机程序计算。

对于立方晶系，假设外推函数为某已知函数 $g(\theta)$，则

$$\Delta a/a=\Delta d/d=Kg(\theta) \tag{3-45}$$

式中，K 为常数，外推函数 $g(\theta)$ 可取 $\cos^2\theta$ 或 $\cos^2\theta(1/\sin\theta+1/\theta)$ 等形式。

布拉格方程可变为 $\sin^2\theta=\lambda^2/(4d^2)$，取对数得 $\ln(\sin^2\theta)=\ln(\lambda^2/4)-2\ln d$，然后对其微

分 $\Delta(\sin^2\theta)/\sin^2\theta=-2\Delta d/d$，结合式(3-45)可得到

$$\Delta\sin^2\theta=-2K\sin^2\theta g(\theta) \tag{3-46}$$

根据立方晶系的晶面间距公式，衍射角的真实值应满足

$$\sin^2\theta_0=\lambda^2(h^2+k^2+l^2)/(4a_0^2) \tag{3-47}$$

但事实上存在实验误差，即

$$\Delta\sin^2\theta=\sin^2\theta-\sin^2\theta_0 \tag{3-48}$$

由式（3-46）和式（3-48）得到

$$\sin^2\theta=\lambda^2(h^2+k^2+l^2)/(4a_0^2)-2K\sin^2\theta g(\theta)=A\xi+D\zeta \tag{3-49}$$

式中，$A=\lambda^2/(4a_0^2)$；$\xi=(h^2+k^2+l^2)$；$\zeta=\sin^2\theta g(\theta)$；$D=-2K$。对于一系列 n 条实际衍射线条，将式（3-49）写成如下形式：

$$A\xi_i+D\zeta_i-\sin^2\theta_i=0, i=1,2,\cdots,n \tag{3-50}$$

定义函数

$$f(A,D)=\sum(A\xi_i+D\zeta_i-\sin^2\theta_i)^2 \tag{3-51}$$

求系数 A 及 D 的最佳值相当于求函数 $f(A,D)$ 的极值。令函数的一阶偏导 $\partial[f(A,D)]/\partial A$ 及 $\partial[f(A,D)]/\partial D$ 为零，整理后得到

$$\begin{cases}A\sum\xi_i^2+D\sum\xi_i\zeta_i=\sum\xi_i\sin^2\theta_i\\ A\sum\xi_i\zeta_i+D\sum\zeta_i^{\ 2}=\sum\zeta_i\sin^2\theta_i\end{cases} \tag{3-52}$$

这是二元正则方程组，解方程组可得

$$A=(\sum\zeta_i^2\sum\xi_i\sin^2\theta_i-\sum\xi_i\zeta_i\sum\zeta_i\sin^2\theta_i)/[\sum\xi_i^2\sum\zeta_i^2-(\sum\xi_i\zeta_i)^2] \tag{3-53}$$

式中，各 ξ 及 ζ 值，分别与相应的衍射线条 hkl、θ 及 $g(\theta)$ 有关，而后面这些都是已知的，因此可以确定式(3-53)中的 A 值，再由 $A=\lambda^2/(4a_0^2)$ 计算点阵参数 a_0 值。

柯亨法也适用于非立方晶系的数据处理。下面将分别列举六方晶系、四方晶系、斜方晶系以及单斜晶系的外推关系方程式。考虑到三方晶系可变换为六方晶系的形式，因此它的外推关系方程式无须重复介绍。

对于六方晶系，可得到

$$\sin^2\theta=\lambda^2(h^2+hk+k^2)/(3a_0^2)+\lambda^2l^2/(4c_0^2)-2K\sin^2\theta g(\theta) \tag{3-54}$$

对于四方晶系，可得到

$$\sin^2\theta=\lambda^2(h^2+k^2)/(4a_0^2)+\lambda^2l^2/(4c_0^2)-2K\sin^2\theta g(\theta) \tag{3-55}$$

利用式(3-54)或式(3-55)，可得到类似式(3-52)的正则方程组，但它却是三元正则方程组，解方程组求得其系数，再由这些系数即可计算出点阵参数 a_0 和 c_0 值。

对于斜方晶系，可得到

$$\sin^2\theta=\lambda^2h^2/(4a^2)+\lambda^2k^2/(4b^2)+\lambda^2l^2/(4c^2)-2K\sin^2\theta g(\theta) \tag{3-56}$$

对于单斜晶系，可得到

$$\begin{aligned}\sin^2\theta=&\lambda^2h^2/(4a^2\sin^2\beta)+\lambda^2k^2/(4b^2)+\lambda^2l^2/(4c^2\sin^2\beta)\\&+\lambda^2hl\cos\beta/(2ac\sin^2\beta)-2K\sin^2\theta g(\theta)\end{aligned} \tag{3-57}$$

利用式(3-56)或式(3-57)，也可得到类似式(3-52)的正则方程组，但它却是四元正则方程组，解方程组求出相关的系数，再由这些系数即可计算点阵参数 a_0、b_0 和 c_0 值。对于单斜晶系，还可以计算出晶胞的夹角 β 值。

习 题

1. 测角仪在采集衍射图时，如果试样表面转到与入射线成30°角，则计数管与入射线所成角度为多少？能产生衍射的晶面，与试样的自由表面呈何种几何关系？

2. 物相定性分析的原理是什么？对食盐进行化学分析与物相定性分析，所得到的信息有何不同？

3. 标准 PDF 卡片中主要栏目的内容有哪些？现行索引分类及其使用方法有哪些？

4. 试借助 PDF 卡片，根据下表衍射数据，确定未知试样的物相组分。

序号	1	2	3	4	5	6	7	8	9	10
d	0.240	0.209	0.203	0.175	0.147	0.126	0.125	0.120	0.106	0.102
I/I_1	50	50	100	40	30	10	20	10	20	10

5. 物相定量分析的原理是什么？试述用 K 值法进行物相定量分析的过程。

6. 利用 CoK_α 辐照组织为马氏体及奥氏体的试样，其中马氏体为体心立方结构且点阵常数为0.291nm，奥氏体为面心立方结构且点阵常数为0.364nm，温度取27℃，试分别计算两相的强度因子 $C=(V/V_c)^2P|F|^2L_p e^{-2M}$ 值。

7. 在 α-Fe_2O_3 及 Fe_3O_4 混合物的衍射图样中，两相最强线的强度比 $I_{\alpha\text{-}Fe_2O_3}/I_{Fe_3O_4}=1.3$，试借助于索引上的参比强度值计算 α-Fe_2O_3 的相对含量。

8. 非晶态物质的 X 射线衍射图样与晶态物质的有何不同？从非晶态结构的径向分布函数分析中可获得有关非晶态物质结构的哪些信息？

第四章　应力测量与分析

残余应力是指产生应力的各种因素不存在时(如外加载荷去除、温度已均匀、相变过程结束等)，由于不均匀的塑性变形(包括由温度及相变等引起的不均匀体积变化)，致使材料内部依然存在并且自身保持平衡的弹性应力，又称为内应力。一方面，由于残余应力的存在，对材料的疲劳强度及尺寸稳定性等均会造成不利的影响，另一方面，出于改善材料性能的目的(如提高疲劳强度)，在材料表面还要人为地引入压应力(如表面喷丸)。总之，内应力是一个广泛而重要的问题。

当多晶材料中存在内应力时，必然还存在内应变与之对应，造成材料局部区域的变形，并导致其内部结构(原子间相对位置)发生变化，从而在X射线衍射谱线上有所反映，通过分析这些衍射信息，就可以实现内应力的测量。目前，虽然有多种测量应力的方法，但X射线应力测量法最为典型。由于这种方法理论基础比较严谨，实验技术日渐完善，测量结果十分可靠，并且又是一种无损测量方法，因而在国内外都得到了普遍的应用。

本章重点讨论平面应力测量原理、测量方法以及数据处理等内容，同时还对三维应力与薄膜应力测量问题进行了必要的简述。

第一节　测 量 原 理

在各种类型的内应力中，宏观平面应力(简称平面应力)最为常见。X射线应力测量原理，是基于布拉格方程即X射线衍射方向理论，通过测量不同方位同族晶面衍射角的差异，来确定材料中内应力的大小及方向。

一、内应力的分类

依据X射线衍射效应，材料中内应力可分为三类。第Ⅰ类内应力引起X射线谱线位移，应力平衡范围为宏观尺寸；第Ⅱ类内应力使谱线展宽，应力平衡范围为晶粒尺寸；第Ⅲ类内应力使衍射强度下降，应力平衡范围为单位晶胞。三类内应力的区别在于它们的作用与平衡范围不同。第Ⅰ类内应力的作用与平衡范围较大，属于远程内应力，应力释放后必然会造成材料宏观尺寸的改变。第Ⅱ类及第Ⅲ类内应力的作用与平衡范围较小，属于短程内应力，应力释放后不会造成材料宏观尺寸的改变。在通常情况下，这三类内应力共存于材料的内部，如图4-1所示，因此其X

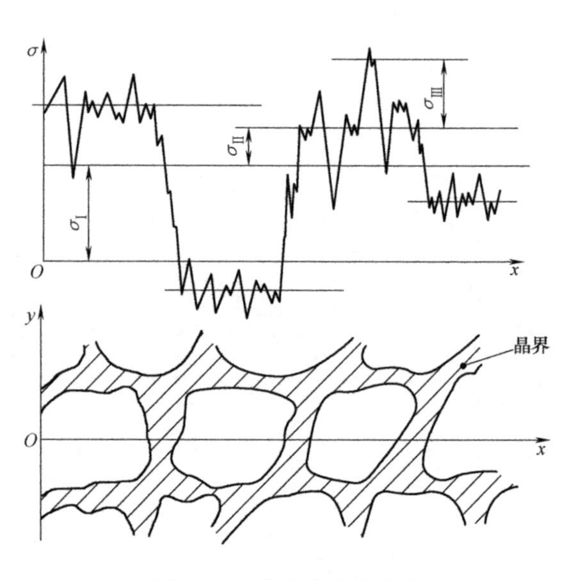

图4-1　三类内应力的分类

射线衍射谱线会同时发生位移、宽化及强度降低的效应。

1. 第Ⅰ类内应力

材料中第Ⅰ类内应力属于宏观应力，其作用与平衡范围为宏观尺寸，此范围包含了无数个小晶粒。在X射线的辐照区域内，各小晶粒所承受的内应力差别不大，但不同取向晶粒中同族晶面间距则存在一定差异，如图4-2所示。根据弹性力学理论，当材料中存在单向拉应力时，平行于应力方向的(hkl)晶面间距收缩减小(即衍射角增大)，同时垂直于应力方向的同族晶面间距拉伸增大(即衍射角减小)，其他方向的同族晶面间距及衍射角则处于中间。当材料中存在压应力时，其晶面间距及衍射角的变化与拉应力相反。材料中宏观应力越大，不同方位同族晶面间距或衍射角的差异就越明显，这是测量宏观应力的理论基础。严格意义上讲，只有在单向应力、平面应力以及三向不等应力的情况下，这一规律才正确。

有关宏观应力的研究已比较透彻，其X射线测量方法已十分成熟。本章主要讨论宏观应力的测量问题，若不做特别说明，材料内应力均是指宏观应力。

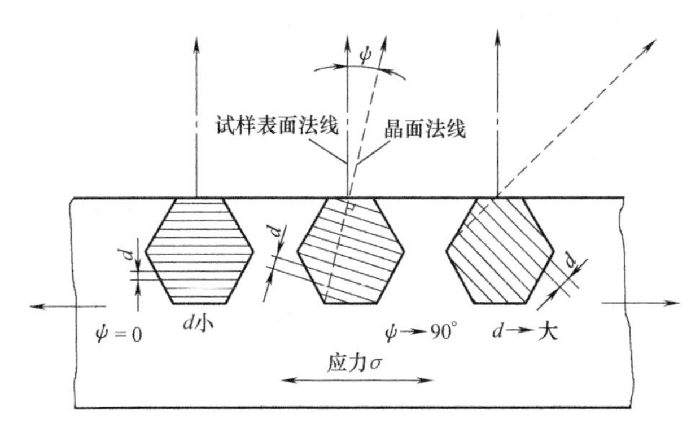

图4-2　应力与不同方位同族晶面间距的关系

2. 第Ⅱ类内应力

材料中第Ⅱ类内应力是一种微观应力，其作用与平衡范围为晶粒尺寸数量级。在X射线的辐照区域内，有的晶粒受拉应力，有的则受压应力。各晶粒的同族(hkl)晶面具有一系列不同的晶面间距 $d_{hkl}\pm\Delta d$ 值。即使是取向完全相同的晶粒，其同族晶面的间距也不同。因此，在材料的X射线衍射信息中，不同晶粒对应的同族晶面衍射谱线位置将彼此有所偏移，各晶粒衍射线的总和将合成一个在 $2\theta_{hkl}\pm\Delta2\theta$ 范围内的宽化衍射谱线，如图4-3所示。材料中第Ⅱ类内应力(应变)越大，则X射线衍射谱线的宽度越大，据此来测量这类应力(应变)的大小，相关内容将在后面的章节中进一步介绍。

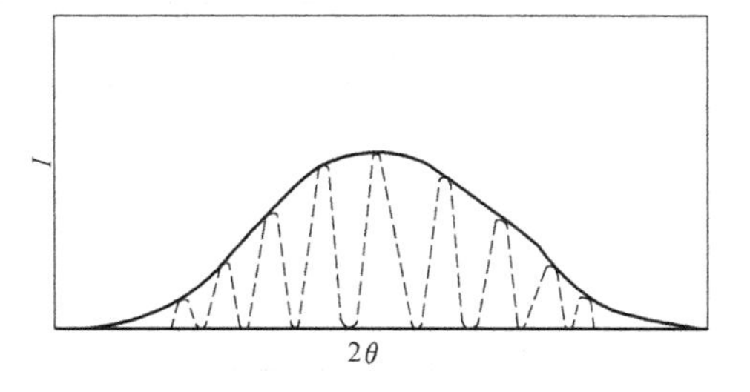

图4-3　不均匀微观应力造成的衍射线宽化

必须指出的是，多相材料中的相间应力，从其作用与平衡范围上讲，应属于第Ⅱ类内应力的范畴。然而不同物相的衍射谱线互不重合，不但造成图4-3所示的宽化效应，而且可能导致各物相的衍射谱线位移。因此，其X射线衍射效应与宏观应力相似，故又称为伪宏观应力，可以利用宏观应力测量方法来评定这类伪宏观应力。

3. 第Ⅲ类内应力

材料中第Ⅲ类内应力也是一种微观应力，其作用与平衡范围为晶胞尺寸数量级，是原子之间的相互作用应力，例如晶体缺陷周围的应力场等。根据衍射强度理论，当X射线照射到理想晶体材料上时，被周期性排列的原子所散射，各散射波的干涉作用，使得空间某方向上的散射波互相叠加，从而观测到很强的衍射线。在第Ⅲ类内应力作用下，由于部分原子偏离其初始平衡位置，破坏了晶体中原子的周期性排列，造成了各原子X射线散射波周相差的改变，散射波叠加值即衍射强度要比理想点阵的小。这类内应力越大，则各原子偏离其平衡位置的距离越大，材料的X射线衍射强度越低。由于该问题比较复杂，目前尚没有一种成熟的方法来准确测量材料中的第Ⅲ类内应力。

二、内应力的测量原理

材料中晶面间距的变化与材料的应变量有关，而应变与应力之间遵循胡克定律关系，因此晶面间距变化可以反映出材料中的内应力大小和方向。由于X射线穿透深度较浅（约10μm），材料的表面应力通常表现为二维应力状态，法线方向的应力为零。

1. 材料中应变与晶面间距

图4-4a示出了材料体积单元中的六个应力分量，σ_x、σ_y 及 σ_z 分别为 x、y 及 z 轴方向的正应力分量，τ_{xy}、τ_{xz} 及 τ_{yz} 分别为三个切应力分量。图4-4b所示为相应的直角坐标系，$\boldsymbol{\Phi}$ 及 $\boldsymbol{\Psi}$ 为空间任意方向 ***OP*** 的两个方位角，$\varepsilon_{\Phi\Psi}$ 为材料沿 ***OP*** 方向的弹性应变。根据弹性力学的理论，应变 $\varepsilon_{\Phi\Psi}$ 可表示为

$$\begin{aligned}\varepsilon_{\Phi\Psi}=&[(1+\nu)/E](\sigma_x\cos^2\Phi+\tau_{xy}\sin2\Phi+\sigma_y\sin^2\Phi-\sigma_z)\sin^2\Psi+\\&[(1+\nu)/E](\tau_{xz}\cos\Phi+\tau_{yz}\sin\Phi)\sin2\Psi+[(1+\nu)/E]\sigma_z-\\&(\nu/E)(\sigma_x+\sigma_y+\sigma_z)\end{aligned}\tag{4-1}$$

式中，E 及 ν 分别为材料的弹性模量及泊松比。

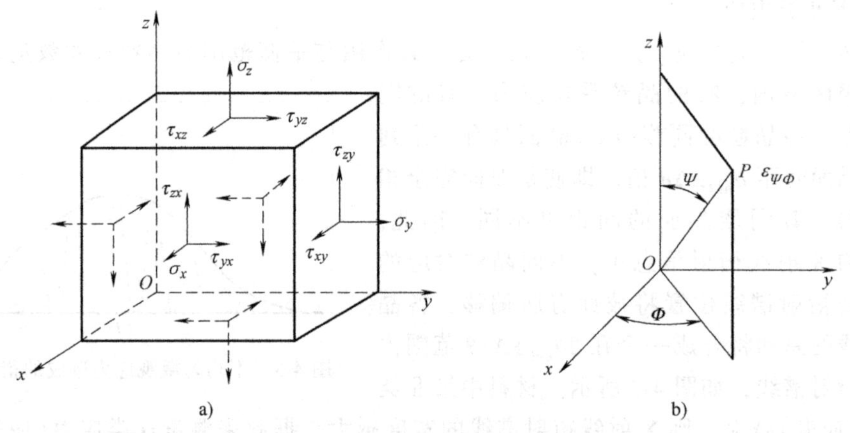

图4-4 材料中的应力分量与应力测量几何

a）应力分量 b）应力测量几何

如果X射线沿图4-4b中的 ***PO*** 方向入射，则应变 $\varepsilon_{\Phi\Psi}$ 还可表示为垂直于该方向的（hkl）晶面间距改变量，根据布拉格方程 $2d_{\Phi\Psi}\sin\theta_{\Phi\Psi}=\lambda$，这个应变为

$$\varepsilon_{\Phi\Psi}=(d_{\Phi\Psi}-d_0)/d_0=-(1/2)(\pi/180°)\cot\theta_0(2\theta_{\Phi\Psi}-2\theta_0)\tag{4-2}$$

式中，d 及 $2\theta_0$ 分别是材料无应力状态下（hkl）晶面间距及衍射角。

式(4-1)与式(4-2)都表示应变 $\varepsilon_{\Phi\Psi}$，其中式(4-1)代表宏观应力与应变之间的关系，式(4-2)则表示晶面间距的变化，因此二者将宏观应力(应变)与微观晶面间距变化结合在一起，从而建立了 X 射线应力测量的理论基础。

2. 平面应力表达式

材料内部的单元体通常处于三轴应力状态，但其表面却只有两轴应力，垂直于表面上的应力为零。由于 X 射线穿透表面的深度很浅，在测量厚度范围内可简化为平面应力问题来处理，此时 $\sigma_z=\tau_{xz}=\tau_{yz}=0$，将式(4-1)进一步简化并令其与式(4-2)相等，得到

$$[(1+\nu)/E](\sigma_x\cos^2\Phi+\tau_{xy}\sin2\Phi+\sigma_y\sin^2\Phi)\sin^2\Psi-(\nu/E)(\sigma_x+\sigma_y)$$
$$=-(1/2)(\pi/180°)\cot\theta_0(2\theta_{\Phi\Psi}-2\theta_0) \tag{4-3}$$

当方位角 Φ 为 0°、90°及 45°时，分别对式 (4-3) 简化，并对 $\sin^2\Psi$ 求偏导，整理后得到

$$\begin{cases}\sigma_x=K(\partial2\theta_{\Phi=0°}/\partial\sin^2\Psi)\\ \sigma_y=K(\partial2\theta_{\Phi=90°}/\partial\sin^2\Psi)\\ \tau_{xy}=K[(\partial2\theta_{\Phi=45°}/\partial\sin^2\Psi)-(\partial2\theta_{\Phi=0°}/\partial\sin^2\Psi+\partial2\theta_{\Phi=90°}/\partial\sin^2\Psi)/2]\end{cases} \tag{4-4}$$

$$K=-\frac{E}{2(1+\nu)}\frac{\pi}{180°}\cot\theta_0 \tag{4-5}$$

式中，K 称为 X 射线弹性常数或 X 射线应力常数，简称应力常数。

式(4-4)就是平面应力测量的基本公式，利用应力分量 σ_x、σ_y 和 τ_{xy}，实际上已完整地描述了材料表面的应力状态。由于公式中不包含无应力状态的衍射角 $2\theta_0$，给应力测量带来了方便。

在工程上，往往需要了解最大主应力 σ_1、最小主应力 σ_2 及最大主应力方向(用 σ_1 与 x 轴夹角 α 表示)，可用以下等式换算：

$$\begin{cases}\sigma_1=(\sigma_x+\sigma_y)/2+\sqrt{[(\sigma_x-\sigma_y)/2]^2+\tau_{xy}^2}\\ \sigma_2=(\sigma_x+\sigma_y)/2-\sqrt{[(\sigma_x-\sigma_y)/2]^2+\tau_{xy}^2}\\ \alpha=\arctan[(\sigma_1-\sigma_x)/\tau_{xy}]\end{cases} \tag{4-6}$$

为了获得 x 轴方向的正应力 σ_x，射线应在 $\Phi=0°$的情况下以不同 Ψ 角照射试样，测量出各 Ψ 角对应相同(hkl)晶面的衍射角 2θ 值。为了获得 y 轴方向的正应力 σ_y，射线应在$\Phi=90°$的情况下进行照射，测量出各 Ψ 角对应的晶面衍射角 2θ 值。为了获得切应力分量 τ_{xy}，则需要分别在 $\Phi=0°$、$\Phi=45°$及 $\Phi=90°$情况下进行测量。

式(4-4)中$\partial2\theta/\partial\sin^2\Psi$ 项，实际是 2θ 与 $\sin^2\Psi$ 关系直线的斜率，采用最小二乘法对它们进行线性回归，精确求解出该直线的斜率，代入应力公式中即可获得被测的三个应力分量。在每个入射方位角 Φ 下，必须选择两个以上的 Ψ 角进行测量。所选择入射角 Ψ 的数量，视具体情况而定。为了节省应力测量的时间，有时只选择两个 Ψ 角进行测量，假设它们分别是 Ψ_1 和 Ψ_2，则该直线斜率为

$$(\partial2\theta/\partial\sin^2\Psi)_{\Psi_1,\Psi_2}=(2\theta_{\Psi_2}-2\theta_{\Psi_1})/(\sin^2\Psi_2-\sin^2\Psi_1) \tag{4-7}$$

典型情况为 $\Psi=0°$和 45°，这就是所谓的 0°-45°法，此时

$$(\partial2\theta/\partial\sin^2\Psi)_{\Psi=0°,45°}=2K(2\theta_{\Psi=45°}-2\theta_{\Psi=0°}) \tag{4-8}$$

如果选择多个 Ψ 角进行测量，假设有 n 个 Ψ 角，则最小二乘法的结果为

$$\partial 2\theta/\partial \sin^2\Psi = \left[n\sum_{i=1}^{n} 2\theta_i \sin^2\Psi_i - \left(\sum_{i=1}^{n} 2\theta_i\right)\left(\sum_{i=1}^{n} \sin^2\Psi_i\right)\right] \Big/ \left[n\sum_{i=1}^{n} \sin^4\Psi_i - \left(\sum_{i=1}^{n} \sin^2\Psi_i\right)^2\right] \tag{4-9}$$

3. 测量实例

下面以某钢材试样的应力测量为例，简要说明平面应力的测量过程。实验中采用 CrK_α 特征辐射 X 射线，所选择的衍射晶面为 Fe(211)。设定 Φ 角为 0°、90°和 45°，对于每个 Φ 角，分别在 Ψ 角为 0°、24°、35°及 45°时测量，获得各种情况下的衍射谱线。利用半高宽中点或抛物线定峰方法，确定这些衍射谱线的峰位角，结果见表 4-1。有关的定峰方法，将在后面数据处理部分详细介绍。

表 4-1 衍射谱线定峰结果

Φ/(°)	$2\theta_{\Phi\Psi}$/(°)			
	Ψ=0°	Ψ=24°	Ψ=35°	Ψ=45°
0	155.883	156.128	156.458	156.804
45	155.973	156.163	156.462	156.773
90	156.080	156.217	156.411	156.627

利用表 4-1 中的数据，建立 2θ 与 $\sin^2\Psi$ 的关系直线，并通过线性回归分析即式（4-9），求出三条直线的斜率 $\partial 2\theta_{\Phi=0°}/\partial \sin^2\Psi = 1.860°$，$\partial 2\theta_{\Phi=45°}/\partial \sin^2\Psi = 1.623°$，$\partial 2\theta_{\Phi=90°}/\partial \sin^2\Psi = 1.104°$，代入应力测量公式式（4-4）中，取钢材的应力常数 $K = -318\text{MPa}/(°)$，得到三个应力分量分别为 $\sigma_x = -591\text{MPa}$、$\sigma_y = -351\text{MPa}$ 和 $\tau_{xy} = -45\text{MPa}$。

由于切应力分量 $\tau_{xy} \neq 0$，说明坐标系中 σ_x 和 σ_y 并不是两个主应力，根据式(4-6)得到主应力 $\sigma_1 = -343\text{MPa}$、$\sigma_2 = -599\text{MPa}$ 及 $\alpha = -79.7°$，至此完成了整个应力分析工作。

第二节 测量方法

应力测量方法属于精度要求很高的测试技术。测量方式、试样要求以及测量参数选择等，都会对测量结果造成较大影响。

一、测量方式

根据 Ψ 平面与测角仪 2θ 扫描平面的几何关系，有同倾法与侧倾法两种测量方式。在条件许可的情况下，建议采用侧倾法。

1. 同倾法

同倾法的衍射几何特点是 Ψ 平面与测角仪 2θ 扫描平面重合。同倾法中设定 Ψ 角的方法有两种，即固定 Ψ_0 法和固定 Ψ 法。

（1）固定 Ψ_0 法　此方法的要点是，在每次探测扫描接收反射 X 射线的过程中，入射角 Ψ_0 保持不变，故称为固定 Ψ_0 法，如图 4-5 所示。选择一系列不同的入射线与试样表面法线的夹角 Ψ_0 来进行应力测量工作。根据其几何特点不难看出，此方法的 Ψ 与 Ψ_0 之间关系为

$$\varPsi=\varPsi_0+\eta=\varPsi_0+90°-\theta \tag{4-10}$$

同倾固定 $\varPsi_0$ 法既适合于衍射仪，也适合于应力仪。由于此方法较早应用于应力测量中，故在实际生产中的应用较为广泛。其 $\varPsi_0$ 角设置要受到下列条件限制：

$$\begin{gathered}\varPsi_0+2\eta<90°\rightarrow\varPsi_0<2\theta-90°\\2\eta<90°\rightarrow2\theta>90°\end{gathered} \tag{4-11}$$

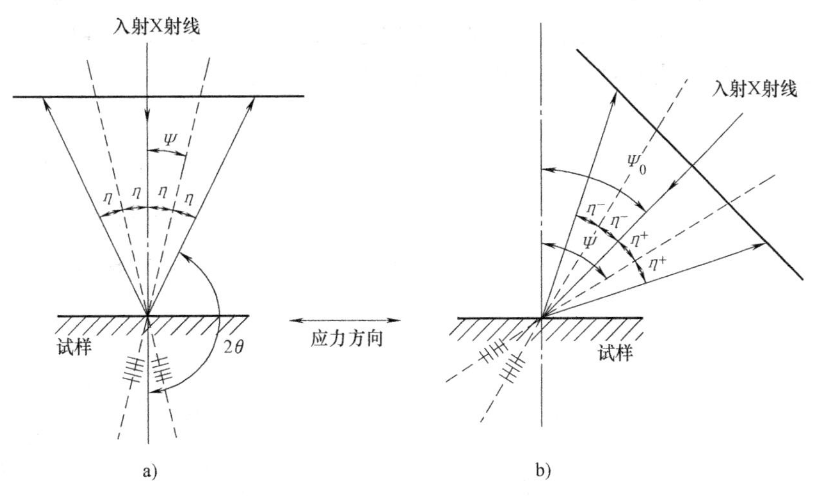

图 4-5　固定 $\varPsi_0$ 法的衍射几何

a）$\varPsi_0=0°$　b）$\varPsi_0=45°$

（2）固定 $\varPsi$ 法　此方法的要点是，在每次扫描过程中衍射面法线固定在特定 $\varPsi$ 角方向上，即保持 $\varPsi$ 不变，故称为固定 $\varPsi$ 法。测量时 X 射线管与探测器等速相向（或相反）而行，每个接收反射 X 射线时刻，相当于固定晶面法线的入射角与反射角相等，如图 4-6 所示。通过选择一系列衍射晶面法线与试样表面法线之间的夹角 $\varPsi$，来进行应力测量工作。

同倾固定 $\varPsi$ 法同样适合于衍射仪和应力仪，其 $\varPsi$ 角设置要受到下列条件限制：

$$\varPsi+\eta<90°\rightarrow\varPsi<\theta \tag{4-12}$$

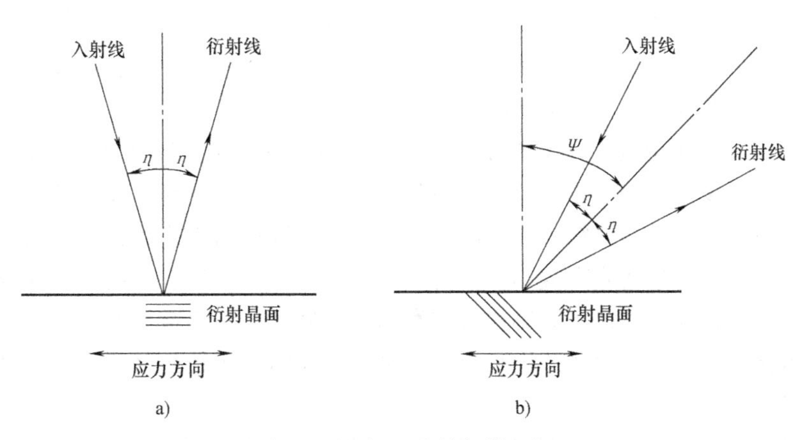

图 4-6　固定 $\varPsi$ 法的衍射几何

a）$\varPsi=0°$　b）$\varPsi=45°$

2. 侧倾法

侧倾法的衍射几何特点是 Ψ 平面与测角仪 2θ 扫描平面垂直，如图 4-7 所示。由于 2θ 扫描平面不再占据 Ψ 角转动空间，二者互不影响，所以 Ψ 角设置不受任何限制。通常情况下，侧倾法选择固定 Ψ 扫描方式。

侧倾法的优点是：①由于扫描平面与 Ψ 角转动平面垂直，各个 Ψ 角衍射线经过的试样路程近乎相等，因此不必考虑吸收因子对不同 Ψ 角衍射线强度的影响；②由于 Ψ 角与 2θ 扫描角互不限制，因而增大了这两个角度的应用范围；③由于几何对称性好，可有效减小散焦的影响，改善衍射谱线的对称性，从而提高应力测量精度。

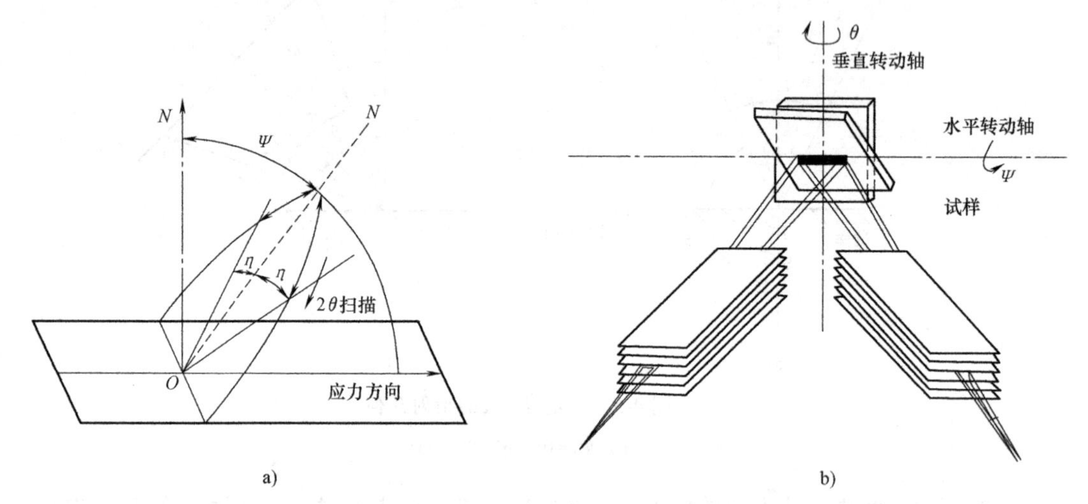

图 4-7 X 射线应力仪与衍射仪侧倾法测应力衍射几何

a）应力仪侧倾法测应力衍射几何 b）衍射仪侧倾法测应力衍射几何

二、试样要求

为了真实且准确地测量材料中的内应力，必须高度重视被测材料的组织结构、表面处理和测点位置设定等。

1. 材料组织结构

常规的 X 射线应力测量，只是对无粗晶和无织构的材料才有效，否则会给测量工作带来一定难度。对于非理想组织结构的材料，必须采用特殊的方法或手段来进行测量，但某些问题迄今为止未获得较为圆满的解决。

当一束 X 射线照射到一块晶粒足够细小且无规则取向的多晶体时，那些满足布拉格方程的晶面将产生多个干涉圆锥，此时在底片上留下一个个德拜环，如果晶粒细小，则这些德拜环是连续的。但如果晶粒粗大，各晶面族对应的德拜环则不连续，当探测器横扫过各个衍射环时，所测得衍射强度或大或小，衍射峰强度波动很大，依据这些衍射峰测得的应力值是不准确的。为使德拜环连续，获得比较满意的衍射峰形，必须增加参与衍射的晶粒数目。为此，对粗晶材料一般采用回摆法进行应力测量。目前的大多数衍射仪或应力仪，都具备回摆法的功能。

材料中的织构，主要是影响应力测量中 2θ 与 $\sin^2\Psi$ 的线性关系，影响机制有两种观点：一种观点认为，2θ 与 $\sin^2\Psi$ 的非线性关系，是由于在形成织构过程中的不均匀塑性变形所致；另一种观点则认为，这种非线性与材料中各向异性有关，不同方位即 Ψ 角的同族晶面具有不同的应力常数 K 值，从而影响 2θ 与 $\sin^2\Psi$ 的线性关系。由于理论认识上的局限，使得织构材料 X 射线应力测量技术一直未获得重大突破。目前唯一没有先决条件并具有一定实用意义的方法是，测量高指数的衍射晶面。选择高指数晶面，增加了所采集晶粒群的晶粒数目，从而增加了平均化的作用，削弱了择优取向的影响。这种方法的缺点是，对于钢材必须采用波长很短的 MoK_α 线，而且要滤去多余的荧光辐射，所获得的衍射峰强度不高等。

2. 表面处理

对于钢材试样，X 射线只能穿透几微米至十几微米的深度，测量结果实际是这个深度范围的平均应力，试样表面状态对测试结果有直接的影响。要求试样表面必须光滑，没有污垢、油膜及厚氧化层等。特别提醒，由于机加工而在材料表面产生的附加应力层厚度可达 100~200μm，因此需要对试样表面进行预处理。预处理的方法，是利用电化学或化学腐蚀等手段，去除表面存在附加应力层的材料。

如果实验目的就是测量机加工、喷丸、表面处理等工艺之后的表面应力，则不需要上述预处理过程，必须小心保护待测试样的原始表面，不能进行任何磕碰、加工、电化学或化学腐蚀等影响表面应力的操作。

为测定应力沿层深的分布，可以用电解腐蚀的方法进行逐层剥离，然后进行应力测量；或者先用机械法快速剥层至一定深度，再用电解腐蚀法去除机械附加应力层。剥层后，可能出现一定程度的应力释放，可参考有关文献进行修正。

3. 测点位置设定

对于一个实际试样，应根据应力分析的要求，结合试样的加工工艺、几何形状、工作状态等综合考虑，确定测点的分布和待测应力的方向。校准试样位置和方向的原则为：①测点位置应落在测角仪的回转中心线上；②待测应力方向应处于 Ψ 平面以内；③测角仪 $\Psi=0°$ 位置的入射线与衍射线的中心线应与待测点表面垂直。

三、测量参数

在常规 X 射线衍射分析中，选择正确的测量参数，目的是获得完整且光滑的衍射谱线。而对于 X 射线应力测量，除满足以上要求外，还必须考虑诸如 Ψ 角设置、辐射波长、衍射晶面以及应力常数等因素的影响。

1. Ψ 角设置

如果被测材料无明显织构，并且衍射效应良好，衍射计数强度较高，在每一个 Φ 角下只设置两个 Ψ 角即可，例如较为典型的 0°-45°法，这样在确保一定测量精度的前提下，可以提高测量的速度，节省仪器的使用资源。

一般情况是，在每个 Φ 角下，Ψ 角设置越多，则应力测量精度就越高。对于多 Ψ 角情况的应力测量，Ψ 角间隔划分原则是尽量确保各个 $\sin^2\Psi$ 值为等间隔，例如 Ψ 角可设置为 0°、24°、35°及 45°，这是一种较为典型的 Ψ 角系列。

2. 辐射波长与衍射晶面

为减小测量误差，在应力测量过程中尽可能选择高角衍射，而实现高角衍射的途径则是选择合适的辐射波长及衍射晶面。衍射角的影响可由式(4-5)来说明，由于 X 射线的应力常数 K 与 $\cot\theta_0$ 值成正比，而待测应力又与应力常数成正比，因此布拉格角 θ_0 越大则 K 越小，应力的测量误差就越小。此外，选择高角衍射还可以有效减小仪器的机械调整误差等。

对于特定的辐射波长即靶材类型，结合具体情况综合考虑，选择出合适的衍射晶面，尽量使衍射峰出现在高角区。而对于特定的晶面，波长改变时衍射角也必然变化，通过选择合适的波长即靶材可以使该晶面的衍射峰出现在高角区。此外，辐射波长还直接影响穿透深度，波长越短则穿透深度越大，参与衍射的晶粒就越多。对于某些特殊测量对象，有时要使用不同波长的辐射线。

3. 应力常数

晶体中普遍存在各向异性，不同晶向具有不同的弹性模量，如果将平均弹性模量代入式(4-5)来求解X射线应力常数，势必会产生一定的误差。对已知材料进行应力测量时，可通过查表获取待测晶面的应力常数。对于未知材料，只能通过实验方法测量其应力常数。

测量X射线应力常数最简单的方法是利用等强梁，即加工出图4-8所示的等强梁试样，其悬臂长为l，根部最大宽度为b，悬臂等厚度为h。在悬臂的自由端施加一定载荷P，例如悬吊一定重量的砝码，则梁的上表面应力为

$$\sigma_p = 6Pl/(bh^2) \tag{4-13}$$

在不同Ψ角下，测量出试样某(hkl)晶面的2θ值，由$K=\sigma_p/(\partial 2\theta/\partial \sin^2\Psi)$，即可计算出该晶面的X射线应力常数。为提高测量精度，分别施加不同的载荷，测得一系列$\partial 2\theta/\partial \sin^2\Psi$，利用最小二乘法，确定$\sigma_p$与$\partial 2\theta/\partial \sin^2\Psi$的直线斜率，从而可获得精确的应力常数值。

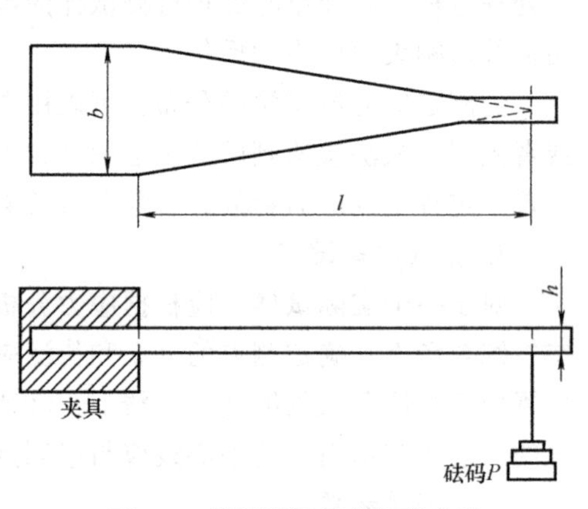

图4-8 等强度梁及其加载方法

如果未知材料的尺寸太小，不能加工出足够长度的等强度梁试样，此时只能采用单轴拉伸实验的方法进行测量，即加工出板状拉伸试样，利用力学试验机或其他方法对试样加载σ_p，同样是利用$\sigma_p/(\partial 2\theta/\partial \sin^2\Psi)$来确定X射线的应力常数值$K$。

第三节　数据处理方法

采集到良好的原始衍射数据后，还必须经过一定的数据处理及计算，最终才能获得可靠的应力数值。数据处理包括衍射峰形处理、确定衍射峰位、应力计算及误差分析等内容。由于目前计算机已十分普及，许多复杂数学计算都变得容易，给数据处理工作带来方便。

一、衍射峰形处理

对原始衍射谱线进行峰形处理，例如进行强度校正、扣除背底强度和K_α双线分离等，以得到良好的衍射峰形，有利于提高衍射峰的定峰精度。

但必须指出，当衍射峰前后背底强度接近时(尤其采用侧倾测量方式时)，不必进行强度校正；当谱线K_α双线完全重合时，即使衍射峰形有些不对称，也不需进行K_α双线分离，在此情况下，只需扣除衍射背底即可，简化了数据处理过程。

1. 强度校正

如果要进行角因子和吸收因子校正，则角因子为 $L_p=(1+\cos^2 2\theta_i)/(\sin^2\theta_i\cos\theta_i)$，吸收因子可分为两种情况：同倾法的吸收因子 $A=1-\tan\Psi\cot\theta_i$，侧倾法的法吸收因子 $A=1$。强度校正公式为 $I_i=I_i'/(L_pA)$，I_i'及 I_i 分别为校正前后的强度。

2. 扣除背底强度

严格地讲，衍射背底是一条与衍射角有关的曲线。当衍射背底曲线比较平缓时，可将其近似视为一条直线。在保证衍射峰形完整的前提下选择前后背底角($2\theta_1$ 及 $2\theta_n$)，确定这两点的衍射强度，连接两点作一条直线，将衍射峰形中各点强度减去该直线强度，即得到一条无背底的衍射线。为减小扣除衍射背底所造成的偶然误差，在前后背底角各取三点进行强度平均，分别作为起始背底强度(I_1')和终止背底强度(I_n')。扣除背底前后的衍射强度 I_i'与 I_i 的关系为

$$I_i=I_i'-I_1'-[(I_n'-I_1')/(2\theta_n-2\theta_1)](2\theta_i-2\theta_1),i=1,2,\cdots,n \tag{4-14}$$

3. K_α双线分离

由于 $K_{\alpha1}$与 $K_{\alpha2}$辐射的波长十分接近，它们的衍射谱线经常重叠在一起，使得衍射谱线宽化且不对称，甚至会出现明显的 $K_{\alpha1}$及 $K_{\alpha2}$分离峰，此时必须实施 K_α双线分离操作，以获得对称的纯 $K_{\alpha1}$谱线。有关 K_α双线分离的方法，将在后面的章节中讨论。

二、定峰方法

应力测量的实质是测量同族晶面不同方位的衍射峰位角，其中定峰方法十分关键。定峰方法有多种，如半高宽中点法、抛物线法、重心法、高斯曲线法及交相关函数法。在实际工作中，主要根据衍射谱线的具体情况来选择合适的定峰方法。

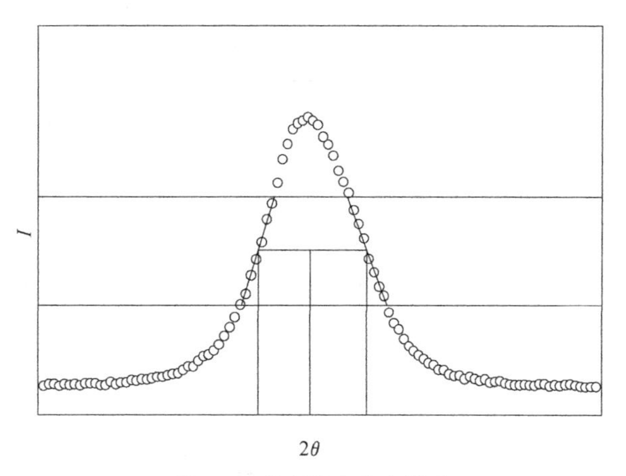

图 4-9 半高宽中点定峰法

1. 半高宽中点定峰法

常规的半高宽中点定峰法，在实际操作中具有随意性，测量误差较大。这里主要介绍改进的半高宽中点定峰法。如图 4-9 所示，首先扣除衍射背底，将衍射峰两侧 $0.3I_{max}$~$0.7I_{max}$(I_{max} 为峰值衍射强度)区间的衍射数据分别拟合为左右两条直线，即

$$\begin{cases}(I_l)_i=C_1+C_2(2\theta_i), & i=1,2,\cdots,n_l\\(I_r)_i=C_3+C_4(2\theta_i), & i=1,2,\cdots,n_r\end{cases} \tag{4-15}$$

借助最小二乘法线性回归分析，左侧直线方程系数为

$$\begin{cases}C_1=\left[\sum_{i=1}^{n_l}(I_l)_i-C_2\sum_{i=1}^{n_l}2\theta_i\right]/n_l\\C_2=\left[n_l\sum_{i=1}^{n_l}2\theta_i(I_l)_i-\sum_{i=1}^{n_l}2\theta_i\sum_{i=1}^{n_l}(I_l)_i\right]\Big/\left[n_l\sum_{i=1}^{n_l}(2\theta_i)^2-\left(\sum_{i=1}^{n_l}2\theta_i\right)^2\right]\end{cases} \tag{4-16}$$

式中，n_l 为左侧 $0.3I_{max}$~$0.7I_{max}$ 区间衍射数据点数。将式(4-15)和式(4-16)中的 C_3 变为 C_1、C_4 变为 C_2、I_l 变为 I_r 及 n_l 变为 n_r，即得到右侧直线方程的系数。

令式(4-15)中 $I_l=I_r=0.5I_{max}$，得到相应的衍射角 $2\theta_l$ 及 $2\theta_r$，即

$$2\theta_l=(I_{max}/2-C_1)/C_2, 2\theta_r=(I_{max}/2-C_3)/C_4 \tag{4-17}$$

衍射峰位角 $2\theta_p$ 为

$$2\theta_p=(2\theta_l+2\theta_r)/2 \tag{4-18}$$

2. 抛物线定峰法

如图 4-10 所示，不需要扣除衍射背底，将图中衍射峰顶部 $0.8I_{max}$~I_{max} 区间的衍射数据拟合为一条抛物线，其顶点角度即为衍射峰位角 $2\theta_p$。

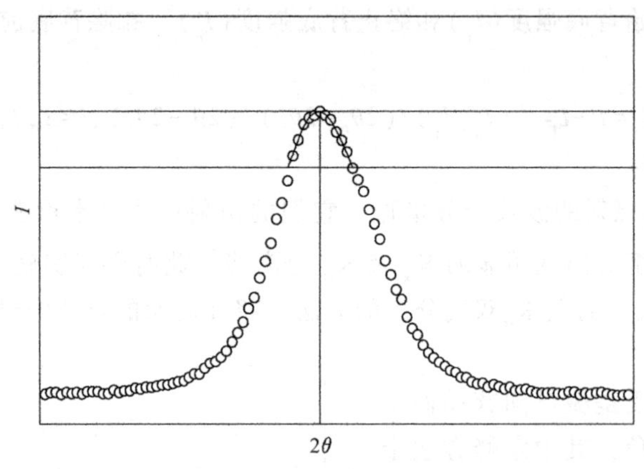

图 4-10 抛物线定峰法

抛物线方程为

$$I_i=C_1+C_2(2\theta_i)+C_3(2\theta_i)^2, i=1,2,\cdots,n_m \tag{4-19}$$

经回归分析，确定系数 C_1、C_2 及 C_3，抛物线顶点角度即衍射峰位角为

$$2\theta_p=-C_2/(2C_3) \tag{4-20}$$

式(4-19)的正则方程组为

$$\begin{cases} C_1 n_m + C_2\sum_{i=1}^{n_m}(2\theta_i) + C_3\sum_{i=1}^{n_m}(2\theta_i)^2 = \sum_{i=1}^{n_m} I_i \\ C_1\sum_{i=1}^{n_m}(2\theta_i) + C_2\sum_{i=1}^{n_m}(2\theta_i)^2 + C_3\sum_{i=1}^{n_m}(2\theta_i)^3 = \sum_{i=1}^{n_m}(2\theta_i)I_i \\ C_1\sum_{i=1}^{n_m}(2\theta_i)^2 + C_2\sum_{i=1}^{n_m}(2\theta_i)^3 + C_3\sum_{i=1}^{n_m}(2\theta_i)^4 = \sum_{i=1}^{n_m}(2\theta_i)^2 I_i \end{cases} \tag{4-21}$$

解上述方程组，求出系数 C_2 和 C_3，由式(4-20)得到衍射峰位角 $2\theta_p$ 为

$$2\theta_p = \frac{1}{2}\frac{A\sum_{i=1}^{n_m}(2\theta_i)^4 + B\sum_{i=1}^{n_m}(2\theta_i)^3 + C\sum_{i=1}^{n_m}(2\theta_i)^2}{A\sum_{i=1}^{n_m}(2\theta_i)^3 + B\sum_{i=1}^{n_m}(2\theta_i)^2 + C\sum_{i=1}^{n_m}(2\theta_i)} \tag{4-22}$$

其中

$$\begin{cases} A = n_m \sum_{i=1}^{n_m} (2\theta_i) I_i - \sum_{i=1}^{n_m} (2\theta_i) \sum_{i=1}^{n_m} I_i \\ B = \sum_{i=1}^{n_m} (2\theta_i)^2 \sum_{i=1}^{n_m} I_i - n_m \sum_{i=1}^{n_m} (2\theta_i)^2 I_i \\ C = \sum_{i=1}^{n_m} (2\theta_i) \sum_{i=1}^{n_m} (2\theta_i)^2 I_i - \sum_{i=1}^{n_m} (2\theta_i)^2 \sum_{i=1}^{n_m} (2\theta_i) I_i \end{cases} \tag{4-23}$$

由于抛物线定峰法仅利用衍射峰顶部附近的数据，并不要求衍射峰形的完整性，从而使扫描角度范围可大为缩小，有利于节省测量时间。

3. 重心定峰法

对一条扣除衍射背底后的完整衍射峰形，求得其 $0.1I_{max} \sim I_{max}$ 区间衍射数据所包围的面积的重心，其重心角度即为衍射峰位角 $2\theta_p$，表示如下：

$$2\theta_p = 2\theta_1 + \delta(2\theta) \left[\sum_{i=1}^{n} (i-1) I_i / \sum_{i=1}^{n} I_i \right] \tag{4-24}$$

式中，n 为上述区间衍射数据点数；$2\theta_1$ 为该区间第一点的衍射角；$\delta(2\theta)$ 为采样扫描的步进角间隔。

4. 高斯曲线定峰法

该方法适合对称且接近高斯曲线的衍射峰形，或者 K_α 双线分离后的纯 $K_{\alpha1}$ 峰形，必须首先扣除衍射背底。将 $0.1I_{max} \sim I_{max}$ 区间数据拟合成高斯曲线，其顶点角度即为衍射峰位角。

高斯函数为

$$I_i = I_{max} \exp[-(2\theta_i - 2\theta_p)^2 (4\ln 2)/S^2] \tag{4-25}$$

式中，S 为衍射峰的半高宽。

式(4-25)取对数并整理后得到

$$\ln(I_i) = C_1 + C_2(2\theta_i) + C_3(2\theta_i)^2 \tag{4-26}$$

实际又转变为二次多项式的回归问题，衍射峰位角即为 $2\theta_p = -C_2/(2C_3)$。

5. 交相关函数法

利用交相关函数法，主要是确定两条衍射谱线的峰位之差，而并非是确定每个衍射谱线的绝对峰位值，该方法在许多情况下都十分奏效。

假设有两条完整且扣除衍射背底后的衍射谱线，分别是在 Ψ_1 和 Ψ_2 情况下获得的，每条谱线包含了 n 个衍射数据点，起始角和终止角分别为 $2\theta_1$ 和 $2\theta_n$。利用这两条衍射谱线的数据，可以构造出一个新的函数，称为交相关函数 $H(\xi)$，表达式如下：

$$H(\xi) = \sum_{i=1}^{n} I_{\Psi_1}(2\theta_i) I_{\Psi_2}(2\theta_i + \xi)$$

$$\xi = m\delta(2\theta), \quad m = 0, \pm 1, \pm 2, \cdots, \pm n \tag{4-27}$$

式中，ξ 为新引入的变量；$\delta(2\theta)$ 为采样扫描的步进角。可以证明，该函数极值点对应的 ξ 即为两衍射谱线峰位角之差，即

$$\Delta(2\theta) = 2\theta_{\Psi 2} - 2\theta_{\Psi 1} = \xi \big|_{\partial[H(\xi)]/\partial(\xi)=0} \tag{4-28}$$

由于式(4-27)中的 ξ 及 $H(\xi)$ 均为离散值，无法确定函数的极值点。采用抛物线拟合，

将函数顶部 ξ 及 $H(\xi)$ 转换为连续形式，则可以确定 $H(\xi)$ 的极值点，这实际是交相关函数与抛物线相结合的一种方法。交相关函数是两个衍射谱线计数强度相乘以后再相加，其峰值肯定明显高于普通X射线衍射的计数强度，即交相关函数的随机误差较小。

三、误差分析

经过衍射峰形处理并确定衍射峰位后，即可进行应力计算工作，然后还要对应力测量结果进行误差分析。由于应力值等于应力常数 K 乘以斜率 $M=\partial 2\theta/\partial \sin^2\Psi$，故应力测量误差直接与斜率 M 的误差有关。在应力测量过程中，误差同时包括系统误差和随机误差（偶然误差）。消除系统误差的方法，主要是利用已知应力的标样来校准仪器。消除随机误差的方法有两种，即多 Ψ 值法和重复测量法。

1. 多 Ψ 值法

在多 Ψ 值测量中，利用最小二乘法确定斜率 $M=\partial 2\theta/\partial \sin^2\Psi$，其形式为式(4-9)。此斜率误差的表达式则为

$$|\Delta M| = \sum_{i=1}^{n}[Y_i-(A+MX_i)]^2/\left[(n-2)\sum_{i=1}^{n}(X_i-\overline{X})^2\right] \tag{4-29}$$

式中，$X_i=\sin^2\Psi_i$；$Y_i=2\theta_i$；$\overline{X}=\sum_{i=1}^{n}X_i/n$；$A=(\overline{Y}-M\overline{X})$，$\overline{Y}=\sum_{i=1}^{n}Y_i/n$；$n$ 为 Ψ 角数。需要指出，由于织构材料的 2θ 与 $\sin^2\Psi$ 的直线关系已被破坏，即使 2θ 测量误差和 Ψ 设置误差为零，仍存在一定的 $|\Delta M|$ 值，若仍利用式(4-9)及式(4-29)计算，其计算值肯定与实际情况不符。

2. 重复测量法

重复测量法是对试样的同一测量点进行重复应力测量，然后计算多次测量结果的平均值及标准误差。该方法对任何情况都适用，而且对消除随机误差非常有效，取平均应力作为测量结果。假定共进行 m 次应力测量，其应力值分别是 σ_1、σ_2、…、σ_m，则平均应力及其标准误差分别为

$$\overline{\sigma}=\sum_{j=1}^{m}\sigma_j/m,\Delta\sigma=\sqrt{\sum_{j=1}^{m}(\sigma_j-\overline{\sigma})^2/[n(n-1)]} \tag{4-30}$$

第四节 三维应力及薄膜应力测量

三维应力及薄膜应力测量属于特殊的X射线应力测量技术，测量原理虽然严密，但其测量方法尚未进入工程实用化阶段，故在此只做简要介绍。

一、三维应力测量

对于具有强烈织构或经过磨削、轧制及其他表面处理的金属材料，其表层往往存在激烈的应力梯度，造成表面应力分布呈现三维应力状态。此外，多相材料的相间应力通常是三维的，有些薄膜及表面改性材料也表现出三维应力特征。对这些材料，必须采用三维应力测量方法，需要确定六个应力分量，即三个正应力分量 σ_x、σ_y 和 σ_z，以及三个切应力分量 τ_{xy}、τ_{xz} 和 τ_{yz}，从而正确地评价这类材料中的内应力。

定义参数 b_1 及 b_2 为

$$b_1=(2\theta_{\Phi\Psi+}+2\theta_{\Phi\Psi-})/2, b_2=(2\theta_{\Phi\Psi+}-2\theta_{\Phi\Psi-})/2 \tag{4-31}$$

式中，$2\theta_{\Phi\Psi+}$及$2\theta_{\Phi\Psi-}$分别表示在同一Φ角平面内，Ψ角大小相等而方向相反条件下所测得的一对衍射角。由式(4-31)及式(4-1)和式(4-2)可得到

$$\begin{cases}\partial b_1/\partial\sin^2\Psi=(\sigma_x\cos^2\Phi+\sigma_{xy}\sin 2\Phi+\sigma_y\sin^2\Phi-\sigma_z)/K\\ \partial b_2/\partial\sin 2\Psi=(\sigma_{xz}\cos\Phi+\sigma_{yz}\sin\Phi)/K\end{cases} \tag{4-32}$$

当$\Phi=0°$、$90°$及$45°$时，由式(4-32)分别得到

$$\begin{cases}\sigma_x-\sigma_z=K(\partial b_{1,\Phi=0°}/\partial\sin^2\Psi), \tau_{xz}=K(\partial b_{2,\Phi=0°}/\partial\sin 2\Psi)\\ \sigma_y-\sigma_z=K(\partial b_{1,\Phi=90°}/\partial\sin^2\Psi), \tau_{yz}=K(\partial b_{2,\Phi=90°}/\partial\sin 2\Psi)\\ \tau_{xy}-\sigma_z+(\sigma_x+\sigma_y)/2=K(\partial b_{1,\Phi=45°}/\partial\sin^2\Psi)\end{cases} \tag{4-33}$$

当$\Psi=0°$时，令式(4-1)与式(4-2)相等得到

$$\sigma_z-[\nu/(1+\nu)](\sigma_x+\sigma_y+\sigma_z)=K(2\theta_{\Psi=0°}-2\theta_0) \tag{4-34}$$

式中，$2\theta_{\Psi=0°}$是$\Psi=0°$情况下所测得的衍射角。

将式(4-33)与式(4-34)联立求解，得到正应力分量为

$$\begin{cases}\sigma_x=K[S'(2\theta_{\Psi=0°}-2\theta_0)-(S''-1)(\partial b_{1,\Phi=0°}/\partial\sin^2\Psi)-S''(\partial b_{1,\Phi=90°}/\partial\sin^2\Psi)]\\ \sigma_y=K[S'(2\theta_{\Psi=0°}-2\theta_0)-S''(\partial b_{1,\Phi=0°}/\partial\sin^2\Psi)-(S''-1)(\partial b_{1,\Phi=90°}/\partial\sin^2\Psi)]\\ \sigma_z=K[S'(2\theta_{\Psi=0°}-2\theta_0)-S''(\partial b_{1,\Phi=0°}/\partial\sin^2\Psi)-S''(\partial b_{1,\Phi=90°}/\partial\sin^2\Psi)]\end{cases} \tag{4-35}$$

式中，$S'=(1+\nu)/(1-2\nu)$；$S''=-\nu/(1-2\nu)$。

切应力分量为

$$\begin{cases}\tau_{xy}=K[\partial b_{1,\Phi=45°}/\partial\sin^2\Psi-(\partial b_{1,\Phi=0°}/\partial\sin^2\Psi+\partial b_{1,\Phi=90°}/\partial\sin^2\Psi)/2]\\ \tau_{xz}=K(\partial b_{2,\Phi=0°}/\partial\sin 2\Psi)\\ \tau_{yz}=K(\partial b_{2,\Phi=90°}/\partial\sin 2\Psi)\end{cases} \tag{4-36}$$

式(4-35)和式(4-36)就是材料表层三维应力测量的普遍表达式，共包括六个应力分量。对于平面应力问题，即$\sigma_z=\tau_{xz}=\tau_{yz}=0$，这些公式分别简化为式(4-4)的形式，因此二维应力公式是三维应力公式的特例。从式(4-35)中不难发现，在进行三维应力测量时，必须首先精确测定出材料在无应力状态下的衍射角$2\theta_0$，这实质上是要完成点阵常数精确测定的工作，但在许多情况下无法获得无应力的试样，从而给上述三维应力的测量带来一些不便。

二、薄膜应力测量

薄膜材料中普遍存在内应力问题，这类应力在宏观上常常表现出平面应力特征。理论上讲，当材料结晶状况良好时，可以采用平面应力测量方法。然而在实际测量中，由于薄膜材料的衍射强度偏低，常规应力测量方法会遇到一些困难，测量结果误差较大。为了提高测量精度，需要对常规方法进行改进。

考虑到掠射法能够获得更多的薄膜衍射信息，侧倾法可确保衍射几何的对称性，内标法能够降低系统测量误差，因此将掠射、侧倾以及内标等方法有效地结合起来，肯定是薄膜应力测量的最佳方案，如图 4-11 所示。其中图 4-11a 中α为 X 射线的掠射角，Ω为试样转动的方位角；图 4-11b 代表试样表面附着的一些标准物质粉末，以此作为内标样品。

采用这种内标方法，仪器系统误差$\Delta 2\theta$为

$$\Delta 2\theta=2\theta_{c,0}-2\theta_c \tag{4-37}$$

式中，$2\theta_c$ 为标样衍射角实测值；$2\theta_{c,0}$ 为标样衍射角真实值。假定薄膜的实测衍射角为 2θ，则其真实值 $2\theta'$ 应该为

$$2\theta' = 2\theta + \Delta 2\theta = 2\theta + 2\theta_{c,0} - 2\theta_c \tag{4-38}$$

由于 $2\theta_{c,0}$ 为常数，即 $\partial 2\theta_{c,0}/\partial\sin^2\Psi$ 为零，结合式(4-38)，并假定薄膜中存在平面应力，则

$$\sigma = K(\partial 2\theta'/\partial\sin^2\Psi) = K[\partial(2\theta - 2\theta_c)/\partial\sin^2\Psi] \tag{4-39}$$

另外，由图4-11中的几何关系不难证明，此时入射线与试样表面法线的夹角即 Ψ 为

$$\Psi = \arccos[\cos(\theta-\alpha)\cos\Omega] \tag{4-40}$$

利用式(4-39)及式(4-40)即可计算薄膜中的内应力。由于式中出现了同一衍射谱的薄膜实测衍射角与标样实测衍射角之差，因此有效降低了仪器的系统误差。

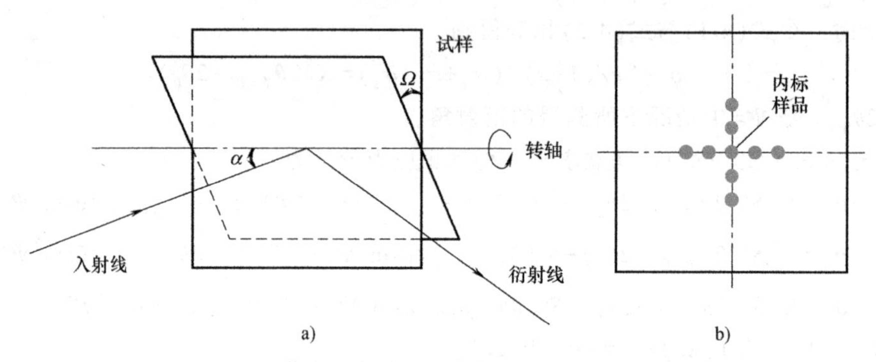

图4-11 薄膜X射线应力测定衍射几何及内标方法

习 题

1. 在一块冷轧钢板中可能存在哪几种内应力？它的衍射谱有什么特点？按本章介绍的方法可测出哪一类应力？

2. 一无残余内应力的丝状试样，在轴向拉伸载荷的作用下，从垂直丝轴的方向用单色X射线照射，其透射针孔像上的衍射环有何特点？

3. X射线应力仪的测角器 2θ 扫描范围为143°~163°，在没有“应力测定数据表”的情况下，应如何为待测应力的试件选择合适的X射线管和衍射面指数(以Cu材试件为例说明)。

4. 在水平测角器的衍射仪上安装一侧倾附件，用侧倾法测定轧制板材的宏观残余应力，当测量轧向和横向应力时，试样应如何放置？

5. 用侧倾法测量试样的残余应力，当 $\Psi=0°$ 和 $\Psi=45°$ 时，其X射线的穿透深度有何变化？

第五章　多晶体织构测量

多晶体材料由无数小晶粒(单晶体)组成，材料性能则与各晶粒的性能及其取向有关。晶粒取向可能是无规则的，但在很多场合下其晶面或晶向会按某种趋势有规则排列，这种现象称为择优取向或织构。材料中各向性能的差异，往往与晶粒择优取向有关，因此，织构测量是材料研究的一个重要课题。测量多晶织构的方法，主要以 X 射线衍射法最为普遍，其理论基础仍然是衍射方向和衍射强度的问题。

由于织构的存在，材料衍射效应将发生明显改变，某些晶面衍射强度增大，同时其他晶面衍射强度减小。描述材料中晶面择优取向即织构的方法有三种，包括(正)极图、反极图和三维取向分布函数。

第一节　织 构 分 类

实际多晶体材料往往存在与其加工成形过程有关的择优取向，即各晶粒的取向朝一个或几个特定的方位偏聚，这种组织状态就是织构。例如，材料经拉拔、轧制或挤压等加工后，由于塑性变形中晶粒转动而形成变形织构，经退火后又产生不同于冷加工状态的退火织构(或称再结晶织构)，铸造金属能形成某些晶向垂直于模壁的取向晶粒，电镀、真空蒸镀、溅射等方法制成的薄膜材料也具有特殊的择优取向。因此可以说，择优取向在多晶体材料中几乎是无所不在的，制造完全无序取向的多晶体材料是比较困难的。

织构分类方法有很多，但直接与 X 射线衍射相关的则是其晶体学特征。由此出发，按择优取向的分布特点，织构可分为两大类，即丝织构和板织构。丝织构是一种轴对称分布的织构，存在于各类丝棒材及各种表面镀层或溅射层中，其特点是晶体中各晶粒的某晶向<*uvw*>趋向于与某宏观坐标(丝棒轴或镀层表面法线)平行，其他晶向则对此轴呈旋转对称分布；织构指数定义为与该宏观坐标轴平行的晶向<*uvw*>，如铁丝<110>织构，铝丝<111>织构。板织构存在于用轧制、旋压等方法成形的板、片状构件内，其特点是材料中各晶粒的某晶向<*uvw*>与轧制方向(RD)平行；织构指数定义为与轧制平面平行的晶面(*hkl*)，或织构指数定义为与轧面法向(ND)平行的晶向<*uvw*>，如冷轧铝板有{110}<112>织构。

第二节　极图及其测量

多晶体材料中，某族晶面法线的空间分布概率在极射赤面上的投影，称为极图。通常取某宏观坐标面为投影面，例如丝织构材料取与丝轴(FA)垂直的平面，板织构材料取轧面(RD)等。极图表达了多晶体中晶粒取向的偏聚情况，由极图还可确定织构的指数。极图测量大多采用衍射仪法。由于晶面法线分布概率直接与衍射强度有关，可通过测量不同空间方位的衍射强度，来确定织构材料的极图。为获得某族晶面极图的全图，可分别采用反射法和透射法来收集该族晶面的衍射数据。为此，需要在衍射仪上安装织构测试台。

1. 反射法

图5-1给出了极图反射测量方法的衍射几何，其中 2θ 为衍射角，α 和 β 分别为描述试样位置的两个空间角。当 $\alpha=0°$ 时试样为水平放置，当 $\alpha=90°$ 时试样为垂直放置，并规定从左往右看时，α 逆时针转向为正。对于丝织构材料，若测试面与丝轴平行，则 $\beta=0°$ 时丝轴与测角仪转轴平行；板织构材料的测试面通常取其轧面，即 $\beta=0°$ 时轧向与测角仪转轴平行；规定面对试样表面时 β 顺时针转向为正。反射法是一种对称的衍射方式，理论上讲，该方式的测量范围为 $0°<|\alpha|\leqslant 90°$，但当 α 太小时，由于衍射强度过低而无法进行测量。反射法的测量范围通常为 $30°\leqslant|\alpha|\leqslant 90°$，即适合于高 α 角区的测量。

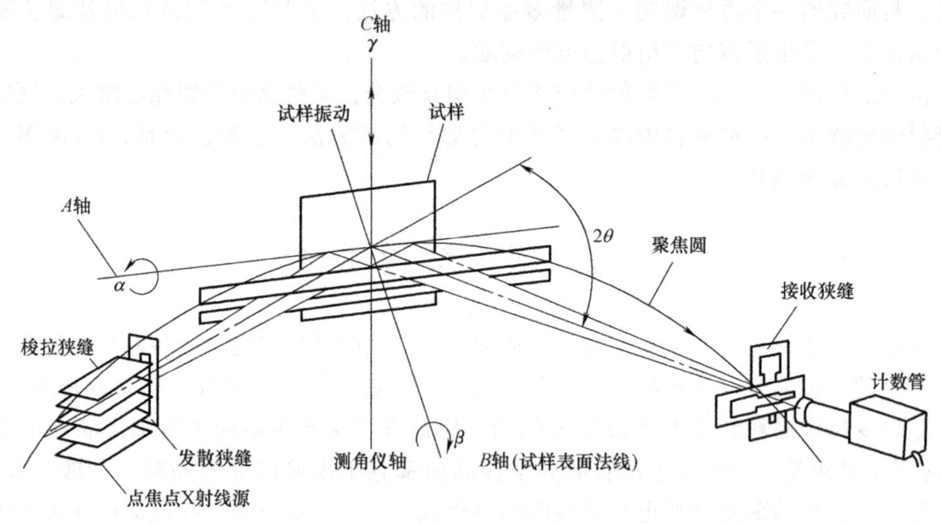

图5-1　极图反射测量方法的衍射几何

实验之前，首先根据待测晶面 $\{hkl\}$，选择衍射角 $2\theta_{hkl}$。在实验过程中，始终确保该衍射角不变，即测角仪中计数管固定不动。依次设定不同的 α 角，在每一个 α 角下试样沿 β 角连续旋转360°，同时测量衍射计数强度。

对于有限厚度试样的反射法，$\alpha=90°$ 时的射线吸收效应最小，即衍射强度 $I_{90°}$ 最大。可以证明，$\alpha<90°$ 时的衍射强度 I_α 吸收校正公式为

$$R=I_\alpha/I_{90°}=(1-e^{-2\mu t/\sin\theta})/[1-e^{-2\mu t/(\sin\theta\sin\alpha)}] \tag{5-1}$$

式中，μ 为X射线的线吸收系数；t 为试样的厚度。式(5-1)表明，如果试样厚度远大于射线有效穿透深度，则 $I_\alpha/I_{90°}\approx 1$，此时可以不考虑吸收校正问题。

对于较薄的试样，必须进行吸收校正，在校正前要扣除衍射背底，背底强度由计数管在 $2\theta_{hkl}$ 附近背底区获得。

经过一系列测量及数据处理后，最终获得试样中某族晶面的一系列衍射强度 $I_{\alpha,\beta}$ 的变化曲线，如图5-2所示。图中每条曲线仅对应一个 α 角，α 由30°每隔一定角度变化至90°，而角度 β 则由0°连续变化至360°，即转动一周。

将图5-2所示曲线中的数据，按衍射强度进行分级，其基准可采用任意单位，记录下各级强度的 β 角，标在极网坐标的相应位置上，将相同强度等级的各点用光滑曲线连接，这些等极密度线就构成了极图。目前，绘制极图的工作大都由计算机来完成。反射法所获得的典型极图如图5-3所示，极图中心位置对应最大 α 角，即90°，最外圈对应最小 α 角。极图RD

方向为 $\beta=0°$，顺时针旋转一周即 β 由 0°连续变化至 360°。极图中一系列等密度曲线，表示被测量晶面衍射强度的空间分布情况，也代表该族晶面法线在各空间角的取向分布概率。这是最常见的描述织构方法。

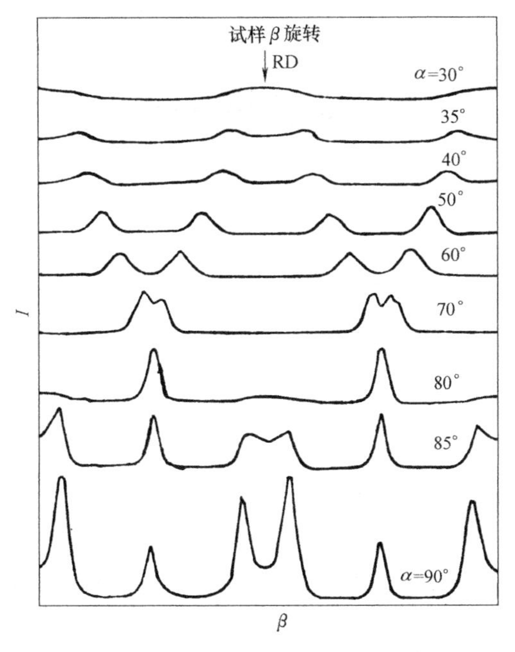

图 5-2　铝板{111}极图测量中的一系列 $I_{\alpha,\beta}$ 曲线

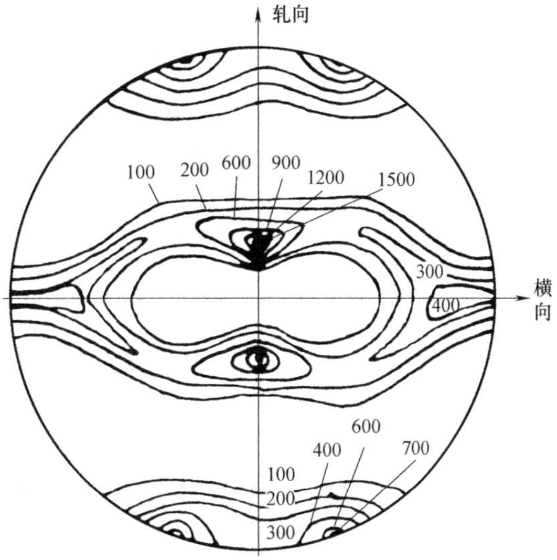

图 5-3　冷轧铝板的{111}极图

以图 5-3 为例，借助于标准晶体投影图，可确定板织构的指数{*hkl*}<*uvw*>。铝属立方晶系，应选立方晶系的标准投影图与之对照（基圆半径与极图相同），将两图圆心重合，转动其中之一，使极图上的{111}极点高密度区与标准投影图上的{111}面族极点位置重合，不能重合则换图再对。最后，发现此图与(110)标准投影图的 111 极点对上，则轧面指数为(110)，与轧向重合点的指数为 $1\bar{1}2$，故此织构指数为{110}<112>。

有些试样不仅仅具有一种织构，即用一张标准晶体投影图不能使所有极点高密度区都得到较好的吻合，需再与其他标准投影图对照才能使所有高密度区都能得到归宿，显然，这种试样具有双织构或多织构。

2. 透射法

透射法的试样必须足够薄，以便 X 射线穿透，但又必须提供足够的衍射强度，例如可取试样厚度为 $t=1/\mu$，其中 μ 为试样的线吸收系数。

图 5-4 给出了极图透射测量方法的衍射几何。当 $\alpha=0°$时，入射线和衍射线与试样表面夹角相等，并规定从上往下看时 α 逆时针转向为正。β 角的规定与反射法相同。透射法是一种不对称的衍射方式，可以证明，这种方式的测量范围为 $0°\leqslant|\alpha|<(90°-\theta)$，当 α 接近 $90°-\theta$ 时已很难进行测量。因此，透射法适合于低 α 角区的测量。

与反射法类似，在实验过程中，始终确保 $2\theta_{hkl}$ 不变，即测角仪与计数管固定不动。依次设定不同的 α 角，在每一个 α 角下试样沿 β 角连续旋转 360°，同时测量衍射计数强度。

从透射法的衍射几何不难发现，当 $\alpha\neq0°$时入射线与衍射线所经过材料的路径要比 $\alpha=$

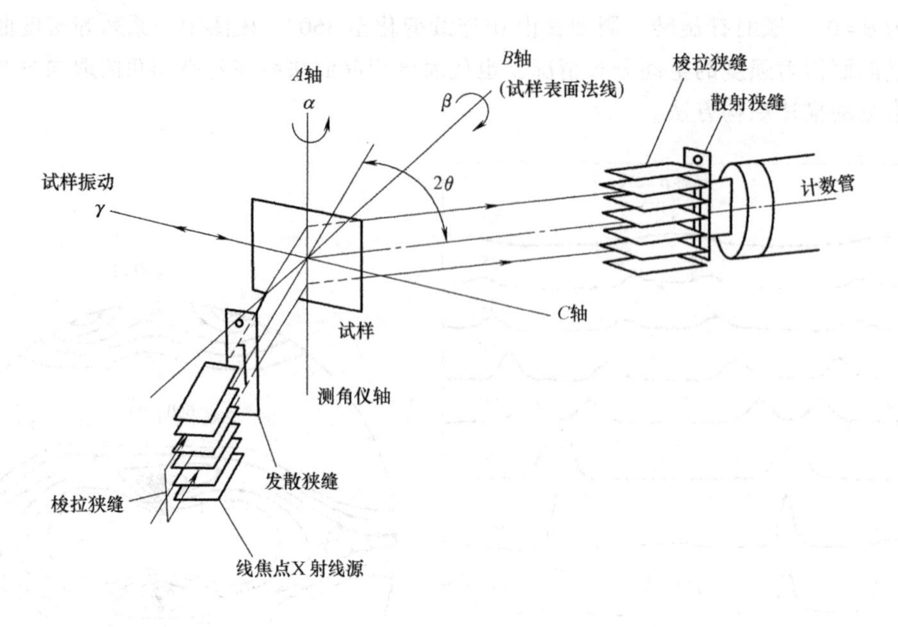

图 5-4 极图透射测量方法的衍射几何

0°时的长，即 $\alpha\neq0°$时材料对 X 射线吸收比 $\alpha=0°$时更为明显。如果对所采集的衍射数据进行强度校正，校正公式为

$$R=I_\alpha/I_0=\cos\theta[\mathrm{e}^{-\mu t/\cos(\theta-\alpha)}-\mathrm{e}^{-\mu t/\cos(\theta+\alpha)}]/\{\mu t\mathrm{e}^{-\mu t/\cos\theta}[\cos(\theta-\alpha)/\cos(\theta+\alpha)-1]\} \quad (5\text{-}2)$$

由于透射法中的吸收效应不可忽略，必须进行强度校正。将不同 α 角条件下测量的衍射强度用相应的 R 去除，就能得到消除了吸收影响的衍射强度。

利用上述实验及数据处理方法，最终也能获得试样中某族晶面的一系列衍射强度 $I_{\alpha,\beta}$ 的变化曲线，并可绘制出该 α 角区间的极图。上述两种方法的区别在于，反射法得到高 α 角区间的极图，透射法得到低 α 角区间的极图。因此，如果将两种方法结合起来，则可得到材料晶面取向概率的完整空间极图。

3. 丝织构简易测量法

丝织构的特点是所有晶粒的各结晶学方向对其丝轴呈旋转对称分布，若投影面垂直于丝轴，则某 $\{hkl\}$ 晶面的极图为图 5-5 所示的同心圆。在此情况下，不需要在衍射仪上安装织构测试台附件，仅利用普通测角仪的转轴，让试样沿 φ 角转动（φ 为衍射面法线与试样表面法线之间的夹角），并进行测量。

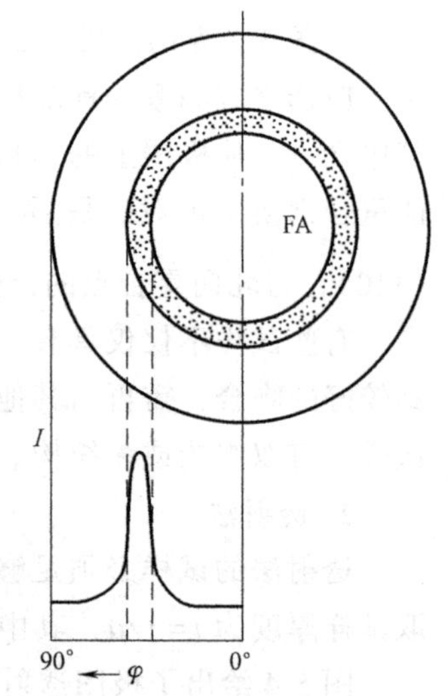

图 5-5 垂直于丝轴方向的丝织构极图

在实验过程中，衍射角 $2\theta_{hkl}$ 固定不变，同时测量出衍射强度随 φ 角的变化。极网中心为 $\varphi=0°$。为了解 $\varphi=0°\sim90°$整个范围的极点分布情况，需要选用两种试样，分别用于低 φ 角区和高 φ 角区的测量。

低 φ 角区测量：试样是扎在一起的一捆丝，扎紧后嵌在一个塑料框内，丝的端面经磨平、抛光和浸蚀后作为测试面，如图 5-6a 所示。以图中 $\varphi=90°$为初始位置，试样连续转动

即 φ 连续变化，同时记录衍射强度随 φ 的变化情况，得到极点密度沿极网径向的分布。这种方式的测量范围为 $0°<|\varphi|<\theta_{hkl}$。

高 φ 角区测量：将丝并排粘在一块平板上，磨平、抛光并浸蚀后作为测试面，丝轴与衍射仪转轴垂直，X 射线从丝的侧面反射，如图 5-6b 所示。以图中 $\varphi=90°$ 为初始位置，试样连续转动，同时记录衍射强度随 φ 的变化情况。这种方式的测量范围为 $(90°-\theta_{hkl})<|\varphi|<90°$。

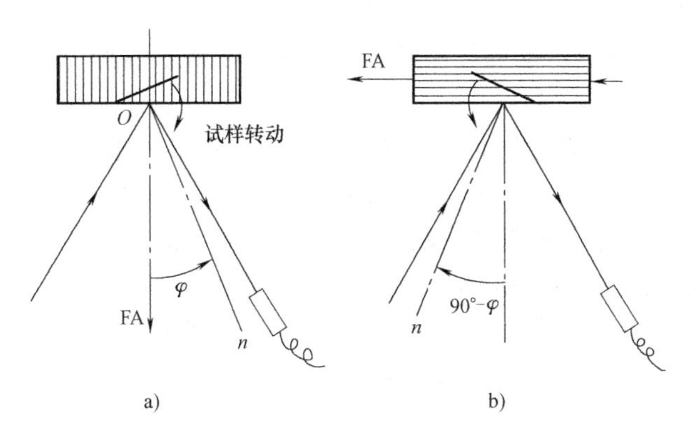

图 5-6　测定丝织构的简易方法

a）低 φ 角区　b）高 φ 角区

可以证明，如果 φ 角不同，则入射线及反射线走过的路程不同，即 X 射线的吸收效应不同。由此可以证明，当试样厚度远大于 X 射线有效穿透深度时，任意 φ 角的衍射强度与 $\varphi=90°$ 的衍射强度之比 $R=I_\varphi/I_0$ 为

$$\begin{cases} R=1-\tan\varphi\cos\theta(\text{低 }\varphi\text{ 角区}) \\ R=1-\cot\varphi\cos\theta(\text{高 }\varphi\text{ 角区}) \end{cases} \tag{5-3}$$

将各个不同 φ 角条件下测量的衍射强度用相应的 R 去除，就得到消除了吸收影响而正比于极点密度的 I_φ。将修正后的高 φ 角区和低 φ 角区数据绘成 I_φ-φ 曲线，如图 5-7 所示，以描述丝织构。使用该曲线中的数据，并换算出 α 角（$\alpha=90°-\varphi$），也可以绘制丝织构的同心圆极图。

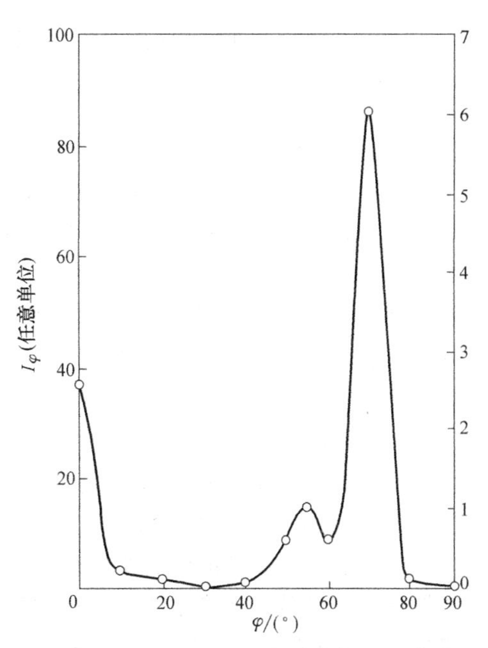

图 5-7　挤压铝丝{111}极分布的 I_φ-φ 曲线

4. 其他注意事项

首先，当试样晶粒粗大时，如果入射光斑不能覆盖足够多晶粒，则衍射强度测量就失去了统计意义，此时利用极图附件的振动装置，让试样做 β 转动的同时做 γ 振动（图 5-1 及图 5-4），以增加参加衍射的晶粒数。其次，当织构存在梯度时表面和内部择优取向程度有所不同，由于不同 α 对应不同的 X 射线穿透深度，可造成织构测量误差。再者，为了实现透射法和反射法测量结果的衔接，它们的 α 范围应有 10°左右的重叠。

第三节 反极图及其测量

首先介绍标准投影三角形。从立方晶系单晶体(001)标准极图可知,(001)、(011)和(111)晶面及其等同晶面的投影，将上半球面分成24个全等的球面三角形，每个三角形的顶点都是这三个主晶面（轴）的投影。从晶体学角度来看，这些三角形是完全一样的，任何方向都可以表示在任意一个三角形内。习惯上采用图5-8所示的标准投影三角形。

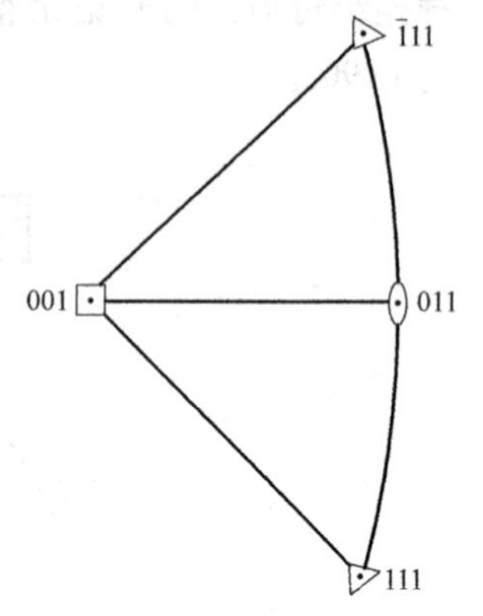

图5-8 立方晶系标准投影三角形

极图是表达某结晶学方位相对于试样宏观坐标的投影分布。而织构还可以用另一种表达方式即反极图来表达，它表示某一选定的宏观坐标，如丝轴、板料轧面法向(ND)或轧向(RD)等，相对于微观晶轴的取向分布。所以反极图投影面上的坐标是单晶体的标准投影图。由于晶体的对称性特点，只需取其单位投影三角形即可。反极图可用于描述丝织构和板织构，而且便于做取向程度的定量比较。

在反极图中，通常以一系列轴密度等高线来描述材料中的织构。轴密度代表某$\{hkl\}$晶面法线与宏观坐标平行的晶粒占总晶粒的体积分数。用以下等式来确定轴密度W_{hkl}。

$$W_{hkl} = (I_{hkl}/I^0_{hkl})\left[\sum_i^n P_{(hkl)_i}/\sum_i^n P_{(hkl)_i}(I_{(hkl)_i}/I^0_{(hkl)_i})\right] \tag{5-4}$$

式中，I_{hkl}为织构试样的衍射强度；I^0_{hkl}为无织构标样的衍射强度；P_{hkl}为多重因子；n为衍射线条数；下标i为衍射线条序号。

测量反极图远比(正)极图简单。取样要求是，将待测轴密度宏观坐标轴的法平面作为测试平面，光源则选波长较短的Mo靶或Ag靶，以便能得到尽可能多的衍射线，取与有织构试样与无织构试样完全相同的条件进行测量。扫描方式用常规的$\theta/2\theta$，记下各$\{hkl\}$衍射线积分强度。在扫描过程中，最好是试样以表面法线为轴旋转(0.5~2周/s)，以便更多的晶粒参加衍射，达到统计平均的效果。将测量数据代入式(5-4)，计算出W_{hkl}，并将其标注在标准投影三角形的相应位置，绘制等轴密度线，就得到反极图。当存在多级衍射时，如111、222等，只取其中之一进行计算，重叠峰也不能进入计算，例如体心立方中的(411)与(330)线等。

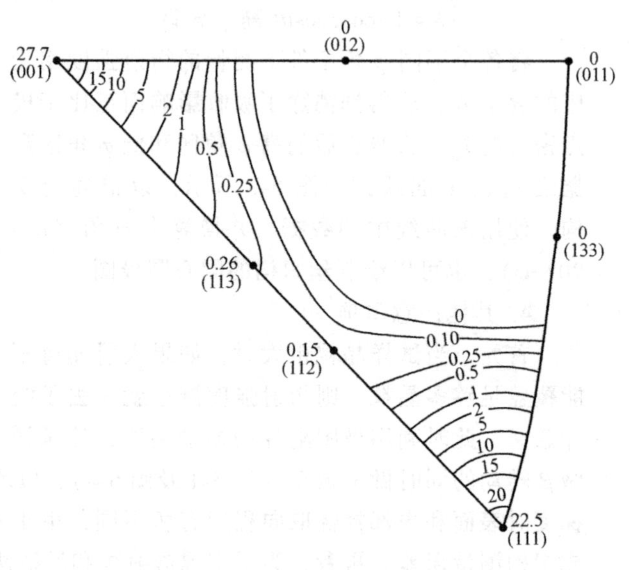

图5-9 挤压铝棒的反极图

反极图特别适用于描述丝织构，只需一张轴向反极图就可表达其全貌，例如由图 5-9 中轴密度高的部位可知该挤压铝棒有<001><111>双织构。对板织构材料，则至少需要两张反极图才能较全面地反映出织构的形态和织构指数。

第四节 三维取向分布函数

描述一个晶体的方位需要三个参数，但极图实质上是三维坐标在二维的投影，即只有两个参数。由于极图方法的局限性，使得在很多场合下无法得出确定的结论。为克服极图和反极图的不完善，需要建立用三个参数表示织构的描述方法，即三维取向分布函数（ODF）。

晶粒相对于宏观坐标的取向，可用一组欧拉角来描述，如图 5-10 所示。图中 $OABC$ 是宏观直角坐标系。OA 为板料轧向(RD)，OB 为横向(TD)，OC 为轧面法向(ND)；$Oxyz$ 是微观晶轴方向坐标系，Ox 为正交晶系[100]，Oy 为[010]，Oxz 为[001]；坐标系 $Oxyz$ 相对于 $OABC$ 的取向，由一组欧拉角(ψ, θ, ϕ) 的转动获得。

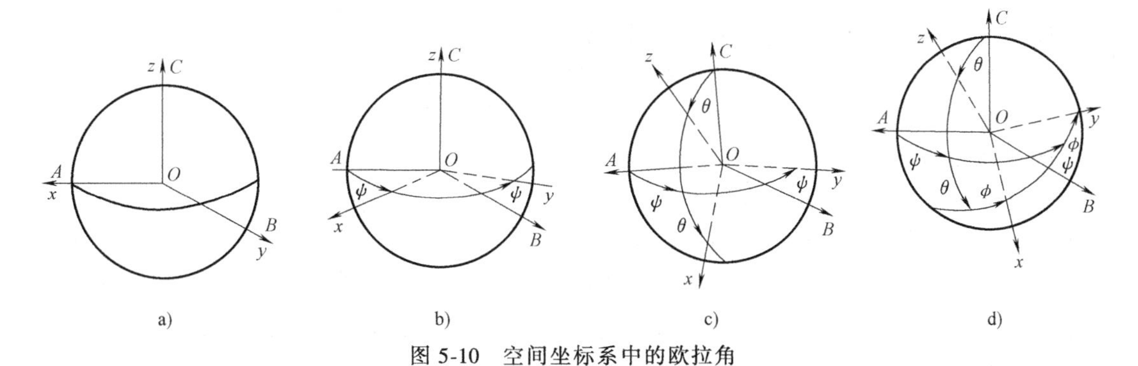

图 5-10 空间坐标系中的欧拉角

a) ABC 与 xyz 重合 b) xyz 转动 ψ 角 c) xyz 转动 ψ 角和 θ 角 d) xyz 转动 ψ 角、θ 角及 ϕ 角

由这三个角的转动完全可以确定 $Oxyz$ 相对于 $OABC$ 的方位，因此多晶体中每个晶粒都可用一组欧拉角表示其取向 $\Omega(\psi,\theta,\phi)$。建立坐标系 $O\psi\theta\phi$，每种取向则对应图形中的一点，将所有晶粒的 $\Omega(\psi,\theta,\phi)$ 均标注在该坐标系内，就得到图 5-11 所示的取向分布图。

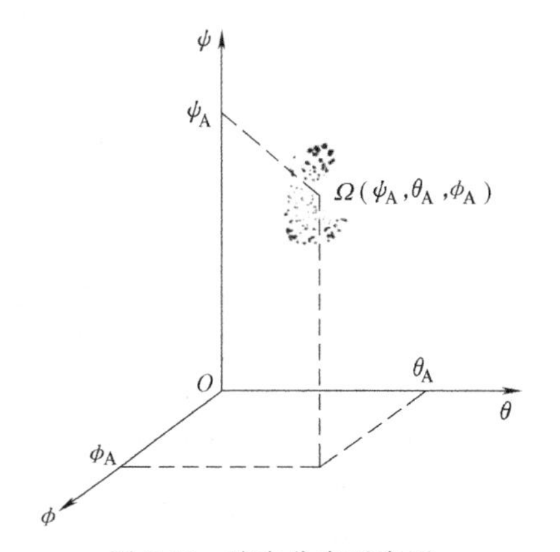

图 5-11 取向分布示意图

通常以取向密度来描述晶粒的取向分布情况，取向密度 $\omega(\psi,\theta,\phi)$ 表示如下：

$$\omega(\psi,\theta,\phi)=K(\Delta V/V)/(\Delta\psi\Delta\theta\Delta\phi\sin\theta) \quad (5\text{-}5)$$

式中，$\Delta\psi\Delta\theta\Delta\phi\sin\theta$ 为包含 $\Omega(\psi,\theta,\phi)$ 的取向单元；$\Delta V/V$ 为取向落在该单元内的晶粒体积 ΔV 与总体积 V 之比。习惯上令无织构材料的 $\omega(\psi,\theta,\phi)=1$，不随取向变化。由 $\omega(\psi,\theta,\phi)$ 在整个取向范围内积分得 $K=8\pi^2$。由于 $\omega(\psi,\theta,\phi)$ 确切地表现了材料中晶粒的取向分布，故称为取向分布函数，简称 ODF 函数。

ODF 函数不能直接测量，而需由定量极图数据来计算。设由{hkl}极图所得的极密度为 $q(\chi,\eta)$，χ 及 η 分别是极点经度和纬度，若将各晶粒{hkl}面法线设为 Oz'轴，并以（ψ',

θ',ϕ'）表示 $Ox'y'z'$相对于 $OABC$ 的欧拉角，由式(5-5)和图5-10可得

$$\int_0^{2\pi}\omega(\psi',\theta',\phi')\mathrm{d}\phi' = q_{hkl}(\psi',\theta') \tag{5-6}$$

式(5-6)即为ODF函数与晶面{hkl}极图的关系。将式(5-6)两边均展成无穷级数（球谐函数的级数），则求 $\omega(\psi,\theta,\phi)$ 归结为从极图极数系数来计算ODF级数系数。计算ODF函数至少需两张极图的数据，应用较复杂的数学方法，全部工作由电子计算机完成。

$\omega(\psi,\theta,\phi)$图是立体的，不便于绘制和阅读，通常以一组恒 ψ 或恒 ϕ 截面图来代替，如图5-12所示，截面图组清晰地给出了哪些取向上 $\omega(\psi,\theta,\phi)$有峰值以及与之相应的那些织构组分的漫散情况。ODF函数本身已经确切地体现了晶粒的取向分布，但人们仍然习惯用织构指数{hkl}<uvw>来表示择优取向。织构的这种表示法可由ODF函数上取向峰值 $\Omega(\psi,\theta,\phi)$ 得到，如对立方晶体能方便地由一组（ψ,θ,ϕ）得到相应的{hkl}<uvw>。

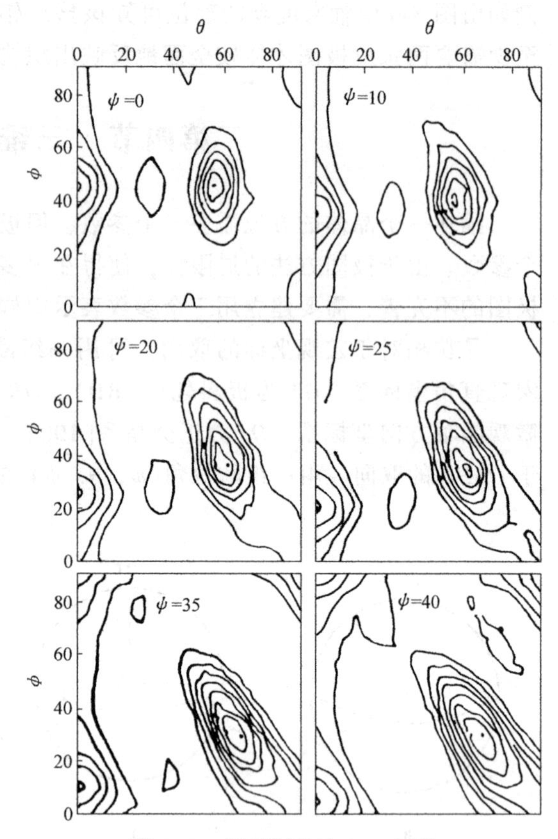

图5-12 钢板织构的ODF函数

习 题

1. 已知(201)晶面与(100)晶面之间的夹角为26.56°，$(21\bar{1})$与(100)夹角为35.26°，而$(21\bar{1})$与$(1\bar{1}0)$夹角为30°，试在(001)标准投影图上作出$(2\bar{1}0)$和$(\bar{2}11)$极点的位置，求两晶面间的夹角，它们的晶带轴指数及晶带轴的极点位置。

2. 试把(001)标准投影图转换成(111)标准投影图。

3. 若乌氏网上的坐标系为：赤道为纬度的0°($\alpha=0°$)，N向为正，S向为负；NS轴经度为0°($\beta=0°$)，W向为负，E向为正。设点A的坐标为$\alpha=20°$，$\beta=50°$，令其绕下列轴转动：

1）从N向S看，以逆时针方向绕NS轴转动100°。

2）绕与投影面垂直的轴顺时针转70°。

3）一倾斜轴坐标为$\alpha=-10°$，$\beta=-30°$，绕其逆时针转动60°。

求出上述转动的途径和终止坐标。

4. 铝丝具有<111><100>双织构，试绘出投影面平行于丝轴的{111}及{100}极图以及轴向反极图的示意图。

5. 图5-13所示为退火纯铁的极图（投影面为轧面），图5-13a为{110}极图，图5-13b为同一试样的{100}极图，试求其织构指数。

6. 用CoK_α辐射拍摄具有<110>丝织构的钝铁丝的平板针孔相，试问在{110}衍射环上出现几个高强度

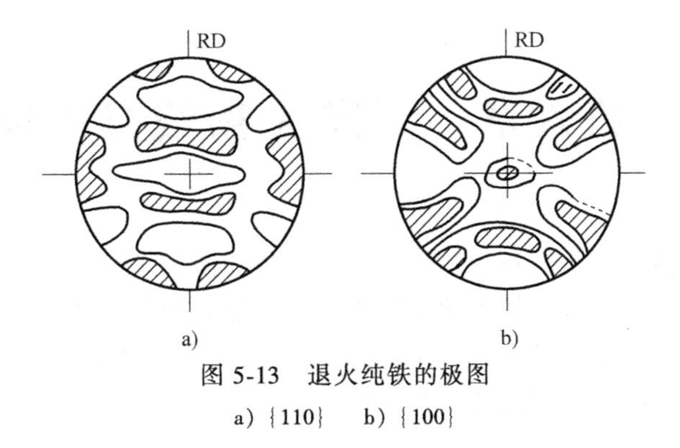

图 5-13 退火纯铁的极图

a) {110} b) {100}

点？它们在衍射环出现角度位置(δ)应为多少？

第六章　三维 X 射线显微镜

材料的组织结构决定了材料的性能，目前常用的微观组织表征手段都是基于观察样品表面形貌特征的二维观测技术，如光学显微镜与电子显微镜等。然而，二维微观组织分析不能提供样品深度方向的信息，具有很大的局限性。例如，利用 SEM 等二维表征手段研究结构材料的断裂机制时，就忽视了内部微观结构对裂纹的影响。实际上，样品表面与内部裂纹的应力状态不同，且裂纹往往先在材料内部萌生。由此可见，对材料微观组织的三维可视化表征是非常重要的。计算机断层扫描(CT)技术是利用 X 射线对物质穿透能力强的特性，通过 X 射线成像技术和计算机技术的结合，可以在不破坏样品的前提下实现对材料微纳尺度的三维可视化表征。目前，包括我国在内的多个国家都建立了利用高能 X 射线进行科学研究的同步辐射（Synchrotron Radiation）研究中心。其中就包括对材料进行三维微观组织表征的成像线站，如上海光源的 BL13W 成像线站等。虽然同步辐射装置受国家资助可以免费使用，但是，需要漫长的机时申请与审核流程，无法满足大量材料科学研究的需求。因此，基于实验室 X 射线光源，可实现同步辐射水平成像能力的三维 X 射线显微镜（3D-XRM，即 3-Dimensional X-Ray Microscopy）应运而生。相比于动辄投资上亿的同步辐射光源，3D-XRM 具有紧凑、成本低、合理的高亮度与使用方便等诸多优点。该技术已经逐步成为微纳尺度材料三维表征不可缺少的重要工具。

第一节　三维 X 射线显微镜的结构

三维 X 射线显微镜与传统微米 CT 和工业 CT 有所不同，它在系统中引入了光学物镜放大技术，通过光学+几何两级放大技术进行成像。设计架构的创新使得该 CT 系统可以实现单一几何放大无法实现的大样品高分辨率成像和高衬度成像。也因此采用光学+几何放大的 CT 系统被命名为三维 X 射线显微镜系统（3D-XRM）。典型的三维 X 射线显微镜(3D-XRM)主要由 X 射线光源、高精度样品台、多物镜与 CCD 组合探测器、控制与信息处理系统构成。图 6-1 所示为德国 Zeiss Xradia 520 Versa 型亚微米 3D-XRM 的实物照片。由于 3D-XRM 的测量精度高，系统需要极高的稳定性，因此上述关键部件都安装在大理石平台上，可以起到减振抗振、稳定光路、减小误差的作用。

一、X 射线光源

3D-XRM 采用的 X 射线光源是新型的透射阳极 X 射线管，其阳极靶为镀在铍窗内侧极薄的金属薄膜。铍窗可以隔绝外部空气，保证管内的真空度，而选择金属铍做窗口是因为铍对 X 射线的吸收系数小，并且铍具有超高的熔点，可以承受电子长时间轰击阳极靶产生的高温。透射阳极 X 射线管的工作原理如图 6-2 所示，当阴极通电加热后产生大量热电子，在阳极与阴极间的直流加速电压作用下飞向阳极，在阴极与阳极之间安装有电子偏转线圈与聚焦线圈，可以有效汇聚电子束并减小焦斑尺寸。汇聚的高速电子轰击阳极靶产生的连续 X 射线可直接穿透金属薄膜并从铍窗射出。相比于传统的反射式 X 射线管(第一章第二节)，

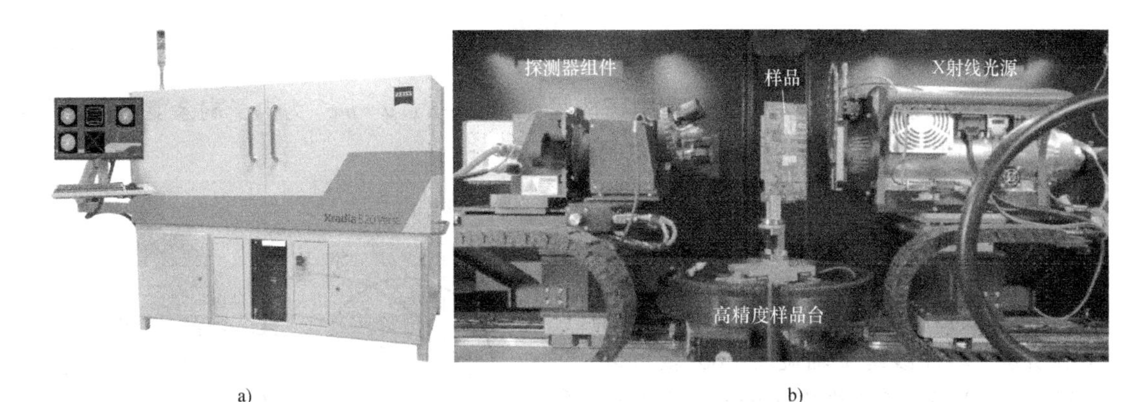

图 6-1　Xradia 520 Versa 型亚微米 3D-XRM 的外观图与内部构造图

a）外观图　b）内部构造图

在同等功率条件下，可大幅减少能量损失，提高 X 射线的产生效率与辐照通量。根据莫塞莱定律，阳极靶材的原子序数越高，产生的 X 射线能量也越高，并且电子高速轰击阳极靶会产生大量热量。因此，阳极靶常采用原子序数较高的高熔点耐热钨、钼等纯金属。此外，金属薄膜在电子长时间轰击下表面粗糙度增加，会增加出射 X 射线的散射，使 X 射线偏离出射方向，造成 X 射线强度降低，从而影响样品三维重构的图像质量。因此，新型的透射阳极 X 射线管采用可旋转阳极靶，每工作 25h 后，阳极靶盘会旋转一定角度，从而保证出射 X 射线的稳定性。

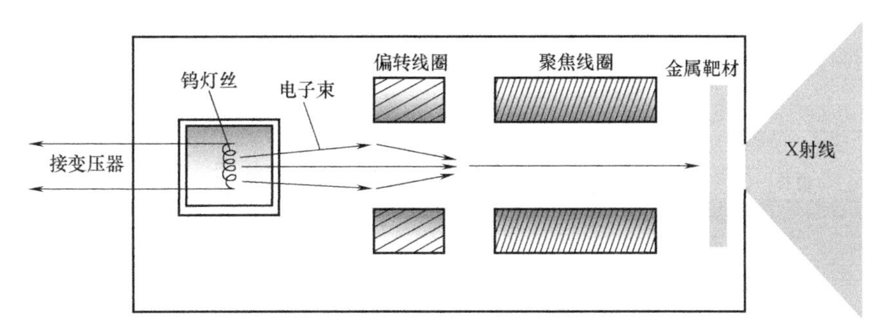

图 6-2　透射阳极 X 射线管的工作原理

与传统反射式 X 射线管相同，透射阳极 X 射线管发射的 X 射线同样具有各向异性。高速电子轰击金属薄膜靶产生的连续 X 射线具有各向异性谱，在出射方向上的能量-角分布可用式(6-1)表达

$$\sigma(k,x)\,\mathrm{d}k\mathrm{d}x=\frac{4z^2}{137}\left(\frac{e^2}{mc^2}\right)^2\frac{\mathrm{d}k}{k}x\mathrm{d}x$$

$$\left\{\frac{16x^2E}{(x^2+1)^4E_0}-\frac{(E_0+E)^2}{(x^2+1)^2E_0^2}+\left[\frac{E_0^2+E^2}{(x^2+1)^2E_0^2}-\frac{4x^2E}{(x^2+1)^4E_0}\right]\ln M(x)\right\} \tag{6-1}$$

其中

$$\frac{1}{M(x)}=\left(\frac{\mu k}{2E_0E}\right)^2+\left[\frac{Z^{\frac{1}{3}}}{C(x^2+1)}\right]^2 \tag{6-2}$$

$$x=\frac{E_0\theta_0}{\mu} \tag{6-3}$$

式中，E_0 为入射电子能量；E 为散射电子能量；$k=E_0-E$；$\mu=mc^2$ 为电子剩余能量；C 为常数；θ_0 是出射 X 射线光子与入射电子之间的夹角。

如果以入射电子与阳极靶的撞击位置为原点，以电子入射方向为 x 轴建立二维坐标系，则电子在不同加速电压下撞击金属薄膜阳极靶产生的 X 射线强度分布如图 6-3 所示。将曲线绕 x 轴旋转 360°就可以得到 X 射线强度的三维空间分布，由此可见，透射阳极 X 射线管发射的 X 射线以电子入射方向呈轴对称分布。因此，相对于传统的反射式 X 射线管，透射阳极 X 射线管产生的连续 X 射线强度分布的均匀性得到了显著提高。

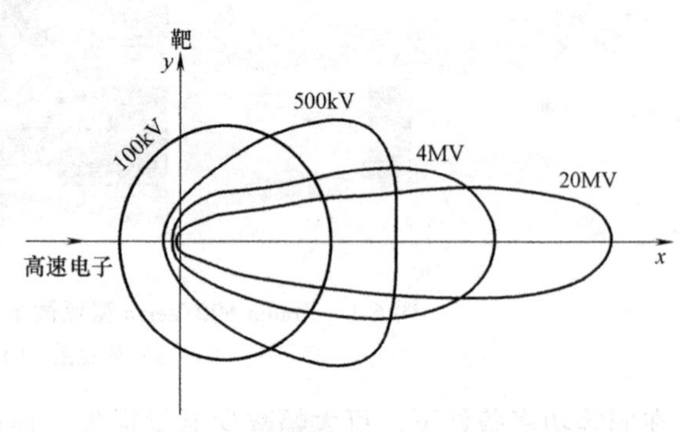

图 6-3 透射阳极 X 射线管发射的 X 射线强度分布图

以 Zeiss Xradia 520 Versa 使用的 X 射线管 NT100 型号为例，该射线管采用钨作为阳极靶的透射阳极 X 射线管，电子加速电压最高可达到 160kV。如图 6-4 所示，实验室 X 射线光源产生的 X 射线是一组波长很短的电磁波，波长为 0.01~10nm。

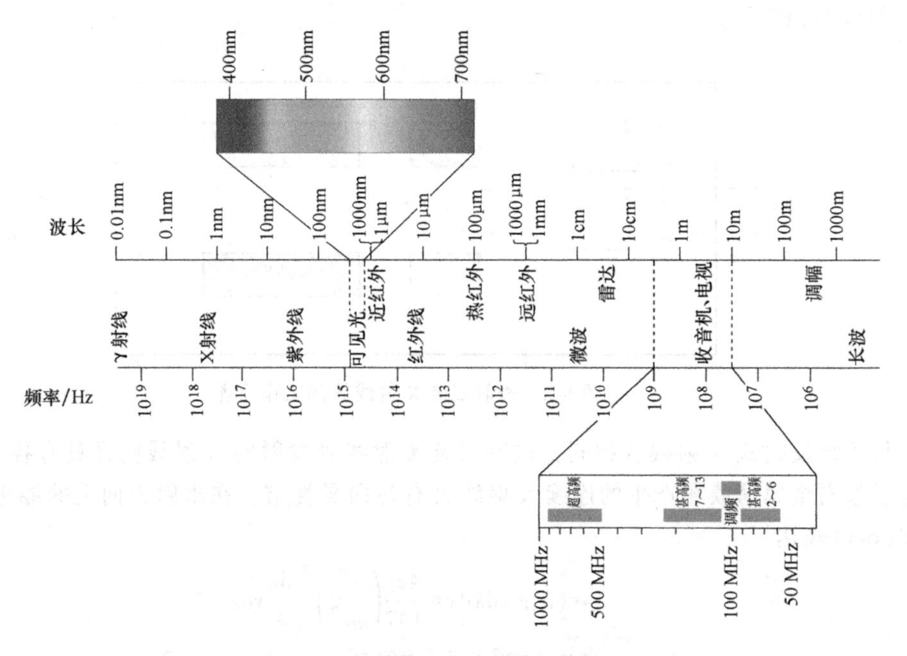

图 6-4 X 射线电磁波的波长范围

当电子加速电压为 100kV、X 射线透过率约为 33%时，单质样品的 X 射线可穿透厚度如图 6-5 所示，可见 3D-XRM 采用的高能 X 射线具有非常强的穿透能力，可以保证对绝大多数材料的三维微观组织表征。在 X 射线管发射 X 射线出口前方可安装承载滤波片的托架，根据扫描样品尺寸或密度大小选择不同厚度的滤波片。滤波片可以有效去除低能部分的 X 射线，从而提高 X 射线对样品的穿透能力，减弱低能量 X 射线引起的射线硬化现象，改善重构图像的成像质量。

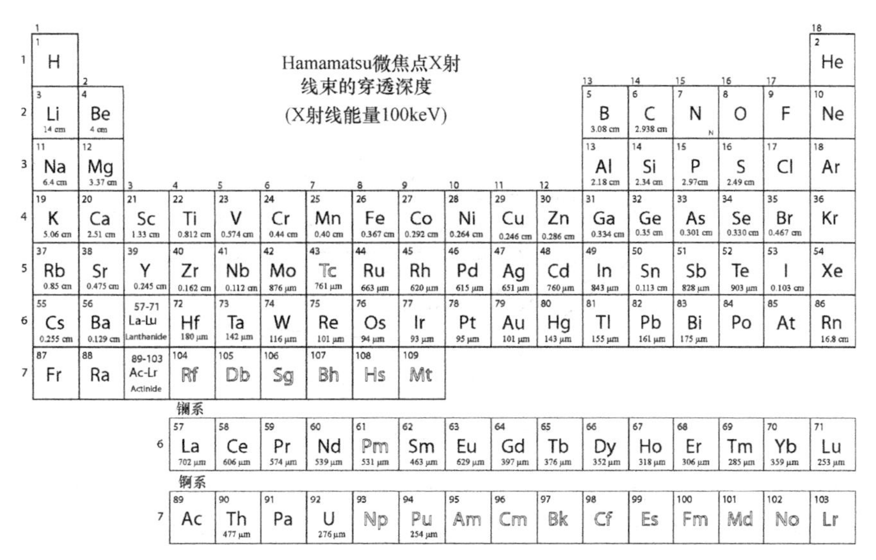

图 6-5 电子加速电压为 100kV、X 射线透过率约为 33%时，单质样品的 X 射线可穿透厚度

二、高精度样品台

在 3D-XRM 中，X 射线光源、样品台与探测器沿 X 射线光路方向依次排列，如图 6-6 所示，X 射线光源与探测器可沿 z 方向运动。中间的微位移定位高精度样品台用于样品的匀速旋转扫描，可以进行精确的三轴平移与旋转空间定位，平移定位精度小于 1μm，如图 6-7 所示。

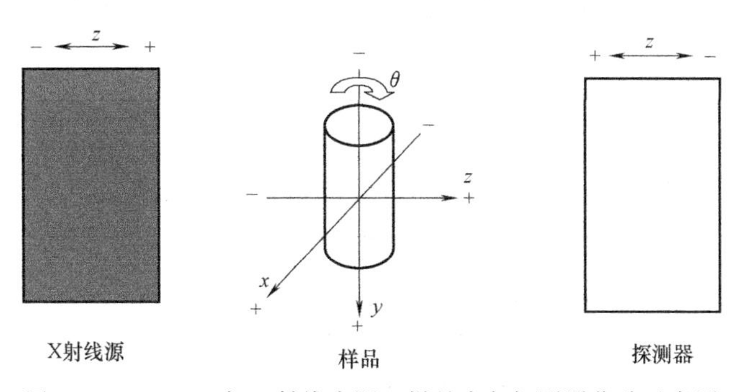

图 6-6 3D-XRM 中 X 射线光源、样品台与探测器位移示意图

三、探测器

光学物镜探测器是 3D-XRM 的核心部件。由于 X 射线无法在 CCD(Charge-Coupled Device，CCD，即电荷耦合器件)中直接成像，为此需要先将 X 射线投影在闪烁体(碘化铯)材料上转化为可见光。可见光再通过物镜进行光学放大，进而投影到 CCD 上形成数字化图像。该系统探测器组件部分主要由闪烁体、光学物镜和 CCD 构成，如图 6-8 所示。当高能 X 射线光子照射到探测器前端的闪烁体时，将激发闪烁体原子到激发态，当被激发的原子从激发态退回到基态时释放可见的荧光脉冲。光学物镜的作用是对带有样品衬度信息的可见光进行放大，随后照射到面阵 CCD，将放大的光学影像转换为数字信号。

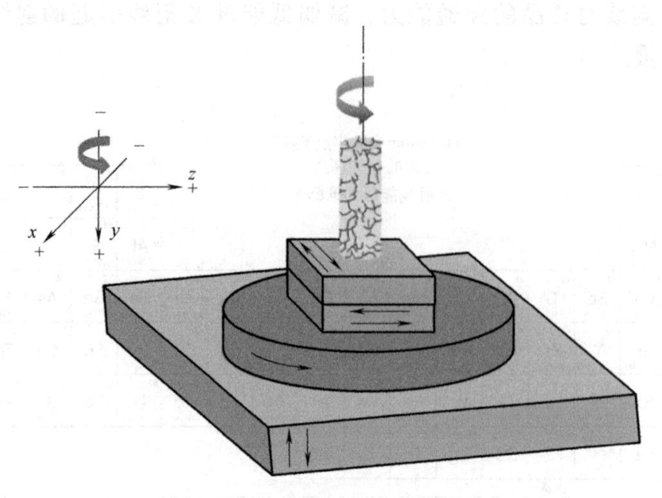

图 6-7 高精度样品台示意图

作为光电探测器件，面阵 CCD 上整齐地二维排列着微小光敏单元，可以感应光强并将光信号转换为电信号，经过采样放大与模数模块转换成数字图像信号。因为 CCD 用电荷表示信号，因此 CCD 对光信号的转换具备高的灵敏度与准确度。为了获得高质量的三维微观组织图像，3D-XRM 需采用大视场、高信噪比、高探测效率、高空间与高能量分辨率的大面阵 CCD。目前，新型 3D-XRM 所采用的先进的商用大面阵 CCD 具有 2048×2048 阵列，即成像单元数量为 4M，最小像素尺寸约为 13.5μm×13.5μm，构成 27mm×27mm 的成像面积，背照式芯片的探测效率可达 95%。成像信息可以通过四通道读出，具有高达 5MHz 的最大读出速度与良好的读出稳定性。此外，通过采用半导体冷却方式可将制冷温度保持在-60℃，无须液氮或者制冷机，可以满足对弱信号的长时间曝光拍摄，并有利于 CCD 相机的长时间工作。

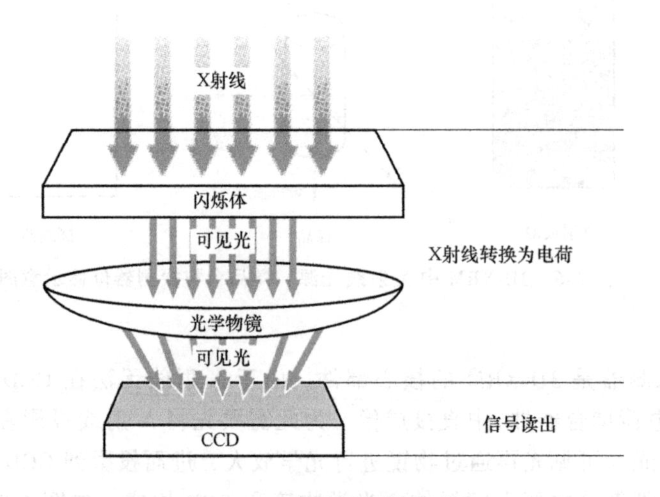

图 6-8 X 射线探测器示意图

四、控制与信息处理系统

控制与信息采集系统可以精确控制 X 射线源、高精度样品台与探测器这三个关键部件的协调移动，并对 X 射线的能量、滤镜与物镜的选择、扫描的方式与位置、数据采集时间等进行精确的同步控制。此外，CT 扫描过程中 CCD 采集的大量投影图数据需要信息处理系统具有高速的传输通道，要求系统数据传输带宽必须大于 CCD 数据采集的带宽，且要保证传输过程中数据的完整性。

第二节　X 射线计算机断层成像

X 射线计算机断层扫描（X-Ray CT：X-Ray Computed Tomography），简称 CT。断层扫描(Tomography)一词源于希腊单词“Tome”(切)或“Tomos”(切片)以及“Graphein”(描述)，可理解为物体横截面的扫描成像。简单来说，CT 技术是指利用物体对 X 射线吸收衬度信息进行三维重构，从而获得物体的断层图像的技术。早在 1826 年，挪威物理学家阿贝尔(Abel)通过恢复轴对称物体的横截面信息而首先提出了断层扫描的概念。随着图像重建的基本数学理论与计算机技术的发展，英国 EMI 公司的电子工程师亨斯菲尔德(Hounsfield)于 1971 年成功研制出世界第一台头部临床诊断用 CT。CT 技术被公认为 20 世纪后期最伟大的科技成果之一，它的出现不仅对医学诊断具有革命性的影响，同时还成为无损检测、材料组织分析等领域不可缺少的重要手段。

一、CT 的实验配置

CT 的原理简单来说可分为两个步骤：首先从不同角度获得样品的吸收衬度投影像(>180°)，然后通过反投影重构样品的三维形貌。CT 的实验配置如图 6-9 所示。图 6-9a 所示为医疗诊断用 CT 的扫描配置，将人体需要进行诊断的部位固定于扫描几何中心，X 射线源与探测器围绕着中心进行旋转，并从多个方向拍摄二维投影图［此时获得的是 X 射线透过率像 $T(x,y,z)$］，随后利用三维重构软件获得人体诊断部位的三维形貌。但是对于追求小型化的 3D-XRM 来说，受设备尺寸的限制，无法使 X 射线源与探测器围绕样品旋转，且旋转精度也很难满足高分辨成像的要求。因此，3D-XRM 采用样品旋转的方式进行扫描，如图 6-9b 所示。

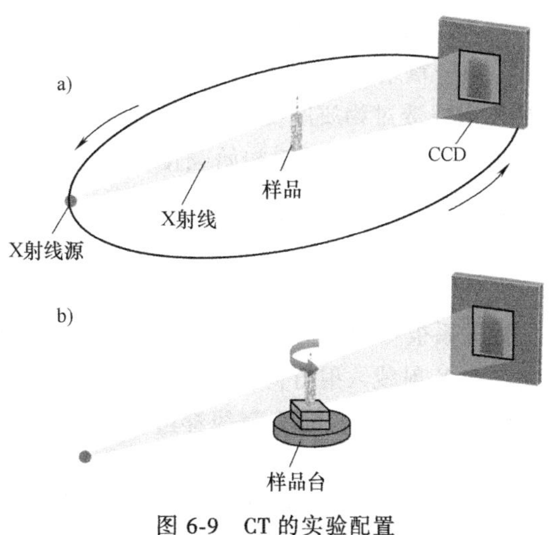

图 6-9　CT 的实验配置

a）医疗诊断用 CT 的扫描配置

b）3D-XRM 采用的 CT 扫描配置

采用锥形 X 射线束的传统 CT 技术对样品的放大主要依靠几何放大，基本原理如图 6-10a 所示。几何放大倍数可由式(6-4)计算，可见只有小的样品才能获取高分辨率三维成像，大尺寸样品将限制样品与光源和探测器的距离，从而无法获得高的几何放大倍数。德国 Zeiss 公司开发的 3D-XRM 通过在闪烁体与面探测器之间加入物镜放大(图 6-10b)，首次实现了 3D-XRM 的两级放大，即几何放大+物镜放大，总的放大倍数为两者放大倍数的乘积，从而不用依靠大的几何放大倍数也可大幅度提高图像的分辨率，实现对大尺寸样品的高分辨成像。

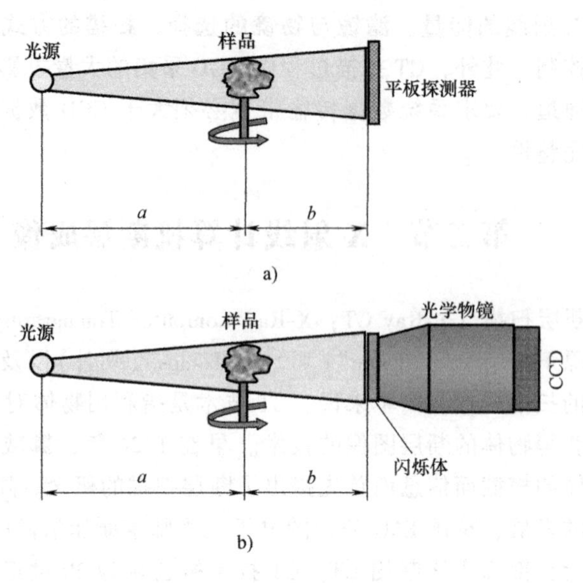

图 6-10　CT 图像放大示意图

a）传统 CT　b）3D-XRM

$$几何放大倍数=\frac{光源到探测器的距离}{光源到样品的距离}=\frac{a+b}{a} \tag{6-4}$$

二、投影切片定理

第一章第三节曾经介绍过，当 X 射线照射单一物质后，会被吸收或散射，其强度将随着 X 射线透过物质厚度的增加而衰减。物质对 X 射线的吸收可以用线吸收系数 μ 来表示。如图 6-11a 所示，对于初始强度为 I_0 的 X 射线，穿过厚度为 Δy 的样品后强度为 I，X 射线的透过率 T 可用下式表示：

$$T=\frac{I}{I_0}=e^{-\mu\Delta y} \tag{6-5}$$

上述关系被称为朗伯(Lambert)定律，即 X 射线被物质吸收的比例与入射 X 射线的强度无关，在 X 射线入射方向上等厚度物质吸收相同比例的 X 射线。对于由多种物质组成的样品，如图 6-11b 所示，则 X 射线穿过样品后的透过率 T 为

$$T(x,z)=\frac{I}{I_0}=e^{-\mu(x,y_1,z)\Delta y}e^{-\mu(x,y_2,z)\Delta y}e^{-\mu(x,y_3,z)\Delta y}\cdots e^{-\mu(x,y_n,z)\Delta y}=e^{-\sum_{i=1}^{n}\mu(x,y_i,z)\Delta y} \tag{6-6}$$

式中，$\mu(x,y_i,z)$为 X 射线传播路径上物质 i 的线吸收系数。将式(6-6)两边取负对数，可以得到 X 射线沿传播方向样品二维投影图像的吸收衬度 P，即

$$P(x,z)=-\ln\frac{I}{I_0}=\int\mu(x,y,z)\,dy \tag{6-7}$$

式中，$\mu(x,y,z)$为样品的线吸收系数。然而，$P(x,z)$中包含着线吸收系数沿 X 射线传播方向的累积信息，却无法表达线吸收系数$\mu(x,y,z)$的三维分布。因此，需要从多个角度扫描样品获得二维投影信息，来重构样品吸收衬度的三维分布 $P(x,y,z)$。

3D-XRM 利用锥形 X 射线束进行三维重构的基本原理与平行 X 射线束相同，但算法更

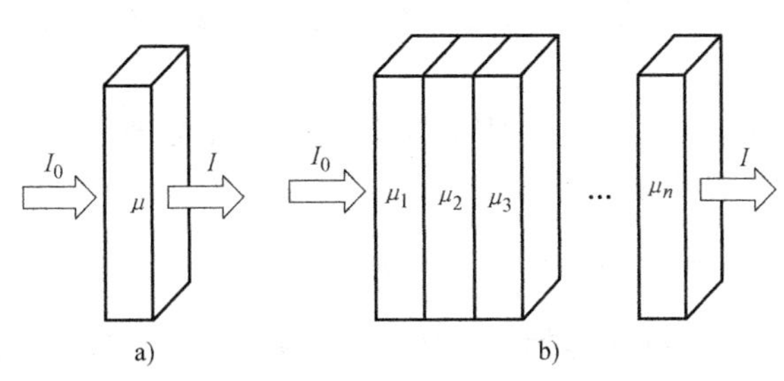

图 6-11　X 射线照射样品时的强度衰减原理图

a）单一材料　b）多种材料

加复杂。为了便于理解，下面以平行 X 射线束为例，介绍通过 CT 扫描获得样品三维形貌的基本原理。首先，建立固定的实验室坐标系 xyz，如图 6-12a 所示。当 X 射线沿着 y 轴方向入射时，探测器可以获得二维投影图像 $T(x,z)$，试样的旋转轴平行于 z 轴。

图 6-12a 所示为样品沿着 z 轴顺时针旋转 θ 时，z=定值($z=z_0$)平面内的投影示意图。图中(x',y')是样品坐标系的坐标，相应的样品在这个平面内的线吸收系数为 $\mu(x',y',z_0)$［以下为了简化方程，表示为 $\mu(x',y')$］。如果以坐标(x',y')为基准，将样品固定在这个坐标，则 X 射线的投影方向就变为以 z 轴逆时针旋转 θ 角度的状态。根据式(6-7)可得样品沿着 X 射线方向的吸收衬度 $P(x',y')$，可表达为

$$P(x') = \int_{-\infty}^{\infty} \mu(x',y')\,\mathrm{d}y \tag{6-8}$$

此处坐标(x,y)是相对于坐标(x',y')顺时针旋转 θ 角度后得到的，所以

$$(x',y') = (x\cos\theta - y\sin\theta, x\sin\theta + y\cos\theta) \tag{6-9}$$

将式(6-9)代入式(6-8)右侧，可得

$$P(x,\theta) = \int_{-\infty}^{\infty} \mu(x\cos\theta - y\sin\theta, x\sin\theta + y\cos\theta)\,\mathrm{d}y \tag{6-10}$$

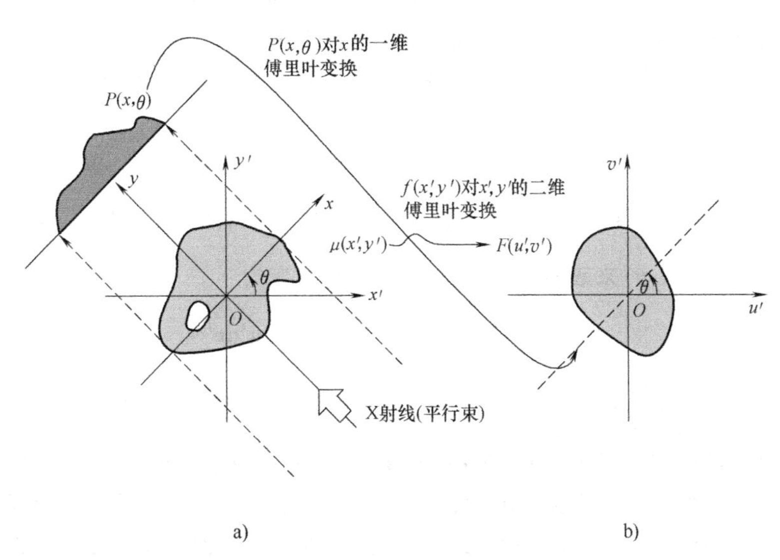

图 6-12　投影切片定理

a）$\mu(x',y')$的投影 $P(x,\theta)$　b）二维傅里叶变换 $F(u',v')$

利用 CT 进行样品的三维重构，实质上就是通过在多个 θ 角度获得 $P(x,\theta)$，从而求得样品的 $\mu(x',y')$。

利用 $P(x,\theta)$ 求解 $\mu(x',y')$ 时，需要用到重要基本定理，即投影切片定理(Projection-slice Theorem)，又称为傅里叶切片定理(Fourier-slice Theorem)，用下式表示：

$$F(u',v') \equiv F(\mu(x',y')) \equiv \iint_{-\infty}^{\infty} \mu(x',y')\mathrm{e}^{-2\pi\mathrm{i}(x'u'+y'v')}\mathrm{d}x'\mathrm{d}y' \tag{6-11}$$

利用式(6-9)将 (x',y') 样品坐标系变换为 (x,y) 实验室坐标系，则

$$F(u',v') = \iint_{-\infty}^{\infty} \mu(x\cos\theta - y\sin\theta, x\sin\theta + y\cos\theta)\mathrm{e}^{-2\pi\mathrm{i}[x(u'\cos\theta - v'\sin\theta)+y(-u'\sin\theta+v'\cos\theta)]}\mathrm{d}x\mathrm{d}y \tag{6-12}$$

将 (u', v') 进行极坐标转换，即 $u'=\omega'\cos\theta$，$v'=\omega'\sin\theta$，有

$$F(\omega'\cos\theta,\omega'\sin\theta) = \int_{-\infty}^{\infty}\left[\int_{-\infty}^{\infty} \mu(x\cos\theta - y\sin\theta, x\sin\theta + y\cos\theta)\mathrm{d}y\right]\mathrm{e}^{-2\pi\mathrm{i}\omega' x}\mathrm{d}x \tag{6-13}$$

根据式(6-10)可得

$$F(\omega'\cos\theta,\omega'\sin\theta) = \int_{-\infty}^{\infty} P(x,\theta)\mathrm{e}^{-2\pi\mathrm{i}\omega' x}\mathrm{d}x \tag{6-14}$$

式(6-14)被称为投影切片定理，其左侧为傅里叶变换后的空间(傅里叶空间)中的 (u',v') 坐标处，也就是通过原点与 u' 轴旋转 θ 角度的直线(图 6-12b 中的虚线)上 $F(u',v')$ 的数值。式(6-14)右侧是吸收衬度投影 $P(x,\theta)$ 对 x 的一维傅里叶变换。

三、滤波反投影

利用投影切片定理在多个 θ 角度获得 $P(x,\theta)$ 投影数据，随后根据滤波反投影重建算法可以重构样品的线吸收系数 $\mu(x',y')$。首先对投影数据进行滤波，再把滤波后的投影数据从每个旋转角度方向反投影回去，换句话说就是沿原投影方向平均分配到各点(实际运算时需要插值)，最后再把反投影值加以适当处理，从而获得被扫描物体的断层图像。

到目前为止，无论是二维还是锥束 CT 重建，最常用的算法是滤波反投影算法，因为在数据投影完整的情况下，这类方法重建速度快且图像质量高，同时由于算法中以乘法和加法运算为主，使得在硬件上实现比较方便，可以实现流水线作业。具体的计算过程如下：

首先，$\mu(x',y')$ 可通过对 $F(u',v')$ 进行二维傅里叶逆变换获得，即

$$\mu(x',y') \equiv F^{-1}(F(u',v')) \equiv \iint_{-\infty}^{\infty} F(u',v')\mathrm{e}^{2\pi\mathrm{i}(x'u'+y'v')}\mathrm{d}u'\mathrm{d}v' \tag{6-15}$$

$F(u',v')$ 用极坐标 (ω',θ) 来表示，则式 (6-15) 右侧变为

$$\iint_{-\infty}^{\infty} F(u',v')\mathrm{e}^{2\pi\mathrm{i}(x'u'+y'v')}\mathrm{d}u'\mathrm{d}v' =$$

$$\int_{0}^{\pi}\left[\int_{-\infty}^{\infty} F(\omega'\cos\theta,\omega'\sin\theta)\mathrm{e}^{-2\pi\mathrm{i}\omega'(x'\cos\theta+y'\sin\theta)}\,|\omega'|\,\mathrm{d}\omega'\right]\mathrm{d}\theta \tag{6-16}$$

其次，根据投影切片定理，式(6-16)右侧的 $F(\omega'\cos\theta,\omega'\sin\theta)$ 等于实验获得的 $P(x,\theta)$ 投影数据对 x 的一维傅里叶变换。$\mu(x',y')$ 可以利用计算机通过以下三步计算来进行重构。

1）利用实验获得的 $P(x,\theta)$ 投影数据，求解其对 x 的一维傅里叶变换 $P(\omega',\theta)$。根据投影切片定理，$P(\omega',\theta)=F(\omega'\cos\theta,\omega'\sin\theta)$。

2）$P(\omega',\theta)$ 乘以 $|\omega'|$，并对 ω' 进行傅里叶逆变换，可以得到一维数据作为 $Q(x,\theta)$。

3）利用从多个 θ 角度（$0\leqslant\theta<\pi/2\pi$）获得的 $P(x,\theta)$ 投影数据求得对应的 $Q(x,\theta)$，从而求得 $\mu(x',y')$。

$$\mu(x',y') = \int_0^{\pi} Q(x,\theta)\,\mathrm{d}\theta = \int_0^{\pi} Q(x'\cos\theta + y'\sin\theta,\theta)\,\mathrm{d}\theta \tag{6-17}$$

可以将式(6-17)中的 $Q(x,\theta)$ 视为在样品坐标系 $x'y'$ 平面内平行于 y 轴的图像，如图 6-13 所示。此外，利用式(6-17)可以合成计算所有 θ 对应的图像 $Q(x,\theta)$。由于这种重构方式可看作是投影的逆操作，因此，将其称为反投影（Back-projection）。此外，步骤 2）中傅里叶空间中的数据是乘以过滤函数 $|\omega'|$ 后，进行的傅里叶逆变换计算。所以，上述算法被称作滤波反投影(Filtered Back-Projection，FBP)。值得注意的是，θ 取值越多，即投影图像数量越多，则经过反投影获得的图像 $Q(x,\theta)$ 越能更好地还原样品的真实形貌。以对圆形的投影与反投影为例，首先在 $0\leqslant\theta<\pi$ 范围内以步长 $\pi/32\sim\pi/2$ 获得 2~32 张投影图，随后通过反投影计算得到的二维切片如图 6-14 所示，2 张投影图重构出正方形，4 张投影图重构出八边形，随着投影数量的增多，重构的图像则越来越接近真实的圆形。因此，在利用 3D-XRM 进行样品的三维重构时，投影图像的数量需要随着选择分辨率的提高而提高。

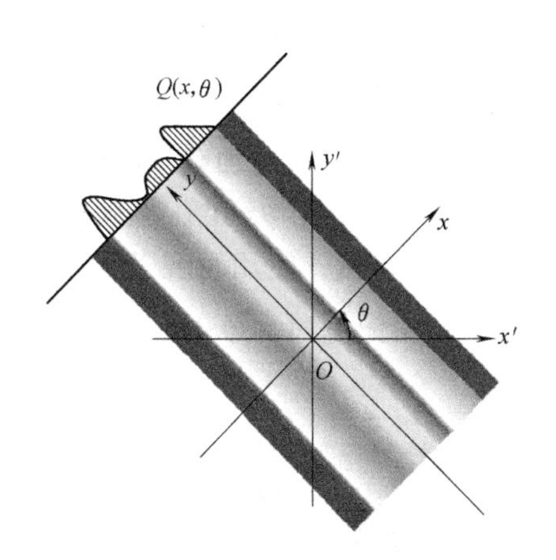

图 6-13　$Q(x,\theta)$ 的反投影

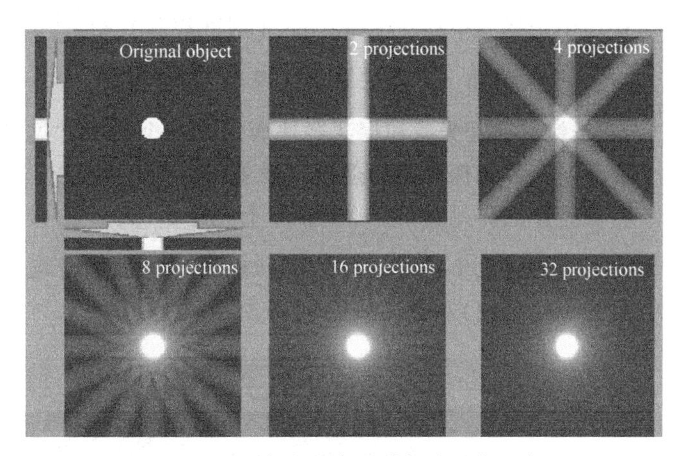

图 6-14　圆形的投影与二维切片重构示意图

通过上述投影与滤波反投影过程获得的是样品在 z=定值($z=z_0$)平面内的二维切片，利用相同的方法可获得不同 z 值的二维切片，沿 z 轴方向叠加二维切片就可重构出样品的三维形貌。图 6-15 所示为层状金属复合材料断裂样品的三维重构流程图。

四、实验基本步骤

下面将以德国 Zeiss 公司的 Xradia 520 Versa 3D-XRM 为例，介绍利用 CT 扫描的基本实验步骤。该型号的 3D-XRM 是采用高能多色 X 射线光源结合同步辐射设施开发的先进探测器，可穿透大尺寸高密度样品，并可实现对样品进行几何与光学两级放大，改善传统 CT 样品尺寸与分辨率间的倒置关系，获得更小的可调谐的像素尺寸与更高的空间分辨率。

（1）样品加载与对中　首先，将 3D-XRM 开机。打开 Scout-and-Scan™ 控制系统，样品设置界面如图 6-16 所示。首先，选择数据将要保存的目录，输入样品名称。每次测试系统都会自动保存当次实验的测试规程，因此，如果之前测试过相同材料的样品，可在测试规程

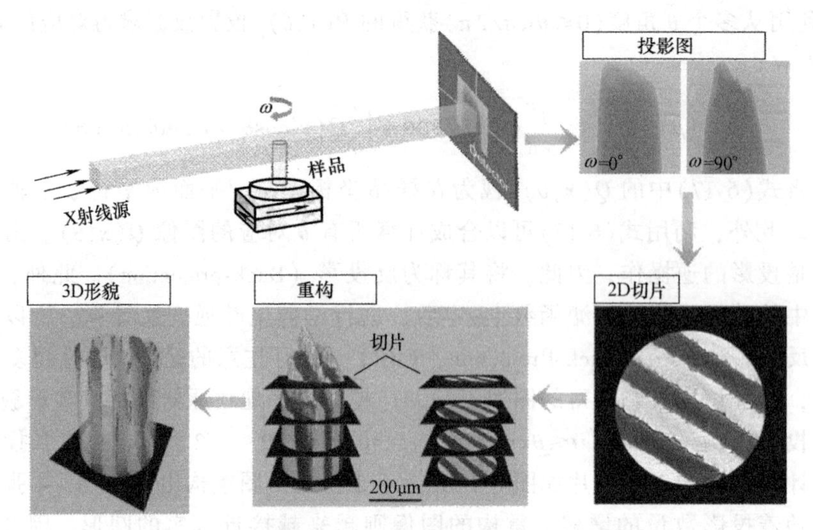

图 6-15 层状金属复合材料断裂样品的三维重构流程图

选项中选择一个存在的 Recipe（测试规程）Select Recipe Template。如果是首次测试的材料，可以单击按钮增加一个新的目录。单击按钮进入 Load（加载）步骤，如图 6-17 所示。单击按钮，移开光源和探测器从而保持一个对于常见样品安全的距离，避免加载样品时发生样品与光源和探测器的碰撞。设置样品台的位置为 $X=0$，$Y=0$，$Z=0$，$\theta=0°$。加载样品，将固定好的样品放置在样品台上（图 6-1b）。在样品控制操作界面，使用可见光摄像头（VLC）的红色十字线分别在 0°和−90°对样品进行粗略的对中。关闭舱门，单击按钮进行 Scout（定位）步骤，如图 6-18 所示。

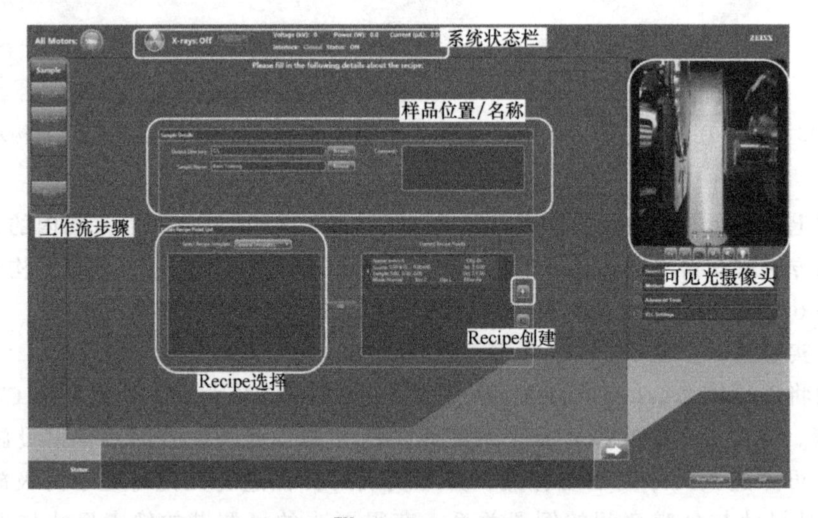

图 6-16 Scout-and-Scan™ 控制系统 Sample（样品设置）界面

（2）初始参数设定与感兴趣区域（ROI） 当提高 X 射线管的电压时，X 射线的强度增加，与峰值强度对应的波长减小，即 X 射线的穿透能力增强（见第一章第二节）。因此，应根据样品对 X 射线的吸收系数，合理选择 X 射线管的初始电压。对于树脂材料、碳纤维、

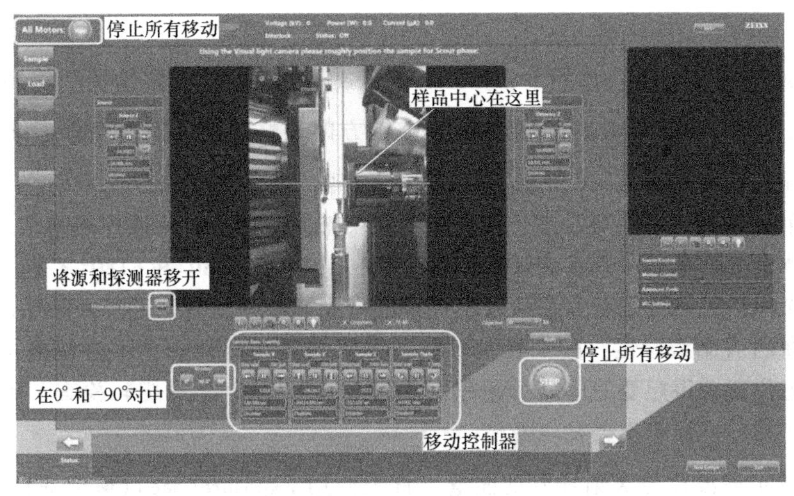

图 6-17　Scout-and-Scan™ 控制系统 Load(加载)界面

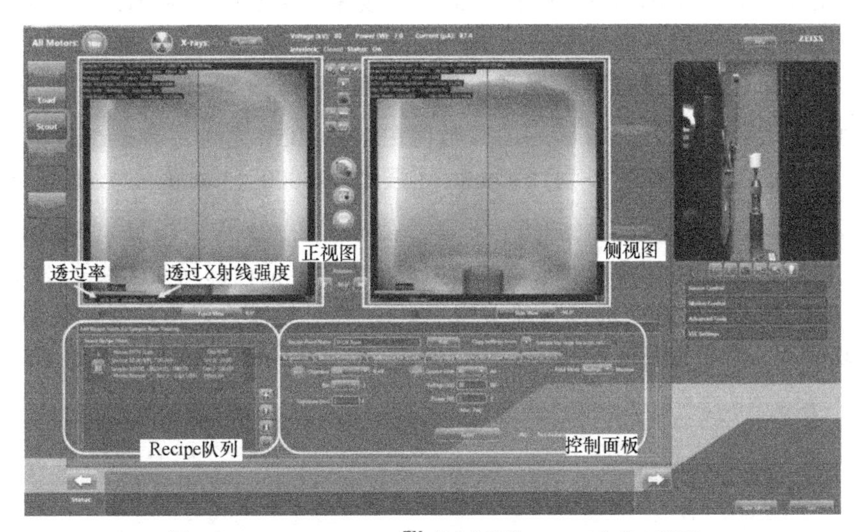

图 6-18　Scout-and-Scan™ 控制系统 Scout(定位)界面

凝胶材料以及原子序数较小的材料，如硅、镁合金、铝合金等材料，在 Acquisition（获取）界面，设置光源起始能量为 80kV/7W；对于钢铁材料、锆合金等密度/原子序数较高的材料，设置光源起始能量为 140kV/10W。设置 Exposure(sec)(曝光时间)= 1，Bin = 2，Objective(物镜)= 0.4X/4X/20X/40X（与样品尺寸匹配），如图 6-19 所示。随后单击应用/Apply

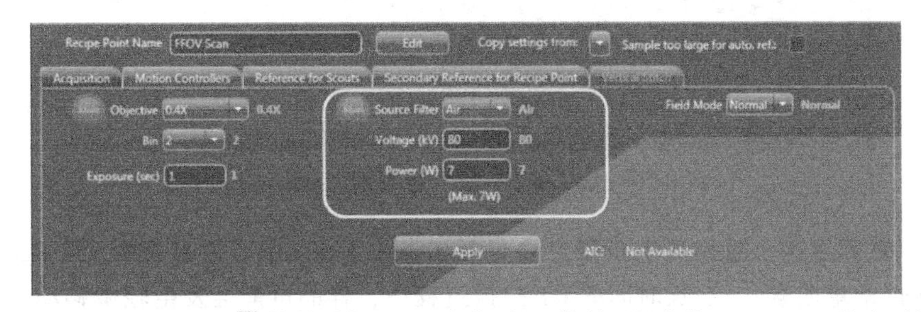

图 6-19　Scout-and-Scan™ 控制系统 Scout(定位)界面控制面板中的 Acquisition(获取)界面

按钮。

单击按钮，将样品转到 $\theta=-90°$，单击按钮开始连续拍照，使用鼠标左键双击 ROI 的中心位置，ROI 会在样品的 X 轴和 Y 轴方向粗略居中，随后停止连续拍照。单击按钮，将样品转到 $\theta=0°$，单击按钮开始连续拍照，使用鼠标左键双击 ROI 中心位置，ROI 会在样品 Z 轴方向粗略对中，随后停止连续拍照。切换希望使用的物镜，获得期望的放大倍数与体素分辨率。分别在 $\theta=0°$ 与 $-90°$ 精调 ROI。在 $-180°$ 和 $+180°$ 之间旋转位置来寻找样品距离光源最近的位置，并在最近位置角度将光源进一步调至距离样品最近的位置，从而获得尽量高的 X 射线强度，减少曝光时间。将探测器调整到一个不会被撞击到的位置，调整探测器的位置获得想要的体素分辨率。在 $-180°$ 和 $+180°$ 之间旋转检查，确保样品与光源和探测器在旋转过程中不会发生碰撞。

（3）确定滤波片与 X 射线管的能量　首先使用 Exposure(sec)(曝光时间)= 1，单击拍摄一张图片，单击 Reference（背景参照）按钮，保证背景参照图片拍摄的是空气。如果样品尺寸太大，可进入到 Reference for Scouts 界面，将 Reference 轴改为 $\pm X/\pm Z$，然后重试。根据 Transmission（透过率）数值，选择并换上合适的 Source Filter（滤波片），调整 X 射线管的能量（kV/W），使 Transmission 数值在 20%~35%之间。单击按钮，确定图像采集时间，最佳成像质量需要 X 射线 Counts（强度）>5000（Counts 的数值与曝光时间成正比），单击按钮进入 Scan（扫描）步骤。依据视场（FOV：Field of View）情况改变投影数量，例如全视场 1601 张可获得高质量图像。对于样品内部局部区域的 CT 扫描通常使用 >2001 张的投影。重构方式选择自动重构/Auto。对于其他的扫描设置可使用默认的参数，如图 6-20 所示。单击按钮进入 Run(运行)步骤，单击 Start(开始)按钮开始 CT 扫描。

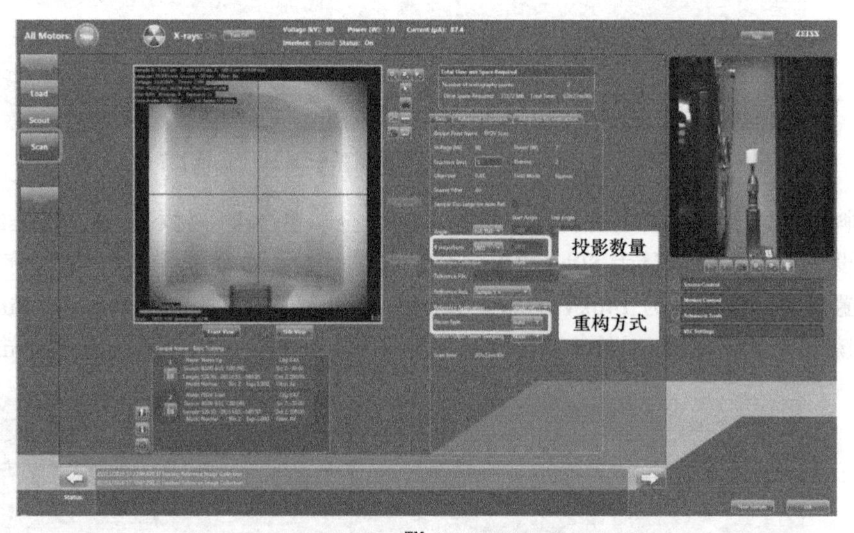

图 6-20　Scout-and-Scan™ 控制系统扫描/Scan 界面

（4）数据重构　重构基本步骤主要包括 Center Shift(中心位移搜索)与 Beam Hardening（射线硬化常量搜索）。在长时间的 CT 扫描过程中，样品可能会发生轻微移动，需要进行样品移动校正。Center Shift(中心位移)是指数据重构的旋转轴与 CT 扫描旋转中心的偏移量，通过中心位移搜索选择合理的参数进行移动校正后，可以获得样品的清晰图像，否则图像会出现失焦和模糊的现象（图 6-21）。此外，3D-XRM 所使用的 X 射线是具有不同穿透能力的多色光，X 射线在透射物质时，X 射线吸收系数随着 X 射线能量的增加而减小，所以能量较低的射线优先被样品吸收，能量较高的 X 射线则较易透过，使得穿透样品的 X 射线平均能量升高，射线逐渐变硬，称为 Beam Hardening（射线硬化）。射线硬化会造成重构的结构中产生非均一信号，图 6-22 所示为最常见的杯状伪影，需通过数值拟合的方法进行修正。以下为数据重构的基体操作步骤：

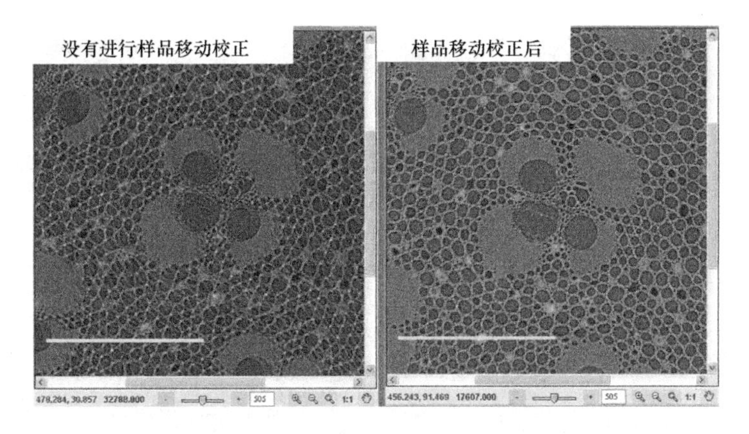

图 6-21　样品移动校正前后的二维切片

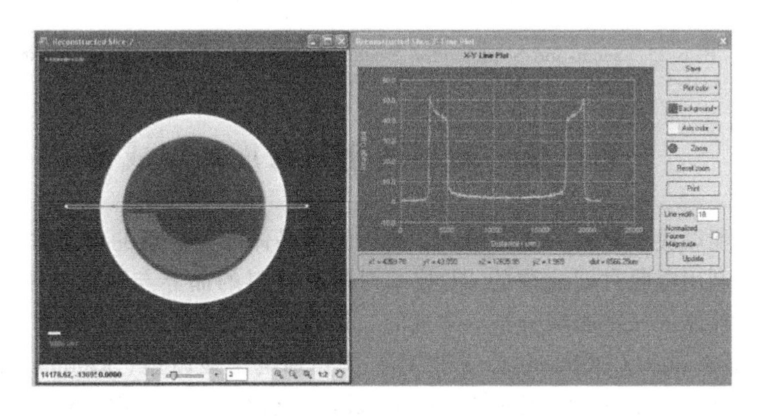

图 6-22　X 射线硬化造成的管材二维切片中的杯状伪影

首先，打开三维重构软件 Scout-and-Scan Control System Reconstructor™，主操作界面如图 6-23 所示。导入 CT 扫描数据（.txrm 格式文件）并设置输出文件名与保存位置。在 Parameter Search（参数搜索）工具界面，选择 Auto Center Shift 选项，使用默认值，单击 Start（开始）按钮，完成后会显示 Center Shift（中心位移）值。如果图像看起来不在焦点，则需要 Manual Center Shift（手动搜索中心位移）。在 Parameter Search（参数搜索）工具界面，选择 Manual Center Shift 选项，设置起始与结束位置及步长，默认范围 $-10°\sim10°$，步长 1°。单击 Start（开始）按钮开始寻找。一旦状态栏显示“Reconstruction job complete（重构完成）”，使用下方滚动条寻找最锐利的图像，过程类似于光学显微镜聚焦。找到最佳聚焦图像后，单击 Use current slice recon settings 按钮确认选取的 Center Shift（中心位移）值。

在 Parameter Search（参数搜索）界面，选择 Beam Hardening（射线硬化）选项，使用默认值并单击 Start（开始）按钮开始射线硬化值搜索。完成后单击注释工具中的按钮，跨过图像绘制一条剖线，改变线宽（滑动条），使强度信号曲线更加平均，通过图像的滚动，在均质区域选取剖线图近似平坦、最小的射线硬化参量，单击 Use current slice recon settings 按钮，保存当前选取的射线硬化值。在侧面板中，单击 Start（开始）按钮开始重构。

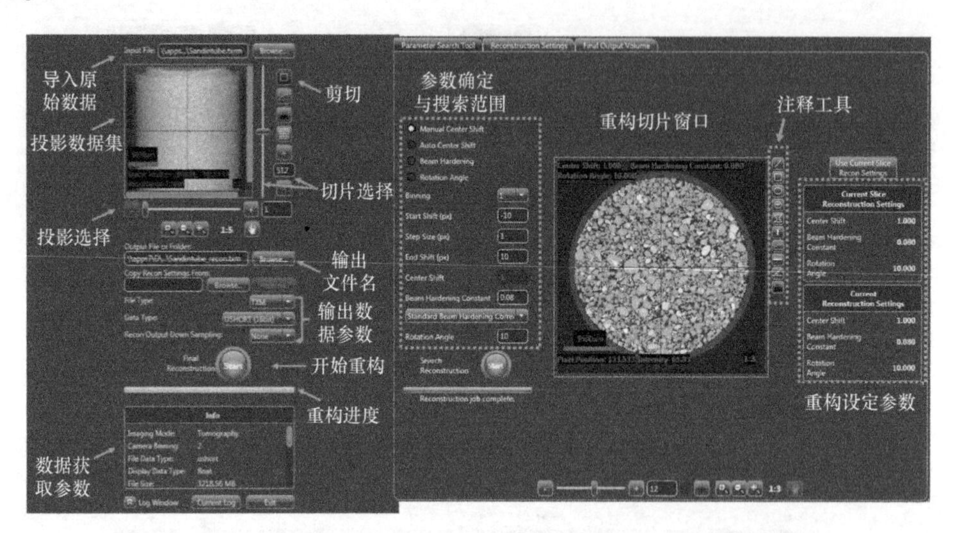

图 6-23 Scout-and-Scan Control System Reconstructor™ 重构软件操作界面

第三节 X 射线衍射衬度断层成像

材料的性能取决于材料的微观组织，所以三维晶体取向信息的确定对材料科学领域具有重要的意义。利用吸收衬度成像的 CT 技术对多晶材料的晶界与取向并不敏感，意味着 CT 技术无法表征样品的三维取向分布。常规的二维晶体取向表征方法，如背散射电子衍射技术(Electron Back-Scattered Diffraction，EBSD)可在扫描电子显微镜(Scanning Electron Microscopy，SEM）上实现对样品二维表面精细的晶粒取向成像。然而，EBSD 观察用样品需要进行机械或离子抛光来获得平滑的表面。利用聚焦离子束(Focused Ion Beam，FIB)逐层切割样品并进行 EBSD 观测，可将 EBSD 技术拓展至材料晶体取向的三维表征，尽管样品的观测区域体积较小，但可获得高空间分辨率。然而，通过破坏性地切割样品获得取向数据导致 3D EBSD 无法用于原位或者 4D 表征。

2000 年，在同步辐射设施利用超高通量单色 X 射线束与衍射衬度断层扫描(Diffraction Contrast Tomography，DCT)技术，首先实现了对三维晶体取向的无损表征。同步辐射 DCT 技术可以提供样品的三维晶体取向信息与三维微观组织，可进行应力腐蚀、疲劳、烧结过程中晶体取向改变的原位组织观察等。然而，到目前为止全世界也只有数个同步辐射设施可以进行 DCT 表征。

随着实验室 CT 技术的发展，目前已实现在三维 X 射线显微镜上进行 DCT 表征。德国

Zeiss 公司基于 Xradia520Versa 三维 X 射线显微镜开发了第一套商业化的实验室 DCT 系统(LabDCT)，可对晶粒进行三维取向成像，且具有先进的重构与分析能力。将 DCT 技术“搬进”实验室，使得对体积高达 $8mm^3$ 的晶体材料的原位、无损晶粒结构研究成为常规测试，极大地提高了同步辐射 DCT 技术的普及率，有效弥补了 EBSD、TEM 等表征技术观察区域小的缺点。同时利用 CT 与 DCT 技术，结合三维晶粒取向信息与其他三维微观组织特征，例如裂纹、孔洞、杂质等，可实现对材料的破坏、变形与晶粒长大等行为的三维无损表征。

一、LabDCT 的实验配置

与 CT 扫描方式相似，LabDCT 扫描同样采取样品旋转的方式，如图 6-24 所示。两种扫描方式的不同点在于 DCT 扫描模式下，X 射线源与样品间增加了限制光斑尺寸的光阑，样品与探测器间增加了光束阻挡(Beamstop)。

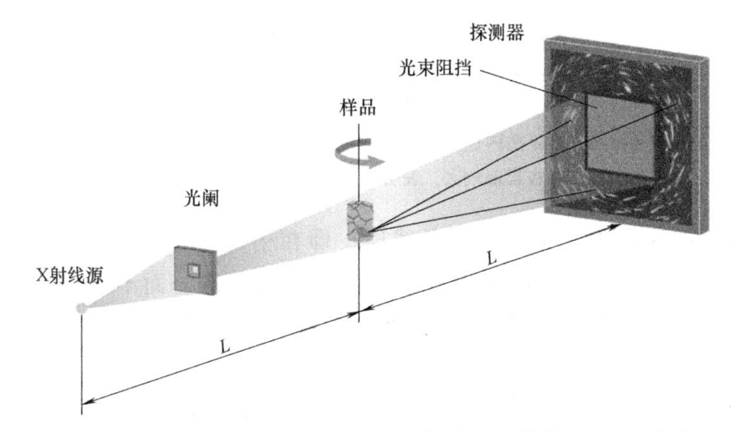

图 6-24　基于 Zeiss Xradia 520 Versa 三维 X 射线显微镜的 LabDCT 实验配置图

二、LabDCT 的成像原理

在 LabDCT 扫描时，高能多色 X 射线束首先照射光阑，光阑将阻挡大部分 X 射线，只有通过中心孔的 X 射线束才能照射到样品上。探测器将依次获取样品的 CT（吸收衬度像）信息与样品的晶体衍射信息。由于衍射 X 射线束的强度弱，透过样品的 X 射线束仍具有相当高的强度，为了增加探测器对衍射信息的灵敏度，采用光束阻挡阻挡透过样品的 X 射线束。LabDCT 扫描后，利用 Xnovo Technology 公司开发的软件 GrainMapper3D 进行样品三维取向信息的重构与分析。在扫描过程中，首先在没有光束阻挡的条件下利用透射 X 射线束在 $0\leqslant\theta<2\pi$ 范围内获得样品的吸收衬度投影像，该步骤与常规的 CT 扫描相同。随后，将 X 射线源、样品与探测器置于对称的劳厄衍射几何位置(Laue Diffraction Geometry)，如图 6-24、图 6-25a 所示，在 $0\leqslant\theta<2\pi$ 范围内获取样品的衍射花样，LabDCT 的扫描投影数量显著少于 CT 扫描投影数量。衍射花样由探测器的外部区域收集，随后利用不同角度收集的样品衍射花样重构样品三维晶粒取向与位置等信息。

LabDCT 利用锥形发散与多色的 X 射线束，可导致劳厄聚焦效应。在样品的每个晶粒内均有一系列满足布拉格衍射条件的晶面，如图 6-25 所示，以其中一个晶粒为例，在垂直于衍射晶面的方向上，一定入射角度范围内的 X 射线都将在该晶粒内发生衍射而改变方向。由于入射 X 射线是多色光，因此在晶粒的整个入射角度跨度内均能够满足布拉格衍射条件，导致线性的能量梯度，有助于使整个晶粒都参与衍射。结果在正交方向上不满足布拉格衍射

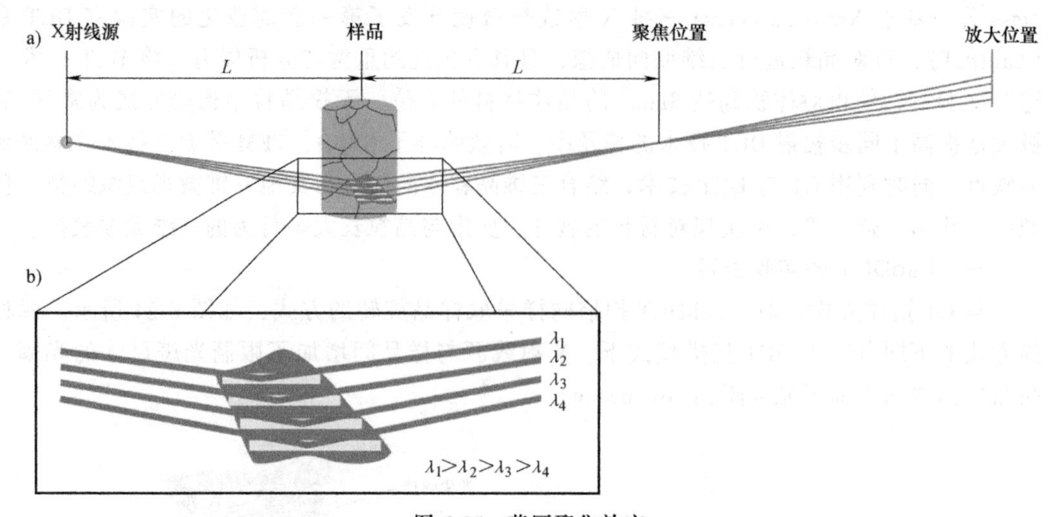

图 6-25 劳厄聚焦效应

a）晶粒作为球面透镜聚焦多色发散的 X 射线束，在衍射花样中形成衍射线而非衍射斑点

b）晶粒局部放大，表明穿过衍射晶粒 X 射线的能量梯度

条件而使得入射的 X 射线束汇聚成一条线段，即在衍射花样中，样品中的晶粒可以作为柱面透镜将满足布拉格衍射条件的 X 射线聚焦为线状衍射斑，而不是点状衍射斑（图 6-26）。衍射斑的长度对应晶粒在该衍射晶面上的投影长度，根据同一晶粒的不同衍射斑可以重构晶粒的三维形貌。

实验获取的吸收衬度与衍射衬度数据将被导入 GrainMapper3D 重构软件。首先，将样品网格化，即样品被划分为一定数量的网格，最小的网格单元被称为体素，如图 6-27 所示。为了确定多晶体样品中潜在的晶粒取向，晶体学重构算法综合利用前后投影（θ 与 $\theta+\pi$ 处投影），随后利用专属的算法自动迭代搜索样品观测区域具有最高信赖值的晶粒，信赖值低于某一门槛值的全部搜索结果将被剔除。晶粒的几何重心、晶粒取向、晶粒体积以及三维晶粒结构的网格拟合结果将被导出为开放格式的数据，可被用于其他商业分析软件与模拟工具的进一步分析。图 6-28 所示为利用 LabDCT 技术进行衍射衬度重构的纯铝层状板材的三维晶粒取向分布图。

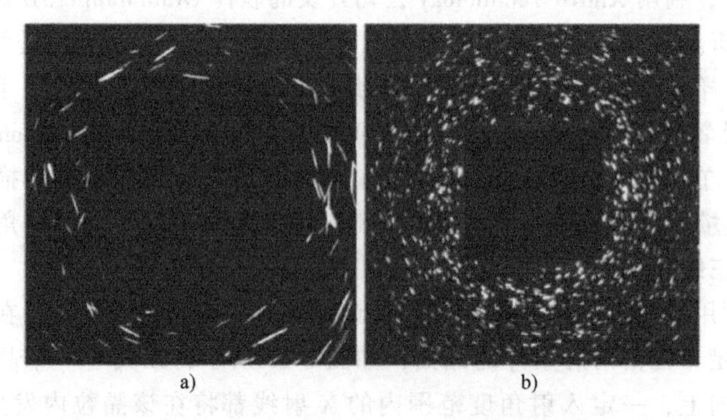

图 6-26 两种不同钛合金的 LabDCT 衍射花样

a）粗大晶粒样品的衍射花样为稀疏的长线段 b）细小晶粒样品的衍射花样为密集排布的短线段

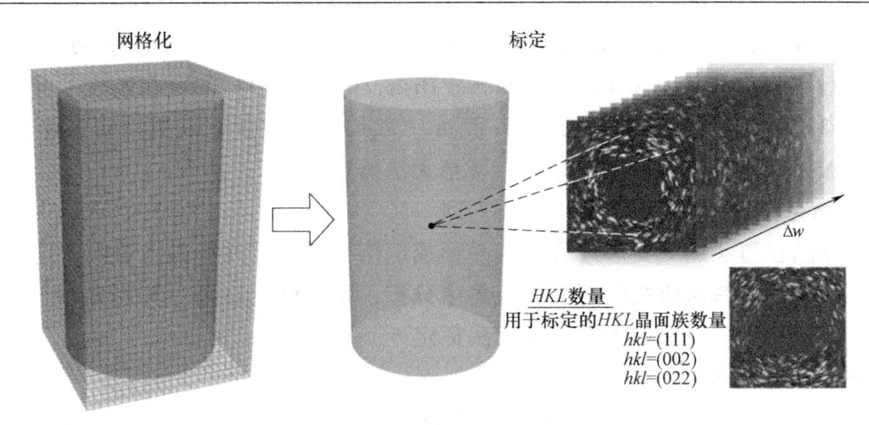

图 6-27　GrainMapper3D 软件进行样品网格化与衍射花样标定示意图

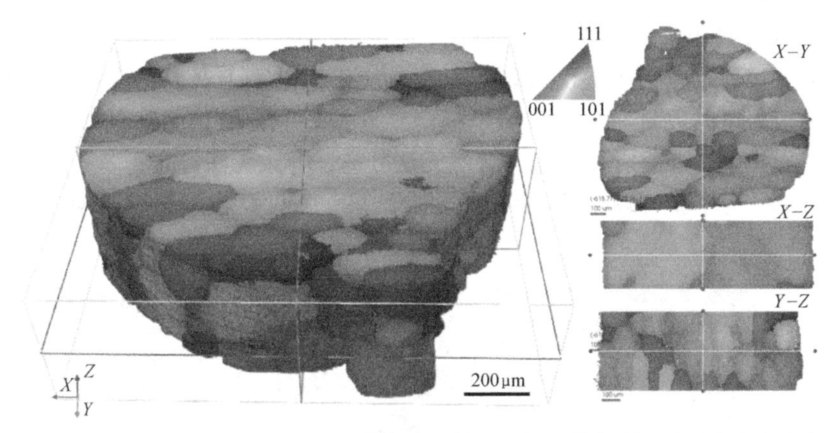

图 6-28　利用 LabDCT 技术进行衍射衬度重构的纯铝层状板材三维晶粒取向分布

相比于同步辐射 DCT 技术，LabDCT 采用的 X 射线源的通量要低几个数量级，导致 LabDCT 需要相当长的扫描时间。与采用单色 X 射线源的同步辐射 DCT 技术相比，LabDCT 采用具有更高能量的多色光，可使单一样品取向产生更多的衍射，从而增加每张衍射花样图像中的信息量。因此，对于相同的样品，LabDCT 比同步辐射 DCT 采集的投影数量大大减少。劳厄聚焦几何改善了衍射信号的探测效率，将衍射信号聚焦成线也有助于改善信噪比，从而提高探测灵敏度。此外，相比于同步辐射 DCT 技术，LabDCT 采用的透射阳极 X 射线管产生的 X 射线具有更高能量，从而具有更强的穿透能力，可以对更致密、尺寸更大的样品进行 DCT 扫描。LabDCT 对样品进行三维晶体取向成像的体积可达 $8mm^3$，比常规 3D-EBSD 技术观测样品体积大约三个数量级。此外，LabDCT 相比于 EBSD 技术具有更高的角度分辨率。

三、常见问题

利用 3D-XRM 进行 CT 扫描时对样品没有特殊要求，然而 LabDCT 对样品的晶粒尺寸与晶内应变要求较高。衍射花样的常见情况如图 6-29 所示。比较理想的标准衍射花样要求衍射斑具有足够的强度且无明显重叠，有利于标定，如图 6-29a 所示。图 6-29b～f 所示为常见的不利于衍射斑标定的衍射花样，主要分为以下几种情况：

1. 样品内部残留变形

如果样品在制备加工过程中残留变形，将使样品内部留有位错。白光劳厄衍射对样品内的位错极其敏感，例如几何必须位错（Geometrically Necessary Dislocation，GND）会造成衍射峰沿着某一方向拉长；小角度晶界的存在会造成衍射斑的劈裂而形成两个或两个以上的“亚斑”；统计存储位错（Statistically Stored Dislocation，SSD）的存在则表现为衍射斑沿各个方向的各向同性的展宽，如图6-29b、c所示。如果样品内部有残留变形，将使衍射斑发生畸变，增加样品晶粒取向的标定难度，甚至无法标定。

2. 样品存在织构

金属样品在塑性加工变形过程中容易形成织构，即晶粒具有择优取向，这会导致衍射花样中部分区域相同晶面指数的衍射斑点集中分布，增加标定难度，如图6-29d所示。对于强织构样品，衍射斑重叠概率大，导致无法标定。

3. 晶粒数量过多

图6-29e所示为样品观测区域内晶粒数量过多时的衍射斑花样，大量衍射斑重叠，无法单独标记各衍射斑，导致标定率降低，甚至无法标定。

4. 晶粒尺寸过小

根据劳厄聚焦效应，线状衍射斑的长度对应于该晶面上晶粒的宽度，当晶粒尺寸过小时，一方面衍射斑的数量增多，增加了标定难度；另一方面衍射斑的尺寸过小，信噪比变差，降低了标定率。严重时衍射斑与背底无法分离，导致无法标定。

由此可见，为了获得理想的LabDCT实验结果，不仅要合理设置实验参数，更要合理选择合适的实验样品。

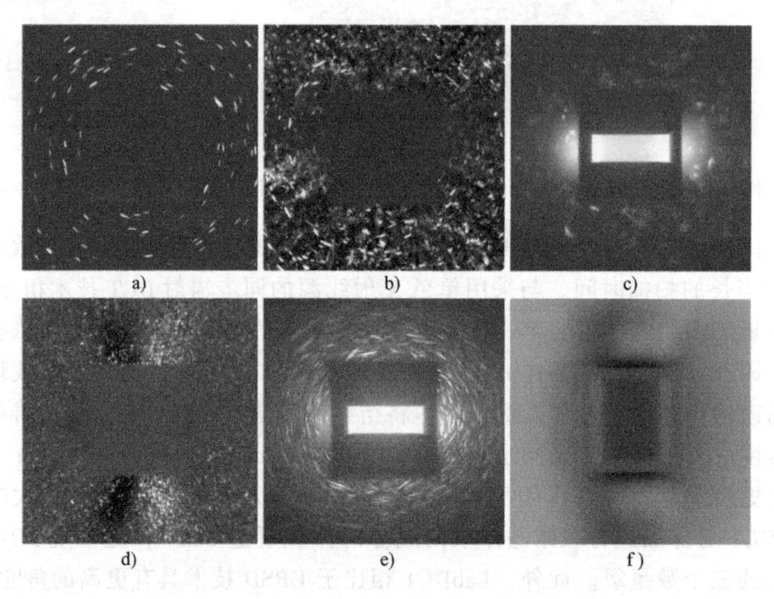

图6-29 各种质量的LabDCT衍射花样

a）质量良好 b）样品内部有一定程度的应变 c）样品内部具有较大畸变
d）样品存在织构 e）晶粒数量过多 f）晶粒尺寸过小

第四节 三维X射线显微镜在材料学研究中的应用

近些年，通信、汽车等领域均对高性能锂离子电池的需求快速增长，也使得锂离子电池成为科学研究的热点。电池内部多孔电极的非均质结构对电池的性能具有重要影响，然而传统的观测手段无法表征电池内部的结构细节。3D-XRM 则可以利用电池内部各组元对 X 射线的吸收系数不同，对电池内部构造进行精细的无损三维表征，对锂离子电池的研发具有重要意义。图 6-30a 所示为商业 18650 锂离子电池阳极层区域的三维形貌，空间分辨率约为 700nm，可以保证对阳极层内部构造细节的精细表征。从图中可以清晰地观察到阳极层内部密集分布的颗粒、孔洞与大尺寸的裂纹。通过对数据进行分割处理，可以单独提取观测区域内部的孔洞，并对其分布及孔隙率进行定量计算，图 6-30b 所示为孔隙率随位置的变化曲线，中部孔隙率为零的区域对应于阳极层间的继电器位置，对于每一层活性材料的孔隙率大约在 9%，而孔隙率曲线的波动表明准球形颗粒分布与尺寸均匀。三维重构结果还可导入模拟分析软件，进一步研究锂离子电池在充放电等服役条件下的微观结构变化。

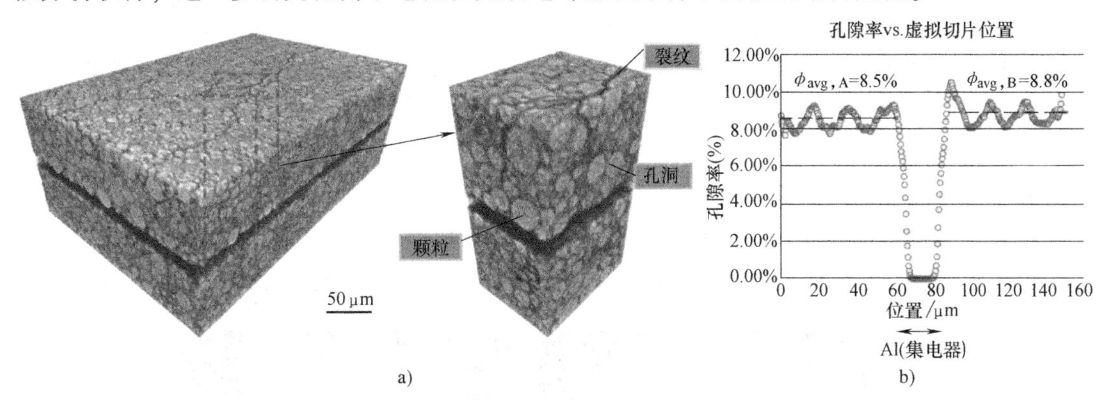

图 6-30　商业 18650 锂离子电池的三维无损表征

a）电池阳极层的三维形貌，沿样品厚度方向可观察到颗粒、孔洞以及裂纹缺陷

b）从三维重构结果中提取的每层切片内的孔隙率

得益于 CT 技术对样品的无损性特征，3D-XRM 可对样品在加热、加载等多种条件下的微观组织演变进行原位三维表征，即 4D(随时间演化)表征。图 6-31 所示为德国 Zeiss 公司

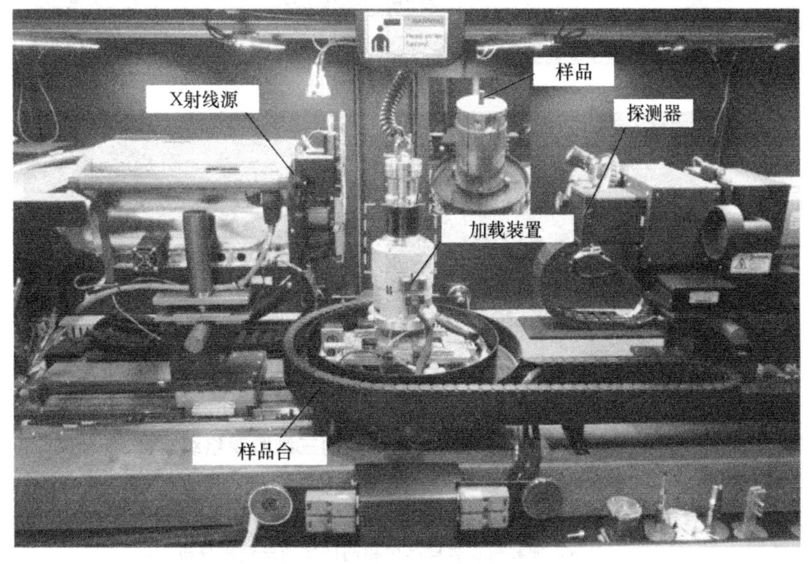

图 6-31　德国 Zeiss Xradia 520 Versa 3D-XRM 进行压缩加载条件下的原位三维表征时的实验配置

Xradia 520 Versa 3D-XRM 进行压缩加载条件下的原位三维表征时的实验配置。与常规 CT 扫描实验配置的区别在于，在样品台的位置增加了加载装置，装置中部观测位置采用对 X 射线吸收系数极低的高强 Kapton 聚酰亚胺管，对样品的吸收衬度投影不会造成明显影响。图 6-32 所示为利用 3D-XRM 原位表征页岩样品在压缩至不同应变量时的微观组织演变的应力-应变曲线与典型二维切片。在进行 CT 扫描时将停止加载，在扫描过程中的应力松弛造成曲线中应力下降较小，不会影响实验结果。图 6-33a 所示为页岩样品在压缩加载前的典型二维切片，切片的图像衬度为样品对 X 射线的吸收衬度。有机物与黄铁矿是页岩中两种典型的矿物质，相对于页岩基体，有机物对 X 射线的线吸收系数最低，而黄铁矿对 X 射线的线吸收系数最高，因此可以确定二维切片中具有亮衬度的物质为黄铁矿，而具有暗衬度的物质则主要为有机物，其余大面积

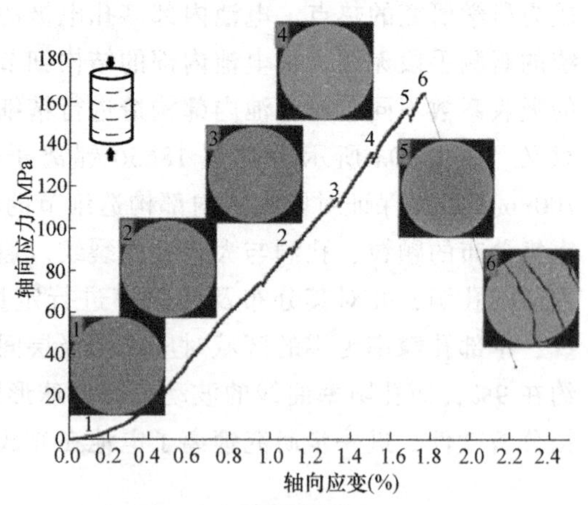

图 6-32 页岩样品在压缩过程中的原位 CT 扫描

注：选取压缩应力不同的 6 个阶段进行 CT 扫描，即 0MPa、90.2MPa、113.1MPa、135.6MPa、156.3MPa 与 164.4MPa，对应的二维切片分别标记为 1~6。

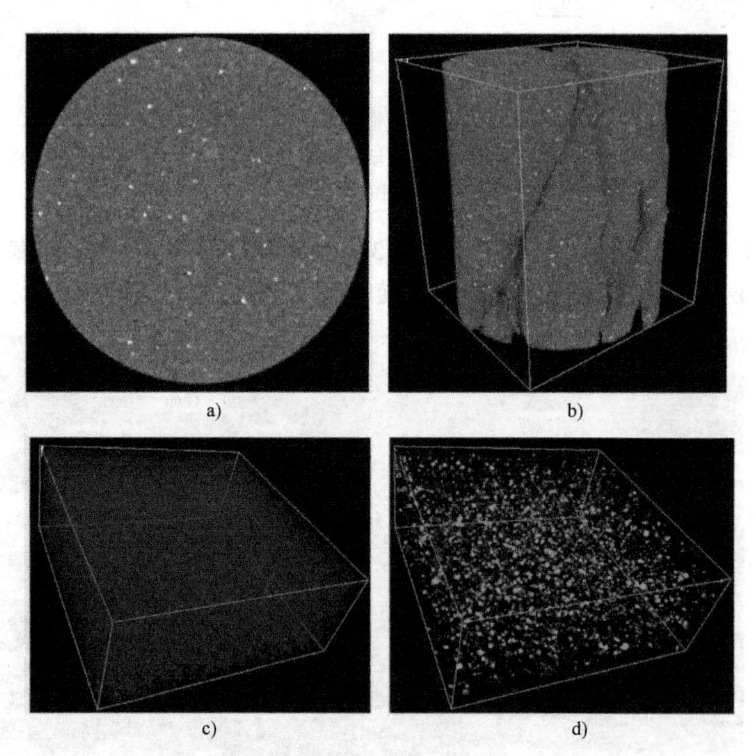

图 6-33 页岩样品选定区域的三维微观组织表征

a）典型二维重构切片，其中暗色区域为有机物，亮色区域为黄铁矿 b）压缩断裂后页岩样品中的裂纹三维形貌
c）加载前页岩样品中有机物的分布，四方体感兴趣区域（ROI）的水平尺寸为 4mm，高度为 1mm
d）加载前页岩样品中相同区域的黄铁矿分布

的灰色衬度区域为页岩矿物质基体。根据吸收衬度对样品的 CT 数据进行分割，可以单独提取样品中有机物与黄铁矿的形貌与分布(图 6-33c、d)。图 6-33b 所示为页岩样品压缩断裂后的三维形貌，可以清晰地观察到样品内部的大尺寸裂纹。

利用 3D-XRM 加载装置原位表征裂纹在页岩样品压缩过程中的萌生、扩展，可深入揭示其断裂行为。在不同加载应力下，样品中的裂纹形貌演变如图 6-34 所示。在变形初期的三个扫描阶段并未发现明显裂纹(图 6-34a~c)，在阶段 4(图 6-34d)样品中可观察到微裂纹，随后裂纹长大、扩展直至样品断裂。图 6-34f 表明页岩样品在压缩变形时的断裂模式为贯穿样品的拉伸断裂与沿层理面切变滑动两种断裂模式的结合，宏观断裂面相对于加载方向倾斜约 20°，且在样品内可观察到两个明显的主断裂面。从上述原位观察可以断定样品的断裂源于拉伸裂纹，随着裂纹切变滑动的发展，以及呈 X 形裂纹合并的交互作用，导致了页岩样品的断裂。由于页岩样品中存在的层理面的结合力较弱，样品的变形在无限制应力状态下易于滑动至这些区域。因此，样品中的主断裂面向轴向倾斜。通过 3D-XRM 的 3D 原位观测，进一步证实了层理面是页岩形成中最弱的面，且层状结构及层间弱结合是控制页岩力学性能的主要因素。

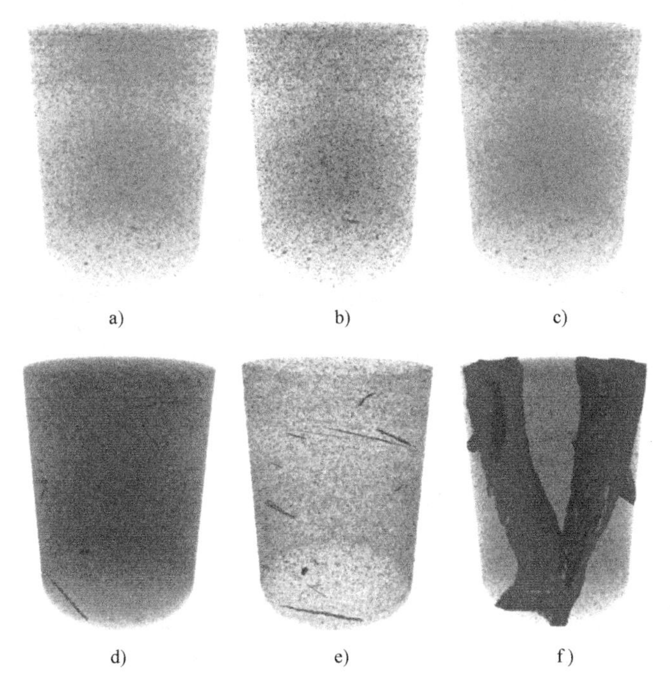

图 6-34　页岩样品中微裂纹在压缩过程中的原位三维表征

注：图 6-34a~f 对应于图 6-32 所示应力-应变曲线中的 6 个阶段，裂纹为黑色区域。

3D-XRM 不仅可利用 CT 吸收衬度成像表征样品的三维微观组织，还可利用 LabDCT 技术表征样品的 3D 晶体取向。完整表征一个晶界的 3D 结构需要五个参量：三个参量描述两晶粒间晶界的取向差，两个参量定义晶界面的倾角。然而，2D 晶体取向测试技术如 EBSD，只能提供样品断面晶界面倾角的一个参量，因此无法完整表征晶界结构。利用 3D-XRM 的 LabDCT 技术进行 3D 取向分析，则可以完整表征 3D 晶界结构，结合 CT 可综合研究微观组织与晶体取向、晶界结构对材料性能的影响。例如，多晶硅光电电池的效率依赖于多晶硅的晶界结构与外来金属夹杂。利用 CT 与 LabDCT 技术大范围扫描同一多晶硅样品，可表征外来金属夹杂与多晶硅样品中的结构缺陷间的交互作用，结果如图 6-35 所示。从图中可以观察到整个多晶硅样品内部密集分布的金属杂质与结构缺陷。图 6-35a 所示的 LabDCT 结果表明，多晶硅样品中的晶粒尺寸在几百微米，且多数相邻晶粒间的取向差为 60°(图 6-35c)。将金属杂质分布的 CT 结果与晶界结构的 DCT 结果叠加在一起，表明金属杂质在样品内并非随机分布，而是主要沿晶界分布，如图 6-35d 所示。通过对 3 个 CT+LabDCT 扫描样品的晶界取向差与金属杂质分布进行统计分析，表明多晶硅样品中晶界取向差在 39°与 60°存在两个峰值，且 60°峰值较高(图 6-36)。通过进一步的计算，可确定重合位置点阵(Coincidence Site Lattices，CSLs)晶界及其类型。在大角度晶界结构中存在一定数量的重合点阵原子，重合位密度的倒数称为倒易密度 Σ，Σ 越小，重合位密度越高。取向差为 39°与 60°的晶界分别对应于 Σ3 与 Σ9 CSLs 晶界。金属夹杂的分布依赖于 CSLs 晶界的类型，由于沿 Σ9 晶界无序的原子结构与金属杂质原子更快的扩散速率，相比于 Σ3 CSLs 晶界，金属杂质更易于分布在 Σ9 CSLs 晶界处。图 6-37 所示为多晶硅样品中的 Σ3 与 Σ9 晶界及其几何关系。基于晶界合并法则，两个 Σ3 晶界可合并为一个 Σ9 晶界。因此，Σ9 晶界高比例面积分数完全可能是微观组织中高比例 Σ3 晶界的自然结果。

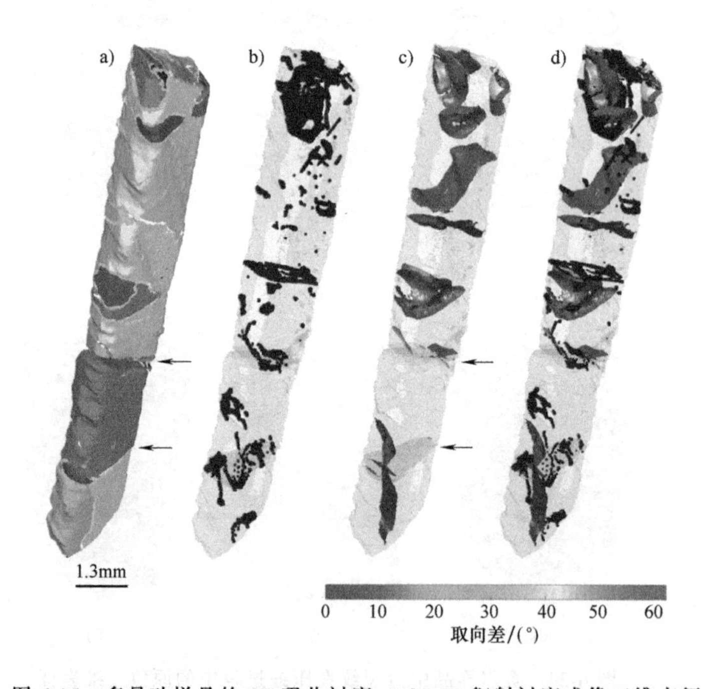

图 6-35 多晶硅样品的 CT 吸收衬度+LabDCT 衍射衬度成像三维表征

a）LabDCT 重构沿棒状样品的晶粒形貌（晶粒颜色随机） b）CT 重构样品中的金属杂质

c）从 a）中提取出晶界，颜色衬度基于晶界取向差 d）CT 与 LabDCT 重构结果的叠加

注：图 6-35a 与图 6-35c 中箭头标记位置是样品在成像前存在的裂纹。

图 6-38 所示为液态金属 Ga 浸润的铝合金样品的三维晶粒取向分布与三维微观组织。由于金属 Ga 的原子序数高于金属铝，对 X 射线具有更强的吸收能力，因此，在三维微观组织中，金属 Ga 浸润的铝合金晶界处相比于铝基体具有更高的亮度，如图 6-38b 和 d 所示。从

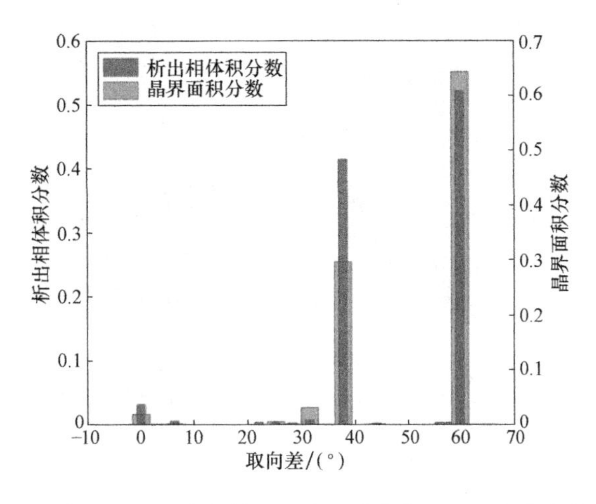

图 6-36　多晶硅样品中的晶界取向差分布与金属夹杂分布的关系

注：金属夹杂主要分布于取向差为 39°与 60°的晶界处。

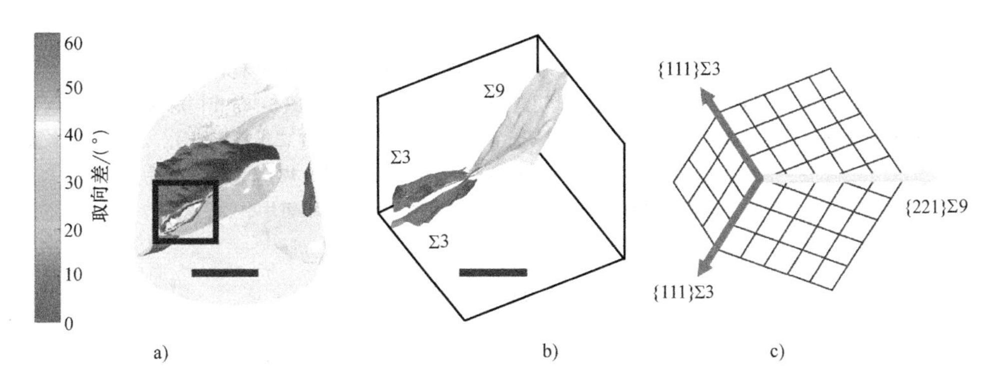

图 6-37　多晶硅样品中的重合位置点阵（CSLs）

a）多晶硅样品中晶界三维结构，颜色基于晶界取向差　b）图 6-37a 中方框区域局部放大，其中存在两个 Σ3 CSLs 与一个 Σ9 CSLs

c）CSLs 合并法则的几何关系，即 $\Sigma3+\Sigma3\rightarrow\Sigma(3\times3)$

图中可清晰地分辨出 Ga 浸润的晶界，且金属 Ga 已完全浸渗整个铝合金样品。然而，已润湿的晶界被 Ga 浸润的程度不同，部分晶界亮度更高。此外，对比 LabDCT 技术获得的三维晶粒取向分布图可发现，有些晶界并未被 Ga 浸润。在图 6-38d 中标记了 5 个区域，即 Region-1～Region-5，来说明晶界对液态金属 Ga 浸润的不同响应。对比图 6-38c 可发现标记的 5 个区域被 Ga 润湿的晶界包围，且每个区域都包含不止一个晶粒，分别用数字进行标记。通过进一步分析晶界取向差以及 CSLs 晶界的 Σ 值，可发现未被 Ga 浸渗的这些晶粒间的晶界均为小角度晶界。而对于被 Ga 浸润的大角度晶界，Ga 浸润程度较低的晶界被发现是具有较低 Σ 值的 CSLs 晶界，表明金属 Ga 易浸润能量较高的晶界。

上述研究结果表明，利用 3D-XRM 可完整表征晶体材料的三维微观组织与晶界网络，相比于传统表征方法，3D-XRM 具有以下优点：①可获得晶界面法向向量与晶界取向差；②可同时快速表征大量晶界；③在实验室即可进行实验，无须申请同步辐射光源机时；④无损表征方法，可进行微观组织演变的原位观测，或进行其他后续加工处理。

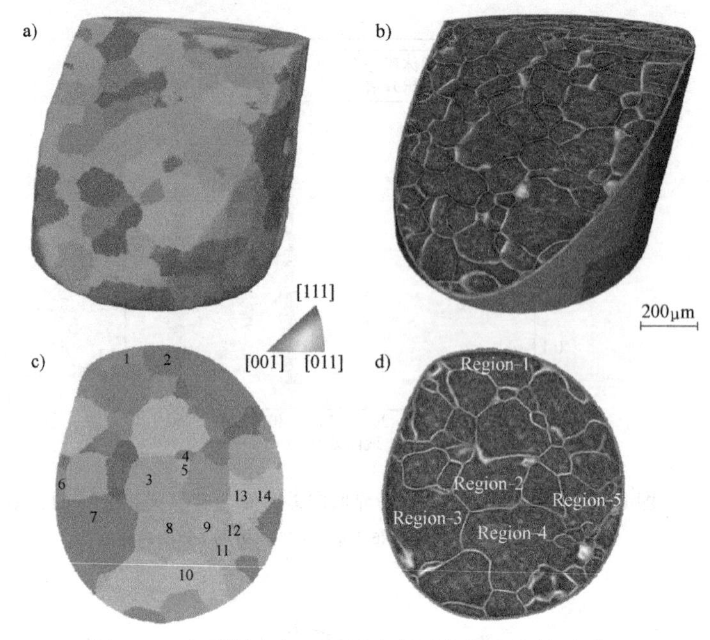

图 6-38 衍射衬度与吸收衬度断层扫描重构结果对比

a）LabDCT 重构的三维晶粒取向分布图，晶粒颜色基于样品旋转轴 b）与图 6-38a 相同观测区域的吸收衬度 CT 重构的样品三维微观组织，其中亮线对应于 Ga 原子润湿的晶界 c）LabDCT 二维重构切片 d）CT 二维重构切片

注：图 6-38d 中标记的区域 Region-1~Region-5 中存在没有被 Ga 润湿的晶界，这些晶界被标记于图 6-38c 所示的 LabDCT 二维切片中。

习 题

1. 简述三维 X 射线显微镜的基本构造及其工作原理，并简要画出实验配置图。

2. 三维 X 射线显微镜对 X 射线光源有哪些要求？

3. 如何计算三维 X 射线显微镜成像的放大倍率？试分析 3D-XRM 成像分辨率的影响因素。

4. 相比于传统二维取向分析技术，X 射线衍射衬度断层成像技术的优势与不足有哪些？

5. 图 6-39 所示为钢板包覆牙签的 CT 扫描结果。图 6-39b 所示为样品 CT 投影图，指示出样品上半部为牙签，下半部在牙签外侧包覆钢板；图 6-39a 所示为牙签二维切片；图 6-39c 所示为钢板包覆牙签二维切片，对比两者可发现钢板包覆后无法分辨牙签结构信息。试分析产生这种现象的原因，并给出可能的解决办法。

6. X 射线衍射衬度断层成像与吸收衬度断层成像的实验配置及基本原理有何区别？简述 X 射线衍射衬度断层成像实验的常见问题。

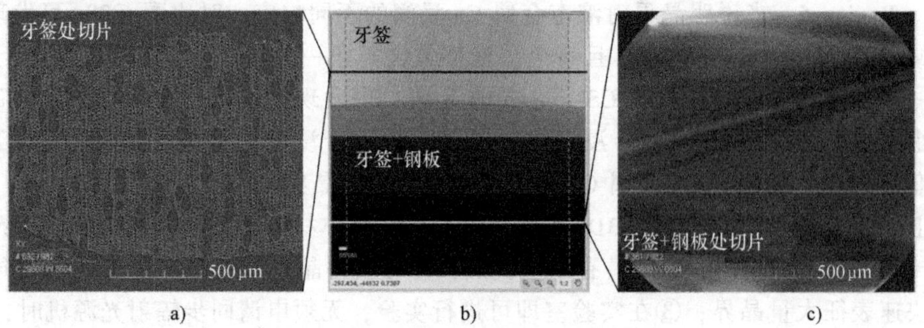

图 6-39 钢板包覆牙签的 CT 扫描结果

第二篇

材料电子显微分析

2

第七章　电子光学及电子显微学基础

第一节　电子波与电磁波

一、光学显微镜的分辨率极限

分辨率是指成像物体(试样)上能分辨出来的两个物点间的最小距离。光学显微镜的分辨率为

$$\Delta r_0 \approx \frac{1}{2}\lambda \tag{7-1}$$

式中，λ 为照明光源的波长。

式(7-1)表明，光学显微镜的分辨率取决于照明光源的波长。在可见光波长范围内，光学显微镜分辨率的极限为200nm。因此，要提高显微镜的分辨率，关键是要有波长短，又能聚焦成像的照明光源。

1924年，德布罗意(De Broglie)发现可见光的波长是电子波长的十万倍。又过了两年，布施(Busch)指出轴对称非均匀磁场能使电子波聚焦。在此基础上，1933年鲁斯卡(Ruska)等设计并制造了世界上第一台透射电子显微镜。

二、电子波的波长特性

电子显微镜的照明光源是电子波。电子波的波长取决于电子运动的速度和质量，即

$$\lambda = \frac{h}{mv} \tag{7-2}$$

式中，h 为普朗克常数；m 为电子的质量；v 为电子的速度，它和加速电压 U 之间存在下面的关系

$$\frac{1}{2}mv^2 = eU \tag{7-3}$$

即

$$v = \sqrt{\frac{2eU}{m}} \tag{7-4}$$

式中，e 为电子所带的电荷。

由式(7-2)和式(7-4)可得

$$\lambda = \frac{h}{\sqrt{2emU}} \tag{7-5}$$

如果电子速度较低，则它的质量和静止质量相近，即 $m \approx m_0$。如果加速电压很高，使电子具有极高的速度，则必须经过相对论校正，此时

$$m = \frac{m_0}{\sqrt{1 - \left(\frac{v}{c}\right)^2}} \tag{7-6}$$

式中，c 为光速。

表7-1是根据式(7-5)计算出的不同加速电压下电子波的波长。

表7-1 不同加速电压下电子波的波长（经相对论校正）

加速电压/kV	电子波波长/nm	加速电压/kV	电子波波长/nm	加速电压/kV	电子波波长/nm
1	0.0338	20	0.00859	100	0.00370
2	0.0274	30	0.00698	120	0.00334
3	0.0224	40	0.00601	200	0.00251
4	0.0194	50	0.00536	300	0.00197
5	0.0713	60	0.00487	500	0.00142
10	0.0122	80	0.00418	1000	0.00087

可见光的波长在390~760nm之间。从计算出的电子波波长来看，在常用的100~200kV加速电压下，电子波的波长要比可见光小5个数量级。

三、电磁透镜

透射电子显微镜中用磁场来使电子波聚焦成像的装置是电磁透镜。

图7-1为电磁透镜的聚焦原理示意图。通电的短线圈就是一个简单的电磁透镜，它能造成一种轴对称不均匀分布的磁场。磁力线围绕导线呈环状，磁力线上任意一点的磁感应强度 $\boldsymbol{B}$ 都可以分解成平行于透镜主轴的分量 $\boldsymbol{B}_z$ 和垂直于透镜主轴的分量 $\boldsymbol{B}_r$（图7-1a）。速度为 $\boldsymbol{v}$ 的平行电子束进入透镜的磁场时，位于 A 点的电子将受到 $\boldsymbol{B}_r$ 分量的作用。根据右手法则，电子所受的切向力 $\boldsymbol{F}_t$ 的方向如图7-1b所示。$\boldsymbol{F}_t$ 使电子获得一个切向速度 $\boldsymbol{v}_t$。$\boldsymbol{v}_t$ 随即和 $\boldsymbol{B}_z$ 分量叉乘，形成了另一个向透镜主轴靠近的径向力 $\boldsymbol{F}_r$ 使电子向主轴偏转(聚焦)。当电子穿过线圈运动到 B 点位置时，$\boldsymbol{B}_r$ 的方向改变了180°，$\boldsymbol{F}_t$ 随之反向，但是 $\boldsymbol{F}_t$ 的反向只能使 $\boldsymbol{v}_t$ 变小，而不能改变 $\boldsymbol{v}_t$ 的方向，因此穿过线圈的电子仍然趋向于向主轴靠近，结果使电子做如图7-1c所示的圆锥螺旋近轴运动。一束平行于主轴的入射电子束通过电磁透镜时将被聚焦在轴线上一点，即焦点，这与光学玻璃凸透镜对平行于轴线入射的平行光的聚焦作用十分相似。

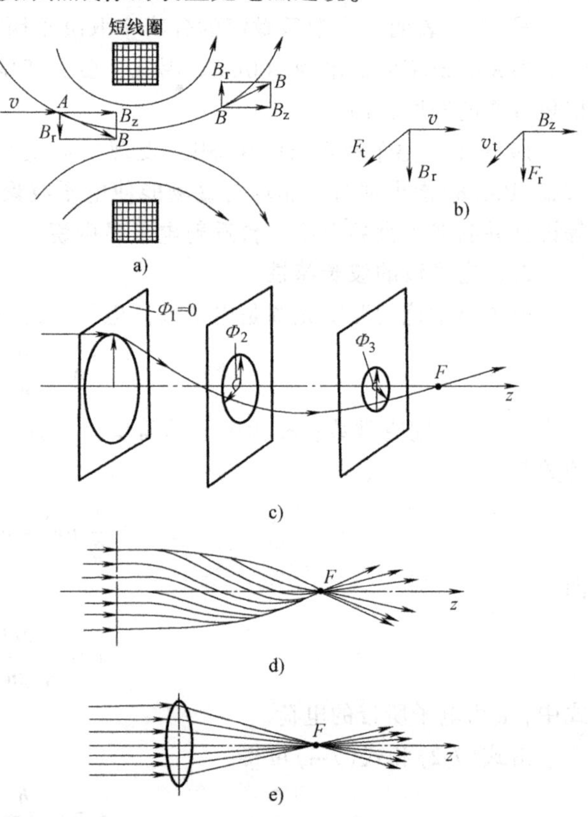

图7-1 电磁透镜的聚焦原理示意图

图7-2所示为一种带有软磁铁壳的电磁透镜示意图。导线外围的磁力线都在铁壳中通

过，由于在软磁铁壳的内侧开了一道环状的狭缝，从而可以减小磁场的广延度，使大量磁力线集中在缝隙附近的狭小区域之内，增强了磁场的强度。为了进一步缩小磁场轴向宽度，还可以在环状间隙两边接出一对顶端呈圆锥状的极靴，如图 7-3 所示。带有极靴的电磁透镜可使有效磁场集中到沿透镜轴向几毫米的范围之内。图 7-3c 给出了短线圈以及有、无极靴电磁透镜轴向磁感应强度分布。

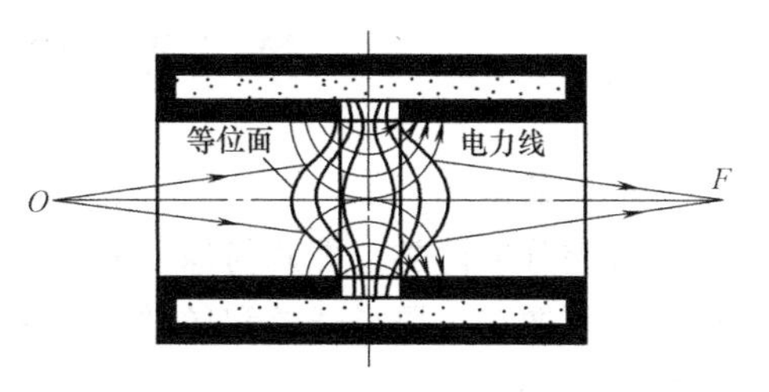

图 7-2　带有软磁铁壳的电磁透镜示意图

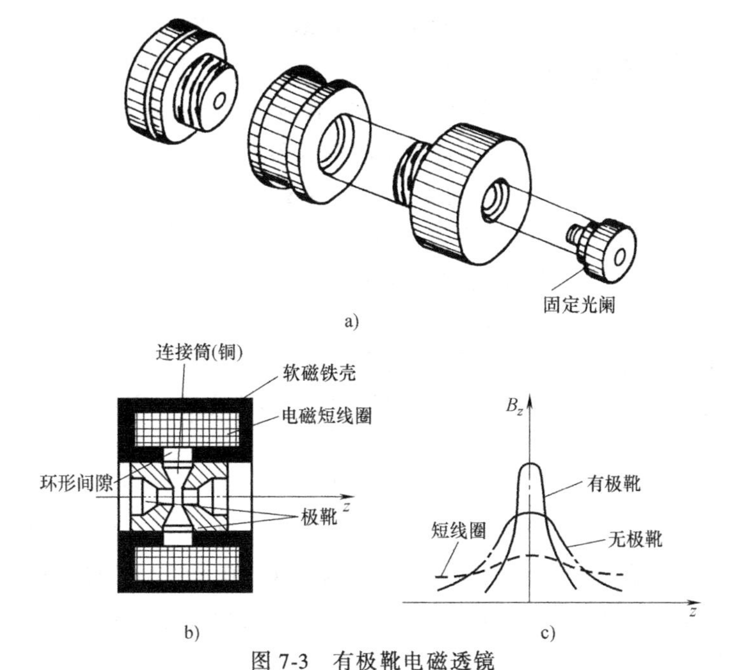

图 7-3　有极靴电磁透镜

a）极靴组件分解　b）有极靴电磁透镜剖面　c）三种情况下电磁透镜轴向磁感应强度分布

与光学玻璃透镜相似，电磁透镜物距、像距和焦距三者之间关系式及放大倍数为

$$\frac{1}{f}=\frac{1}{L_1}+\frac{1}{L_2} \tag{7-7}$$

$$M=\frac{f}{L_1-f} \tag{7-8}$$

式中，f 为焦距；L_1 为物距；L_2 为像距；M 为放大倍数。

电磁透镜的焦距可由下式近似计算

$$f\approx K\frac{U_r}{(IN)^2} \tag{7-9}$$

式中，K 为常数；U_r 为经相对论校正的电子加速电压；(IN) 为电磁透镜励磁安匝数。

从式(7-9)可看出，无论励磁方向如何，电磁透镜的焦距总是正的。改变励磁电流，电磁透镜的焦距和放大倍数将发生相应变化。因此，电磁透镜是一种变焦距或变倍率的会聚透镜，这是它有别于光学玻璃凸透镜的一个特点。

第二节 电磁透镜的像差与分辨率

一、像差

像差分成两类，即几何像差和色差。几何像差是因为透镜磁场几何形状上的缺陷而造成的。几何像差主要指球差和像散。色差是由于电子波的波长或能量发生一定幅度的改变而造成的。

下面将分别讨论球差、像散和色差形成的原因，并指出减小这些像差的途径。

（一）球差

球差即球面像差，是由于电磁透镜的中心区域和边缘区域对电子的折射能力不符合预定的规律而造成的。离开透镜主轴较远的电子（远轴电子）比主轴附近的电子（近轴电子）被折射程度大。当物点 P 通过透镜成像时，电子就不会聚到同一焦点上，从而形成了一个散焦斑，如图 7-4 所示。如果像平面在远轴电子的焦点和近轴电子的焦点之间做水平移动，就可以得到一个最小的散焦圆斑。最小散焦圆斑的半径用 R_s 表示。若把 R_s 除以放大倍数，就可以把它折算到物平面上去，其大小 $\Delta r_s = R_s/M$（M 为透镜的放大倍数）。Δr_s 是用来表示球差大小的量，也就是说，物平面上两点距离小于 $2\Delta r_s$ 时，则该透镜不能分辨，即在透镜的像平面上得到的是一个点。Δr_s 可通过下式计算

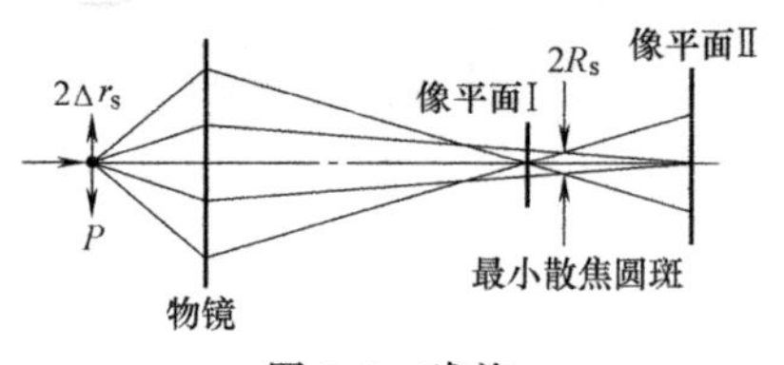

图 7-4 球差

$$\Delta r_s = \frac{1}{4} C_s \alpha^3 \tag{7-10}$$

式中，C_s 为球差系数，通常情况下，物镜的 C_s 值为 1~3mm；α 为孔径半角。

从式(7-10)可以看出，减小球差可以通过减小 C_s 值和缩小孔径角来实现，因为球差和孔径半角成三次方的关系，所以用小孔径角成像时，可使球差明显减小。

（二）像散

像散是由透镜磁场的非旋转对称而引起的。极靴内孔不圆、上下极靴的轴线错位、制作极靴的材料材质不均匀以及极靴孔周围局部污染等原因，都会使电磁透镜的磁场产生椭圆度。透镜磁场的这种非旋转性对称使它在不同方向上的聚焦能力出现差别，结果使成像物点 P 通过透镜后不能在像平面上聚焦成一点，如图 7-5 所示。在聚焦最好的情况下，能得到一个最小的散焦圆斑，把最小散焦圆斑的半径 R_A 折算到物点 P 的位置上去，就形成了一个半径为 Δr_A 的圆斑，即 $\Delta r_A = R_A/M$（M 为透镜放大倍数），用 Δr_A 来表示像散的大小。Δr_A 可通过下式计算

$$\Delta r_A = \Delta f_A \alpha \tag{7-11}$$

式中，Δf_A 为电磁透镜出现椭圆度时造成的焦距差。

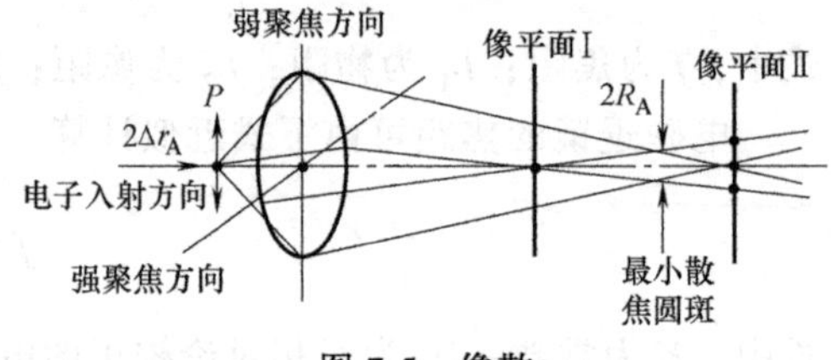

图 7-5 像散

如果电磁透镜在制造过程中已存在固有的像散，则可以通过引入一个强度和方位都可以调节的矫正磁场来进行补偿，这个产生矫正磁场的装置就是消像散器。

（三）色差

色差是由于入射电子波长（或能量）的非单一性所造成的。

图 7-6 所示为形成色差原因的示意图。若入射电子能量出现一定的差别，能量较高的电子在距透镜光心比较远的地点聚焦，而能量较低的电子在距光心较近的地点聚焦，由此造成了一个焦距差。使像平面在长焦点和短焦点之间移动时，也可得到一个最小的散焦斑，其半径为 R_c。

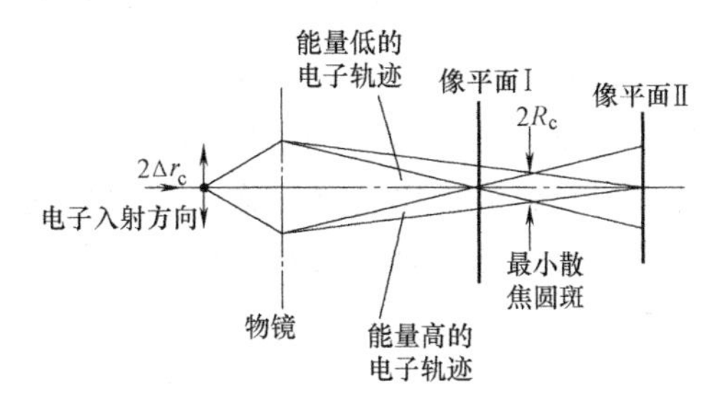

图 7-6　色差

把 R_c 除以透镜的放大倍数 M，即可把散焦斑的半径折算到物点 P 的位置上去，这个半径大小等于 Δr_c，即 $\Delta r_c = R_c/M$，其值可以通过下式计算

$$\Delta r_c = C_c \alpha \left| \frac{\Delta E}{E} \right| \tag{7-12}$$

式中，C_c 为色差系数；$\left| \frac{\Delta E}{E} \right|$为电子束能量变化率。

当 C_c 和孔径半角 α 一定时，$\left| \frac{\Delta E}{E} \right|$的数值取决于加速电压的稳定性和电子穿过样品时发生非弹性散射的程度。如果样品很薄，则可把后者的影响略去，因此采取稳定加速电压的方法可以有效地减小色差。色差系数 C_c 与球差系数 C_s 均随透镜励磁电流的增大而减小（图 7-7）。

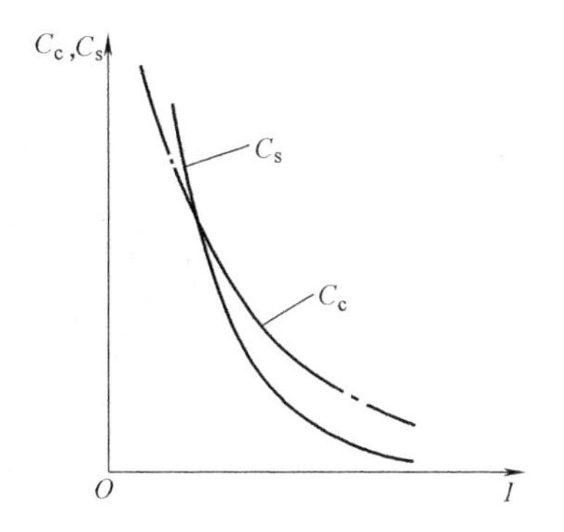

图 7-7　透镜球差系数 C_s、色差系数 C_c 与励磁电流 I 的关系

二、分辨率

电磁透镜的分辨率由衍射效应和球面像差来决定。

（一）衍射效应对分辨率的影响

由衍射效应所限定的分辨率在理论上可由瑞利（Rayleigh）公式计算，即

$$\Delta r_0 = \frac{0.61\lambda}{N\sin\alpha} \tag{7-13}$$

式中，Δr_0 为成像物体（试样）上能分辨出来的两个物点间的最小距离，用它来表示分辨率的大小，Δr_0 越小，透镜的分辨率越高；λ 为波长；N 为介质的相对折射系数；α 为透镜的孔径半角。

现在主要来分析一下 Δr_0 的物理含义。图 7-8 中物体上的物点通过透镜成像时，由于衍射效应，在像平面上得到的并不是一个点，而是一个中心最亮、周围带有明暗相间同心圆环的圆斑，即所谓埃利（Airy）斑。若样品上有两个物点 S_1、S_2 通过透镜成像，在像平面上会产生两个埃利斑 S_1'、S_2'，如图 7-8a 所示，如果这两个埃利斑相互靠近，当两个光斑强度峰间的强度谷值比强度峰值低 19%时（把强度峰的高度看作 100%），这个强度反差对人眼来说是刚有所感觉。也就是说，这个反差值是人眼能否感觉出存在 S_1'、S_2'两个斑点的临界值。式（7-13）中的常数 0.61 就是以这个临界值为基础的。在峰谷之间出现 19%强度差值时，

像平面上 S_1' 和 S_2' 之间的距离正好等于埃利斑的半径 R_0，折算回到物平面上点 S_1 和 S_2 的位置上去时，就能形成两个以 $\Delta r_0=\dfrac{R_0}{M}$ 为半径的小圆斑。两个圆斑之间的距离与它们的半径相等。如果把试样上 S_1 点和 S_2 点间的距离进一步缩小，那么人们就无法通过透镜把它们的像 S_1' 和 S_2' 分辨出来。由此可见，若以任一物点为圆心，并以 Δr_0 为半径作一个圆，此时与之相邻的第二物点位于这个圆周之内时，则透镜就无法分辨出此二物点间的反差。如果第二物点位于圆周之外，便可被透镜鉴别出来，因此 Δr_0 就是衍射效应限定的透镜的分辨率。

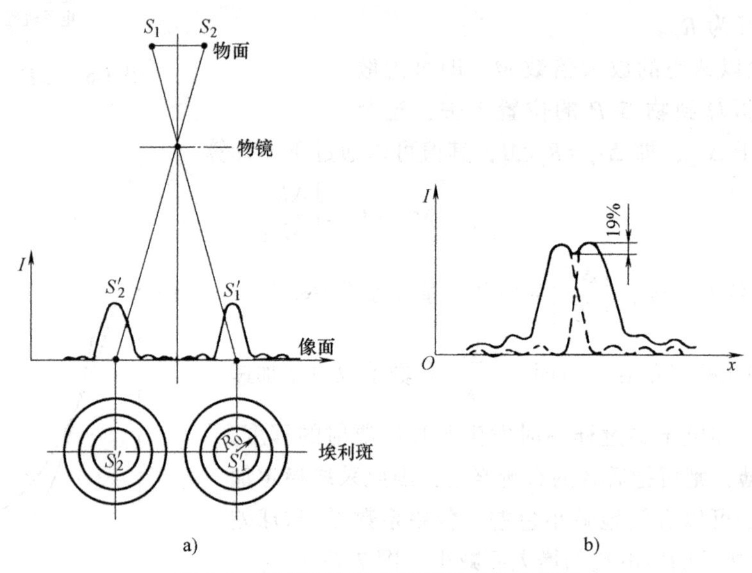

图 7-8 两个点光源成像时形成的埃利斑

a）埃利斑 b）两个埃利斑靠近到刚好能分得开的临界距离时强度的叠加

综上分析可知，若只考虑衍射效应，在照明光源和介质一定的条件下，孔径半角 α 越大，透镜的分辨率越高。

（二）像差对分辨率的影响

如前所述，由于球差、像散和色差的影响，物体（试样）上的光点在像平面上均会扩展成散焦斑。各散焦斑半径折算回物体后得到的 Δr_s、Δr_A、Δr_c 值自然就成了由球差、像散和色差所限定的分辨率。

因为电磁透镜总是会聚透镜，所以球差便成为限制电磁透镜分辨率的主要因素。若同时考虑衍射和球差对分辨率的影响，则会发现改善其中一个因素时会使另一个因素变坏。为了使球差变小，可通过减小 α 来实现（$\Delta r_s=\dfrac{1}{4}C_s\alpha^3$），但从衍射效应来看，$\alpha$ 减小将使 Δr_0 变大，分辨率下降。因此，两者必须兼顾。关键是确定电磁透镜的最佳孔径半角 α_0，使得衍射效应埃利斑和球差散焦斑尺寸大小相等，表明两者对透镜分辨率影响效果一样。令式(7-10)中的 Δr_s 和式(7-13)中的 Δr_0 相等，求出 $\alpha_0=1.25\left(\dfrac{\lambda}{C_s}\right)^{\frac{1}{4}}$。这样，电磁透镜的分辨率为 $\Delta r_0=A\lambda^{\frac{3}{4}}C_s^{\frac{1}{4}}$，$A$ 为常数，$A\approx0.4\sim0.55$。由此可见，提高电磁透镜分辨率的主要途径是提高加速电压(减小电子束波长 λ)和减小球差系数 C_s。目前，透射电镜的最佳分辨率已达 10^{-1}nm 数量级，如日本日立公司的 H—9000 型透射电镜的点分辨率为 0.18nm。

第三节　电磁透镜的景深和焦长

一、景深

电磁透镜的另一特点是景深(或场深)大，焦长很长，这是由于小孔径角成像的结果。任何样品都有一定的厚度。从原理上讲，当透镜焦距、像距一定时，只有一层样品平面与透镜的理想物平面相重合，能在透镜像平面获得该层平面的理想图像。而偏离理想物平面的物点都存在一定程度的失焦，它们在透镜像平面上将产生一个具有一定尺寸的失焦圆斑。如果失焦圆斑尺寸不超过由衍射效应和像差引起的散焦圆斑，那么对透镜像分辨率并不产生什么影响。因此，把透镜物平面允许的轴向偏差定义为透镜的景深，用 D_f 来表示，如图 7-9 所示。它与电磁透镜分辨率 Δr_0、孔径半角 α 之间的关系为

$$D_f=\frac{2\Delta r_0}{\tan\alpha}\approx\frac{2\Delta r_0}{\alpha} \tag{7-14}$$

这表明，电磁透镜孔径半角越小，景深越大。一般的电磁透镜 $\alpha=10^{-2}\sim10^{-3}$rad，$D_f=(200\sim2000)\Delta r_0$。如果透镜分辨率 $\Delta r_0=1$nm，则 $D_f=200\sim2000$nm。对于加速电压为 100kV 的电子显微镜来说，样品厚度一般控制在 200nm 左右，在透镜景深范围之内，因此样品各部位的细节都能得到清晰的像。如果允许较低的像分辨率(取决于样品)，那么透镜的景深就更大了。电磁透镜景深大，对于图像的聚焦操作(尤其是在高放大倍数情况下)是非常有利的。

二、焦长

当透镜焦距和物距一定时，像平面在一定的轴向距离内移动，也会引起失焦。如果失焦引起的失焦圆斑尺寸不超过透镜因衍射和像差引起的散焦圆斑大小，那么像平面在一定的轴向距离内移动，对透镜像的分辨率没有影响。把透镜像平面允许的轴向偏差定义为透镜的焦长，用 D_L 表示，如图 7-10 所示。

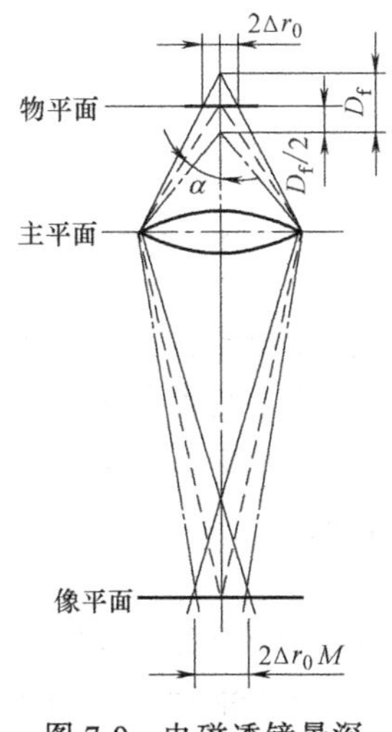

图 7-9　电磁透镜景深

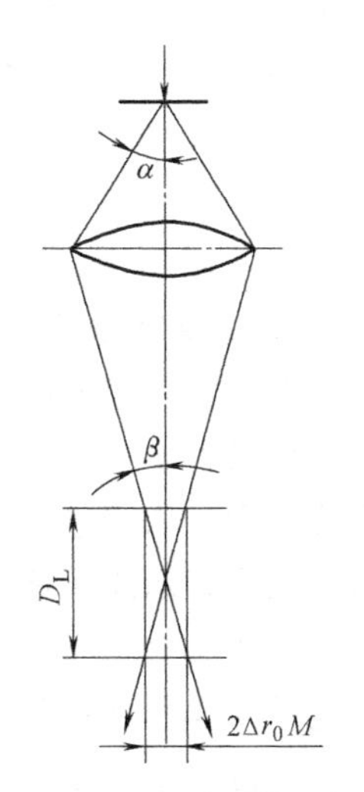

图 7-10　电磁透镜焦长

从图 7-10 上可以看到透镜焦长 D_L 与分辨率 Δr_0、像点所张的孔径半角 β 之间的关系为

$$D_L=\frac{2\Delta r_0 M}{\tan\beta}\approx\frac{2\Delta r_0 M}{\beta} \tag{7-15}$$

因为

$$\beta=\frac{\alpha}{M} \tag{7-16}$$

所以

$$D_L=\frac{2\Delta r_0}{\alpha}M^2 \tag{7-17}$$

式中，M 为透镜放大倍数。

当电磁透镜放大倍数和分辨率一定时，透镜焦长随孔径半角的减小而增大。如一电磁透镜分辨率 $\Delta r_0=1\text{nm}$，孔径半角 $\alpha=10^{-2}\text{rad}$，放大倍数 $M=200$ 倍，计算得焦长 $D_L=8\text{mm}$。这表明该透镜实际像平面在理想像平面上或下各 4mm 范围内移动时不需改变透镜聚焦状态，图像仍保持清晰。

对于由多级电磁透镜组成的电子显微镜来说，其终像放大倍数等于各级透镜放大倍数之积，因此终像的焦长就更长了，一般说来超过 10~20cm 是不成问题的。电磁透镜的这一特点给电子显微镜图像的照相记录带来了极大的方便，只要在荧光屏上图像聚焦清晰，那么在荧光屏上或下十几厘米放置照相底片，所拍摄的图像也将是清晰的。

第四节 电子束与固体样品作用时产生的信号

样品在电子束的轰击下会产生图 7-11 所示的各种信号。

一、背散射电子

背散射电子是被固体样品中的原子反弹回来的一部分入射电子，其中包括弹性背散射电子和非弹性背散射电子。弹性背散射电子是指被样品中原子核反弹回来的，散射角大于90°的那些入射电子，其能量没有损失(或基本上没有损失)。由于入射电子的能量很高，所以弹性背散射电子的能量能达到数千到数万电子伏。非弹性背散射电子是入射电子和样品核外电子撞击后产生的非弹性散射，不仅方向改变，能量也有不同程度的损失。如果有些电子经多次散射后仍能反弹出样品表面，这就形成非弹性背散射电子。非弹性背散射电子的能量分布范围很宽，从数十电子伏直到数千电子伏。从数量上看，弹性背散射电子远比非弹性背散射电子所占的份额多。背散射电子来自样品表层几百纳米的深度范围。由于它的产额能随样品原子序数增大而增多，所以不仅能用作形貌分析，而且可以用来显示原子序数衬度，定性地用作成分分析。

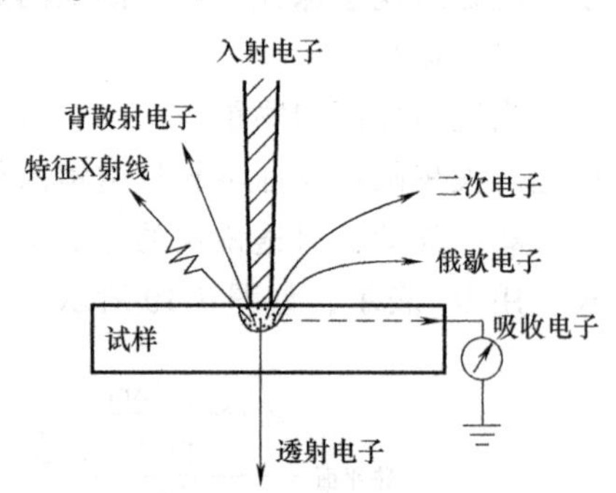

图 7-11 电子束与固体样品作用时产生的信号

二、二次电子

在入射电子束作用下被轰击出来并离开样品表面的样品原子的核外电子称为二次电子。这是一种真空中的自由电子。由于原子核和外层价电子间的结合能很小，因此外层的电子比较容易和原子脱离，使原子电离。一个能量很高的入射电子射入样品时，可以产生许多自由

电子，这些自由电子中 90%是来自样品原子外层的价电子。

二次电子的能量较低，一般都不超过 8×10^{-19}J(50eV)。大多数二次电子只带有几个电子伏的能量。在用二次电子收集器收集二次电子时，往往也会把极少量低能量的非弹性背散射电子一起收集进去。事实上这两者是无法区分的。

二次电子一般都是在表层 5~10nm 深度范围内发射出来的，它对样品的表面形貌十分敏感，因此，能非常有效地显示样品的表面形貌。二次电子的产额和原子序数之间没有明显的依赖关系，所以不能用它来进行成分分析。

三、吸收电子

入射电子进入样品后，经多次非弹性散射能量损失殆尽（假定样品有足够的厚度没有透射电子产生），最后被样品吸收。若在样品和地之间接入一个高灵敏度的电流表，就可以测得样品对地的信号，这个信号是由吸收电子提供的。假定入射电子电流强度为 i_0，背散射电子电流强度为 i_b，二次电子电流强度为 i_s，则吸收电子产生的电流强度为 $i_a=i_0-(i_b+i_s)$。由此可见，入射电子束和样品作用后，逸出表面的背散射电子和二次电子数量越少，则吸收电子信号强度越大。若把吸收电子信号调制成图像，则它的衬度恰好和二次电子或背散射电子信号调制的图像衬度相反。

当电子束入射一个多元素的样品表面时，由于不同原子序数部位的二次电子产额基本上是相同的，则产生背散射电子较多的部位(原子序数大)其吸收电子的数量就较少，反之亦然。因此，吸收电子能产生原子序数衬度，同样也可以用来进行定性的微区成分分析。

四、透射电子

如果被分析的样品很薄，那么就会有一部分入射电子穿过薄样品而成为透射电子。这里所指的透射电子，是采用扫描透射操作方式对薄样品成像和微区成分分析时形成的透射电子。这种透射电子是由直径很小(<10nm)的高能电子束照射薄样品时产生的，因此，透射电子信号是由微区的厚度、成分和晶体结构决定的。透射电子中除了有能量和入射电子相当的弹性散射电子外，还有各种不同能量损失的非弹性散射电子，其中有些遭受特征能量损失 ΔE 的非弹性散射电子(即特征能量损失电子)和分析区域的成分有关，因此，可以利用特征能量损失电子配合电子能量分析器来进行微区成分分析。

综上所述，如果使样品接地保持电中性，那么入射电子激发固体样品产生的四种电子信号强度与入射电子强度之间必然满足以下关系

$$i_b+i_s+i_a+i_t=i_0 \tag{7-18}$$

式中，i_b 为背散射电子信号强度；i_s 为二次电子信号强度；i_a 为吸收电子（或样品电流）信号强度；i_t 为透射电子信号强度。

式(7-18)可改写为

$$\eta+\delta+\alpha+\tau=1 \tag{7-19}$$

式中，$\eta=i_b/i_0$，称为背散射系数；$\delta=i_s/i_0$，称为二次电子产额(或发射系数)；$\alpha=i_a/i_0$，称为吸收系数；$\tau=i_t/i_0$，称为透射系数。

对于给定的材料，当入射电子能量和强度一定时，上述四项系数与样品质量厚度之间的关系如图 7-12 所示。从图上可看到，随着样品质量厚度 ρt 的增大，透射系数 τ 下降，而吸收系数 α 增大。当样品厚度超过有效穿透深度后，透射系数等于零。这就是说，对于大块试样，样品同一部位的吸收系数、背散射系数和二次电子发射系数三者之间存在互补关系。背

散射电子信号强度、二次电子信号强度和吸收电子信号强度分别与η、δ和α成正比，但由于二次电子信号强度与样品原子序数没有确定的关系，因此可以认为，如果样品微区背散射电子信号强度大，则吸收电子信号强度小，反之亦然。

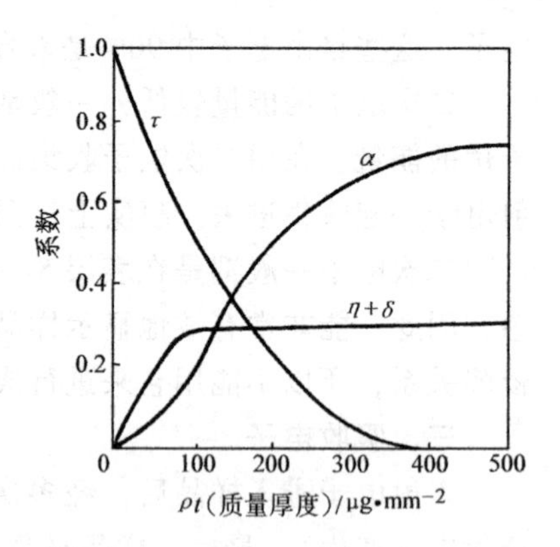

图 7-12 铜样品η、δ、α及τ系数与ρt之间关系（入射电子能量$E_0=10\mathrm{keV}$）

五、特征 X 射线

当样品原子的内层电子被入射电子激发或电离时，原子就会处于能量较高的激发状态，此时外层电子将向内层跃迁以填补内层电子的空缺，从而使具有特征能量的 X 射线释放出来(见第一章第二节 X 射线的产生及 X 射线谱)。根据莫塞莱定律，如果我们用 X 射线探测器测到了样品微区中存在某一种特征波长，就可以判定这个微区中存在着相应的元素。

六、俄歇电子

在入射电子激发样品的特征 X 射线过程中，如果在原子内层电子能级跃迁过程中释放出来的能量并不以 X 射线的形式发射出去，而是用这部分能量把空位层内的另一个电子发射出去（或使空位层的外层电子发射出去），这个被电离出来的电子称为俄歇电子（见第一章第三节 X 射线与物质的相互作用）。因为每一种原子都有自己的特征壳层能量，所以其俄歇电子能量也各有特征值。俄歇电子的能量很低，一般位于$8\times10^{-19}\sim240\times10^{-19}\mathrm{J}$（50～1500eV）范围内。

俄歇电子的平均自由程很小(1nm 左右)，因此在较深区域中产生的俄歇电子在向表层运动时必然会因碰撞而损失能量，使之失去了具有特征能量的特点，而只有在距离表面层 1nm 左右范围内（即几个原子层厚度）逸出的俄歇电子才具备特征能量，因此俄歇电子特别适用于做表面层成分分析。

除了上面列出的六种信号外，固体样品中还会产生例如阴极荧光、电子束感生效应等信号，经过调制后也可以用于专门的分析。

习 题

1. 电子波有何特征？与可见光有何异同？
2. 分析电磁透镜对电子波的聚焦原理，说明电磁透镜的结构对聚焦能力的影响。
3. 电磁透镜的像差是怎样产生的？如何消除和减少像差？
4. 影响光学显微镜和电磁透镜分辨率的关键因素是什么？如何提高电磁透镜的分辨率？
5. 电磁透镜景深和焦长主要受哪些因素影响？电磁透镜的景深大、焦长长，是什么因素影响的结果？假设电磁透镜没有像差，也没有衍射埃利斑，即分辨率极高，此时它的景深和焦长如何？
6. 电子束入射固体样品表面会激发哪些信号？它们有哪些特点和用途？

第八章　透射电子显微镜的结构与工作原理

第一节　透射电子显微镜的结构与成像原理

透射电子显微镜是以波长极短的电子束作为照明源，用电磁透镜聚焦成像的一种高分辨率、高放大倍数的电子光学仪器。它由电子光学系统、电源与控制系统及真空系统三部分组成。电子光学系统通常称镜筒，是透射电子显微镜的核心，它的光路原理与透射光学显微镜十分相似，如图 8-1 所示。它分为三部分，即照明系统、成像系统和观察记录系统。

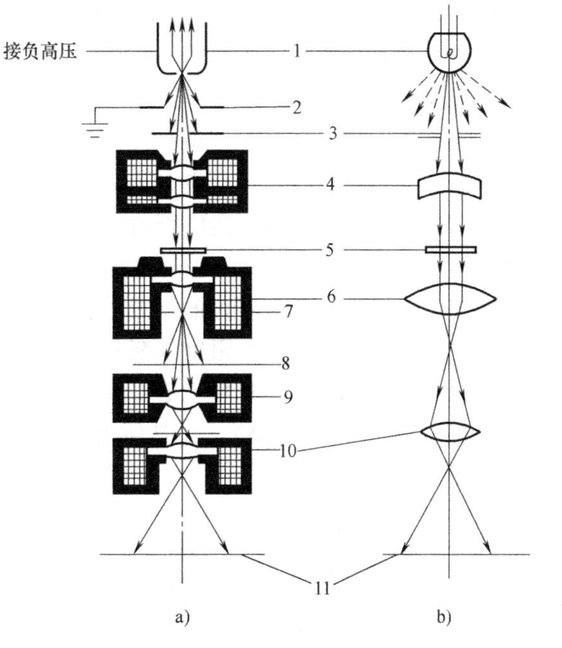

图 8-1　透射显微镜的构造原理和光路

a）透射电子显微镜　b）透射光学显微镜

1—照明源　2—阳极　3—光阑　4—聚光镜　5—样品

6—物镜　7—物镜光阑　8—选区光阑　9—中间镜

10—投影镜　11—荧光屏或照相底片

一、照明系统

照明系统由电子枪、聚光镜和相应的平移对中、倾斜调节装置组成。其作用是提供一束亮度高、照明孔径角小、平行度好、束流稳定的照明源。为满足明场和暗场成像需要，照明束可在 2°～3°范围内倾斜。

（一）电子枪

电子枪是透射电子显微镜的电子源。常用的是热阴极三极电子枪，它由发夹形钨丝阴极、栅极和阳极组成，如图 8-2 所示。

图 8-2a 所示为电子枪的自偏压回路，负的高压直接加在栅极上，而阴极和负高压之间因加上了一个偏压电阻，使栅极和阴极之间有一个数百伏的电位差。图 8-2b 中反映了阴极、栅极和阳极之间的等电位面分布情况。因为栅极比阴极电位值更负，所以可以用栅极来控制阴极的发射电子有效区域。当阴极流向阳极的电子数量加大时，在偏压电阻两端的电位值增加，使栅极电位比阴极进一步变负，由此可以减小灯丝有效发射区域的面积，束流随之减小。若束流因某种原因而减小时，偏压电阻两端的电压随之下降，致使栅极和阴极之间的电位接近。此时，栅极排斥阴极发射电子的能力减小，束流又可望上升。因此，自偏压回路可以起到限制和稳定束流的作用。由于栅极的电位比阴极负，所以自阴极端点引出的等电位面在空间呈弯曲状。在阴极和阳极之间的某一地点，电子束会汇集成一个交叉点，这就是通常所说的电子源。交叉点处电子束直径约为几十微米。

阴极是产生自由电子的源头，一般有直热式和旁热式两种。旁热式阴极是指和加热体分离且各自保持独立的阴极。在电镜中，加热灯丝兼作阴极的称为直热式阴极。加热灯丝多用钨丝制成，其优点是成本低，缺点是亮度低、寿命短。钨灯丝的直径为0.10~0.12mm，形状最常采用发夹式(图8-3)，其加热电流值是连续可调的。当加热电流为几安培时，即可开始发射自由电子，不过灯丝周围必须保持高度真空。阴极灯丝被安装在高绝缘的陶瓷灯座上，这样既能绝缘、耐受几千摄氏度的高温，还可以方便更换。

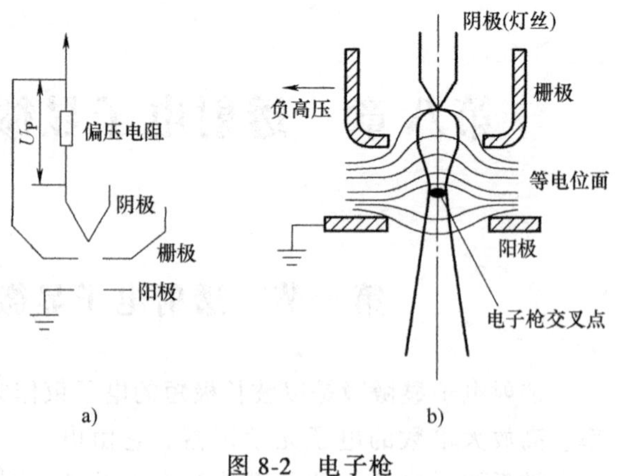

图8-2 电子枪
a) 自偏压回路 b) 电子枪内的等电位面

在一定的界限内，灯丝发射出来的自由电子量与加热电流强度成正比，但在超越这个界限后，电流继续加大，只能降低灯丝的使用寿命，却不能增大自由电子的发射量，即自由电子的发射量已达“满额”，这个临界点称作灯丝饱和点。正常使用时，常把灯丝的加热电流调整设定在接近饱和而不到的位置上，称作欠饱和点。这样在保证能获得较大的自由电子发射量的情况下，可以最大限度地延长灯丝的使用寿命。钨制灯丝的正常使用寿命短，因此现代电镜中有时使用新型材料六硼化镧(LaB_6)来制作灯丝，其价格较贵，但发光效率高、亮度大(能提高一个数量级)，并且使用寿命远较钨制灯丝长得多，是一种很好的新型灯丝材料（图8-4）。

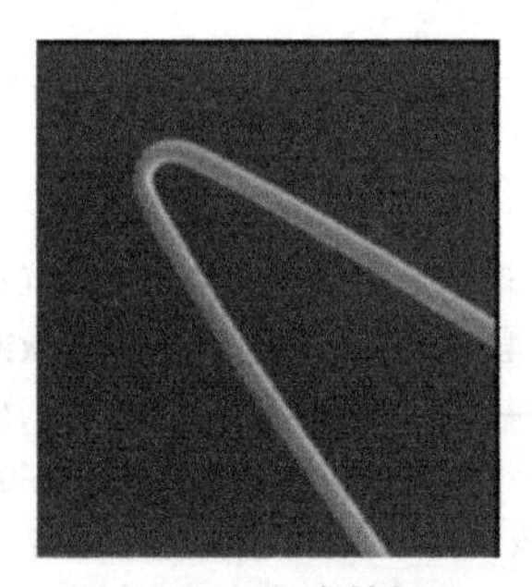

图8-3 发夹式钨灯丝

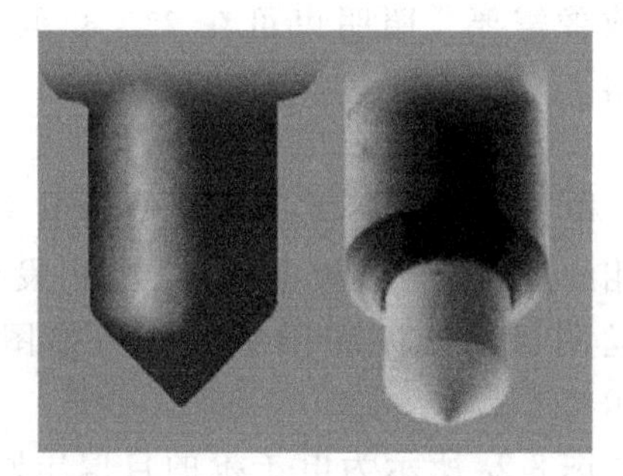

图8-4 六硼化镧灯丝

另一种新型的电子枪，称为场发射式电子枪。场发射灯丝和场发射式电子枪工作原理示意图如图8-5和图8-6所示。场发射是指强电场作用下电子从阴极表面释放出来的现象。金属内的自由电子从金属逸出需要做一定量的功，称为金属的逸出功，因此在金属导体中的自由电子在一定的电子势阱内活动。金属作为阴极，并在阳极间加一定的电压时，阴极表面会形成一定的势垒；当所加的电压很大时，势垒宽度减小，自由电子可通过势垒穿透的量子效应，从金属中释放出来。

场发射式电子枪由一个阴极和两个阳极构成，第一阳极上施加一个稍低(相对于第二阳极)的吸附电压，第一阳极也称取出电极，电压为几千伏，用于将阴极上面的自由电子吸引出来，而第二阳极上面的极高电压可达到100kV及以上，用于将自由电子加速到很高的速度发射出电子束流（图 8-6）。

场发射式电子枪又分为冷场发射和热场发射。热场发射的钨阴极需要加热到 1800K 左右，尖端发射面为(100)或(111)晶面，单晶表面有一层氧化锆，以降低电子发射的功函数(约为 2.7eV)。冷场发射不需要加热，室温下就能进行工作，其钨单晶为(310)晶面，逸出功最小，利用量子隧道效应发射电子。冷场电子束直径、发射电流密度、能量扩展(单色性)都优于热场发射，所以冷场电镜在分辨率上比热场电镜更有优势。不过冷场电镜的束流较小(一般为 2nA)，稳定性较差，对长时间工作和大束流分析有不良影响。

场发射要求具有超高电压和超高真空度，工作时真空度要求达到 10^{-7}Pa，此时热损耗极小，使用寿命可达 2000h。场发射产生的电子束斑的光点更为尖细，直径可达到 10nm 以下，远小于钨丝阴极产生的电子束斑。场发射式电子枪的发光效率高，所发出光斑的亮度比钨丝阴极提高了三个数量级。场发射式电子枪因技术先进、造价昂贵，只应用于高档高分辨电镜中。

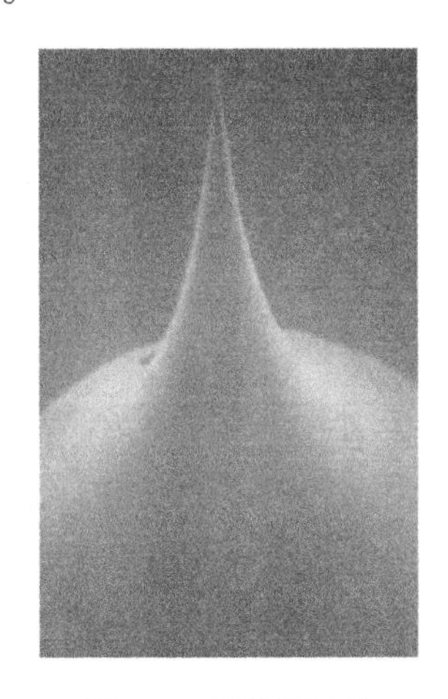

图 8-5　场发射灯丝

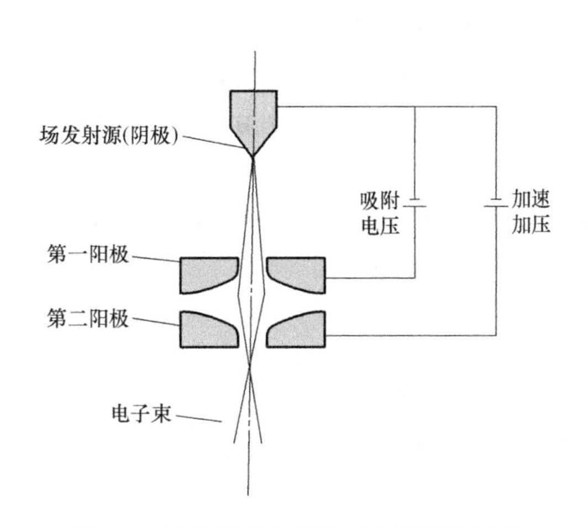

图 8-6　场发射式电子枪工作原理示意图

（二）聚光镜

聚光镜用来会聚电子枪射出的电子束，以最小的损失照明样品，调节照明强度、孔径角和束斑大小。一般都采用双聚光镜系统，如图 8-7 所示。第一聚光镜是强励磁透镜，束斑缩小率为 10～50 倍，将电子枪第一交叉点束斑直径缩小为 $\phi1$～$\phi5\mu m$；而第二聚光镜是弱励磁透镜，适焦时放大倍数为 2 倍左右。结果在样品平面上可获得直径为 $\phi2$～$\phi10\mu m$ 的照明电子束斑。

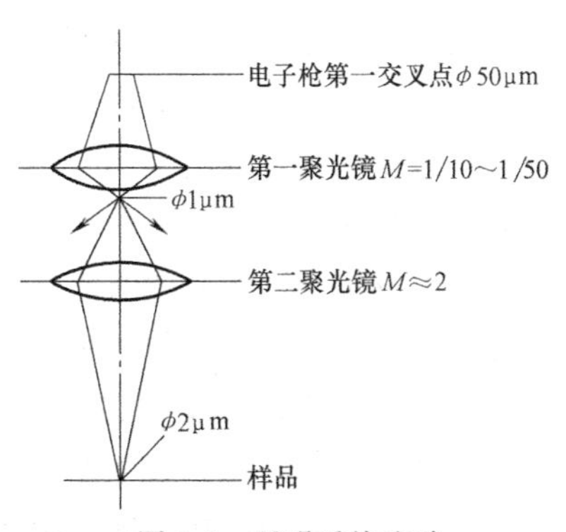

图 8-7　照明系统光路

二、成像系统

成像系统主要由物镜、中间镜和投影镜组成。

（一）物镜

物镜是用来形成第一幅高分辨率电子显微图像或电子衍射花样的透镜。透射电子显微镜分辨率的高低主要取决于物镜。因为物镜的任何缺陷都将被成像系统中其他透镜进一步放大。欲获得物镜的高分辨率，必须尽可能降低像差。通常采用强励磁、短焦距的物镜，其像差小。

物镜是一个强励磁、短焦距的透镜($f=1\sim3$mm)，它的放大倍数较高，一般为100~300倍。目前，高质量的物镜其分辨率可达0.1nm左右。

物镜的分辨率主要取决于极靴的形状和加工精度。一般来说，极靴的内孔和上下极靴之间的距离越小，物镜的分辨率就越高。为了减小物镜的球差，往往在物镜的后焦面上安放一个物镜光阑。物镜光阑不仅具有减小球差、像散和色差的作用，而且可以提高图像的衬度。此外，在以后的讨论中还可以看到，物镜光阑位于后焦面位置上时，可以方便地进行暗场及衍衬成像操作。

(二) 中间镜

中间镜是一个弱励磁的长焦距变倍率透镜，可在0~20倍范围调节。当放大倍数大于1时，用来进一步放大物镜像；当放大倍数小于1时，用来缩小物镜像。

在电子显微镜操作过程中，主要是利用中间镜的可变倍率来控制电镜的总放大倍数。如果物镜的放大倍数$M_o=100$，投影镜的放大倍数$M_p=100$，则中间镜放大倍数$M_i=20$时，总放大倍数$M=100\times20\times100=200000$倍；若$M_i=1$，则总放大倍数为10000倍；如果$M_i=1/10$，则总放大倍数仅为1000倍。

如果把中间镜的物平面和物镜的像平面重合，则在荧光屏上得到一幅放大像，这就是电子显微镜中的成像操作，如图8-8a所示；如果把中间镜的物平面和物镜的背焦面重合，则在荧光屏上得到一幅电子衍射花样，这就是透射电子显微镜中的电子衍射操作，如图8-8b所示。

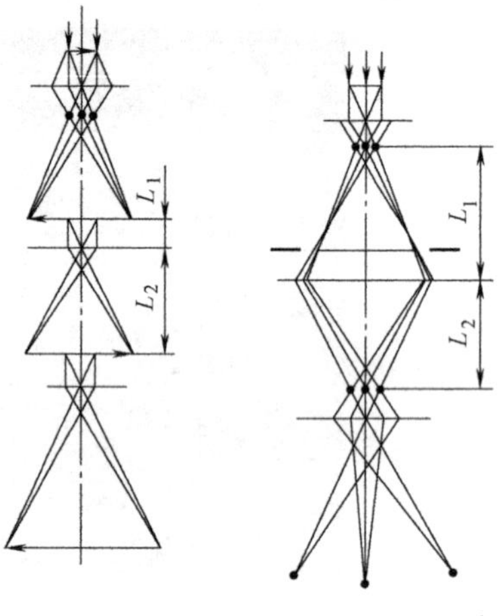

图8-8 成像系统光路
a）高倍放大 b）电子衍射

(三) 投影镜

投影镜的作用是把经中间镜放大(或缩小)的像(或电子衍射花样)进一步放大，并投影到荧光屏上，它和物镜一样，是一个短焦距的强磁透镜。投影镜的励磁电流是固定的，因为成像电子束进入投影镜时孔径角很小(约10^{-5}rad)，因此它的景深和焦长都非常大。即使改变中间镜的放大倍数，使显微镜的总放大倍数有很大的变化，也不会影响图像的清晰度。有时，中间镜的像平面还会出现一定的位移，由于这个位移距离仍处于投影镜的景深范围之内，因此，在荧光屏上的图像依旧是清晰的。

图8-9给出了JEM—2010F型透射电子显微镜的外观图。图8-10给出了镜筒结构剖面图和真空系统图。目前，高性能的透射电子显微镜大都采用5级透镜放大，即中间镜和投影镜有两级，分第一中间镜和第二中间镜，第一投影镜和第二投影镜(图8-10)。

三、观察记录系统

观察和记录装置包括荧光屏和照相机构。在荧光屏下面放置一个可以自动换片的照相暗盒，照相时只要把荧光屏掀往一侧垂直竖起，电子束即可使照相底片曝光。由于透射电子显微镜的焦长很大，虽然荧光屏和底片之间有数厘米的间距，但仍能得到清晰的图像。

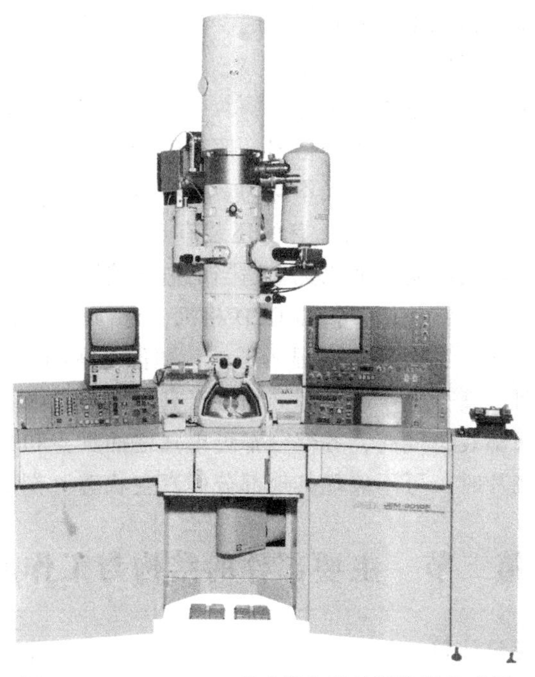

图 8-9　JEM—2010F 型透射电子显微镜的外观图

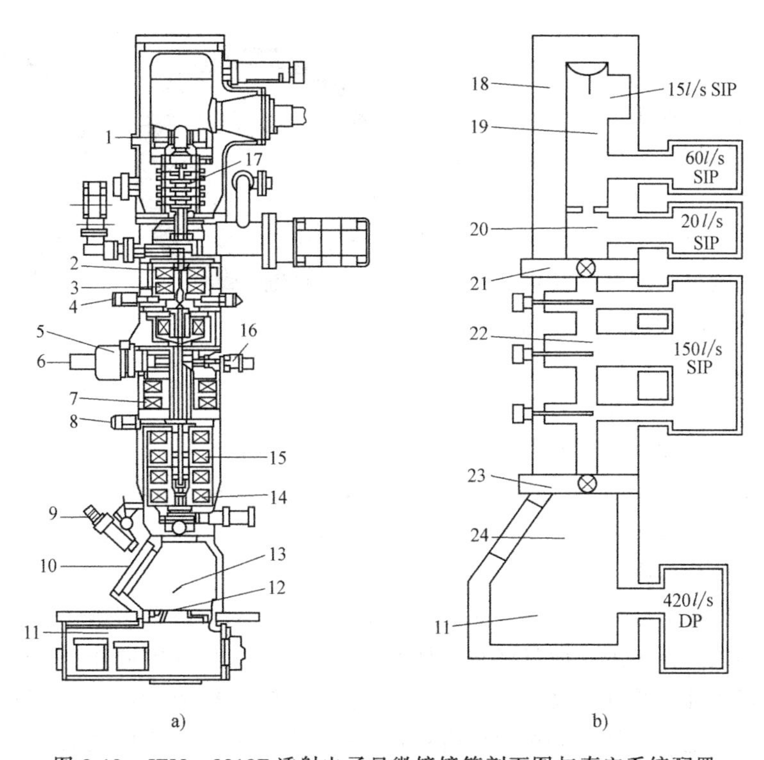

图 8-10　JEM—2010F 透射电子显微镜镜筒剖面图与真空系统配置

a）剖面图　b）真空系统配置

1—电子枪　2—第一聚光镜　3—第二聚光镜　4—聚光镜光阑　5—测角仪　6—样品台　7—物镜　8—选区光阑　9—双目光学显微镜　10—观察窗口　11—照相室　12—大荧光屏　13—小荧光屏　14—投影镜　15—中间镜　16—物镜光阑　17、19—加速管　18—电子枪室　20—中间室　21—阀门 1　22—样品室　23—阀门 2　24—观察室通常采用在暗室操作情况下人眼较敏感的、发绿光的荧光物质来涂制荧光屏，这样有利于高放大倍数、低亮度图像的聚焦和观察。

电子感光片是一种对电子束曝光敏感、颗粒度很小的溴化物乳胶底片，它是一种红色盲片。由于电子与乳胶相互作用比光子强得多，照相曝光时间很短，只需几秒钟。早期的电子显微镜用手动快门，构造简单，但曝光不均匀。新型电子显微镜均采用电磁快门，与荧光屏动作密切配合，动作迅速，曝光均匀；有的还装有自动曝光装置，根据荧光屏上图像的亮度，自动地确定曝光所需的时间。如果配上适当的电子线路，还可以实现拍片自动记数。

现代的透射电子显微镜常使用慢扫描 CCD 相机，这种 CCD 数字成像技术可将电子显微图像(或电子衍射花样)转接到计算机的显示器上，图像观察和存储非常方便。

电子显微镜工作时，整个电子通道都必须置于真空系统之内。新式的电子显微镜中电子枪、镜筒和照相室之间都装有气阀，各部分都可单独地抽真空和单独放气，因此，在更换灯丝、清洗镜筒和更换底片时，可不破坏其他部分的真空状态（图 8-10）。

第二节　主要部件的结构与工作原理

一、样品平移与倾斜装置（样品台）

透射电子显微镜样品既小又薄，复型样品通常需用一种有许多网孔(如 0.075mm 方孔或圆孔)，外径为 3mm 的样品铜网来支持，如图 8-11 所示。样品台的作用是承载样品，并使样品能在物镜极靴孔内平移、倾斜、旋转，以选择感兴趣的样品区域或位向进行观察分析。

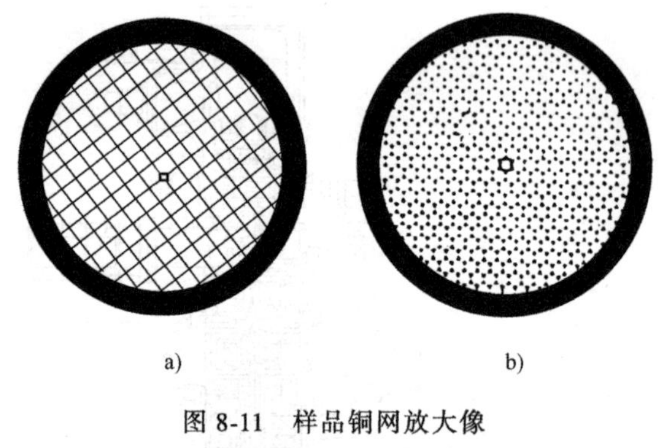

图 8-11　样品铜网放大像
a）方孔　b）圆孔

对样品台的要求是非常严格的。首先必须使样品铜网牢固地夹持在样品座中并保持良好的热、电接触，减小因电子照射引起的热或电荷堆积而产生样品的损伤或图像漂移。平移是任何样品台最基本的动作，通常在两个相互垂直方向上样品平移最大值为±1mm，以确保样品铜网上大部分区域都能观察到；样品移动机构要有足够的机械精度，无效行程应尽可能小。总而言之，在照相曝光期间，样品图像的漂移量应小于相应情况下显微镜像的分辨率。

在电子显微镜下分析薄晶体样品的组织结构时，应对它进行三维立体的观察，即不仅要求样品能平移以选择视野，而且必须使样品相对于电子束照射方向作有目的的倾斜，以便从不同方位获得各种形貌和晶体学的信息。新式的电子显微镜常配备精度很高的样品倾斜装置。这里重点讨论晶体结构分析中用得最普遍的倾斜装置——侧插式倾斜装置。

所谓“侧插”就是样品杆从侧面进入物镜极靴中去的意思。倾斜装置由两个部分组成，如图 8-12 所示。主体部分是一个圆柱分度盘，它的水平轴线 $x—x$ 和镜筒的中心线 z 垂直相交，水平轴就是样品台的倾斜轴，样品倾斜时，倾斜的度数可直接在分度盘上读出。主体以外部分是样品杆，它的前端可装载铜网夹持样品或直接装载直径为 3mm 的圆片状薄晶体样品。样品杆沿圆柱分度盘的中间孔插入镜筒，使圆片样品正好位于电子束的照射位置上。分度盘是由带刻度的两段圆柱体组成，其中一段圆柱Ⅰ的一个端面和镜筒固定，另一段圆柱Ⅱ可以绕倾斜轴线旋转。圆柱Ⅱ绕倾斜轴旋转时，样品杆也随之转动。如果样品上的观察点正好和图中两轴线的交点 O 重合时，则样品倾斜时观察点不会移到视域外面去。为了使样品上所有点都能有机会和交点 O 重合，样品杆可以通过机械传动装置在圆柱刻度盘Ⅱ的中间孔内做适当的水平移动和上下调整。

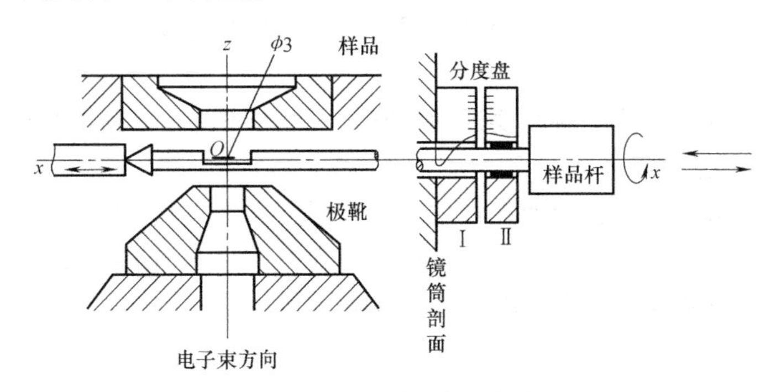

图 8-12　侧插式样品倾斜装置

有的样品杆本身还带有使样品倾斜或原位旋转的装置。这些样品杆和倾斜样品台组合在一起就是侧插式双倾样品台和单倾旋转样品台。目前双倾样品台是最常用的，它可以使样品沿 x 轴和 y 轴倾转±45°。在晶体结构分析中，利用样品倾斜和旋转装置可以测定晶体的位向、相变时的惯习面以及析出相的方位等。

二、电子束倾斜与平移装置

新式的电子显微镜都带有电磁偏转器，利用电磁偏转器可以使入射电子束平移和倾斜。

图 8-13 所示为电子束平移和倾斜的原理图，图中上、下两个偏转线圈是联动的，如果上、下偏转线圈偏转的角度相等但方向相反，电子束会进行平移运动，如图 8-13a 所示。如果上偏转线圈使电子束顺时针偏转 θ 角，下偏转线圈使电子束逆时针偏转 $\theta+\beta$ 角，则电子束相对于原来的方向倾斜了 β 角，而入射点的位置不变，如图 8-13b 所示。利用电子束原位倾斜可以进行所谓中心暗场成像操作。

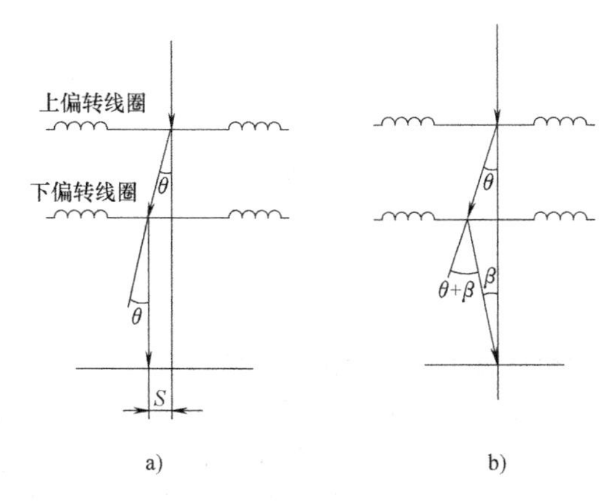

图 8-13　电子束平移和倾斜的原理图
a）平移　b）倾斜

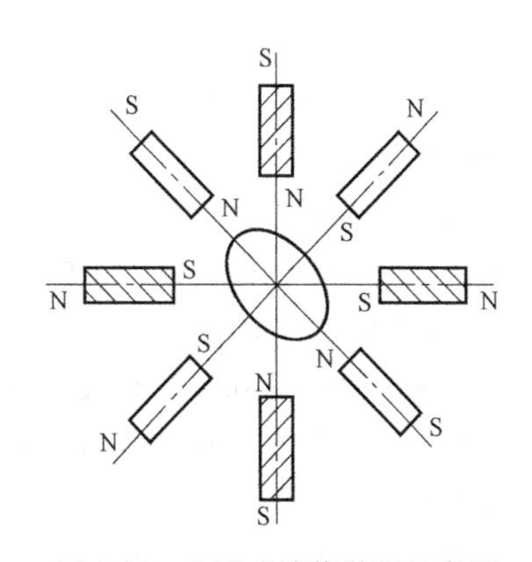

图 8-14　电磁式消像散器示意图

三、消像散器

消像散器可以是机械式的，也可以是电磁式的。机械式的是在电磁透镜的磁场周围放置几块位置可以调节的导磁体，用它们来吸引一部分磁场，把固有的椭圆形磁场校正成接近旋转对称的磁场。电磁式的是通过电磁极间的吸引和排斥来校正椭圆形磁场的，如图 8-14 所示。图中两组四对电磁体排列在透镜磁场的外围，每对电磁体均采取同极相对的安置方式。通过改变这两组电磁体的励磁强度和磁场的方向，就可以把固有的椭圆形磁场校正成旋转对称磁场，起到了消除像散的作用。消像散器一般都安装在透镜的上、下极靴之间。

四、光阑

在透射电子显微镜中有三种主要活动光阑，它们是聚光镜光阑、物镜光阑和选区光阑。

（一）聚光镜光阑

聚光镜光阑的作用是限制照明孔径角。在双聚光镜系统中，光阑常装在第二聚光镜的下方。光阑孔的直径为 20～400μm；作一般分析观察时，聚光镜的光阑孔直径可为 200～300μm；若作微束分析时，则应采用小孔径光阑。

（二）物镜光阑

物镜光阑又称为衬度光阑，通常它被安放在物镜的后焦面上。常用物镜光阑孔的直径为 20～120μm。电子束通过薄膜样品后会产生散射和衍射。散射角(或衍射角)较大的电子被光阑挡住，不能继续进入镜筒成像，从而就会在像平面上形成具有一定衬度的图像。光阑孔越小，被挡住的电子越多，图像的衬度就越大，这就是物镜光阑又称衬度光阑的原因。加入物镜光阑使物镜孔径角减小，能减小像差，得到质量较高的显微图像。物镜光阑的另一个主要作用是在后焦面上套取衍射束的斑点(即副焦点)成像，这就是所谓的暗场像。利用明暗场显微图像的对照分析，可以方便地进行物相鉴定和缺陷分析。

物镜光阑都用无磁性的金属(铂、钼等)制造。由于小光阑孔很容易受到污染，高性能的电镜中常用抗污染光阑或称自洁光阑，它的结构如图 8-15 所示。这种光阑常做成四个一组，每个光阑孔的周围开有缝隙，使光阑孔受电子束照射后热量不易散出。由于光阑孔常处于高温状态，污染物就不易沉积上去。四个一组的光阑孔被安装在一个光阑杆的支架上，使用时，通过光阑杆的分挡机构按需要依次插入，使光阑孔中心位于电子束的轴线上(光阑中心和主焦点重合)。

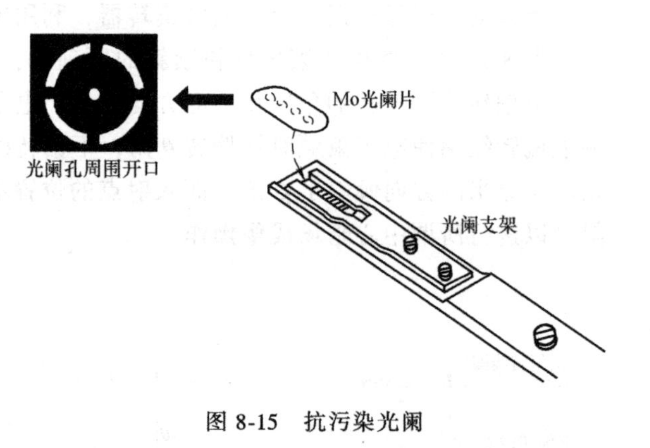

图 8-15 抗污染光阑

（三）选区光阑

选区光阑又称场限光阑或视场光阑。为了分析样品上的一个微小区域，应该在样品上放一个光阑，使电子束只能通过光阑孔限定的微区。对这个微区进行衍射分析叫作选区衍射。由于样品上待分析的微区很小，一般是微米数量级。制作这样大小的光阑孔在技术上还有一定的困难，加之小光阑孔极易受到污染，因此，选区光阑一般都放在物镜的像平面位置。这样布置达到的效果与光阑放在样品平面处是完全一样的，但光阑孔的直径就可以做得比较大。如果物镜放大倍数是 50 倍，则一个直径等于 50μm 的光阑就可以选择样品上直径为 1μm 的区域。

选区光阑同样是用无磁性金属材料制成的，一般选区光阑孔的直径为 20~400μm，选区光阑同样可制成大小不同的四孔一组的光阑片，由光阑支架分挡推入镜筒。

五、球差校正器

随着材料微观尺寸的减小，对分析所需要的透射电子显微镜则要求愈发精密和复杂。超高分辨率的透射电子显微镜已成为深入研究微观世界不可或缺的重要设备，而电磁透镜的设计和加工对透射电子显微镜的分辨率具有决定性作用。前面已介绍电子束波长与球差是限制电磁透镜分辨率的主要因素之一，提高电磁透镜分辨率的主要途径是提高加速电压和减小球差系数 C_s。提高加速电压可以减小电子波的波长，从而提高电磁透镜分辨率。但是过高的加速电压限制了分析样品的种类，同时，严重破坏了样品的结构。此外，此类设备价格昂贵且维护成本较高，弊端较多。因此，通过减小球差系数 C_s 来提高电磁透镜分辨率成为当前开发高分辨率透射电镜的研究方向。

（一）球差校正器的作用

球差即球面像差，是透镜像差中的一种。透镜系统，无论是光学透镜还是电磁透镜，都无法做到绝对完美。对于凸透镜，透镜边缘的会聚能力比透镜中心更强，从而导致所有的光线（电子）无法会聚到一个焦点从而影响成像能力。在光学镜组中，凸透镜和凹透镜的组合能有效减少球差，然而电磁透镜却只有“凸透镜”（起电子束会聚作用）而没有“凹透镜”（起电子束发散作用），因此球差成为影响透射电子显微镜分辨率最主要和最难校正的因素。

透射电子显微镜中球差校正的作用可以用图 8-16 简单概括。图 8-16a 所示为无球差校正器时的光路示意图，由光源发射电子束，通过聚光镜、聚光镜光阑和物镜后，由于透射电子显微镜的物镜不可避免地存在球差，导致样品中的点在成像过程中扩散成圆盘（图 8-16a）。球差校正器的作用与凹透镜类似，将经过聚光镜后的电子光束发散，使得不同角度的电子束通过物镜后重新会聚到一个点上，从而消除物镜球差带来的影响，提高透射电子显微镜的分辨率，如图 8-16b 所示。

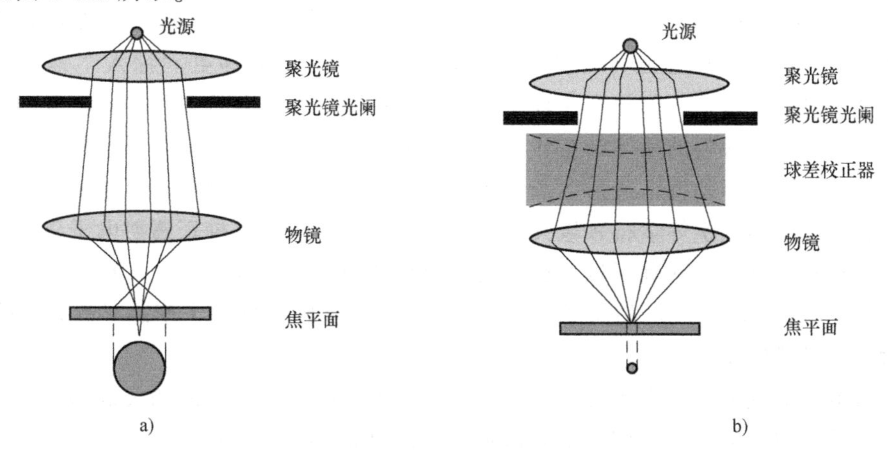

图 8-16　球差校正光路示意图

a）无球差校正器时的光路图　b）含有球差校正器时的光路图

（二）球差校正器的结构设计

自透射电子显微镜发明后，科学家一直致力于提高其分辨率。Scherzer 证明了圆形对称的电磁棱镜是无法实现对电子束的发散的，所以球差校正器校正功能的实现必须借助于电磁棱镜的重新设计。1992年，德国三位著名的科学家Harald Rose、Knut Urban和Maximilian Haider研发出了使用多极子校正装置调节和控制电磁透镜的聚焦中心，从而实现对球差的校正，最终实现了亚埃级的分辨率。多极子校正装置通过多组可调节磁场的磁镜组对电子束的洛伦兹力作用，逐步调节透射电镜的球差，从而实现亚埃级的分辨率。三种多极子校正装置示意图如图8-17所示。1990年，Rose在理论上证明了双六极球差校正器的可行性，并于1998年成功研制了世界上第一台TEM球差校正器。该原型球差校正器搭载在Philips CM200上，并将其点分辨率由0.24nm提升至0.13nm，正式将透射电子显微镜业带入原子级分辨率的崭新时代。

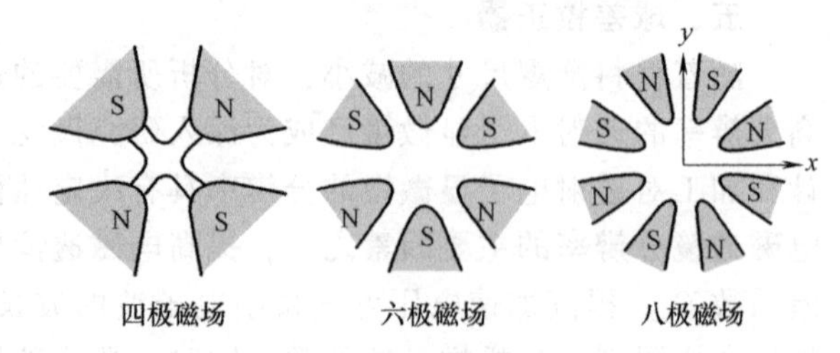

图8-17 三种多极子校正装置的示意图

（三）球差校正器的种类

透射电子显微镜中包含多个磁透镜，如聚光镜、物镜、中间镜和投影镜等。球差是由于磁镜的构造不完美造成的，那么这些磁镜组都会产生球差。当校正不同的磁透镜时，就有了不同种类的球差校正透射电镜。使用扫描透射模式(STEM)时，聚光镜会聚电子束扫描样品成像，此时聚光镜球差是影响分辨率的主要原因。因此，以STEM为主的透射电子显微镜，球差校正装置会安装在聚光镜的位置，即为球差校正STEM。而当使用普通图像模式时，影响成像分辨率的因素主要是物镜的球差，此种校正器安装在物镜的位置，即为球差校正TEM。当然也有在一台透射电子显微镜上安装两个校正器的情况，就是所谓的双球差校正TEM。此外，由于校正器有电压限制，因此不同型号的球差校正透射电子显微镜有其对应的加速电压。

（四）球差校正透射电子显微镜的应用

传统的TEM或者STEM的分辨率在纳米级、亚纳米级，而球差校正透射电子显微镜的分辨率能达到埃级，甚至亚埃级别，分辨率的提高意味着能够更“深入”地了解材料。球差校正透射电子显微镜不仅具有亚埃级的空间分辨率，而且兼具多种实验功能，其可以在原子尺度内同时研究材料的晶体结构和对应的电子结构特征，从而理解样品的微观晶体结构与性能之间的关联。球差校正透射电镜是研究材料构效关系的一种非常有效的手段，因而其在物理学、材料学和化学等学科领域具有非常广泛的应用。球差校正透射电子显微镜在材料科学、生物材料、有机材料等领域中已成为微观结构表征的重要手段。图8-18所示为负球差成像条件下$BaTiO_3$ [011] 晶向高分辨图像，该结果清晰地展现了孪晶界的原子结构。

六、数字成像系统

透射电子显微镜数字成像装置是现代透射电子显微镜不可或缺的关键部件。这种设备在成像中发挥着举足轻重的作用，如电荷耦合器件(Charge Couple Device, CCD)相机就是其中的一个典型。透射电子显微镜CCD相机是透射电子显微镜用户的得力助手，它用于透射电子显微镜图像以及电子衍射花样图的采集，而且还可以对所得到的数字图像进行存储、编辑，从而大大提高了透射电子显微镜研究人员的工作效率。

CCD由美国贝尔实验室Boyle和Smith发明，是一种采用大规模集成电路工艺制作的半导体光电元件，它在半导体硅片上制有成千上万个光敏元，产生与照在它上面的光强成正比的电荷。CCD 的基本构成单元是 MOS 电容器，它以电荷为信号，通过对金属电极施加时钟脉冲信号，在半导体内部形成储存载流子的势阱。当光或电注入时，将代表信号的载流子引入势阱，再利用时钟脉冲的规律变化，使电极下的势阱做相应变化，就可以使代表输入信号的载流子在半导体表面做定向运动，再通过对电荷的收集、放大，把信号取出。新型的 CCD 产品主要有底插式和侧装式两种，其工作原理基本相同。

CCD 相机具有强大的自扫描功能，图像清晰度高，可以随时捕捉图像，支持多重合并像素模式，创新的读出技术能够充分降低噪声，达到更高的灵敏度和更好的转化效果，使图像具有极高的信噪比。与传统摄像机相比，CCD 相机具有体积小、可靠性高、灵敏度高、抗强光、抗振动、抗磁场、畸变小、寿命长、图像清晰、操作简便等优点。

CCD 相机具有稳定的、独立的制冷系统，与透射电子显微镜的真空系统隔离。此外 CCD 相机具有强大的视频图像记录器功能和工作语言界面，省去了烦琐的暗室显影、定影、冲洗底片和照片上光等步骤，提高了实验的工作效率和图片的质量，减少了人为操作时安全灯、水温、试剂浓度等因素的影响。

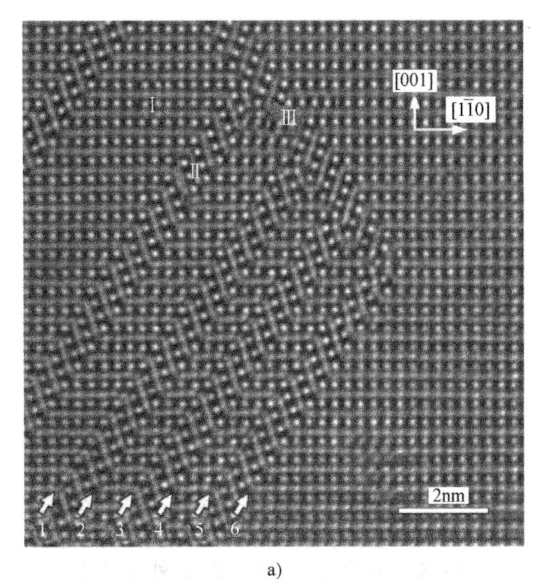

a)

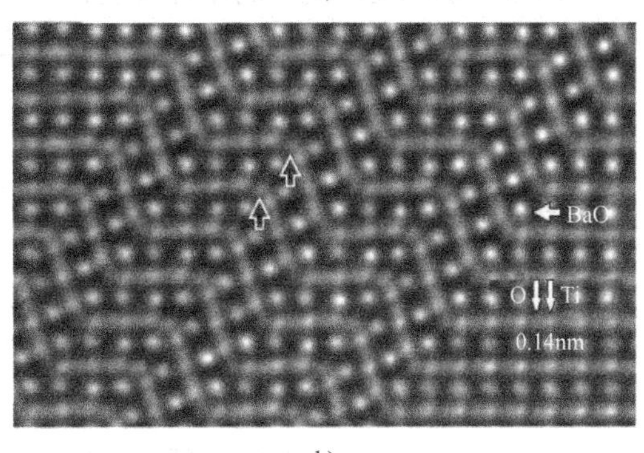

b)

图 8-18 $BaTiO_3$ [011] 晶向高分辨图像

a) Ⅰ表示基体，Ⅱ和Ⅲ表示两个孪晶，孪晶边界上具有 O 原子，如图中 1~6 数字标识 b) 孪晶区域放大照片，黑色箭头表示位于孪晶边界上的氧原子，图中右下角给出了 Ti 和 O 原子的最小间距为 0.14nm㊀

第三节 透射电子显微镜分辨率和放大倍数的测定

点分辨率的测定：将铂、铂-铱或铂-钯等金属或合金，用真空蒸发的方法得到粒度为 0.5~1nm、间距为 0.2~1nm 的粒子，将其均匀地分布在火棉胶(或碳)支持膜上，在高放大倍数下拍摄这些粒子的像。为了保证测定的可靠性，至少在同样条件下拍摄两张底片，然后经光学放大(5 倍左右)，从照片上找出粒子间最小间距，除以总放大倍数，即为相应电子显微镜的点分辨率，如图 8-19 所示。

㊀ JIA C L, URBAN K. Atomic-Resolution Measurement of Oxygen Concentration in Oxide Materials [J]. Science, 2004, 303 (5666): 2001-2004.

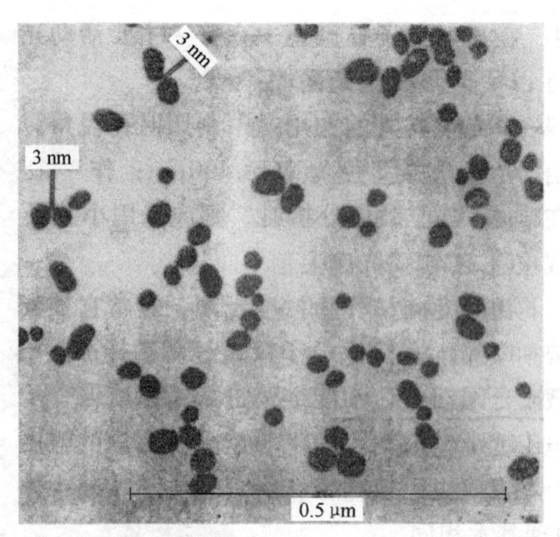

图 8-19 点分辨率的测定（真空蒸镀金颗粒）

晶格分辨率的测定：利用外延生长方法制得的定向单晶薄膜作为标样，拍摄其晶格像。这种方法的优点是不需要知道仪器的放大倍数，因为事先可精确地知道样品晶面间距。根据仪器分辨率的高低选择晶面间距不同的样品作标样，如图 8-20 所示。测定透射电子显微镜晶格分辨率常用的晶体见表 8-1。

透射电子显微镜的放大倍数将随样品平面高度、加速电压、透镜电流而变化。为了保持仪器放大倍数的精度，必须定期进行标定。最常用的标定方法是用衍射光栅复型作为标样，在一定条件(加速电压、透镜电流等)下，拍摄标样的放大像，然后从底片上测量光栅条纹像的平均间距，与实际光栅条纹间距之比即为仪器相应条件下的放大倍数，如图 8-21 所示。这样进行标定的精度随底片上条纹数的减少而降低。

如果对样品放大倍数的精度要求较高，可以在样品表面上放少量尺寸均匀并精确已知球径的塑料小球作为内标准测定放大倍数。

在高放大倍数(如 10 万倍以上)情况下，可以采用前面用来测定晶格分辨率的晶体样品作为标样，拍摄晶格条纹像，测量晶格像条纹间距，计算出条纹间距与实际晶面间距的比值即为相应条件下仪器的放大倍数。

表 8-1 测定晶格分辨率常用的晶体

晶体	衍射晶面	晶面间距/0.1nm
铜酞菁	(001)	12.6
铂酞菁	(001)	11.94
亚氯铂酸钾	(001)	4.13
	(100)	6.99
金	(200)	2.04
	(220)	1.44
钯	(111)	2.24
	(200)	1.94
	(400)	0.97

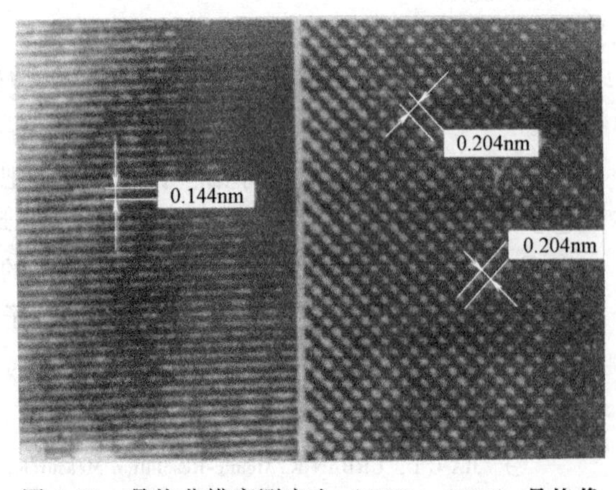

图 8-20 晶格分辨率测定金（220）、（200）晶格像

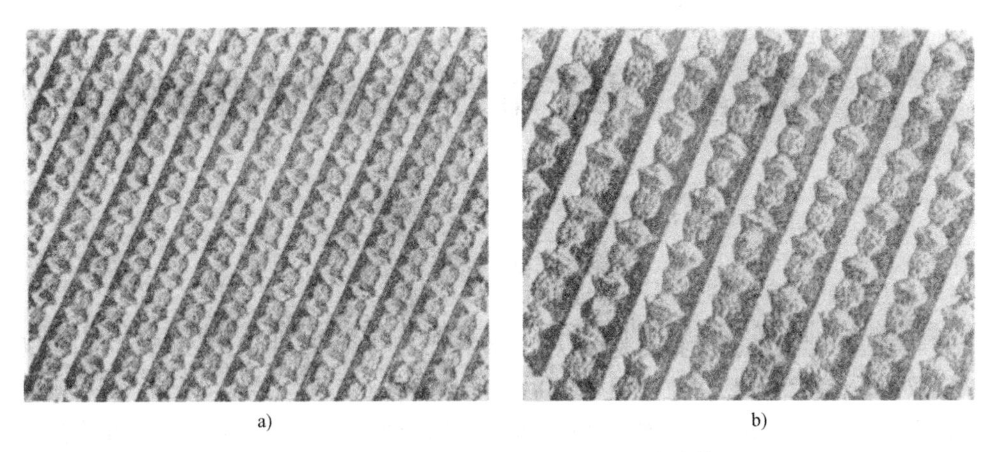

a)　　b)

图 8-21　1152 条/mm 衍射光栅复型放大像

a）5700 倍　b）8750 倍

习　　题

1. 透射电子显微镜主要由几大系统构成？各系统之间关系如何？

2. 照明系统的作用是什么？它应满足什么要求？

3. 成像系统的主要构成及特点是什么？

4. 分别说明成像操作与衍射操作时各级透射电子显微镜（像平面与物平面）之间的相对位置关系，并画出光路图。

5. 样品台的结构与功能如何？它应满足哪些要求？

6. 透射电子显微镜中有哪些主要光阑？在什么位置？其作用如何？

7. 如何测定透射电子显微镜的分辨率与放大倍数？电子显微镜的哪些主要参数控制着分辨率与放大倍数？

8. 点分辨率和晶格分辨率有何不同？同一电子显微镜的这两种分辨率哪个高？为什么？

第九章　电子衍射和衍衬成像分析

第一节　概　　述

透射电子显微镜的主要特点是可以进行组织形貌与晶体结构同位分析。在介绍透射电子显微镜成像系统中已讲到，使中间镜物平面与物镜像平面重合(成像操作)，在观察屏上得到的是反映样品组织形态的形貌图像；而使中间镜的物平面与物镜背焦面重合（衍射操作)，在观察屏上得到的则是反映样品晶体结构的衍射斑点。本章主要介绍电子衍射的基本原理与方法，及衍衬成像分析。

电子衍射的原理和 X 射线衍射相似，是以满足(或基本满足)布拉格方程作为产生衍射的必要条件。两种衍射技术所得到的衍射花样在几何特征上也大致相似。多晶体的电子衍射花样是一系列不同半径的同心圆环，单晶体的衍射花样由排列得十分整齐的许多斑点组成，

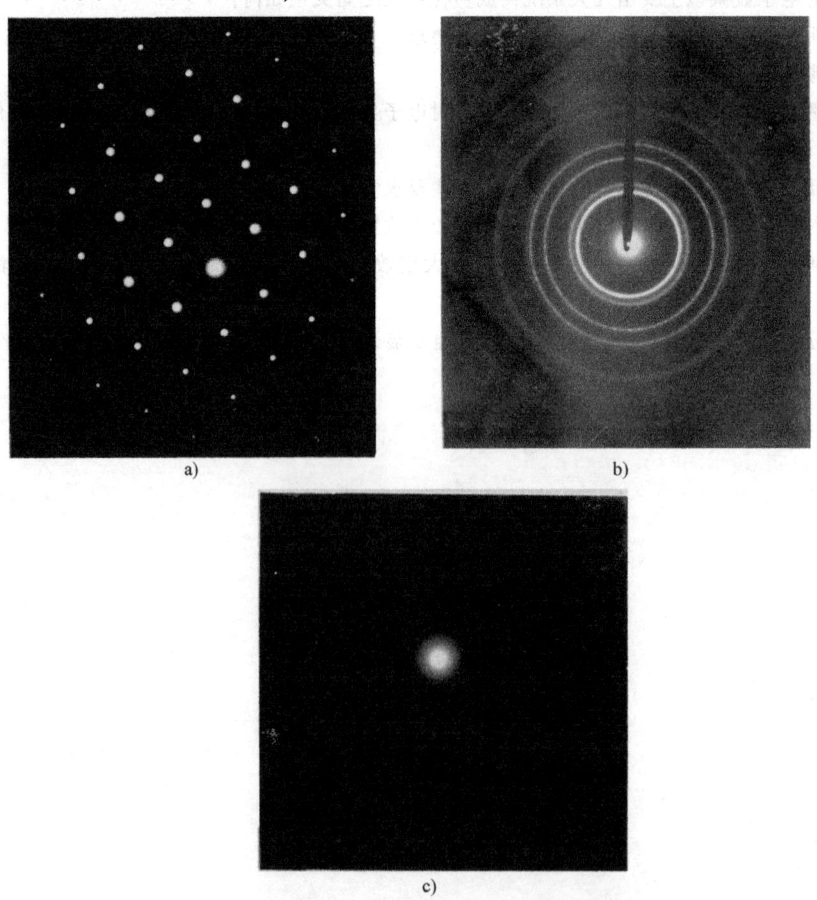

图 9-1　单晶体、多晶体及非晶体的电子衍射花样

a）单晶 c-ZrO_2　b）多晶 Au　c）Si_3N_4 陶瓷中的非晶态晶间相

而非晶态物质的衍射花样只有一个漫散的中心斑点，如图 9-1 所示。由于电子波与 X 射线相比有其本身的特性，因此电子衍射和 X 射线衍射相比较具有下列不同之处：

1）电子波的波长比 X 射线短得多，在同样满足布拉格条件时，它的衍射角 θ 很小，约为 10^{-2}rad。而 X 射线产生衍射时，其衍射角最大可接近 $\pi/2$。

2）在进行电子衍射操作时采用薄晶样品，薄样品的倒易阵点会沿着样品厚度方向延伸成杆状，因此，增加了倒易阵点和埃瓦尔德球相交截的机会，结果使略微偏离布拉格条件的电子束也能发生衍射。

3）因为电子波的波长短，采用埃瓦尔德球图解时，反射球的半径很大，在衍射角 θ 较小的范围内反射球的球面可以近似地看成是一个平面，从而也可以认为电子衍射产生的衍射斑点大致分布在一个二维倒易截面内。这个结果使晶体产生的衍射花样能比较直观地反映晶体内各晶面的位向，给分析带来极大的方便。

4）原子对电子的散射能力远高于它对 X 射线的散射能力（约高出四个数量级），故电子衍射束的强度较大，适合于微区分析，且摄取衍射花样时曝光时间仅需数秒钟。

第二节　电子衍射原理

一、布拉格定律

由 X 射线衍射原理已经得出布拉格方程的一般形式

$$2d\sin\theta=\lambda$$

因为

$$\sin\theta=\frac{\lambda}{2d}\leqslant 1$$

所以

$$\lambda\leqslant 2d$$

这说明，对于给定的晶体样品，只有当入射波长足够短时，才能产生衍射。而对于电子显微镜的照明光源——高能电子束来说，比 X 射线更容易满足。通常透射电子显微镜的加速电压为 100～200kV，即电子波的波长为 10^{-3}nm 数量级，而常见晶体的晶面间距为 10^{-1}nm 数量级，于是

$$\sin\theta=\frac{\lambda}{2d}\approx 10^{-2}$$

$$\theta=10^{-2}\text{rad}<1^{\circ}$$

这表明电子衍射的衍射角总是非常小的，这是它的花样特征之所以区别于 X 射线衍射的主要原因。

二、倒易点阵与埃瓦尔德球图解法

（一）倒易点阵的概念

晶体的电子衍射（包括 X 射线单晶衍射）结果得到的是一系列规则排列的斑点。这些斑点虽然与晶体点阵结构有一定对应关系，但又不是晶体某晶面上原子排列的直观影像。人们在长期实验中发现，晶体点阵结构与其电子衍射斑点之间可以通过另外一个假想的点阵很好地联系起来，这就是倒易点阵。通过倒易点阵可以把晶体的电子衍射斑点直接解释成晶体相应晶面的衍射结果。也可以说，电子衍射斑点就是与晶体相对应的倒易点阵中某一截面上阵

点排列的像。

倒易点阵是与正点阵相对应的量纲为长度倒数的一个三维空间（倒易空间）点阵，它的真面目只有从它的性质及其与正点阵的关系中才能真正了解。

1. 倒易点阵中基本矢量的定义

设正点阵的原点为 O，基本矢量为 $\boldsymbol{a}$、$\boldsymbol{b}$、$\boldsymbol{c}$，倒易点阵的原点为 O^*，基本矢量为 $\boldsymbol{a}^*$、$\boldsymbol{b}^*$、$\boldsymbol{c}^*$(图 9-2)，则有

$$\boldsymbol{a}^*=\frac{\boldsymbol{b}\times\boldsymbol{c}}{V},\ \boldsymbol{b}^*=\frac{\boldsymbol{c}\times\boldsymbol{a}}{V},\ \boldsymbol{c}^*=\frac{\boldsymbol{a}\times\boldsymbol{b}}{V} \tag{9-1}$$

式中，V 为正点阵中单胞的体积，有

$$V=\boldsymbol{a}\cdot(\boldsymbol{b}\times\boldsymbol{c})=\boldsymbol{b}\cdot(\boldsymbol{c}\times\boldsymbol{a})=\boldsymbol{c}\cdot(\boldsymbol{a}\times\boldsymbol{b})$$

上式表明某一倒易基本矢量垂直于正点阵中和自己异名的二基本矢量所成的平面。

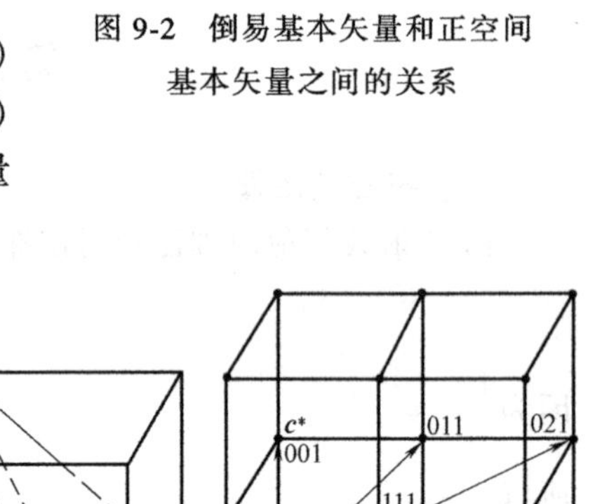

图 9-2 倒易基本矢量和正空间基本矢量之间的关系

2. 倒易点阵的性质

1）根据式(9-1)有

$$\boldsymbol{a}^*\cdot\boldsymbol{b}=\boldsymbol{a}^*\cdot\boldsymbol{c}=\boldsymbol{b}^*\cdot\boldsymbol{a}=\boldsymbol{b}^*\cdot\boldsymbol{c}=\boldsymbol{c}^*\cdot\boldsymbol{a}=\boldsymbol{c}^*\cdot\boldsymbol{b}=0 \tag{9-2}$$

$$\boldsymbol{a}^*\cdot\boldsymbol{a}=\boldsymbol{b}^*\cdot\boldsymbol{b}=\boldsymbol{c}^*\cdot\boldsymbol{c}=1 \tag{9-3}$$

即正倒点阵异名基本矢量点乘为 0，同名基本矢量点乘为 1。

2）在倒易点阵中，由原点 O^* 指向任意坐标为 hkl 的阵点的矢量 $\boldsymbol{g}_{hkl}$(倒易矢量)为

$$\boldsymbol{g}_{hkl}=h\boldsymbol{a}^*+k\boldsymbol{b}^*+l\boldsymbol{c}^* \tag{9-4}$$

式中，hkl 为正点阵中的晶面指数。

式(9-4)表明：① 倒易矢量 $\boldsymbol{g}_{hkl}$ 垂直于正点阵中相应的(hkl)晶面，或平行于它的法向 $\boldsymbol{N}_{hkl}$；② 倒易点阵中的一个点代表的是正点阵中的一组晶面(图 9-3)。

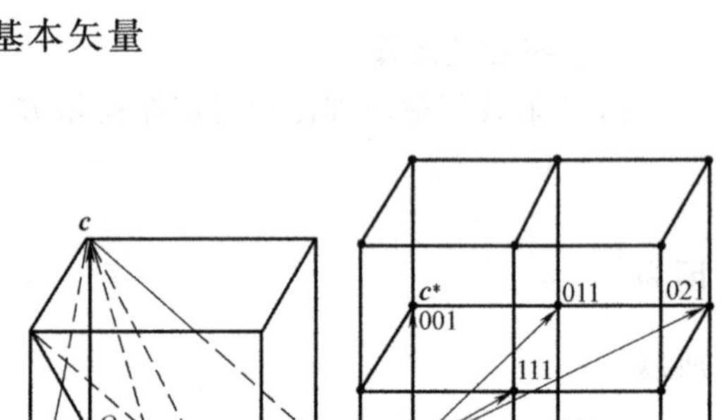

图 9-3 正点阵和倒易点阵的几何对应关系

3）倒易矢量的长度等于正点阵中相应晶面间距的倒数，即

$$g_{hkl}=1/d_{hkl} \tag{9-5}$$

4）对正交点阵，有

$$\boldsymbol{a}^*/\!/\boldsymbol{a},\ \boldsymbol{b}^*/\!/\boldsymbol{b},\ \boldsymbol{c}^*/\!/\boldsymbol{c},\ a^*=\frac{1}{a},\ b^*=\frac{1}{b},\ c^*=\frac{1}{c} \tag{9-6}$$

5）只有在立方点阵中，晶面法向和同指数的晶向是重合(平行)的，即倒易矢量 $\boldsymbol{g}_{hkl}$ 是与相应指数的晶向[hkl]平行的。

（二）埃瓦尔德球图解法

在了解了倒易点阵的基础上，便可以通过埃瓦尔德球图解法将布拉格定律用几何图形直观地表达出来，即埃瓦尔德球图解法是布拉格定律的几何表达形式。

在倒易空间中，画出衍射晶体的倒易点阵，以倒易原点 O^* 为端点作入射波的波矢量 $\boldsymbol{k}$（即图 9-4 中的矢量 OO^*），该矢量平行于入射束方向，长度等于波长的倒数，即

$$k=\frac{1}{\lambda}$$

以 O 为中心，$1/\lambda$ 为半径作一个球，这就是埃瓦尔德球(或称为反射球)。此时，若有倒易阵点 G(指数为 hkl)正好落在埃瓦尔德球的球面上，则相应的晶面组(hkl)与入射束的方向必满足布拉格条件，而衍射束的方向就是 $\overrightarrow{OG}$，或者写成衍射波的波矢量 $\boldsymbol{k}'$，其长度也等于反射球的半径 $1/\lambda$。

根据倒易矢量的定义，$\overrightarrow{O^*G}=\boldsymbol{g}$，于是得到

$$\boldsymbol{k}'-\boldsymbol{k}=\boldsymbol{g} \tag{9-7}$$

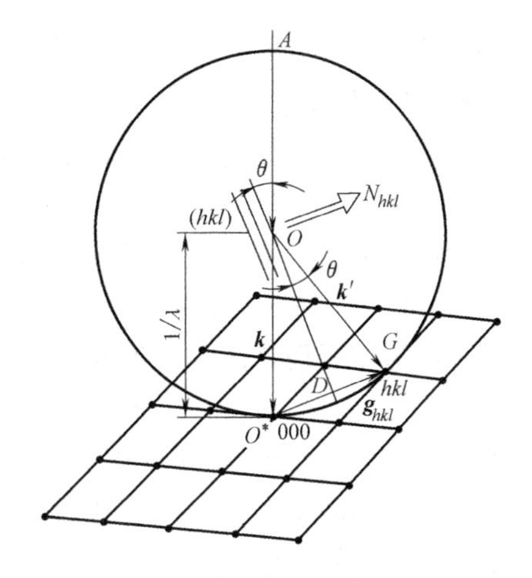

图 9-4　埃瓦尔德球作图法

由图 9-4 的简单分析即可证明，式(9-7)与布拉格定律是完全等价的。由 O 向 O^*G 作垂线，垂足为 D，因为 $\boldsymbol{g}$ 平行于(hkl)晶面的法向 $\boldsymbol{N}_{hkl}$，所以 OD 就是正空间中(hkl)晶面的方位，若它与入射束方向的夹角为 θ，则有

$$\overline{O^*D}=\overline{OO^*}\sin\theta$$

即

$$g/2=k\sin\theta$$

由于

$$g=\frac{1}{d},\ k=\frac{1}{\lambda}$$

故有

$$2d\sin\theta=\lambda$$

同时，由图(9-4)可知，$\boldsymbol{k}'$与 $\boldsymbol{k}$ 的夹角(即衍射束与透射束的夹角)等于 2θ，这与布拉格定律的结果也是一致的。

图 9-4 中应注意矢量 $\boldsymbol{g}_{hkl}$ 的方向，它和衍射晶面的法线方向一致。因为已经设定 $\boldsymbol{g}_{hkl}$ 矢量的模是衍射晶面面间距的倒数，因此位于倒易空间中的矢量 $\boldsymbol{g}_{hkl}$ 具有代表正空间中(hkl)衍射晶面的特性，所以它又称为衍射晶面矢量。

埃瓦尔德球内的三个矢量 $\boldsymbol{k}$、$\boldsymbol{k}'$和 $\boldsymbol{g}_{hkl}$ 清楚地描绘了入射束、衍射束和衍射晶面之间的相对关系。在以后的电子衍射分析中，将常常应用埃瓦尔德球图解法这个有效的工具。

在作图过程中，首先规定埃瓦尔德球的半径为 $1/\lambda$，又因 $g_{hkl}=1/d_{hkl}$，由于这两个条件，使埃瓦尔德球本身已置于倒易空间中去了。在倒易空间中任一倒易矢量 $\boldsymbol{g}_{hkl}$ 就是正空间中(hkl)晶面代表，如果能记录到各倒易矢量 $\boldsymbol{g}_{hkl}$ 的排列方式，就可以通过坐标变换推测出正空间中各衍射晶面间的相对方位，这就是电子衍射分析要解决的主要问题。

三、晶带定理与零层倒易截面

在正点阵中，同时平行于某一晶向[uvw]的一组晶面构成一个晶带，而这一晶向称为这一晶带的晶带轴。

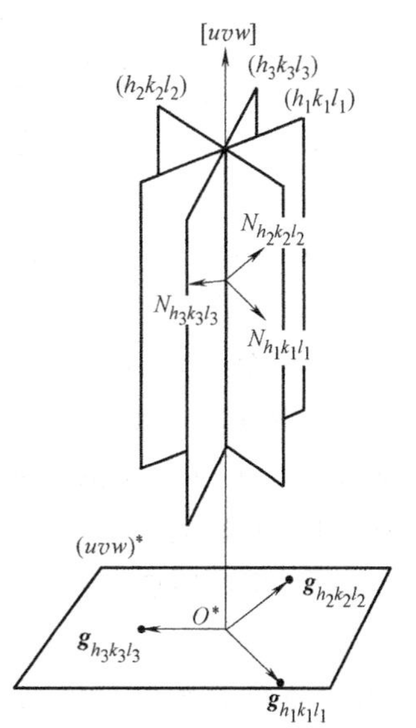

图 9-5　晶带及其倒易面

图 9-5 所示为正空间中晶体的[uvw]晶带及其相应的零层倒易截面(通过倒易原点)。图中晶面($h_1k_1l_1$)、

$(h_2k_2l_2)$、$(h_3k_3l_3)$的法向 $\boldsymbol{N}_1$、$\boldsymbol{N}_2$、$\boldsymbol{N}_3$ 和倒易矢量 $\boldsymbol{g}_{h_1k_1l_1}$、$\boldsymbol{g}_{h_2k_2l_2}$、$\boldsymbol{g}_{h_3k_3l_3}$ 的方向相同，且各晶面面间距 $d_{h_1k_1l_1}$、$d_{h_2k_2l_2}$、$d_{h_3k_3l_3}$ 的倒数分别和 $\boldsymbol{g}_{h_1k_1l_1}$、$\boldsymbol{g}_{h_2k_2l_2}$、$\boldsymbol{g}_{h_3k_3l_3}$ 的长度相等，倒易面上坐标原点 O^* 就是埃瓦尔德球上入射电子束和球面的交点。由于晶体的倒易点阵是三维点阵，如果电子束沿晶带轴[*uvw*]的反向入射时，通过原点 O^* 的倒易平面只有一个，则此二维平面称为零层倒易面，用$(uvw)_0^*$ 表示。显然，$(uvw)_0^*$ 的法线正好和正空间中的晶带轴[*uvw*]重合。进行电子衍射分析时，大都是以零层倒易面作为主要分析对象的。

因为零层倒易面上的各倒易矢量都和晶带轴 $\boldsymbol{r}=[uvw]$ 垂直，故有

$$\boldsymbol{g}_{hkl}\cdot\boldsymbol{r}=0$$

即

$$hu+kv+lw=0$$

这就是晶带定理。根据晶带定理，只要通过电子衍射实验，测得零层倒易面上任意两个倒易矢量 $\boldsymbol{g}_{hkl}$，即可求出正空间内晶带轴指数。由于晶带轴和电子束照射的轴线重合，因此，就可能断定晶体样品和电子束之间的相对方位。

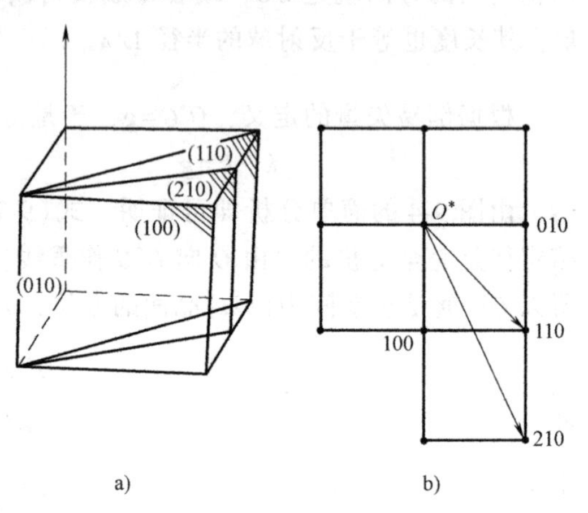

图 9-6 立方晶体 [001] 晶带的倒易平面

a) 正空间 b) 倒易矢量

图 9-6a 所示为一个立方晶胞，若以[001] 作晶带轴时，(100)、(010)、(110)和(210)等晶面均和[001]平行，相应的零层倒易截面如图 9-6b 所示。此时，[001]·[100]=[001]·[010]=[001]·[110]=[001]·[210]=0。如果在零层倒易截面上任取两个倒易矢量 $\boldsymbol{g}_{h_1k_1l_1}$ 和 $\boldsymbol{g}_{h_2k_2l_2}$，将它们叉乘，则有

$$[uvw]=\boldsymbol{g}_{h_1k_1l_1}\times\boldsymbol{g}_{h_2k_2l_2} \tag{9-8}$$

$$u=k_1l_2-k_2l_1,\ v=l_1h_2-l_2h_1,\ w=h_1k_2-h_2k_1$$

若取 $\boldsymbol{g}_{h_1k_1l_1}=[210]$，$\boldsymbol{g}_{h_2k_2l_2}=[110]$，则 $[uvw]=[00\bar{1}]$。

标准电子衍射花样是标准零层倒易截面的比例图像，倒易阵点的指数就是衍射斑点的指数。相对于某一特定晶带轴[*uvw*]的零层倒易截面内，各倒易阵点的指数受到两个条件的约束：①各倒易阵点和晶带轴指数间必须满足晶带定理，即 $hu+kv+lw=0$，因为零层倒易截面上各倒易矢量垂直于它们的晶带轴；②只有不产生消光的晶面才能在零层倒易面上出现倒易阵点。

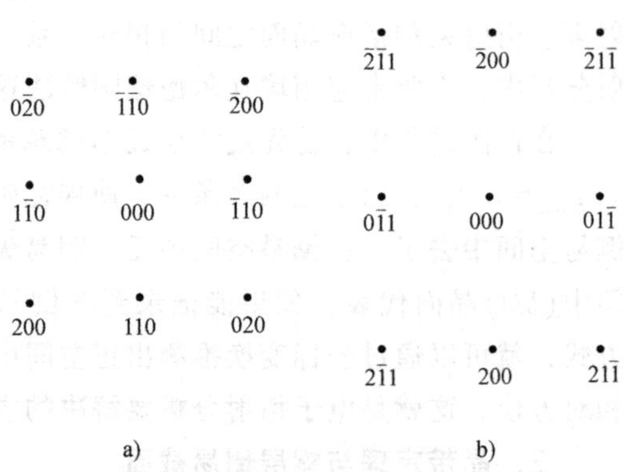

图 9-7 体心立方晶体[001]和[011]晶带的标准零层倒易截面图

a) [001]晶带标准零层倒易截面图

b) [011]晶带标准零层倒易截面图

图 9-7 所示为体心立方晶体[001]和[011]晶带的标准零层倒易截面图。对于[001]晶带的零层倒易截面来说，要满足晶带定理的晶面指数必定是{*hk*0}型的，同时

考虑体心立方晶体的消光条件是三个指数之和应是奇数，因此，必须使 h、k 两个指数之和是偶数，此时在中心点 000 周围最近八个点的指数应是 110、$\bar{1}\bar{1}0$、$1\bar{1}0$、$\bar{1}10$、200、$\bar{2}00$、020、$0\bar{2}0$。再来看[011]晶带的标准零层倒易截面，满足晶带定理的条件是衍射晶面的 k 和 l 两个指数必须相等，符号相反；如果同时再考虑结构消光条件，则指数 h 必须是偶数。因此，在中心点 000 周围的八个点应是 $01\bar{1}$、$0\bar{1}1$、$\bar{2}00$、200、$21\bar{1}$、$\bar{2}\bar{1}1$、$2\bar{1}1$、$\bar{2}\bar{1}1$。

如果晶体是面心立方结构，则服从晶带定理的条件和体心立方晶体是相同的，但结构消光条件却不同。面心立方晶体衍射晶面的指数必须是全奇或全偶时才不消光，[001]晶带零层倒易截面中只有 h 和 k 两个指数都是偶数时倒易阵点才能存在，因此在中心点 000 周围的八个倒易阵点指数应是 200、$\bar{2}00$、020、$0\bar{2}0$、220、$\bar{2}\bar{2}0$、$\bar{2}20$ 和 $2\bar{2}0$。同理，面心立方晶体[011]晶带的零层倒易截面内，中心点 000 周围的八个倒易阵点是 $11\bar{1}$、$1\bar{1}1$、$\bar{1}\bar{1}1$、$\bar{1}\bar{1}1$、200、$\bar{2}00$、$02\bar{2}$ 和 $0\bar{2}2$。

根据上面的原理可以画出任意晶带的标准零层倒易平面。

在进行已知晶体的验证时，把摄得的电子衍射花样和标准倒易截面（标准衍射花样）进行对照，便可直接标定各衍射晶面的指数，这是标定单晶衍射花样常用的一种方法。应该指出的是，对立方晶体（简单立方、体心立方、面心立方等）而言，晶带轴相同时，标准电子衍射花样有某些相似之处，但因消光条件不同，衍射晶面的指数是不一样的。

四、结构因子——倒易阵点的权重

所有满足布拉格定律或者倒易阵点正好落在埃瓦尔德球球面上的(hkl)晶面组是否都会产生衍射束？从 X 射线衍射已经知道，衍射束的强度

$$I_{hkl} \propto |F_{hkl}|^2$$

F_{hkl} 为(hkl)晶面组的结构因子或结构振幅，表示晶体的正点阵晶胞内所有原子的散射波在衍射方向上的合成振幅，即

$$F_{hkl} = \sum_{j=1}^{n} f_j \exp[2\pi i(hx_j + ky_j + lz_j)] \tag{9-9}$$

式中，f_j 为晶胞中位于(x_j，y_j，z_j)的第 j 个原子的原子散射因子(或原子散射振幅)；n 为晶胞内原子数。

根据倒易点阵的概念，式(9-9)又可写成

$$F_g = F_{hkl} = \sum_{j=1}^{n} f_j \exp(2\pi i \boldsymbol{g} \cdot \boldsymbol{r}_j) \tag{9-10}$$

式中，$\boldsymbol{r}_j$ 为第 j 个原子的坐标矢量，有

$$\boldsymbol{r}_j = x_j\boldsymbol{a} + y_j\boldsymbol{b} + z_j\boldsymbol{c}$$

当 $F_{hkl}=0$ 时，即使满足布拉格定律，也没有衍射束产生，因为每个晶胞内原子散射波的合成振幅为零，这称为结构消光。

在 X 射线衍射中已经计算过典型晶体结构的结构因子。常见的几种晶体结构的消光（即 $F_{hkl}=0$）规律如下：

简单立方：F_{hkl} 恒不等于零，即无消光现象。

面心立方：h、k、l 为异性数时，$F_{hkl}=0$；

h、k、l 为同性数时，$F_{hkl}\neq0$（0 作偶数）。

例如，{100}、{210}、{112} 等晶面族不会产生衍射，而{111}、{200}、{220}等晶面族可产生衍射。

体心立方：$h+k+l=$奇数时，$F_{hkl}=0$

$h+k+l=$偶数时，$F_{hkl}\neq0$

例如，{100}、{111}、{012}等晶面族不产生衍射，而{200}、{110}、{112}等晶面族可产生衍射。

密排六方：$h+2k=3n$，$l=$奇数时，$F_{hkl}=0$。

例如，{0001}、{$03\bar{3}1$}和{$\bar{2}115$}等晶面不会产生衍射。

由此可见，满足布拉格定律只是产生衍射的必要条件，但并不充分，只有同时又满足 $F\neq0$ 的 (hkl) 晶面组才能得到衍射束。考虑到这一点，可以把结构振幅绝对值的平方 $|F|^2$ 作为“权重”加到相应的倒易阵点上去，此时倒易点阵中各个阵点将不再是彼此等同的，“权重”的大小表明各阵点所对应的晶面组发生衍射时的衍射束强度。所以，凡“权重”为零，即 $F=0$ 的阵点，都应当从倒易点阵中抹去，仅留下可能得到衍射束的阵点；只要这种 $F\neq0$ 的倒易阵点落在反射球面上，必有衍射束产生。这样，在图 9-8b 所示的面心立方晶体倒易点阵中把 h、k、l 有奇有偶的那些阵点(即图中画成空心圆圈的阵点，如 100、110 等)抹去以后，它就成了一个体心立方的点阵（注意：这个体心立方点阵的基本矢量长度为 $2a^*$，并不等于实际倒易点阵的基本矢量 a^*）。反过来，也不难证明，

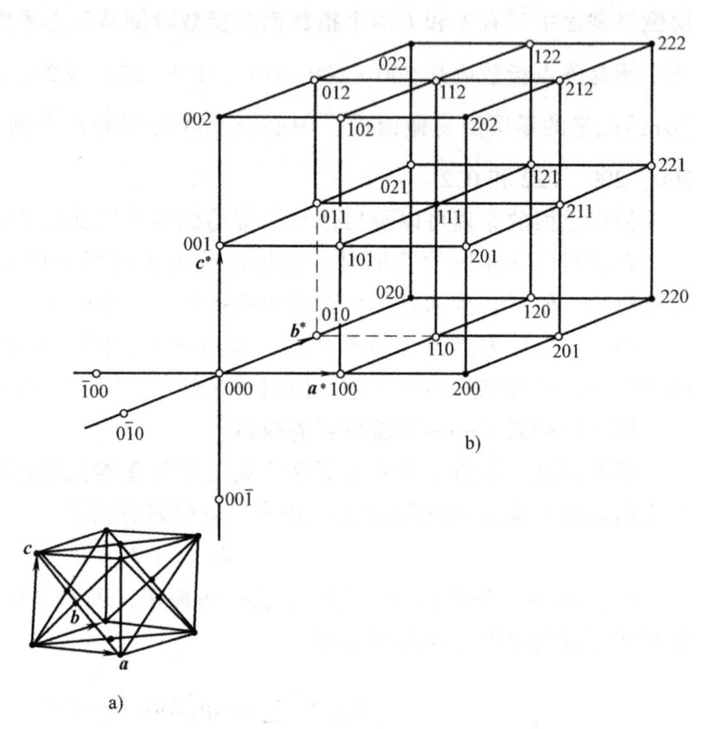

图 9-8 面心立方点阵晶胞及其倒易点阵

a）面心立方点阵晶胞 b）倒易点阵

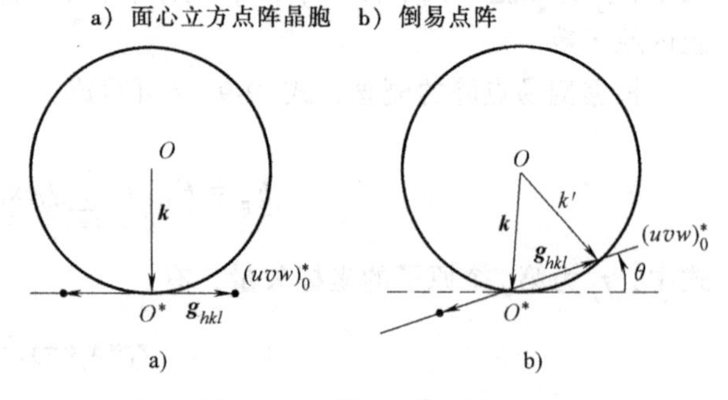

图 9-9 理论上获得零层倒易截面比例图像（衍射花样）的条件

a）倒易点是一个几何点，入射电子束和 $(uvw)_0^*$ 垂直时不可能产生衍射束 b）倾斜 θ 角后，hkl 阵点落在埃瓦尔德球面上才有衍射束产生

体心立方晶体的倒易点阵将具有面心立方的结构。

五、偏离矢量与倒易阵点扩展

从几何意义上来看，电子束的方向与晶带轴重合时，零层倒易截面上除原点 O^* 以外的各倒易阵点不可能与埃瓦尔德球相交，因此各晶面都不会产生衍射，如图 9-9a 所示。如果要使晶带中某一晶面（或几个晶面）产生衍射，必须把晶体倾斜，使晶带轴稍微偏离电子束的轴线方向，此时零层倒易截面上倒易阵点就有可能和埃瓦尔德球面相交，即产生衍射，如图 9-9b 所示。但是在电子衍射操作时，即使晶带轴和电子束的轴线严格保持重合（即对称入射），仍可使 $\boldsymbol{g}$ 矢量端点不在埃瓦尔德球面上的晶面产生衍射，即入射束与晶面的夹角和精确的布拉格角 θ_B（$\theta_B=\sin^{-1}\dfrac{\lambda}{2d}$）存在某偏差 $\Delta\theta$ 时，衍射强度变弱，但不一定为 0，此时衍射方向的变化并不明显。衍射晶面位向与精确布拉格条件的允许偏差（以仍能得到衍射强度为极限）和样品晶体的形状和尺寸有关，这可以用倒易阵点的扩展来表示。由于实际的样品晶体都有确定的形状和有限的尺寸，因而它们的倒易阵点不是一个几何意义上的“点”，而是沿着晶体尺寸较小的方向发生扩展，扩展量为该方向上实际尺寸的倒数的 2 倍。对于电子显微镜中经常遇到的样品，薄片晶体的倒易阵点拉长为倒易“杆”，棒状晶体为倒易“盘”，细小颗粒晶体则为倒易“球”，如图 9-10 所示。

图 9-11 所示为倒易杆和埃瓦尔德球相交情况，杆的总长为 $2/t$。由图 9-11 可知，在偏离布拉格角 $\pm\Delta\theta_{max}$ 范围内，倒易杆都能和球面相接触而产生衍射。偏离 $\Delta\theta$ 时，倒易杆中心至与埃瓦尔德球面交截点的距离可用矢量 $\boldsymbol{s}$ 表示，$\boldsymbol{s}$ 就是偏离矢量。$\Delta\theta$ 为正时，矢量 $\boldsymbol{s}$ 为正，反之为负。精确符合布拉格条件时，$\Delta\theta=0$，$\boldsymbol{s}$ 也等于零。图 9-12 所示为偏离矢量小于零、等于零和大于零的三种情况。如电子束不是对称入射，则中心斑点两侧的各衍射斑点的强度将出现不对称分布。由图 9-11 可知，偏离布拉格条件时，产生衍射的条件为

$$\boldsymbol{k}'-\boldsymbol{k}=\boldsymbol{g}+\boldsymbol{s} \tag{9-11}$$

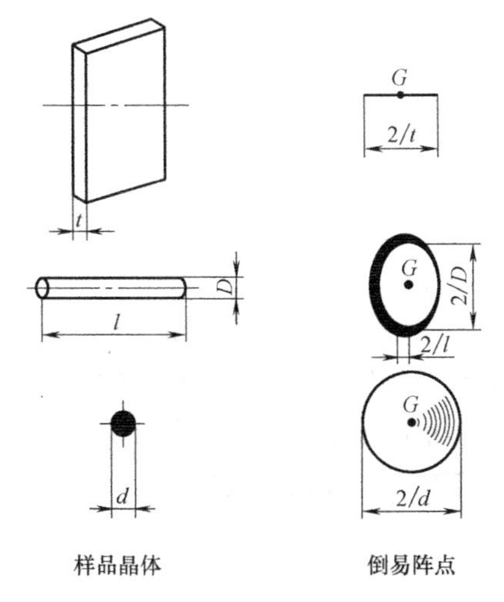

图 9-10　倒易阵点因样品晶体的形状和尺寸而扩展（G 为阵点中心）

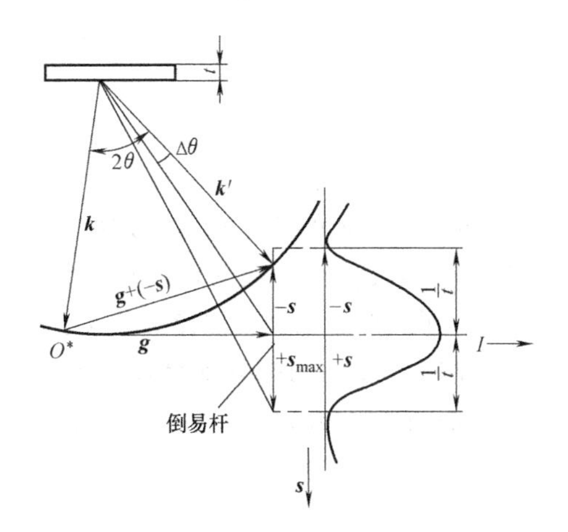

图 9-11　倒易杆和它的强度分布

当 $\Delta\theta=\Delta\theta_{max}$ 时，相应的 $s=s_{max}$，$s_{max}=\frac{1}{t}$。当 $\Delta\theta>\Delta\theta_{max}$ 时，倒易杆不再和埃瓦尔德球相交，此时才无衍射产生。

零层倒易面的法线(即[uvw])偏离电子束入射方向时，如果偏离范围在 $\pm\Delta\theta_{max}$ 之内，衍射花样中各斑点的位置基本上保持不变(实际上斑点是有少量位移的，但位移量比测量误差小，故可忽略不计)，但各斑点的强度变化很大，这可以从图9-11中衍射强度随 s 变化的曲线上得到解释。

薄晶体电子衍射时，倒易阵点延伸成杆状是获得零层倒易截面比例图像(即电子衍射花样)的主要原因，即尽管在对称入射情况下，倒易阵点原点附近的扩展了的倒易阵点(杆)也能与埃瓦尔德球相交而得到中心斑点强而周围斑点弱的若干个衍射斑点。其他一些因素也可以促进电子衍射花样的形成。例如，电子束的波长短，使埃瓦尔德球在小角度范围内球面接近平面；加速电压波动，使埃瓦尔德球面有一定的厚度；电子束有一定的发散度等。

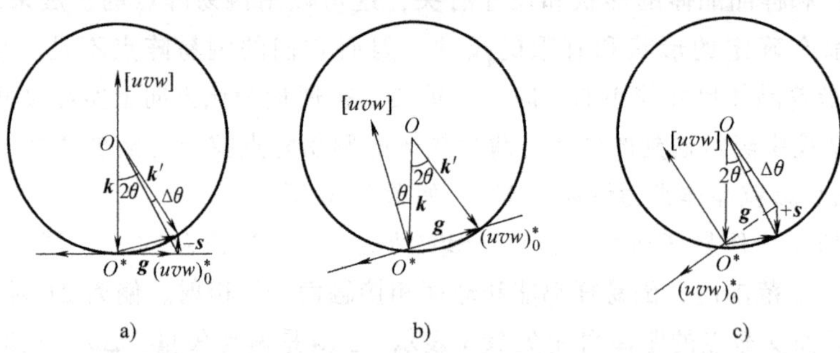

图9-12 倒易杆和埃瓦尔德球相交时的三种典型情况

a) 对称入射 $\Delta\theta<0$，$s<0$ b) 满足布拉格衍射条件 $\Delta\theta=0$，$s=0$ c) $\Delta\theta>0$，$s>0$

六、电子衍射基本公式

电子衍射操作是把倒易阵点的图像进行空间转换并在正空间中记录下来。用底片记录下来的图像称为衍射花样。图9-13所示为电子衍射花样形成原理图。待测样品安放在埃瓦尔德球的球心 O 处。入射电子束和样品内某一组晶面(hkl)相遇并满足布拉格条件时，则在 $\boldsymbol{k}'$ 方向上产生衍射束。$\boldsymbol{g}_{hkl}$ 是衍射晶面倒易矢量，它的端点位于埃瓦尔德球面上。在试样下方距离 L 处放一张底片，就可以把透射束和衍射束同时记录下来。透射束形成的斑点 O' 称为透射斑点或中心斑点。衍射斑点 G' 实际上是 $\boldsymbol{g}_{hkl}$ 矢量端点 G 在底片上的投影。端点 G 位于倒易空间，而投影 G' 已经通过转换进入了正空间。G' 和中心斑点 O' 之间的距离为 R(可把矢量 $\boldsymbol{O'G'}$ 写成 $\boldsymbol{R}$)。因 θ 角非常小，$\boldsymbol{g}_{hkl}$ 矢量接近和透射电子束垂直，因此，可以认为 $\triangle OO^*G \backsim \triangle OO'G'$，因为从样品到底片的距离是已知的，故有

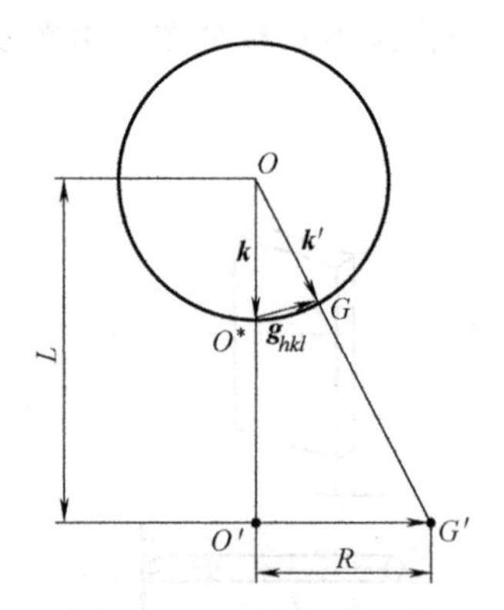

图9-13 电子衍射花样形成原理图

$$\frac{R}{L}=\frac{g_{hkl}}{k}$$

因为

$$g_{hkl}=\frac{1}{d_{hkl}},\ k=\frac{1}{\lambda}$$

故
$$R=\lambda L\frac{1}{d_{hkl}}=\lambda Lg_{hkl} \tag{9-12}$$

因为
$$\boldsymbol{R}//\boldsymbol{g}_{hkl}$$

所以式(9-12)还可写成

$$\boldsymbol{R}=\lambda L\boldsymbol{g}_{hkl}=K\boldsymbol{g}_{hkl} \tag{9-13}$$

式(9-13)即为电子衍射基本公式。式中 $K=\lambda L$ 称为电子衍射的相机常数，L 称为相机长度。在式(9-13)中，左边的 $\boldsymbol{R}$ 是正空间中的矢量，而式右边的 $\boldsymbol{g}_{hkl}$ 是倒易空间中的矢量，因此相机常数 K 是一个协调正、倒空间的比例常数。

这就是说，衍射斑点的 $\boldsymbol{R}$ 矢量是产生这一斑点的晶面组倒易矢量 $\boldsymbol{g}_{hkl}$ 按比例的放大，相机常数 K 就是比例系数(或放大倍数)。于是，对于单晶样品而言，衍射花样简单地说就是落在埃瓦尔德球面上所有倒易阵点所构成的图形的投影放大像，K 就是放大倍数。所以，相机常数 K 有时也被称为电子衍射的“放大率”。以后将会看到电子衍射的这个特点，对于衍射花样的分析具有重要的意义。事实上，在正空间里表示的倒易矢量长度 $\boldsymbol{g}$，其比例尺本来就只能是任意的，所以仅就花样的几何性质而言，它与满足衍射条件的倒易阵点图形完全是一致的。单晶花样中的斑点可以直接被看成是相应衍射晶面的倒易阵点。各个斑点的 $\boldsymbol{R}$ 矢量也就是相应的倒易矢量 $\boldsymbol{g}$。

在通过电子衍射确定晶体结构的工作中，只凭一个晶带的一张衍射斑点不能充分确定其晶体结构，而往往需要同时摄取同一晶体不同晶带的多张衍射斑点(即系列倾转衍射)方能准确地确定其晶体结构，图 9-14 所示为同一立方 ZrO_2 晶粒倾转到不同方位时摄取的 4 张电子衍射斑点图。

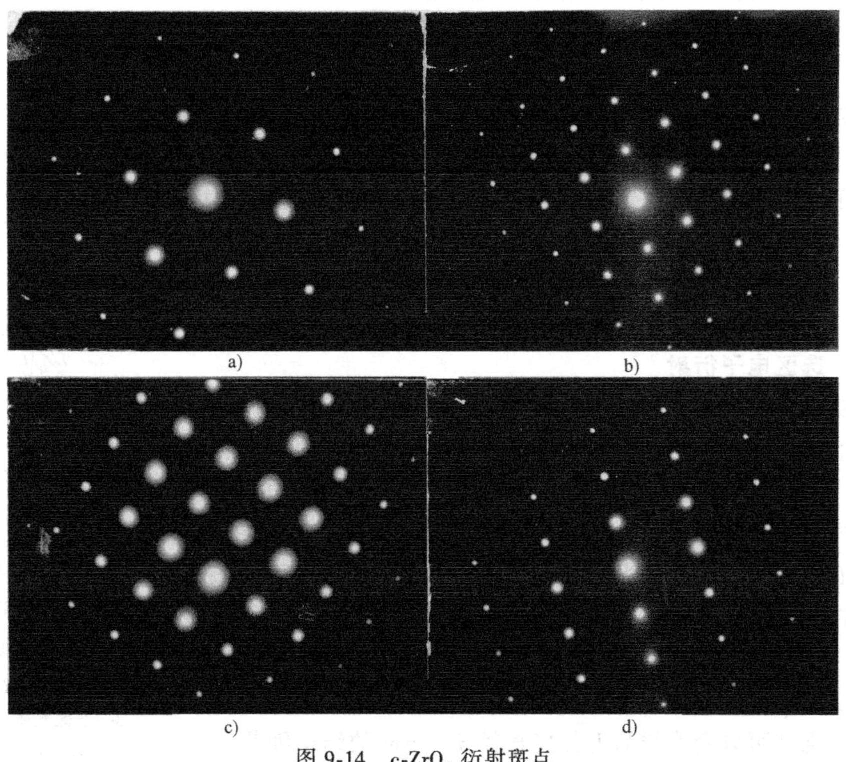

图 9-14 c-ZrO_2 衍射斑点

a) [111] b) [011] c) [001] d) [112]

第三节　电子显微镜中的电子衍射

一、有效相机常数

图9-15所示为衍射束通过物镜折射在背焦面上会集成衍射花样，以及用底片直接记录衍射花样的示意图。根据三角形相似原理，$\triangle OAB \backsim \triangle O'A'B'$，因此，前一节讲的一般衍射操作时的相机长度 L 和 R 在电子显微镜中与物镜的焦距 f_0 和 r(副焦点 A'到主焦点 B'的距离)相当。电子显微镜中进行电子衍射操作时，焦距 f_0 起到了相机长度的作用。由于 f_0 将进一步被中间镜和投影镜放大，故最终的相机长度应是 $f_0M_IM_p$(M_I 和 M_p 分别为中间镜和投影镜的放大倍数)，于是有

$$L'=f_0M_IM_p,\ R'=rM_IM_p$$

根据式（9-12）有

$$\frac{R'}{M_IM_p}=\lambda f_0 g$$

定义 L'为有效相机长度，则有

$$R'=\lambda L'g=K'g \tag{9-14}$$

其中 $K'=\lambda L'$称为有效相机常数。由此可见，透射电子显微镜中得到的电子衍射花样仍然满足与式(9-13)相似的基本公式，但式中 L'并不直接对应于样品至照相底片的实际距离。只要记住这一点，在习惯上便可以不加区别地使用 L 和 L'这两个符号，并用 K 代替 K'。

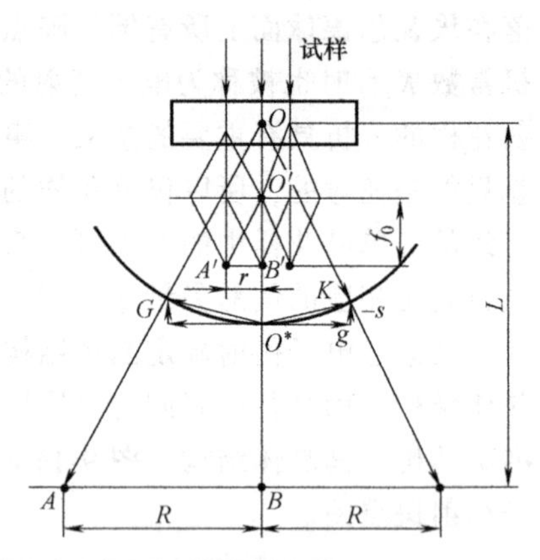

图9-15　衍射花样形成示意图

因为 f_0、M_I 和 M_p 分别取决于物镜、中间镜和投影镜的励磁电流，因而有效相机常数 $K'=\lambda L'$也将随之发生变化。为此，必须在三个透镜的电流都固定的条件下，标定它的相机常数，使 R 和 g 之间保持确定的比例关系。目前的电子显微镜，由于控制系统引入了计算机，因此相机常数及放大倍数都随透镜励磁电流的变化而自动显示出来，并直接曝光在底片边缘。

二、选区电子衍射

图9-16所示为选区电子衍射的原理图。入射电子束通过样品后，透射束和衍射束将会集到物镜的背焦面上形成衍射花样，然后各斑点经干涉后重新在像平面上成像。图中上方水平方向的箭头表示样品，物镜像平面处的箭头是样品的一次像。如果在物镜的像平面处加入一个选区光阑，那么只有 $A'B'$范围的成像电子能够通过选区光阑，并最终在荧光屏上形成衍射花样。这一部分的衍射花样实际上是由样品的 AB 范围提供的。选区光阑的直径在 20~300μm 之间，若物镜放大倍数为50倍，则选用直径为50μm 的选区光阑就可以套取样品上任何直径 $d=1\mu m$ 的结构细节。

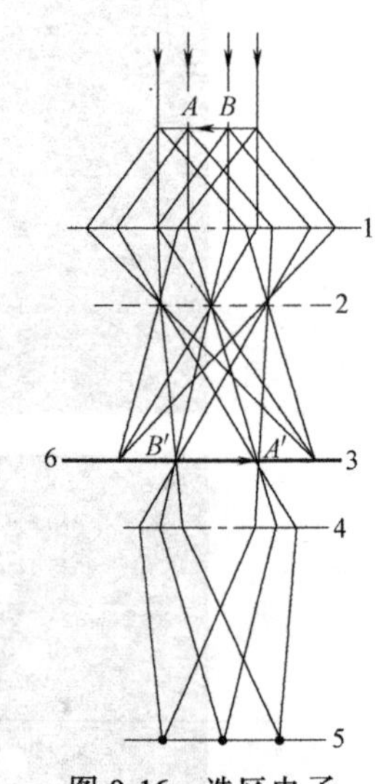

图9-16　选区电子衍射的原理图

1—物镜　2—背焦面
3—选区光阑　4—中间镜
5—中间镜像平面
6—物镜像平面

选区光阑的水平位置在电镜中是固定不变的，因此在进行正

确的选区操作时，物镜的像平面和中间镜的物平面都必须和选区光阑的水平位置平齐。即图像和光阑孔边缘都聚焦清晰，说明它们在同一个平面上。如果物镜的像平面和中间镜的物平面重合于光阑的上方或下方，在荧光屏上仍能得到清晰的图像，但因所选的区域发生偏差而使衍射斑点不能和图像一一对应。

由于选区衍射所选的区域很小，因此能在晶粒十分细小的多晶体样品内选取单个晶粒进行分析，从而为研究材料单晶体结构提供有利的条件。图 9-17 所示为 ZrO_2-CeO_2 陶瓷相变组织的选区衍射照片。图 9-17a 所示为基体和条状新相共同参与衍射的结果，而图 9-17b 所示为只有基体参与衍射的结果。

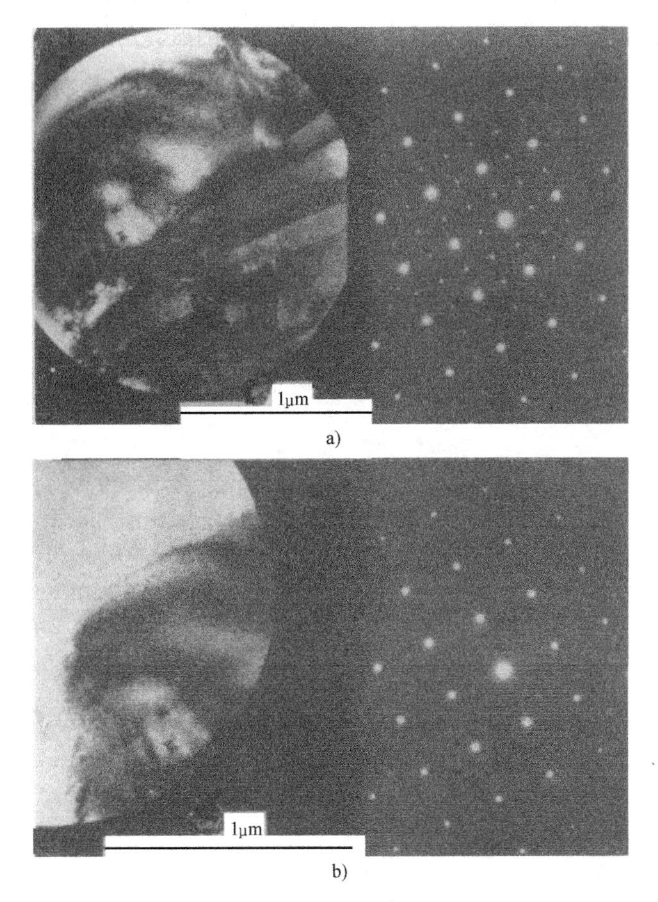

a)

b)

图 9-17 ZrO_2-CeO_2 陶瓷选区衍射结果

a）基体与条状新相共同参与衍射的结果 b）只有基体参与衍射的结果

三、磁转角

电子束在镜筒中是按螺旋线轨迹前进的，衍射斑点到物镜的一次像之间有一段距离，电子通过这段距离时会转过一定的角度，这就是磁转角 φ。若图像相对于样品的磁转角为 φ_i，而衍射斑点相对于样品的磁转角为 φ_d，则衍射斑点相对于图像的磁转角 $\varphi=\varphi_i-\varphi_d$。

标定磁转角的传统方法是利用已知晶体外形的 MoO_3 薄片单晶体，也可以利用其他的面状结构特征对磁转角进行标定，如柱状 TiB 晶体柱面或孪晶面。图 9-18 所示为利用 TiB 晶体柱面和面心立方晶体孪晶面标定磁转角的方法。TiB 晶体是正交结构，$a=0.612\text{nm}$，$b=$

0.306nm，$c=0.456$nm，其晶体空间形态为横截面为梭形的柱体，柱体的轴向为[010]，柱面分别为(200)、(101)和(10$\bar{1}$)。标定磁转角时，利用双倾样品台将TiB晶体的[010]调整到与入射电子束平行，此时TiB晶体的柱面与入射束平行，拍摄该取向下的电子衍射花样和衍射图像，衍射花样中(200)衍射斑点到中心斑点的连线(g_{200})与图像中(200)面的法线间的夹角φ就是磁转角，它表示图像相对于衍射花样转过的角度，如图9-18a所示。用孪晶面标定磁转角时，只需将孪晶面倾转至与入射束平行，拍摄该取向下的电子衍射花样和图像，按图9-18b所示的方法标定磁转角。因为磁转角随图像放大倍数和电子衍射相机长度的变化而变化，故需标定不同放大倍数和不同相机长度下的磁转角。表9-1是利用上述标定方法测得的PHILIPS CM12型透射电子显微镜在常用相机长度和放大倍数下的磁转角数据。

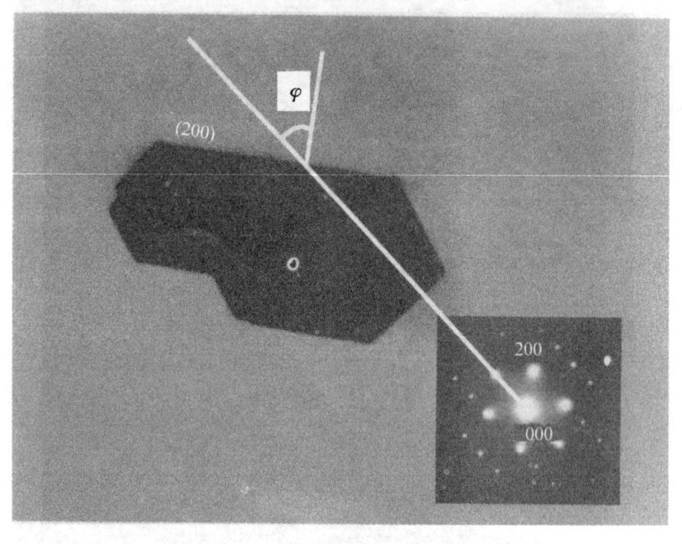

a)

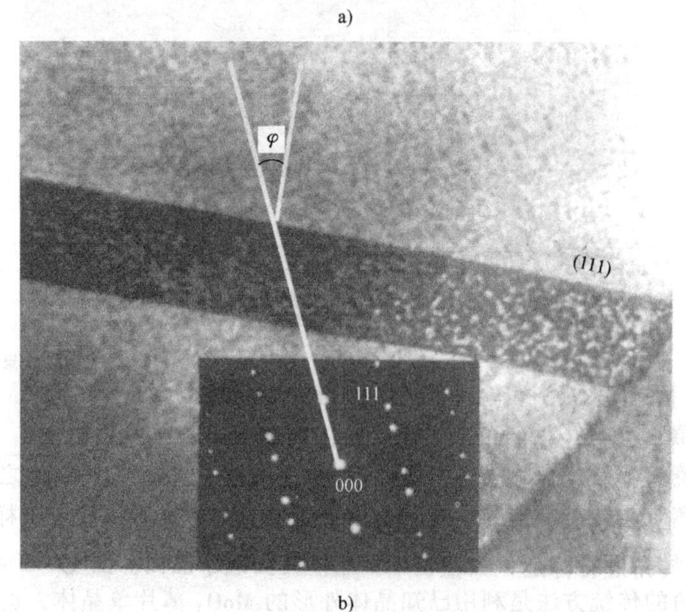

b)

图9-18 利用已知面状结构特征标定磁转角

a）TiB晶体柱面 b）孪晶面

目前的透射电子显微镜安装有磁转角自动补正装置，进行形貌观察和衍射花样对照分析时可不必考虑磁转角的影响，从而使操作和结果分析大为简化。

表 9-1　PHILIPS CM12 型透射电子显微镜的磁转角　[单位：(°)]

放大倍数	相机长度/mm		
	530	770	1100
10k	16.0	11.5	21.0
13k	13.5	9.0	18.5
17k	14.5	10.0	19.5
22k	12.7	8.2	17.7
28k	11.5	7.0	16.5
35k	7.5	4.0	13.5
45k	-71.5	-76.0	-66.5
60k	-72.5	-77.0	-67.5
75k	-74.0	-79.5	-70.0
100k	-79.0	-74.5	-69.5
125k	-75.5	-80.0	-70.5
160k	-73.5	-78.0	-68.5
200k	-74.5	-79.0	-69.5
260k	-87.5	-92.5	-82.5

第四节　单晶体电子衍射花样标定

标定单晶体电子衍射花样的目的是确定零层倒易截面上各 $\boldsymbol{g}_{hkl}$ 矢量端点（倒易阵点）的指数，定出零层倒易截面的法向（即晶带轴 $[uvw]$），并确定样品的点阵类型、物相及位向。

一、已知晶体结构衍射花样的标定

1. 尝试校核法

1）测量靠近中心斑点的几个衍射斑点至中心斑点的距离 R_1、R_2、R_3、R_4…（图 9-19）。

2）根据衍射基本公式 $R=\lambda L\dfrac{1}{d}$，求出相应的晶面间距 d_1、d_2、d_3、d_4…。

3）因为晶体结构是已知的，每一个 d 值即为该晶体某一晶面族的晶面间距，故可根据 d 值定出相应的晶面族指数 $\{hkl\}$，即由 d_1 查出 $\{h_1k_1l_1\}$，由 d_2 查出 $\{h_2k_2l_2\}$，以此类推。

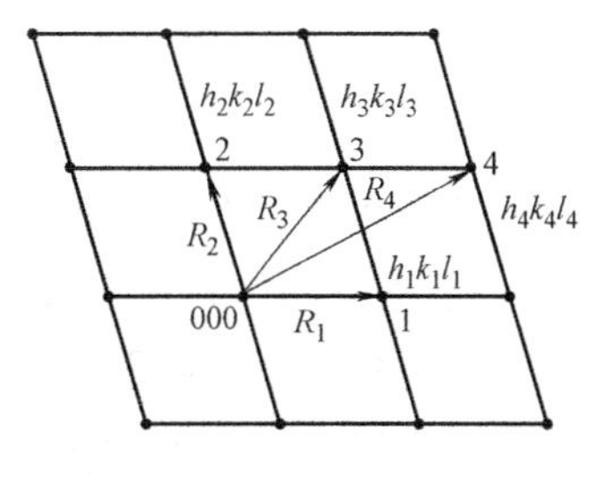

图 9-19　单晶体电子衍射花样的标定

4）测定各衍射斑点之间的夹角 φ。

5）决定离开中心斑点最近衍射斑点的指数。若 R_1 最短，则相应斑点的指数应为 $\{h_1k_1l_1\}$ 面族中的一个。如立方晶体，对于 h、k、l 三个指数中有两个相等的晶面族（例如 $\{112\}$），就有 24 种标法；两个指数相等、另一指数为零的晶面族（例如{110}），有12种标法；三个指数相等的晶面族（如{111}），有8种标法；两个指数为零的晶面族有6种标法，因此，第一个斑点的指数可以是等价晶面中的任意一个。

6）决定第二个斑点的指数。第二个斑点的指数不能任选，因为它和第一个斑点间的夹角必须符合夹角公式。对立方晶系来说，两者的夹角可用式(9-15)求得，即

$$\cos\varphi=\frac{h_1h_2+k_1k_2+l_1l_2}{\sqrt{(h_1^2+k_1^2+l_1^2)\ (h_2^2+k_2^2+l_2^2)}} \tag{9-15}$$

在决定第二个斑点指数时，应进行所谓的尝试校核，即只有 $h_2k_2l_2$ 代入夹角公式后求出的 φ 角和实测的一致时，$(h_2k_2l_2)$ 指数才是正确的，否则必须重新尝试。应该指出的是，$\{h_2k_2l_2\}$ 晶面族可供选择的特定$(h_2k_2l_2)$值往往不止一个，因此第二个斑点的指数也带有一定的任意性。

7）一旦确定了两个斑点，那么其他斑点可以根据矢量运算求得。由图9-19可知，$\boldsymbol{R}_1+\boldsymbol{R}_2=\boldsymbol{R}_3$，即

$$h_1+h_2=h_3,\ k_1+k_2=k_3,\ l_1+l_2=l_3$$

8）根据晶带定理求零层倒易截面法线的方向，即晶带轴的指数，有

$$[uvw]=\boldsymbol{g}_{k_1h_1l_1}\times\boldsymbol{g}_{k_2h_2l_2} \tag{9-16}$$

为了简化运算可用

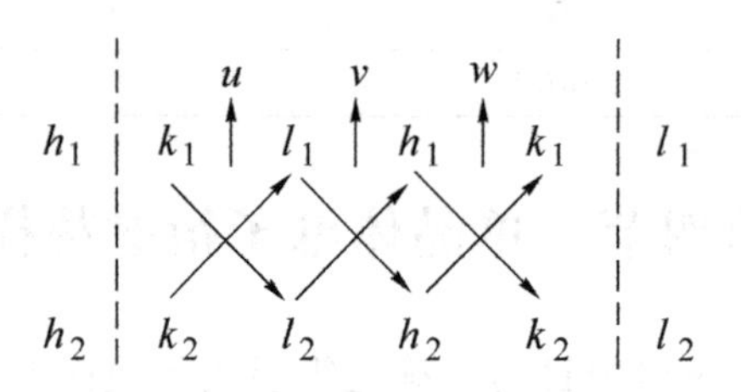

竖线内的指数交叉相乘后相减得出$[u\ v\ w]$，即

$$\left.\begin{aligned}u&=k_1l_2-k_2l_1\\v&=h_2l_1-h_1l_2\\w&=h_1k_2-h_2k_1\end{aligned}\right\} \tag{9-17}$$

最后，对$[uvw]$进行互质化处理，即可得该衍射花样的晶带轴指数。

2. R^2 比值法

测量数个斑点的 R 值(靠近中心斑点，但不在同一直线上)，计算 R^2 比值的方法如下：

1）立方晶体。立方晶体中同一晶面族中各晶面的间距相等。例如{123}中(123)面间距和(321)的面间距相同，故同一晶面族中 $h_1^2+k_1^2+l_1^2=h_2^2+k_2^2+l_2^2$。

$h^2+k^2+l^2=N$，N 值作为一个代表晶面族的整数指数。

已知
$$d=\frac{a}{\sqrt{h^2+k^2+l^2}}=\frac{a}{\sqrt{N}}$$

$$d^2\propto\frac{1}{N},\ R^2\propto\frac{1}{d^2},\ R^2\propto N$$

若把测得的 R_1、R_2、R_3…值平方，则

$$R_1^2 : R_2^2 : R_3^2 : \cdots = N_1 : N_2 : N_3 : \cdots \tag{9-18}$$

从结构消光原理来看，体心立方点阵 $h+k+l=$ 偶数时才有衍射产生，因此它的 N 值只有 2、4、6、8…。面心立方点阵 h、k、l 为全奇或全偶时才有衍射产生，故其 N 值为 3、4、8、11、12…。因此，只要把测量的各个 R 值平方，并整理成式(9-18)，从式中 N 值递增规律来验证晶体的点阵类型，而与某一斑点的 R^2 值对应的 N 值便是晶体的晶面族指数，例如，$N=1$ 即为{100}，$N=3$ 为{111}，$N=4$ 为{200} 等。

如果晶体不是立方点阵，则晶面族指数的比值另有规律。

2）四方晶体。已知

$$d = \frac{1}{\sqrt{\dfrac{h^2+k^2}{a^2} + \dfrac{l^2}{c^2}}}$$

故

$$\frac{1}{d^2} = \frac{h^2+k^2}{a^2} + \frac{l^2}{c^2}$$

令 $M=h^2+k^2$，根据消光条件，四方晶体 $l=0$ 的晶面族(即{$hk0$}晶面族)有

$$R_1^2 : R_2^2 : R_3^2 : \cdots = M_1 : M_2 : M_3 : \cdots = 1:2:4:5:8:9:10:13:16:17:18:\cdots$$

3）六方晶体。已知

$$d = \frac{1}{\sqrt{\dfrac{4}{3}\dfrac{(h^2+hk+k^2)}{a^2} + \dfrac{l^2}{c^2}}}$$

$$\frac{1}{d^2} = \frac{4}{3}\frac{(h^2+hk+k^2)}{a^2} + \frac{l^2}{c^2}$$

令 $h^2+hk+k^2=P$，六方晶体 $l=0$ 的 {$hk0$} 晶面族有

$$R_1^2 : R_2^2 : R_3^2 : \cdots = P_1 : P_2 : P_3 : \cdots = 1:3:4:7:9:12:13:16:19:21:\cdots$$

二、未知晶体结构衍射花样的标定

1）测定低指数斑点的 R 值。应在几个不同的方位摄取电子衍射花样，保证能测出最前面的 8 个 R 值。

2）根据 R 值，计算出各个 d 值。

3）查 ASTM 卡片和各 d 值都相符的物相即为待测的晶体。因为电子显微镜的精度所限，很可能出现几张卡片上的 d 值均和测定的 d 值相近的情况，此时应根据待测晶体的其他资料，例如化学成分等来排除不可能出现的物相。

三、标准花样对照法

这是一种简单易行而又常用的方法，即将实际观察、记录到的衍射花样直接与标准花样对比，写出斑点的指数并确定晶带轴的方向。所谓标准花样，就是各种晶体点阵主要晶带的倒易截面，它可以根据晶带定理和相应晶体点阵的消光规律绘出（见附录 L）。一个较熟练的电子显微镜工作者，对常见晶体的主要晶带标准衍射花样是熟悉的。因此，在观察样品时，一套衍射斑点出现（特别是当样品的材料已知时），基本可以判断是哪个晶带的衍射斑点。应注意的是，在摄取衍射斑点图像时，应尽量将斑点调得对称，即通过倾转使斑点的强度对称均匀。中

心斑点的强度与周围邻近的斑点相差无几，以致难以分辨中心斑点，这时表明晶带轴与电子束平行，这样的衍射斑点特别是在晶体结构未知时更便于和标准花样比较。再有在系列倾转摄取不同晶带斑点时，应采用同一相机常数，以便对比。现代的电子显微镜相机常数在操作时都能自动给出（显示）。综上所述，采用标准花样对比法可以收到事半功倍的效果。

第五节 复杂电子衍射花样

一、超点阵斑点

当晶体内部的原子或离子产生有规律的位移或不同种原子产生有序排列时，将引起其电子衍射结果的变化，即可以使本来消光的斑点出现，这种额外的斑点称为超点阵斑点。

$AuCu_3$ 合金是面心立方固溶体，在一定的条件下会形成有序固溶体，如图 9-20 所示，其中 Cu 原子位于面心，Au 位于顶点。

面心立方晶胞中有四个原子，分别位于$(0,0,0)$、$\left(0,\frac{1}{2},\frac{1}{2}\right)$、$\left(\frac{1}{2},0,\frac{1}{2}\right)$和$\left(\frac{1}{2},\frac{1}{2},0\right)$位置。在无序的情况下，对 h、k、l 全奇或全偶的晶面组，结构振幅

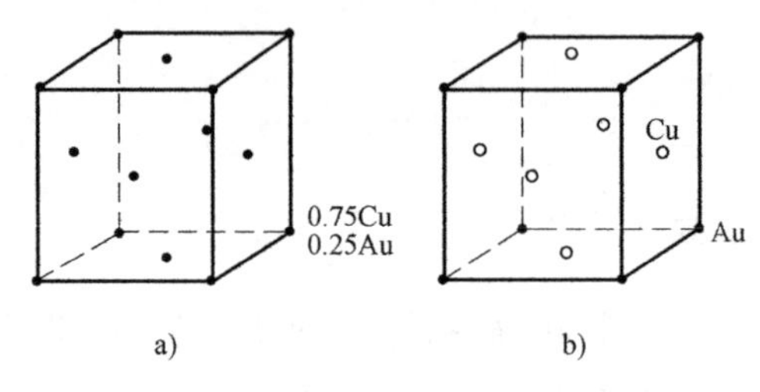

图 9-20 $AuCu_3$ 合金中各类原子所占据的位置
a）无序相 α b）有序相 α′

$$F_{\alpha}=4f_{\text{平均}}$$

例如，含有 0.75Cu、0.25Au 的 $AuCu_3$ 无序固溶体，$f_{\text{平均}}=0.75f_{Cu}+0.25f_{Au}$。当 h、k、l 有奇有偶时，$F=0$，产生消光。

但在 $AuCu_3$ 有序相中，晶胞中四个原子的位置分别确定地由一个 Au 原子和三个 Cu 原子所占据。这种有序相的结构振幅为

$$F_{\alpha'}=f_{Au}+f_{Cu}\left[e^{\pi i(h+k)}+e^{\pi i(h+l)}+e^{\pi i(k+l)}\right]$$

所以，当 h、k、l 为全奇或全偶时，$F_{\alpha'}=f_{Au}+3f_{Cu}$；而当 h、k、l 有奇有偶时，$F_{\alpha'}=f_{Au}-f_{Cu}\neq 0$，即并不消光。

从两个相的倒易点阵来看，在无序固溶体中，原来由于权重为零（结构消光）应当抹去的一些阵点，在有序化转变之后 F 也不为零，构成所谓的“超点阵”。于是，衍射花样中也将出现相应的额外斑点，叫作超点阵斑点。

图 9-21 所示为 $AuCu_3$ 有序化合金超点阵斑点及指数化结果，它是有序相 α′与无序相 α 两相衍射花样的叠加。其中两相共有的面心立方晶体的特征斑点{200}、{220}等互相重合，因为两相点阵参数无大差别，且保持$\{100\}_{\alpha}//\{100\}_{\alpha'}$、$\langle 100\rangle_{\alpha}//\langle 100\rangle_{\alpha'}$的共格取向关系。花样中(100)、(010)及(110)等即为有序相的超点阵斑点。由于这些额外斑点的出现，使面心立方有序固溶体的衍射花样看上去和简单立方晶体规律一样。应特别注意的是，超点阵斑点的强度低，这与结构振幅的计算结果是一致的。

二、孪晶斑点

材料在凝固、相变和变形过程中，晶体内的一部分相对于基体按一定的对称关系生长，即形成了孪晶。图 9-22 所示为面心立方晶体基体$(1\bar{1}0)$面上的原子排列，基体的(111)面为孪晶

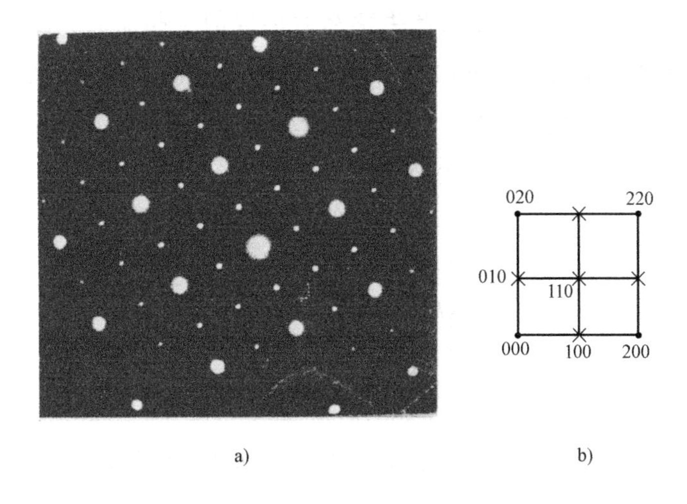

图 9-21　$AuCu_3$ 有序化合金超点阵斑点 a) 及指数化结果 b)

面。若以孪晶面为镜面，则基体和孪晶的阵点以孪晶面作镜面反映。若以孪晶面的法线为轴，把图中下方基体旋转 180°也能得到孪晶的点阵。既然在正空间中孪晶和基体存在一定的对称关系，则在倒易空间中孪晶和基体也应存在这种对称关系，只是在正空间中的面与面之间的对称关系应转换成倒易阵点之间的对称关系。所以，其衍射花样应是两套不同晶带单晶衍射斑点的叠加，而这两套斑点的相对位向势必反映基体和孪晶之间存在着的对称取向关系。最简单的情况是，电子束 $\boldsymbol{B}$ 平行于孪晶面，对于面心立方晶体，例如 $\boldsymbol{B}=[110]_M$，所得到的花样如图 9-23 所示。两套斑点呈明显对称性，并与实际点阵的对应关系完全一致。如果将基体的斑点以孪晶面(111)作镜面反映，即与孪晶斑点重合。如果以 g_{111}(即[111])为轴旋转 180°，两套斑点也将重合。

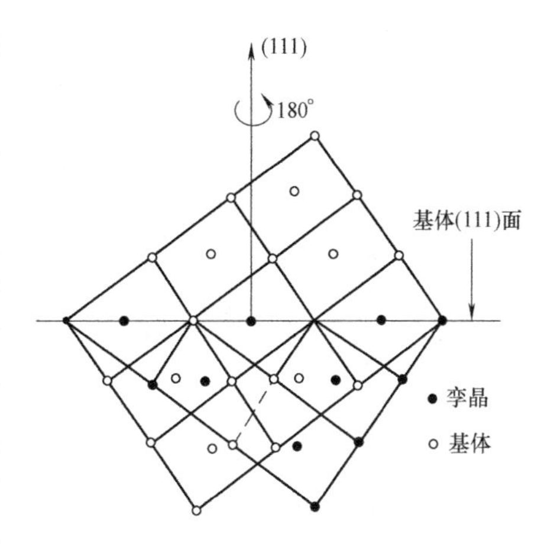

图 9-22　晶体中基体和孪晶的对称关系

如果入射电子束和孪晶面不平行，得到的衍射花样就不能直观地反映出孪晶和基体间取向的对称性，此时可先标定出基体的衍射花样，然后根据矩阵代数导出结果，求出孪晶斑点的指数。

对体心立方晶体可采用下列公式计算

$$\begin{cases} h^t=-h+\dfrac{1}{3}p(ph+qk+rl) \\ k^t=-k+\dfrac{1}{3}q(ph+qk+rl) \\ l^t=-l+\dfrac{1}{3}r(ph+qk+rl) \end{cases} \tag{9-19}$$

其中(pqr)为孪晶面，体心立方结构的孪晶面是{112}，共 12 个。(hkl)是基体中将产生孪生的晶面，$(h^t k^t l^t)$是(hkl)晶面产生孪晶后形成的孪晶晶面。例如，孪晶面$(pqr)=(\bar{1}12)$，将产生孪晶的晶面$(hkl)=(2\bar{2}2)$，代入式(9-19)得$(h^t k^t l^t)=(\bar{2}2\bar{2})$，即孪晶$(2\bar{2}2)$倒易阵点的位置和基体的$(\bar{2}2\bar{2})$重合。

对于面心立方晶体，其计算公式为

$$
\begin{cases}
h^t=-h+\dfrac{2}{3}p(ph+qk+rl)\\
k^t=-k+\dfrac{2}{3}q(ph+qk+rl)\\
l^t=-l+\dfrac{2}{3}r(ph+qk+rl)
\end{cases}
\tag{9-20}
$$

面心立方晶体孪晶面是{111}，共有4个。例如孪晶面为(111)时，当$(hkl)=(\bar{2}44)$，根据式(9-20)计算$(h^t k^t l^t)$为(600)，即$(\bar{2}44)$产生孪晶后其位置和基体的(600)重合。图9-24所示为单斜相ZrO_2的孪晶衍射斑点。

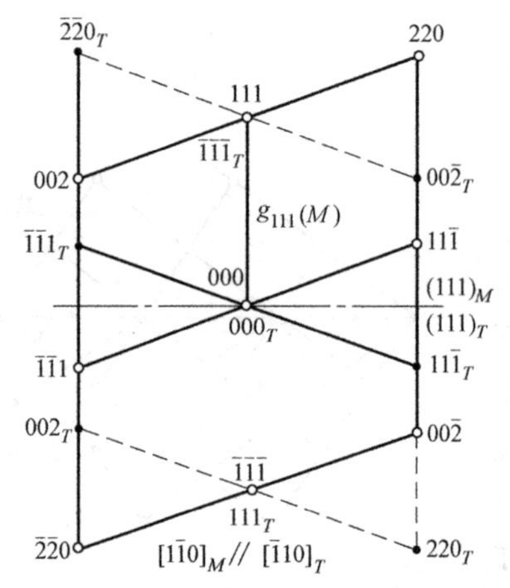

图9-23　面心立方晶体(111)孪晶面的衍射花样

($B=[1\bar{1}0]_M$，按(111)面反映方式指数化)

图9-24　单斜相ZrO_2的孪晶衍射斑点

第六节　薄膜样品的制备方法

一、基本要求

电子束对薄膜样品的穿透能力和加速电压有关。当电子束的加速电压为200kV时，就可以穿透厚度为500nm的铁膜；如果加速电压增至1000kV，则可以穿透厚度大致为1500nm的铁膜。从图像分析的角度来看，样品的厚度较大时，往往会使膜内不同深度层上的结构细节彼此重叠而互相干扰，得到的图像过于复杂，以至于难以进行分析。但从另一方面来看，如果样品太薄则表面效应将起十分重要的作用，以至于造成薄膜样品中相变和塑性变形的进行方式有别于大块样品。因此，为了适应不同研究目的的需要，应分别选用适当厚度的样品，对于一般金属材料而言，样品厚度都在500nm以下。

合乎要求的薄膜样品必须具备下列条件：①薄膜样品的组织结构必须和大块样品相同，在制备过程中，这些组织结构不发生变化；②样品相对于电子束而言必须有足够的“透明度”，因为只有样品能被电子束透过，才有可能进行观察和分析；③薄膜样品应有一定强度和刚度，在制备、夹持和操作过程中，在一定的机械力作用下不会引起变形或损坏；④在样品制备过程中不允许表面产生氧化和腐蚀，氧化和腐蚀会使样品的透明度下降，并造成多种假像。

二、工艺过程

从大块材料上制备金属薄膜样品的过程大致可以分为以下三个步骤：

1）从实物或大块试样上切割厚度为 0.3~0.5mm 的薄片。电火花线切割法是目前用得最广泛的方法，它是用一根做往复运动的金属丝作为切割工具，如图 9-25 所示。以被切割的样品作阳极，金属丝作阴极，两极间保持一个微小的距离，利用其间的火花放电进行切割。电火花线切割可切下厚度小于 0.5mm 的薄片，切割时损伤层比较浅，可以通过后续的磨制或减薄过程去除。电火花线切割只能用于导电样品，对于陶瓷等不导电样品可用金刚石内圆切割机切片。

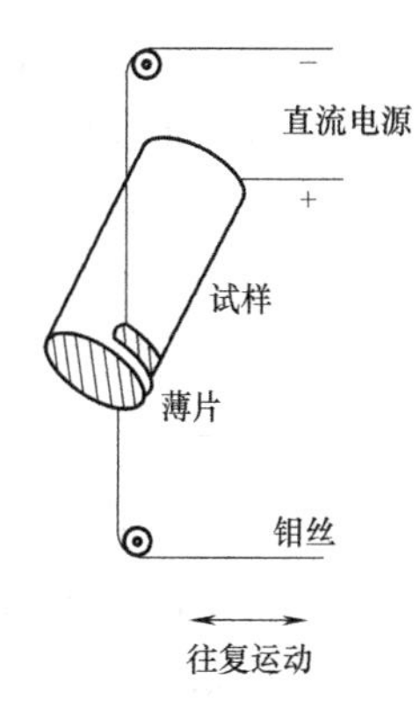

图 9-25　金属薄片的线切割

2）样品薄片的预先减薄。预先减薄的方法有两种，即机械法和化学法。机械减薄法是通过手工研磨来完成的，把切割好的薄片一面用黏结剂粘在样品座表面，然后在水砂纸磨盘上进行研磨减薄。应注意把样品平放，不要用力太大，并使它充分冷却。因为压力过大和温度升高都会引起样品内部组织结构发生变化。减薄到一定程度时，用溶剂把黏结剂溶化，使样品从样品座上脱落下来，然后翻一个面再研磨减薄，直至样品被减薄至规定的厚度。如果材料较硬，可减薄至 70μm 左右；若材料较软，则减薄的最终厚度不能小于 100μm。这是因为手工研磨时即使用力不大，薄片上的硬化层往往也会厚至数十纳米。为了保证所观察的部位不引入因塑性变形而造成的附加结构细节，除研磨时必须特别仔细外，还应留有在最终减薄时应去除的硬化层余量。另一种预先减薄的方法是化学减薄法。这种方法是把切割好的金属薄片放入配制好的化学试剂中，使它表面受腐蚀而继续减薄。因为合金中各组成相的腐蚀倾向是不同的，所以在进行化学减薄时，应注意减薄液的选择。表 9-2 是常用的各种化学减薄液的配方。化学减薄的速度很快，因此操作时必须动作迅速。化学减薄的最大优点是表面没有机械硬化层，减薄后样品的厚度可以控制在 20~50μm。这样可以为最终减薄提供有利的条件，经化学减薄的样品最终抛光穿孔后，可供观察的薄区面积明显增大。但是，化学减薄时必须事先把薄片表面充分清洗，去除油污和其他不洁物，否则将得不到满意的结果。

3）最终减薄。目前效率最高和操作最简便的方法是双喷电解抛光法，图 9-26 所示为一台双喷式电解抛光装置示意图。将预先减薄的样品剪成直径为 3mm 的圆片，装入样品夹持器中。进行减薄时，针对样品两个表面的中心部位各有一个电解液喷嘴。从喷嘴中喷出的液柱和阴极相接，样品和阳极相接。电解液是通过一个耐酸泵来进行循环的。在两个喷嘴的轴线上还装有一对光导纤维，其中一个光导纤维和光源相接，另一个则和光敏元件相连。如果样品经抛光后中心出现小孔，光敏元件输出的电信号就可以将抛光线路的电源切断。用这样

表 9-2 化学减薄液的配方

材料	减薄溶液的成分(%)(体积分数)	备注
铝和铝合金	1) HCl 40%+H_2O 60%+$NiCl_2$ 5g/L	
	2) $NaOH$200g/L 水溶液	70℃
	3) $H_3PO_4$60%+$HNO_3$20%+$H_2SO_4$20%	80~90℃
	4) HCl50%+H_2O50%+数滴 H_2O_2	
铜	1) $HNO_3$80%+H_2O20%	
	2) $HNO_3$50%+CH_3COOH25%+$H_3PO_4$25%	
铜合金	$HNO_3$40%+HCl10%+$H_3PO_4$50%	
铁和钢	1) $HNO_3$30%+HCl15%+$HF$10%+H_2O45%	热溶液
	2) $HNO_3$35%+H_2O65%	
	3) $H_3PO_4$60%+$H_2O_2$40%	
	4) $HNO_3$33%+CH_3COOH33%+H_2O34%	
	5) $HNO_3$34%+$H_2O_2$32%+CH_3COOH17%+H_2O17%	60℃ H_2O_2 用时加入
	6) $HNO_3$40%+$HF$10%+H_2O50%	
	7) $H_2SO_4$5%(以草酸饱和)+H_2O45%+$H_2O_2$50%	
	8) H_2O95%+$HF$5%	H_2O_2 用时加入,若发生钝化,则用稀盐酸清洗
镁和镁合金	1) 稀 HCl	体积分数为 2%~15%,溶剂为水或酒精,反应开始时很激烈,继之停止,表面即抛光
	2) 稀 HNO_3	
	3) $HNO_3$75%+H_2O25%	
钛	$HF$10%+$H_2O_2$60%+H_2O30%	

的方法制成的薄膜样品，中心孔附近有一个相当大的薄区，可以被电子束穿透，直径3mm圆片上的周边好似一个厚度较大的刚性支架，因为透射电子显微镜样品座的直径也是3mm，因此，用双喷抛光装置制备好的样品可以直接装入电子显微镜，进行分析观察。

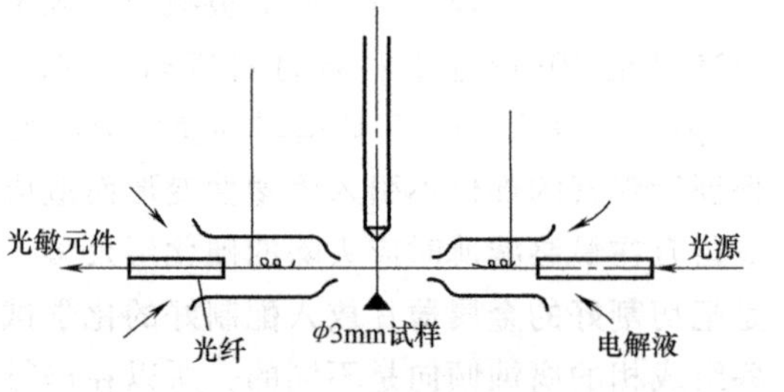

图 9-26 双喷式电解减薄装置示意图

由于双喷抛光法工艺规范，十分简单，而且稳定可靠，因此它已取代了早期制备金属薄膜的方法（例如窗口法和 Ballmann 法），成为现今应用最广的最终减薄法。表 9-3 列出了最常用的电解抛光液的配方。

表 9-3 电解抛光液的配方

材料	电解抛光液成分(%)(体积分数)	备注
铝及其合金	1) $HClO_4$1%~20%+C_2H_5OH(其余)	喷射抛光,-10~-30℃
	2) $HClO_4$8%+(C_4H_9O)CH_2CH_2OH11%+C_2H_5OH79%+H_2O2%	电解抛光,15℃
	3) CH_3COOH40%+$H_3PO_4$30%+$HNO_3$20%+H_2O10%	喷射抛光,-10℃
铜和铜合金	1) $HNO_3$33%+CH_3OH67%	喷射抛光或电解抛光,10℃
	2) $H_3PO_4$25%+C_2H_5OH25%+H_2O50%	

（续）

材料	电解抛光液成分(%)(体积分数)	备注
钢	1) $HClO_4$ 2%~10%+C_2H_5OH(其余) 2) CH_3COOH 96%+H_2O 4%+CrO_3 200g/L	喷射抛光，室温至-20℃，电解抛光。65℃搅拌 1h
铁和不锈钢	$HClO_4$ 6%+H_2O 14%+C_2H_5OH 80%	喷射抛光
钛和钛合金	$HClO_4$ 6%+$(C_4H_9O)CH_2CH_2OH$ 35%+C_2H_5OH 59%	喷射抛光，0℃

对于不导电的陶瓷薄膜样品，可采用如下工艺。首先采用金刚石刃内圆切割机切片，再进行机械研磨，最后采用离子减薄。所谓离子减薄，就是用离子束在样品的两侧以一定的倾角(5°~30°)轰击样品，使之减薄。对于要求较高的金属薄膜样品，在双喷后再进行一次离子减薄，观察效果会更好。由于陶瓷样品硬度高、耐腐蚀，因此，离子减薄的时间长，一般长达十多个小时，如果机械研磨后的厚度大，则离子减薄时间长达几十个小时。因此，目前出现一种挖坑机，机械研磨后的样品，先挖坑，使中心区厚度进一步减薄。经挖坑后的样品，离子减薄的时间可大大缩短。

第七节 薄晶体衍射衬度成像原理

非晶态复型样品是依据“质量厚度衬度”的原理成像的。而晶体薄膜样品的厚度大致均匀，并且平均原子序数也无差别，因此不可能利用质量厚度衬度来获得满意的图像反差。为此，需寻找新的成像方法，那就是所谓的“衍射衬度成像”，简称衍衬成像。

以单相多晶体薄膜样品为例，说明如何利用衍射成像原理获得图像的衬度。如图 9-27a 所示，设想薄膜内有两颗晶粒 A 和 B，它们之间的唯一差别在于它们的晶体学位向不同。如果在入射电子束照射下，B 晶粒的某(hkl)晶面组恰好与入射方向交成精确的布拉格角 θ_B，而其余的晶面均与衍射条件存在较大的偏差，即 B 晶粒的位向满足“双光束条件”。此时，在 B 晶粒的选区衍射花样中，hkl 斑点特别亮，也即其(hkl)晶面的衍射束最强。如果假定对于足够薄的样品，入射电子受到的吸收效应可不予考虑，且在所谓“双光束条件”下忽略

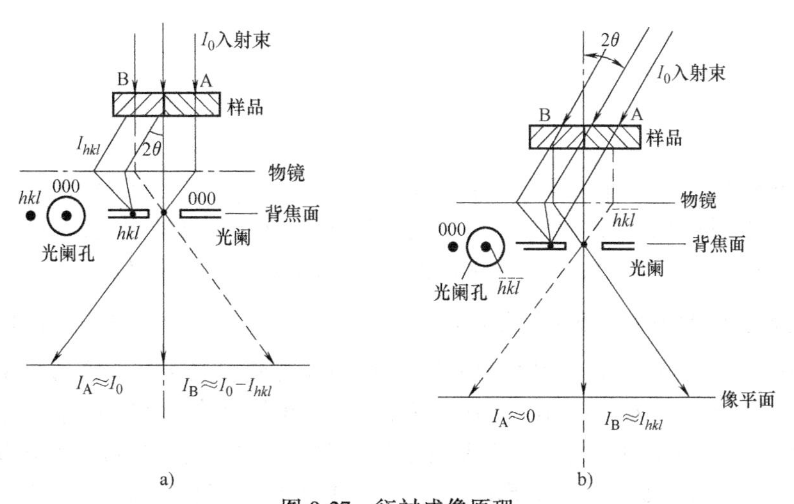

图 9-27 衍衬成像原理

a）明场像 b）中心暗场衍射成像

所有其他较弱的衍射束，则强度为 I_0 的入射电子束在 B 晶粒区域内经过散射之后，将成为强度为 I_{hkl} 的衍射束和强度为 (I_0-I_{hkl}) 的透射束两个部分。

同时，设想与 B 晶粒位向不同的 A 晶粒内所有晶面组，均与布拉格条件存在较大的偏差，即在 A 晶粒的选区衍射花样中将不出现任何强衍射斑点而只有中心透射斑点，或者说其所有衍射束的强度均可视为零。于是 A 晶粒区域的透射束强度仍近似等于入射束强度 I_0。

由于在电子显微镜中样品的第一幅衍射花样出现在物镜的背焦面上，所以若在这个平面上加进一个尺寸足够小的物镜光阑，把 B 晶粒的 hkl 衍射束挡掉，而只让透射束通过光阑孔并到达像平面，则构成样品的第一幅放大像。此时，两颗晶粒的像亮度将有不同，因为

$$I_A \approx I_0$$

$$I_B \approx I_0 - I_{hkl}$$

如以 A 晶粒亮度 I_A 为背景强度，则 B 晶粒的像衬度为

$$\left(\frac{\Delta I}{I}\right)_B = \frac{I_A - I_B}{I_A} \approx \frac{I_{hkl}}{I_0}$$

于是在荧光屏上将会看到（荧光屏上图像只是物镜像平面上第一幅放大像的进一步放大而已）B 晶粒较暗而 A 晶粒较亮（图 9-28a）。这种由于样品中不同位向的晶体的衍射条件（位向）不同而造成的衬度差别称为衍射衬度。这种让透射束通过物镜光阑而把衍射束挡掉得到图像衬度的方法称为明场(BF)成像，所得到的像称为明场像。

图 9-28 铝合金晶粒形貌衍衬像

a）明场像 b）暗场像

如果把图 9-27a 中物镜光阑的位置移动一下，使其光阑孔套住 hkl 斑点，而把透射束挡掉，可以得到暗场(DF)像。但是，由于此时用于成像的是离轴光线，所得图像质量不高，有较严重的像差。习惯上常以另一种方式产生暗场像，即把入射电子束方向倾斜 2θ 角度（通过照明系统的倾斜来实现），使 B 晶粒的$(\bar{h}\ \bar{k}\ \bar{l})$晶面组处于强烈衍射的位向，而物镜光阑仍在光轴位置。此时只有 B 晶粒的 $\bar{h}\ \bar{k}\ \bar{l}$ 衍射束正好通过光阑孔，而透射束被挡掉，如图 9-27b 所示。此方法称为中心暗场(CDF)成像方法。B 晶粒的像亮度为 $I_B \approx I_{\bar{h}\bar{k}\bar{l}}$，而 A 晶粒由于在该方向的散射度极小，像亮度几乎近于零，图像的衬度特征恰好与明场像相反，B 晶粒较亮而 A 晶粒很暗，如图 9-28b 所示。显然，暗场像的衬度将明显地高于明场像。在金属薄膜的透射电子显微分析中，暗场成像是一种十分有用的技术。

上述单相多晶体薄膜的例子说明，在衍衬成像方法中，某一最符合布拉格条件的(hkl)晶面组强衍射束起着十分关键的作用，因为它直接决定了图像的衬度。特别是在暗场条件下，像点的亮度直接等于样品上相应物点在光阑孔所选定的那个方向上的衍射强度，而明场像的衬度特征是跟它互补的(至少在不考虑吸收的时候是这样)。正是因为衍衬图像完全是由衍射强度的差别所产生的，所以这种图像必将是样品内不同部位晶体学特征的直接反映。

第八节　衍射运动学理论

入射电子受原子强烈的散射作用，因而在晶体内透射波和衍射波之间的相互作用实际上是不容忽视的。

在简单的双光束条件下，即当晶体的(hkl)晶面处于精确的布拉格位向时，入射波只被激发成为透射波和(hkl)晶面的衍射波的情况下，考虑这两个波之间的相互作用。

如图 9-29 所示，当波矢量为 $\boldsymbol{k}$ 的入射波到达样品上表面时，随即开始受到晶体内原子的相干散射，产生波矢量为 $\boldsymbol{k}'$ 的衍射波。但在此上表面附近，由于参与散射的原子或晶胞数量有限，衍射强度很小；随着电子波在晶体内深度方向上传播，透射波(与入射波具有相同的波矢量)强度不断减弱，假若忽略非弹性散射引起的吸收效应，则相应的能量（强度）转移到衍射波方向，使衍射波的强度不断增大，如图 9-29a 所示。不难想象，当电子波在晶体内传播到一定深度(如 A 位置)时，由于足够的原子或晶胞参与了散射，将使透射波的振幅 Φ_0 下降为零，全部能量转移到衍射方向使衍射波振幅 Φ_g 上升为最大，它们的强度 $I_0=\Phi_0^2$ 和 $I_g=\Phi_g^2$ 也相应地发生变化，如图 9-29b、c 所示。

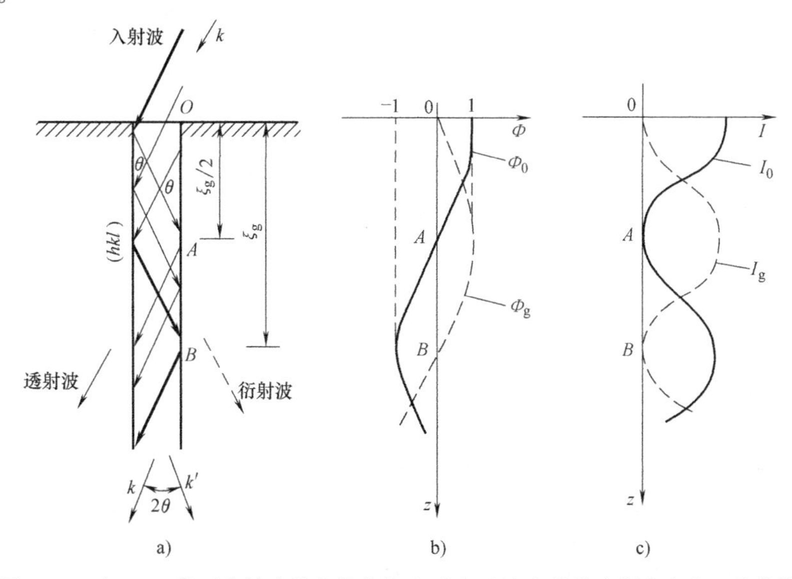

图 9-29　在(hkl)晶面为精确的布拉格位向时电子波在晶体内深度方向上的传播
a）布拉格位向下的衍射（箭头粗细表示振幅绝对值或强度的大小）
b）振幅变化　c）强度变化

与此同时，必须注意到由于入射波与(hkl)晶面交成精确的布拉格角 θ，那么由入射波激发产生的衍射波也与该晶面交成同样的角度。于是在晶体内逐步增强的衍射波也必将作为新的入射波激发同一晶面的二次衍射，其方向恰好与透射波的传播方向相同。随着电子波在晶体内深度方向上的进一步传播，*OA* 阶段的能量转移过程将以相反的方式在 *AB* 阶段中被重复，衍射波的强度逐渐下降而透射波的强度相应增大。

这种强烈的动力学相互作用的结果，使 I_0 和 I_g 在晶体深度方向上发生周期性的振荡，如图 9-29c 所示。振荡的深度周期叫作消光距离，记作 ξ_g。这里，"消光" 指的是尽管满足衍射条件，但由于动力学相互作用而在晶体内一定深度处衍射波(或透射波)的强度实际为零。理论推导结果表明

$$\xi_g=\frac{\pi d\cos\theta}{\lambda nF_g} \tag{9-21}$$

式中，d 为晶面间距；n 为原子面上单位面积内所含晶胞数。

所以，$1/n$ 就是一个晶胞所占有的面积，而晶胞的体积 $V_c=d\left(\frac{1}{n}\right)$，代入式(9-21)得

$$\xi_g=\frac{\pi V_c\cos\theta}{\lambda F_g} \tag{9-22}$$

式中，V_c 为晶胞体积；θ 为布拉格角；F_g 为结构因子。

由此可见，对同一晶体，当不同晶面的衍射波被激发时，也有不同的 ξ_g 值。表 9-4 是几种晶体的消光距离。

表 9-4 几种晶体的消光距离 ξ_g 值 (单位：nm)

加速电压为 100kV 时的消光距离值

晶体	*Z*	点阵	*hkl*			
			110	111	200	211
Al	13	fcc		56	68	
Ag	47	fcc		24	27	
Au	79	fcc		18	20	
Fe	26	bcc	28		40	50

晶体	*Z*	点阵	*hkil*		
			$10\bar{1}0$	$11\bar{2}0$	$20\bar{2}0$
Mg	12	hcp	150	140	335
Zr	40	hcp	60	50	115

消光距离随加速电压的变化

晶体	*hkl*	50kV	100kV	200kV	1000kV
Al	111	41	56	70	95
Fe	110	20	28	41	46
Zr	$10\bar{1}0$	45	60	90	102

本章所指的衬度是指像平面上各像点强度(亮度)的差别。衍射衬度实际上是入射电子束和薄晶体样品之间相互作用后，反映样品内不同部位组织特征的成像电子束在像平面上存在强度差别的反映。利用衍衬运动学的原理可以计算各像点的衍射强度，从而可以定性地解

释透射电子显微镜衍衬图像的形成原因。

薄晶体电子显微图像的衬度可用运动学理论或动力学理论来解释。如果按运动学理论来处理，则电子束进入样品时随着深度的增大，在不考虑吸收的条件下，透射束不断减弱，而衍射束不断加强。如果按动力学理论来处理，则随着电子束深入样品，透射束和衍射束之间的能量是交替变换的。虽然动力学理论比运动学理论能更准确地解释薄晶体中的衍衬效应，但是这个理论数学推导烦琐，且物理模型抽象，在有限的篇幅内难以把它阐述清楚。相反，运动学理论简单明了，物理模型直观，对于大多数衍衬现象都能很好地定性说明。下面将介绍衍衬运动学的基本概念和应用。

一、基本假设和近似处理方法

运动学理论有两个基本假设。首先，不考虑衍射束和入射束之间的相互作用，也就是说两者间没有能量的交换。当衍射束的强度比入射束小得多时，这个条件是可以满足的，特别是在试样很薄和偏离矢量较大的情况下。其次，不考虑电子束通过晶体样品时引起的多次反射和吸收。换言之，由于样品非常薄，因此多次反射和吸收可以忽略。

在满足了上述两个基本假设条件后，运动学理论采用以下两个近似处理方法。

（一）双光束近似

假定电子束透过薄晶体试样成像时，除了透射束外只存在一束较强的衍射束，而其他衍射束却大大偏离布拉格条件，它们的强度均可视为零。这束较强衍射束的反射晶面位置接近布拉格条件，但不是精确符合布拉格条件（即存在一个偏离矢量 $\boldsymbol{s}$）。作这样假设的目的有两个：首先，存在一个偏离矢量 $\boldsymbol{s}$ 是要使衍射束的强度远比透射束弱，这就可以保证衍射束和透射束之间没有能量交换（如果衍射束很强，势必发生透射束和衍射束之间的能量转换，此时必须用动力学方法来处理衍射束强度的计算）；其次，若只有一束衍射束，则可以认为衍射束的强度 I_g 和透射束的强度 I_T 之间有互补关系，即 $I_0=I_T+I_g=1$，I_0 为入射束强度。因此，只要计算出衍射束强度，便可知道透射束的强度。

（二）柱体近似

所谓柱体近似，就是把成像单元缩小到和一个晶胞相当的尺度。可以假定透射束和衍射束都能在一个和晶胞尺寸相当的晶柱内通过，此晶柱的截面积等于或略大于一个晶胞的底面积，相邻晶柱内的衍射波不相干扰，晶柱底面上的衍射强度只代表一个晶柱内晶体结构的情况。因此，只要把各个晶柱底部的衍射强度记录下来，就可以推测出整个晶体下表面的衍射强度（衬度）。这种把薄晶体下表面上每点的衬度和晶柱结构对应起来的处理方法称为柱体近似，如图 9-30 所示。图中 I_{g1}、I_{g2}、I_{g3} 三点分别代表晶柱Ⅰ、Ⅱ、Ⅲ底部的衍射强度。如果三个晶柱内晶体结构有差别，则 I_{g1}、I_{g2}、I_{g3} 三点的衬度就不同。由于晶柱底部的截面积很小，它比所能观察到的最小晶体缺陷（如位错线）的尺度还要小一些，事实上每个晶柱底部的衍射强度都可看作一个像点，将这些像点连接而成的图像，就能反映出晶体试样内各种缺陷组织的结构特点。

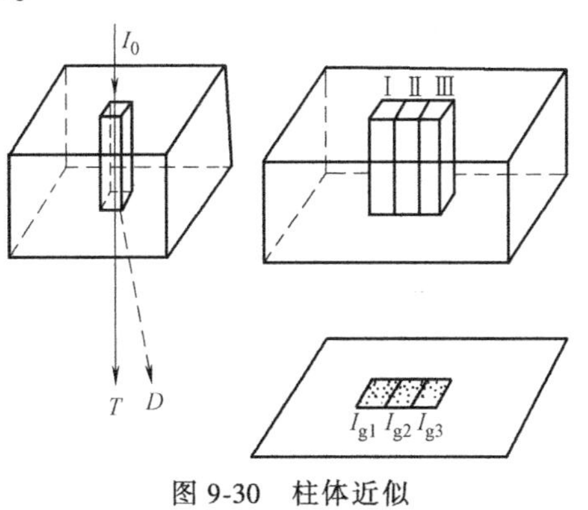

图 9-30　柱体近似

二、理想晶体的衍射强度

考虑图 9-31 所示的厚度为 t 的完整晶体内晶柱 OA 所产生的衍射强度。首先要计算出柱体下表面处的衍射波振幅 Φ_g（图 9-31a），由此可求得衍射强度。设平行于表面的平面间距为 d，则 A 处厚度元 dz 内有 dz/d 层原子，则此厚度元引起的衍射波振幅变化为

$$d\Phi_g=\frac{in\lambda F_g}{\cos\theta}e^{-2\pi i\boldsymbol{K}'\cdot\boldsymbol{r}}\cdot\frac{dz}{d}=\frac{\pi i}{\xi_g}e^{-2\pi i\boldsymbol{K}'\cdot\boldsymbol{r}}dz \tag{9-23}$$

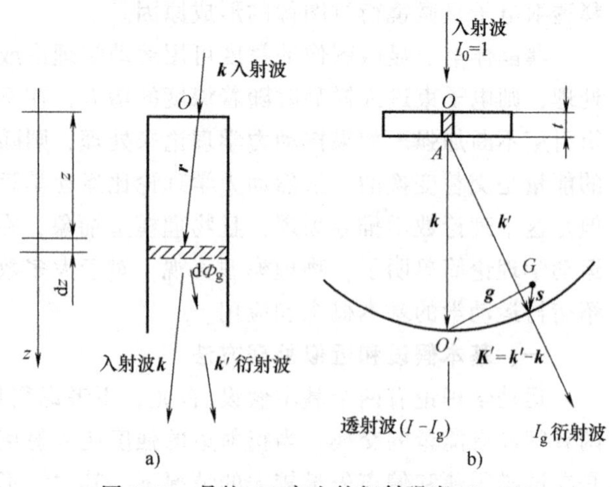

图 9-31 晶柱 OA 产生的衍射强度（$s>0$）

晶体下表面的衍射振幅等于上表面到下表面各层原子面在衍射方向 $\boldsymbol{k}'$ 上的衍射波振幅叠加的总和。考虑到各层原子面衍射波振幅的相位变化，则可得到 Φ_g 的表达式为

$$\Phi_g=\frac{\pi i}{\xi_g}\sum_{柱体}e^{-2\pi i\boldsymbol{K}'\cdot\boldsymbol{r}}dz=\frac{\pi i}{\xi_g}\sum_{柱体}e^{-i\varphi}dz \tag{9-24}$$

式中，$\varphi=2\pi\boldsymbol{K}'\cdot\boldsymbol{r}$ 是 $\boldsymbol{r}$ 处原子面散射波相对于晶体上表面位置散射波的相位角，考虑到在偏离布拉格条件时（图 9-31b），衍射矢量 $\boldsymbol{K}'$ 为

$$\boldsymbol{K}'=\boldsymbol{k}'-\boldsymbol{k}=\boldsymbol{g}+\boldsymbol{s}$$

故相位角可表示为

$$\varphi=2\pi\boldsymbol{K}'\cdot\boldsymbol{r}=2\pi\boldsymbol{s}\cdot\boldsymbol{r}=2\pi sz$$

其中 $\boldsymbol{g}\cdot\boldsymbol{r}$=整数（因为 $\boldsymbol{g}=h\boldsymbol{a}^*+k\boldsymbol{b}^*+l\boldsymbol{c}^*$，而 $\boldsymbol{r}$ 必为点阵平移矢量的整数倍，则可以写成 $\boldsymbol{r}=u\boldsymbol{a}+v\boldsymbol{b}+w\boldsymbol{c}$），$\boldsymbol{s}/\!/\boldsymbol{r}/\!/\boldsymbol{z}$，且 $r=z$，于是有

$$\begin{aligned}\Phi_g&=\frac{\pi i}{\xi_g}\sum_{柱体}e^{-2\pi isz}dz\\&=\frac{\pi i}{\xi_g}\int_0^t e^{-2\pi isz}dz\end{aligned} \tag{9-25}$$

其中的积分部分

$$\begin{aligned}\int_0^t e^{-2\pi isz}dz&=\frac{1}{2\pi is}(1-e^{-2\pi ist})\\&=\frac{1}{\pi s}\frac{e^{\pi ist}-e^{-\pi ist}}{2i}e^{-\pi ist}\\&=\frac{1}{\pi s}\sin(\pi st)e^{-\pi ist}\end{aligned}$$

代入式（9-25），得到

$$\Phi_g=\frac{\pi i}{\xi_g}\frac{\sin(\pi st)}{\pi s}e^{-\pi ist} \tag{9-26}$$

而衍射强度

$$I_g = \Phi_g \cdot \Phi_g^* = \left(\frac{\pi^2}{\xi_g^2}\right)\frac{\sin^2(\pi st)}{(\pi s)^2} \tag{9-27}$$

这个结果说明，理想晶体的衍射强度 I_g 随样品的厚度 t 和衍射晶面与精确的布拉格位向之间偏离参量 s 而变化。由于运动学理论认为明暗场的衬度是互补的，故令

$$I_T + I_g = 1$$

因此有

$$I_T = 1 - \left(\frac{\pi^2}{\xi_g^2}\right)\frac{\sin^2(\pi st)}{(\pi s)^2} \tag{9-28}$$

三、理想晶体衍衬运动学基本方程的应用

（一）等厚条纹（衍射强度随样品厚度的变化）

如果晶体保持在确定的位向，则衍射晶面偏离矢量 $\boldsymbol{s}$ 保持恒定，此时式(9-27)可以改写为

$$I_g = \frac{1}{(s\xi_g)^2}\sin^2(\pi st) \tag{9-29}$$

把 I_g 随晶体厚度 t 的变化画成曲线，如图 9-32 所示。显然，当 s = 常数时，随样品厚度 t 的变化，衍射强度将发生周期性的振荡，振荡的周期为

$$t_g = 1/s \tag{9-30}$$

这就是说，当 $t = n/s$（n 为整数）时，$I_g = 0$；而当 $t = \left(n + \frac{1}{2}\right)/s$ 时，衍射强度为最大，有

$$I_{g\max} = \frac{1}{(s\xi_g)^2} \tag{9-31}$$

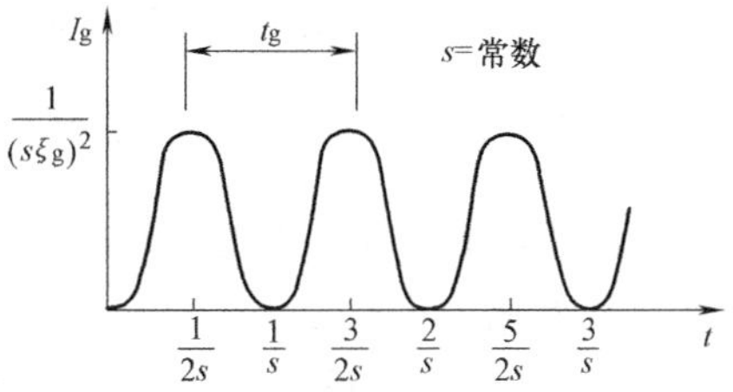

图 9-32　衍射强度 I_g 随晶体厚度 t 的变化

利用类似于图 9-33 所示的振幅-相位图，可以更加形象地说明衍射振幅在晶体内深度方向上的振荡情况。首先把式(9-24)改写成

$$\Phi_g = \sum_{\text{柱体}} \frac{\pi i}{\xi_g} e^{-i\varphi} dz = \sum_{\text{柱体}} d\Phi_g \tag{9-32}$$

式中，$\varphi = 2\pi sz$，表示在深度为 z 处的散射波相对于样品上表面原子层散射波的相位；$d\Phi_g$ 为该深度处 dz 厚度单元散射波振幅。考虑 π 和 ξ_g 都是常数，所以

$$d\Phi_g = \frac{\pi i}{\xi_g} e^{-i\varphi} dz \propto dz \tag{9-33}$$

如果取所有的 dz 都是相等的厚度元，则暂不考虑比例常数$\frac{\pi i}{\xi_g}$，而把 dz 作为每一个厚度单元 dz 的散射振幅，而逐个厚度单元的散射波之间相对相位差为 $d\varphi = 2\pi s dz$。于是，在 $t = Ndz$ 处的合成振幅 $A(Ndz)$，用 A-φ 图来表示的话，就是图 9-33a 中的 $|OQ_1|$，考虑到 dz 很小，A-φ 图就是一个半径 $R = \frac{1}{2\pi s}$ 的圆周，如图 9-33b 所示。此时，晶体内深度为 t 处的合成振幅就是

$$A(t) = \frac{\sin(\pi st)}{\pi s}$$

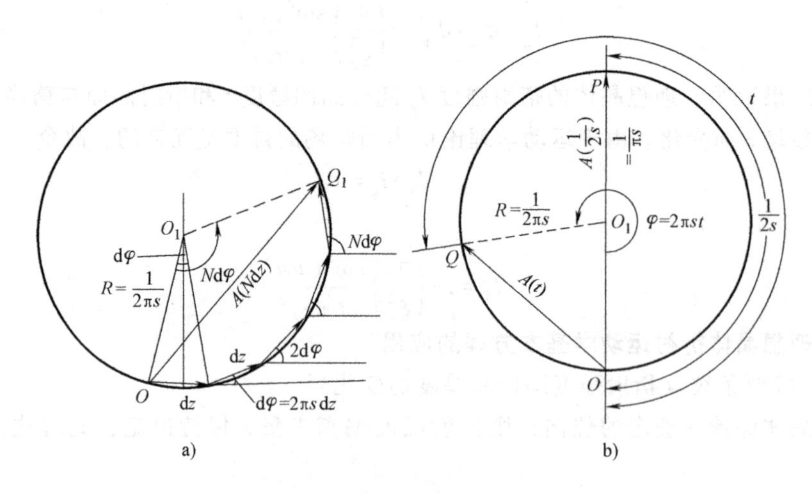

图 9-33 理想晶体内衍射波的振幅-相位图（A-φ）

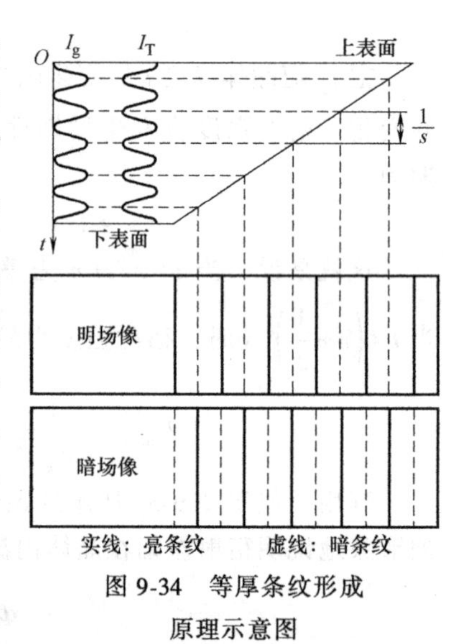

图 9-34 等厚条纹形成原理示意图

相当于从 O 点(晶体上表面)顺圆周方向长度为 t 的弧段所对应的弦 $|OQ|$。显然，该圆周的长度等于 $1/s$，就是衍射波振幅或强度振荡的深度周期 t_g；而圆的直径 OP 所对应的弧长为$\frac{1}{2s}=\frac{1}{2}t_g$，此时衍射振幅为最大。随着电子波在晶体内的传播，即随着 t 的增大，合成振幅 OQ 的端点 Q 在圆周上不断运动，每转一周相当于一个深度周期 t_g。同时，衍射波的合成振幅 $\Phi_g(\propto A)$ 从零变为最大又变为零，强度 $I_g(\propto|\Phi_g|^2\propto|A|^2)$ 发生周期性的振荡。如果 $t=nt_g$，合成振幅 OQ 的端点 Q 在圆周上转了 n 圈以后恰与 O 点重合，$A=0$，衍射强度亦为零。

I_g 随 t 周期性振荡这一运动学结果，定性地解释了晶体样品楔形边缘处出现的厚度消光条纹，并和电子显微图像上显示出来的结果完全相符。图 9-34 所示为一个薄晶体，其一端是一个楔形的斜面，在斜面上的晶体的厚度 t 是连续变化的，故可把斜面部分的晶体分割成一系列厚度各不相等的晶柱。当电子束通过各晶柱时，柱体底部的衍射强度因厚度 t 不同而发生连续变化。根据式(9-27)的计算，在衍衬图像上楔形边缘上将得到几列亮暗相间的条纹，每一亮暗周期代表一个衍射强度的振荡周期大小，此时

$$t_g=\frac{1}{s} \tag{9-34}$$

因为同一条纹上晶体的厚度是相同的，所以这种条纹称为等厚条纹。由式(9-34)可知，消光条纹的数目实际上反映了薄晶体的厚度。因此，在进行晶体学分析时，可通过计算消光条纹的数目来估算薄晶体的厚度。

上述原理也适用于晶体中倾斜界面的分析。实际晶体内部的晶界、亚晶界、孪晶界等都属于倾斜界面。图 9-35 所示为这类界面的示意图。若图中下方晶体偏离布拉格条件甚远，

则可认为电子束穿过这个晶体时无衍射产生，而上方晶体在一定的偏差条件（s=常数）下可产生等厚条纹，这就是实际晶体中倾斜界面的衍衬图像。图 9-36 所示为铝合金中倾斜晶界照片，可以清楚地看出晶界上的条纹。

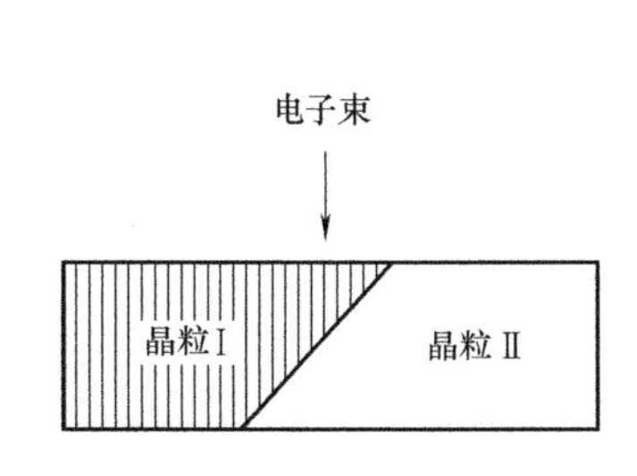

图 9-35　倾斜界面示意图

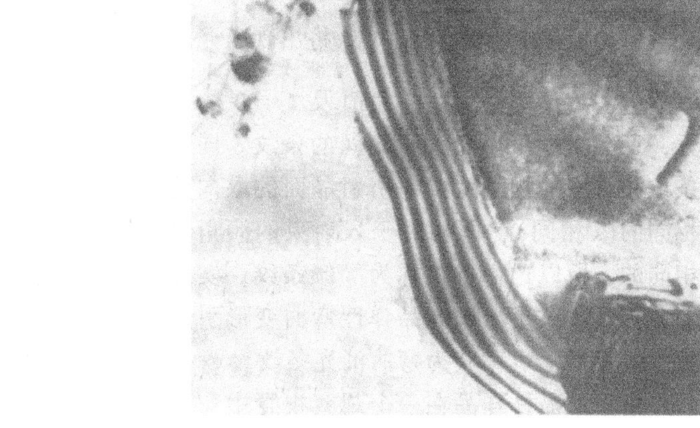

图 9-36　铝合金中倾斜晶界处的等厚条纹

（二）等倾条纹（弯曲消光条纹）

在计算弯曲消光条纹的强度时，可把式（9-27）改写成

$$I_g=\frac{(\pi t)^2}{\xi_g^2}\frac{\sin^2(\pi st)}{(\pi st)^2} \tag{9-35}$$

因为 t=常数，故 I_g 随 s 而变，其变化规律如图 9-37 所示。由图 9-37 可知，当 $s=0$、$\pm\frac{3}{2t}$、$\pm\frac{5}{2t}\cdots$时，I_g 有极大值，其中 $s=0$ 时，衍射强度最大，即

$$I_g=\frac{(\pi t)^2}{\xi_g^2}$$

当 $s=\pm\frac{1}{t}$、$\pm\frac{2}{t}$、$\pm\frac{3}{t}\cdots$时，$I_g=0$。图 9-37 反映了倒易空间中衍射强度的变化规律。由于 $s=\pm\frac{3}{2t}$时的衍射强度已经很小，所以可以把$\pm\frac{1}{t}$的范围看作是偏离布拉格条件后能产生衍射强度的界限。这个界限就是本章中所述及的倒易杆的长度，即 $s=\frac{2}{t}$。据此，就可以得出，晶体厚度越薄，倒易杆长度越长的结论。

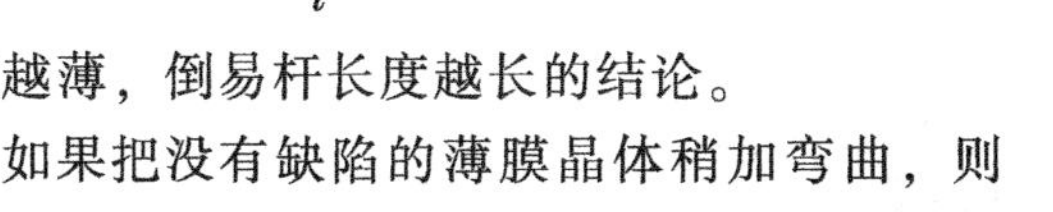

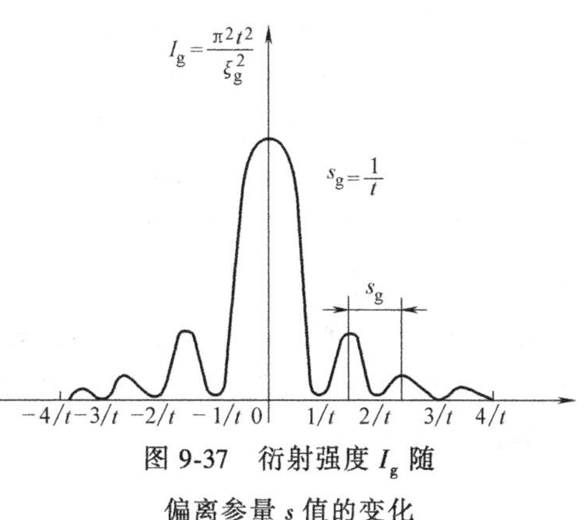

图 9-37　衍射强度 I_g 随偏离参量 s 值的变化

如果把没有缺陷的薄膜晶体稍加弯曲，则在衍衬图像上可出现弯曲消光条纹，即等倾条纹。利用运动学理论关于衍射强度 I_g 随偏离参量 s 周期变化的这一结果，可以定性地解释在弹性变形的薄晶体中所产生的等倾条纹，如图 9-38 所示。在图 9-38 中，如果样品上 O 处衍射晶面的取向精确满足布拉格条件（$\theta=\theta_B$，$s=0$），由于样品发生弹性变形，在 O 点两侧该晶面向相反方向转动，s 的符号相反，且 $|s|$

随与 O 点距离的增大而增大。由运动学理论关于 I_g 随 s 的变化规律可知，当 $s=0$ 时，I_g 取最大值，因此衍衬图像中对应于 $s=0$ 处，将出现亮条纹(暗场)或暗条纹(明场)。在其两侧相应于 $I_g=0\left(s=\pm\frac{1}{t}\right)$ 处将出现暗条纹(暗场)，在两侧 I_g 取极大值及 $I_g=0$ 的位置，还会相继出现亮、暗相间的条纹。同一条纹相对应的样品位置的衍射晶面的取向是相同的(s 相同)，即相对于入射束的倾角是相同的，所以这种条纹称为等倾条纹。实际上，等倾条纹是由于样品弹性弯曲变形引起的，故习惯上也称其为弯曲消光条纹。

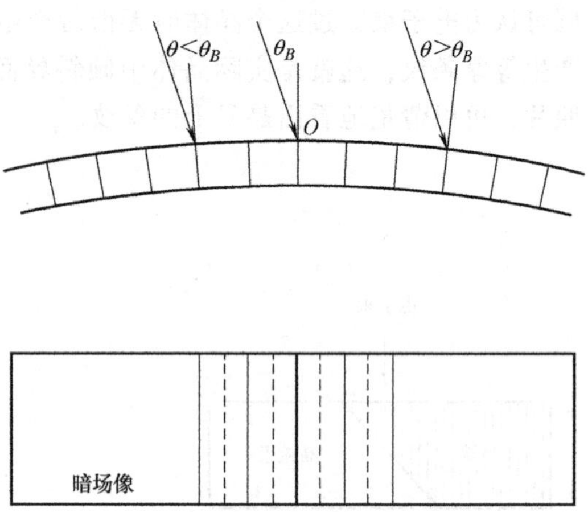

$\theta<\theta_B$　θ_B　$\theta>\theta_B$　O

暗场像

实线：亮条纹　　虚线：暗条纹

图 9-38　等倾条纹形成示意图

由于薄晶体样品在一个观察视野中弯曲的程度是很小的，衍射晶面的偏离程度大约在 $s=0\sim\pm\frac{3}{2t}$ 范围内，且随 $|s|$ 增大衍射强度峰值迅速衰减，因此条纹数目不会很多，所以，在一般情况下，只能观察到 $s=0$ 处的等倾条纹。如果样品变形状态比较复杂，那么等倾条纹不具有对称的特征，还可能出现相互交叉的等倾条纹。有时样品受电子束照射后，由于温度升高而变形，或者样品稍加倾转，可以观察到等倾条纹在荧光屏上发生大幅度扫动。这是因为样品温度变化或倾斜，将导致样品上 $s=0$ 的位置发生改变，等倾条纹出现的位置也随之改变。

四、非理想晶体的衍射强度

电子穿过非理想晶体的晶柱后，晶柱底部衍射波振幅的计算要比理想晶体复杂一些。这是因为晶体中存在缺陷时，晶柱会发生畸变，畸变的大小和方向可用缺陷矢量（或称位移矢量）$\boldsymbol{R}$ 来描述，如图 9-39 所示。如前所述，理想晶体晶柱中位置矢量为 $\boldsymbol{r}$，而非理想晶体中的位置矢量应该是 $\boldsymbol{r}'$。显然，$\boldsymbol{r}'=\boldsymbol{r}+\boldsymbol{R}$，则相位角 φ' 为

$$\varphi'=2\pi\boldsymbol{K}'\cdot\boldsymbol{r}'=2\pi[(\boldsymbol{g}_{hkl}+\boldsymbol{s})\cdot(\boldsymbol{r}+\boldsymbol{R})] \tag{9-36}$$

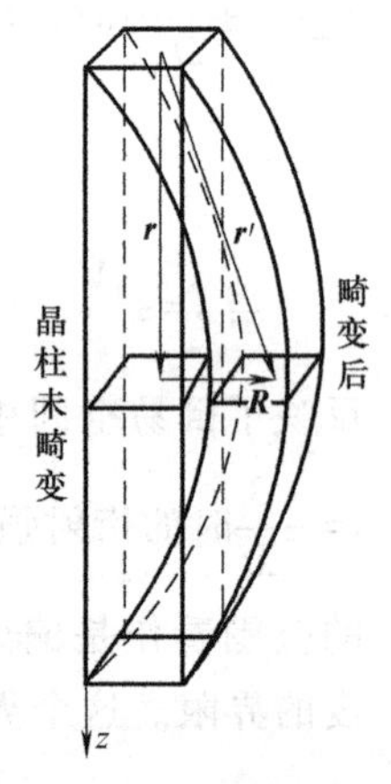

图 9-39　缺陷矢量 $\boldsymbol{R}$

从图 9-39 中可以看出，$\boldsymbol{r}'$和晶柱的轴线方向 z 并不是平行的，其中 $\boldsymbol{R}$ 的大小是轴线坐标 z 的函数。因此，在计算非理想晶体晶柱底部衍射波振幅时，首先要知道 $\boldsymbol{R}$ 随 z 的变化规律。如果一旦求出了 $\boldsymbol{R}$ 的表达式，那么相位角 φ'就随之而定。非理想晶体晶柱底部衍射波振幅就可根据式(9-37)求出

$$\Phi_g=\frac{\pi i}{\xi_g}\sum_{柱体}e^{-i\varphi'}dz \tag{9-37}$$

$$\begin{aligned}e^{-i\varphi'}&=e^{-2\pi i[(\boldsymbol{g}_{hkl}+\boldsymbol{s})\cdot(\boldsymbol{r}+\boldsymbol{R})]}\\&=e^{-2\pi i(\boldsymbol{g}_{hkl}\cdot\boldsymbol{r}+\boldsymbol{s}\cdot\boldsymbol{r}+\boldsymbol{g}_{hkl}\cdot\boldsymbol{R}+\boldsymbol{s}\cdot\boldsymbol{R})}\end{aligned}$$

因为 $\boldsymbol{g}_{hkl}\cdot\boldsymbol{r}$ 等于整数，$\boldsymbol{s}\cdot\boldsymbol{R}$ 数值很小，有时 $\boldsymbol{s}$ 和 $\boldsymbol{R}$ 接近垂直，这两个值可以略去，又

因 $\boldsymbol{s}$ 和 $\boldsymbol{r}$ 接近平行，故 $\boldsymbol{s}\cdot\boldsymbol{r}=sr=sz$，所以

$$e^{-i\varphi'}=e^{-2\pi isz}\cdot e^{-2\pi i\boldsymbol{g}_{hkl}\cdot\boldsymbol{R}}$$

据此，式(9-37)可改写为

$$\Phi_g=\frac{\pi i}{\xi_g}\sum_{柱体}e^{-i(2\pi sz+2\pi\boldsymbol{g}_{hkl}\cdot\boldsymbol{R})}dz$$

亦即

$$\Phi_g=\frac{\pi i}{\xi_g}\int_0^t e^{-(2\pi isz+2\pi i\boldsymbol{g}_{hkl}\cdot\boldsymbol{R})}dz$$

令

$$\alpha=2\pi\boldsymbol{g}_{hkl}\cdot\boldsymbol{R} \tag{9-38}$$

$$\Phi_g=\frac{\pi i}{\xi_g}\sum_{柱体}e^{-i(\varphi+\alpha)}dz \tag{9-39}$$

比较式(9-39)和式(9-24)可以看出，α 就是由于晶体内存在缺陷而引入的附加相位角。由于 α 的存在，造成式(9-24)和式(9-39)各自代表的两个晶柱底部衍射波振幅的差别，由此就可以反映出晶体缺陷引起的衍射衬度。

第九节　衍衬动力学简介

运动学理论可以定性地解释许多衍衬现象，但由于该理论忽略了透射束与衍射束的交互作用以及多重散射引起的吸收效应，使运动学理论具有一定的局限性，对某些衍衬现象尚无法解释。衍衬动力学理论仍然采用双束近似和柱体近似两种处理方法，但它考虑了因非弹性散射引起的吸收效应。动力学与运动学理论的根本区别在于，动力学理论考虑了透射束与衍射束之间的交互作用。后面将会看到，在运动学理论适用的范围内，由动力学理论可以导出运动学的结果，因此运动学理论实质上是动力学理论在一定条件下的近似。

一、运动学理论的不足之处及适用范围

运动学理论是在两个基本假设的前提下建立起来的，理论不完善，还存在一些不足之处，其适用范围具有一定的局限性。按照运动学理论，衍射束强度在样品深度(t)方向上的变化周期为偏离参量的倒数(s^{-1})，而等厚消光条纹的间距正比于 s^{-1}。当 $s\to0$ 时，条纹间距将趋于无穷大。而实际情况并非如此。事实上，即使当 $s=0$ 时，条纹间距仍然为有限值，此时它正比于消光距离 ξ_g。由此可以说明，运动学理论在某些情况下是不适用的，或者可以认为实验条件没有满足运动学理论基本假设的要求。

由运动学理论导出的衍射强度公式

$$I_g=\left(\frac{\pi}{\xi_g}\right)^2\frac{\sin^2(\pi st)}{(\pi s)^2}$$

可知，衍射束强度随偏离参量 s 呈周期性变化，当 $s=0$ 时，衍射束强度取最大值，即

$$I_{g\max}=\left(\frac{\pi t}{\xi_g}\right)^2$$

可见，样品厚度 $t>\frac{\xi_g}{\pi}$ 时，则有 $I_{gmax}>1$，衍射束强度将超过入射束强度（$I_0=1$），这显然是不成立的。运动学理论要求衍射束强度相对于透射束强度是很小的（$I_{gmax}\ll 1$），可以忽略透射束和衍射束的交互作用。要满足这一假设条件，样品厚度必须远小于消光距离，即 $t\ll\frac{\xi_g}{\pi}$。运动学理论适用于极薄的样品。

再根据衍射束强度随样品深度 t 的变化规律可知，衍射束强度的极大值为

$$I_{gmax}=\frac{1}{(s\xi_g)^2}$$

当 $|s\xi_g|<1$ 时，也会出现衍射束强度超过入射束强度的错误结果。若满足 $I_{gmax}\ll 1$，则要求 $|s|\gg\xi_g^{-1}$，即要求有较大的偏离参量。运动学理论适用于衍射晶面相对于布拉格反射位置有较大的偏离参量的情况。

二、完整晶体的动力学方程

这里仅限于在双光束条件下采用柱体近似处理方法，简要介绍衍衬动力学的一些基本概念，并直接给出动力学方程。

如图 9-40 所示，$\boldsymbol{k}$ 是入射电子束波矢。设透射束的振幅为 $\boldsymbol{\Phi}_0$，衍射束的振幅为 $\boldsymbol{\Phi}_g$，透射波和衍射波通过小柱体内的单元 dz，引起的振幅变化 $d\boldsymbol{\Phi}_0$ 和 $d\boldsymbol{\Phi}_g$ 可表示为

$$\begin{cases}\dfrac{d\Phi_0}{dz}=\dfrac{\pi i}{\xi_0}\Phi_0+\dfrac{\pi i}{\xi_g}\Phi_g e^{2\pi isz}\\[2ex]\dfrac{d\Phi_g}{dz}=\dfrac{\pi i}{\xi_0}\Phi_g+\dfrac{\pi i}{\xi_g}\Phi_0 e^{-2\pi isz}\end{cases}\tag{9-40}$$

由式（9-40）可以看出，透射波和衍射波振幅的变化是这两波交互作用的结果，透射波振幅 Φ_0 的变化 $d\Phi_0$ 有衍射波 Φ_g 的贡献，衍射波振幅 Φ_g 的变化 $d\Phi_g$ 也有透射波 Φ_0 的贡献。

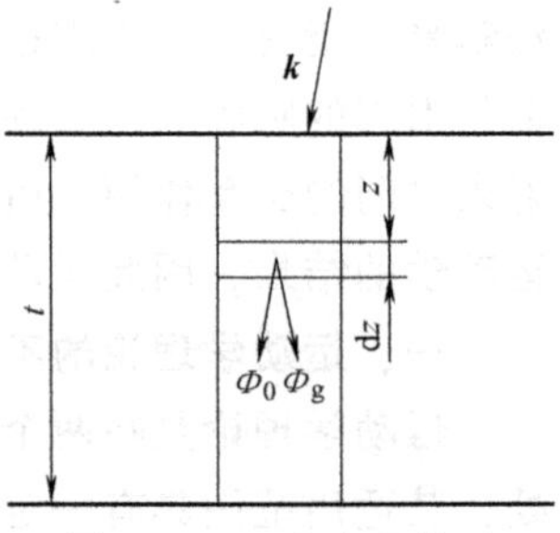

为求解方便，可做如下代换：

$$\begin{cases}\Phi_0'=\Phi_0\exp\left(-\dfrac{\pi iz}{\xi_0}\right)\\[2ex]\Phi_g'=\Phi_g\exp\left(2\pi isz-\dfrac{\pi iz}{\xi_0}\right)\end{cases}\tag{9-41}$$

图 9-40 双光束条件下的动力学柱体近似

将式（9-41）代入式（9-40），并略去上角"′"（因为上述代换只修正了相位，对强度并无影响），可得到完整晶体衍衬动力学方程的另一种形式，即

$$\begin{cases}\dfrac{d\Phi_0}{dz}=\dfrac{\pi i}{\xi_g}\Phi_g\\[2ex]\dfrac{d\Phi_g}{dz}=\dfrac{\pi i}{\xi_g}\Phi_0+2\pi is\Phi_g\end{cases}\tag{9-42}$$

从式（9-42）中消去 Φ_g 和 $\frac{d\Phi_g}{dz}$，可导出 Φ_0 的二阶微分方程为

$$\frac{d^2\Phi_0}{dz^2} - 2\pi i s\frac{d\Phi_0}{dz} + \frac{\pi^2}{\xi_g^2}\Phi_0 = 0 \tag{9-43}$$

利用边界条件，在样品上表面 $z=0$ 处，$\Phi_0=1$，$\Phi_g=0$，可求解微分方程

$$\begin{cases} \Phi_0 = \cos\left(\dfrac{\pi t\sqrt{1+\omega^2}}{\xi_g}\right) - \dfrac{i\omega}{\sqrt{1+\omega^2}}\sin\left(\dfrac{\pi t\sqrt{1+\omega^2}}{\xi_g}\right) \\ \Phi_g = \dfrac{i}{\sqrt{1+\omega^2}}\sin\left(\dfrac{\pi t\sqrt{1+\omega^2}}{\xi_g}\right) \end{cases} \tag{9-44}$$

式中，$\omega=s\xi_g$，是一个量纲为 1 的参量，用以表示衍射晶面偏离反射位置的程度。

由此获得的动力学条件下的完整晶体衍射强度公式为

$$I_g = |\Phi_g|^2 = \frac{1}{1+\omega^2}\sin^2\left(\frac{\pi t\sqrt{1+\omega^2}}{\xi_g}\right) \tag{9-45}$$

在此引入一个新的参数，称为有效偏离参量 s_{eff}，即

$$s_{eff} = \frac{\sqrt{1+\omega^2}}{\xi_g} = \sqrt{s^2+\xi_g^{-2}} \tag{9-46}$$

将式(9-46)代入式(9-45)，可得

$$I_g = \left(\frac{\pi}{\xi_g}\right)^2\frac{(\sin^2\pi t s_{eff})}{(\pi s_{eff})^2} \tag{9-47}$$

比较式(9-47)和式(9-35)可见，动力学理论导出的衍射强度公式与运动学理论的衍射强度公式具有相对应的形式。下面就运动学理论所存在的局限性问题，对动力学的衍射强度公式进行有关的讨论。

1）式(9-45)表明，衍射束强度 $I_g \leqslant \dfrac{1}{1+\omega^2} \leqslant 1$。当 $s=0$ 时，$I_{gmax}=1$。无论样品厚度如何变化，即使 $t>\dfrac{\xi_g}{\pi}$，也不会出现衍射束强度超过入射束强度的错误结果。

2）衍射束强度随样品厚度 t 呈周期性变化，变化周期为$\dfrac{1}{s_{eff}}$。当 $s=0$ 时，$\dfrac{1}{s_{eff}}=\xi_g$，衍射束强度在样品深度方向上的变化周期等于消光距离。此时等厚消光条纹的间距为正比于 ξ_g 的有限值。

3）当 $s\gg\dfrac{1}{\xi_g}$时，可忽略式(9-46)中的 ξ_g^{-2} 项，s_{eff} 和 s 近似相等，于是式(9-47)可变化为

$$I_g = \left(\frac{\pi}{\xi_g}\right)^2\frac{\sin^2(\pi t s)}{(\pi s)^2}$$

这正是运动学理论给出的结果。由此可见，由动力学理论可以推导出运动学的结果，也就是说，运动学理论是动力学理论在特定条件下的近似。

三、不完整晶体的动力学方程

采用与运动学理论完全类似的方法，在有晶格畸变的柱体中引入位移矢量 $\boldsymbol{R}$，将其引起

的附加相位角 $\alpha=2\pi\boldsymbol{g}\cdot\boldsymbol{R}$，以附加相位因子的形式代入完整晶体的波振幅方程式(9-40)中，可得到不完整晶体的波振幅动力学方程，即

$$\begin{cases}\dfrac{\mathrm{d}\Phi_0}{\mathrm{d}z}=\dfrac{\pi\mathrm{i}}{\xi_0}\Phi_0+\dfrac{\pi\mathrm{i}}{\xi_g}\Phi_g\exp(2\pi\mathrm{i}sz+2\pi\mathrm{i}\boldsymbol{g}\cdot\boldsymbol{R})\\[2ex]\dfrac{\mathrm{d}\Phi_g}{\mathrm{d}z}=\dfrac{\pi\mathrm{i}}{\xi_0}\Phi_g+\dfrac{\pi\mathrm{i}}{\xi_g}\Phi_0\exp(-2\pi\mathrm{i}sz-2\pi\mathrm{i}\boldsymbol{g}\cdot\boldsymbol{R})\end{cases}\tag{9-48}$$

式(9-48)的第一个方程中的附加相位因子 $\exp(2\pi\mathrm{i}\boldsymbol{g}\cdot\boldsymbol{R})$ 表示衍射波相对于透射波的散射引起的相位变化，第二个方程中的 $\exp(-2\pi\mathrm{i}\boldsymbol{g}\cdot\boldsymbol{R})$ 表示透射波相对于衍射波的散射引起的相位变化。

为了进一步讨论晶体缺陷对透射波和衍射波振幅的影响，可通过如下变换将波振幅方程变换为另一种形式，令

$$\begin{cases}\Phi_0''=\Phi_0\exp\left(-\dfrac{\pi\mathrm{i}z}{\xi_0}\right)\\[2ex]\Phi_g''=\Phi_g\exp\left(2\pi\mathrm{i}sz-\dfrac{\pi\mathrm{i}z}{\xi_0}+2\pi\mathrm{i}\boldsymbol{g}\cdot\boldsymbol{R}\right)\end{cases}\tag{9-49}$$

将式(9-49)代入式(9-48)，并略去上角标“″”，可推出

$$\begin{cases}\dfrac{\mathrm{d}\Phi_0}{\mathrm{d}z}=\dfrac{\pi\mathrm{i}}{\xi_g}\Phi_g\\[2ex]\dfrac{\mathrm{d}\Phi_g}{\mathrm{d}z}=\dfrac{\pi\mathrm{i}}{\xi_g}\Phi_0+\left(2\pi\mathrm{i}sz+2\pi\mathrm{i}\boldsymbol{g}\cdot\dfrac{\mathrm{d}\boldsymbol{R}}{\mathrm{d}z}\right)\Phi_g\end{cases}\tag{9-50}$$

与式(9-42)比较可见，式(9-50)的第二个方程中的 $\boldsymbol{g}\cdot\dfrac{\mathrm{d}\boldsymbol{R}}{\mathrm{d}z}$ 反映了晶体缺陷对衍射波振幅的影响。缺陷引起的晶格畸变使衍射晶面发生局部的转动，使衍射晶面偏离布拉格位置的程度增大 $\boldsymbol{g}\cdot\dfrac{\mathrm{d}\boldsymbol{R}}{\mathrm{d}z}$，偏离参量由完整晶体处的 s 变化为晶体缺陷处的 $\left(s+\boldsymbol{g}\cdot\dfrac{\mathrm{d}\boldsymbol{R}}{\mathrm{d}z}\right)$，从而使有缺陷处的衍射束强度（或振幅）有别于无缺陷的完整晶体，使缺陷显示衬度。

第十节 晶体缺陷分析

这里所指的晶体缺陷主要是下列三种，即层错、位错和第二相粒子在基体上造成的畸变。

一、层错

堆积层错是最简单的平面缺陷。层错发生在确定的晶面上，层错面上、下方分别是位向相同的两块理想晶体，但下方晶体相对于上方晶体存在一个恒定的位移 $\boldsymbol{R}$。例如，在面心立方晶体中，层错面为{111}，其位移矢量 $\boldsymbol{R}=\pm\dfrac{1}{3}$<111>或 $\pm\dfrac{1}{6}$<112>。$\boldsymbol{R}=+\dfrac{1}{3}$<111>表示下方晶体向上移动，相当于抽去一层{111}原子面后再合起来，形成内禀层错；$\boldsymbol{R}=-\dfrac{1}{3}$<111>相当

于插入一层{111}面，形成外禀层错。$\boldsymbol{R}=\pm\frac{1}{6}$<112>表示下方晶体沿层错面的切变位移，同样有内禀和外禀两种，但包围着层错的偏位错与$\boldsymbol{R}=\pm\frac{1}{3}$<111>类型的层错不同。对于$\boldsymbol{R}=\pm\frac{1}{6}$<112>的层错 $\alpha=2\pi\boldsymbol{g}\cdot\boldsymbol{R}=2\pi(h\boldsymbol{a}^*+k\boldsymbol{b}^*+l\boldsymbol{c}^*)\cdot\frac{1}{6}(\boldsymbol{a}+\boldsymbol{b}+2\boldsymbol{c})=\frac{\pi}{3}(h+k+2l)$。因为面心立方晶体衍射晶面的 h、k、l 为全奇或全偶，所以 α 只可能是 0 或$\pm\frac{2\pi}{3}$。如果选用 $\boldsymbol{g}$ 为[$11\bar{1}$]或[311]等，层错将不显示衬度；但若 $\boldsymbol{g}$ 为[200]或[220]等，$\alpha=\pm\frac{2\pi}{3}$，可以观察到这种缺陷。下面以 $\alpha=-\frac{2\pi}{3}$为例，说明层错衬度的一般特征。

1. 平行于薄膜表面的层错

设在厚度为 t 的薄膜内存在平行于表面的层错 CD，它与上、下表面的距离分别为 t_1 和 t_2，如图 9-41a 所示。对于无层错区域，衍射波振幅为

$$\boldsymbol{\Phi}_{\mathrm{g}}\propto \boldsymbol{A}(t)=\int_0^t \mathrm{e}^{-2\pi isz}\mathrm{d}z=\frac{\sin(\pi ts)}{\pi s} \tag{9-51}$$

而在存在层错的区域，衍射波振幅则为

$$\begin{aligned}\boldsymbol{\Phi}'_{\mathrm{g}}\propto \boldsymbol{A}'(t)&=\int_0^{t_1}\mathrm{e}^{-2\pi isz}\mathrm{d}z+\int_{t_1}^{t_2}\mathrm{e}^{-2\pi isz}\mathrm{e}^{-i\alpha}\mathrm{d}z\\&=\int_0^{t_1}\mathrm{e}^{-2\pi isz}\mathrm{d}z+\mathrm{e}^{-i\alpha}\int_{t_1}^{t_2}\mathrm{e}^{-2\pi isz}\mathrm{d}z\end{aligned} \tag{9-52}$$

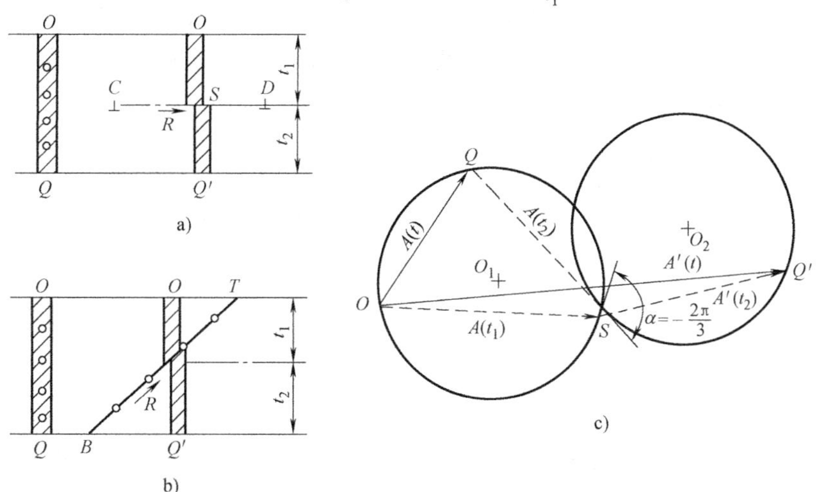

图 9-41　堆积层错的衬度来源

a）平行层错　b）倾斜层错　c）当 $\alpha=2\pi\boldsymbol{g}\cdot\boldsymbol{R}=-\frac{2\pi}{3}$时的振幅-相位图

显然，在一般情况下 $\boldsymbol{\Phi}'_{\mathrm{g}}\neq\boldsymbol{\Phi}_{\mathrm{g}}$，衍衬图像存在层错的区域将与无层错区域出现不同的亮度，即构成了衬度。层错区显示为均匀的亮区或暗区。

在振幅-相位图（图 9-41c）中，振幅 $\boldsymbol{A}(t)$ 相当于$|OQ|$。事实上，如果把无层错区域

的晶体柱也分成 t_1 和 t_2 两部分，则 $\overrightarrow{OQ}=\overrightarrow{OS}+\overrightarrow{SQ}$，即 $\boldsymbol{A}(t)=\boldsymbol{A}(t_1)+\boldsymbol{A}(t_2)$，其中$\boldsymbol{A}(t_1)$和$\boldsymbol{A}(t_2)$分别是厚度为 t_1 和 t_2 的两段晶体柱的合成振幅。因为不存在层错，所有厚度元的散射振幅 $\mathrm{d}\Phi_g(\propto \mathrm{d}z)$都在以 O_1 为圆心的同一个圆周上叠加。可是，对于层错区域，晶体柱在 S 位置(相当于 t_1 深度)以下发生整体的位移 $\boldsymbol{R}$，所以下部晶体厚度元的散射振幅将在另一个以 O_2 为圆心的圆周上叠加，在 S 点处发生 $\alpha=-\dfrac{2\pi}{3}$的相位突变。于是，它的合成振幅$\boldsymbol{A}'(t)=\boldsymbol{A}(t_1)+\boldsymbol{A}'(t_2)$，相当于 $\overrightarrow{\boldsymbol{OQ}'}=\overrightarrow{\boldsymbol{OS}}+\overrightarrow{\boldsymbol{SQ}'}$。由此不难看出，尽管$|\boldsymbol{A}'(t_2)|=|\boldsymbol{A}(t_2)|$，可是由于附加相位 α 的引入，致使 $\boldsymbol{A}'(t)\neq\boldsymbol{A}(t)$。

作为一种特殊情况，如果 $t_1=nt_g=n/s$（其中 n 为整数），则在 A-φ 图中 S 与 O 点重合，$\boldsymbol{A}(t_1)=0$，此时 $\boldsymbol{A}'(t)=\boldsymbol{A}(t)$，层错也将不显示衬度。

2. 倾斜于薄膜表面的层错

如图 9-41b 所示，薄膜内存在倾斜于表面的层错，它与上下表面的交线分别为 T 和 B。此时层错区域内的衍射波振幅仍由式（9-52）表示；但在该区域内的不同位置，晶体柱上、下两部分的厚度 t_1 和 $t_2=t-t_1$ 是逐点变化的。在振幅-相位图中，t_1 的变化相当于 S 点在 O_1 圆周上运动，而 t_2 的变化相当于 O_1 点在 O_2 圆周上运动。如果 $t_1=n/s$，$\boldsymbol{A}'(t)=\boldsymbol{A}(t)$，亮度与无层错区域相同；如果 $t_1=\left(n+\dfrac{1}{2}\right)/s$，则 $\boldsymbol{A}'(t)$ 为最大或最小，可能大于，也可能小于 $\boldsymbol{A}(t)$，但肯定不等于 $\boldsymbol{A}(t)$。基于上述分析，运动学理论告诉我们：倾斜于薄膜表面的堆积层错与其他的倾斜界面（如晶界等）相似，显示为平行于层错面与上、下表面交线的亮暗相间的条纹，其深度周期为 $t_g=1/s$。孪晶的形态不同于层错，孪晶是由黑白衬度相间、宽度不等的平行条带构成的，相间的相同衬度条带为同一位向，而另一衬度条带为相对称的位向。层错是等间距的条纹。图 9-42 所示为 Ni-Ti-Hf 合金中的层错形态。图 9-43 所示为单斜 ZrO_2 中的孪晶形貌。

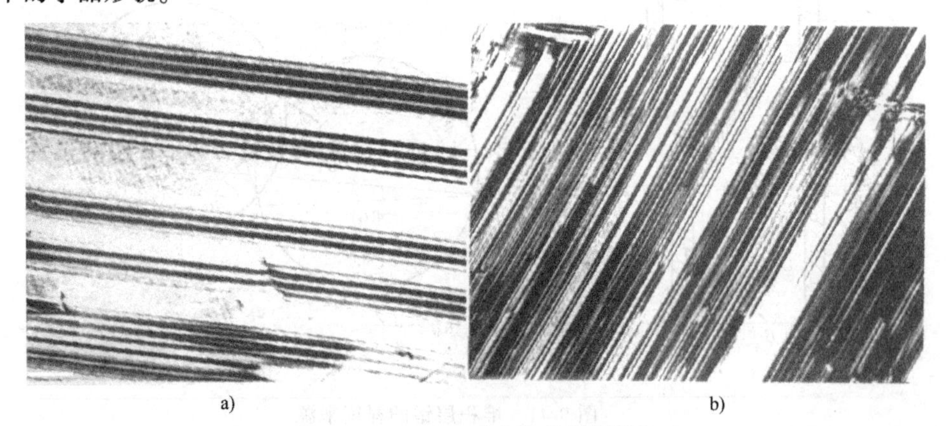

a) b)

图 9-42 Ni-Ti-Hf 合金中的层错形态

二、位错

不完整晶体衍衬运动学基本方程可以很清楚地用来说明螺型位错线的成像原因。图 9-44 所示为一条和薄晶体表面平行的螺型位错线，螺型位错线附近有应变场，使晶柱 PQ 畸变成 $P'Q'$。根据螺型位错线周围原子的位移特性，可以确定缺陷矢量 $\boldsymbol{R}$ 的方向和柏氏矢量 $\boldsymbol{b}$ 的方向一致。图 9-44 中 x 表示晶柱和位错线之间的水平距离，y 表示位错线至膜上表面的距离，z 表示晶柱内不同深度的坐标，薄晶体的厚度为 t。因为晶柱位于螺型位错的应力场之中，晶柱内各点应变量都不相同，因此各点上 $\boldsymbol{R}$ 矢量的数值均不相同，即 $\boldsymbol{R}$ 应是坐标 z 的函数。为了便于描绘晶体的畸变特点，把矢量 $\boldsymbol{R}$ 的长度坐标转换成角坐标 β，其关系为

$$\frac{R}{b}=\frac{\beta}{2\pi}$$

$$R=b\frac{\beta}{2\pi}$$

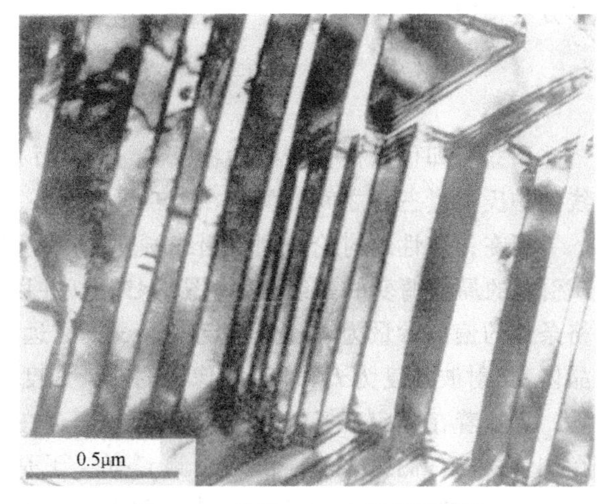

图 9-43 单斜 ZrO_2 中的孪晶形貌

这表示 β 转一周时，螺型位错的畸变量正好是一个柏氏矢量长度。β 角的位置已在图 9-44 中表示出来。由图可知

$$\beta=\arctan\frac{z-y}{x}$$

所以

$$\boldsymbol{R}=\frac{\boldsymbol{b}}{2\pi}\arctan\frac{z-y}{x}$$

从式中可以看出晶柱位置确定后（x 和 y 一定），$\boldsymbol{R}$ 是 z 的函数。因为晶体中引入缺陷矢量后，其附加相位 $\alpha=2\pi\boldsymbol{g}_{hkl}\cdot\boldsymbol{R}$，故

$$\alpha=g_{hkl}\cdot\boldsymbol{b}\arctan\frac{z-y}{x}=n\beta \tag{9-53}$$

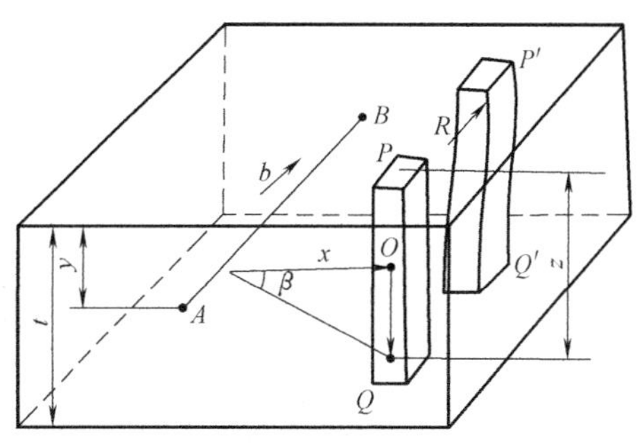

图 9-44 与膜面平行的螺型位错线使晶柱 PQ 畸变

式中，$\boldsymbol{g}_{hkl}\cdot\boldsymbol{b}$ 可以等于零，也可以是正、负的整数。如果 $\boldsymbol{g}_{hkl}\cdot\boldsymbol{b}=0$，则附加相位就等于零，此时即使有螺型位错线存在也不显示衬度。如果 $\boldsymbol{g}_{hkl}\cdot\boldsymbol{b}\neq0$，则螺型位错线附近的衬度和完整晶体部分的衬度不同，其间存在的差别就可通过下面两个式子的比较清楚地表示出来：

完整晶体

$$\Phi_{\mathrm{g}}=\frac{\mathrm{i}\pi}{\xi_{\mathrm{g}}}\sum_{柱体}\mathrm{e}^{-\mathrm{i}\varphi}\mathrm{d}z \tag{9-54}$$

有螺型位错线时

$$\Phi'_{\mathrm{g}}=\frac{\mathrm{i}\pi}{\xi_{\mathrm{g}}}\sum_{柱体}\mathrm{e}^{-\mathrm{i}(\varphi+\alpha)}=\frac{\mathrm{i}\pi}{\xi_{\mathrm{g}}}\sum_{柱体}\mathrm{e}^{-\mathrm{i}(\varphi+n\beta)}\mathrm{d}z$$

$$\Phi_{\mathrm{g}}\neq\Phi'_{\mathrm{g}}$$

$\boldsymbol{g}_{hkl}\cdot\boldsymbol{b}=0$ 称为位错线不可见性判据，利用它可以确定位错线的柏氏矢量。因为 $\boldsymbol{g}_{hkl}\cdot\boldsymbol{b}=0$ 表示 $\boldsymbol{g}_{hkl}$ 和 $\boldsymbol{b}$ 相垂直，如果选择两个 $\boldsymbol{g}$ 矢量进行成像时，位错线均不可见，就可以列出两

个方程，即

$$\begin{cases} \boldsymbol{g}_{h_1k_1l_1} \cdot \boldsymbol{b} = 0 \\ \boldsymbol{g}_{h_2k_2l_2} \cdot \boldsymbol{b} = 0 \end{cases}$$

联立后即可求得位错线的柏氏矢量 $\boldsymbol{b}$。面心立方晶体中，滑移面、操作矢量 $\boldsymbol{g}_{hkl}$ 和位错线的柏氏矢量三者之间的关系在表9-5中给出。

现在，定性地讨论刃型位错线衬度的产生及其特征。如图9-45所示，(hkl)是由位错线 D 引起的局部畸变的一组晶面(图9-45a)，并以它作为操作反射用于成像。若该晶面与布拉格条件的偏离参量为 s_0，并假定 $s_0>0$，则在远离位错 D 区域(例如 A 和 C 位置，相当于理想晶体)衍射波强度为 I（即暗场像中的背景强度）（图9-45b）。位错引起它附近晶面的局部转动，意味着在此应变场范围内，(hkl)晶面存在着额外的附加偏差 s'。离位错越远，s'越小。在位错线的右侧，$s'>0$，在其左侧 $s'<0$。于是，参看图9-45a，在右侧区域内（例如 B 位置），晶面的总偏差 $s_0+s'>s_0$，使衍射强度 $I_B<I$；而在左侧，由于 s'与 s_0 符号相反，总偏差 $s_0+s'<s_0$，且在某个位置(例如 D')恰巧使 $s_0+s'=0$，衍射强度 $I_{D'}=I_{\max}$。这样，在偏离位错线实际位置的左侧，将产生位错线的像（暗场像中为亮线，明场相反）（图9-45c）。不难理解，如果衍射晶面的原始偏离参量 $s_0<0$，则位错线的像将出现在其实际位置的另一侧。这一结论已由穿过弯曲消光条纹(其两侧 s_0 符号相反)的位错线像相互错开某个距离得到证实。

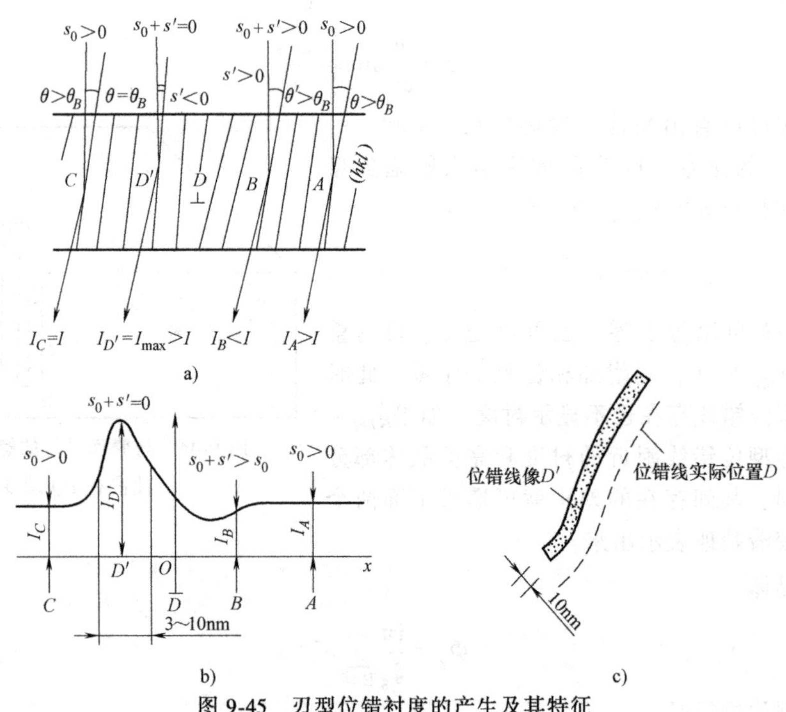

图9-45 刃型位错衬度的产生及其特征

位错线像总是出现在它的实际位置的一侧或另一侧，说明其衬度本质上是由位错附近的点阵畸变所产生的，称为“应变场衬度”。而且，由于附加的偏差 s'，随离开位错中心的距离而逐渐变化，使位错线的像总是有一定的宽度(一般为3~10nm)。尽管严格来说，位错是一条几何意义上的线，但用来观察位错的电子显微镜却并不必须具有极高的分辨本领。通常，位错线像偏离实际位置的距离也与像的宽度在同一数量级范围内。对于螺型或混合型位错的衬度特征，运用衍衬运动学理论同样能够给出很好的定性解释。

图 9-46 及图 9-47 为不锈钢中的位错线及陶瓷中的网状位错组态。

表 9-5　面心立方晶体全位错的 $g \cdot b$ 值

滑移面和 b / g	$1\bar{1}1$、$\bar{1}11$、$\frac{1}{2}[110]$	111、$11\bar{1}$、$\frac{1}{2}[\bar{1}10]$	$\bar{1}11$、$11\bar{1}$、$\frac{1}{2}[101]$	111、$1\bar{1}1$、$\frac{1}{2}[\bar{1}01]$	$1\bar{1}1$、$11\bar{1}$、$\frac{1}{2}[011]$	111、$\bar{1}11$、$\frac{1}{2}[0\bar{1}1]$
111	1	0	1	0	1	0
$\bar{1}11$	0	1	0	1	1	0
$1\bar{1}1$	0	$\bar{1}$	1	0	0	1
$11\bar{1}$	1	0	0	$\bar{1}$	0	$\bar{1}$
200	1	$\bar{1}$	1	$\bar{1}$	0	0
020	1	1	0	0	1	$\bar{1}$
002	0	0	1	1	1	1

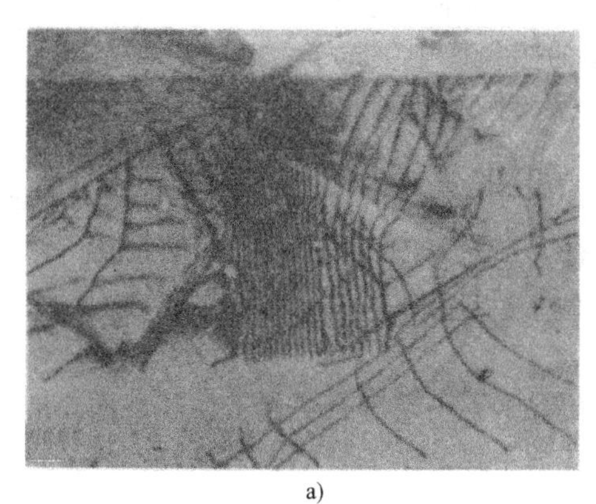

a)

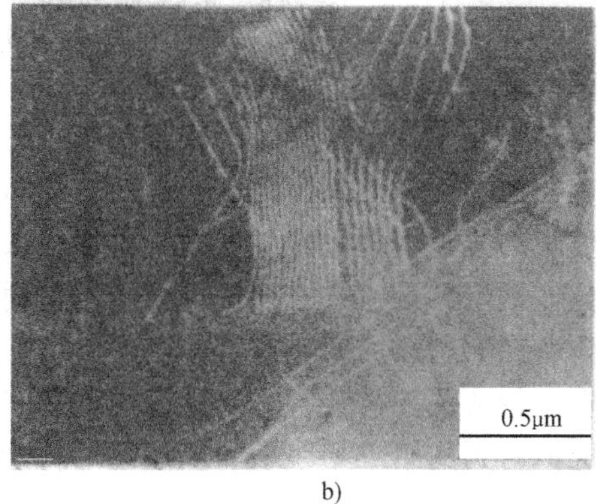

b)

图 9-46　不锈钢中的位错线像

a）明场　b）暗场

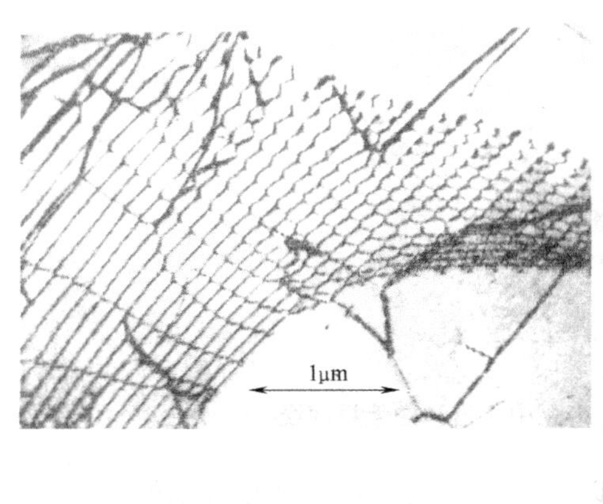

a)

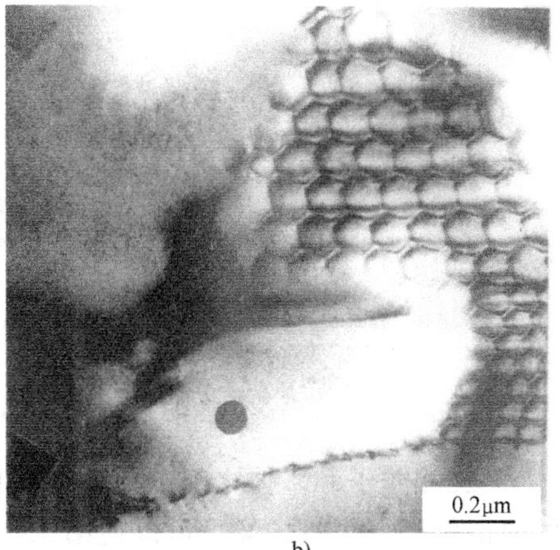

b)

图 9-47　陶瓷中的网状位错

a）ZrO_2　b）Al_2O_3

三、第二相粒子

这里的第二相粒子主要是指那些和基体之间处于共格或半共格状态的粒子。它们的存在会使基体晶格发生畸变，由此就引入了缺陷矢量 $\boldsymbol{R}$，使产生畸变的晶体部分和不产生畸变的部分之间出现衬度的差别，因此，这类衬度被称为应变场衬度。应变场衬度产生的原因可以用图 9-48 说明。图中示出了一个最简单的球形共格粒子，粒子周围基体中晶格的结点原子产生位移，结果使原来的理想晶柱弯曲成弓形，利用运动学基本方程分别计算畸变晶柱底部的衍射波振幅（或强度）和理想晶柱（远离球形粒子的基体）的衍射波振幅，两者必然存在差别。但是，凡通过粒子中心的晶面都没有发生畸变（如图中通过圆心的水平和垂直两个晶面），如果用这些不产生畸变的晶面作衍射面，则这些晶面上不存在任何缺陷矢量（即 $\boldsymbol{R}=0$，$\alpha=0$），从而使带有穿过粒子中心晶面的基体部分也不出现缺陷衬度。因晶面畸变的位移量是随着离开粒子中心的距离变大而增加的，因此形成基体应变场衬度。球形共格沉淀相的明场像中，粒子分裂成两瓣，中间是个无衬度的线状亮区。操作矢量 $\boldsymbol{g}$ 正好和这条无衬度线垂直，这是因为衍射晶面正好通过粒子的中心，晶面的法线为 $\boldsymbol{g}$ 方向，电子束是沿着和中心无畸变晶面接近平行的方向入射的。根据这个道理，若选用不同的操作矢量，无衬度线的方位将随操作矢量而变。操作矢量 $\boldsymbol{g}$ 与无衬度线成 90°角（图 9-49）。

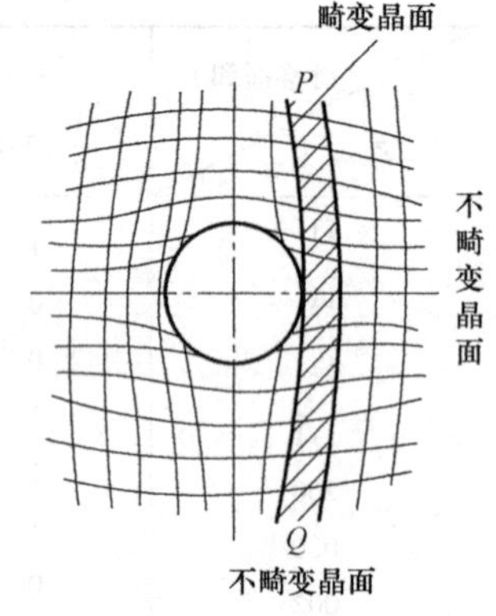

图 9-48 球形粒子造成应变场衬度的原因示意图

应该指出的是，共格第二相粒子的衍衬图像并不是该粒子真正的形状和大小，这是一种因基体畸变而造成的间接衬度。

在进行薄膜衍衬分析时，样品中的第二相粒子不一定都会引起基体晶格的畸变，因此在荧光屏上看到的第二相粒子和基体间的衬度差别主要是由下列原因造成的：

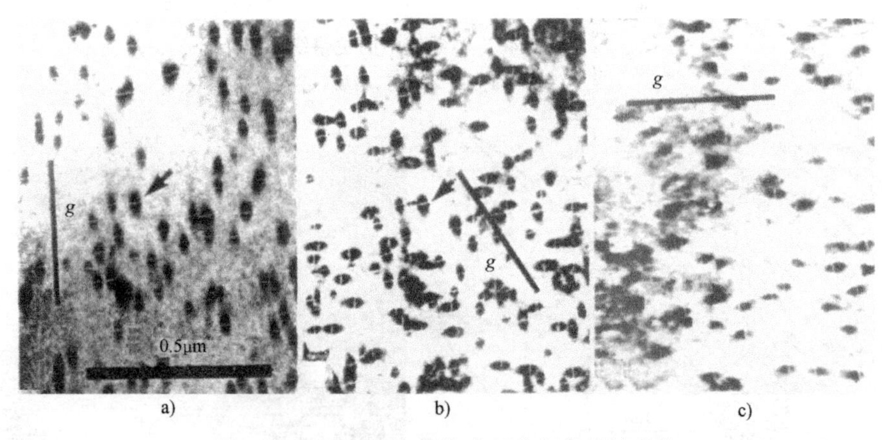

图 9-49 ZrO_2-Y_2O_3 陶瓷中析出相的无衬度线

1）第二相粒子和基体之间的晶体结构以及位向存在差别，由此造成的衬度。利用第二相提供的衍射斑点作暗场像，可以使第二相粒子变亮。这是电子显微镜分析过程中最常用的验证与鉴别第二相结构和组织形态的方法。

2）第二相的散射因子和基体不同造成的衬度。一方面，如果第二相的散射因子比基体大，则电子束穿过第二相时被散射的概率增大，从而在明场像中第二相变暗。实际上，造成这种衬度的原因和形成质厚衬度的原因相类似。另一方面，由于散射因子不同，二者的结构因子也不相同，由此造成了所谓的结构因子衬度。

图 9-50 所示为时效初期在立方 c-ZrO_2 基体上析出正方 t-ZrO_2 的明场像(图 9-50a)与衍射斑点(图 9-50b)及(112)斑点的暗场像（图 9-50c)，此时析出物细小弥散与基体共格。图 9-51 所示为该材料时效后期析出相的明场像(图 9-51a)与衍射斑点(图 9-51b)，图 9-52 所示为时效后期析出相的暗场像。可以看出，时效后期析出相已粗化，变成透镜状并有内孪晶，此时，析出相与基体仍有严格的位向关系。

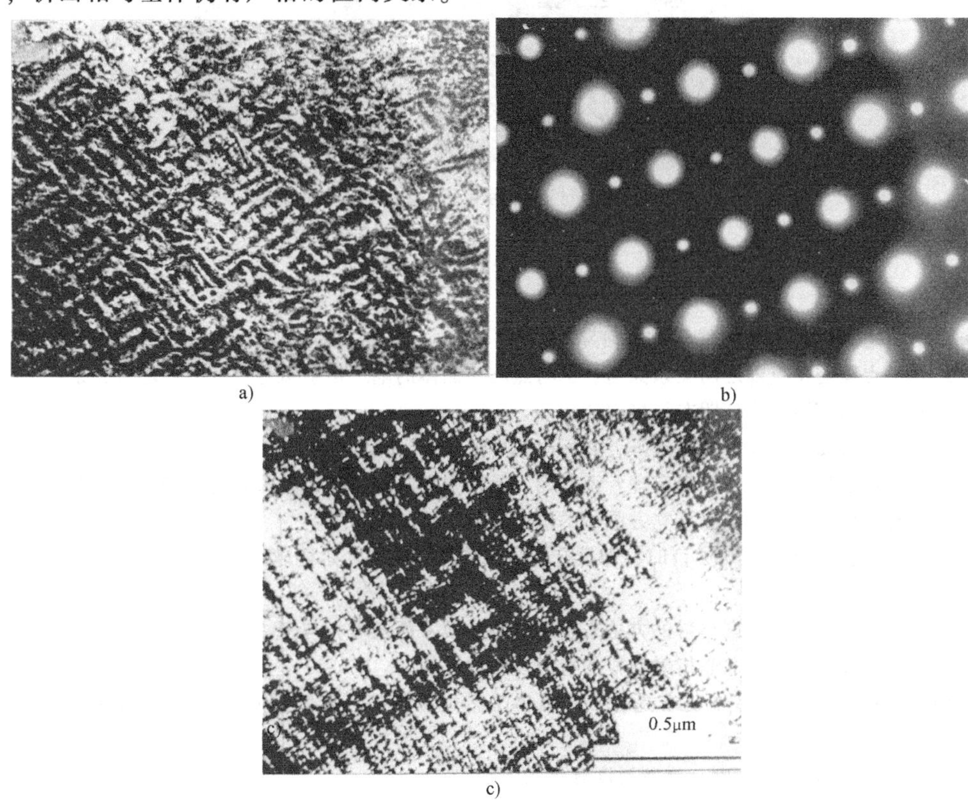

a)　b)

c)

图 9-50　t-ZrO_2 析出相的明场像、衍射斑点及(112)斑点暗场像

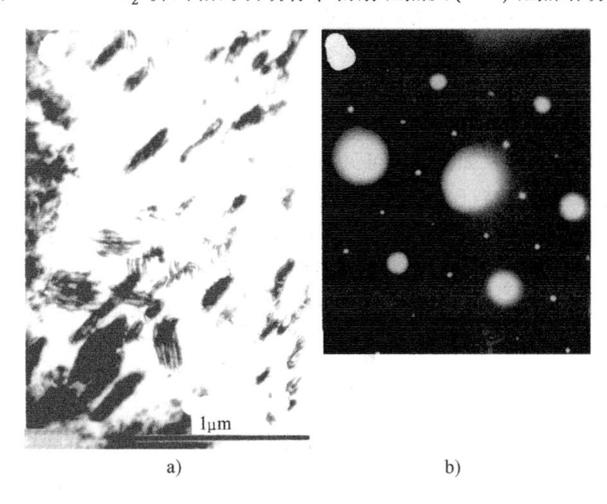

a)　b)

图 9-51　时效后期 t-ZrO_2 析出相的明场像及其衍射斑点

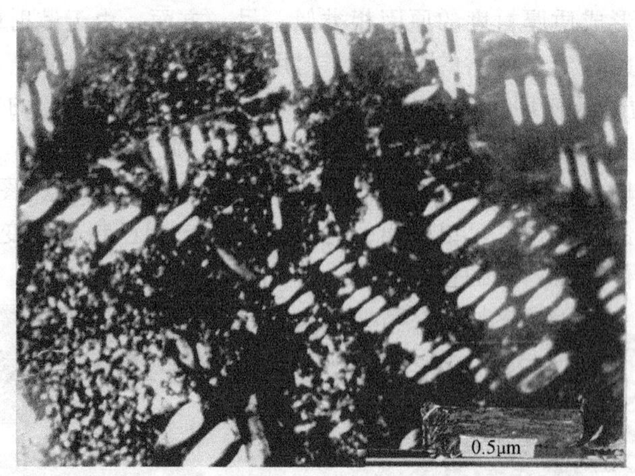

图 9-52 时效后期 t-ZrO_2 析出相的暗场像

习 题

1. 分析电子衍射与 X 射线衍射有何异同？

2. 倒易点阵与正点阵之间关系如何？倒易点阵与晶体的电子衍射斑点之间有何对应关系？

3. 用埃瓦尔德图解法证明布拉格定律。

4. 画出 fcc、bcc 晶体的倒易点阵，并标出基本矢量 $\boldsymbol{a}^*$、$\boldsymbol{b}^*$、$\boldsymbol{c}^*$。

5. 何为零层倒易截面和晶带定理？说明同一晶带中各晶面及其倒易矢量与晶带轴之间的关系。

6. 推导出体心立方和金刚石立方晶体的消光规律。

7. 为何对称入射（$\boldsymbol{B}/\!/[uvw]$）时，即只有倒易点阵原点在埃瓦尔德球面上，也能得到除中心斑点以外的一系列衍射斑点？

8. 举例说明如何用选区衍射的方法来确定新相的惯习面及母相与新相的位向关系。

9. 说明多晶、单晶及非晶衍射花样的特征及形成原理。

10. 制备薄膜样品的基本要求是什么？具体工艺过程如何？双喷减薄与离子减薄各适用于制备什么样品？

11. 什么是衍射衬度？它与质厚衬度有什么区别？

12. 画图说明衍衬成像的原理，并说明什么是明场像、暗场像和中心暗场像。

13. 什么是消光距离？影响晶体消光距离的主要物性参数和外界条件是什么？

14. 衍衬运动学的基本假设及其意义是什么？怎样做才能满足或接近基本假设？

15. 举例说明理想晶体衍衬运动学基本方程在解释衍衬图像中的应用。

16. 用非理想晶体衍衬运动学基本方程解释层错与位错的衬度形成原理。

17. 什么是缺陷不可见判据？如何用不可见判据来确定位错的柏氏矢量？

18. 说明孪晶与层错的衬度特征，并用各自的衬度形成原理加以解释。

19. 要观察钢中基体和析出相的组织形态，同时要分析其晶体结构和共格界面的位向关系，如何制备样品？以怎样的电镜操作方式和步骤来进行具体分析？

20. 动力学理论和运动学理论有什么区别？为什么说运动学理论是动力学理论在一定条件下的特例？

第十章　高分辨透射电子显微术

高分辨透射电子显微术（High-Resolution Transmission Electron Microscopy）是材料原子级别显微组织结构的相位衬度显微术。它能使大多数晶体材料中的原子串成像。这些像通常用晶体的投影势（Projected Crystal Potential）来解释，但必须将实验像和计算机模拟像的衬度和像点排布规律进行详细的比较。面心立方结构 Si 单质完整晶体[001]方向的高分辨像如图 10-1 所示，其中白色亮点为 Si 原子串的投影位置，图中还标出了(200)平面的间距为 0.27nm。

图 10-1　Si 单质完整晶体[001]方向的高分辨像

第一节　高分辨透射电子显微镜的结构特征

近 50 年来，由于电子显微镜的分辨率不断提高，人们已经可以在 0.05nm 水平上拍摄到晶体结构沿入射电子束方向二维投影的高分辨电子显微像。更为重要的是，这种高分辨像可以直观地给出晶体中局部区域的原子配置情况，如晶体缺陷、微畴、晶体中各种界面及表面处的原子分布，因而在固体物理、固态化学、微电子学、材料科学、地质矿物学和分子生物学等学科领域得到广泛的应用。

高分辨透射电子显微镜与普通透射电子显微镜的基本结构相同，最大的区别在于高分辨透射电子显微镜配备了高分辨物镜极靴和光阑组合，减小了样品台的倾转角，从而可获得较小的物镜球差系数，得到更高的分辨率。随着电子显微镜物镜极靴的改进，20 世纪 80 年代末期，物镜的球差系数(C_s)已降低到 0.5mm，加速电压为 200kV 的高分辨电子显微镜点分辨率已达到 0.19nm。然而，物镜球差不能完全消除，所以 1947 年由 Scherzer 提出的用多极透镜改善球差的设想，人们已在 20 世纪 80 年代使之成为现实。1990 年，Rose 又提出由两个六极校正器和四个电磁透镜组成的新型校正器后，物镜球差得到明显改善。此类校正器已经安装在 Philips CM200ST 型场发射透射电子显微镜(FEG TEM)上，可把物镜球差减小至

0.05mm，使电子显微镜点分辨率由0.24nm提高到0.14nm。数值模拟结果表明，若改进极靴的设计，则可进一步改善C_s和色差(C_c)，使200kV场发射透射电子显微镜的信息分辨率从0.13nm提高到0.07nm。如果使用单色器或其他方法，把电子源的能量发散宽度ΔE减小到30meV时，可把信息分辨率提高到0.03nm。之后不久，新型校正器可将物镜球差系数校正为0或是负值，成功地获得了绝缘体$SrTiO_3$和超导体$YBa_2Cu_3O_7$中的包括轻元素氧在内的所有原子串的高分辨像，还可观察其中的氧空位。这项技术，可望用来研究氧化物、矿物和陶瓷材料，尤其是钙钛矿型电子陶瓷材料中对电性能非常敏感的大量氧空位。

高分辨透射电子显微镜与普通透射电子显微镜的另外一个区别表现在图像的观察与记录设备方面。高分辨透射电子显微镜的记录设备常常配备TV图像增强器或慢扫描CCD相机，将荧光屏上的图像在监视器上进一步放大，便于图像观察和电子显微镜调节。美国Gatan公司的TV图像增强器和1986年开发用于TEM的慢扫描CCD相机等，可以把在荧光屏下部接收到的电子光信号变成电信号，然后将信号强度增大几百倍，最后把经过线性放大20到几百倍的像直接显示在监视器荧光屏上，从而方便了高分辨像的观察和拍摄。1980年开发的成像板，主要用于记录X射线诊断像。1994年又开发了用于高分辨像记录的成像板，其像素点尺寸和数目分别达到25μm和3000×3760。成像板直接放在电子显微镜底片夹上，不但可以记录电子显微像，需要时还可以再用专用设备（如Fuji film FDL5000装置）读出成像板记录的信息并显示在监视器屏幕上，或用彩色打印机输出高质量的电子显微像或储存在数字录音带中。成像板虽然与慢扫描CCD相机相比具有记录视场大，且低剂量时背底噪声低等优点，但分辨率远不如底片高。

一般情况下，用电子显微镜底片记录显微像，底片具有探测效率较高（探测效率为0.6）和视场大（像素点尺寸为10~30μm，像素点数达5000×5000以上）等优点，但也有非线性度、动态范围小（最大约为200：1）、不能联机处理和暗室操作不方便等缺点。慢扫描CCD相机可把显微像光学信号转换成数字信号，能够直接显示在监视器屏幕上或者存储在软盘与光盘中。它的灵敏度、线性度、动态范围（16000：1）、探测效率（接近1）和灰度等级明显优于底板，而分辨率稍低于底板。因此，用慢扫描CCD相机可以代替电子显微镜底片，完成优质图像和衍射花样的数字采集、联机图像处理、三维图像重构、自动调整电子显微镜（如聚焦、消像散、合轴等）、全息照相和图像归档等功能，也可以在原子尺度上记录动态过程，如单个原子、原子团、晶界或位错等缺陷的迁移、表面扩散、相转变、表面与界面反应和结构以及小颗粒的形状和取向的变化等。

第二节 高分辨电子显微像的原理

一、样品透射函数

透射电子显微镜的作用是将样品上的每一点转换成最终图像上的一个扩展区域。既然样品每一点的状况都不相同，可以用样品透射函数$q(x,y)$来描述样品，而将最终图像上对应着样品上(x,y)点的扩展区域描述成$g(x,y)$。

假设样品上相邻的A、B两点在图像上分别产生部分重叠的图像g_A和g_B，则可将图像上每一点同样品上很多对图像有贡献的点联系起来，即

$$g(x,y)=q(x,y)*h[(x,y)-(x',y')] \tag{10-1}$$

式中，∗表示卷积；$h(x,y)$为点扩展函数，也称为脉冲响应函数，它描述了一个点怎样扩展为一个盘，它只适用于样品中临近电子显微镜光轴的小平面中的小片层；$h[(x,y)-(x',y')]$则描述了样品上每一点对图像上每一点的贡献的大小。

可用一个总的模型来描述试样厚度为 t 时样品的透射函数 $q(x,y)$，即

$$q(x,y)=A(x,y)\exp[\mathrm{i}\phi_t(x,y)] \tag{10-2}$$

式中，$A(x,y)$为振幅；$\phi_t(x,y)$为相位，它取决于样品厚度 t。

在高分辨电子显微术中，将入射电子波的振幅设为单一值，即 $A(x,y)=1$，可将这一模型进一步简化。相位的改变只取决于物体的势函数 $V(x,y,z)$，势函数的作用是使电子看起来好像是穿过样品一样。假定样品足够薄，则晶体结构沿 z 方向的二维投影势可表示为

$$V_t(x,y)=\int_0^t V(x,y,z)\,\mathrm{d}z \tag{10-3}$$

式(10-3)对很多高分辨像的解释是非常重要的。

真空中的电子波长 λ 和其能量 E 之间的关系为

$$\lambda=\frac{h}{\sqrt{2meE}} \tag{10-4}$$

式中，h 为普朗克常量。

这里应用的是非相对论的形式，只是为了简化公式，但其原理是一样的。这样，当电子进入晶体中时，电子波长 λ 变成 λ'，即

$$\lambda'=\frac{h}{\sqrt{2me[E+V(x,y,z)]}} \tag{10-5}$$

这样，每穿过厚度为 dz 的晶体片层，电子经历的相位改变为

$$\begin{aligned}\mathrm{d}\phi&=2\pi\frac{\mathrm{d}z}{\lambda'}-2\pi\frac{\mathrm{d}z}{\lambda}=2\pi\frac{\mathrm{d}z}{\lambda}\left[\sqrt{\frac{E+V(x,y,z)}{E}}-1\right]\\&=2\pi\frac{\mathrm{d}z}{\lambda}\left\{\left[1+\frac{V(x,y,z)}{E}\right]^{\frac{1}{2}}-1\right\}\end{aligned} \tag{10-6}$$

$$\mathrm{d}\phi\approx 2\pi\frac{\mathrm{d}z}{\lambda}\frac{1}{2}\frac{V(x,y,z)}{E}=\frac{\pi}{\lambda E}V(x,y,z)\,\mathrm{d}z=\sigma V(x,y,z)\,\mathrm{d}z \tag{10-7}$$

$$\phi\approx\sigma\int V(x,y,z)\,\mathrm{d}z=\sigma V_t(x,y) \tag{10-8}$$

式(10-8)表明，总的相位移动的确仅取决于晶体的势函数 $V(x,y,z)$。式中 $\sigma=\dfrac{\pi}{\lambda E}$为相互作用常数。它不是散射横截面，而是弹性散射的另外一种表述。

考虑到样品对电子波的吸收效应，则可在样品透射函数 $q(x,y)$ 的表达式里增加吸收函数 $\mu(x,y)$项，即

$$q(x,y)=\exp[\mathrm{i}\sigma V_t(x,y)+\mu(x,y)] \tag{10-9}$$

对薄的样品来说，吸收效应是非常小的，因此这一模型将样品描述成相位体，式(10-9)就是相位体近似（Phase-Object Approximation，POA）。如果样品非常薄，以至于 $V_t(x,y)\ll$

1，则这一模型可进一步简化。将指数函数展开，忽略$\mu(x,y)$和高阶项，则

$$q(x,y)=1+\mathrm{i}\sigma V_t(x,y) \tag{10-10}$$

这就是弱相位体近似（Weak-Phase-Object Approximation，WPOA）。弱相位体近似主要表明，对非常薄的样品来说，透射波函数的振幅与晶体的投影势呈线性关系。值得注意的是，这种模型中的投影势只是考虑了z方向的变化，而一个电子与原子核发生的散射作用和它与核外电子云的散射作用大不相同。例如，弱相位体近似就不适用于一个电子波通过单独的一个铀(Uranium)原子中心；而对于复杂的氧化物$Ti_2Nb_{10}O_{27}$来说，弱相位体近似只适用于样品厚度小于0.6nm的情况。尽管如此，弱相位体近似还是被广泛地应用于高分辨电子显微术的计算机模拟。然而，在用各种软件包进行模拟计算时一定得记住，只是用一个模型来代表了真实的样品，这种计算有其局限性。

二、衬度传递函数

综合考虑物镜光阑、离焦效应、球差效应以及色差效应的影响，物镜衬度传递函数可以表示为

$$A(\boldsymbol{u})=R(\boldsymbol{u})\exp[\mathrm{i}\chi(\boldsymbol{u})]B(\boldsymbol{u})C(\boldsymbol{u}) \tag{10-11}$$

式中，$\boldsymbol{u}$为倒易矢量；$R(\boldsymbol{u})$为物镜光阑函数；$B(\boldsymbol{u})$为照明束发散度引起的衰减包络函数；$C(\boldsymbol{u})$为色差效应引起的衰减包络函数；$\chi(\boldsymbol{u})$为物镜球差系数C_s与欠焦量Δf引起的相位差。

$$\chi(\boldsymbol{u})=\pi\Delta f\lambda u^2+\frac{1}{2}\pi C_s\lambda^3u^4 \tag{10-12}$$

影响$\sin\chi$的两个主要因素是球差系数C_s与欠焦量Δf。图10-2a所示是JEM—2010透射电子显微镜在加速电压为200kV、球差系数$C_s=0.5$mm时的$\sin\chi$函数。这一函数随欠焦量的变化很大。欠焦量$\Delta f=-43.3$nm时，$\sin\chi$曲线的绝对值为1的平台(通带)展得最宽，称为最佳欠焦条件，即Scherzer欠焦条件。在这个条件下，电子显微镜的点分辨率为0.19nm（第一通带与横轴的交点处$u=5.25\mathrm{nm}^{-1}$）。它的含义是：在符合弱相位体成像条件下，像中不低于0.19nm间距的结构细节可以认为是晶体投影势的真实再现。如果添加上时间和空间包络，该曲线则很快衰减至零，如图10-2b所示。

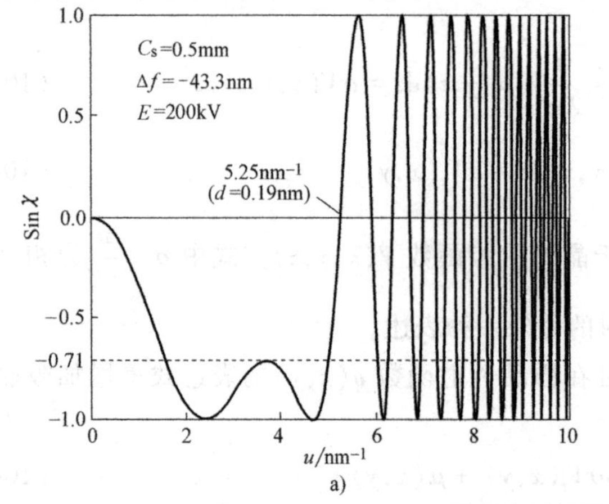

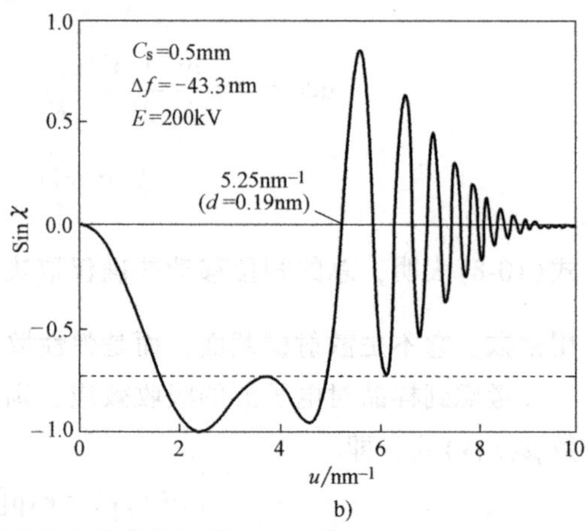

图10-2 JEM—2010透射电子显微镜最佳欠焦条件下的$\sin\chi$函数a)及添加时间和空间包络后的综合结果b)

当欠焦偏离 Scherzer 条件时，$\sin\chi$ 函数的通带向高频率方向移动，同时变窄。此时得到的像不可轻易地认为是结构像，因为 $\sin\chi$ 函数的左半部形式发生了变化，必须依据计算机模拟来解释实验所得到的高分辨像。

三、相位衬度

晶体的高分辨像是由电子枪发射的电子波经过晶体后，携带着它的结构信息，经过电子透镜在电子显微镜的像平面透射束与衍射束干涉成像的结果。设 $q(x,y)$ 为晶体的透射函数（即为样品下表面出射电子波），当电子波透过晶体之后经过物镜时，物镜传递函数对电子波函数进行调制。图 10-3 所示为高分辨电子显微镜成像过程示意图。晶体透射函数 $q(x,y)$ 经过物镜后在后焦面呈现电子衍射图 $Q(u,v)$。以衍射波作为次级子波源，在像平面干涉重建放大了的像 $q(x_i,y_i)$。

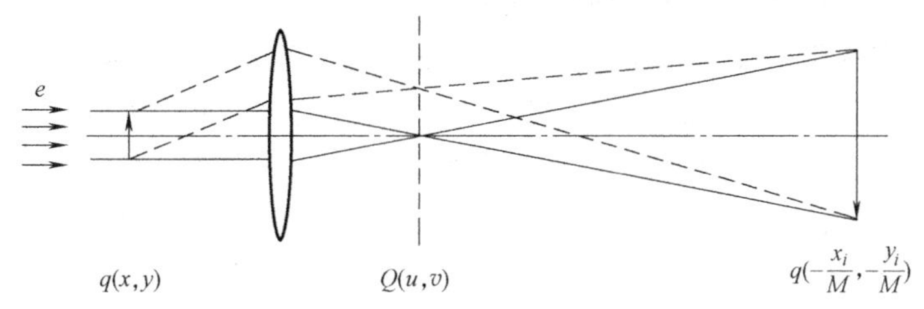

图 10-3　高分辨电子显微镜成像过程示意图

因此，考虑物镜传递函数对电子波的调制，则在物镜后焦面上电子衍射波为

$$Q(u,v)=F[q(x,y)]A(u,v) \tag{10-13}$$

式中，F 表示傅里叶变换。

以衍射波 $Q(u,v)$ 为次级子波源，再经过一次傅里叶变换，在像平面上可重建出放大的高分辨像。

对于弱相位体，当电子束经过晶体时，可认为振幅基本无变化，而只发生相位的变化，其透射函数可简化为式(10-10)。

此时，从式(10-13)可以得到

$$Q(u,v)=[\delta(u,v)+\mathrm{i}\sigma V_t(u,v)]A(u,v) \tag{10-14}$$

电子波到达像平面后，在像平面上的像强度分布是 $Q(u,v)$ 经过傅里叶变换后再与其共轭函数相乘。略去 σV_t 的二次项后为

$$I(x,y)=1-2\sigma V_t(x,y)*F[\sin\chi(u,v)RBC] \tag{10-15}$$

式中，* 表示卷积运算。

为简单起见，如不考虑物镜光阑、色差与束发散度的影响，则像的衬度为

$$C(x,y)=I(x,y)-1=-2\sigma V_t(x,y)*F[\sin\chi(u,v)] \tag{10-16}$$

当 $\sin\chi=-1$ 时，有

$$C(x,y)=2\sigma V_t(x,y) \tag{10-17}$$

此时，像衬度与晶体的势函数投影成正比，像反映了样品的真实结构。因此，$\sin\chi$ 是否能在倒易空间一个较宽的范围内接近于-1 是成像最佳与否的关键条件。可以证明，当 C_s 固定时，总存在一个 Δf 值（最佳欠焦值）使 $\sin\chi$ 展宽成-1 的平台（称为通带），通常所容纳的

最宽处对应这种欠焦条件下电子显微镜的最高分辨率。当欠焦量偏离最佳欠焦时，$\sin\chi$ 曲线发生变化，此时需借助于计算模拟高分辨像作为解释的依据。

应当指出，只有在弱相位体近似及最佳欠焦条件下拍摄的像才能正确反映晶体结构。但是，实际上弱相位体近似的要求很难满足。当样品厚度超过一定值或样品中含有重元素等情况下，往往使弱相位体近似条件失效。此时，尽管仍然可拍得清晰的高分辨像，但像衬度与晶体结构投影已经不是一一对应关系了，对于这些像只能通过模拟计算与实验像的细致匹配才能够解释。另外，对于具有非周期特征的界面结构高分辨像，也需要建立结构模型后计算模拟像来确定界面结构。这种方法已成为高分辨电子显微学研究中的一个重要手段。

四、欠焦量、样品厚度对像衬度的影响

实际上，高分辨像的获得往往使用了足够大的物镜光阑，使得透射束和至少一个衍射束参与成像。在用数码相机观察拍照时，可以不用物镜光阑（其实电镜镜筒本身就是一个大光阑），以便更多的衍射束参与成像，提高高分辨像的质量。透射束的作用是提供一个电子波波前的参考相位。高分辨像实际上是所有参与成像的衍射束与透射束之间因相位差而形成的干涉图像。因此，欠焦量和试样厚度非直观地影响高分辨像的衬度。高分辨像照片中黑色背底上的白点可能随欠焦量和试样厚度的改变而变成白色背底上的黑点，即出现图像衬度反转，同时，像点的分布规律也会发生改变。

图 10-4 所示是类 $L1_2$ 有序结构相（$Y_{0.25}Zr_{0.75}O_{2-x}$ 相）于不同大欠焦量(Δf)和厚度(t)下计算所得的一些典型模拟高分辨像，图中样品厚度用单胞数来表示。可以看出，在一系列特定的大欠焦量下，在样品的较薄区域，如 $\Delta f=-202\text{nm}$，$t=2.0\text{nm}$（4 个单胞厚）；$\Delta f=-200\text{nm}$，$t=3.1\text{nm}$（6 个单胞厚）；$\Delta f=-198\text{nm}$，$t=4.1\text{nm}$（8 个单胞厚）；$\Delta f=-196\text{nm}$，$t=5.1\text{nm}$（10 个单胞厚）；$\Delta f=-194\text{nm}$，$t=6.1\text{nm}$（12 个单胞厚）；$\Delta f=-192\text{nm}$，$t=7.1\text{nm}$（14 个单胞厚）等成像条件下，亮点只代表 $Y_{0.25}Zr_{0.75}O_{2-x}$ 相中 Y 原子的投影位置。图 10-4 中可明显看出随欠焦量和试样厚度的改变，像点的分布规律发生改变的情况。

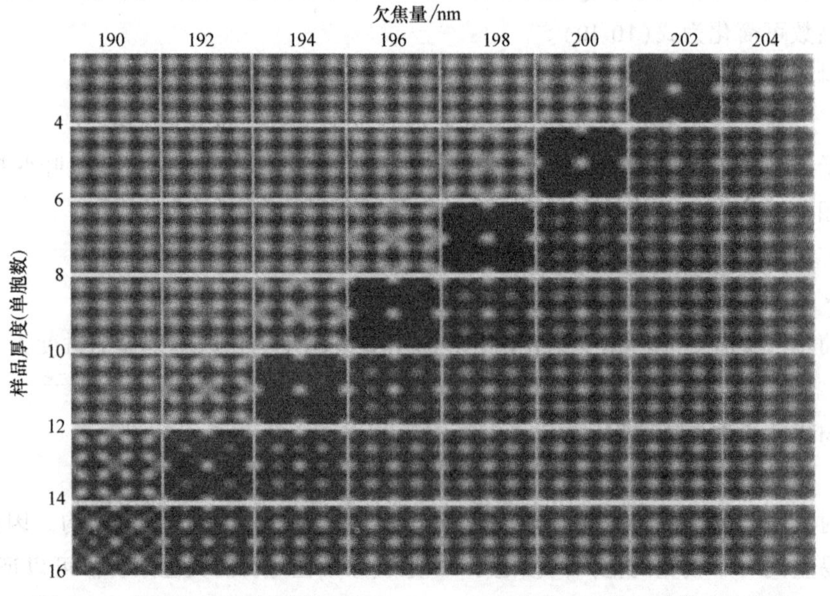

图 10-4 在不同欠焦量和厚度下 $Y_{0.25}Zr_{0.75}O_{2-x}$ 相的一些典型模拟高分辨像

图 10-5 所示为 Nb_2O_5 单晶在同一欠焦量下，不同试样厚度区域的高分辨像。在图上能看到由于试样厚度不均匀等因素引起的图像衬度区域性变化，即图像从试样边缘的非晶衬度过渡到合适厚度下的晶胞单元结构像。

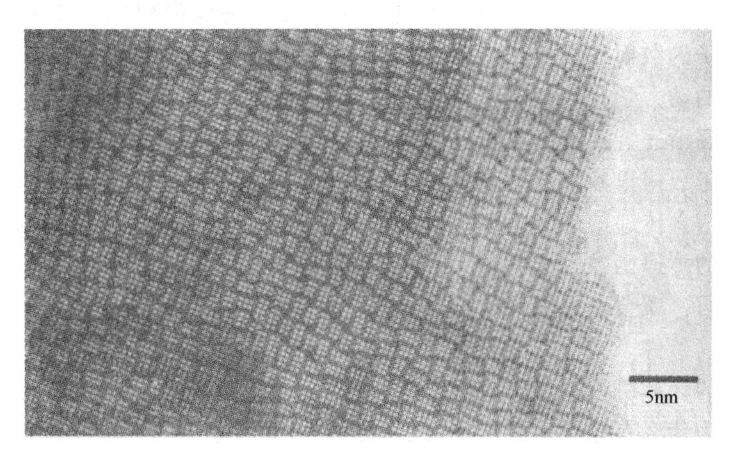

图 10-5　Nb_2O_5 单晶在同一欠焦量下不同试样厚度区域的高分辨像

右侧样品边缘的衬度明显不同于左侧满足弱相位体近似厚度处的衬度特征

五、电子束倾斜、样品倾斜对像衬度的影响

电子束倾斜和样品倾斜均对高分辨像衬度有影响，二者的作用是相当的。从前述的衬度传递理论可知，电子束轻微倾斜的主要影响是在衍射束中导入了不对称的相位移动。轻微的电子束倾斜在常规的高分辨电子显微术的分析过程中是检测不到的。图 10-6 所示为 $Ti_2Nb_{10}O_{29}$ 晶体在样品厚度为 7.6 nm 时的高分辨模拟像，图中清楚地表明了即使是轻微的电子束或样品倾斜对高分辨像衬度也会产生显著的影响。

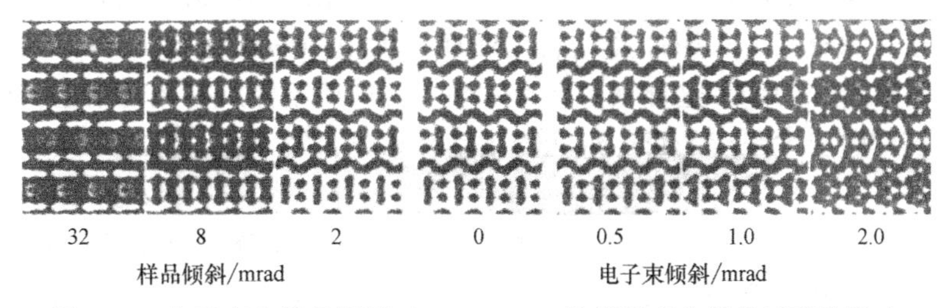

图 10-6　电子束和样品倾斜对 $Ti_2Nb_{10}O_{29}$ 的模拟高分辨像衬度的影响

实际上在电子显微镜操作过程中，可利用样品边缘的非晶层（或非晶支持膜）来对中电子束。如果这一区域的衍射花样非常对称，则电子束倾斜非常小。对那些抗污染的样品来说，其周边没有非晶层，这时得考察衍射谱的晶体对称性，尤其是考察当入射束会聚成一点时产生的衍射花样中菊池线中心交点是否在荧光屏中心，或者观察样品较厚区域的二级效应来获得足够精确的电子束和样品对中性能。

六、高分辨像的计算机模拟

多年来高分辨像的计算机模拟技术只是用来定性地解释实验所得到的高分辨像，但近来更多地被用来进行定量的图像匹配。高分辨像模拟计算结果表明，实验像中的衬度往往比模拟像中的衬度小得多。导致这一差距的主要因素有入射电子与样品的弹性和非弹性相互作用机制、对衍射束强度和物镜聚焦作用的模拟计算以及图像记录系统的点扩展函数。这些因素的综合作用造成了高分辨模拟像与实验像之间的区别，也就是说往往不能直接解释实验所获得的高分辨像。因此，高分辨像的计算机模拟技术显得非常重要。

电子对晶体的投影势非常敏感，因此最终的高分辨像强烈地依赖于晶体中投影势的分布。样品对电子的散射作用要比对X射线和中子强烈得多，散射的强度和相位取决于晶体厚度。散射波的动力学行为和电子光学理论已经很清楚，而且在部分相干照明条件下，图像形成的理论也逐渐完善。透射电子显微镜的成像系统可以用传递函数来表征，它表示电子显微镜对晶体波函数傅里叶部分的强度和相位的改变情况。入射电子被晶体强烈散射后经过电子显微镜进行信息传递的最终干涉结果就是高分辨像，其衬度的主要影响因素为晶体的厚度和电子显微镜的传递函数（欠焦）。当主要的衍射束与透射束在高分辨电子显微镜的物镜像平面上同相位时，就会获得很好的高分辨像，采用适当的晶体厚度和电子显微镜欠焦的配合可满足这一精确条件。

高分辨像的计算机模拟技术应用很广。首先，像模拟起源于试图解释复杂氧化物的实验高分辨像，即为什么有些像中黑点代表了晶胞中重金属原子的位置，而有些像中同一位置则表现为白点。因此，高分辨像计算机模拟的首要应用是帮助分析实验所获得的高分辨像，即将实验像中的衬度特征同晶体结构特征联系起来。

目前大多数的像模拟还是应用于未知晶体结构的确认方面。首先，给出待定晶体所有可能的晶体结构模型，然后进行计算机模拟并将模拟结果同实验高分辨像进行仔细对照。通过这种途径，一些假设的晶体结构模型被排除，最后只剩下一个模型。如果对所有可能的结构模型都进行了模拟计算，这样剩下的那个模型就是待定晶体唯一合理的结构。要想用这种排除方法最终得到一个正确的结果，研究者必须首先确认所有可能的结构模型都考虑了，而且在一个很宽的晶体厚度和电子显微镜欠焦范围内将模拟像与实验像进行了细致的对比。如果多个晶向的模拟像和实验像都互相匹配得非常好，则结果的可信度更高。

其次，通过像模拟，采用计算机图像处理技术中的图像冻结（Freeze-Framing）技术来粗略地研究一个特殊的像。这样就可获得一些实验中所不能观察到的信息，如样品表面出射电子波的振幅、组成像强度的每一组元的幅度和相位，甚至每一对衍射束的干涉对像强度的贡献等。

像模拟技术还可用来研究成像过程本身。采用现有高分辨电子显微镜的参数（包括不变和可变参数）来进行高分辨像模拟，可以找到提高该电子显微镜性能的途径，或是稍微修改某些电子显微镜参数就能显著地发挥其性能。换句话说，基于模拟像的电子显微镜参数，可调整电子显微镜，从而获得某些特殊的样品或特殊样品中特殊结构的合适高分辨像。

最后，像模拟也能帮助确认一台已知分辨率的电子显微镜是否能够满足揭示某一晶体的结构特征的要求。

高分辨像模拟计算主要分四大步骤进行：①建立晶体或缺陷的结构模型；②入射电子束穿过晶体层传播；③电子显微镜光学系统对散射波的传递；④模拟像与实验像的定量比较。电子的弹性散射理论很好地解释了入射电子波穿过晶体的传播过程，这一过程的计算机模拟则主要基于Bloch波近似（Bethe近似）或多片层近似。因此，高分辨像模拟主要采用Bloch波或多片层两种方法。

Bloch 波法是直接求解与时间无关的 Schrödinger 方程的方法，主要用来对小型完整单胞进行模拟计算，在计算完整晶体的低对称性方向的晶体像时，非常快速且准确，并非常适合于计算完整晶体任何方向的会聚束电子衍射花样。

多片层法是基于物理光学近似的方法。晶体厚度 z 被分成许多厚度为 Δz 的薄片层。然后，将每一片层的晶体势投影到一个平面上（这一平面通常为片层的入射平面），并且引入调制后的片层传递系数，这相当于假设每一薄片层对入射波前的散射完全位于投影平面上。调制后的波前传递到下一片层是在真空中传播一个非常小的距离 Δz。其物理光学过程可用 Rayleigh-Sommerfeld 衍射公式的 Fresnel 近似描述（图 10-7），其中物体被一定数目的发射球面波的电波源代替，球面波的复合振幅由穿过物体的入射波前结果给出。

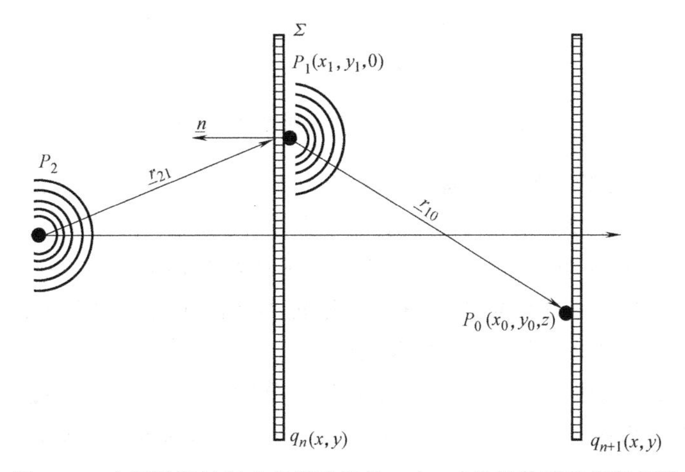

图 10-7 入射波穿过复合传递系数为 $q_n(x,y)$ 的物体时的衍射情况

入射波前振幅为 $\psi(x,y)$ 的 Rayleigh-Sommerfeld 衍射公式为

$$\Psi(x_0,y_0,z)=\frac{1}{\mathrm{i}\lambda}\int_{\Sigma}\Psi(x_1,y_1,0)q_n(x_1,y_1)\frac{\exp[-2\pi\mathrm{i}kr_{01}]}{r_{01}}\mathrm{d}s \tag{10-18}$$

$$\Psi(p_0)=\frac{1}{\mathrm{i}\lambda z}\exp[-2\pi\mathrm{i}kz]\int_{\Sigma}\Psi(p_1)q_n(p_1)\times$$

$$\exp\left[\frac{-\pi\mathrm{i}k}{z}((x_0-x_1)^2+(y_0-y_1)^2)\right]\mathrm{d}s \tag{10-19}$$

式(10-19)为卷积方程，其描述的物理现象示意图如图 10-8 所示。

常用的透射电子显微术高分辨像计算机模拟软件主要有商业和免费两种类型，当然大型商业软件的功能更加强大、完善。下面简单介绍一些材料科学领域电子显微术常用的主要模拟计算软件。

1）Cerius 是 UNIX 版本的大型商业软件，它是美国分子模拟公司开发的大型分子模拟程序包。它采用了计算化学和固体物理的技术，包括分子动力学模拟、X 射线衍射、中子衍射、电子衍射及多片层法高分辨像模拟技术等。

2）Desktop Microscopist 是虚拟实验室开发的基于苹果计算机的交互式商业软件，它为材料科学界的电子显微学家提供了一个非常实用的计算工具。其主要的模拟计算功能有极射投影图，电子衍射，X 射线衍射，相图、晶体结构显示等。

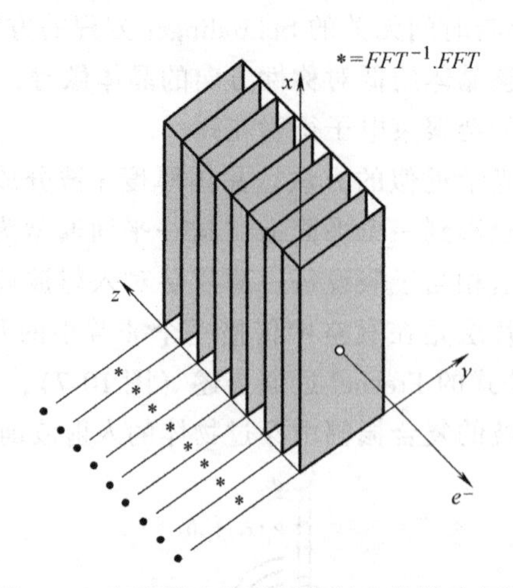

图 10-8 多片层法的系列投射和传播示意图

3）EMS 是 UNIX 版本的小型商业软件，主要用来进行材料科学领域的电子衍射分析和高分辨像的模拟。其主要功能包括建立晶体学数据、晶体结构透视、电子衍射谱分析、像光栅函数和 Fresnel 传播因子计算、多层迭代、高分辨像的模拟计算（Bloch 波法和多片层法）、会聚束电子衍射谱模拟、图像输出、电子显微镜参数测定等。原创者现已开发出了 Java 版本的 EMS 软件——JEMS，使得程序的移植性大为改善。

4）EMS Online 提供了免费使用 EMS 软件部分功能的 Internet 连接，可联机实现任何晶体的计算，如电子衍射谱、菊池线、会聚束电子衍射谱及大角会聚束电子衍射谱、高阶劳厄带以及一些简单晶体结构的显示。

5）NCEM 是免费的 UNIX 版本的高分辨像模拟软件，它是基于多片层近似方法的 X 窗口程序。该程序非常灵活，支持晶体结构输入，显示单胞结构，模拟计算高分辨像和电子衍射谱，多重输出选项等。

6）CrystalMaker 是晶体和分子结构可视化软件，是了解晶体和分子结构的最简单方法。可创建、显示和操作各种晶体结构，从金属到沸石，从苯到蛋白质，并可输出高分辨的三维立体结构图片或动画。同时，CrystalMaker 还可以连接到 CrystalDiffract（粉末衍射）和 SingleCrystal（X 射线、中子和 TEM 单晶体衍射）软件程序进行衍射技术模拟。当旋转晶体结构时，其衍射图也会相应旋转，反之亦然。

在进行像模拟时，还得注意避免发生一些错误。模拟参数的选择需使计算所得衍射波的振幅和相位尽可能地接近真实值。例如，在用多片层法进行模拟计算时，要选择合适的图像尺寸以获得足够的采样点，从而保证计算得到的晶体投影势的准确性；选择合适的片层厚度来满足弱相位体近似条件；选择尽可能多的光束进行成像以避免出现假信号，因为实空间是连续的，而取样是有一定间隔的，从而使得电子波从一个倒易晶胞散射到邻近的倒易晶胞时出现噪声；最后，还得用一半的片层厚度和两倍的图像尺寸重新计算，如果两次计算得到的强 Bragg 衍射束的强度和相位相差不超过 5%，则可认为原先的计算结果较为合理。

图 10-9 所示为三种相的实验观察像与计算所得的模拟像对比的实例。从图中可清楚地看出，立方相 ZrO_2(c-ZrO_2)、类 $L1_2$ 相 $Y_{0.25}Zr_{0.75}O_{2-x}$ 和类 $L1_0$ 相 $Y_{0.5}Zr_{0.5}O_{2-y}$ 的计算机模拟像分别与对应的实验像互相匹配得非常完美。

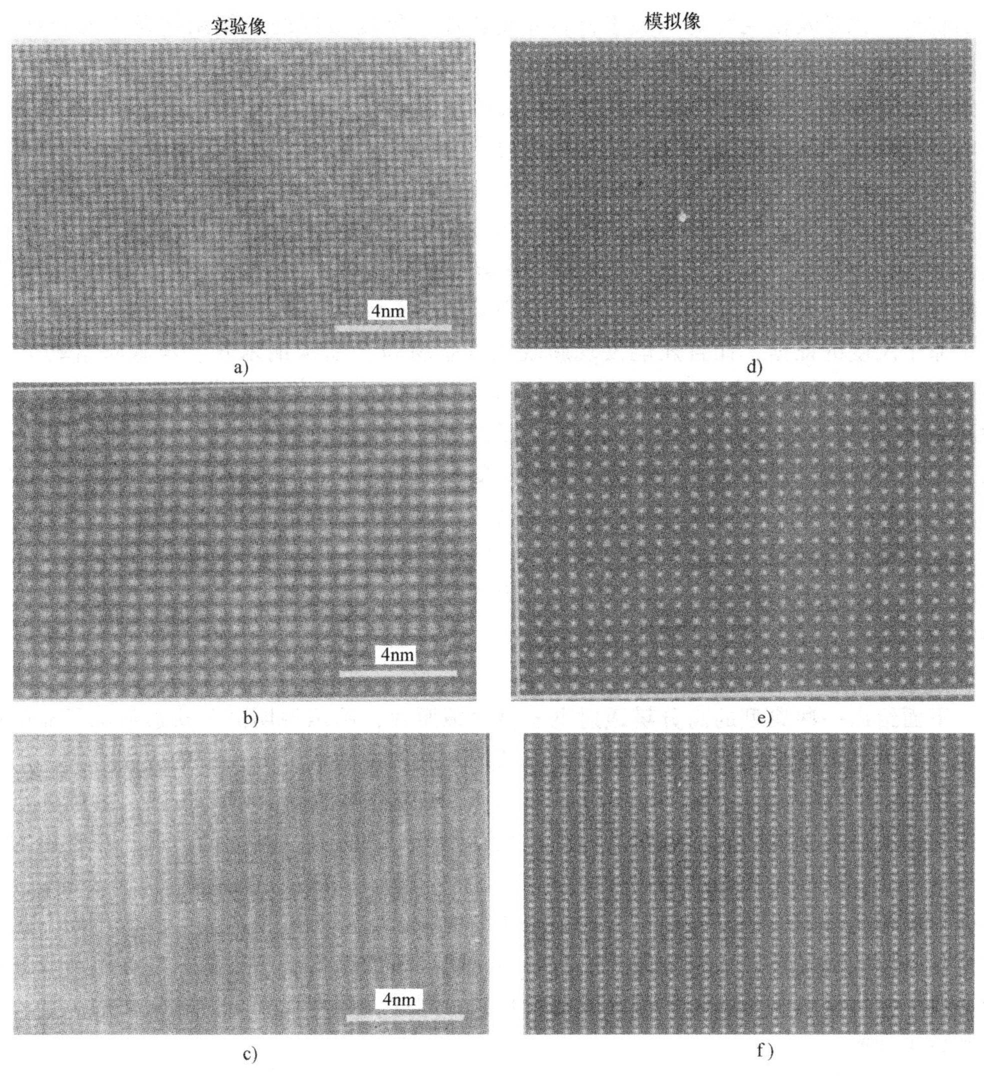

图 10-9　c-ZrO_2、$Y_{0.25}Zr_{0.75}O_{2-x}$ 和 $Y_{0.5}Zr_{0.5}O_{2-y}$ 相的实验像 a)、b)、c) 及模拟高分辨像 d)、e)、f)

第三节　高分辨透射电子显微术在材料科学中的应用

材料的微观结构与缺陷结构，对材料的物理、化学和力学性能有重要影响。因此，材料微观结构和缺陷及其与性能之间关系的研究，一直是材料科学领域的重大理论与实验研究课题。半个多世纪以来，晶体结构的测定以 X 射线衍射为主要手段。从 X 射线衍射的资料中虽然可以比较精确地间接推导出晶体中的原子配置，但这只是亿万个单胞平均后的原子位置，结果具有统计性。由于电子波的波长非常短，可望能用电子显微镜直接观察物质中的原子。

20 世纪末，随着信息科学、材料科学、分子生物学和纳米科学向结构尺度纳米化和功能智能化的发展，材料的宏观性质与特征，不但依赖于其合成过程，而且还依赖于原子及分子水平的显微组织结构。超导体、低维材料等许多新材料和特征尺寸仅为几纳米的微电子器件的物理、化学及使用性能取决于材料介观或原子尺度微区的组织结构及界面特征。例如，金属多层膜的巨磁阻效应、光电性能和X射线反射特征等与界面粗糙度有密切关系，界面、位错、偏析原子、间隙原子以及其他缺陷影响纳米器件的物理和力学性能，宽度仅为纳米尺度的晶间相强烈地影响细晶粒烧结材料的力学性能等。此外，为了理解半导体器件的输运和光电性质，还需要了解位错核区域的原子排布情况。因而，迫切需要用原子级或接近原子级分辨率的分析技术，深入地研究这些新材料的微观组织结构，包括界面和缺陷的原子结构、电子结构和能量学，和它们对材料性能的影响。所以利用高分辨电子显微术在原子尺度表征材料微观结构及其与性能间的关系是十分必要的，不仅为解决材料科学中遇到的疑难问题提供了原子尺度的证据，而且还能发现新现象或新材料，如碳纳米管、洋葱状富勒烯(Onion-like Fullerenes)及其内生长金刚石的发现等。应当指出，洋葱状富勒烯是近年来新发现的一种新型炭材料，1980年Iijima发表了第一张洋葱状富勒烯的高分辨像。另外，固体的许多性质，如界面反应、位错运动、扩散、一级相变和晶体生长等均受到缺陷形成及运动的控制。在近代材料科学中，理论研究与计算模拟相结合的方法为理解这些过程提供了强有力的分析工具，而高分辨透射电子显微学(HRTEM)又能提供这些理论研究所必需的信息，如缺陷的密度、类型和原子结构等。不难预料，利用高分辨电子显微术，在原子尺度范围内的一系列现象的分析与研究，将使人们不仅能获得微观物质世界的更细微、更精确的新认识，而且还会推动新材料和新功能器件的开发和利用。

下面给出一些典型的高分辨透射电子显微镜照片，图示说明高分辨透射电子显微镜在材料原子尺度显微组织结构、表面与界面以及纳米尺度微区成分分析中的应用。

图10-10给出了沿 c 轴方向 α 和 β 相 Si_3N_4 陶瓷材料的高分辨结构像。参照各自的晶体结构可知，原子串的位置呈现暗的衬度，没有原子的地方则呈现亮的衬度，与投影的原子列能一一对应。这样，把晶体结构投影势高(原子)位置是暗的、投影势低(原子间隙)位置呈现亮衬度的高分辨电子显微像称为二维晶体结构像。它与点阵投影的点阵像不同，点阵像只能反映晶体的对称性，而结构像还能直观地反映晶体的结构。结构像只有在参与成像的波与样品厚度保持比例关系激发的薄区才能观察到，因此，在波振幅呈分散变化的试样较厚区域是观察不到的。

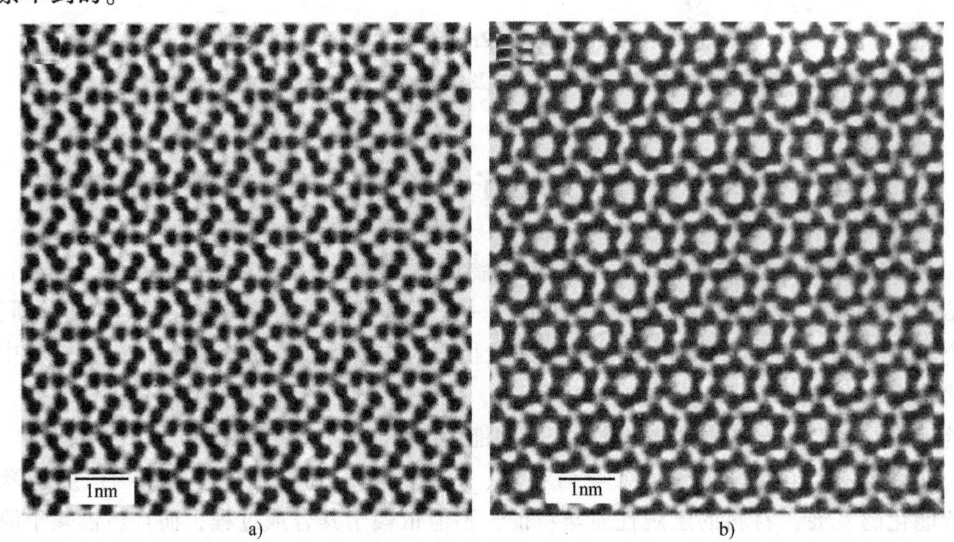

图10-10 氮化硅的高分辨结构像 a) α-Si_3N_4 和 b) β-Si_3N_4

图 10-11 所示是 $Tl_2Ba_2CuO_6$ 超导氧化物的高分辨结构像，它清楚地显示出了晶体的结构信息。大的暗点对应于 Tl、Ba 重原子位置，小的暗点对应于轻的 Cu 原子位置。另外，通过仔细的探讨，可以区分 Tl 和 B_a 及 Cu。将其他信息(成分分析、粉末 X 射线衍射等)和这样的高分辨电子显微像结合起来，就可以唯一地确定阳离子的原子排列。如果仔细地察看图中的暗点位置，就能够看到与理想的钙钛矿结构(体心立方)有一系统的偏离。在这个照片上测定 10 个暗点的距离，取平均值，再与单晶 X 射线衍射晶体结构分析确定的原子坐标比较，可以看出，在测量误差(0.01nm)范围内是一致的。

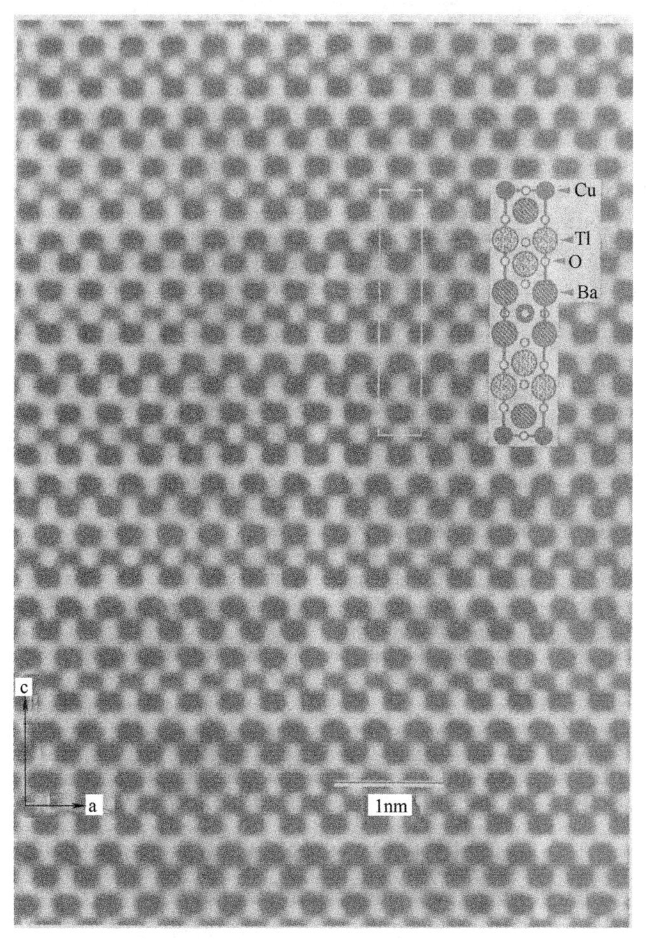

图 10-11　$Tl_2Ba_2CuO_6$ 超导氧化物的高分辨结构像（从插图可看出实验像与结构模型匹配完好。值得注意的是，暗点从钙钛矿结构的理想位置发生了系统的偏离。）

图 10-12 所示为利用相位衬度的高分辨像来研究半导体材料中缺陷结构的实例，图中清楚地显示出了半导体材料 InAs 和 InAsSb 界面处的刃型位错。

图 10-13 中的高分辨像则表示硅中的 Z 字形缺陷，即所谓的 Z 字形层错偶极子（Faulted dipole）。如右上插图所示，这个缺陷是两个扩展层错在滑移面上移动时相互作用，夹着一片层错 AB 相互连接而不能运动的缺陷。在层错偶极子上下，层错的上部和下部分别存在着插入原子面。

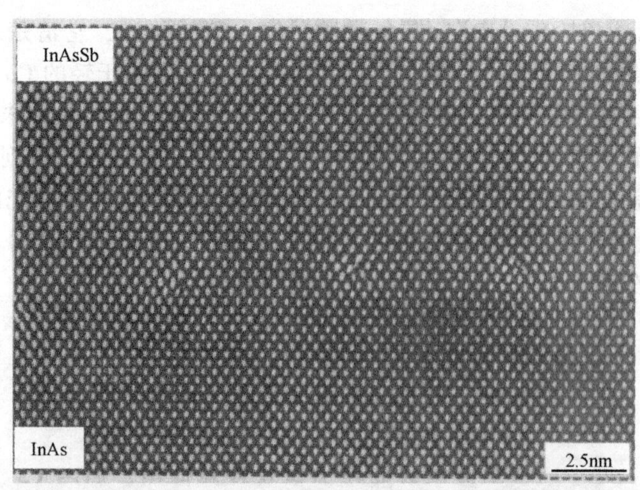

图 10-12 半导体材料 InAs 和 InAsSb 界面的高分辨像（界面处的刃型位错清晰可见）

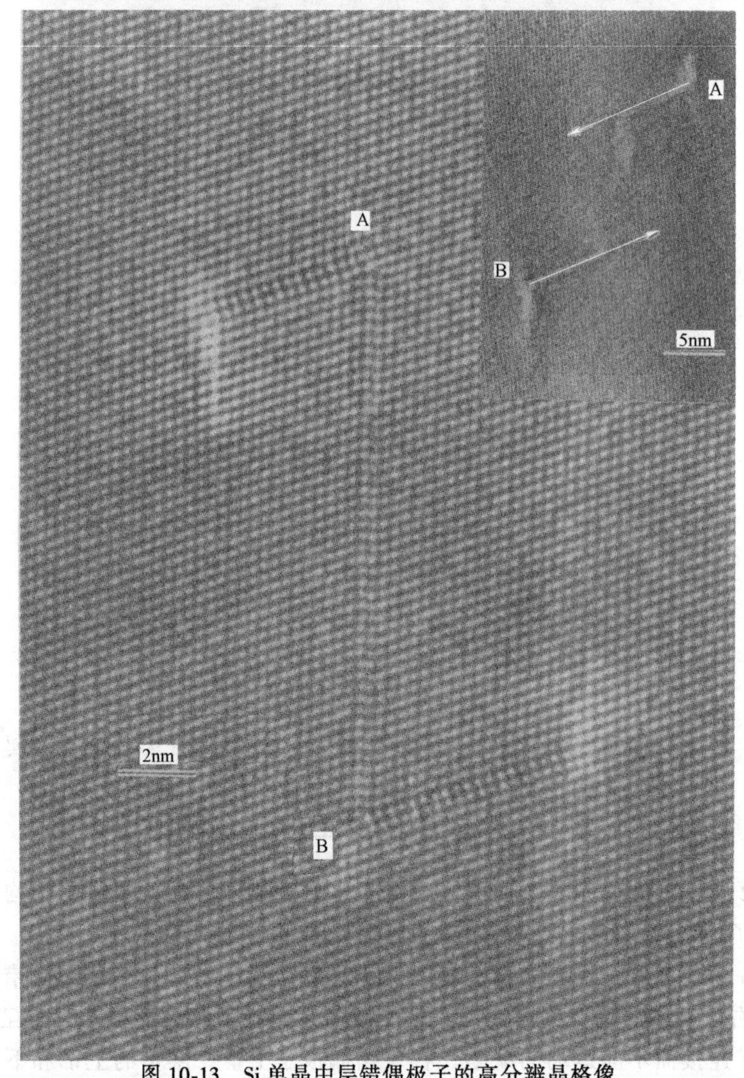

图 10-13 Si 单晶中层错偶极子的高分辨晶格像

（由三个层错形成的 Z 形层错偶极子。这个缺陷是由右上图所示的两个扩展位错移动和相互作用而形成的。）

利用性质不同的晶体与母相相复合的方法，可以开发出优于母相性能的新材料。例如，如果在延性的 Al 金属中复合非金属 Si 晶体，由于 Si 与 Al 不固溶，将从 Al 基体中析出，从而得到耐磨性优良的材料。图 10-14 所示是用气体喷雾法急冷凝固制备的 Al-Si 合金粉末的电子显微像。在图 10-14b 所示的扫描电子显微像中能看到从几十微米到几百微米大小的粉末。实际上，经压制成形就能作为块状材料使用。如图 10-14c 所示的透射电子显微像中看到的那样，在粉末中，微小的 Si 晶体很分散，在它们上面缠绕着位错。Al 基体中析出的 Si 晶体与 Al 晶体间具有确定的取向关系。图 10-14a 所示的高分辨电子显微像(晶格像)表示出了这种关系，Al 的[110]和 Si 的[110]轴平行，电子束沿这个方向入射，就能拍摄到二维晶格像。在微小粒子中经常能观察到 Si 晶体具有 5 个孪晶界组成的多重孪晶结构。围绕[110]

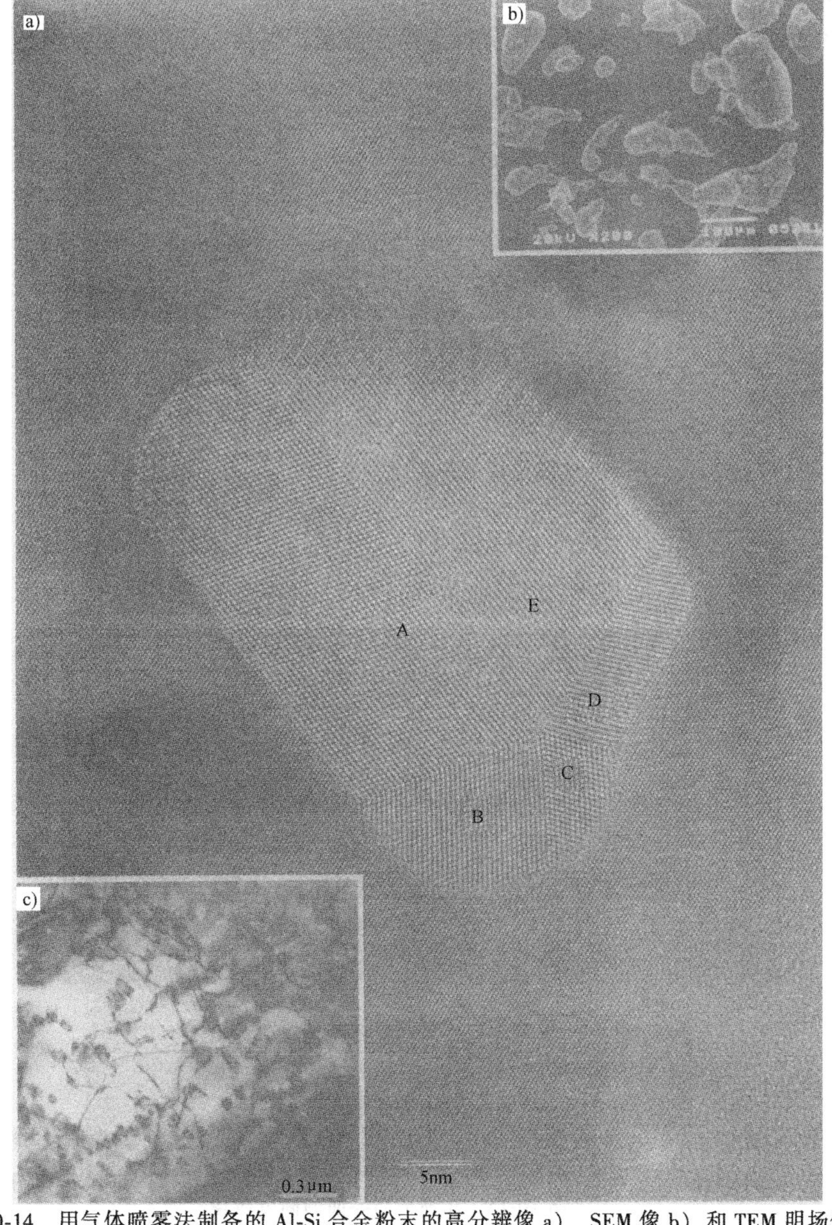

图 10-14　用气体喷雾法制备的 Al-Si 合金粉末的高分辨像 a)、SEM 像 b) 和 TEM 明场像 c)

(Si 颗粒中存在着五次孪晶，用 A、B、C、D、E 标示。)

轴，由5个金刚石结构的$(1\bar{1}1)$面的孪晶合在一起时才成353°，离360°还差7°。为缓和这个角度的失配，5个区域的[110]轴都有些倾斜。这一点可以从各个畴的晶格像并不是完全的二维晶格像，而是向各个不同的方向发生移动而看出来。在图10-14a所示的晶格像中，Al晶体和Si晶体的界面几乎垂直于纸面，所以能很好地显示界面的结构。A、E畴和Al晶体的界面很整齐(两晶体的$(1\bar{1}1)$面)，它形成半共格界面。这个半共格界面的结构可以理解为Si晶体$(1\bar{1}1)$面间距的3倍(0.939nm)和Al晶体的$(1\bar{1}1)$面间距的4倍(0.936nm)几乎相等来形成的。在E畴的左上部，能够看到Si的晶格条纹每隔3个就有较亮的衬度，从这一点也能明白上述关系。另一方面，B、C畴与Al晶体之间不具有特有的取向关系，在它们的界面上能观察到一个混乱排列的薄层(能看到非晶相的衬度)。

图10-15所示为几种典型的平面界面的高分辨像，包括非晶层与晶粒间的界面、两种不

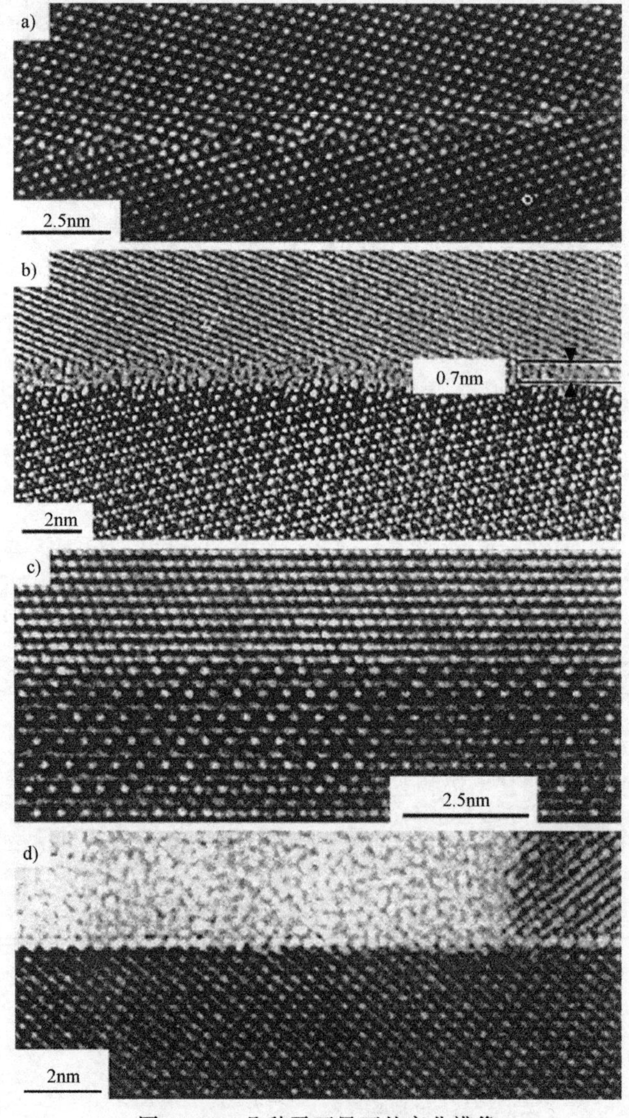

图10-15 几种平面界面的高分辨像

a）Ge中的晶界 b）Si_3N_4中的晶界，界面上有玻璃相 c）NiO和$NiAl_2O_4$间的相界 d）Fe_2O_3（0001）表面的轮廓像

同材料间的界面和表面轮廓像等。图 10-15a 所示为半导体 Ge 中的晶界；图 10-15b 所示为陶瓷材料 Si_3N_4 中的晶界，界面上有玻璃相存在；图 10-15c 所示为 NiO 和 $NiAl_2O_4$ 间的相界；图 10-15d 所示为 Fe_2O_3(0001)表面的轮廓像。从这些实例图中可以得到这样一些信息：即使分辨率很低，晶格条纹像也能给出界面局部区域的拓扑结构信息；如果界面处非晶层的厚度非常厚(如>5nm)，就可以在电子显微镜中直接观察到；能在原子尺度直接观察到界面的真实结构。

图 10-16 所示为 Sialon 陶瓷材料中 α 相与 β 相直接结合平直界面的高分辨像。可以看到，α 相的($\bar{1}10$)面与 β 相的(100)面的点阵直接结合，中间没有非晶层的存在。两相相对界面的夹角分别为 22°及 53°，在界面上的距离分别为 1.78nm 及 0.830nm，表明两晶面大约有 50%的错配，所以从高分辨像照片上可以看出大约两个 α 相的($\bar{1}10$)面有三个 β 相的(100)面与之匹配。

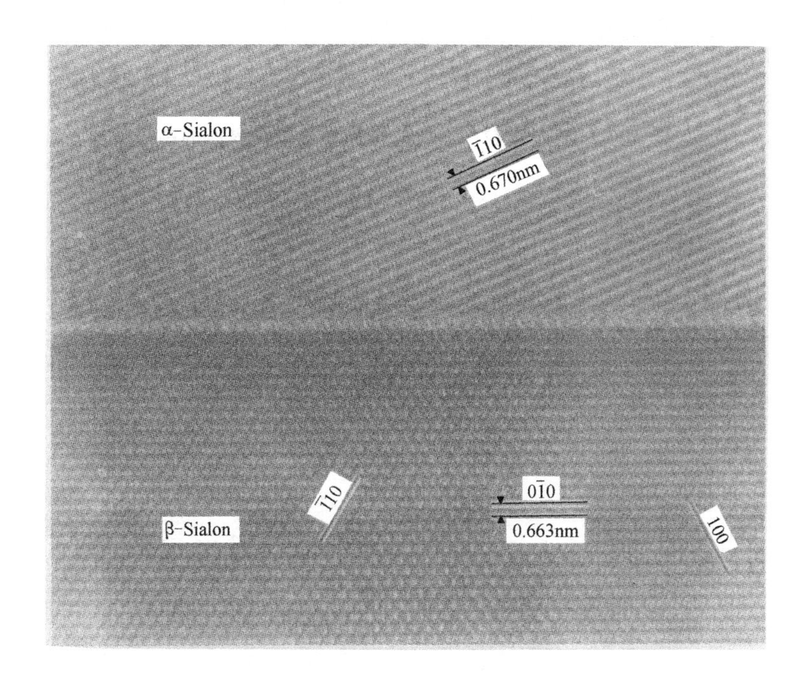

图 10-16　α/β 相 Sialon 陶瓷直接结合平直界面的高分辨像（界面无非晶层）

图 10-17 所示是 SiC 颗粒与 Sialon 陶瓷直接结合界面的高分辨像，上部为 β-Sialon 的[122]晶带，下部为 6H-SiC 的[010]晶带，表明 β-Sialon 的($\bar{1}10$)晶面与 6H-SiC 的（006）晶面直接结合。由于在烧结过程中 α-Si_3N_4 会溶解于液相，而 SiC 不会溶入其中，α-Sialon 与 β-Sialon 从液相析出，为了减少界面有可能在 SiC 片晶上形核并长大，或晶粒在长大过程中发生转动从而形成片晶与 Sialon 基体的直接结合。

图 10-18 所示为另一区域的 SiC 颗粒与基体 Sialon 陶瓷界面的高分辨像，表明 SiC 颗粒与基体之间有一厚度为 0.6nm 的非晶层。这可能是由于 SiC 颗粒表面成分的不同，使某些区域偏离形成 Sialon 的成分，烧结后液相没有完全溶入基体的缘故。

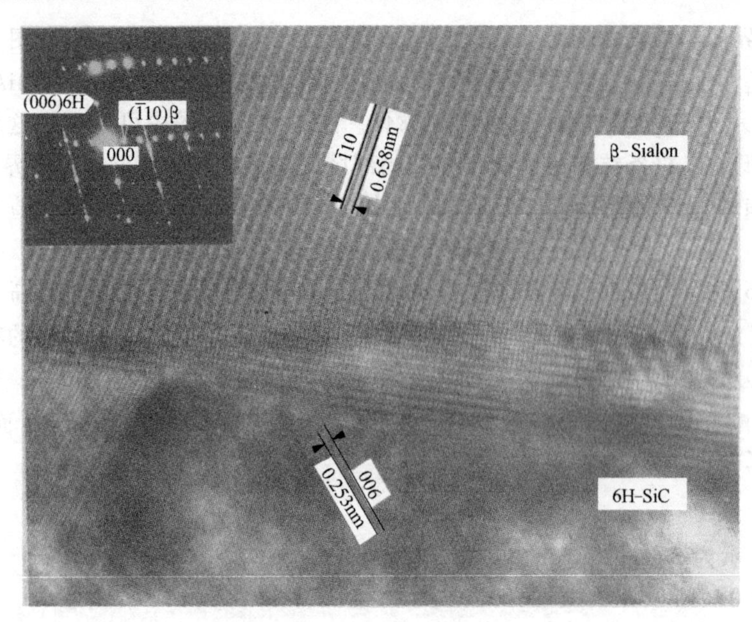

图 10-17 SiC 颗粒与 Sialon 陶瓷直接结合界面的高分辨像

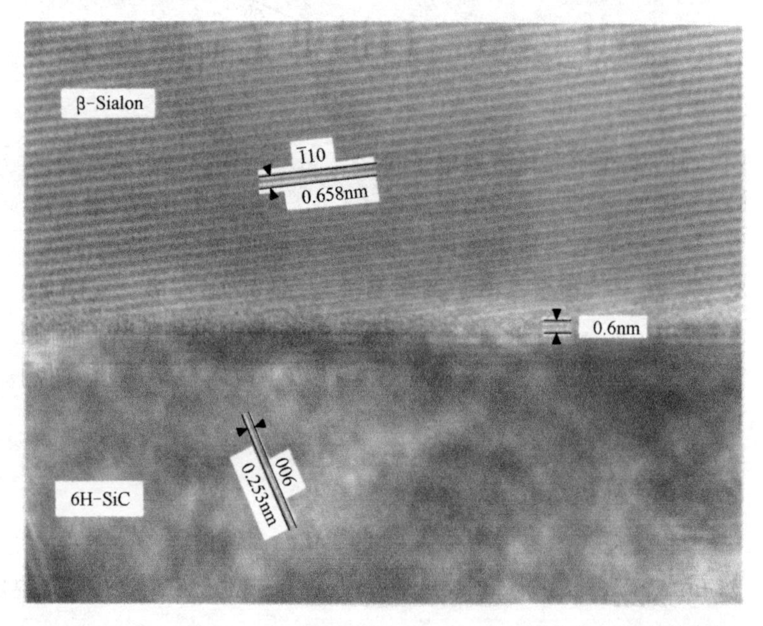

图 10-18 SiC 颗粒与 Sialon 陶瓷夹有 0.6nm 厚非晶层界面的高分辨像

第四节 高分辨透射电子显微术应用实例详解

前面已经简要地介绍了高分辨电子显微术在材料科学中的应用实例。20 世纪末至 21 世纪初，电子显微镜技术突飞猛进，研究出了各种型号的聚光镜色差校正器及物镜球差校正器，并实现了商业化生产。同时，相关的其他技术的发展，进一步促进了高分辨透射电子显微术的应用。本节将介绍几个发表在高水平杂志上的研究实例，并在普通及球差校正的高分辨透射电子显微术和高分辨扫描透射电子显微术方面加以详细的说明，以便读者更容易理解高分辨透射电子显微术。

一、金属纳米颗粒表面外延钝化氧化膜

21 世纪前十多年对纳米金属颗粒进行了很多研究，发现所有研究过的纯金属（除 Pb 外）纳米颗粒在常温常压下比较稳定，不会严重氧化。根据 Caberra-Mott 的金属氧化理论，在一定温度下外延氧化膜的厚度会达到一个极限的平衡值，氧化速率最终为零。哈尔滨工业大学饶建存副教授于 2002 年在香港科技大学访问期间同 K. K. Fung 教授合作，对金属铬(Cr)及铁(Fe)等纳米颗粒的表面氧化层进行了详细的高分辨电子显微术研究[⊖]。

对于体心立方结构的金属，如 Li、Ba、β-Ca、Cr、Cs、Eu、α-Fe、K、Mo、Na、Nb、Rb、Ta、β-Ti、V、W、β-Zr 等，其第一布里渊区(First Brillouin Zone)的形状是菱形正十二面体。通常观察到的这些金属纳米颗粒的外形是 6 个{1 0 0}晶面截取 12 个{1 1 0}晶面的结果。截取度(R)定义为正十二面体棱长被截取部分的长度(L_t)相对该棱原长(L_0)的百分比。当截取度 R 为 0 时，正十二面体由 12 个{1 1 0}晶面组成。随着截取度 R 的增加，{1 0 0}面的尺寸增大而{1 1 0}面的尺寸则减小，此时亦称为十八面体。当截取度 R 为 100%时，十八面体退缩成只有 6 个{1 0 0}面的立方体。图 10-19 所示为由菱形正十二面体、截角菱形正十二面体（或称十八面体）到立方体的截取演变示意图。

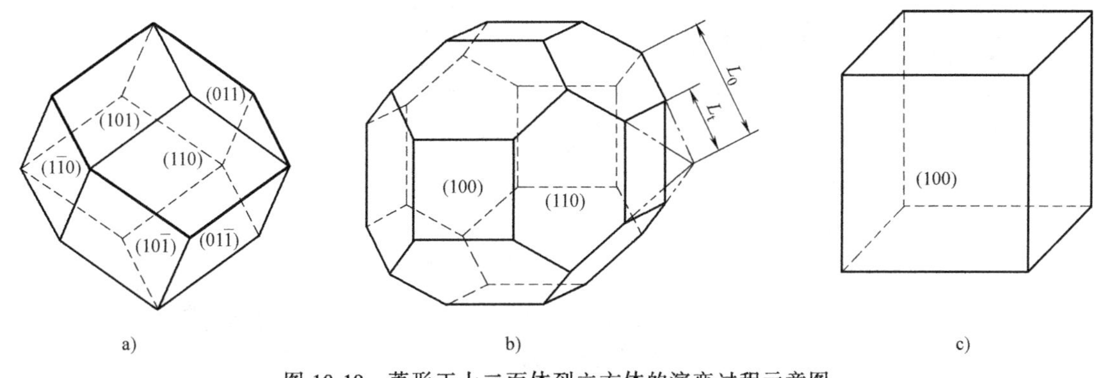

图 10-19　菱形正十二面体到立方体的演变过程示意图

a）菱形正十二面体　b）截角菱形正十二面体（截取度 $R=L_t/L_0$）　c）立方体

已知块体金属铬的表面氧化物是 Cr_2O_3，类似于菱方结构的 α-Al_2O_3。而本研究结果则表明，Cr 纳米颗粒的外延钝化氧化膜的晶体结果与其生长的晶面有关。Cr 的截角纳米颗粒是一个十八面体，由 6 个{1 0 0}面和 12 个{1 1 0}面组成。虽然在{1 1 0}晶面上生成了菱方结构的 α-Cr_2O_3，但是在{1 0 0}面上则发现了未曾报道的面心立方结构的 Cr_2O_3，其晶格常数由精确的电子衍射数据确定为 0.407 nm。常温常压下，纯 Cr 纳米颗粒的表面形成的外延致密的惰性氧化膜厚度只有 3~4nm。这种致密的氧化膜能使纯金属纳米颗粒在水中保存数年而不变质。经研究发现，纯 Fe 的纳米颗粒表面也具有类似的氧化物。

图 10-20 给出了一个立方纳米 Cr 颗粒的 TEM 研究结果。图 10-20a 所示为普通明场形貌像，清楚地显示出了不同截取度下 Cr 纳米颗粒的二维投影形貌。在其中选择一个具有正方

⊖ Rao J C, Fung K K, et al. TEM Study of the Structural Dependence of the Epitaxial Passive Oxide Films on Crystal Facets in Polyhedral Nanoparticles of Chromium [J]. Ultramicroscopy, 2004, 98(2-4): 231-238.

形特征的颗粒进行详细分析。该颗粒是一个100%截取的Cr纳米颗粒。图10-20b所示的选区电子衍射谱的斑点构成比较复杂，分析结果表明，这是一个100%截取的Cr纳米颗粒的[0 0 1]晶带轴的衍射谱，其中明亮的大斑点呈正方形排列，标定为体心立方结构Cr的{1 1 0}斑点。另外还有两套等价的互成90°角的面心立方结构的氧化物的衍射斑点，分别用黑色和白色矩形虚线表示；而且矩形中心还有一个斑点，分别用箭头表示。以其中一套为例，标定结果示意图如图10-20c所示，大圆圈是Cr的衍射斑点，小圆圈则是氧化物的斑点。氧化物的斑点是面心立方结构的[0 1 $\bar{1}$]晶带轴的(2 0 0)与(0 2 2)斑点，矩形中心的斑点则是(1 1 1)斑点。该面心立方结构还通过对高分辨像的快速傅里叶变换(FFT)结果而得到验证。氧化物的(0 2 2)斑点与Cr的(2 0 0)斑点重合，因此氧化物的晶格常数参考Cr的晶面间距而精确推导出来，$\sqrt{2}\times0.288\text{nm}=0.407\text{nm}$。另外，结合X射线光电子能谱(XPS)分析结果，该氧化膜中主要含有Cr^{3+}离子及O^{2-}离子，因此，其分子式可写成Cr_2O_3。该面心立方结构模型还经过电子衍射谱及高分辨像的计算机模拟得到了验证。

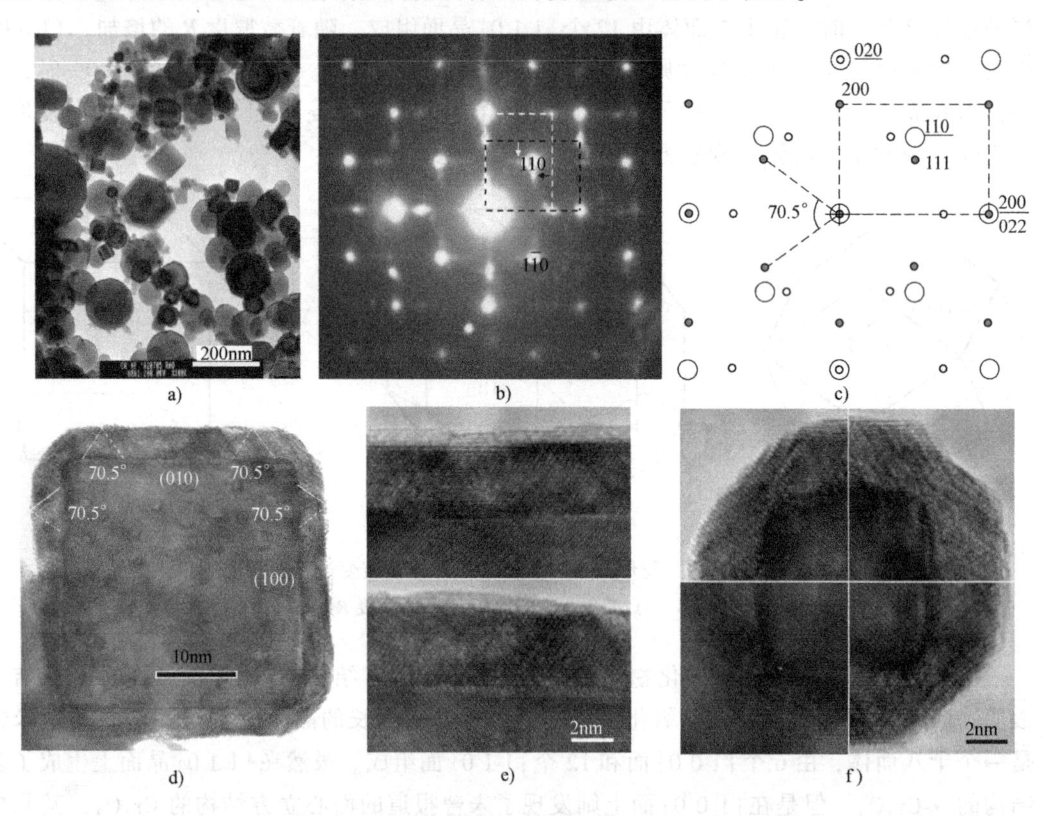

图10-20 Cr纳米颗粒的TEM研究结果（颗粒一）

a）TEM明场形貌像 b）100%截取后的Cr纳米颗粒的[001]晶带轴的衍射谱 c）复杂衍射谱的分解示意图 d）该颗粒的高分辨像 e）{100}面上的氧化膜的高分辨像 f）四个顶角处氧化膜的高分辨像

同时，外延的氧化膜和基体Cr之间还存在着固定的晶体学取向关系：$(1\ 0\ 0)_{Cr_2O_3}//(1\ 0\ 0)_{Cr}$；$[0\ 1\ \bar{1}]_{Cr_2O_3}//[0\ 0\ 1]_{Cr}$。这就是著名的面心和体心立方晶体间的贝因关系（Bain Relationship）。外延的γ-Fe_2O_3中也是这种晶体学取向关系。图10-20d、e、f所示为该立方颗粒的明场高分辨像，清楚地显示出了{1 0 0}晶面上以及四个顶角处致密氧化膜晶格及其与 Cr 基体紧密结合的界面情况。该氧化膜非常致密，阻止了进一步的氧化，能使该纯金属纳米颗粒在水中保存数年而不变质，因此也称为钝化膜。图 10-20d 中于基体 Cr{1 0 0} 晶面上生长的该面心立方结构 Cr_2O_3{1 1 1}晶面的实测夹角为 70.5°，这与该结构模型的夹角计算结果完全一致，如图 10-20c 所示。

同时还详细研究了部分截取(截取度 *R* 介于 0~100%之间)的 Cr 纳米颗粒的表面氧化物。图 10-21a 所示为部分截取的 Cr 纳米颗粒[0 0 1]晶带轴的电子衍射谱，很显然该衍射谱具有典型的八角特征。类似于图 10-20c 所示的标定结果，主斑点来自于体心立方结构的 Cr 基体。不同的是，大部分氧化膜的{1 1 1}斑点比较强，如图中水平箭头所示；而且{3 1 1}斑点也清晰可见。同时，基体{2 0 0}斑点之间沿<1 1 0>方向拉长的斑点（图中用 α 及箭头标识）也清晰可见，其表示的晶面间距比立方氧化物的{1 1 1}晶面间距(0.235 nm)和体心立方 Cr 基体的{1 1 0}晶面间距(0.204nm)都要大。而这些斑点在 100%截取的 Cr 纳米颗粒的衍射谱中是没有的。该部分截取颗粒的形貌沿[0 0 1]方向呈现八角形，如图 10-21b 所示。从晶格条纹的特征可轻易判断出体心立方 Cr 基体的{1 0 0}及{1 1 0}晶面，从而推导出该颗粒的截取度是 70%。(1 1 0)和($1\ \bar{1}\ 0$)晶面上局部放大的高分辨像分别如图 10-21c、d 所示，插图则是快速傅里叶变换(FFT)结果。很明显，Cr 基体{1 0 0}和{1 1 0}晶面上的氧化膜明显不同。{1 0 0}晶面上的氧化膜厚约 3.5nm，而{1 1 0}晶面上的氧化膜则厚约 2.4nm。Cr 纳米颗粒基体的尺寸约为 54nm。{1 0 0}晶面上的氧化膜的晶格条纹与图 10-20d 中的 Cr 纳米立方体{1 0 0}晶面上的晶格条纹相同，都具有相同的<1 1 0>晶体取向。{1 0 0}晶面上的氧化物与纯金属之间的界面也非常平坦和光滑。然而{1 1 0}晶面上的氧化膜中的晶格条纹则大致垂直于比较粗糙的金属与氧化物间的界面。($1\ \bar{1}\ 0$)晶面上的氧化物主要由一组条纹组成，而（1 1 0）晶面上氧化物中则有两组清晰可见的正交的条纹。

图 10-21c 和 d 中分别用实线和虚线标记出了(0 1 0)、(1 0 0)和($0\ \bar{1}\ 0$)晶面上立方氧化物的两组{1 1 1}晶面条纹，它们互成 70.5°夹角。{1 1 0}晶面上垂直的氧化物条纹近似平行于实线标记的立方氧化物的{1 1 1}条纹。仔细测定{1 1 0}晶面上的法向条纹的间隔是 0.251nm。实际上，从 HRTEM 图像以及衍射图中可以清楚地看出，法向条纹与界面不严格垂直，而且该晶面间距大于立方氧化物的{1 1 1}晶面间距 0.235nm，同时也与其他晶面间距相去甚远，因此该氧化物不可能是立方氧化物。

图 10-21c 和 d 中间距为 0.251nm 的正交条纹似乎是被调制过的，并且由衍射图确定的其间距约为 0.452nm。尽管从 FFT 衍射图中可辨别，但这组条纹在图 10-21d 所示的高分辨像中则不可见。对于另外两个{1 1 0}面上的氧化物条纹也是这种情况。事实上，这组晶格条纹在大部分{1 1 0}晶面上都没有观察到。因此，没有证据表明在图 10-21b 中存在这组条纹。间距为 0.251nm 和 0.452nm 的条纹暂时与菱方 α-Cr_2O_3 的($1\ 1\ \bar{2}\ 0$)和(0 0 0 3)间距匹配。注意(0 0 0 3)斑点是禁止反射(消光)斑点。但由于氧化膜的厚度非常薄，小于两个 α-Cr_2O_3 的间距厚度 *c*，因此可能具有来自不完整单胞的禁止反射的强度。因此，面心立方和菱方结构的 Cr_2O_3 膜同时存在于部分截取的 Cr 纳米颗粒中。这与 XPS（X 射线光电子能谱分析）测定的 Cr 和 Cr^{3+}的结果相一致。

{1 0 0}晶面上的面心立方结构的 Cr_2O_3 氧化物生长良好，而{1 1 0}晶面上的菱方 α-Cr_2O_3 薄膜则不然。但是，两种氧化物结构在室温下都是稳定的，而且这两种氧化膜都非常致密，阻止了进一步的氧化，能使该纯金属纳米颗粒在水中保存数年而不变质，因此也称为钝化膜。

值得注意的是，在部分截取的 Cr 纳米颗粒{1 1 0}晶面上的 α-Cr_2O_3 氧化物薄膜的厚度明显小于{1 0 0}晶面上面心立方结构的 Cr_2O_3 的氧化物薄膜的厚度。由于同一颗粒的{1 0 0}和{1 1 0}晶面上的钝化温度应该是相同的，所以结论是 α-Cr_2O_3 仅在高于 130℃的温度下于{1 1 0}晶面上生长而且其生长速率很低。这与 Arlow 等人的关于 Cr 的(1 0 0)晶面氧化物的研究结果相一致，他们的结果表明仅在最终阶段 700℃的温度下观察到了 α-Cr_2O_3[㊀]。据推测，在部分截取的 Cr 纳米颗粒{1 1 0}晶面上的 α-Cr_2O_3 晶体结构在较高温度下更易形成与生长。

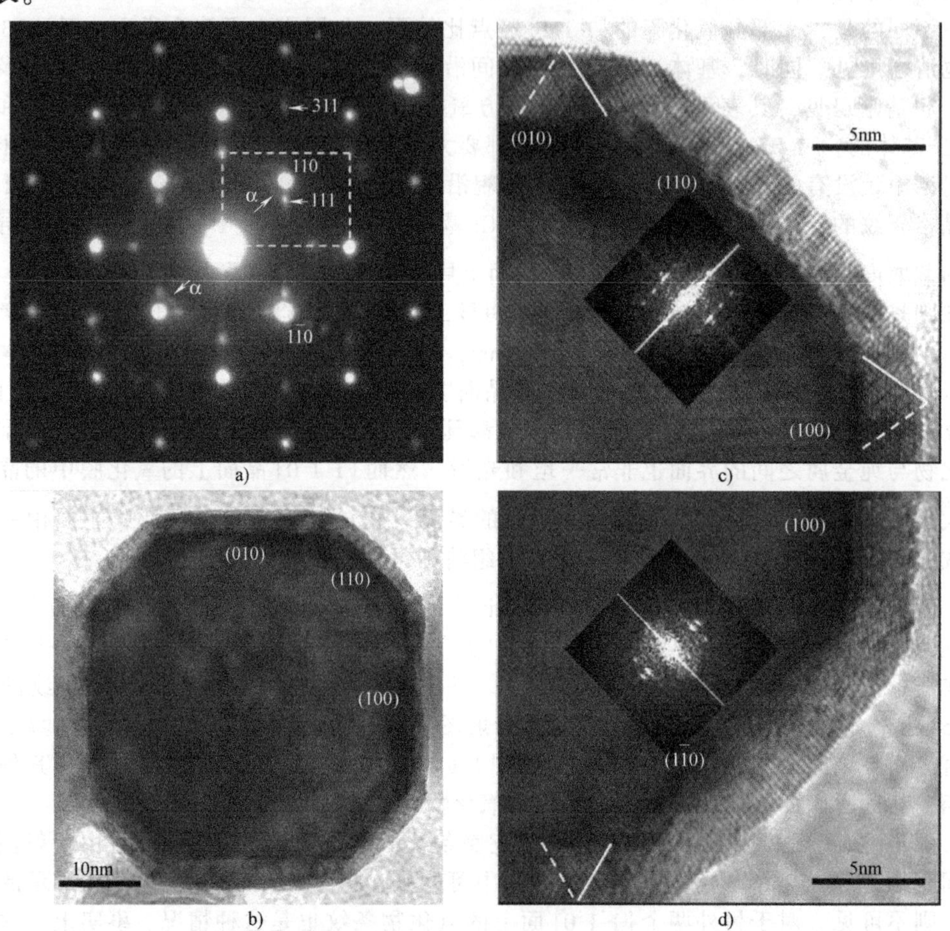

图 10-21 Cr 纳米颗粒的 TEM 研究结果（颗粒二）[㊁]

a）部分截取颗粒的衍射谱，标定同图 10-20b 一致，α 表示额外的衍射信息，其晶面间距稍比(111)晶面间距大 b）某单独一个 70%截取后的十八面体颗粒的[001]方向的高分辨像 c、d）体心立方 Cr 基体及其两个{110}面上氧化膜的高分辨像，插图是对应氧化膜的 FFT 结果

㊀ ARLOW J S, MITCHELL D F, GRAHAM M J. The Mechanism and Kinetics of the Oxidation of Cr（100）Single-Crystal Surfaces Studied by Reflection High-Energy Electron Diffraction, X-ray Emission Spectroscopy, and Secondary Ion Mass Spectrometry/Auger Sputter Depth Profiling [J]. Journal of Vacuum Science & Technology A, 1987（5）: 572.

㊁ RAO J C, ZHANG X X, QIN B, et al. TEM Study of Structural Dependence of the Epitaxial Passive Oxid Films on Crystal Facets in Polyhedral Nano Particles of Chromium [J]. Ultramicroscopy, 2014, 98（2）: 231-238.

二、Co_3O_4 催化材料的形貌效应

2009 年 4 月 9 日《自然》杂志发表了纳米催化研究的新成果㊀，该研究由中国科学院大连化学物理研究所申文杰研究员团队与中国科学院金属研究所刘志权研究员、日本首都大学（东京）春田正毅教授合作完成，表征了具有不同 CO 氧化催化性能的 Co_3O_4 纳米材料的晶体形貌和表面结构，并从原子和分子水平讨论了 CO 氧化反应的机理，从而揭示了 Co_3O_4 催化材料的形貌效应。

低温 CO 氧化反应在环境催化中有着极其重要的作用，如在汽车排气控制、闭合回路 CO_2 激光器、气体传感器和空气净化等领域，特别是可以解决汽车在冷起动瞬间的污染问题。因为在汽车起动瞬间温度比较低，普通催化剂还不能充分加热到工作温度，CO 和碳氢化合物未完全燃烧就被排放到大气中，从而造成空气污染。在 CO 氧化催化材料方面，Mn/Cu 氧化物经常作为空气净化催化剂使用，但室温下的活性不高，且处理气中的少量水汽会导致催化剂失活；Pt/Pd 贵金属担载催化剂虽然具有耐水性，但只在超过 100℃时才有较高的活性；Au 颗粒催化剂可以在-70℃进行 CO 的氧化反应且在水汽条件下仍有很高的活性，但是必须要用变价金属氧化物作为载体。考虑到所担载贵金属的高成本，人们一直追求直接使用变价金属氧化物作为催化剂。

在变价金属氧化物中，Co_3O_4 是公认的最活泼的 CO 氧化催化剂，早在 20 世纪七八十年代就发现纯 Co_3O_4 和担载型 Co_3O_4 催化剂对 CO 氧化都有非常高的活性。然而深入研究表明，Co_3O_4 在 CO 氧化反应过程中受水汽的影响比较大，在低温条件下的活性和稳定性都有待改善。因此，虽然 Co_3O_4 具有低温 CO 氧化的潜力，但能制备出在正常水汽条件下对 CO 氧化具有高活性和稳定性的 Co_3O_4 催化剂，依然是非常具有挑战性的课题。近年来，中国科学院大连化学物理研究所催化基础国家重点实验室的申文杰研究员团队在实验中通过对反应条件的精确控制，可以制备出各种不同形貌的 Co_3O_4，相关测试表明，微小结构的 Co_3O_4 催化材料的性能与其形貌有着重要的联系。为从原子水平揭示性能与形貌的关系并从分子层面理解 CO 氧化反应的机理，与中国科学院金属研究所的刘志权研究员合作开展了不同 Co_3O_4 纳米材料的形貌表征和结构分析工作。

透射电子显微镜观察表明，纳米颗粒形态的 Co_3O_4 为多面体单晶，如图 10-22a 所示，平均直径尺寸为 10～30nm。综合分析不同取向的微衍射及高分辨像（如图 10-22b），确定其形貌为截面八面体（Truncated Octahedron），有 8 个{1 1 1}面和 6 个{1 0 0}面，也被称为十四面体。理想的正十四面体(图 10-22a 中左下角插图)上{1 0 0}与{1 1 1}晶面的表面积比为 $\sqrt{3}:6$，{1 0 0}面占总表面积的 22.4%。而实验中制备的 Co_3O_4 纳米颗粒由于{1 0 0}面截{1 1 1}八面体的位置或比率不同，实际形貌会偏离理想的正十四面体，粒子边长为 3～10nm。针对棒状 Co_3O_4 样品（图 10-23），观察得出纳米棒直径为 5～15nm，长度为 200～300nm。通过对纳米棒单晶平面及截面不同取向的高分辨观察，确定其真实形状为轴向沿[1 1 0]的长方体，轴侧面分别是两个{0 0 1}面和两个{$1\bar{1}0$}面，端部为两个{1 1 0}面（图 10-23a 中右上角插图），即 Co_3O_4 纳米棒表面暴露有 4 个{1 1 0}晶面和 2 个{1 0 0}晶面。根据纳米棒的平均尺寸，可以进一步计算出 4 个{1 1 0}晶面的表面积之和，约占纳米棒总表面

㊀ XIE X W, LI Y, LIU Z Q, et al. Low-temperature Oxidation of CO Catalysed by CO_3O_4 Nanorods [J]. Nature, 2009, 458: 746-749.

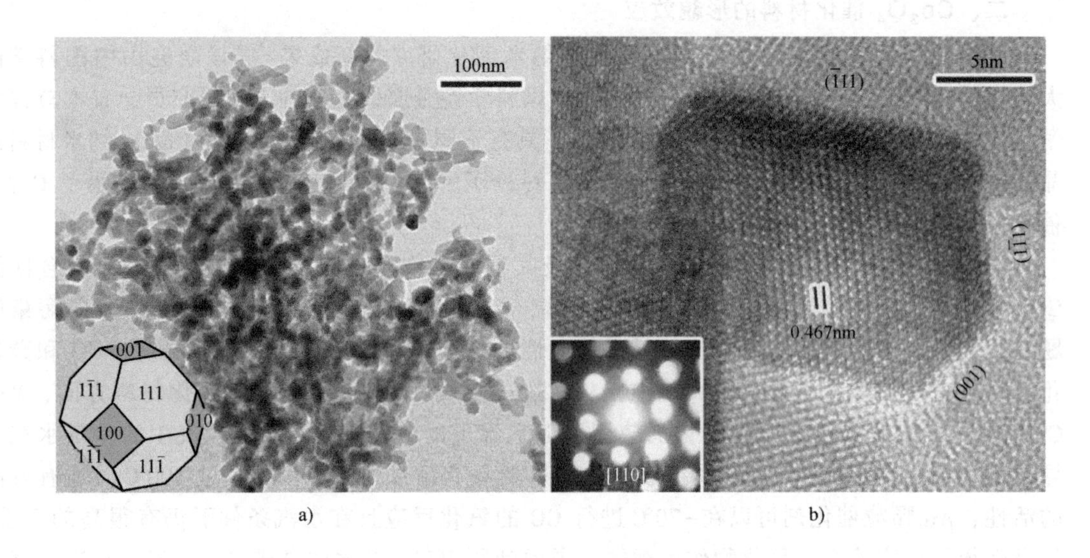

图 10-22 Co_3O_4 纳米粒子的形貌和表面暴露晶面

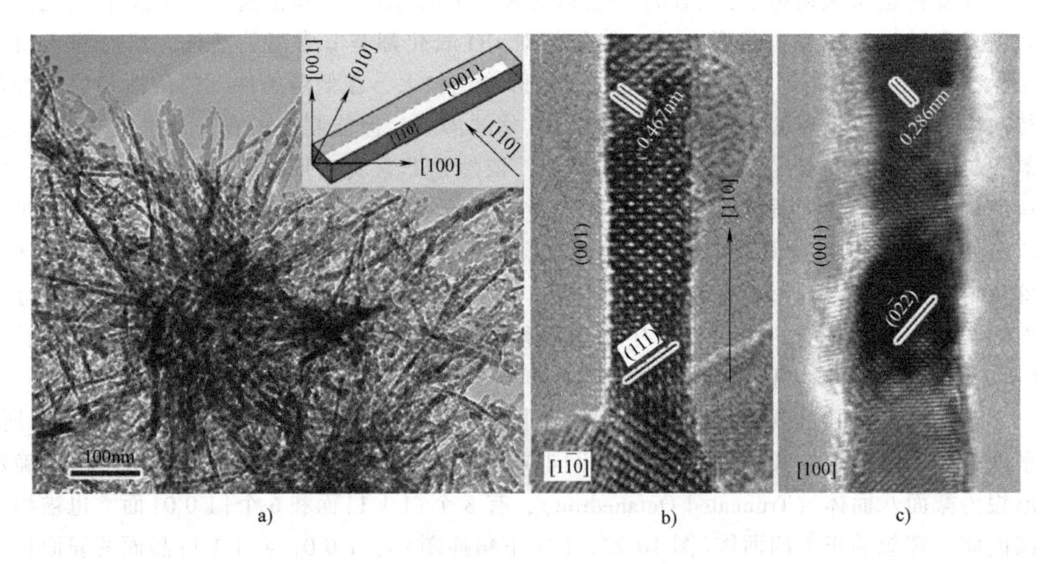

图 10-23 Co_3O_4 纳米棒的形貌和表面暴露晶面

积的40%以上。

由晶体结构分析可知，在 Co_3O_4 的尖晶石单胞(Spinel Structure)中，Co^{3+} 离子占据八面体间隙的位置，而 Co^{2+} 离子在四面体间隙中。已有研究表明，Co_3O_4 晶体中只有 Co^{3+} 对CO具有氧化活性，而 Co^{2+} 对CO的氧化活性较低。考察 Co_3O_4 晶体结构中的原子排布，发现{1 0 0}和{1 1 1}晶面上只存在 Co^{2+} 离子，而 Co^{3+} 离子主要分布在{1 1 0}晶面上。即使考虑到真实材料的表面并非完整而可能暴露出相邻的原子层，{1 1 0}面也可以暴露出比{1 0 0}和{1 1 1}面较多的 Co^{3+} 离子(表10-1)。因此，具有不同表面的 Co_3O_4 纳米颗粒和纳米棒表现出对CO氧化反应的形貌效应。根据表征得出的{1 1 0}、{1 0 0}和{1 1 1}面占纳米棒或纳米颗粒表面积的百分比，以及结构分析给出的各晶面及邻层上的 Co^{3+} 离子数，结合实验测得的反应速率，可以计算出纳米颗粒和纳米棒在 CO 氧化反应中的表观激活能(Apparent Activation Energy)分别为 21kJ/mol 和 22kJ/mol，二者的反应周转率（Turnover Frequency)也非常相近。由此可以证实，不同形貌 Co_3O_4 表现出的 CO 氧化催化性能的差异主要取决于材料表面的活性 Co^{3+} 离子数量。

表 10-1　Co_3O_4 晶体不同晶面及相邻原子层的 Co^{3+} 离子数

晶面	单胞面积	晶面内 Co^{3+} 数	相邻上下原子层 Co^{3+} 数
{110}	$\sqrt{2}a^2$	4	3+3=6
{100}	a^2	0	4+4=8
{111}	$\sqrt{3}a^2$	0	3+1=4

注：表中 a 为晶体结构单胞的晶格常数。

根据上述原理，通过形貌调控制备的 Co_3O_4 纳米棒由于优先暴露{1 1 0}晶面(占 40%以上)且含有较多的 Co^{3+} 活性中心，因而具有极高的 CO 低温氧化活性和耐水性能，在-77℃下可以获得 100% CO 转化率，其反应速率是 Co_3O_4 纳米粒子的 10 倍以上，为目前报道中低温 CO 氧化的最佳结果。该项研究工作从分子层面上证明了纳米催化中的形貌效应，突破了水汽存在下金属氧化物低温 CO 催化氧化的难题，为高性能催化剂的制备提供了新的途径，并在纳米催化的基础研究和开发新一代高性能金属氧化物催化材料中具有重要的理论和应用价值。

三、超大单胞材料的表面结构

从正空间（实空间）看材料表面结构一直存在挑战，对于复杂的氧化物尤其如此。丙烷氧化成丙烯酸和丙烯腈的关键催化剂——超大单胞 M1 相(单胞含有 Mo、V、Te、Nb、O 5 种元素，共计约 180 个原子)结构非常复杂，里面有规则的五圆环、六圆环和七圆环通道，还有氧原子的复杂占位情况，如图 10-24 所示。M1 相的晶体结构参数如下：正交（Orthorhombic）晶系，空间群代码为 *P*ba2(32)，晶格参数 $a=2.11$nm，$b=2.67$nm，$c=0.40$nm，$\alpha=\beta=\gamma=90°$。吉林大学张伟教授在德国马普协会 Fritz-Haber 研究所工作期间和 Robert Schlögl 教授、苏党生教授合作，基于传统的聚焦调节(defocus)，发现 M1 相的表层终结于非完整单胞，并精准地解析了它的表面结构，为理解催化机理提供了关键证据。在沿<001>晶带轴的 HRTEM 模式下，通过调整衬度传递函数(CTF)，在远离最佳欠焦（Scherzer Defocus)条件下，发现了表层终结于破损的矩形单胞，在最佳欠焦下可清晰地看到该暴露的复杂圆环结构，并且通过球差校正的高角环形暗场扫描透射技术(HAADF-STEM)验证了这一结果。该工作为解析复杂大单胞结构的物质表面提供了一个新的方法。

四、铁电材料的原子位移与铁电效应

在物理与材料研究领域中，众多问题的解决受样品质量、尺寸、探测极限等因素制约而被搁置，而这些问题是可以通过电子显微学方法来实现突破的。近年来发展起来的球差校正等先进电子显微学方法，为在纳米乃至原子尺度对众多物理量及其耦合关系的测量与表征提供了可能，也为实现性能调控的纳米尺度结构设计提供了依据。

在过渡族金属氧化物这类强关联电子体系中，电子表现出的不仅是电荷，还有自旋、轨

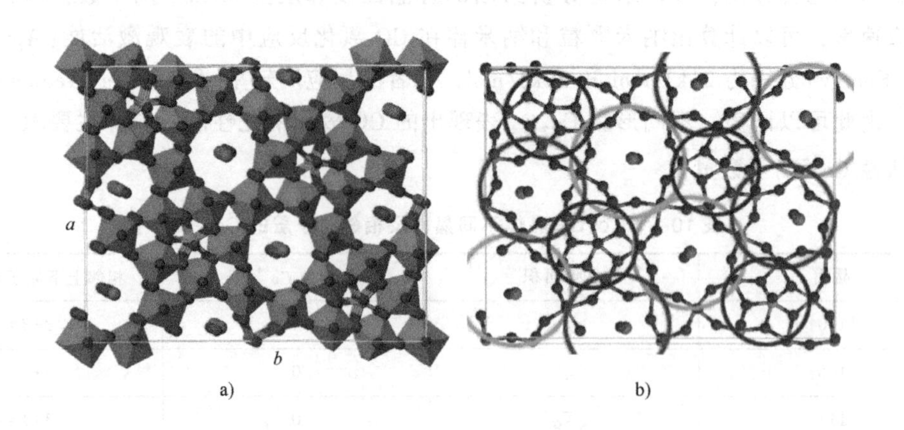

图 10-24 复杂单胞 M1 相的晶体模型：（Mo，V，Nb）O_6 八面体构建五角双锥“O×O 簇”组成的厚度为 0.4nm 的非密堆复杂网络[㊀]

a）完整版 b）简化版

道这些复杂的属性，相互耦合诞生了如高温超导、庞磁电阻、多铁性等诸多具有重要应用前景的特性。但对电荷、轨道、自旋间的耦合关系，及其有序性与晶格的耦合、相互作用的理解依然不足，制约了对此类功能性材料性能有效调控的探索。

浙江大学张泽院士领导的田鹤教授团队利用自主发展的电子显微学方法，在纳米乃至原子尺度对各物理量间的耦合关系开展了研究，有针对性地探知了耦合本质与性能的依存关系，并探索了性能调控的途径，揭示了在铁电材料内部，引入纳米尺度极化表面，对单相铁电材料宏观热膨胀行为调控的物理机制。并与其他团队合作，设计并制备出了一种钛酸铅($PbTiO_3$)单相铁电介孔零膨胀系数材料；创新地提出了一种调制铁电材料热膨胀系数的新途径，为设计、制备性能优异的单相零膨胀材料提供了新思路[㊁]，进而，发现了晶格调控可突破极限尺寸对铁电极化的抑制作用。与新加坡国立大学陈景生教授团队合作，实现了四方相铁酸铋($BiFeO_3$)薄膜在室温二维极限尺度下的铁电性；证实了极限尺度下(一个单胞厚) $BiFeO_3$ 薄膜所具有的超强铁电性与自发的面外极化；揭示了铁电极化产生、稳定和转化的物理机制；奠定了其作为高密度非易失性存储器的科学基础[㊂]。

众所周知，大多数材料在温度变化时呈现热胀冷缩的性质，而有一类特殊的材料因其在温度变化时体积基本保持不变，被称为零膨胀材料。一直以来，零膨胀材料因其在高精度仪器、极端条件元器件等方面极具应用价值而备受关注。然而，目前发现的零膨胀材料仍非常稀少，设计制备宽服役温度范围、低膨胀系数的零膨胀材料是该领域的核心

㊀ 该研究发表于著名的杂志《德国应用化学》卷首上，并被选作表面界面领域的热点工作：ZHANG W，TRUNSCHKE A，SCHLÖGL R，et al. Real-Space Observation of Surface Termination of a Complex Metal Oxide Catalyst [J]. Angewandte Chemie，2010，49 (35)：6084-6089.

㊁ REN Z H，ZHAO R Y，CHEN X，et al. Mesopores Induced Zero Thermal Expansion in Single-Crystal Ferroelectrics [J]. Nat Commun，2018 (9)：16838.

㊂ WANG H，LIU Z R，YOONG H Y，et al. Direct Observatiov of Room-Temperature Out-of-Plane Ferroelectricity and Tunneling Electroresistance at the Two-Dimensional limit [J]. Nat Commun，2018 (9)：3319.

目标。

针对这一问题，该团队进行了系统的原位实验及微结构研究，表明铁电材料中，封闭介孔内存在着正负铁电极化表面，这些表面分别由氧离子、氧空位的聚集而被屏蔽。这一特殊的自发铁电极化屏蔽机制使得介孔微区附近的铁电性消失，从而显示出正膨胀性能。这一特性与钛酸铅本征的负膨胀性质相协同，从而使单晶介孔钛酸铅纤维表现出零膨胀的特性。根据这种特性，该团队成功地将大量纳米尺度的封闭介孔引入到单晶钙钛矿钛酸铅中，有效地调制了热膨胀性能，其晶胞体积在极宽的温度范围内基本保持不变。这一研究揭示了铁电体内部表面微结构的构建及其铁电极化屏蔽机制对材料热膨胀性能起到了显著调控作用，为设计、制备性能优异的新一类单相零膨胀材料提供了新思路。图10-25 所示为介孔钛酸铅(PTO)纤维某一单独介孔周围区域的高分辨高角环形暗场扫描像及放大像（见插页)。

另一方面，由于尺寸、表面和界面效应以及量子效应等因素的影响，材料中的有序结构，如铁磁有序、铁电有序等，通常在极限尺寸下被显著抑制。由于长程有序的尺寸限制，到目前为止，在室温下实现具有垂直于表面极化的原子厚度铁电薄膜仍然是一个艰巨的挑战，严重制约了高密度非易失性存储器件的发展与小型化。针对这一问题，该团队利用球差校正电子显微镜，在一个单位晶胞厚的 $BiFeO_3$ 薄膜中直接观察到了面外的强自发极化，并且实现了高达 370% 的隧道电流效应，如图 10-26 所示(见插页)。这一发现证实了 $BiFeO_3$ 薄膜中的铁电临界厚度可以通过结构设计实现突破，这对于高密度数据存储显示出巨大的应用前景，将为铁电基器件的小型化突破开辟可能性。

借助先进的电子显微学方法，在纳米乃至原子尺度对众多物理量及其耦合关系进行研究的能力，可以为探索材料性能与微结构关系提供依据，为设计、优化功能性材料特性，实现纳米尺度结构设计、调控宏观性能提供新的途径。

习　题

1. 什么是相位衬度？欠焦量与样品厚度对相位衬度有何影响？
2. 高分辨像的衬度与原子排列有何对应关系？
3. 有几种类型的高分辨像？分别能提供哪些信息？
4. 晶格条纹像和二维结构像有何差别？二者成像条件有何不同？
5. 二维晶格像和二维结构像有何异同？
6. 解释高分辨像时应注意哪些问题？
7. 举例说明高分辨电子显微术在材料研究中的应用。

第十一章　分析透射电子显微术

分析透射电子显微术是揭示材料微观世界的有力手段，它不仅可以像高分辨透射电子显微术一样给出样品局部区域的原子配置情况，还可以在原子尺度对材料的形貌、结构、成分进行定量表征，并获得局部区域元素价键状态、配位状态、电子结构等信息。

第一节　电子与物质的相互作用

透射电子显微镜中电子枪发射的电子经过高压加速后照射到薄膜样品上，其中一部分电子不会与薄膜样品发生相互作用，而是作为透射电子直接穿过样品；另一部分电子将与样品组成物质的原子核及核外电子发生相互作用，使入射电子的方向和能量发生改变，这种现象被称为电子的散射。随着样品厚度的增加，入射电子被散射的概率不断提高。根据电子在散射过程中是否有能量的变化，可以将物质对电子的散射分为弹性散射和非弹性散射两类。如果入射电子在与样品发生碰撞后，只改变了被散射电子的方向，而没有改变电子的速度（能量），则称为弹性散射，前面章节介绍的电子衍射、明场暗场成像及高分辨电子显微术等均以电子的弹性散射为基础。如果入射电子与样品在碰撞后电子的运动速度（能量）发生改变，这种散射就属于非弹性散射，电子在非弹性散射过程中损失的能量可能被转换为热量，也可能使物质发生电离产生特征 X 射线、二次电子等信号，电子的非弹性散射是 X 射线能谱分析（Energy Dispersive X-ray Spectroscopy，EDS）、电子能量损失谱（Electron Energy Loss Spectroscopy，EELS）等分析透射电子显微术的基础。总体来说，利用各种电子光学仪器收集特定的信息，并加以整理和分析，就可以得到样品的微观形态、结构与成分等信息。

一、电子的弹性散射

入射电子的弹性散射过程可以用经典的卢瑟福原子模型，又称有核原子模型来解释。该模型由卢瑟福在 1911 年提出，他认为原子的正电荷与质量几乎全部集中在直径很小的核心区域，即原子核，而带负电的核外电子则围绕着原子核做轨道运动。电子的弹性散射过程可以看作是入射电子与样品物质中原子核发生的弹性碰撞，此时可忽略核外电子对入射电子的作用。

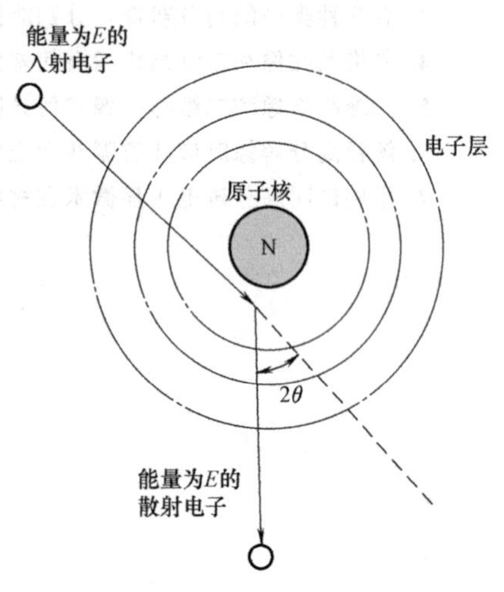

图 11-1　入射电子与单个原子的相互作用

首先，假设样品只是单个原子，那么可以用图 11-1 来表达入射电子与单个原子的相互作用。当入射电子靠近带正电的原子核时，电子将受到库仑力的作用而向原子核方向发生偏转；与此相反，当入射电子靠近核外电子时，则受到相斥库仑力的作用而向反方向偏转。由于电子的质量相比于原子核的质量可忽略不计，因此，在入射电子与原子核的碰撞过程中，可以认为原子核不会发生移动。原子核对入射电子的引力 F_n 可用下式表示：

$$F_n = \frac{-Ze^2}{r_n^2} \tag{11-1}$$

式中，Z 为单原子的原子序数；e 为电子的电量；r_n 为入射电子在垂直于入射方向上与原子核的距离。

从式(11-1)可以看出，入射电子与原子核间的引力与距离的平方成反比，电子的运动轨迹为双曲线，且散射角 θ 的大小取决于 r_n，r_n 越小，θ 越大。

事实上薄膜样品是由大量原子排列构成的，因此入射电子将与多个原子发生相互作用，其中发生散射角大于 θ 的电子散射的概率可用下式表示：

$$\frac{\mathrm{d}N}{N} = \frac{\pi\rho N_A e^2}{A\theta^2}\left(1+\frac{1}{Z}\right)\frac{Z^2}{U_2}t \tag{11-2}$$

式中，ρ 为样品的密度；N_A 为阿伏伽德罗常数；A 为样品的相对原子质量；U 为入射电子的加速电压；Z 为样品的原子序数；t 为样品的厚度。式（11-2）表明，样品越厚，原子越重，加速电压越低，入射电子被散射的概率越高。

在第一篇 X 射线与物质的相互作用部分介绍了原子对 X 射线光子的散射，相比之下，原子对电子的散射能力远强于对光子的散射($10^3 \sim 10^4$ 倍)。因此，入射电子在样品内的穿透深度比 X 射线光子小得多，这也是透射电子显微镜观察必须使用薄膜样品的重要原因之一。此外，电子同样具有波粒二象性，当入射电子受到晶体样品中各原子的弹性散射后，电子波将会发生相互干涉，如果电子波波长 λ、入射电子与晶面的夹角 θ 与晶面间距 d 之间满足布拉格衍射条件，则合成的电子波的强度角分辨率受到调制，即发生电子衍射现象。与 X 射线衍射相比，由于样品对电子的强烈散射作用，电子衍射的强度要高 $10^6 \sim 10^8$ 倍，使得透射电子显微镜可以在原子尺度观察样品的结构。因此，电子的弹性散射是透射电子显微术中选区电子衍射与高分辨像的物理依据。

二、电子的非弹性散射

电子的非弹性散射源于高速入射电子与原子核外的核外电子之间的库仑相互作用。核外电子对电子的库仑力 F_e 可用下式表示：

$$F_e = \frac{e^2}{r_e^2} \tag{11-3}$$

式中，r_e 为入射电子在垂直于入射方向上与原子核的距离。对比式(11-1)与式(11-3)可以发现，原子核与入射电子间的库仑力要比核外电子高 Z 倍，表明入射电子在样品内发生弹性散射的概率要比非弹性散射高 Z 倍。因此，样品原子序数 Z 越大，弹性散射越重要；反之，非弹性散射越重要。

与 X 射线光子的非弹性散射过程相似，入射电子在非弹性散射过程中损失的大部分能量也将转换为热能。除此之外，在电子的非弹性散射过程中，物质发生电离，这一过程使电子损失的能量转换激发出多种信号，如特征 X 射线、透射电子、二次电子、俄歇电子与阴极荧光等。这里将重点介绍与透射电子显微术中能谱分析和电子能量损失谱有关的特征 X 射线与透射电子，其他信号及其相关的技术将在后面章节中进行详细介绍。

1. 特征 X 射线

当经高压加速的入射电子撞击样品原子的内层电子时，如 K 层电子，内层电子将被激发，使原子电离从而处于能量较高的不稳定状态，此时外层的电子将自发地向内层跃迁以填补内层电子的空缺，使原子回到能量较低的稳定状态，其能量差则以具有特定能量的 X 射线光子的形式释放出来，即特征 X 射线(见第一章第二节 X 射线谱)。根据莫塞莱定律，样品的原子序数 Z 越大，则特征 X 射线谱的波长越短，X 射线的能量越高。如果利用 X 射线探测器测量样品微区产生的特征 X 射线的能量，就可以判定这个微区中存在着相应的元素，即 X 射线能谱分析(EDS)。

2. 透射电子

直接穿过薄膜样品的入射电子将携带着样品微区的厚度、成分与晶体结构等信息而成为透射电子，其中既包含没有能量损失的弹性散射电子，也包含各种不同能量损失的非弹性散射电子。对于那些激发了样品原子内层电子的非弹性散射电子来说，其损失的能量等于样品原子被入射电子碰撞前的基态能量与碰撞后的激发态能量之差，即原子释放的特征 X 射线的能量。如果利用电子能量分析器对这些发生特定能量损失的非弹性散射电子进行分析，就可以得到样品相应分析微区的成分信息，这就是电子能量损失谱(EELS)的物理基础。

第二节 扫描透射电子显微术

材料微观结构和缺陷与性能之间的关系一直都是材料科学领域重要的研究内容。随着新材料向低维纳米尺度发展，急需纳米甚至原子尺度上更高分辨率的分析技术来研究材料微观结构。随着电子显微镜射线源装置和电子光学系统设计的改进，特别是场发射枪透射电子显微镜的出现，一种高分辨的扫描透射电子显微术（Scanning Transmission Electron Microscopy, STEM）在材料微观结构分析领域逐渐受到重视。STEM 是一种综合了扫描和高分辨透射电子显微术的原理和特点而出现的新型分析方法，具有原子尺度分辨率。它基于 TEM 配备的扫描功能附件，扫描线圈迫使电子探针在薄膜试样上扫描，与扫描电子显微镜（SEM）不同之处在于探测器置于试样下方，探测器接收透射电子束流或弹性散射电子束流，经放大后，在荧光屏上显示与常规透射电子显微镜相对应的扫描透射电子显微镜的明场像和暗场像。STEM 能够获得 TEM 所不能获得的一些关于样品的特殊信息。STEM 技术要求较高，其电子光学系统比 TEM 和 SEM 复杂，要求有非常高的真空度。

一、扫描透射电子显微镜的工作原理

众所周知，TEM 是用平行的高能电子束辐照到一个能透过电子的薄膜样品上，由于样品对电子的散射作用，其散射波在物镜后将产生两种信息：在物镜焦平面上形成电子衍射花样；在物镜像平面上形成高放大倍率的形貌像。SEM 则是利用聚焦的低能电子束扫描样品的表面，并与样品表面相互作用产生二次电子、背散射电子信号等。STEM 是 TEM 和 SEM 的巧妙结合，采用聚焦电子束扫描能透过电子的薄膜样品，并利用高能电子束与样品作用产生的弹性散射及非弹性散射电子来成像或获取电子衍射，进行显微结构分析。TEM、SEM 及 STEM 三种成像方式对比见表 11-1。

图 11-2 所示为 TEM 与 STEM 的电子光学系统的结构及成像示意图。常规的高分辨 TEM 的成像是由电子枪发射的电子波经过晶体后，携带着晶体的结构信息，经过电子透镜在物镜的像平面

透射束与衍射束干涉成像的结果（图 11-1a）。详细地讲，当一束近似平行的入射电子束照射在样品上，除了形成透射束外，还会产生衍射束。衍射束通过透镜的聚焦作用，在其焦平面上形成衍射束振幅极大值，然而每个振幅极大值又可视为次级光源，与透射束相互干涉，再在透镜的像平面上形成物体的相位衬度像。由于透射电子穿过薄膜晶体时，其波振幅变化较小，而这些携带晶体结构信息的透射束与若干衍射束经过透镜重构，以此获得相应晶体的高分辨像。

表 11-1　TEM、SEM 及 STEM 三种成像方式对比

成像方式	光源形式	加速电压/keV	样品形状	收集信息	成像原理
TEM	平行电子束	>100	薄膜	散射电子	相位衬度、衍射衬度、振幅衬度等
SEM	低能聚焦	1~30	块状	背散射电子二次电子	形貌衬度、原子序数衬度等
STEM	高能聚焦	>100~400	薄膜	弹性及非弹性散射电子	原子序数衬度等

图 11-2b 所示为 STEM 相干成像原理示意图。实际上，STEM 和 TEM 中，电子波的传播方向正好相反，相互倒置。在 STEM 中采用了电子束斑尺寸很小的场发射源和接收范围小的轴向收集器光阑，获得的图像衬度主要源于透射电子的贡献。在这种情况下，STEM 的成像理论与 TEM 相似，可以用 TEM 成像理论加以解释。

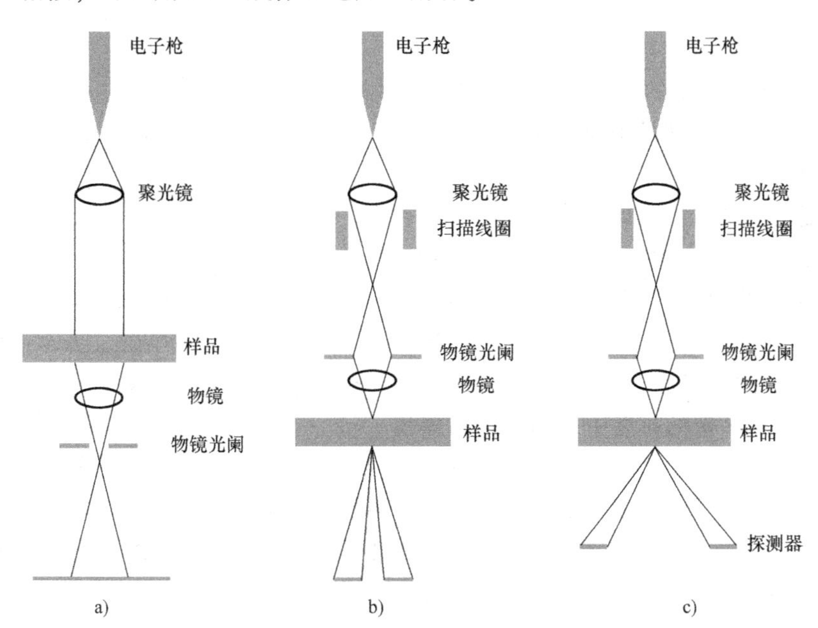

图 11-2　TEM 与 STEM 电子光学系统结构及成像示意图
a）TEM 相干成像　b）STEM 相干成像　c）STEM 非相干成像

图 11-2c 显示了 STEM 非相干成像原理示意图。众所周知，TEM 入射电子与样品之间发生多种相互作用，其中弹性散射电子分布在比较大的散射角范围内，而非弹性散射电子分布在比较小的散射角范围内。如果仅仅探测高角度弹性散射电子，屏蔽中心区小角度非弹性散射电子，这样不利用中心的透射电子成像，所以获得的是暗场像。采用细聚焦的高能电子束，通过线圈控制对样品进行逐点扫描，把这种方式与 STEM 方法相结合，能得到暗场 STEM 像。为了实现高探测效率，在透射电镜中加入环形探测器，除晶体试样产生的布拉格反射外，电子散射是轴对称的，所以这种成像方法又称为高角环形暗场像（High Angle Annular Dark Field，HAADF)，其图像亮度与原子序数 Z 的平方成正比，因此又称为原子序数衬度像（Z 衬度像)。

二、高角环形暗场(HAADF)像

图 11-3 所示为高角环形暗场方法的原理图。按照彭尼库克(Pennycook)等人的理论，散射角 θ_1 和 θ_2 间的环形区域中散射电子的散射截面 R_{θ_1,θ_2} 可以用卢瑟福散射强度从 θ_1 到 θ_2 的积分来表示：

$$R_{(\theta_1,\theta_2)}=\left(\frac{m}{m_0}\right)\frac{Z^2\lambda^4}{4\pi^3 a_0^2}\left(\frac{1}{\theta_1^2+\theta_0^2}-\frac{1}{\theta_2^2+\theta_0^2}\right) \tag{11-4}$$

式中，m 为高速电子的质量；m_0 为电子的静止质量；Z 为原子序数；λ 为电子的波长；a_0 为玻尔半径；θ_0 为玻尔特征散射角。

因此，厚度为 t 的样品中，单位体积中原子数为 N 时的散射强度 I_s 为

$$I_s=R_{\theta_1,\theta_2}\cdot NtI \tag{11-5}$$

式中，I 为入射电子的强度。

由式(11-4)和式(11-5)可以看出，HAADF 的强度与原子序数 Z 的平方成正比，换句话说，观察像的衬度与样品中原子序数有密切关系，因此这种像也称为 Z 衬度像。

这种像不是通过干涉产生的，它与以往的高分辨像和明场 STEM 像中出现的相位衬度像不同，这种像的解释简单，像衬度越亮代表原子序数越大。但应该注意的是，如果为晶体样品，它的布拉格反射引起的衍射衬度还会混入 HAADF 像的衬度中，同时样品厚度对像衬度的影响较大，都需要引起注意。

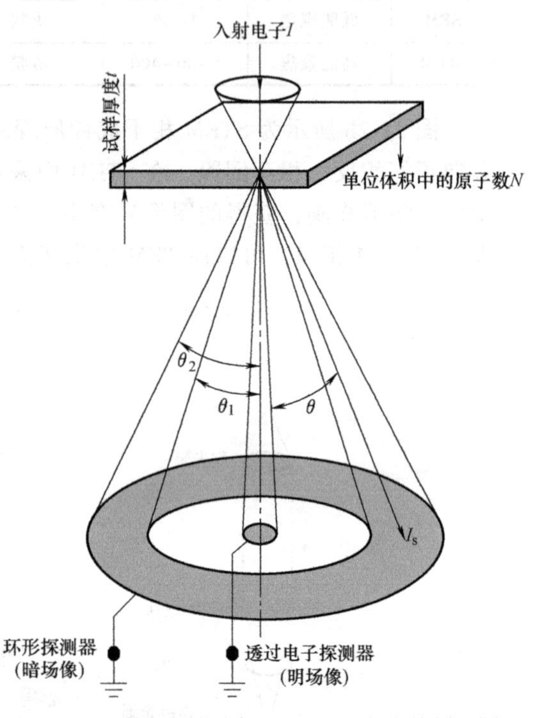

图 11-3 高角环形暗场(HAADF)方法的原理图

在 HAADF 方法中，用一个具有大的中心圆孔的环形探测器，只接收高角的卢瑟福弹性散射电子，而卢瑟福散射来源于原子核的有效散射，因此有效的取样点的大小就是原子核尺度，这个尺度远比原子的实际尺度小。由于每一个原子位置真实地由一个唯一的点所代表，因此在成像中不必考虑样品的投影势。正如前文所述，由于其衬度与原子序数的平方成正比，如果用场发射枪和一个聚光镜形成探针，实际探针尺寸可以达到 0.1nm。此时，HAADF 像的图像分辨率比使用相同聚光镜的 TEM 模式要高得多。

三、STEM 的工作特点及应用

随着现代透射电子显微学的蓬勃发展和普及，现在的透射电子显微镜都具有 STEM 模式，STEM 工作模式因具有多种优势受到材料、化学、固体物理等领域科研工作者们的青睐，它具有如下优点：

1）高分辨率。一方面，在 HAADF 方法中，由于 Z 衬度像几乎完全是在非相干条件下产生的，而对于相同的物镜球差和电子波长，非相干成像的分辨率要高于相干成像，因此 Z 衬度像的分辨率要高于相干成像。另一方面，Z 衬度不会随试样厚度或物镜聚焦有所改变，

不会出现衬度反转，即原子以及原子列在像中总是一个亮点。此外，TEM 的分辨率与入射电子的波长和透镜系统的球差系数有关，大多数情况下 TEM 的分辨率可达 0.2～0.3nm。而 STEM 像的点分辨率与获得信息的样品面积有关，一般接近会聚电子束的尺度，目前场发射电子枪的会聚电子束直接能达到 0.13nm 以下。

2）对物相组成敏感。由于 Z 衬度像的强度与其原子序数的平方成正比，因此 Z 衬度像对物相的化学组成成分比较敏感，在 Z 衬度像上可以直接观察各物相或夹杂物的析出，以及相关有序或无序原子排列结构。

3）有利于观察较厚的试样和低衬度的样品。Z 衬度像是在非相干条件下成像的，其成像源于非弹性散射电子信息，在一定条件下，能满足相对较厚的样品的成像观察。

4）图像简明。Z 衬度像具有正衬度传递函数。而在相干条件下，随空间频率的增加其衬度函数在零点附近快速振荡，当衬度传递函数为负时，翻转衬度成像，当衬度传递函数通过零点时，不显示衬度。换句话说，非相干的 Z 衬度像不同于相干条件下的相位衬度像，它不存在相位的翻转问题，因此它能直接从图像的衬度反映客观样品的晶体信息。

STEM 模式和 HAADF 在材料科学方面的研究中做出了突出的贡献。高空间分辨能力和对原子序数的敏感性使人们对金属材料的微观组织有了更加深入的认识。

镁作为最轻的结构金属一直受到科学家们的关注。稀土镁合金通过加入少量稀土元素并调控微观组织从而获得了极高的比强度、比刚度。其中，长周期堆垛有序结构（Long Period Stacking-Ordered，LPSO）相和多种第二相的存在形式一直是研究的热点。图 11-4 所示为 Mg-Gd-Al 三元稀土镁合金微米尺度的 HAADF-STEM 像，图中虚线所示是晶界。由于 Gd 稀土元素具有远高于 Mg 和 Al 的原子序数，因此，可根据衬度轻易就辨别出 Mg_5Gd 第二相的分布形式和形貌。利用原子分辨率的 HAADF-STEM 技术，还可对 Mg-Gd-Al 合金中的长周期有序堆垛（LPSO）相的结构与成分进行定量表征。图 11-5 所示为长周期有序堆垛（LPSO）相的原子分辨率 HAADF-STEM 像，从原子尺度上表征了 LPSO 相的晶体结构，明亮的阵点对应具有高原子序数的 Gd 原子，而较暗的阵点则对应具有低原子序数的 Mg 与 Al 原子，由于 Mg 与 Al 原子序数相邻，因此无法根据图像衬度将两者分开。另外，图 11-5a 所示的 HAADF-STEM 像中还有两个不同亮度的亮点，这表明在相应的投影中，这些柱状原子层中的 Gd 富集程度不同。值得注意的是，Gd 的富集发生在四个连续的密堆积平面。内两层的 Gd 富集程度明显高于外四层。图 11-5b 也显示出，柱状原子层中 Gd 富集形成四个连续密排面。这说明 Gd 的富集与柱状原子层形成的方向无关。但是，这些在内两层富集的原子柱的间距比外部两层的间距小约 1/3。这些结果清楚地表明，Gd 原子在平面内长程有序排列且富集形成四重密堆结构。可见，原子分辨率的 HADDF-STEM 能有效地帮助人们认识晶体的堆垛结构和不同原子的排列方式。

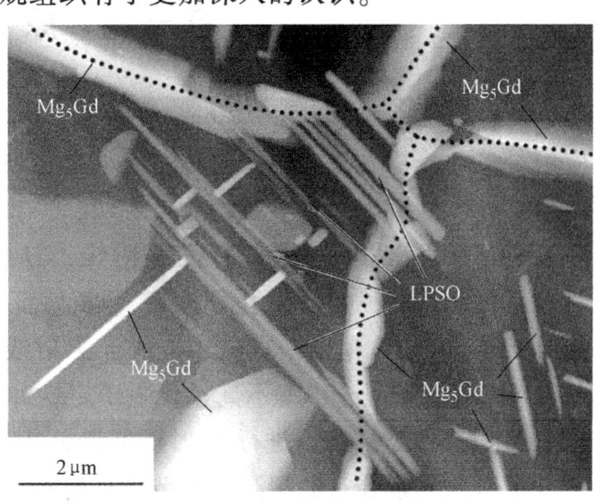

图 11-4　Mg-Gd-Al 三元稀土镁合金中的微米尺度 HAADF-STEM 像

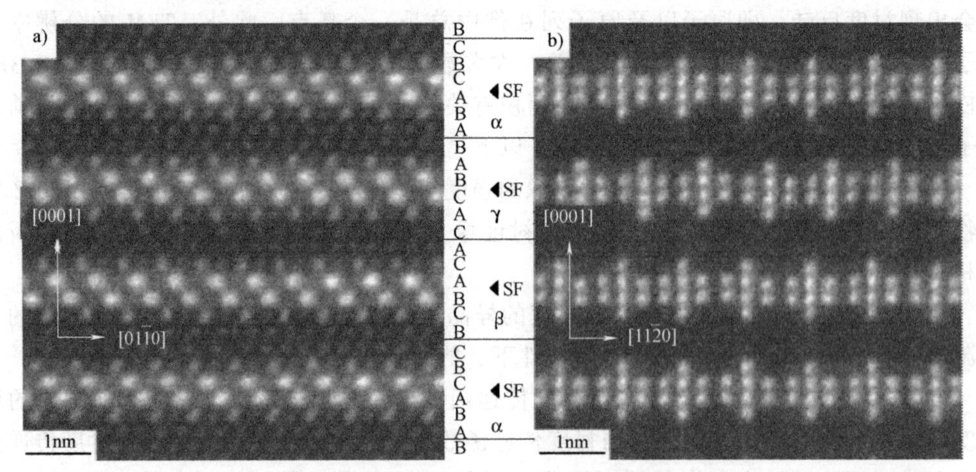

图 11-5 Mg-Gd-Al 合金中长周期有序堆垛(LPSO)相的原子分辨率 HAADF-STEM 像

a) 沿[$2\bar{1}\bar{1}0$]观察 b) 沿[$1\bar{1}00$]观察

第三节 原子分辨率 EDS

X 射线能谱分析方法（Energy Dispersive X-ray Spectroscopy，EDS）是分析电子显微镜中应用最多的分析方法之一，简称 EDS 方法。对于成分分析来说，EDS 是分析电子显微方法中最基本、最可靠、最重要的分析方法，一直被广泛使用。其原理是用细聚焦电子束入射样品表面，激发出样品元素的特征 X 射线，分析特征 X 射线的波长或特征能量，即可知道样品中所含元素的种类（定性分析），分析特征 X 射线的强度，即可知道样品中对应元素的含量（定量分析）。但是一直以来，由于 X 射线的采集效率较低（仅能采集样品表面大约 1% 的 X 射线），空间分辨率不高，仅限于定性和半定量分析。目前，采用扫描透射电子显微镜（STEM）对薄试样微区进行 X 射线能谱分析，很大程度上提高了空间分辨率，可以实现原子分辨率的元素分布的探测。本节将从特征 X 射线的产生过程和 EDS 的构造及工作原理方面来介绍 EDS 分析技术和定量分析方法。

一、X 射线能谱 EDS 基本原理

特征 X 射线的产生是入射电子使内壳层电子激发而产生的现象，即内壳层电子被轰击后跃迁到比费米能高的能级上，电子轨道内出现的空位被外壳层轨道的电子填入时，以 X 射线的形式释放多余的能量，这种 X 射线就是特征 X 射线。高能级的电子落入空位时，要遵守所谓的选择规则，只允许满足轨道量子数 l 的变化 $\Delta l=\pm1$ 的特定跃迁。图 11-6 显示出空位在内壳 K 层中形成时，由于 L_3 壳层电子向 K 壳层跃迁，放出 $K_{\alpha1}$ 的特征 X 射线的过程。一般用 $K_{\alpha1}$、$K_{\alpha2}$ 等符号表示特征 X 射线的种类。α_1、α_2 表示各壳层间跃迁的种类。特征 X 射线具有元素固有的能量值，所以将它们展开成谱后，根据能量值就可以确定元素的种类，且根据谱的强度可以分析其含量。

需要注意的是，从空位在内壳层形成的激发状态变到基态的过程中，除产生 X 射线外，还产生俄歇电子。一般来说，随着原子序数的增加，X 射线产生的概率增大，而与它相伴产生俄歇电子的概率减小。因此在试样成分分析中，EDS 对重元素分析特别有效。

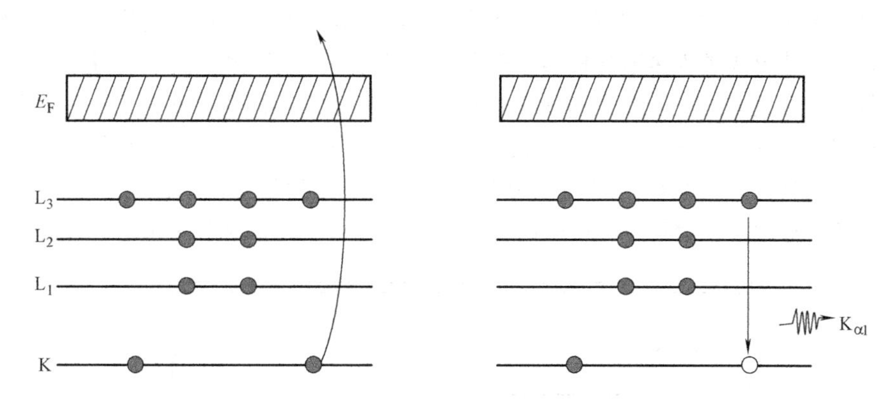

图 11-6 伴随内壳电子激发的特征 X 射线示意图

二、X 射线能谱仪构造及工作原理

如前所述，各种元素均具有自己的 X 射线特征波长，特征波长的大小取决于能级跃迁过程中释放出的特征能量 ΔE。能谱仪就是利用不同元素的 X 射线光子特征能量不同来实现成分分析的。对 X 射线光子的特征能量的分析主要依靠锂漂移硅探测器，图 11-7 所示为采用 Si(Li)探测器能量谱仪的原理示意图。Si(Li)探测器处于真空系统中，其前方有一个 8~10μm 的铍窗，整个探头装在与存有液氮的杜瓦瓶相连的冷指内。漂移进去的 Li 原子在室温下很容易扩散，因此探头必须一直保持在液氮温度下。铍窗口使探头密封在低温真空环境中，它可以阻止背散射电子以防止其损伤探头。低温环境还可以降低前置放大器的噪声，有利于提高探测器的峰-背底比。

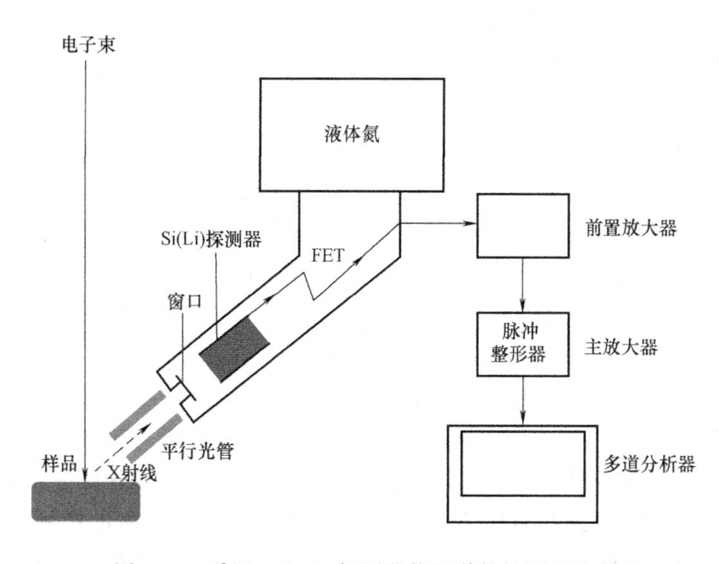

图 11-7 采用 Si(Li) 探测器能量谱仪的原理示意图

由试样出射的具有各种能量的 X 光子相继经铍窗射入 Si(Li)探测器内，在 I 层产生电子-空穴对，如图 11-8 所示。每产生一对电子-空穴对，就要消耗 X 光子 3.8eV 的能量。因此，每一个能量为 ΔE 的入射光子产生的电子-空穴对的数目为 $N=\Delta E/3.8$，而加在 Si(Li)探测器上的偏压将电子-空穴对收集起来，每入射一个 X 光子，探测器就输出一个微小的电荷脉冲，其高度与入射的X光子能量ΔE成正比。电荷脉冲经前置放大器、信号处理单元和模数转换器处理后，以时钟脉冲形式进入多道分析器。多道分析器有一个由许多存储单元(称为通道)组成的存储器。与X光子能量成正比的时钟脉冲数按大小分别进入不同的存储单元。每进入一个时钟脉冲数，存储单元计一个光子数，由此就获得了能量与通道计数的X射线能量色散谱。总体来说，该探测器将特征X射线信号转化为电流信号，对X射线光子的能量和数量进行记录，形成能谱。随后通过对能谱进行特征峰的分析从而获得元素成分的定性和定量信息。

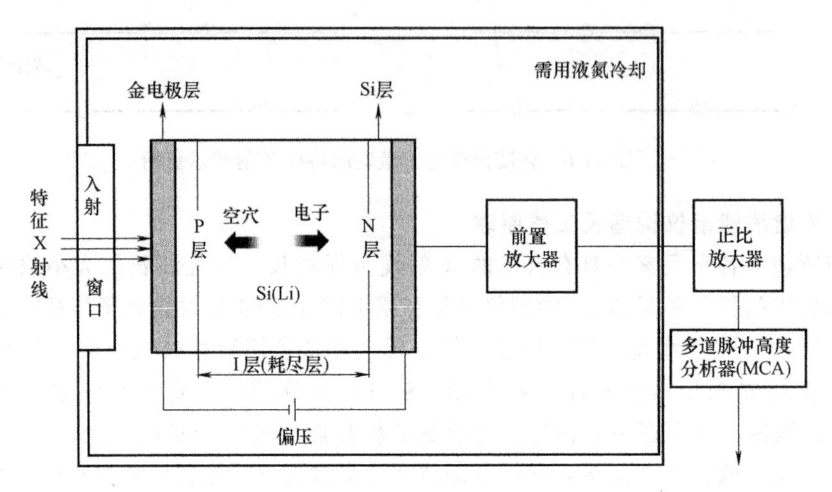

图11-8 Si(Li)探测器的工作原理示意图

三、EDS的工作特点及应用

EDS主要通过检测电子束与样品相互作用激发的特征X射线能量分析样品微区的成分，具有探测效率高、适合分析重元素、对样品损伤小等特点。随着科技的不断进步，EDS的适用范围也变得更加广泛。

20世纪80年代以前，绝大多数的EDS探头通过一个厚度为8~10μm的铍窗来保持探测器的真空，由于铍窗对低能X射线的吸收，所以不能分析原子序数小于11的元素。随着超薄窗口型(UTW)和大气压窗(ATW)探测器的发展，可以测量到原子序数在6以上的元素分布。波长色散X射线谱仪(WDS)通过采集并分析样品内各种元素所产生的特征X射线的波长及强度，进行成分的定性和定量分析，WDS相较于EDS具有更高的能量分辨率(WDS与EDS分别约为10eV与150eV,)，但其探测效率较低，采集数据所需时间较长。因此，对于透射电子显微镜，通常选用探测效率较高的EDS。另外，当样品很薄时，EDS空间分辨率也得到了大幅提升。当电子束射入试样后，会有一定程度的扩展，随着试样厚度的变化，入射电子束在试样内的扩展情况也会随之改变，进而影响分析的空间分辨率。对于透射样品，薄试样微区厚度在几十纳米到几百纳米的范围，入射电子在试样内的扩展不像块体中的那么大，因此空间分辨率比较高。加速电压、入射电子束直径、试样厚度、试样的密度等都是决定空间分辨率的因素。

随着透射电子显微镜技术的发展，高角环形暗场(HAADF)像和能谱分析(EDS)的结合为材料科学、化学、物理等多个领域带来了极大的助力。STEM-EDS能谱分析的原理类似于TEM的能谱分析，但是其空间分辨率更高，可以实现点、线、面的扫描分析。电子束打在试样上一点可以得到这一点的X射线能谱。采用扫描像的观察装置，在二维平面进行扫描的同时检测特征 X 射线的强度，使得扫描的信号和强度导致的亮度的变化同时在阴极射线管上显示出来，进而得到特征 X 射线的二维分布图。随着球差校正技术的发展以及探测器采集效率的提高，获得原子分辨率的 EDS 元素分布图成为可能，探测时间从小时变为分钟，可以在几分钟之内获得原子分辨率的二维元素分布图。

众所周知，纳米外延氧化物的物理性能极大地受到氧化物界面处化学成分的影响，球差电子显微镜的出现使得原子级别的结构和成分的同步分析成为可能。图 11-9 所示为铁磁体 $La_{0.7}Sr_{0.3}MnO_3$(LSMO)和反铁磁 $BiFeO_3$(BFO)构成的量子结构在[100]晶带轴方向下的高分辨 HAADF 像，由图中可以清晰地观察到原子级别的晶格周期排列，LSMO 相中垂直界面方向具有 6 个单位晶格，而 BFO 相则具有 5 个单位晶格，明暗衬度反映了原子的原子序数大小。此外，结合原子分辨率 EDS 技术可对该量子结构的成分进行原子级别的定量分析。图 11-10 所示为 EDS 的面扫描和线扫描的结果。从 EDS 结果可知，两相之间原子有相互扩散的行为，左侧界面的扩散距离为 2.5~3 个晶胞，而右侧界面的扩散距离为 3.5~4 个晶胞。该方法在原子尺度上揭示了铁磁体 $La_{0.7}Sr_{0.3}MnO_3$(LSMO)和反铁磁 $BiFeO_3$(BFO)之间的阳离子扩散在界面上存在着不对称性。对于理解纳米结构的外延氧化物的物理性质具有重要意义。

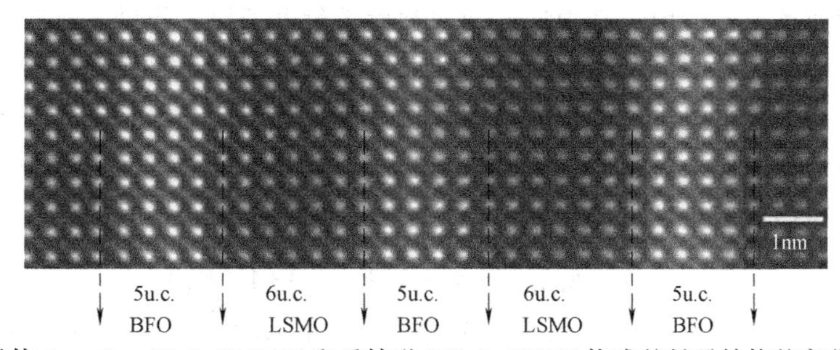

图 11-9　铁磁体 $La_{0.7}Sr_{0.3}MnO_3$(LSMO)和反铁磁 $BiFeO_3$(BFO)构成的量子结构的高分辨 HADDF 像

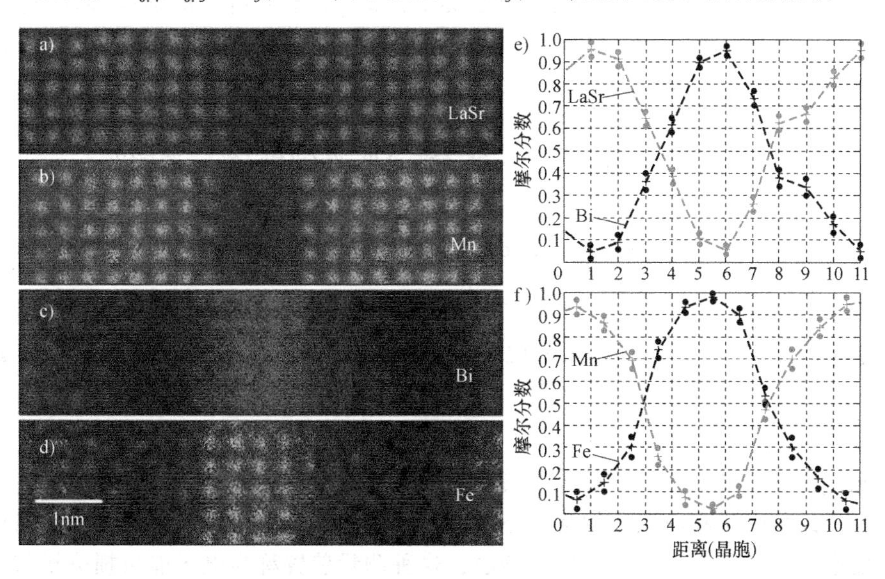

图 11-10　铁磁体 $La_{0.7}Sr_{0.3}MnO_3$(LSMO)和反铁磁 $BiFeO_3$(BFO)构成的量子结构的原子分辨率 EDS 结果

a）(La,Sr)面扫描　b）Mn 面扫描　c）Bi 面扫描　d）Fe 面扫描

e）(La,Sr)和 Bi 元素在界面处的定量线扫描分析　f）Mn 和 Fe 元素在界面处的定量线扫描分析

第四节 电子能量损失谱及能量过滤成像

早在20世纪70年代，就开始采用光电离电子能谱方法，用以研究分子能级结构，各种电子能谱仪和电子碰撞方法迅速发展起来，其中就包括电子能量损失谱（EELS）方法。这些方法已经成为研究原子分子能级结构、能态分辨波函数、化学键和化学反应活性、动力学的有力工具。EELS是通过探测透射电子在穿透样品过程中所损失能量的特征谱图来研究材料的元素组成、化学成键和电子结构的显微分析技术，它是研究材料电子结构的一种十分有效的试验方法。通过分析入射电子与样品发生非弹性散射后的电子能量分布，可以了解材料内部化学键的特性、样品中原子对应的电子结构、材料的介电响应等。目前，EELS的能量分辨率能够达到约10meV，因而可以在纳米尺度下分析材料精细的电子结构，从而极大地拓展了EELS的应用范围。

一、电子能量损失谱(EELS)的基本原理

EELS的基本原理是：穿过样品薄膜的电子，即透射电子，将与样品薄膜中的原子发生弹性和非弹性两类交互作用，其中后者使非弹性散射电子损失能量。对于不同的元素，电子能量的损失有不同的特征值，这些特征能量损失值与分析区域的成分有关。使用TEM中的成像电子经过一个静电或电磁能量分析器，按电子能量不同分散开来，就可以获得EELS。

由于非弹性碰撞使入射电子损失其部分动能，而此能量等于原子(分子)与电子碰撞前的基态能量和碰撞后的激发态能量之差。基本过程如下式所示：

$$e_0(E_0,\vec{p_0})+A\rightarrow e_1(E_1,\vec{p_1})+A'(E_A) \tag{11-6}$$

式中，e_0、e_1、A、A'分别为入射电子、散射电子、靶原子、受能原子，电子和原子质量分别为m和M；入射电子的动能和动量分别为E_0和p_0；散射电子的动能和动量分别为E_1和p_1；受能原子的动能和动量分别为E_A和q_1；散射角度为θ。根据能量和动量守恒定律，可以得到散射电子的能量为

$$E_1=\frac{1}{(m+M)^2}\Bigg[(M^2-m^2)E_0-(m+M)ME_u+2m^2\cos^2\theta E_0 +2m\cos\theta E_0\sqrt{m^2\cos^2\theta+(M^2-m^2)-(m+M)M\frac{E_u}{E_0}}\Bigg] \tag{11-7}$$

式中，E_u表示原子的激发能。由于$m\ll M$，在通常的快电子碰撞试验中满足$1\ll E_0/E_u\ll M/m$，因此在小角度有$E_u=E_0-E_1$，也就是说发生非弹性散射时，入射电子的能量损失E近似为激发能

$$E=E_0-E_1\approx E_u \tag{11-8}$$

因此，通过测量电子被原子散射的能量损失谱就可以得到原子的各种激发能量，从而可以确定原子的价壳层和内壳层的激发态结构。这些激发态结构包括里德伯态、自电离态、双电子激发态等。这就是电子能量损失谱法，这种测量装置称为电子能量损失谱仪。

二、电子能量损失谱仪的基本结构与工作原理

电子能量损失谱仪由电子能量分析仪和电子探测系统组成。电子经过电子能量分析仪后会在能量分散平面按电子能量分布，随后利用电子探测系统对电子信号进行记录。电子能量

损失谱仪有两种类型：一种是Ω型过滤器，另一种是磁棱镜谱仪。Ω型过滤器安装在镜筒内，磁棱镜谱仪安装在TEM照相系统下面，图11-11所示为装备两种谱仪的TEM的示意图。下面以磁棱镜谱仪为例说明电子能量损失谱仪的工作原理。

磁棱镜谱仪的主要组成为：扇形磁铁、狭缝光阑和电子能量接收与处理器，如图11-12所示。进行实验时，用投影镜交叉点作为它的物点，从而可用谱仪入射光阑（在TEM荧光屏下方接近处，图11-11）来选择分析样品的区域，透过试样的电子能量各不相同，它们在扇形磁棱镜中的绝缘封闭套管中沿弧形轨迹运动。由于磁场的作用，能量较小的电子的运动轨迹的曲率半径较小，而能量较大的电子的运动轨迹的曲率半径较大。显然能量相同的电子在聚焦平面处达到的位置一样。那么具有能量损失的电子和没有能量损失的电子在聚焦平面上就会存在一定的位移差，从而可以对不同位移差处的电子进行检测和计算。

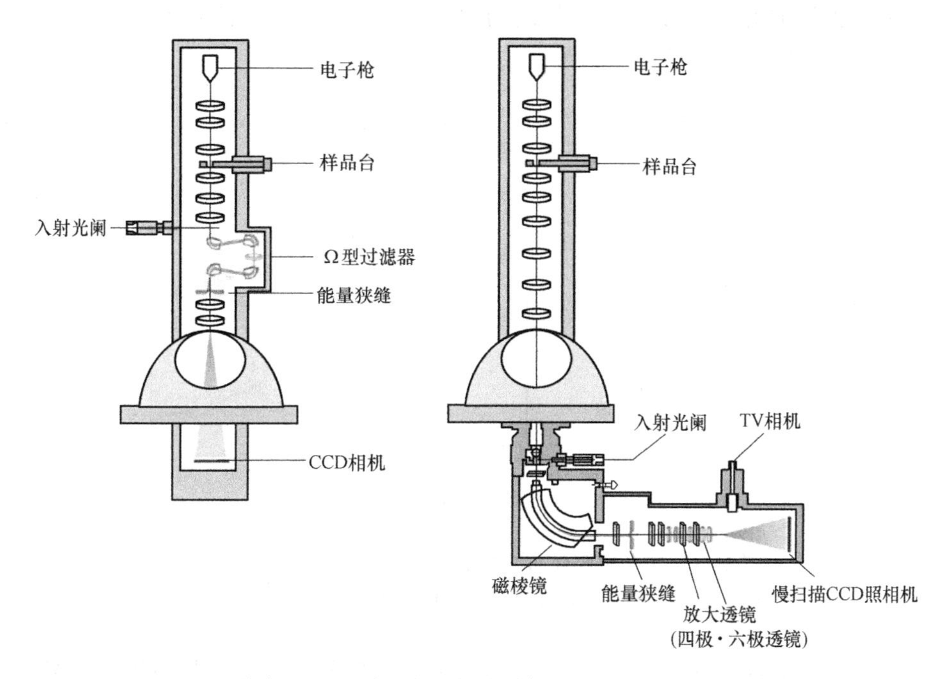

图11-11　装备Ω型过滤器与磁棱镜谱仪的透射电子显微镜示意图

早期的电子能量损失谱仪采用串行电子探测系统，即偏转电子束通过装置于单通道电子探测器（闪烁体和光电倍增管）前的能量狭缝来进行谱线的串行采集，其探测组元一次只能处理一个能量通道，要得到全部能量特征谱必须逐个对各个能量通道进行探测，这种基本设计被Gatan公司用于607型串行采集EELS系统，并市场化。然而，串行采集使得EELS的工作效率较低。并行电子能量损失谱仪解决了这一问题，它采用多重四极透镜将电子能

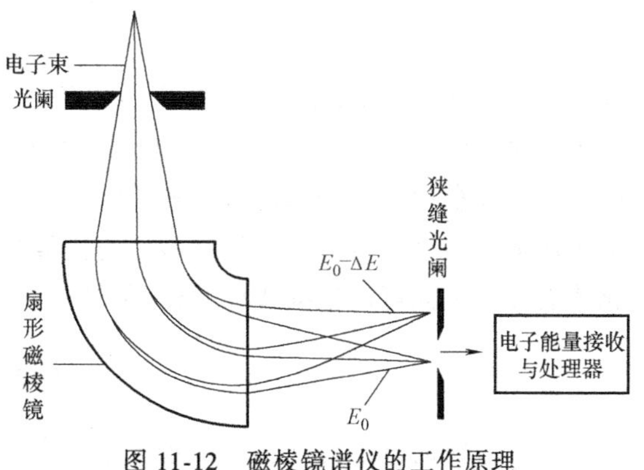

图11-12　磁棱镜谱仪的工作原理

量分布放大，并利用位置敏感探测器，如光电二极管或者电荷耦合器件（CCD）阵列，来同时而不是顺序采集信号，从而组成的一维或二维探测组元能对多个能量通道进行并行记录。并行采集谱仪极大地缩短了采集内壳层损失所需的时间，从而减小了样品的漂移和电子辐照损伤。

三、电子能量损失谱的特征及其应用

将透射电子束导入按照动能区分电子的高分辨电子谱仪，从而产生散射强度为高速电子动能减小值的函数的电子能量损失谱。图11-13所示为TiC薄膜样品的电子能量损失谱，能量损失区间为0~600eV。EELS大体上可分为三个区域：零损失峰(0eV)、低能损失谱(5~50eV)和高能损失谱(>50eV)。零损失峰主要由未经过散射和经过完全弹性散射的透射电子贡献，这类电子的能量保持为入射电子的能量，此外，还包含部分能量在几十至数百毫电子伏的准弹性散射的透射电子，其能量损失小于电子谱仪的能量分辨率。在实际应用中，一般只关注具有能量损失的电子信号。

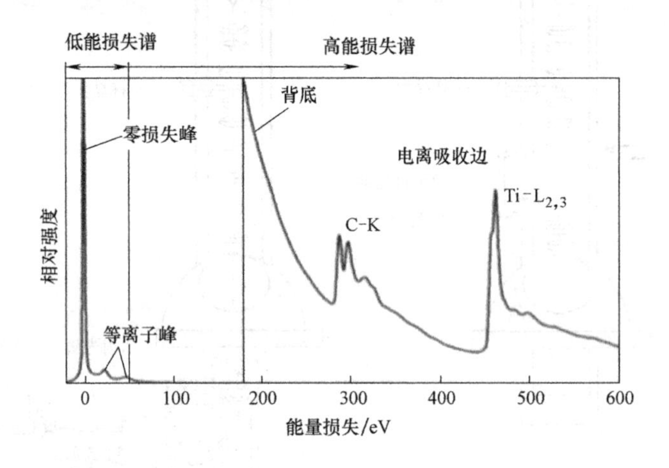

图11-13 TiC薄膜样品的电子能量损失谱，图中包含零损失峰、等离子峰和来自C、Ti元素的电离吸收边

低能损失谱区间(5~50eV)包含了由入射电子与样品原子外壳层价电子非弹性散射引起的等离子峰与若干个带间跃迁或精细结构振荡引起的小峰。其中等离子峰主要对应于样品中价电子(金属材料中的导带自由电子)的集体振荡。等离子激发的入射电子能量损失为

$$\Delta E_{\mathrm{p}}=h\omega_{\mathrm{p}} \tag{11-9}$$

式中，h是普朗克常量；ω_{p}是等离子振荡频率，它是参与振荡的自由电子数目的函数。等离子峰对应的能量损失ΔE_{p}与价电子态密度相关，而其宽度反映了单电子跃迁的衰减效应。因此，可以利用等离子峰进行物相鉴定，并估算样品的成分。此外，能量损失谱中第一个等离子峰强度(I_{p})与零损失峰强度(I_0)的比值与样品厚度(t)和等离子振荡平均自由程(λ_{p})的比值有关，据此可以根据式(11-10)估算样品的厚度

$$t=\lambda_{\mathrm{p}}\left(\frac{I_{\mathrm{p}}}{I_0}\right) \tag{11-10}$$

由于材料的电子特性主要由价电子决定，所以除微区化学成分与样品厚度外，对低能损失谱的分析还可获得诸如价键、介电常数、能带宽度、自由电子密度及光学特性等信息。

在高能损失谱区间(>50eV)，电子计数随能量损失值的增加而以指数形式衰减。在这平滑下降的强度上叠加一些代表内壳层激发的特征，它们呈边峰(Edge)即电离吸收边，而不是峰(Peak)的形式，内壳层强度迅速上升然后随能量损失的增加缓慢下降。电离吸收边是元素 K、L、M 等内壳层电子被激发产生的，其能量损失坐标与相应原子壳层的束缚能大致相当。由于内壳层束缚能依赖于散射原子的原子序数，因此通过测量能量损失谱中相应电离吸收边下的面积并扣除背底强度就可以进行元素的定量分析。

例如，对于轻元素 Li，需要大约 55eV 的能量才能电离一个 K 壳层的电子，所以相对应的能量损失电子会在高能损失谱区 55eV 附近位置出现一个电离吸收边。另外，相对于等离子激发，电离非弹性散射截面相对较小，且由于平均自由程较大，以至于内层电子被激发的概率要比等离子激发概率小 2~3 个数量级。随着元素原子序数的增加，K 壳层电子被原子核束缚得更紧，相应 K 壳层电子激发需要更大的能量，且电离非弹性散射概率减小。在电子能量损失谱中，大约 1000eV 以上，K 壳层电子电离吸收边强度将大幅降低且信噪比明显变差，不利于元素的鉴别与定量分析。因此，一般利用它的 L 与 M 电离吸收边来分析原子序数大的元素。

电子能量损失谱中电离损失阈值附近，EELS 的形状是样品中原子空位束缚态电子密度的函数。原子被电离后产生的激发态电子可以进入束缚态，成为谱形的能量损失近边结构(ELNES)。当样品中的内壳层电子从入射电子获得足够的能量时，壳层电子将从基态跃迁至激发态，而在内壳层留下一个空穴。但如果获得的能量不足以使其完全摆脱原子核的束缚成为自由电子，那么内壳层电子只能跃迁到费米能级以上导带中某一空的能级。此时从入射电子获得的能量等于所激发壳层电子跃迁前后所处能级能量之差。

虽然电子跃迁至导带中任意能级都是可能的，但导带中能级是分立的，且每一能级所能容纳电子的能力也是不一样的。又因电子跃迁从入射电子获得的能量正好和 EELS 中入射电子损失的能量相对应，可以通过 EELS 中能量损失电子的强度分布得到样品中导带能级分布和态密度等电子结构信息。因为电子能级分布和态密度对原子间的成键和价态非常敏感，这些都将直观地在 ELNES 上反映出来。例如，即使对于同一种元素或者化合物，如果以不同形式出现，也会产生具有显著差异的精细结构，如图 11-13 所示。

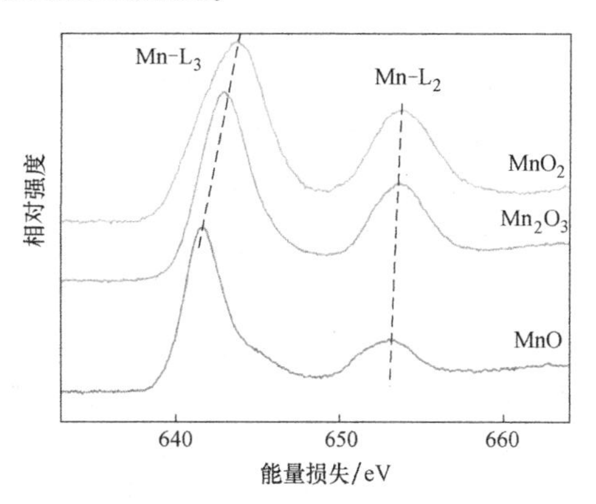

图 11-14　MnO、MnO_2、Mn_2O_3 中 Mn 的 L_2、L_3 边 ELNES

随着能量的增加，近边精细结构的振幅逐渐减小，从电离损失峰向更高能量损失的数百电子伏特范围内，还存在微弱的振荡，称为广延精细结构（EXELFS)。对这些谱区内电离吸收边精细结构和广延精细结构进行细致的分析研究，可以获得样品区域内元素的价键状态、配位状态、电子结构、电荷分布、晶体与非晶体材料中特定原子的径向结构信息(RSF)等，为材料科学、化学等领域的研究提供了新的途径。

UO_2 是一种常用的核反应堆燃料，因贮存和处理过程稳定等优点受到广泛的关注。X 射线衍射和中子衍射技术可表征其晶体结构，其原子尺度的分析必须依靠透射电子显微学的方法。高角环形暗场像（HADDF）是由原子序数构成的图像，由于U和O的原子序数相差极大，所以HADDF像中无法很好地观察O原子在晶格中的占位方式。EXELFS技术为O原子局部结构的分析带来了可能。

图11-15所示为UO_2粉末样品在TEM下观察到的图像和O元素的EXELFS图谱，经过对吸收谱数据的计算处理。图11-16a、b所示为加权光谱和径向结构信息（RSF）。为了研究O原子的占位方式，需要对RSF进行分析。RSF有四个峰，然而，第一个峰在0.1nm附近并不对应O的实际配位（O原子和第一配位层的U原子距离的理论值为0.2363nm），它是计算处理过程中傅里叶变换的残留。第二个峰约在0.2nm附近，是需要重点分析的峰。为了获得O原子的配位信息，进一步利用IFEFFIT软件包中的Artemis同时对RSF和k′空间的实验谱进行拟合（拟合结果见图11-16c），拟合的过程是通过反复调整U、O原子的参数进行的。因此，可推测出UO_2晶胞内电子散射路径（图11-16d），从而推测出O在晶格内的占位，验证了O原子在U晶胞中的四面体间隙中。此外，由实验结果计算出的UO_2粉末样品晶格常数为0.5374nm，与前述XRD实验数据相差0.0077nm（相差1.4%），说明该方法有较高的精度。EXELFS为某些同时存在原子序数相差较大的原子的材料的晶体结构提供了新的研究手段。

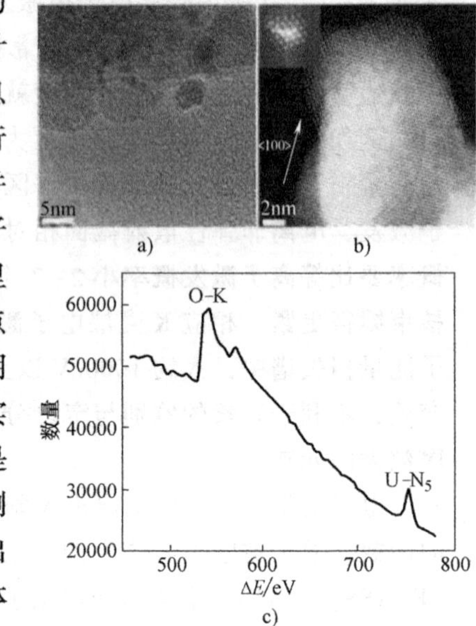

图11-15 UO_2粉末样品
a）TEM下观察到的高分辨像
b）高角环形暗场像
c）O元素的EXELFS图谱

四、能量过滤成像（EFI）

高速入射电子穿过样品时发生非弹性散射的电子可通过能量过滤而进行具有选择性的成像。在电子能量损失谱仪的基础上，进一步加入四极和六极透镜校正谱仪像差，并用一个二维CCD阵列作为探测器后，便成为能量成像过滤器。通过用过滤器来接收特定范围内的能量损失的电子，可以得到能量过滤像，其工作原理如图11-17所示，穿过样品的透射电子首先经过磁棱镜转换为光谱，随后利用能量选择狭缝对光谱进行能量过滤，并用通过狭缝的具有特征能量的电子进行成像，从而获得能量过滤像。利用电子能量过滤成像系统，不但可以从EELS获得样品的化学成分、电子结构等信息，还可以对EELS各个部位进行选择性成像，不仅可明显提高电子显微像与衍射图的衬度与分辨率，还可以提供样品局部区域的元素分布图。

由于EELS中每一个电离吸收边是样品中特定元素所特有的，芯损失像提供了已知元素的空间分布信息，将能量选择狭缝置于特定元素的内壳层电离吸收边的能量损失范围（10eV或者更宽），就能得到该元素信号的过滤像。然而每一个电离吸收边都是叠加在其他能量损失过程造成的谱背底上。为了得到只代表特征能量损失强度的像，必须扣除谱的芯损失区域内背底的贡献I_b。背底强度通常随能量损失E的减小比较平滑地降低，近似地满足指数定律$J(E)=AE^{-r}$，其中A和r是由电离阈值前的能量损失$J(E)$决定的参数。不过A和r都将随样品的厚度和成分而变化，于是分别估计对于每一个图像元素（像素点）的I_b是必要的。

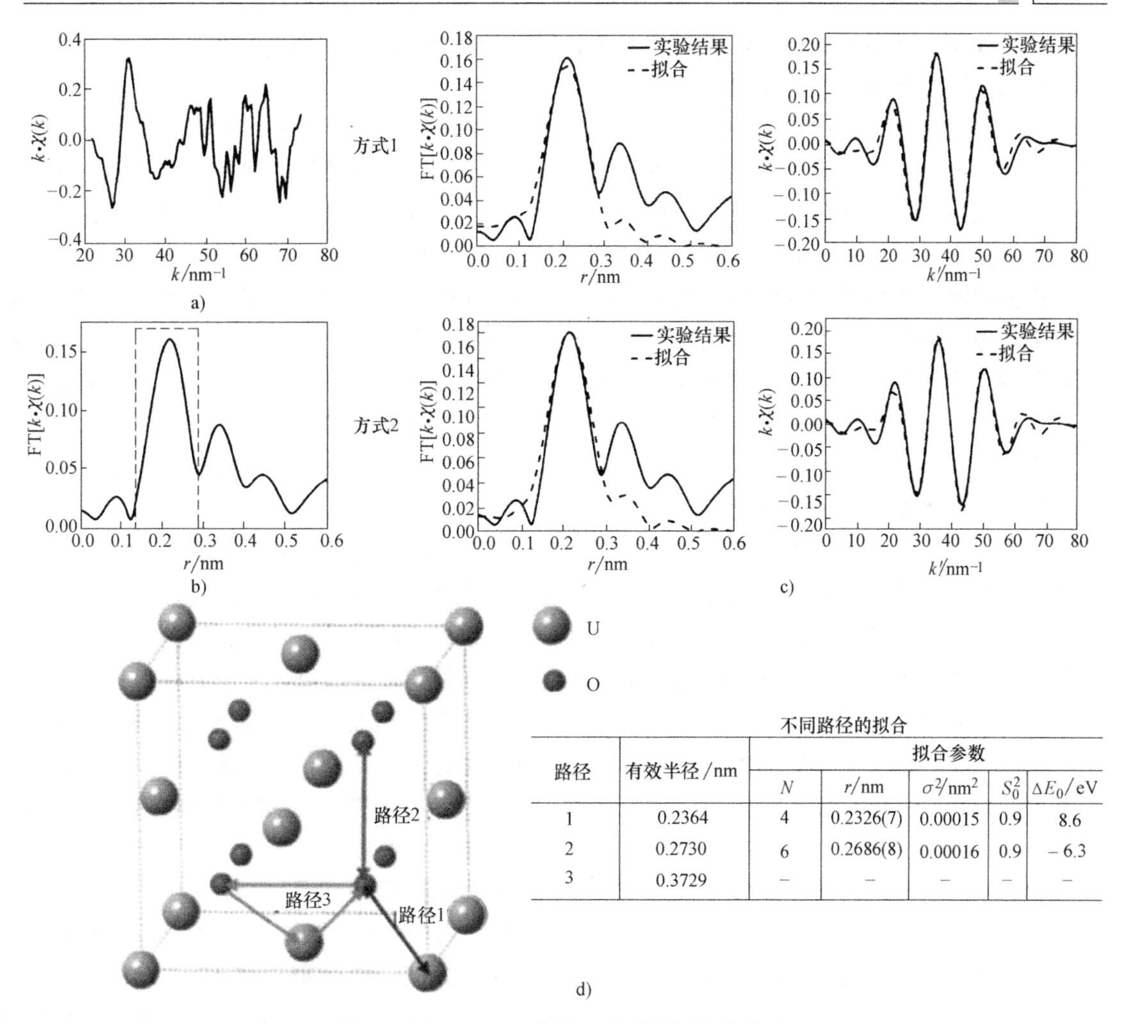

不同路径的拟合

路径	有效半径/nm	拟合参数				
		N	r/nm	σ^2/nm^2	S_0^2	ΔE_0/eV
1	0.2364	4	0.2326(7)	0.00015	0.9	8.6
2	0.2730	6	0.2686(8)	0.00016	0.9	−6.3
3	0.3729	–	–	–	–	–

图 11-16　EXELFS 分析 O 元素局域结构信息

a）$k\cdot\chi(k)$ 谱图　b）径向结构信息（RSF）　c）RSF 第二个峰的两种不同拟合方式的拟合结果

d）拟合对应的 UO_2 晶胞内电子散射路径，从而推断 O 元素在晶胞内的占位方式

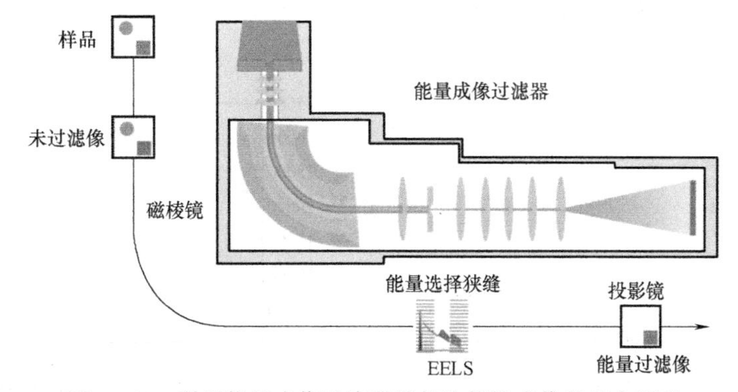

图 11-17　利用能量成像过滤器进行选择性成像的基本原理

在 STEM 成像时，其中每一个像素点是顺序测量的，局部的 A 和 r 值是通过对记录的电离吸收边前面几个通道的强度进行最小二乘法拟合得到的。利用谱仪的出射束静电偏转和高

速电子线路，必要的数据处理可以在每个像素驻留周期内（“动态”）完成，并且系统可以提供谱的适当部分的实时显示。

对于常规 TEM 中的能量过滤，扣除背底的最简单的方法是记录一幅能量损失刚好比所感兴趣的电离吸收边低的像，再从能量损失刚好比电离阈值高的第二幅像中减去第一幅像的强度某一恒定比例部分。最初的这种工作是在相片上记录一幅像，然后做光学扣除，或者用密度计数字化，再做计算机扣除。利用图像记录 CCD 相机直接将数据输出传送到计算机，图像的扣除是很精确和方便的。然而这种简单过程是假设描述背底的能量依赖性的指数 r 在整个图像上都为常数，或者背底总是正比于芯散射截面的强度。实际上，r 会随着样品局部成分或厚度的变化而变化，因而背底的扣除不再是精确的。这种变化可以在能量损失稍微不同的位置电子化地记录两幅背底能量损失图像，来确定每个像素点处的 A 和 r，如 STEM 模式中的情形。然而这种降低背底拟合的系统误差是以增加系统误差为代价的，于是要获得满意的信噪比需要更长的记录时间。

相比于能谱，电子能量损失谱技术除了表征成分信息外，还可以通过检测表面等离子体、电导率、带隙等来表征绝对厚度、化学相、氧化状态、光学等信息。这些信息对于重元素物质来说十分重要。对于重元素来说，电子能量损失谱的信噪比较差，而能量过滤成像系统可以有效地捕捉特定能量范围的电子，从而可更加快速地分析重元素的各种信息。

Pd、Pt 等金属在汽车工业中被广泛用作污染控制的尾气催化剂。纳米尺度的 Au 粒子因为热不稳定性而应用受限。Pd-Au 合金因其耐高温性能引起了人们的广泛关注，这种催化剂被广泛应用于一氧化碳和碳氢化合物的氧化、醋酸乙烯单体的合成、碳氢化合物的加氢等领域。Pd 是催化中心，而 Au 对 Pd-Au 合金表面的化学性质有影响。因此，研究该催化体系的化学性质和元素分布对了解整个催化体系的性质具有重要意义。

图 11-18 所示为 Pd-Au 催化剂穿过晶界的区域对应的电子能量损失谱，其中图 11-18a 为电子能量损失谱 200~2200eV 的部分，图 11-18b 为电子能量损失谱 1800~3800eV 的部分，这两个部分的谱图分别仅需要 7ms 和 30ms 即可获取。得益于电子能量过滤，在较短的时间内就可获得信噪比很好的低能量和高能量部分的电子能量损失谱。图 11-19 则是用该种方法获得的 Pd 和 Au 元素的分布图。由图可见，这些分布图具有极高的分辨率，可以很好地观察其中局部的细节。与透射电子显微镜结合的该项技术是研究这种催化材料的必备工具。

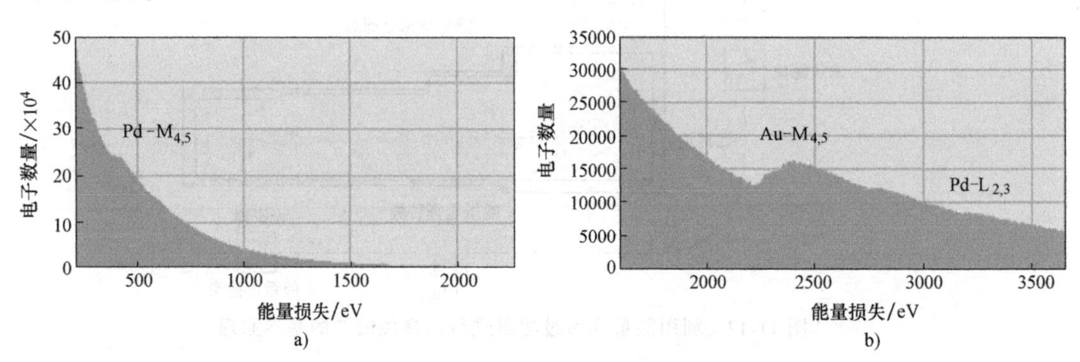

图 11-18 Pd-Au 催化剂的电子能量损失谱

a）低能量电子能量损失谱（200~2200eV） b）高能量电子能量损失谱（1800~3800eV）

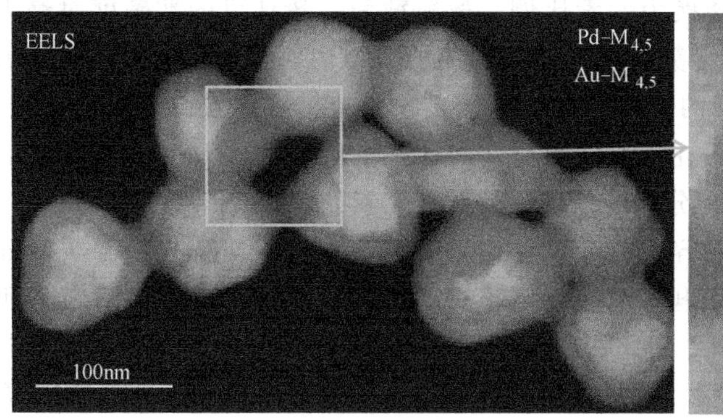

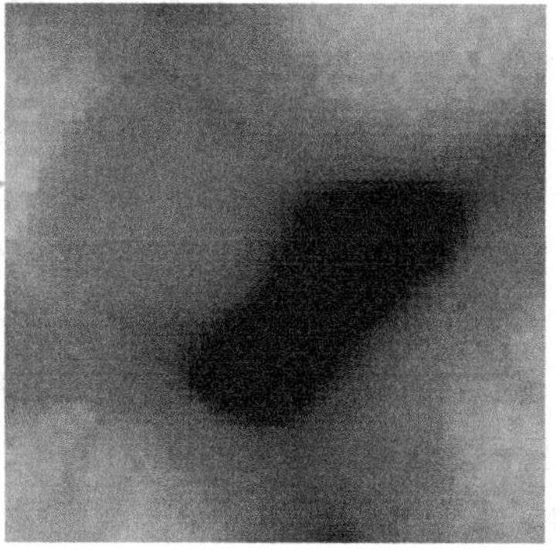

图 11-19 Pd-Au 催化剂利用能量过滤成像技术获得的 Pd 和 Au 元素的分布图

五、EELS 与 EDX 的比较

大部分 EDX 探头都需要用铍窗来隔绝探测器与周围的环境。由于铍会在一定程度上吸收光子，不利于 EDX 探测低原子序数的元素。而 EELS 能够直接探测发生非弹性散射的电子，因而更适于对轻元素如 C、N、O 的探测。EELS 与 EDX 两种表征成分技术的对比如下：

(1) 探测极限与空间分辨率　采用同样的入射束流，EELS 产生的芯损失电子计数率大于特征 X 射线。这是由于：①X 射线的荧光产率很低，对于原子序数 $Z<11$ 的元素，X 射线的荧光产率低于 2%（图 11-20），因而低能 X 射线的产率将减小；②透射电子集中在一个有限的角度范围，电子谱仪典型采集效率为 20%～50%，而 X 射线是各向同性发射，EDX 探头收集的部分只占约 1%。然而，EELS 的背底一般高于 EDX 的背底。EELS 的背底来自于束缚能量小于阈值能量的所有核外电子的非弹性散射。EDX 的背底主要由韧致辐射引起。尽管如此，EELS 与 EDX 相比，对低原子序数元素的探测具有更高的灵敏度和更大的探测极限。

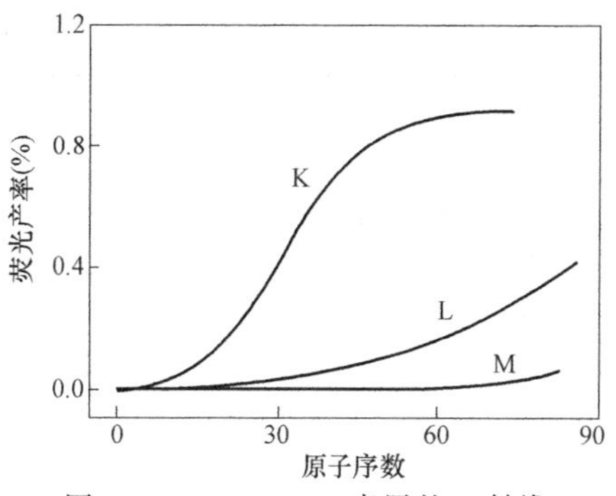

图 11-20　K、L、M 壳层的 X 射线荧光产率与原子序数间的关系

因为样品中发生的背散射、二次荧光和快二次电子的产生都不会干扰能量损失信号，所以，EELS 也可给出略优于 EDX 的空间分辨率，由弹性散射引起的束展宽效应和由于会聚透镜的球差引起的电子束扩展更小。

(2) 对样品的要求　如果样品太厚，多重散射会大大增加 1000eV 以下的电离吸收边的背底，使得这些电离吸收边对厚度大于 100nm 甚至 50nm 的样品不可见。因此，EELS 对样品制备提出了相当严格的要求，有些时候需要使用离子减薄（对无机样品）或用超薄切片机制备超薄切片来实现。这种对样品制备的苛刻要求在一定程度上因高加速电压的使用有所缓解，但是一些材料在高加速电压(尤其是大于 300kV)下会引入导致原子位置移动的辐照损伤。相反，尽管轻元素定量测量需要的吸收校正对厚度大于 100nm 的样品变得困难。但 EDX 通常对常规 TEM 成像的足够薄的样品(厚度可为几百纳米)都可行。

(3) 定量化的精度　在 EELS 中，信号的强度仅依赖于初级激发的物理过程而与谱仪无关；无须使用标准样品校准；测量的芯损失的强度可根据实际测量中的收集角、能量范围和入射电子能量计算的散射截面转换为元素比例。散射截面一般认可的准确度对绝大多数K电离吸收边在5%以内，对绝大多数L电离吸收边在15%以内，对其他电离吸收边的精度变化很大。与EELS不同，EDX峰的强度依赖于探测器的性能。在低能X射线情况下（如来自轻元素的K峰）精度高度依赖在探测器的前端和保护窗的吸收以及X射线在样品自身内部的吸收。因此，轻元素的EDX分析的精度不如对重元素的分析。

（4）使用的便捷性和信息内容　EDX实验过程简单，一旦设置完毕，除了保证将探头置于液氮冷却以外，EDX探头和电子系统仅需很少的维护。此外，EDX软件发展迅速，可快速便捷地进行元素的定量分析，因此，EDX仍是TEM微区成分分析主要选择的技术。而EELS实验过程复杂，操作难度大，对操作者的技能与知识储备要求较高；对TEM高压与谱仪状态稳定性要求较高，且需验证样品是否足够薄。

总体来讲，EELS与EDX相比要求具备更专业的知识。作为回报，电子能量损失谱对特定样品有更高的灵敏度，能提供更多的信息，除了元素分析外，它还可以对TEM样品局部厚度做出迅速估计，给出晶体和电子结构信息。原则上，EELS给出与X射线、紫外线、可见光和（在某些情况下）红外线相似的数据，所有这些都能在同一仪器中实现，并可能给出很高的空间分辨率。EELS的优势和劣势见表11-2。

表11-2　EELS的优势和劣势

EELS的优势	EELS的劣势
芯损失信号更强,适于分析轻元素	背底高,峰形复杂
极限空间分辨率更高	要求样品足够薄
不需要标样校准	对晶体材料可能存在定量误差
可得到结构信息	操作技术难度大

习　题

1. 简述扫描透射电子显微术的几种电子光学系统的结构及成像原理。
2. 简述高角环形暗场像的成像原理及其成像特点。
3. 分析扫描透射电子显微镜影响高分辨 Z 衬度像的因素。
4. 简述电子能量损失谱的工作原理及电子能量的损失过程。
5. 简述电子能量损失谱如何研究表面吸附信息。
6. 简述电离吸收边、近边精细结构、广延精细结构的区别，比较并分析其在材料科学中的应用。
7. 利用能量过滤成像技术与EDS均可给出样品的元素分布图，试比较两者的区别与各自的优缺点。

第十二章　扫描电子显微镜和电子探针

扫描电子显微镜的成像原理和透射电子显微镜完全不同，它不用电磁透镜放大成像，而是以类似电视摄影显像的方式，利用细聚焦电子束在样品表面扫描时激发出来的各种物理信号来调制成像的。新式扫描电子显微镜的二次电子像的分辨率已达到1nm以下，放大倍数可从数倍原位放大到30万倍以上。由于扫描电子显微镜的景深远比光学显微镜大，可以用它进行显微断口分析。用扫描电子显微镜观察断口时，样品不必复制，可直接进行观察，这给分析带来极大的方便。因此，目前显微断口的分析工作大都是用扫描电子显微镜来完成的。

由于电子枪的效率不断提高，使扫描电子显微镜的样品室附近的空间增大，可以装入更多的探测器。因此，目前的扫描电子显微镜不只是分析形貌像，它还可以和其他分析仪器组合，使人们能在同一台仪器上进行形貌、微区成分和晶体结构等多种微观组织结构信息的同位分析。

电子探针的功能主要是进行微区成分分析，它是在电子光学和X射线光谱学原理的基础上发展起来的一种高效率分析仪器。其原理是用细聚焦电子束入射样品表面，激发出样品元素的特征X射线，分析特征X射线的波长（或特征能量）即可知道样品中所含元素的种类（定性分析），分析X射线的强度，则可知道样品中对应元素含量的多少（定量分析）。电子探针仪镜筒部分的构造大体上和扫描电子显微镜相同，只是在检测器部分使用的是X射线谱仪，专门用来检测X射线的特征波长或特征能量，以此来对微区的化学成分进行分析。因此，除专门的电子探针仪外，有相当一部分电子探针仪是作为附件安装在扫描电子显微镜或透射电子显微镜上，以满足微区组织形貌、晶体结构及化学成分三位一体同位分析的需要。

第一节　扫描电子显微镜的系统结构与工作原理

扫描电子显微镜由电子光学系统，信号收集处理、图像显示和记录系统，真空系统三个基本部分组成。图12-1所示为扫描电子显微镜结构原理框图。

一、电子光学系统（镜筒）

电子光学系统包括电子枪、电磁透镜、扫描线圈和样品室。

1. 电子枪

扫描电子显微镜中的电子枪与透射电子显微镜的电子枪相似，只是加速电压比透射电子显微镜低。

2. 电磁透镜

扫描电子显微镜中各电磁透镜都不作成像透镜用，而是作聚光镜用，它们的功能只是把电子枪的束斑（虚光源）逐级聚焦缩小，使原来直径约为50μm的束斑缩小成一个直径只有数纳米的细小斑点。要达到这样的缩小倍数，必须用几个透镜来完成。扫描电子显微镜一般都有三个聚光镜，前两个聚光镜是强磁透镜，可把电子束光斑缩小，第三个聚光镜是弱磁透镜，具有较长的焦距。布置这个末级透镜（习惯上称之为物镜）的目的在于使样品室和透镜之间留有一定的空间，以便装入各种信号探测器。扫描电子显微镜中照射到样品上的电子束直径越小，就相当于成像单元的尺寸越小，相应的分辨率就越高。采用普通热阴极电子枪时，扫描电子束的束径可达到6nm左右。若采用六硼化镧阴极和场发射电子枪，电子束束径还可进一步缩小。

3. 扫描线圈

扫描线圈的作用是使电子束偏转，并在样品表面做有规则的扫动，电子束在样品上的扫描动作和显像管上的扫描动作保持严格同步，因为它们是由同一扫描发生器控制的。图12-2所示为电子束在样品表面进行扫描的两种方式。进行形貌分析时都采用光栅扫描方式，如图12-2a所示。当电子束进入上偏转线圈时，方向发生转折，随后又由下偏转线圈使它的方向发生第二次转折。发生二次偏转的电子束通过末级透镜的光心射到样品表面。在电子束偏转的同时还带有一个逐行扫描动作，电子束在上、下偏转线圈的作用下，在样品表面扫描出方形区域，相应地在显像管荧光屏上也画出一帧比例图像。样品上各点受到电子束轰击时发出的信号可由信号探测器接收，并通过显示系统在显像管荧光屏上按强度描绘出来。如果电子束经上偏转线圈转折后未经下偏转线圈改变方向，而直接由末级透镜折射到入射点位置，这种扫描方式称为角光栅扫描或摇摆扫描，如图12-2b所示。入射电子束被上偏转线圈转折的角度越大，则电子束在入射点上摆动的角度也越大。在进行电子通道花样分析时，将采用这种操作方式。

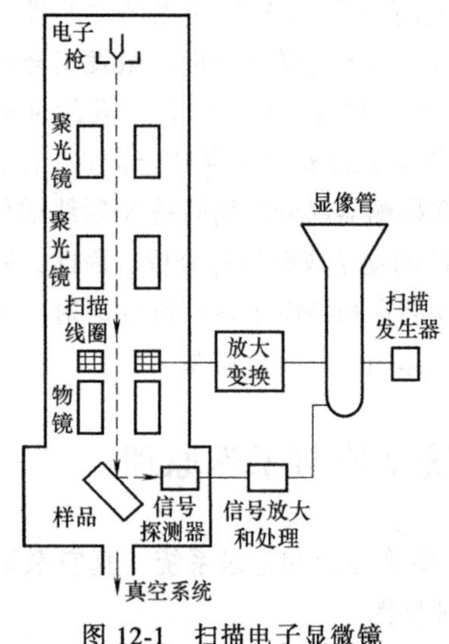

图12-1 扫描电子显微镜结构原理框图

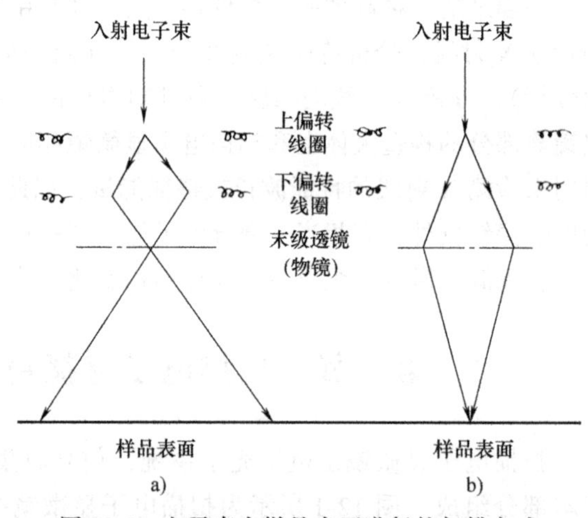

图12-2 电子束在样品表面进行的扫描方式
a) 光栅扫描 b) 角光栅扫描

4. 样品室

样品室内除放置样品外，还安置了信号探测器。各种不同信号的收集和相应检测器的安放位置有很大的关系，如果安置不当，则有可能收不到信号或收到的信号很弱，从而影响分析精度。

样品台本身是一个复杂而精密的组件，它应能夹持一定尺寸的样品，并能使样品做平移、倾斜和转动等运动，以利于对样品上每一特定位置进行各种分析。新式扫描电子显微镜的样品室实际上是一个微型试验室，它带有多种附件，可使样品在样品台上加热、冷却和进行力学性能试验（如拉伸和疲劳）。

二、信号收集处理、图像显示和记录系统

二次电子、背散射电子和透射电子的信号都可采用闪烁计数器来进行检测。信号电子进入闪烁体后即引起电离，当离子和自由电子复合后就产生可见光。可见光信号通过光导管送入光电倍增器，光信号放大，即又转化成电流信号输出，电流信号经视频放大器放大后就成为调制信号。如前所述，由于镜筒中的电子束和显像管中电子束是同步扫描的，而荧光屏上每一点的亮度是根据样品上被激发出来的信号强度来调制的，因此样品上各点的状态各不相同，所以接收到的信号也不相同，于是就可以在显像管上看到一幅反映样品各点状态的扫描电子显微图像。

三、真空系统

为保证扫描电子显微镜电子光学系统的正常工作，对镜筒内的真空度有一定的要求。一般情况下，如果真空系统能提供 $1.33\times10^{-2}\sim1.33\times10^{-3}$Pa（$10^{-4}\sim10^{-5}$mmHg）的真空度，就可防止样品的污染。如果真空度不足，除样品被严重污染外，还会出现灯丝寿命下降、极间放电等问题。图 12-3 所示为 TOPCON 公司的 LS—780 型扫描电子显微镜外观图。

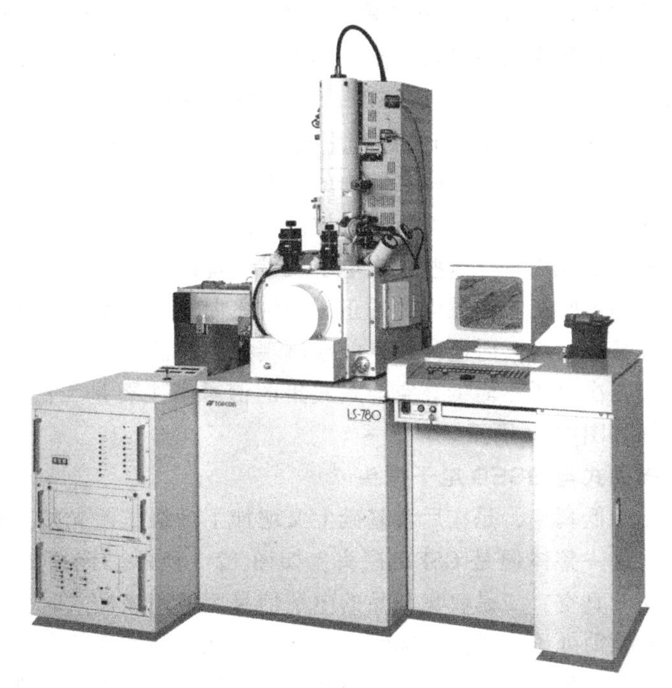

图 12-3　LS—780 型扫描电子显微镜外观图

第二节　环境扫描电子显微镜的工作原理及应用

随着电子显微镜逐步向复合型、多元化发展，第一台环境扫描电子显微镜于 1990 年由美国 Electro Scan 公司研发面世，因其可以对非处理样品进行直接观察，使显微研究进入一个崭新阶段。环境扫描电子显微镜是扫描电子显微镜的一个重要分支，其具有放大倍数可调范围宽、图像分辨率高和景深大等特点。

一、环境扫描电子显微镜的基本组成与特点

环境扫描电子显微镜与普通扫描电子显微镜的构造大体相同，由真空系统、电子光学系统以及信号收集和成像系统三部分组成。环境扫描电子显微镜通常有三种成像模式：高真空、低真空和环境扫描（ESEM）模式。高真空模式即为传统扫描电子显微镜模式。环境扫描电子显微镜与传统扫描电子显微镜最显著的不同在于，前者样品室的真空度远比后者低

（约2600Pa），更接近于环境大气压，顾名思义为环境扫描电子显微镜。这一技术的应用极大地拓宽了样品种类的观察范围，传统扫描电子显微镜只适用于干燥且导电性好的样品，而环境扫描电子显微镜是在传统扫描电子显微镜基础上，又新增了对含水量较多及不导电等样品观察的功能。环境扫描电子显微镜现已被广泛地应用于化学、生物、医学、冶金、材料、半导体制造等各个研究领域。

二、低真空模式与LFD电子探头

环境扫描电子显微镜的样品室处于低真空状态，而电子枪和镜筒部分仍处于高真空状态。这是因为在镜筒和样品室的连接点——极靴处增加了一个压差光阑，它不仅起到隔绝镜筒和样品室间真空的作用，还具有保证电子束在高真空状态下的质量、保护电子枪和镜筒等组成元件不受水蒸气腐蚀的作用。电子枪和镜筒的高真空状态依靠机械泵和分子涡轮泵控制，而样品室的压力则依靠调节外接水蒸气的浓度，在10~130Pa间自由切换。

低真空模式下所用的电子探头是LFD（Large Field Detector）探头，它与高真空网栅状二次电子探头ED（Electron Detector）的作用稍有不同。其具体工作原理是：高能电子束轰击样品表面激发出的二次电子，与样品室内的水蒸气发生碰撞后将其电离，这些被电离的离子继续与其他水蒸气发生碰撞，周而反复，被激发的环境离子数呈指数上升趋势。这样，在LFD探头外加正电场的作用下，这些二次电子及被环境放大的负离子被探头吸引，样品表面形貌的特征信号随即被收集。而被电离的正离子则飞向样品表面中和堆积的一部分负电，这样有效地降低了样品表面观察时电荷积累的放电现象。简而言之，高真空模式收集的信号是样品表面被激发的二次电子，而低真空模式收集的信号则主要是二次电子及水蒸气负离子。低真空模式示意图如图12-4所示。

三、环境扫描模式与GSED电子探头

环境真空相比于低真空，是在后者基础上又增加了一级压差光阑，即在物镜下方装有类似纽扣状的光阑，这一整体便是GSED探头，如图12-5所示。该探头有两个作用：一是隔绝样品室和镜筒间的真空；二是收集样品的电子信号。使用该模式时，电镜部分的真空可分为三段：电子枪和镜筒处于高真空，物镜下方和纽扣状光阑间为低真空，样品室内为环境真空。环境真空信号的产生和收集与低真空模式相似，只是由于观察对象的导电性更差或含水量较高，二次电子信号较弱，需要通过选择更小的工作距离来增加信号强度，即需要缩短样

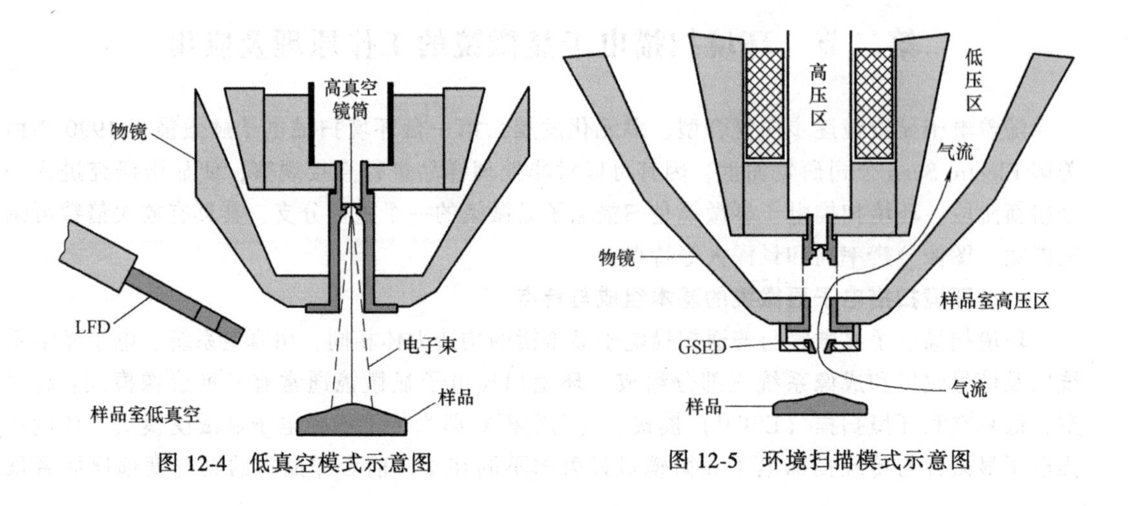

图12-4 低真空模式示意图　　图12-5 环境扫描模式示意图

品和探头间的距离。同时为了避免样品表面积累电荷而导致放电现象，影响观察效果，需要将高压降低。ESEM 通过不断地向样品室补充气体来维持样品室的低真空状态，同时也为二次电子探测器 GSED 提供工作气体，水蒸气是最常用的工作气体。

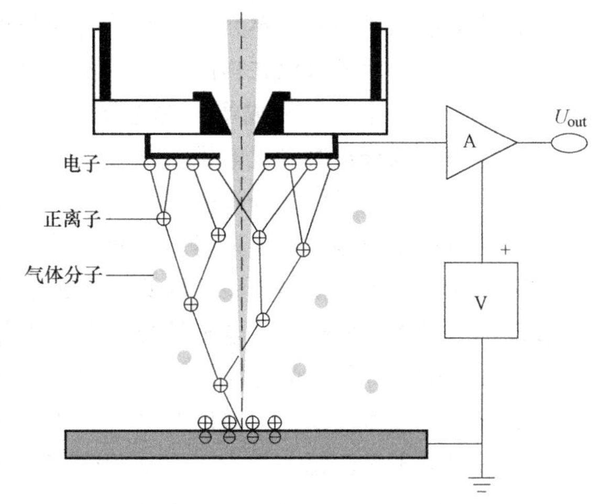

图 12-6 GSED 探头的工作原理示意图

GSED 探头的工作原理如图 12-6 所示，入射电子束与样品相互作用产生的二次电子逸出样品表面，在环境二次电子探测器所加的几百伏正电压的作用下加速向上运动；这些加速运动的二次电子与气体分子碰撞，使其电离，产生正离子和电子（称为环境二次电子）；这个电子加速和气体电离过程反复进行，导致原始二次电子信号成比例地级联放大。而受样品表面荷电吸引向下运动的正离子可以消除荷电。

第三节 扫描电子显微镜的主要性能

一、分辨率

扫描电子显微镜分辨率的高低和检测信号的种类有关。表 12-1 列出了扫描电子显微镜主要信号产生的区域（空间分辨率）。

表 12-1 各种信号的空间分辨率 （单位：nm）

信号	二次电子	背散射电子	吸收电子	特征 X 射线	俄歇电子
分辨率	5～10	50～200	100～1000	100～1000	0.5～2

由表中的数据可以看出，二次电子信号的空间分辨率较高，相应的二次电子像的分辨率也较高；而特征 X 射线信号的空间分辨率最低，此信号调制成显微图像的分辨率相应也最低。不同信号造成分辨率之间差别的原因可用图 12-7 说明。电子束进入轻元素样品表面后会形成一个滴状作用体积。入射电子束在被样品吸收或散射出样品表面之前将在这个体积中活动。

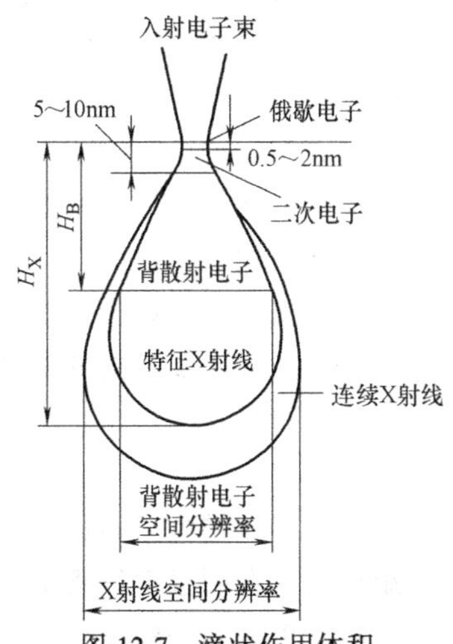

图 12-7 滴状作用体积

由图 12-7 可知，俄歇电子和二次电子因其本身能量较低以及平均自由程很短，只能在样品的浅层表面内逸出。在一般情况下能激发出俄歇电子的样品表层厚度为 0.5～2nm，激发二次电子的层深为 5～10nm。入射电子束进入浅层表面时，尚未向横向扩展开来，因此，俄歇电子和二次电子只能在一个和入射电子束斑直径相当的圆柱体内被激发出来，因为束斑直径就是一个成像检测单元（像点）的大小，所以这两种电子的分辨率就相当于束斑的直径。

入射电子束进入样品较深部位时，向横向扩展的范围变大，从这个范围中激发出来的背散射电子能量很高，它们可以从样品的较深部位处弹射出表面，横向扩展后的作用体积大小就是背散射电子的成像单元，从而使它的分辨率大为降低。

入射电子束还可以在样品更深的部位激发出特征X射线来。从图上X射线的作用体积来看，若用X射线调制成像，它的分辨率比背散射电子更低。

因为图像分析时二次电子（或俄歇电子）信号的分辨率最高，所以扫描电子显微镜的分辨率用二次电子像的分辨率表示。

应该指出的是，电子束射入重元素样品中时，作用体积不呈滴状，而是半球状。电子束进入表面后立即向横向扩展，因此在分析重元素时，即使电子束的束斑很细小，也不能达到较高的分辨率，此时二次电子的分辨率和背散射电子的分辨率之间的差距明显变小。由此可见，在其他条件相同的情况下（如信噪比、磁场条件及机械振动等），电子束的束斑大小、检测信号的类型以及检测部位的原子序数是影响扫描电子显微镜分辨率的三大因素。

扫描电子显微镜二次电子像的分辨率将随束斑尺寸（在一定范围内）的减小而提高，但随束斑尺寸的减小束流强度下降，当束流强度下降到一定程度时，将难以激发足够的二次电子信号，而使图像噪声增大，分辨率也随之下降。最理想的电子束不仅束斑尺寸要小，而且束流强度也要大，而场发射电子枪恰好具备这个特点。场发射电子枪的电子束斑尺寸为热发射电子枪的0.02%~0.2%，而束流强度大1000倍，因此场发射电子枪是高性能（高分辨）扫描电子显微镜的理想电子源。

扫描电子显微镜的分辨率是通过测定图像中两个颗粒（或区域）间的最小距离来确定的。在已知放大倍数（一般在10万倍）的条件下，把在图像上测到的最小间距除以放大倍数所得数值就是分辨率。图12-8所示为用蒸镀金膜样品测定分辨率的照片。目前生产的扫描电子显微镜二次电子像的分辨率已优于5nm。如日立公司的S—570型扫描电子显微镜的分辨率为3.5nm，而TOPCON公司的OSM—720型扫描电子显微镜的分辨率为0.9nm。

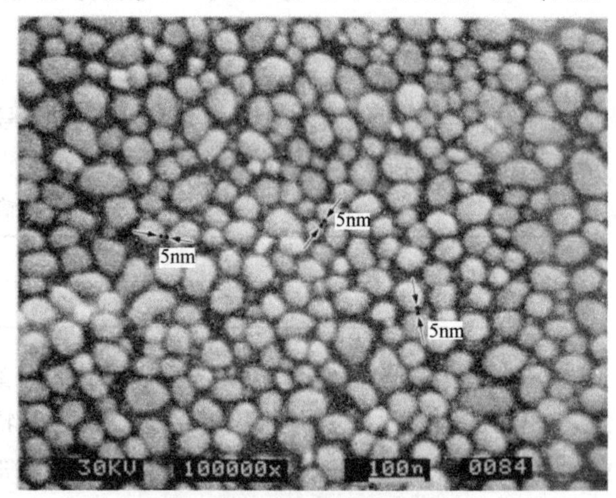

图 12-8 点分辨率测定照片

（真空蒸镀金膜表面金颗粒分布形态）

二、放大倍数

当入射电子束做光栅扫描时，若电子束在样品表面扫描的幅度为A_s，相应地在荧光屏上阴极射线同步扫描的幅度是A_c，A_c和A_s的比值就是扫描电子显微镜的放大倍数，即

$$M=\frac{A_c}{A_s}$$

由于扫描电子显微镜的荧光屏尺寸是固定不变的，电子束在样品上扫描一个任意面积的矩形时，在阴极射线管上看到的扫描图像大小都会和荧光屏尺寸相同。因此，只要减小镜筒中电子束的扫描幅度，就可以得到高的放大倍数；反之，若增加扫描幅度，则放大倍数就减小。例如，荧光屏的宽度$A_c=100\text{mm}$时，电子束在样品表面扫描幅度$A_s=5\text{mm}$，放大倍数$M=20$。如果$A_s=0.05\text{mm}$，放大倍数就可提高到2000。21世纪生产的高级扫描电子显微镜放大倍数可从数倍到30万倍以上。

第四节　表面形貌衬度原理及其应用

一、二次电子成像原理

二次电子信号主要用于分析样品的表面形貌。二次电子只能从样品表面层5~10nm深度范围内被入射电子束激发出来，大于10nm时，虽然入射电子也能使核外电子脱离原子而变成自由电子，但因其能量较低以及平均自由程较短，不能逸出样品表面，最终只能被样品吸收。

被入射电子束激发出的二次电子数量和原子序数没有明显的关系，但是二次电子对微区表面的几何形状十分敏感。图12-9说明了样品表面和电子束相对取向与二次电子产额之间的关系。入射电子束和样品表面法线平行时，即图中$\theta=0°$，二次电子的产额最少。若样品表面倾斜了45°，则电子束穿入样品激发二次电子的有效深度增加到$\sqrt{2}$倍，入射电子束使距表面5~10nm的作用体积内逸出表面的二次电子数量增多（见图中黑色区域）。若入射电子束进入了较深的部位（例如图12-9b中的A点），虽然也能激发出一定数量的自由电子，但因A点距表面较远（大于$L=5\sim10$nm），自由电子只能被样品吸收而无法逸出表面。

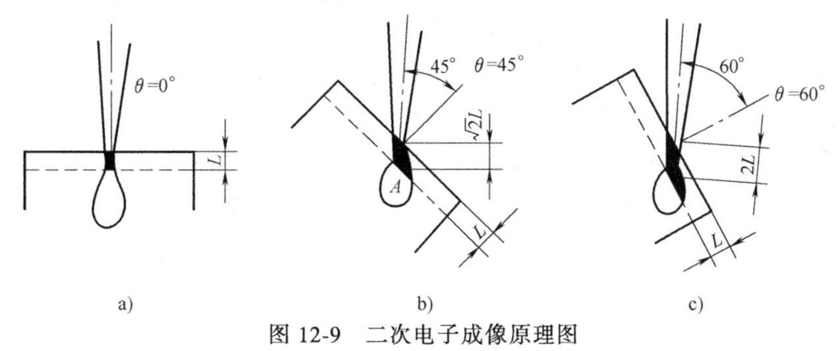

图12-9　二次电子成像原理图

图12-10所示为根据上述原理画出的造成二次电子形貌衬度的示意图。图中样品上B面的倾斜度最小，二次电子产额最少，亮度最低；反之，C面倾斜度最大，亮度也最大。

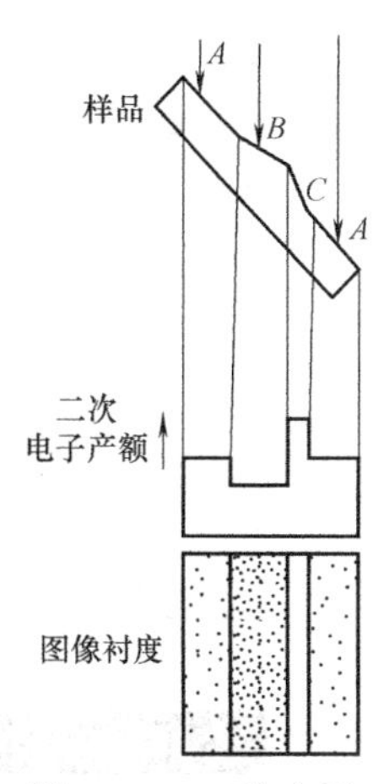

图12-10　二次电子形貌衬度示意图

实际样品表面的形貌要比上面讨论的情况复杂得多，但是形成二次电子像衬度的原理是相同的。图12-11所示为实际样品中二次电子被激发的一些典型例子。从例子中可以看出，凸出的尖棱、小粒子以及比较陡的斜面处二次电子产额较多，在荧光屏上这些部位的亮度较大；平面上二次电子的产额较少，亮度较低；在深的凹槽底部虽然也能产生较多的二次电子，但这些二次电子不易被检测器收集到，因此槽底的衬度也会显得较暗。

二、二次电子形貌衬度的应用

二次电子形貌衬度的最大用途是观察断口形貌，也可用作抛光腐蚀后的金相表面及烧结样品的自然表面分析，并可用于断裂过程的动态原位观察。

（一）断口分析

1. 沿晶断口

图12-12所示是普通的沿晶断口的二次电子像。因为靠近二次电子检测器的断裂面亮度

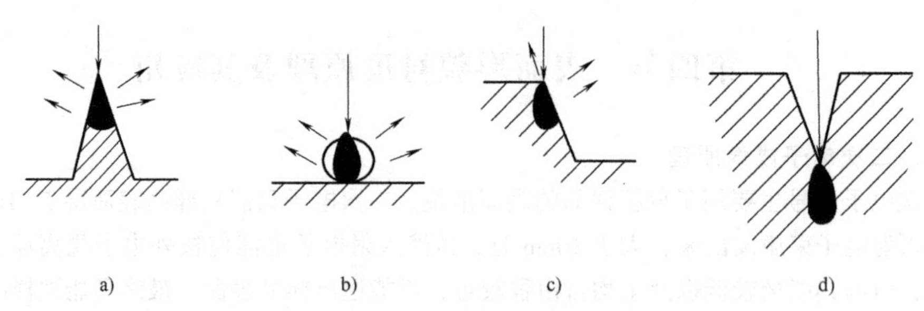

图 12-11 实际样品中二次电子的激发过程示意图

a) 凸出尖端 b) 小颗粒 c) 侧面 d) 凹槽

大，背面则暗，故断口呈冰糖块状或呈石块状。含 Cr、Mo 的合金钢产生回火脆性时发生沿晶断裂，一般认为其原因是 S、P 等有害杂质元素在晶界上偏聚使晶界强度降低，从而导致沿晶断裂。沿晶断裂属于脆性断裂，断口上无塑性变形迹象。

2. 韧窝断口

图 12-13 所示为典型的韧窝断口的二次电子像。因为韧窝的边缘类似尖棱，故亮度较大，韧窝底部比较平坦，图像亮度较小。有些韧窝的中心部位有第二相小颗粒，由于小颗粒的尺寸很小，入射电子束能在其表面激发出较多的二次电子，所以这种颗粒往往是比较亮的。韧窝断口是一种韧性断裂断口，无论是从试样的宏观变形行为上，还是从断口的微观区域上都能看出明显的塑性变形。一般韧窝底部有第二相粒子存在，这是由于试样在拉伸或剪切变形时，第二相粒子与基体界面首先开裂形成裂纹(韧窝)源。随着应力的增加，变形量增大，韧窝逐渐撕开，韧窝周边形成塑性变形程度较大的凸起撕裂棱，因此，在二次电子像中，这些撕裂棱显亮衬度。韧窝断口是穿晶韧性断裂。

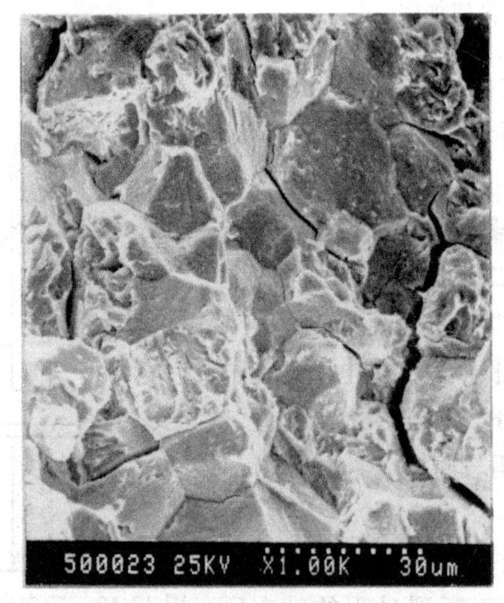

图 12-12 30CrMnSi 钢沿晶断口的二次电子像

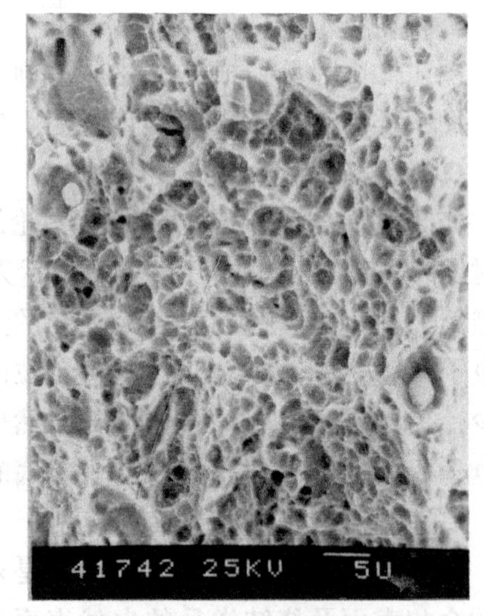

图 12-13 37SiMnCrNiMoV 钢韧窝断口的二次电子像

3. 解理断口

图 12-14 所示为低碳钢冷脆解理断口的二次电子像。解理断裂是脆性断裂，是沿着某特定的晶体学晶面产生的穿晶断裂。对于体心立方的 α-Fe 来说，其解理面为(001)。从图中

可以清楚地看到，由于相邻晶粒的位向不一样（两晶粒的解理面不在同一个平面上，且不平行），因此解理裂纹从一个晶粒扩展到相邻晶粒内部时，在晶界处（过界时）开始形成河流花样（解理台阶）。

4. 纤维增强复合材料断口

图 12-15 所示为碳纤维增强陶瓷复合材料的断口的二次电子像。从图中可以看出，断口上有很多纤维拔出。由于纤维的强度高于基体，因此承载时基体先开裂，但纤维没有断裂，仍能承受载荷。随着载荷进一步增大，基体和纤维界面脱粘，直至载荷达到纤维断裂强度时，纤维断裂。由于纤维断裂的位置不都在基体主裂纹平面上，一些纤维与基体脱粘后断裂位置在基体中，所以断口上有大量露头的拔出纤维，同时还可看到纤维拔出后留下的孔洞。

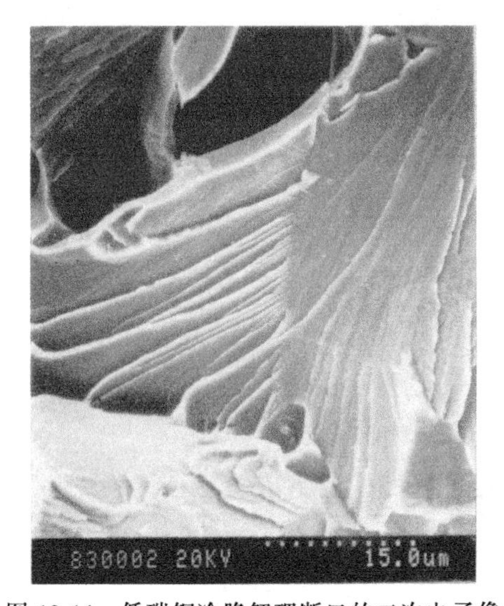

图 12-14　低碳钢冷脆解理断口的二次电子像

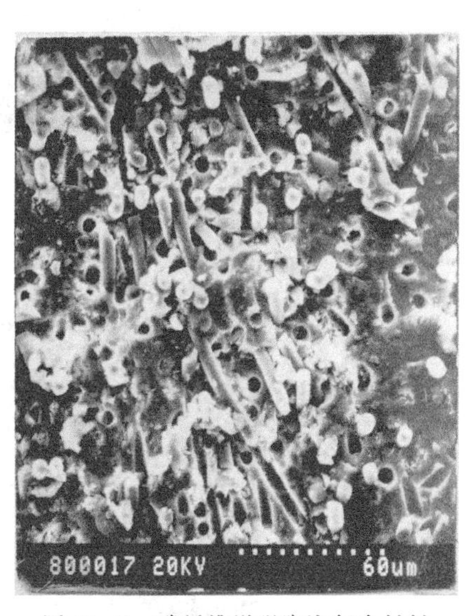

图 12-15　碳纤维增强陶瓷复合材料断口的二次电子像

（二）样品表面形貌观察

1. 烧结体烧结自然表面观察

图 12-16 所示为三种成分 ZrO_2-Y_2O_3 陶瓷烧结自然表面的二次电子像。图 12-16a 的成分为 ZrO_2-2%（摩尔分数）Y_2O_3，烧结温度为 1500℃，为晶粒细小的正方相。图 12-16b 所示为 1500℃烧结 ZrO_2-6%（摩尔分数）Y_2O_3 陶瓷的自然表面形态，为晶粒尺寸较大的单相立方相。图 12-16c 所示为正方相与立方相双相混合组织，细小的晶粒为正方相，其中的大晶粒为立方相。图 12-17 所示为 Al_2O_3+15%（摩尔分数）ZrO_2+2%（摩尔分数）Y_2O_3 陶瓷烧结表面的二次电子像，有棱角的大晶粒为 Al_2O_3，而小的白色球状颗粒为 ZrO_2。细小的 ZrO_2 颗粒，有的分布在 Al_2O_3 晶粒内，有的分布在 Al_2O_3 晶界上。

2. 金相表面观察

图 12-18 所示为经抛光腐蚀后金相样品的二次电子像。由图中可以看出，其分辨率及立体感均远好于光学金相照片。光学金相上显示不清的细节在二次电子像中可以清晰地显示出来，如珠光体中的 Fe_3C 与铁素体的层片形态及回火组织中析出的细小碳化物等。

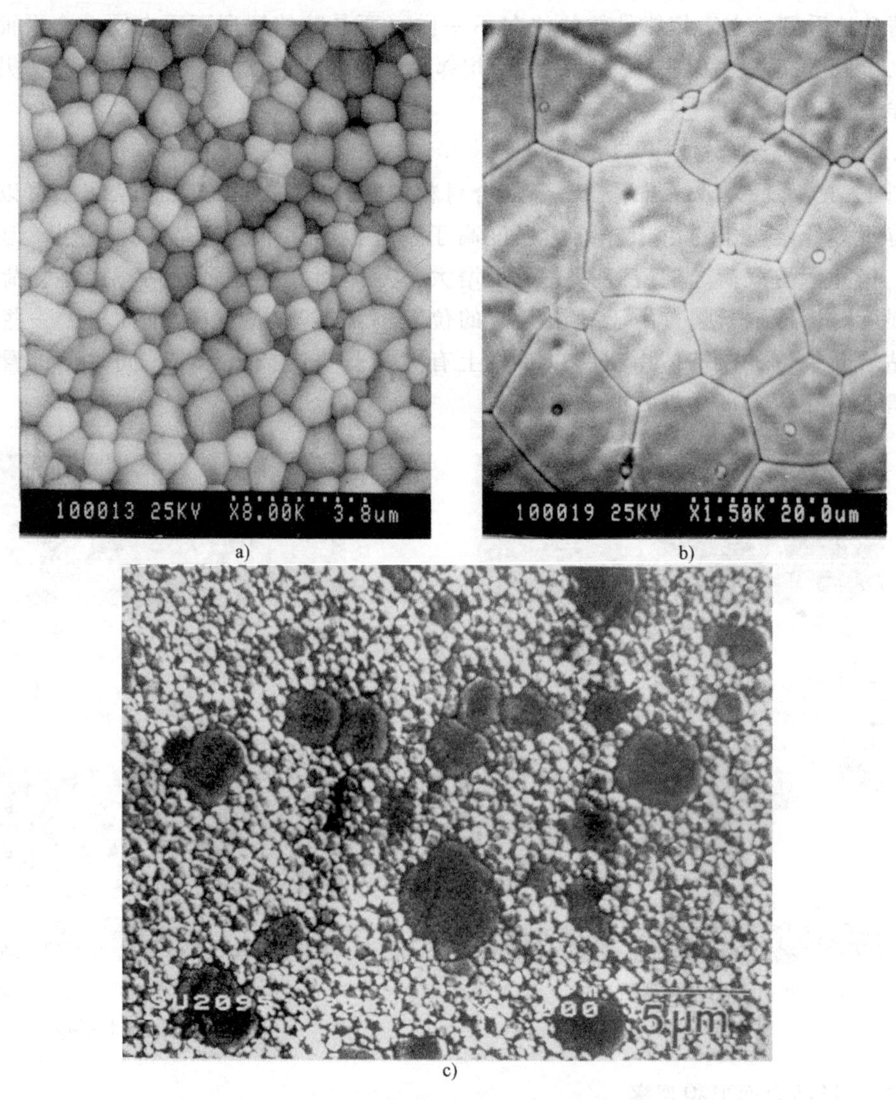

a) b) c)

图 12-16 ZrO_2-Y_2O_3 陶瓷烧结自然表面的二次电子像

a) t-ZrO_2 b) c-ZrO_2 c) (c+t)-ZrO_2

（三）材料变形与断裂动态过程的原位观察

1. 双相钢

图 12-19 所示为双相钢拉伸断裂过程的动态原位观察结果。由图中可以看出，铁素体首先产生塑性变形，并且裂纹先萌生于铁素体(F)中，扩展过程中遇到马氏体(M)受阻。加大载荷，马氏体前方的铁素体中产生裂纹，而马氏体仍没有断裂，继续加大载荷，马氏体才断裂，将裂纹连接起来向前扩展。

2. 复合材料

图 12-20 所示为 Al_3Ti/(Al-Ti)复合材料断裂过程的原位观察结果。可清楚地看到，裂纹遇到 Al_3Ti 颗粒时受阻而转向，沿着颗粒与基体的界面扩展，有时颗粒也产生断裂，使裂纹穿过粒子扩展。

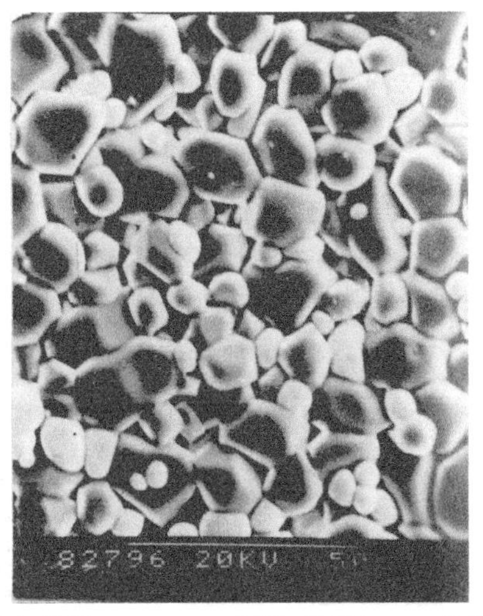

图 12-17　Al_2O_3+15%(摩尔分数)ZrO_2+2%(摩尔分数)Y_2O_3 陶瓷烧结表面的二次电子像

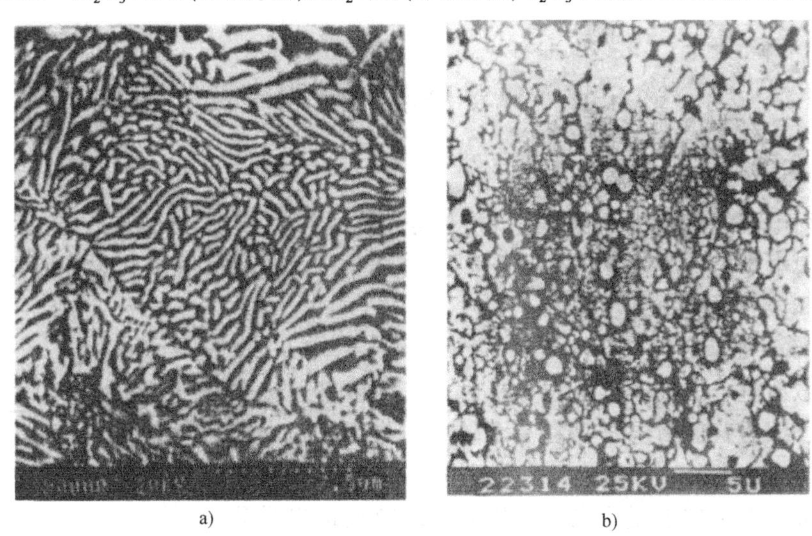

a)　b)

图 12-18　金相样品的二次电子像

a) 珠光体组织　b) 析出碳化物

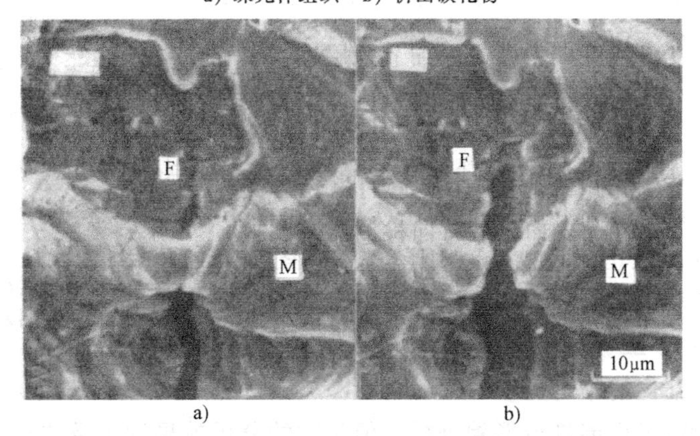

a)　b)

图 12-19　铁素体(F)+马氏体(M)双相钢拉伸断裂过程的动态原位观察

a) 裂纹萌生　b) 裂纹扩展

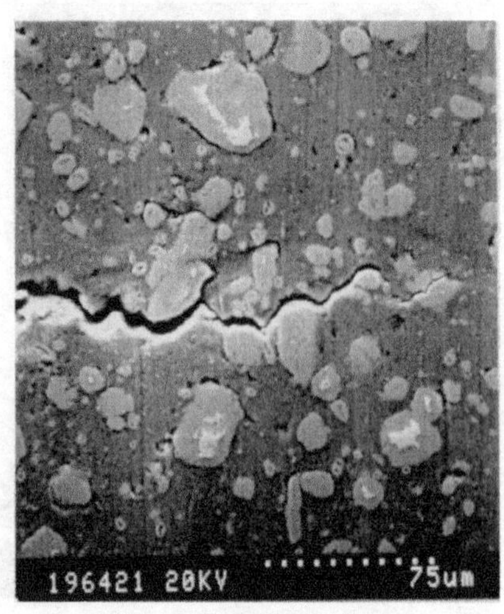

图 12-20 Al_3Ti/(Al-Ti)复合材料断裂过程的原位观察(灰色颗粒为 Al_3Ti 增强相)

第五节 原子序数衬度原理及其应用

一、背散射电子衬度原理及其应用

背散射电子的信号既可用来进行形貌分析，也可用于成分分析。在进行晶体结构分析时，背散射电子信号的强弱是造成通道花样衬度的原因。下面主要讨论背散射电子信号引起形貌衬度和成分衬度的原理。

1. 背散射电子形貌衬度特点

用背散射电子信号进行形貌分析时，其分辨率远比二次电子低，因为背散射电子是在一个较大的作用体积内被入射电子激发出来的，成像单元变大是分辨率降低的原因。此外，背散射电子的能量很高，它们以直线轨迹逸出样品表面。对于背向检测器的样品表面，因检测器无法收集到背散射电子而变成一片阴影，因此在图像上显示出很强的衬度。衬度太大会失去细节的层次，不利于分析。用二次电子信号做形貌分析时，可以在检测器收集栅上加以一定大小的正电压(一般为 250~500V)来吸引能量较低的二次电子，使它们以弧形路线进入闪烁体，这样在样品表面某些背向检测器或凹坑等部位上逸出的二次电子也能对成像有所贡献，图像层次(景深)增加，细节清楚。图 12-21 所示为背散射电子和二次电子的运动路线以及它们进入检测器时的情景。图 12-22 所示为带有凹坑样品的扫描电子显微镜照片，凹坑底部仍清晰可见。

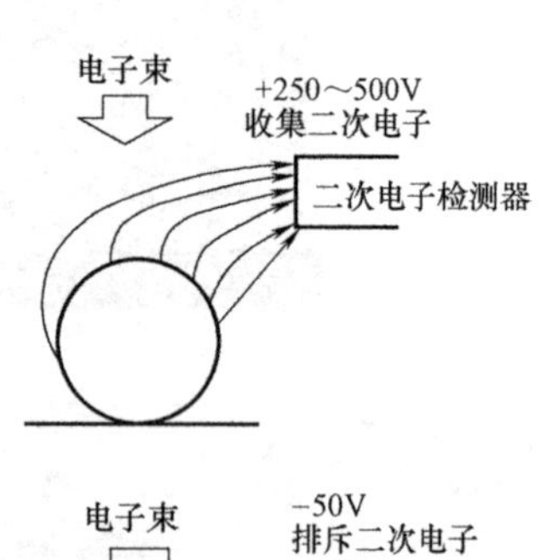

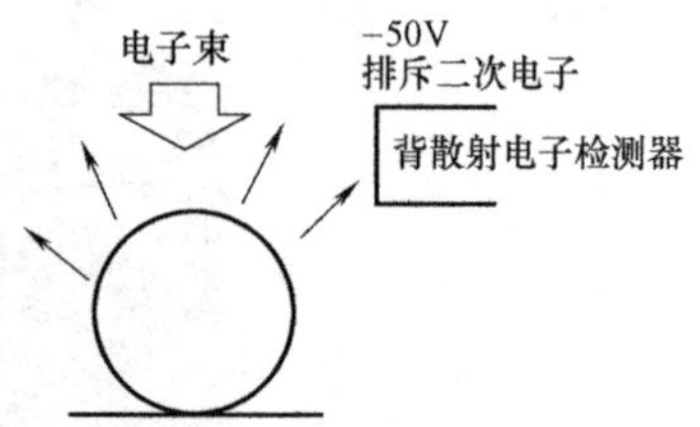

图 12-21 背散射电子和二次电子的运动路线以及它们进入检测器时的情景

虽然背散射电子也能进行形貌分析，但是它的分析效果远不及二次电子。因此，在做无特殊要求的形貌分析时，都不用背散射电子信号成像。

2. 背散射电子原子序数衬度原理

图 12-23 所示为原子序数和背散射电子产额之间的关系曲线。在原子序数 Z 小于 40 的范围内，背散射电子的产额对原子序数十分敏感。在进行分析时，样品上原子序数较高的区域中由于收集到的背散射电子数量较多，故荧光屏上的图像较亮。因此，利用原子序数造成的衬度变化可以对各种金属和合金进行定性的成分分析。样品中重元素区域相对于图像上是亮区，而轻元素区域则为暗区。当然，在进行精度稍高的分析时，必须事先对亮区进行标定，才能获得满意的结果。

图 12-22　带有凹坑样品(IC)的扫描电子显微镜照片

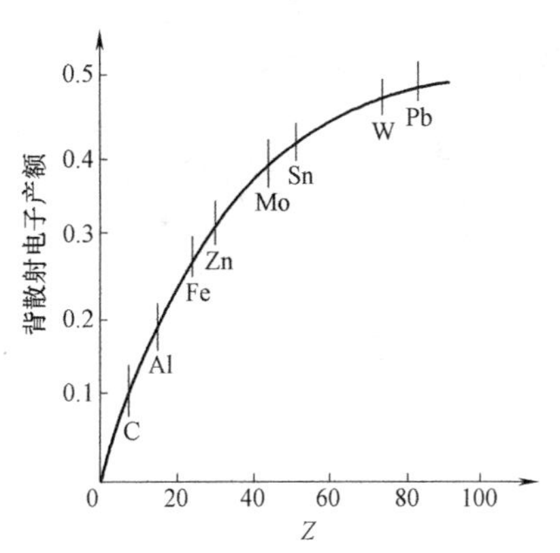

图 12-23　原子序数和背散射电子产额之间的关系曲线

用背散射电子进行成分分析时，为了避免形貌衬度对原子序数衬度的干扰，被分析的样品只进行抛光，而不必腐蚀。对有些既要进行形貌分析又要进行成分分析的样品，可以采用一对检测器收集样品同一部位的背散射电子，然后把两个检测器收集到的信号输入计算机处理，通过处理可以分别得到放大的形貌信号和成分信号。图 12-24 示意地说明了这种背散射电子检测器的工作原理，图中 A 和 B 表示一对半导体硅检测器。如果对一成分不均匀但表面抛光平整的样品做成分分析时，A、B 检测器收集到的信号大小是相同的。把 A 和 B 的信号相加，得到的是信号放大一倍的成分像；把 A 和 B 的信号相减，则成一条水平线，表示抛光表面的形貌像，如图 12-24a 所示。图 12-24b 所示是均一成分但表面有起伏的样品进行形貌分析时的情况。例如，分析图中的 P 点，P 位于检测器 A 的正面，使 A 收集到的信号较强，但 P 点背向检测器 B，使 B 收集到的信号较弱，若把 A 和 B 的信号相加，则二者正好抵消，这就是成分像；若把 A 和 B 的信号二者相减，信号放大就成了形貌像。如果待分析的样品成分既不均匀，表面又不光滑，仍然是 A、B 信号相加是成分像，相减是形貌像，图 12-24c 所示。

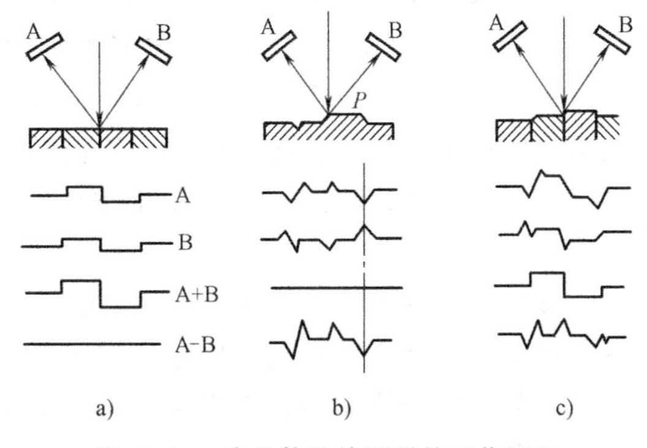

图 12-24　半导体硅检测器的工作原理

a）成分有差别，形貌无差别　b）形貌有差别，成分无差别　c）成分、形貌都有差别

利用原子序数衬度来分析晶界上或晶粒内部不同种类的析出相是十分有效的。因为析出相成分不同，激发出的背散射电子数量

也不同，致使扫描电子显微图像上出现亮度上的差别。利用亮度上的差别，就可根据样品的原始资料定性地判定析出物相的类型。

二、吸收电子衬度原理及其应用

吸收电子的产额与背散射电子相反，样品的原子序数越小，背散射电子越少，吸收电子越多；反之，样品的原子序数越大，则背散射电子越多，吸收电子越少。因此，吸收电子像的衬度是与背散射电子和二次电子像的衬度互补的。因为 $I_0=I_s+I_b+I_a+I_t$，如果试样较厚，透射电子流强度 $I_t=0$，故 $I_s+I_b+I_a=I_0$。因此，背散射电子图像上的亮区在相应的吸收电子图像上必定是暗区。图 12-25 所示为铁素体基体球墨铸铁拉伸断口的背散射电子像和吸收电子像，二者正好互补。

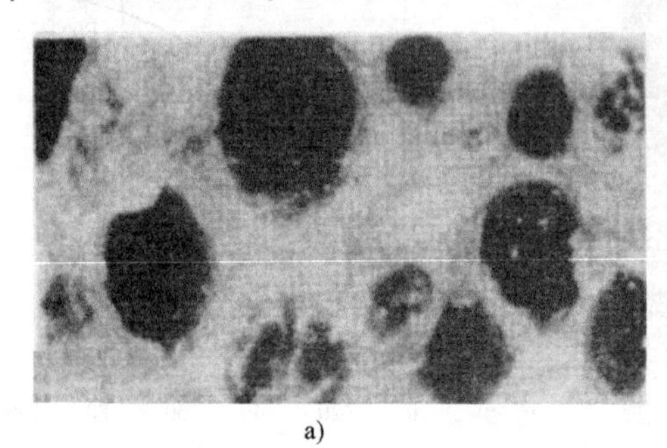

a)

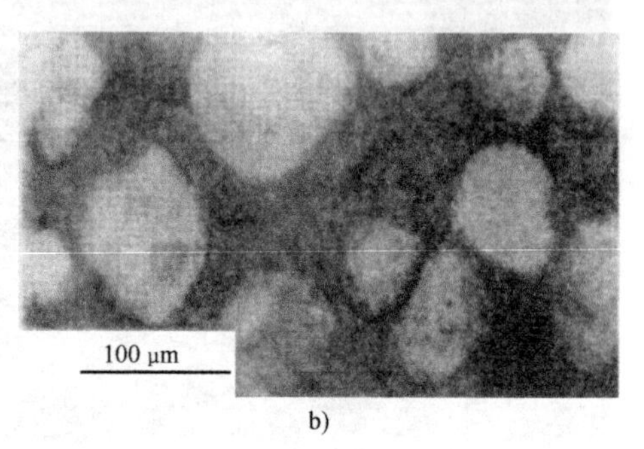

b)

图 12-25 铁素体基体球墨铸铁拉伸断口的背散射电子像和吸收电子像

a）背散射电子像，黑色团状物为石墨相 b）吸收电子像，白色团状物为石墨相

第六节 电子探针仪的结构与工作原理

图 12-26 所示为电子探针仪的结构示意图。由图可知，电子探针的镜筒及样品室和扫描电镜并无本质上的差别，因此要使一台仪器兼有形貌分析和成分分析两个方面的功能，往往把扫描电子显微镜和电子探针组合在一起使用。

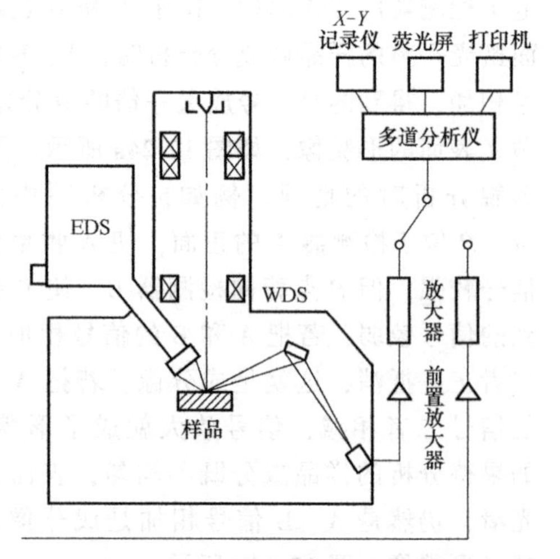

图 12-26 电子探针仪的结构示意图

电子探针的信号检测系统是 X 射线谱仪，用来测定特征波长的谱仪叫作波长分散谱仪（WDS）或波谱仪。用来测定 X 射线特征能量的谱仪叫作能量分散谱仪（EDS）或能谱仪。

一、波长分散谱仪（波谱仪 WDS）

（一）工作原理

在电子探针中，X 射线是由样品表面以下一个微米乃至纳米数量级的作用体积内激发出来的。如果这个体积中含有多种元素，则可以激发出各个相应元素的特征波长 X 射线。若在样品上方水平放置一块具有适当晶面间距 d 的晶体，入射 X 射线的波长、入射角和晶面间距三者符合布拉格方程 $2d\sin\theta=\lambda$ 时，这个特征波长的 X 射线就会发生强烈衍射，如图

12-27所示。因为在作用体积中发出的X射线具有多种特征波长，且它们都以点光源的形式向四周发射，因此对一个特征波长的X射线来说，只有从某些特定的入射方向进入晶体时，才能得到较强的衍射束。图12-27示出了不同波长的X射线以不同的入射方向入射时产生各自衍射束的情况。若面向衍射束安置一个接收器，便可记录下不同波长的X射线。图中右方的平面晶体称为分光晶体，它可以使样品作用体积内不同波长的X射线分散并展示出来。

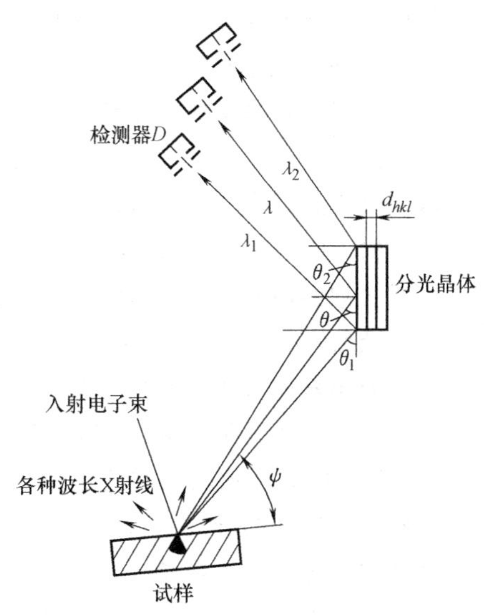

图12-27　分光晶体

虽然平面单晶体可以把各种不同波长的X射线分散展开，但就收集单波长X射线的效率来看是非常低的。因此这种检测X射线的方法必须改进。

如果把分光晶体做适当的弹性弯曲，并使射线源、弯曲晶体表面和检测器窗口位于同一个圆周上，这样就可以达到把衍射束聚焦的目的。此时，整个分光晶体只收集一种波长的X射线，使这种单色X射线的衍射强度大大提高。图12-28是两种X射线聚焦的方法。第一种方法称为约翰(Johann)型聚焦法(图12-28a)，虚线圆称为罗兰(Rowland)圆或聚焦圆。把单晶体弯曲使它衍射晶面的曲率半径等于聚焦圆半径的两倍，即2R。当某一波长的X射线自点光源S处发出时，晶体内表面任意点A、B、C上接收到的X射线相对于点光源来说，入射角都相等，由此，A、B、C各点的衍射线都能在D点附近聚焦。从图中可以看出，因A、B、C三点的衍射线并不恰在一点，故这是一种近似的聚焦方式。另一种改进的聚焦方式叫作约翰逊(Johansson)型聚焦法。这种方法是把衍射晶面曲率半径弯成R的晶体，表面磨制成和聚焦圆表面相合（即晶体表面的曲率半径和R相等），这样的布置可以使A、B、C三点的衍射束正好聚焦在D点，所以这种方法也叫作全聚焦法（图12-28b）。

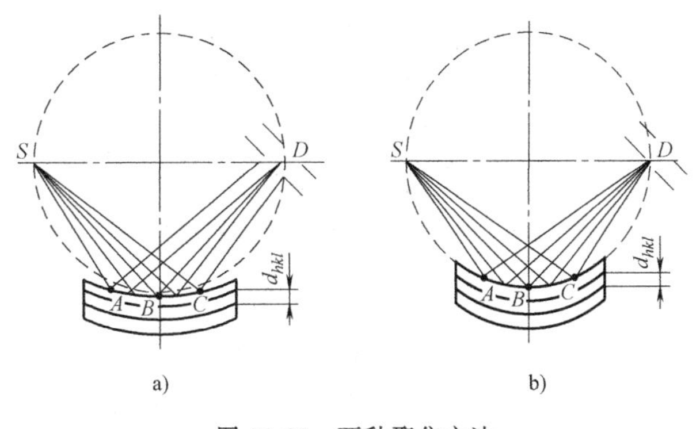

图12-28　两种聚焦方法

a）约翰型聚焦法　b）约翰逊型聚焦法

在实际检测X射线时，点光源发射的X射线在垂直于聚焦圆平面的方向上仍有发散性。分光晶体表面不可能处处精确符合布拉格条件，加之有些分光晶体虽可以进行弯曲，但不能磨制，因此不大可能达到理想的聚焦条件。如果检测器上的接收狭缝有足够的宽度，即使采用不大精确的约翰型聚焦法，也是能够满足聚焦要求的。

电子束轰击样品后，被轰击的微区就是X射线源。要使X射线分散、聚焦，并被检测器接收，两种常见的谱仪布置形式分别如图12-29和图12-30所示。图12-29所示为直进式波谱仪的工作原理图。这种谱仪的优点是X射线照射分光晶体的方向是固定的，即出射角ψ保持不变，这样可以使X射线穿出样品表面过程中所走的路线相同，也就是吸收条件相等。由图中的几何关系分析可知，分光晶体位置沿直线运动时，晶体本身应产生相应的转动，使不同波长 λ_1、λ_2 和 λ_3 的 X 射线以 θ_1、θ_2 和 θ_3 的角度入射。在满足布拉格条件的情况下，位于聚焦圆周上协调滑动的检测器都能接收到经过聚焦的波长为 λ_1、λ_2 和 λ_3 的衍射线。以图中 O_1 为圆心的圆为例，直线 SC_1 长度用 L_1 表示，$L_1=2R\sin\theta_1$。L_1 是从点光源到分光晶体的距离，它可以在仪器上直接读得，因为聚焦圆的半径 R 是已知的，所以根据测出的 L_1 便可求出 θ_1，然后再根据布拉格方程 $2d\sin\theta=\lambda$，因分光晶体的晶面间距 d 是已知的，故可计算出和 θ_1 相对应的特征 X 射线波长 λ_1。把分光晶体从 L_1 变化至 L_2 或 L_3（可通过仪器上的手柄或驱动电动机，使分光晶体沿出射方向直线移动），用同样方法可求得 θ_2、θ_3 和 λ_2、λ_3。

分光晶体直线运动时，检测器能在几个位置上接收到衍射束，表明试样被激发的体积内存在着相应的几种元素。衍射束的强度大小与元素含量成正比。

图 12-30 所示为回转式波谱仪的工作原理图。聚焦圆的圆心 O 不能移动，分光晶体和检测器在聚焦圆的圆周上以 1∶2 的角速度运动，以保证满足布拉格方程。这种波谱仪结构比直进式波谱仪结构简单，出射方向改变很大。在表面平面度较大的情况下，由于 X 射线在样品内行进路线不同，往往会因吸收条件变化而造成分析上的误差。

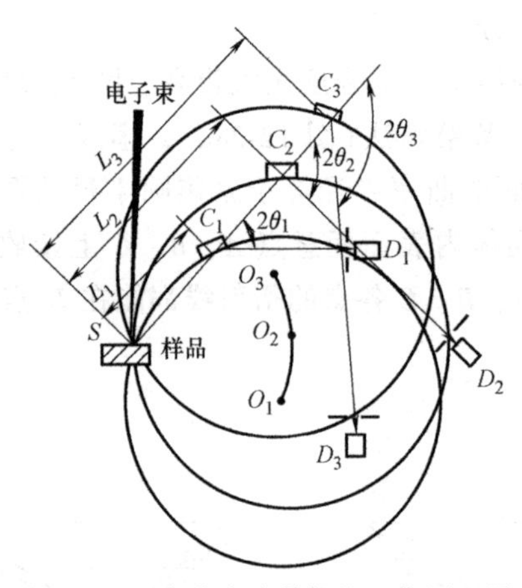

图 12-29 直进式波谱仪的工作原理图

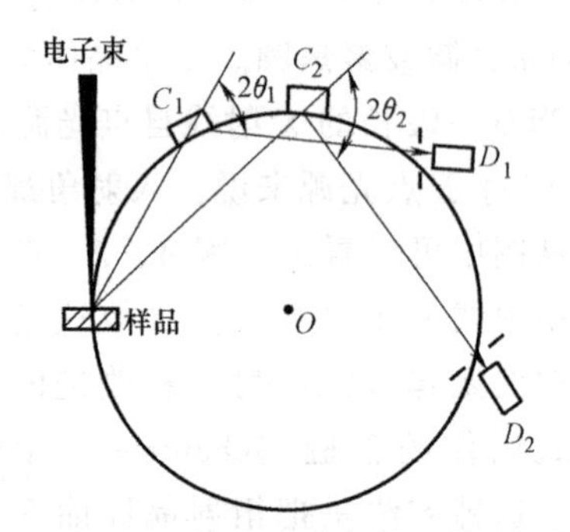

图 12-30 回转式波谱仪的工作原理图

（二）分析方法

图 12-31 所示为一张用波谱仪分析一个测量点的谱线图，横坐标代表波长，纵坐标代表强度。谱线上有许多强度峰，每个峰在坐标上的位置代表相应元素特征 X 射线的波长，峰的高度代表这种元素的含量。在进行定点分析时，只要把图 12-29 中的距离 L 从最小变到最大，就可以在某些特定位置测到特征波长的信号，经处理后可在荧光屏或 X-Y 记录仪上把谱线描绘出来。

应用波谱仪进行元素分析时，应注意下面几个问题：

（1）分析点位置的确定　在波谱仪上总带有一台放大 100~500 倍的光学显微镜。显微镜的物镜是特制的，即镜片中心开有圆孔，以使电子束通过。通过目镜可以观察到电子束照射到样品上的位置，在进行分析时，必须使目的物和电子束重合，其位置正好位于光学显微镜目镜标尺的中心交叉点上。

（2）分光晶体固定后，衍射晶面的面间距不变　在直进式波谱仪中，L 和 θ 服从 $L=2R\sin\theta$ 的关系。因为结构上的限制，L 不能做得太长，一般只能在 10~30cm 范围内变化。

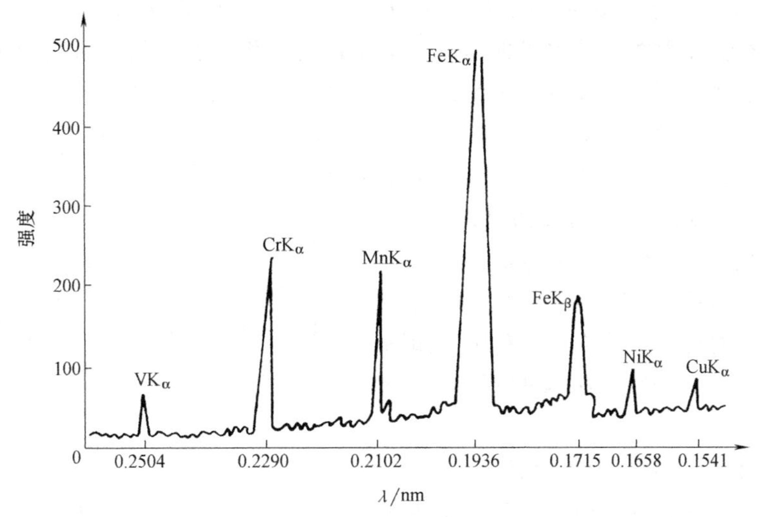

图 12-31　合金钢（$w_{Si}=0.62\%$，$w_{Mn}=1.11\%$，$w_{Cr}=0.96\%$，$w_{Ni}=0.56\%$，$w_V=0.26\%$，$w_{Cu}=0.24\%$）定点分析的谱线图

在聚焦圆半径 $R=20$cm 的情况下，θ 的变化范围在 15°~65°之间。可见一个分光晶体能够覆盖的波长范围是有限的，因此它只能测定某一原子序数范围的元素。如果要分析原子序数 $Z=4\sim92$ 的元素，则必须使用几块晶面间距不同的晶体，因此一个谱仪中经常装有两块可以互换的晶体，而一台电子探针仪上往往装有 2~6 个谱仪，有时几个谱仪一起工作，可以同时测定几个元素。表 12-2 列出了常用的分光晶体。

表 12-2　常用的分光晶体

常用分光晶体	供衍射用的晶面	$2d$/nm	适用波长 λ/nm
LiF	(200)	0.40267	0.08~0.38
SiO_2	$(10\bar{1}1)$	0.66862	0.11~0.63
PET	(002)	0.874	0.14~0.83
RAP	(001)	2.6121	0.2~1.83
KAP	$(10\bar{1}0)$	2.6632	0.45~2.54
TAP	$(10\bar{1}0)$	2.59	0.61~1.83
硬脂酸铅	—	10.08	1.7~9.4

二、能量分散谱仪（能谱仪 EDS）

（一）工作原理

前面已经介绍了各种元素具有自己的 X 射线特征波长，特征波长的大小取决于能级跃迁过程中释放出的特征能量 ΔE。能谱仪就是利用不同元素 X 射线光子特征能量不同这一特点来进行成分分析的。图 12-32 所示为采用锂漂移硅检测器能谱仪的框图。X 射线光子由锂漂移硅 Si(Li) 检测器收集，当光子进入检测器后，在 Si(Li) 晶体内激发出一定数目的电子-空穴对。产生一个电子-

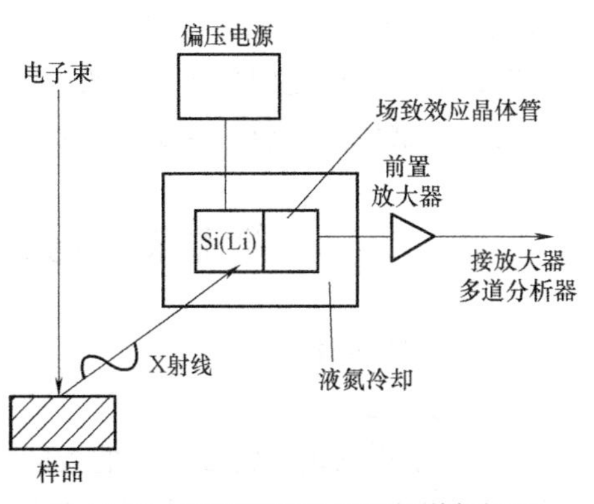

图 12-32　锂漂移硅检测器能谱仪框图

空穴对的最低平均能量 ε 是一定的，因此由一个 X 射线光子造成的电子-空穴对的数目 $N=\Delta E/\varepsilon$。入射 X 射线光子的能量越高，N 就越大。利用加在晶体两端的偏压收集电子-空穴对，经前置放大器转换成电流脉冲，电流脉冲的高度取决于 N 的大小，电流脉冲经主放大器转换成电压脉冲进入多道脉冲高度分析器。脉冲高度分析器按高度把脉冲分类并进行计数，这样就可以描出一张特征 X 射线按能量大小分布的图谱。

图 12-33a 所示为用能谱仪测出的一种夹杂物的谱线图，横坐标表示能量，纵坐标表示强度（计数率）。图中各特征 X 射线峰和波谱仪给出的特征峰的位置相对应，如图 12-33b 所示，只不过前者峰的形状比较平坦。

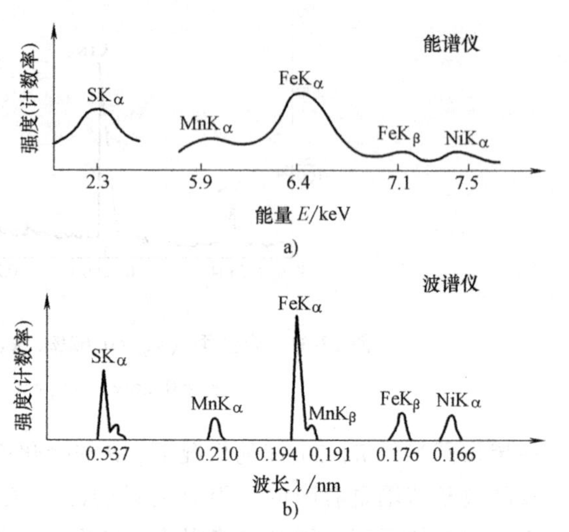

图 12-33 能谱仪和波谱仪的谱线比较

a) 能谱曲线 b) 波谱曲线

（二）能谱仪成分分析的特点

（1）优点 和波谱仪相比，能谱仪具有下列几方面的优点：

1）能谱仪探测 X 射线的效率高，因为 Si(Li) 探头可以安放在比较接近样品的位置，因此它对 X 射线源所张的立体角很大，X 射线信号直接由探头收集，不必通过分光晶体衍射。能谱仪中的 Si(Li) 晶体对 X 射线的检测效率比波谱仪高一个数量级。

2）能谱仪可在同一时间内对分析点内所有元素 X 射线光子的能量进行测定和计数，在几分钟内可得到定性分析结果，而波谱仪只能逐个测量每种元素的特征波长。

3）能谱仪的结构比波谱仪简单，没有机械传动部分，因此稳定性和重复性都很好。

4）能谱仪不必聚焦，因此对样品表面没有特殊要求，适合于粗糙表面的分析工作。

（2）缺点 能谱仪仍有它自己的不足之处，表现为以下几点：

1）能谱仪的分辨率比波谱仪低，由图 12-33b 和图 12-33a 比较可以看出，能谱仪给出的波峰比较宽，容易重叠。在一般情况下，Si(Li) 检测器的能量分辨率约为 130eV，而波谱仪的能量分辨率可达 5~10eV。

2）能谱仪中因 Si(Li) 检测器的铍窗口限制了超轻元素 X 射线的测量，目前可以分析原子序数大于 5(B) 的元素，但轻元素的分析信号检测困难，分析精度低。而波谱仪可测定原子序数从 4 到 92 之间的所有元素。

3）能谱仪的 Si(Li) 探头必须保持在低温状态，因此必须时时冷却。

第七节 电子探针仪的分析方法及应用

一、定性分析

1. 定点分析

将电子束固定在需要分析的微区上，用波谱仪分析时可改变分光晶体和探测器的位置，即可得到分析点的 X 射线谱线；若用能谱仪分析时，几分钟内即可直接从荧光屏（或计算机）上得到微区内全部元素的谱线（图 12-33）。由 X 射线图谱中特征 X 射线的波长（或能量）确定分析点所含元素的种类，为物相鉴定提供了依据。图 12-34 所示为 $ZrO_2(Y_2O_3)$ 陶瓷析出相与基体的定点成分分析结果，可见析出相（t 相）Y_2O_3 含量低，而基体（c 相）Y_2O_3 含量高，这和相图是相符合的。

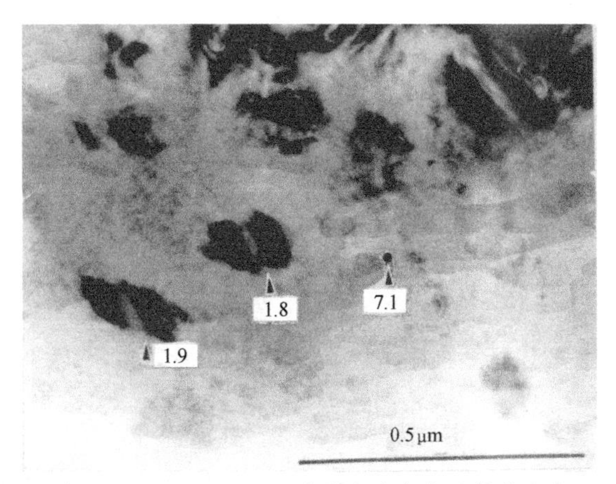

图 12-34　$ZrO_2(Y_2O_3)$ 陶瓷析出相与基体的定点成分分析（图中数字为 Y_2O_3 的摩尔分数）

2. 线分析

将谱仪（波谱仪或能谱仪）固定在接收所要测量的某一元素特征 X 射线信号（波长或能量）的位置上，使电子束沿着指定的路径做直线轨迹扫描，便可得到这一元素沿该直线的含量分布曲线。改变谱仪的位置，便可得到另一元素的含量分布曲线。线分析主要用于分析界面处的元素扩散。图 12-35 所示为铸铁中硫化锰夹杂物的线扫描分析结果。从图中可以清楚地看到，在夹杂物中 S 和 Mn 的含量远高于基体。

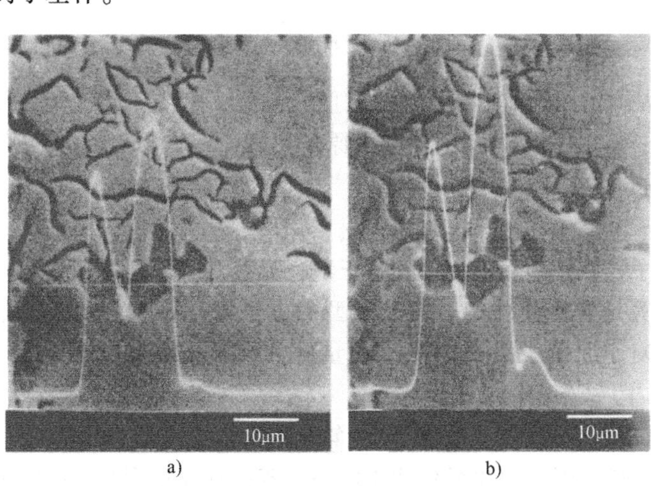

图 12-35　铸铁中硫化锰夹杂物的线扫描分析

a）S 的线分析　b）Mn 的线分析

3. 面分析

电子束在样品表面做光栅扫描时，把 X 射线谱仪（波谱仪或能谱仪）固定在接收某一元素特征 X 射线信号的位置上，此时在荧光屏上便可得到该元素的面分布图像。实际上，这也是扫描电子显微镜内用特征 X 射线调制图像的一种方法。图像中的亮区表示这种元素的含量较高。若把谱仪的位置固定在另一位置，则可获得另一种元素的含量分布图像。面分析主要用于分析合金的成分偏聚，或用于显示相（非同素异构）的形状、尺寸和分布。图 12-36 所示为 $ZnO-Bi_2O_3$ 陶瓷试样烧结自然表面的面分布成分分析结果，可以看出 Bi 在晶界上有严重偏聚。

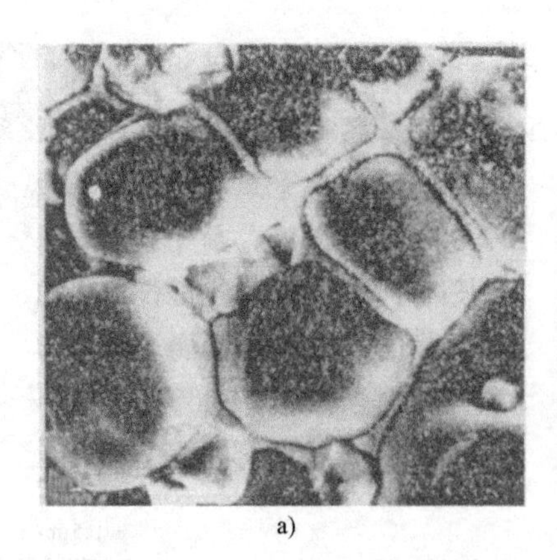
a)

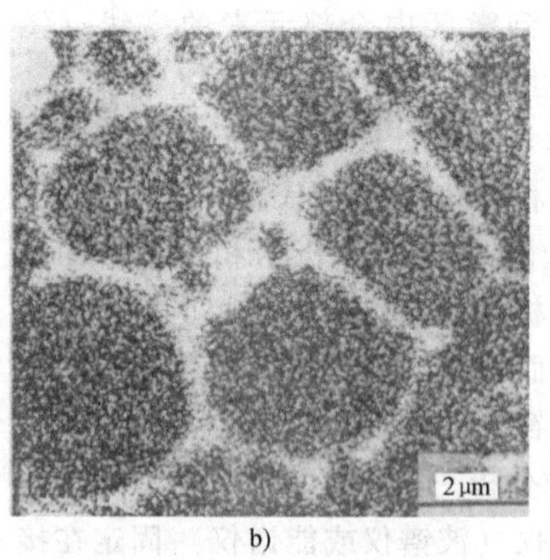

b)

图 12-36 ZnO-Bi_2O_3 陶瓷试样烧结自然表面的面分布成分分析

a）形貌像 b）Bi 元素的 X 射线面分布像

二、定量分析简介

定量分析时先测出试样中 Y 元素的 X 射线强度 I'_y，再在同样条件下测定纯 Y 元素的 X 射线强度 I'_{y0}，然后二者分别扣除背底和计数器时间对所测值的影响，得到相应的强度值 I_y 和 I_{y0}，二者相比即可得到强度比 K_y

$$K_y = \frac{I_y}{I_{y0}}$$

在理想情况下，K_y 就是试样中 Y 元素的质量分数 w_y。但是，由于标准试样不可能做到绝对纯以及绝对平均，一般情况下，还要考虑原子序数、吸收和二次荧光的影响，因此，w_y 和 K_y 之间还存在一定的差别，故有

$$w_y = ZAFK_y$$

式中，Z 为原子序数修正项；A 为吸收修正项；F 为二次荧光修正项。

定量分析计算是非常烦琐的，但是新型的电子探针都带有计算机，计算的速度可以很快。一般情况下对于原子序数大于 10、质量分数大于 10%的元素来说，修正后的含量误差可限定在±5%之内。

用电子探针做微区分析时，所激发的作用体积大小不过 $10\mu m^3$ 左右。如果分析物质的密度为 $10g/cm^3$，则分析区的质量仅为 $10^{-10}g$。若探针仪的灵敏度为万分之一，则分析绝对质量可达 $10^{-14}g$，因此电子探针是一种微区分析仪器。

习 题

1. 扫描电子显微镜的分辨率受哪些因素影响？用不同的信号成像时，其分辨率有何不同？所谓扫描电子显微镜的分辨率是指用何种信号成像时的分辨率？
2. 扫描电子显微镜的成像原理与透射电子显微镜有何不同？
3. 二次电子像和背散射电子像在显示表面形貌衬度时有何相同与不同之处？
4. 说明背散射电子像和吸收电子像的原子序数衬度形成原理，并举例说明在分析样品中元素分布的应用。
5. 当电子束入射重元素和轻元素时，其作用体积有何不同？各自产生的信号的分辨率有何特点？
6. 二次电子像景深很大，样品凹坑底部都能清楚地显示出来，从而使图像的立体感很强，其原因何在？

7. 电子探针仪与扫描电子显微镜有何异同？电子探针仪如何与扫描电子显微镜和透射电子显微镜配合进行组织结构与微区化学成分的同位分析？

8. 波谱仪和能谱仪各有什么优缺点？

9. 直进式波谱仪和回转式波谱仪各有什么优缺点？

10. 要分析钢中碳化物成分和基体中碳含量，应选用哪种电子探针仪？为什么？

11. 要在观察断口形貌的同时，分析断口上粒状夹杂物的化学成分，选用什么仪器？用怎样的操作方式进行具体分析？

12. 举例说明电子探针的三种工作方式（点、线、面）在显微成分分析中的应用。

第十三章　电子背散射衍射分析技术

第一节　概　　述

前已述及，测定材料晶体结构及晶体取向的传统方法主要是X射线衍射和透射电子显微镜中的电子衍射。采用X射线衍射技术可获得材料晶体结构及取向的宏观统计信息，但不能将这些信息与材料的微观组织形貌相对应；而采用透射电子显微镜将电子衍射和衍衬分析相结合，可以实现材料微观组织形貌观察和晶体结构及取向分析的微区对应，但获取的信息往往是微区的、局部的，难以进行具有宏观意义的统计分析。

电子背散射衍射(EBSD)开始于20世纪80年代，该技术是以扫描电子显微镜为基础的新技术。通过此技术可以观察到样品的显微组织结构，同时获得晶体学数据，并进行数据分析。这种技术兼备了X射线衍射统计分析和透射电子显微镜电子衍射微区分析的特点，是X射线衍射和电子衍射晶体结构和晶体取向分析的补充。电子背散射衍射技术已成为研究材料形变、回复和再结晶过程的有效分析手段，特别是在微区织构分析方面已发展成为一种新的方法。

EBSD的发展大致经过以下几个阶段：①1928年，日本学者Kikuchi在透射电子显微镜中第一次发现了带状电子衍射花样，花样由遵循一定晶带分布规律的亮带所组成，亮带的宽度同所属晶面的布拉格角成正比，在扫描电子显微镜的背散射电子衍射中同样发现了这种电子衍射花样，称为背散射电子衍射花样。由于这种花样状似菊池花样，故又称为菊池花样；②1972年，Venables和Harland在扫描电子显微镜中，借助于直径为30cm的荧光屏和一台闭路电视，得到了背散射电子衍射花样；③20世纪80年代后期，Dingley把荧光屏和电视摄像机组合到一起，组成了EBSD的前身，并以此得到了晶体取向的分布图，之后应用计算机标定取向，并成功地将EBSD技术商品化；④20世纪90年代初，在人工手动确定菊池带的基础上，人们先后成功研究出自动计算取向、有效图像处理以及自动逐点扫描技术来确定菊池带位置和类型（包括Hough变换利用成功、1992年OIM^{TM}注册商标化、ACOM的出现）；⑤20世纪90年代后期，能谱分析和EBSD分析的有效结合使相鉴定更加有效和准确；⑥2000年以后，EBSD标定速度的大幅提升，加快了EBSD的发展和推广。

第二节　电子背散射衍射技术相关晶体学取向基础

一、晶界类型

二维点阵中晶界位置可用两个晶粒的位向差θ和晶界相对于一个点阵某一平面的夹角φ来确定。根据相邻晶粒之间位向差θ角的大小不同可将晶界分为两类：

（1）小角度晶界　相邻晶粒的位向差小于10°的晶界，亚晶界均属小角度晶界，一般小于2°。

（2）大角度晶界　相邻晶粒的位向差大于10°的晶界，多晶体中90%以上的晶界属于此类。

按照相邻两晶粒间位向差的形式不同，小角度晶界可分为倾斜晶界、扭转晶界和重合晶界等，它们的结构可用下面相应的模型来描述。

1）对称倾斜晶界。对称倾斜晶界可看作是把晶界两侧晶体互相倾斜的结果。由于相邻两晶粒的位向差 θ 角很小，其晶界可看成是由一列平行的刃型位错所构成，如图 13-1 所示。

2）不对称倾斜晶界。以简单立方结构为例，如果倾斜晶界不是接近（100）面，如界面绕 x 轴转了一角度 Φ，则此时两晶粒之间的位向差仍为 θ 角，但此时晶界的界面对于两个晶粒是不对称的，故称为不对称倾斜晶界。它有两个自由度 θ 和 Φ。该晶界结构可看成由两组柏氏矢量相互垂直的刃型位错交错排列而构成，如图 13-2 所示。

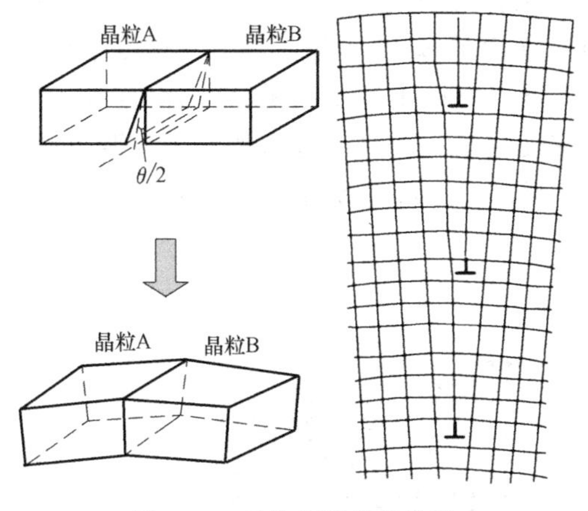

图 13-1　对称倾斜晶界构造

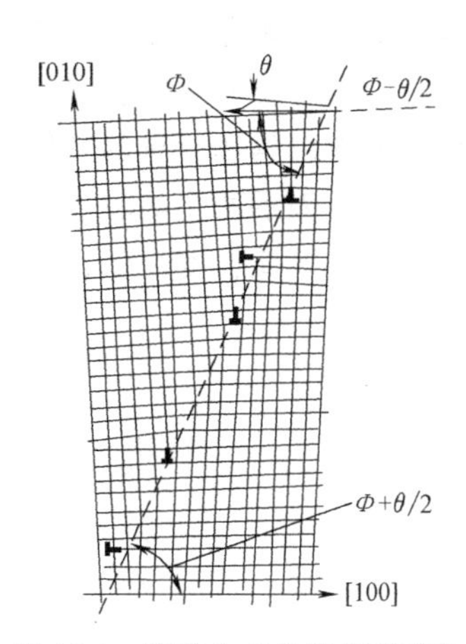

图 13-2　简单立方点阵的不对称

3）扭转晶界。它可看成是两部分晶体绕某一轴在一个共同的晶面上相对扭转一个 θ 角所构成，扭转轴垂直于这一共同的晶面。该晶界的结构可看成是由互相交叉的螺型位错所组成，如图 13-3 所示。

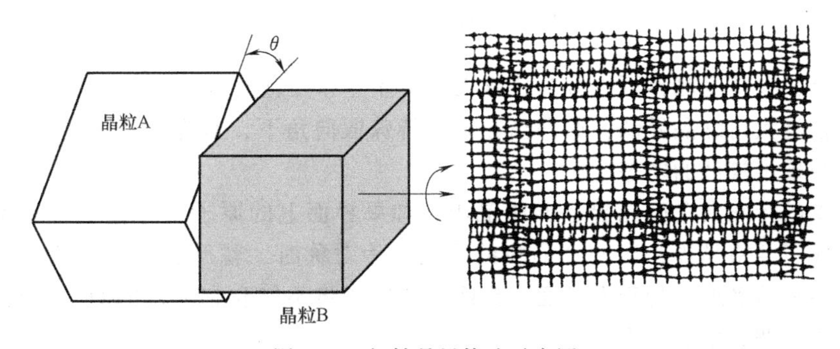

图 13-3　扭转晶界构造示意图

扭转晶界和倾斜晶界均是小角度晶界的简单情况，不同之处在于倾斜晶界形成时，转轴在晶界内；扭转晶界的转轴则垂直于晶界。一般情况下，小角度晶界都可看成是两部分晶体绕某一轴旋转一角度而形成的，只不过其转轴既不平行于晶界也不垂直于晶界。对于这样的小角度晶界，可看作是由一系列刃型位错、螺型位错或混合型位错的网络所构成。

早期的大角度晶界模型是皂泡模型，有人认为晶界由3~4个原子间距厚的区域组成，晶界层内原子排列较差，具有比较松散的结构，原子间的键被打断或被严重扭曲，具有较高的界面能量。此外，早期也曾提出另外两种模型：一是过冷液体模型，认为晶界层中的原子排列接近于过冷液体或非晶态物质，在应力的作用下可引起黏性流动，但发现只有认为晶界层很薄(不超过两三个原子厚度)时才符合实验结果；二是小岛模型，认为晶界中存在着原子排列匹配良好的岛屿，散布在排列匹配不好的区域中，这些岛屿的直径约数个原子间距，用小岛模型同样也能解释晶界滑动的现象。

当前，重合位置点阵模型受到大多数研究者的认可，如图13-4所示。该点阵描述如下：以简单立方点阵为例，图13-4所示两个相邻晶粒A和B的取向关系，相当于晶粒B沿着晶粒A的[100]轴旋转28.1°，想象从晶粒A经过晶界向晶粒B延伸，就会发现某些原子发生有规律的重合现象，如图中的重合点(方框连接)。这些重合原子组成了更大的晶体点阵，通常称为重合位置点阵，采用Σ来描述，如Σ17表示每17个原子即有一个是重合位置。显然由于晶体结构和所选的转轴及转动的角度不同，可以出现不同重合位置密度的重合点阵。Σ值越小，表示两个晶粒点阵的相符阵点的密度越高，晶界上越多的原子为两个晶粒所有，原子排列的畸变程度越低，晶界能相应越低；反之，表示密度越低，畸变程度越高，晶界能越高。

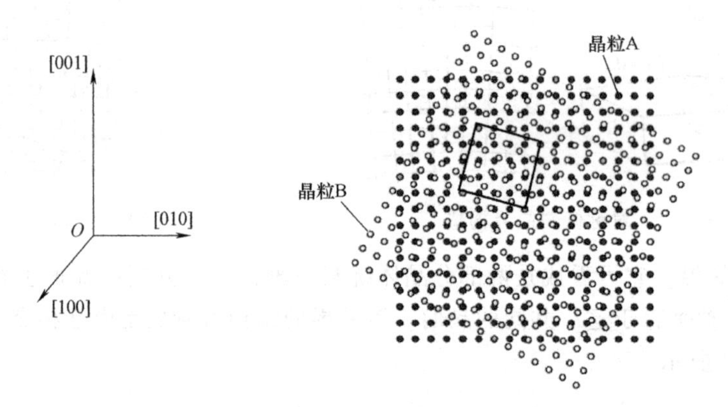

图13-4 重合位置点阵构造示意图

理论上，大角度晶界可以分为特殊大角度晶界和任意大角度晶界两类。特殊大角度晶界的能量比任意大角度晶界低，亦即当在某些特殊取向角下，晶界上相邻的点阵匹配得较好，此时晶界表现出较低的能态。

最简单的特殊大角度晶界是共格晶界。如果界面上的原子正好位于两晶体的晶格结点上，就形成了共格晶界；当两个晶粒的取向互为对称时，就形成了共格孪晶界。对于孪晶界，如果不是精确地平行于孪晶面，界面上的原子将不能和它邻接的两个晶粒很好地匹配，这种界面称为非共格孪晶界。

二、相界面

如果界面相邻两侧晶粒不仅取向不同，而且结构或成分也不同，即它们代表不同的两个相，其间界称为相界。按照原子在界面上排列的不同，可以把相界分成三种类型。第一种是共格相界，界面上的原子同时处于两个相晶格点阵的结点上，显然这时界面两侧的两相必须具有特殊取向关系，而且为了保持界面上的共格，还经常在周围伴随着晶格畸变。均匀合金脱溶分解初期形成的新相，或两相点阵常数相近，或晶体结构相同时，往往具有共格界面。与此情况相反，完全没有共格关系的界面称为非共格相界，为第二种。第三种是借助于位错才维持其共格性的界面，称为部分共格相界。部分共格界面在马氏体转变及外延生长晶体中较常见。晶体表面也可以看作是一种特殊相界面。在表面上的原子，其相邻原子数比晶体内部少，相当于一部分结合键被折断，因而有较高的能量，产生了表面能。与晶界能相比，表面能数值更大些。

三、晶体取向坐标建立

单晶体在不同的晶体学方向上，其力学、电学、光学、耐腐蚀、磁学甚至核物理等方面的性能会表现出显著差异，这种现象称为各向异性。多晶体是许多单晶体的集合，如果晶粒数目大且各晶粒的排列是完全无规则的统计均匀分布，即在不同方向上取向概率相同，则这种多晶集合体在不同方向上就会宏观地表现出各种性能相同的现象，称为各向同性。

然而多晶体在其形成过程中，由于受到外界的力、热、电、磁等各种不同条件的影响，或在形成后受到不同加工工艺的影响，多晶集合体中的各晶粒就会沿着某些方向排列，呈现出或多或少的统计不均匀分布，即出现在某些方向上聚集排列，因而在这些方向上出现取向概率增大的现象，这种现象称为择优取向。这种组织结构及规则聚集排列状态类似于天然纤维或织物的结构和纹理，故称之为织构。织构测定在材料研究中有重要作用。晶体取向的描述和表征首先必须建立在一定的位置坐标范畴。

设一个空间样品坐标系，由轧板的 RD（Rolling Direction，轧向）、TD（Transverse Direction，侧向或横向）和 ND（Nomal Direction，法向）构成，三个方向互相垂直。同时再设一个晶体坐标系，以简单立方晶体为例，由 3 个互相垂直的晶轴[100]、[010]和[001]组成，如图 13-5 所示。

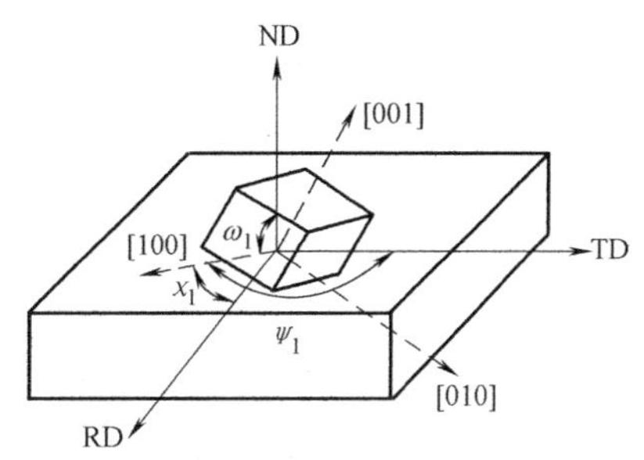

图 13-5　样品坐标系和晶体坐标系各轴相互间的位置关系

取向的含义是两个坐标系即样品坐标系和晶体坐标系各轴相互间的位置关系，这种位置关系可以用相互之间的夹角表示。以[100]为例，假设晶体坐标系的[100]和样品坐标系的 RD、TD 和 ND 轴之间的夹角分别为χ_1、ψ_1、ω_1；同理设晶体坐标系的[010]和样品坐标系的 RD、TD 和 ND 轴之间的夹角分别为χ_2、ψ_2、ω_2；晶体坐标系的[001]和样品坐标系的 RD、TD 和 ND 轴之间的夹角分别为χ_3、ψ_3、ω_3。显然χ_1、χ_2 和χ_3就是样品坐标系的 RD 轴和晶体坐标系的[100]、[010]和[001]之间的夹角；ψ_1、ψ_2 和 ψ_3 就是样品坐标系的 TD 轴和晶体坐标系的[100]、[010]和[001]之间的夹角；ω_1、ω_2 和 ω_3 就是样品坐标系的 ND 轴和晶体坐标系的[100]、[010]和[001]之间的夹角。

样品坐标系和晶体坐标系的夹角关系可以用余弦来表示，由此可以构建一个方向余弦矩阵

$$\boldsymbol{g}=\begin{pmatrix}\cos\chi_1 & \cos\psi_1 & \cos\omega_1\\ \cos\chi_2 & \cos\psi_2 & \cos\omega_2\\ \cos\chi_3 & \cos\psi_3 & \cos\omega_3\end{pmatrix} \tag{13-1}$$

可以证明该矩阵为正交矩阵。9 个分量中只有 3 个是独立的。也就是说只需要三个独立的参

数就可以确定晶体的取向。但是采用这种夹角的方法来反映取向比较复杂和烦琐，不清晰，为此可以通过晶体旋转的角度来构建晶体取向特征。

这里所谓的旋转表示法就是采用欧拉角来描述的，如图 13-6 所示。假设晶体坐标系的[001]和样品坐标系的 ND 重合，晶体坐标系的[100]和样品坐标系的 RD 重合，晶体坐标系的[010]和样品坐标系的 TD 重合，如图 13-6a 所示。首先绕晶体坐标系的[001]轴旋转 φ_1，那么[001]晶轴未发生偏转，而[010]和[100]晶轴在(001)面上分别发生角度为 φ_1 的偏转，如图 13-6b 所示。接着再以旋转后的晶体坐标系[100]方向旋转 Φ，此时[100]并未发生偏转，而[010]和[001]分别发生角度为 Φ 的偏转，如图 13-6c 所示。最后再以转动后的晶体坐标系的[001]晶轴转动 φ_2，此时[001]晶轴并未发生偏转，而[100]和[010]晶轴分别在以前的偏转基础上进一步发生角度为 φ_2 的偏转，如图 13-6d 所示。经过三个独立的旋转操作之后，晶体坐标系和样品坐标系之间的位置关系发生变化，这种变化可以由三个独立的旋转角度 φ_1、Φ 和 φ_2 来确定，称为欧拉角。

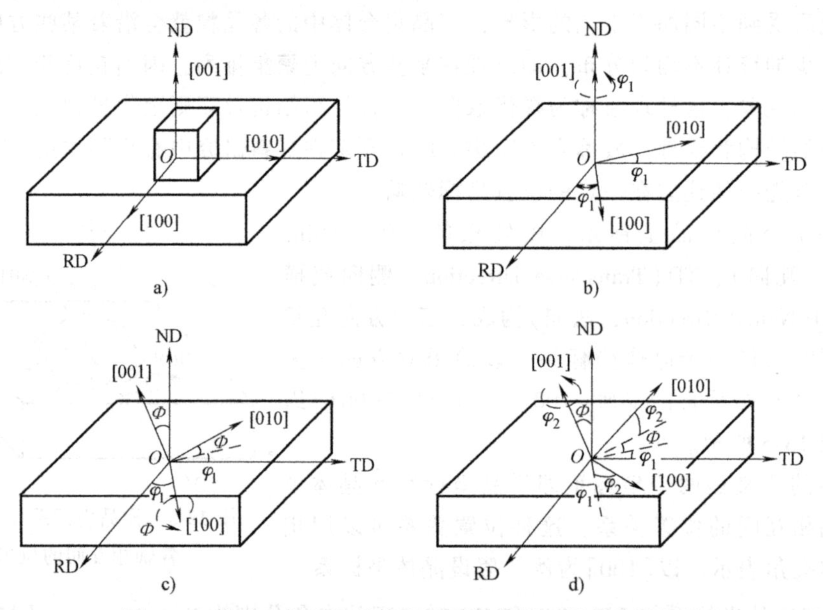

图 13-6 样品坐标系和晶体坐标系各轴相互间的位置关系

四、晶体取向数字表示方法及换算

晶体取向的数字表示方法主要涉及指数法、矩阵法、欧拉角及角轴对四种方法。

(1) 指数法(hkl)[uvw] 它表示晶胞(hkl)面平行于轧板的轧面，[uvw]方向平行于轧向。这样就确定了晶体的坐标系与样品坐标系之间的关系。

(2) 矩阵法 如

$$\boldsymbol{g}=\begin{pmatrix}\cos\chi_1 & \cos\psi_1 & \cos\omega_1\\ \cos\chi_2 & \cos\psi_2 & \cos\omega_2\\ \cos\chi_3 & \cos\psi_3 & \cos\omega_3\end{pmatrix}$$

矩阵中，列矢量分别是样品坐标系 RD、TD 和 ND 在晶体坐标系[100]、[010]和[001]上的投影；行矢量分别是晶体坐标系[100]、[010]和[001]在样品坐标系 RD、TD 和 ND 上的投影。

（3）欧拉角及欧拉空间　由于φ_1、Φ和φ_2是三个独立的变量，用它就可以描述晶体的取向特征。同时以这三个变量为坐标可以构成一个取向空间坐标系，称为欧拉空间。一般情况下，φ_1、Φ和φ_2的取值为$0\sim2\pi$。由于晶体的对称性，有时$0\sim\pi/2$的取值范围即可表示晶体的取向，比如立方晶系。如图13-7a所示晶粒A、B、C和D相对于样品坐标系RD-TD-ND存在多个取向，分别用欧拉角表示：晶粒A（φ_{1A}、Φ_A和φ_{2A}）、晶粒B（φ_{1B}、Φ_B和φ_{2B}）、晶粒C（φ_{1C}、Φ_C和φ_{2C}）和晶粒D（φ_{1D}、Φ_D和φ_{2D}）。那么晶粒的取向欧拉角就可以表示在一个由φ_1、Φ和φ_2构成的坐标系中，如图13-7b所示晶粒A的表示方法。同理可以将晶粒B、C和D的取向表示在欧拉空间中。反过来说，欧拉空间中的任何一点都代表了一种晶体取向。欧拉空间实质也是空间坐标体系，但和传统的矢量坐标体系相比，理解起来相对抽象。

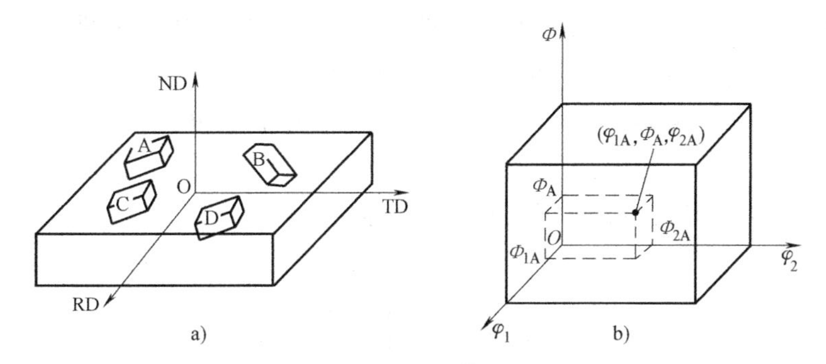

图13-7　样品坐标系和晶体取向及欧拉空间

（4）角轴对$\theta[r_1, r_2, r_3]$　它表示晶体坐标系的[100]-[010]-[001]沿自己的$[r_1, r_2, r_3]$轴转动θ后将与样品坐标系重合。

在实际测试分析中，指数表示法和欧拉角互换是常常发生的。前面说到(*hkl*)[*uvw*]，它表示晶胞（*hkl*）面平行于轧板的轧面，[*uvw*]方向平行于轧向。描述晶体取向时应用到了三个晶轴[100]、[010]、[001]。此外，这种晶体取向也可以用某一晶面(*hkl*)的法线、晶面上的某一晶向[*uvw*]，以及和[*uvw*]垂直的另一方向[*xyz*]在样品坐标系中的取向来表示。这里[*xyz*]=[*hkl*]×[*uvw*]。这样构成一个标准正交矩阵，可以这样理解，普通3个晶轴转化为晶体任意3个相互垂直的方向[*xyz*]、[*hkl*]、[*uvw*]时，需要经过一个变换，这个变换可以用一个矩阵来表示

$$\boldsymbol{g}_1=\begin{pmatrix}u & x & h\\ v & y & k\\ w & z & l\end{pmatrix}\tag{13-2}$$

矩阵中的x、y、z、h、k、l、u、v、w为归一化的数值，不是原始的晶向数值。

前面说到取向可以用矩阵来表示，晶体经过欧拉角旋转之后，晶体取向可以通过矩阵来计算

$$\boldsymbol{g}_2=\begin{pmatrix}\cos\varphi_2 & \sin\varphi_2 & 0\\ -\sin\varphi_2 & \cos\varphi_2 & 0\\ 0 & 0 & 1\end{pmatrix}\begin{pmatrix}1 & 0 & 0\\ 0 & \cos\Phi & \sin\Phi\\ 0 & -\sin\Phi & \cos\Phi\end{pmatrix}\begin{pmatrix}\cos\varphi_1 & \sin\varphi_1 & 0\\ -\sin\varphi_1 & \cos\varphi_1 & 0\\ 0 & 0 & 1\end{pmatrix}=$$

$$\begin{pmatrix} \cos\varphi_1\cos\varphi_2-\sin\varphi_1\sin\varphi_2\cos\Phi & \sin\varphi_1\cos\varphi_2+\cos\varphi_1\sin\varphi_2\cos\Phi & \sin\varphi_2\sin\Phi \\ -\cos\varphi_1\sin\varphi_2-\sin\varphi_1\cos\varphi_2\cos\Phi & -\sin\varphi_1\sin\varphi_2+\cos\varphi_1\cos\varphi_2\cos\Phi & \cos\varphi_2\sin\Phi \\ \sin\varphi_1\sin\Phi & -\cos\varphi_1\sin\Phi & \cos\Phi \end{pmatrix} \tag{13-3}$$

那么根据上面的叙述，三个晶轴如[100]-[010]-[001]经过$\boldsymbol{g}_1$变换之后形成了新的三个互相垂直的坐标体系。从另外一个角度来讲，三个晶轴如[100]-[010]-[001]经过欧拉角旋转形成同样的新取向时，有

$$\boldsymbol{g}_1=\begin{pmatrix} u & x & h \\ v & y & k \\ w & z & l \end{pmatrix}=\boldsymbol{g}_2=$$

$$\begin{pmatrix} \cos\varphi_1\cos\varphi_2-\sin\varphi_1\sin\varphi_2\cos\Phi & \sin\varphi_1\cos\varphi_2+\cos\varphi_1\sin\varphi_2\cos\Phi & \sin\varphi_2\sin\Phi \\ -\cos\varphi_1\sin\varphi_2-\sin\varphi_1\cos\varphi_2\cos\Phi & -\sin\varphi_1\sin\varphi_2+\cos\varphi_1\cos\varphi_2\cos\Phi & \cos\varphi_2\sin\Phi \\ \sin\varphi_1\sin\Phi & -\cos\varphi_1\sin\Phi & \cos\Phi \end{pmatrix} \tag{13-4}$$

那么指数和欧拉角的换算就可以通过以上等式求解

$$\Phi=\arccos l \tag{13-5}$$

$$\varphi_2=\arccos\left(\frac{k}{\sqrt{h^2+k^2}}\right) \tag{13-6}$$

$$\varphi_1=\arcsin\left(\frac{w}{h^2+k^2}\right) \tag{13-7}$$

关于角轴对θ/r数据与取向矩阵及指数的换算请参考其他专门的书籍。

五、晶体取向图像表示法

多晶体的晶体取向可以用极图、反极图及三维取向分布函数(ODF)表示。和传统的X射线研究晶体取向比较，EBSD可以将取向和显微组织结构结合起来，比如可以确定某个晶粒在极图中的位置，而X射线衍射无法做到这一点。极图描述了某一取向晶粒的某一选定晶面{*hkl*}在样品坐标系方向的极射赤面投影图上的图形。

(1) 极图的构造　如图13-8所示，一个简单立方晶粒的取向的{100}极图表示法如下所述：将晶胞置于样品坐标系的中心，样品坐标系为RD-TD-ND。通过晶体的三个轴方向[100]、[001]和[010]与样品坐标系的关系来确定晶体的取向。以[100]方向为例，[100]轴延长就会与由RD-TD-ND构成的球形空间表面相交于*A*点(图13-8a)。连接*A*点和球形空间的底端*B*点(ND反延长线与球形空间的交点)，从而与RD和TD构成的极射赤面相交于*C*点(图13-8b)，*C*点就是[100]极点。同理可以求出其他两个点，从而确定晶体在样品坐标系中的取向。

在数学上表达取向时，通常采用α表示极轴$\boldsymbol{r}(OA)$与ND的夹角(图13-8b)，β是极轴$\boldsymbol{r}$在RD-TD平面的投影线，如*OD*与RD的夹角(图13-8c)，$\boldsymbol{r}$可以表示为

$$\boldsymbol{r}=\sin\alpha\cos\beta\boldsymbol{k}_1+\sin\alpha\sin\beta\boldsymbol{k}_2+\cos\alpha\boldsymbol{k}_3 \tag{13-8}$$

式中，$\boldsymbol{k}_1$、$\boldsymbol{k}_2$、$\boldsymbol{k}_3$分别为RD、TD、ND方向的单位矢量。

此时表示极射赤面上的点可以用确切的数学表达式来确定。那么晶体在样品坐标系中的

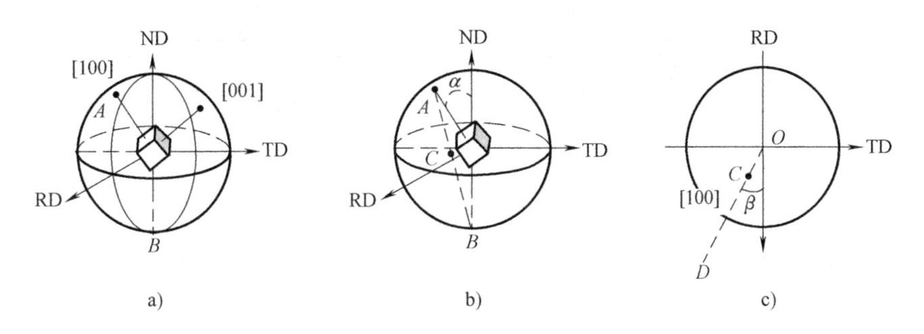

图 13-8　极图的表示示意图

取向就完全确定了。

当然 $\boldsymbol{r}$ 也可以用晶体坐标(x, y, z)和取向矩阵 $\boldsymbol{g}$ 表示

$$\boldsymbol{r}=\begin{pmatrix}\sin\alpha\cos\beta\\ \sin\alpha\sin\beta\\ \cos\alpha\end{pmatrix}=\begin{pmatrix}u & v & w\\ \chi & \psi & \omega\\ h & k & l\end{pmatrix}\cdot\begin{pmatrix}x\\ y\\ z\end{pmatrix} \tag{13-9}$$

图 13-9 所示为面心立方镍的{001}极图（见插页），描述了各个镍晶粒的[001]晶向在样品坐标系中的位置。根据前面表述，图 13-9a 中这些点表示所有镍晶粒的[001]晶轴在极射赤面形成的极点。这些点是离散的点，不太容易反映镍晶粒的取向特征。如果有两个或者三个及更多晶粒的[001]取向是一样的，那么则会形成同一个点。反过来说，在这种情况下，人们无法区分在极射赤面上的每一个点究竟由几个晶粒投影形成。因此引入了极密度分布概念，类似地理的等高线以及物理的等温线，如图 13-9b 所示，可以描述该区域取向的强度。颜色越红表示此处取向的强度越高。从图 13-9b 中可见，镍的[001]晶向聚集在极射赤面的某些位置，而不是均匀地分布，因此这里镍具有[001]取向。

（2）反极图的构造　假设有两个简单立方晶粒，各晶粒都有自己的晶体学坐标[100]-[010]-[001]，此时该晶粒又处于外在的样品坐标系 RD-TD-ND 中。如图 13-10a、b 所示，对于晶粒 A 而言，假设 RD 方向平行于晶粒 A 的[010]晶向，设为 RD^a。对于晶粒 B 而言，假设 RD 方向平行于晶粒 B 的[111]方向，设为 RD^b。设想将晶粒 A 和 B 都转动成图 13-10c 和 d 所示的方位，此时 RD^a 和 RD^b 也会随之转动。将转动后的晶粒 A 和 B 放入晶体学坐标[100]-[010]-[001]构成的空间球形的中心位置，用类似极图的方法可以把 RD^a 和 RD^b 在球面的交点 A 和 C 找到，如图 13-10e 所示，同时连接交点和底端 B 点找到该连线和极射赤面的交点。这里 A 点既是 RD^a 和球面的交点，也是 BA 线段和极射赤面的交点。线段 BC 和极射赤面交于 D 点，如图 13-10e 所示。刚才只是列举了两个晶粒，对于大量的晶粒，RD 都会对应每个晶粒存在一个晶体学方向与之平行。这每一个晶粒对应的 RD 都可以在极射赤面上投影，形成大量的极点，如图 13-10f 所示。

考虑到晶粒是一个单晶，其晶体坐标系具有对称性，因此只用很小的一个极射赤面区域就可以描述这些 RD 在极射赤面上所在的位置。如简单立方采用了<001>-<101>-<111>三角图形，该图形称之为反极图，如图 13-10f 所示。图像上的点描述了外在样品坐标系，如 RD 在晶体坐标系中的位置，如图 13-10f 中所示点表示外在的 RD 轧向处于晶粒的[111]方向，或者说 RD 轧向平行于晶体[111]方向，如果大量的晶粒对应的 RD 轧向都位于[111]方向，

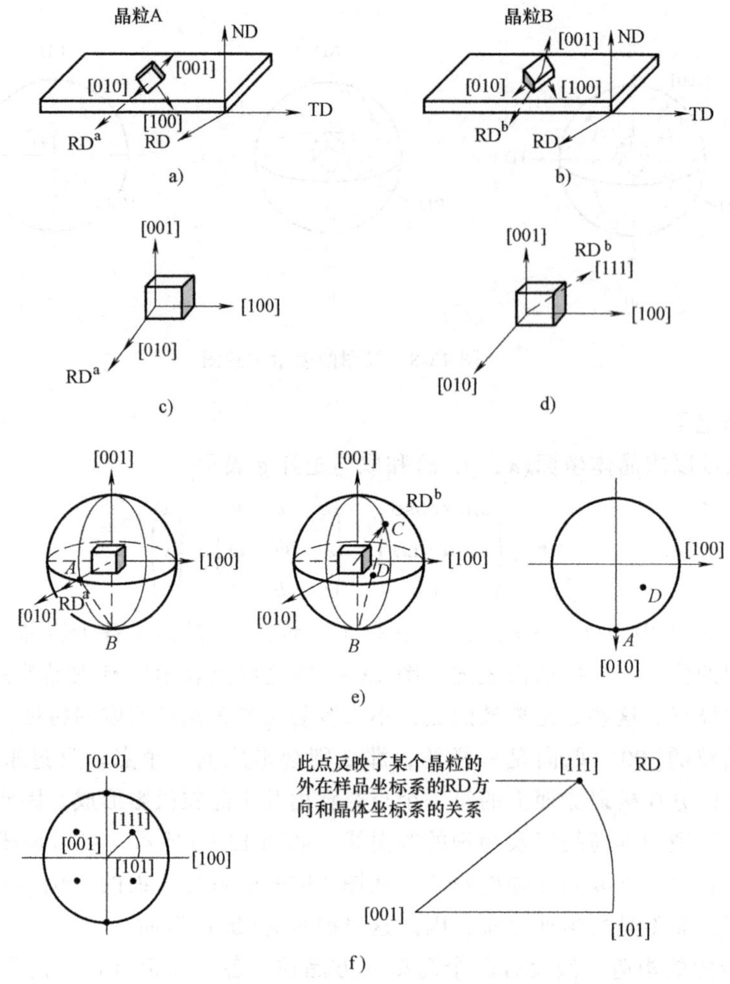

图 13-10 反极图的构造示意图

那么就可以说晶粒在[111]具有取向特征，其取向平行于 RD 轧向。反极图可以非常方便地判断晶体取向。

针对上面的镍，做了 ND、RD 和 TD 在<001>-<101>-<111>构成的三角极图中的分布，如图 13-11 所示（见插页），颜色越红表示此点取向程度越高。对于 RD 而言，RD 平行于大多数晶粒的[001]晶向，ND 和 TD 也有类似的特征，但强度更弱。此外，TD 还和[101]晶向有一定的平行关系。

（3）ODF 的构造 由于极图和反极图都是二维图形，采用它来反映三维空间的取向分布具有一定的局限性。而采用取向空间的 $g(\varphi_1, \Phi, \varphi_2)$ 的分布密度 $f(g)$ 则可以表示整个空间的取向分布，这称为空间取向分布函数(ODF)。ODF 是根据极图的极密度分布计算出来的，计算的方法是把极密度分布函数展开成球函数级数，相应地把空间取向分布函数展开成广义球函数的线性组合，建立极密度球函数展开系数和取向分布函数的广义球函数展开系数的关系，测量若干个极图，就可以计算出 ODF。

如前所述 ODF 呈现三维空间分布，如图 13-12a 所示(见插页)。在这个三维空间，大量的晶粒对应不同的欧拉角，如图 13-12b 所示（见插页)。通过计算获得在三维空间的取向分布函数，如图 13-12c 所示（见插页）。由于 ODF 呈现三维空间形态，因此使用不方便，所以，一般固定一个间距（如 5°或者 10°等），将角度 φ_2 划分成多个截面，如图 13-12 所示，分别研究每个截面上的取向分布。

图 13-13 所示为镍材料的 ODF 取向分布(见插页)。以 5°为间隔，研究每个 φ_2 对应的极图。φ_1 和 Φ 的变化范围分别为 0~90°。颜色越红，表示取向程度越高。通过该图，根据坐标也就是 φ_1、Φ 和 φ_2 的取值，可直接读出晶体的取向欧拉角，十分方便。

ODF 实质上是对离散的三维取向数据分布的一种拟合。下面举例来说明这种数据处理的方法。以一维数据点为例，假设一条线段 *AB* 上不同的位置分布着离散的取向点，如图 13-14a 所示，把线段平均分成 13 份，每个点用一个单位柱体表示，那么点的数目就可以合并，并通过柱状体的高度来表示，如图 13-14b 所示。这样一来，通过柱状图的高度进行数学拟合，就可以得到拟合曲线，如图 13-14c 所示。

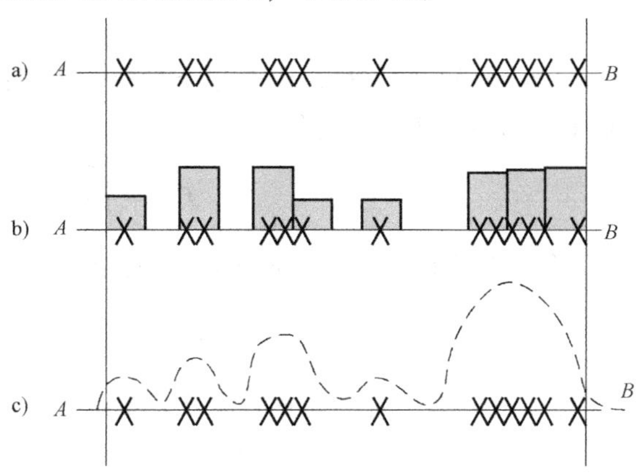

图 13-14　获取 ODF 函数的计算方法

根据统计学方法，取向分布函数 ODF 或者 $f(g)$ 是概率密度函数，描述了在一个多晶体一个指定取向 g_0 下，对应一个空间取向变化 Δg，在 Δg 内给定一个距离，能够发现一个取向具有 g 的晶粒的可能性，或者说是在取向为 g_0 处具有 Δg 变化的材料所占的体积分数，以上可以表达为

$$\frac{\Delta V_{(g_0+\Delta g)}}{V} = \oint_{g \in (g_0+\Delta g)} f(g)\,\mathrm{d}g \tag{13-10}$$

$f(g)$ 需要满足以下等式

$$\oint f(g)\,\mathrm{d}g = 1 \tag{13-11}$$

前面提到了 ODF 的计算方法涉及级数展开，就是谐波函数的应用。这种方法是 Bunge 提出来的，具体表述如下：

ODF 可以展开成一系列的普通球面谐波函数，即

$$f(g) = \sum_{l=0}^{\infty} \sum_{m=-l}^{l} \sum_{n=-l}^{l} C_l^{mn} T_l^{mn}(g) \tag{13-12}$$

式中，$T_l^{mn}(g)$ 是普通谐波函数，它可以通过下面的式子求解

$$T_l^{mn}(g(\varphi_1,\Phi,\varphi_2)) = \mathrm{e}^{\mathrm{i}m\varphi_2} P_l^{mn}(\Phi)\,\mathrm{e}^{\mathrm{i}n\varphi_1} \tag{13-13}$$

这里 $P_l^{mn}(g)$ 和勒让德函数有关

$$P_l^{mn}(\cos\Phi) = \frac{-1^{l-m}\mathrm{i}^{n-m}}{2^l(l-m)!}\sqrt{\frac{(l-m)!\ (l+n)!}{(l+m)!\ (l-n)!}}(1-\Phi)^{\frac{-m-n}{2}}\frac{\mathrm{d}^{l-n}}{\mathrm{d}\Phi^{l-m}}[(1-\Phi)^{l-m}(1+\Phi)^{l+m}] \tag{13-14}$$

如果考虑到晶体的对称性，那么级数展开就会变得相对简单一些，则 $f(g)$ 可以写为

$$f(g) = \sum_{l=0}^{\infty}\sum_{\mu=0}^{M(l)}\sum_{v=0}^{N(l)} C_l^{mn}\dot{T}_l^{\mu v}(g) \tag{13-15}$$

接下来是对系数 C 的求解

$$C_i^{\mu v} = (2l+1)\frac{\sum_{i=1}^{N} V_i \dot{T}_l^{\mu v}(g_i)}{\sum_{i=1}^{N} V_i} \tag{13-16}$$

式中，N 为晶粒的数目；V_i 为单个晶粒的体积；g_i 为该晶粒的取向。应用单晶取向测试法，式(13-16)可以进一步简化为

$$C_i^{\mu v} = \frac{(2l+1)}{N}\sum_{i=1}^{N}\dot{T}_l^{\mu v}(g_i) \tag{13-17}$$

为了计算上式，将高斯分布函数引入其中

$$C_i^{\mu v} = \frac{(2l+1)}{N}\sum_{i=1}^{N}K\dot{T}_l^{\mu v}(g_i) \tag{13-18}$$

式中，K 是具有一定半高宽的高斯分布函数

$$K = \frac{\exp(-l^2\omega^2/4) - \exp(-(l+1^2)\omega^2/4)}{1-\exp(-\omega^2/4)} \tag{13-19}$$

根据上面的等式，最终可以求解 $f(g)$。

第三节　电子背散射衍射技术硬件系统

一、硬件系统整体布局示意

EBSD 分析系统如图 13-15 所示。整个系统由以下几部分构成：样品、电子束系统、样品台系统、SEM 控制器、计算机系统、高灵敏度的 CCD 相机、图像处理器等。首先，样品放置在经过 70°倾转之后的样品台上，样品倾斜放置的目的是提高衍射强度。在计算机系统和 SEM 控制器的控制下，施加电子束，电子束与样品相互作用产生散射，其中一部分背散射电子入射到某些晶面，因满足布拉格条件而发生再次弹性相干散射即菊池衍射，出射到样品表面外的背散射电子到达 CCD 相机前端的荧光屏上显像，形成背散射电子衍射花样，被 CCD 相机拍摄的衍射花样由数据采集系统扣除背底并经过 Hough 变换，自动识别进行标定，其过程简单叙述如下：计算机自动确定菊池带的位置、宽度、强度、带间夹角，和计算机中晶体学数据库中的标准值比较，从而确定晶体晶面指数和晶带轴等，进一步确定晶体的取向等。

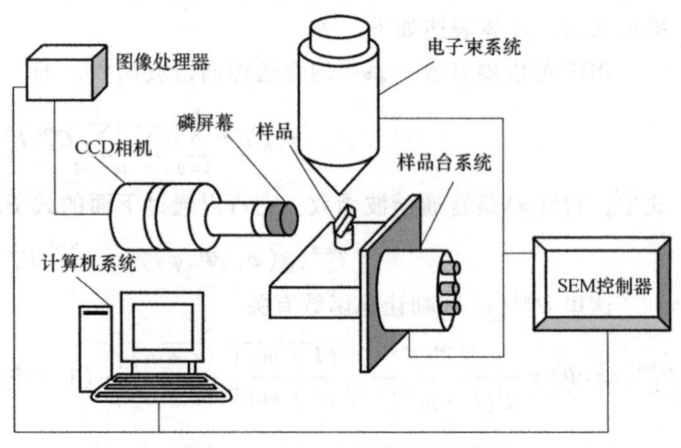

图 13-15　EBSD 分析系统示意图

二、硬件系统整体布局实物

图 13-16 所示为安装了 EBSD 系统的扫描电子显微镜实物照片。图 13-16a 所示为美国 FEI 公司 QUANTA 200 型场发射扫描电子显微镜，该扫描电子显微镜加速电压最高能达到 30kV。通常，和 SEM 形貌观察相比，进行 EBSD 分析时需要较大的稳定电流。该扫描电子显微镜具有高的分辨率和强的电子束流，从而可以进行非常细小的微观尺度组织的衍射分析。主机部分主要包括 SEM 控制台、电子束系统、样品腔和计算机系统。该场发射扫描电子显微镜配备了 EBSD 系统，包括 CCD 相机及图像处理器，如图 13-16b、c、d 所示。CCD 相机位于电子束系统的侧位，呈现 10°左右的倾斜状态(图 13-16b)。图 13-16c 是图 13-16b 中 CCD 相机的放大照片。样品的倾转可以通过两种方法来实现：一是旋转可倾转样品台，如图 13-16b 所示；二是直接将样品固定在具有预制倾转的小样品台上，如图 13-17b 所示。

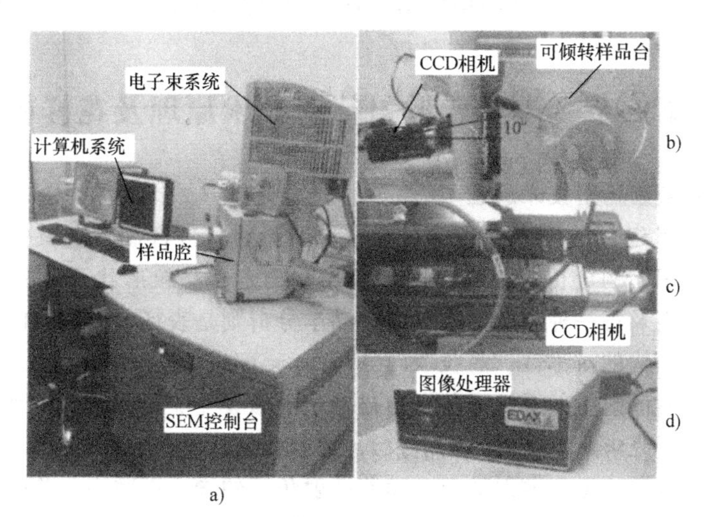

图 13-16 EBSD 系统的扫描电子显微镜实物照片

在 SEM 电子显微镜样品腔内，带相机的 EBSD 探头从扫描电子显微镜样品室的侧面与电子显微镜相连，如图 13-17a 所示。CCD 相机探头呈现略微倾斜状，可以通过外部的控制器，采用电机自动控制的方式插入和收回 EBSD 探头。通常情况下，不操作 EBSD 时，必须把 EBSD 探头收回。探头前方的荧光屏非常脆弱，实验中需要谨慎操作。通常探头具有自我保护功能，一旦受到碰撞就会自动收回。紧挨着荧光屏的是二次电子探头，用于形貌观察，在 EBSD 工作时，需要对样品表面进行形貌观察，选择合适的分析区域。电子束系统的最低端装有一个背散射电子接收探头，用于背散射成像。该探头会对 EBSD 信号接收产生影响，通常都将背散射电子接收探头取下，等 EBSD 操作结束之后，再重新安装背散射电子接收探头。此外，当 EBSD 操作结束后需要将其控制电源关闭，否则会对 SEM 图像调节有干扰作用。

预制倾转样品台呈现 70°的倾转，如图 13-17b 所示，将试样固定在预制倾转的样品台上即可实现样品的倾转。通常，样品倾转 45°以上就可以看到 EBSD 花样，但电子穿透深度随着倾转角的增大而减小。超过 80°后，基本上就不能实现了，此时花样发生畸变，难以标定。实验证明，倾转 70°所得到的菊池带是相对最理想的。

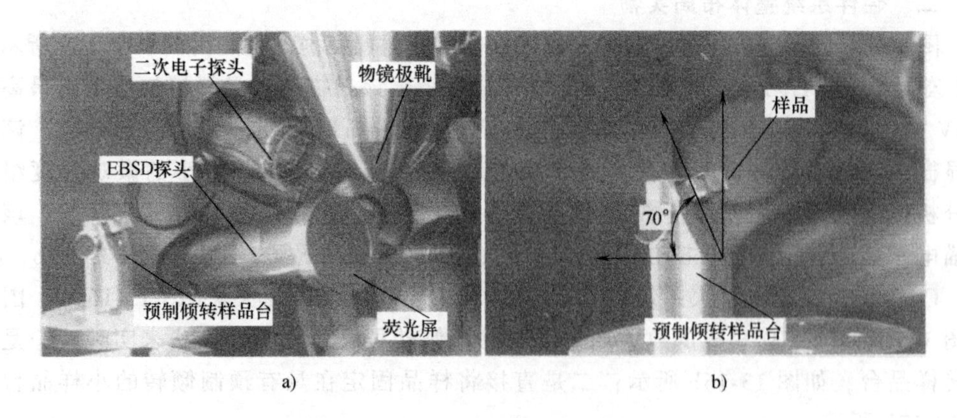

图 13-17 样品腔内 EBSD 系统的布置

第四节 电子背散射衍射技术原理及花样标定

一、电子背散射衍射技术原理

EBSD 是 20 世纪 80 年代发展起来的对金属材料块材进行显微组织分析和结晶学分析的新技术。显微组织结构分析包括材料内晶粒尺寸测定、晶粒形状及各种点、线、面缺陷分布、各个相的判定及每一种相的分布等。结晶学分析则是表征每一晶体内部的原子排列和运动方式，即晶体结构的对称性、晶粒取向分析等。

通常，电子背散射衍射系统配备在扫描电子显微镜中，样品表面与水平面呈 70°左右的倾斜角度。由电子光学系统产生的电子束入射到样品内。电子束入射到晶体内，会发生非弹性散射而向各个方向传播，散射的强度随着散射角度的增大而减小，若散射强度用箭头长度表示，整个散射区域呈现液滴状，如图 13-18 所示。其中有相当部分的电子因散射角大而逸出样品表面，这部分电子称为背散射电子。由于非弹性散射，使之在入射点附近发散，成为一点光源。在表层几十纳米范围内，非弹性散射引起的能量损失一般只有几十电子伏特，这与几万伏电子能量相比是一个小量。因此，电子的波长可以认为基本不变。这些被散射的电子在离开样品的过程中，有些散射方向的电子满足某个晶面(hkl)的衍射布拉格角，布拉格衍射定律为：$\lambda=2d\sin\theta$，λ 为电子束波长，d 为面间距，2θ 为背散射电子束与衍射束方向的夹角，这些电子经过弹性散射产生更强的电子束，如图 13-18 所示。因为在三维空间下满足布拉格角的电子衍射出现在各个方向，组成一个衍射圆锥。

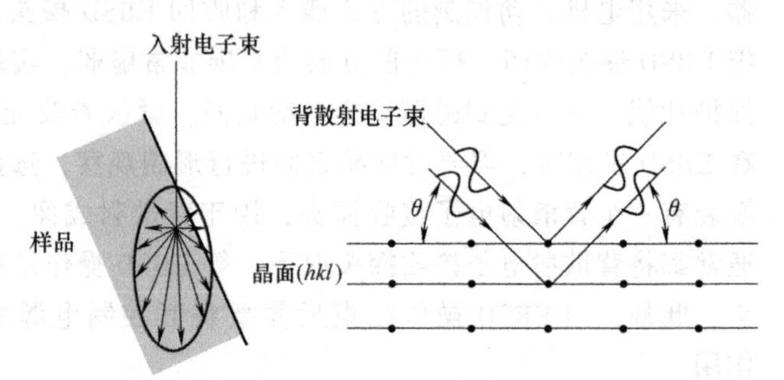

图 13-18 背散射电子在材料表面发生衍射示意图

在电子衍射过程中，(hkl)的另一侧同样满足布拉格衍射条件，因此也会发生布拉格衍射。因此，形成另外一个衍射圆锥，两个衍射圆锥呈对称状态，如图 13-19 所示。

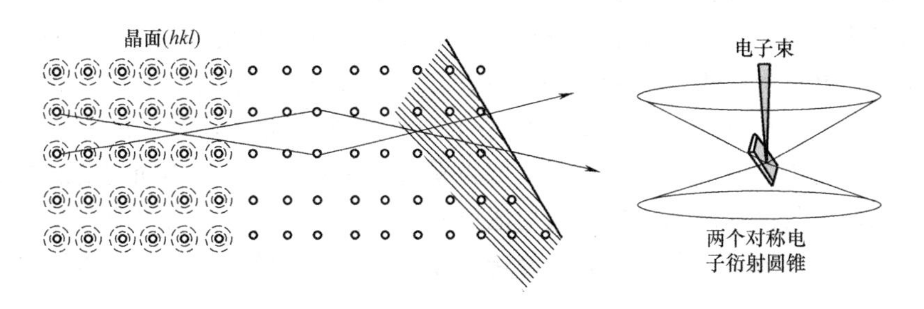

图 13-19　背散射电子在晶面的两侧发生衍射示意图

当两个衍射圆锥延长到 CCD 相机前面的荧光屏，并与之相交，则会在磷屏幕上形成菊池带，如图 13-20 所示。该菊池带有一定宽度 w。衍射圆锥和荧光屏的交线也就是菊池带的边缘，实际上是一对双曲线，但是由于埃瓦尔德球半径很大，因此人们所看到的交线通常是一对平行线。衍射晶面迹线是指晶体中对应的衍射晶面的延长线和荧光屏相交的线。根据上面的衍射原理，显然衍射晶面迹线正是菊池带的中心线。多个晶面都发生衍射时，就会在荧光屏上形成一系列的菊池带。通过计算机系统自动标定，从而确定菊池带的晶面指数（和标准的菊池图比较）。

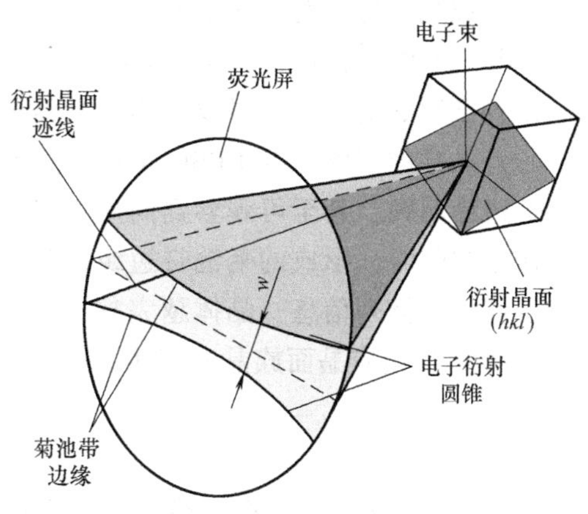

图 13-20　电子衍射圆锥及衍射晶面投影示意图

图 13-21 所示为经过计算机标定的 Al 的典型菊池带图谱。一幅 EBSD 花样往往包含多根菊池带。荧光屏接收到的 EBSD 花样经 CCD 数码相机数字化后，传送至计算机进行标定与计算。EBSD 花样信息来自于样品表面约几十纳米深度的一个薄层。更深处的电子尽管也可能发生布拉格衍射，但在进一步离开样品表面的过程中可能再次被原子散射而改变运动方向，最终成为 EBSD 的背底。

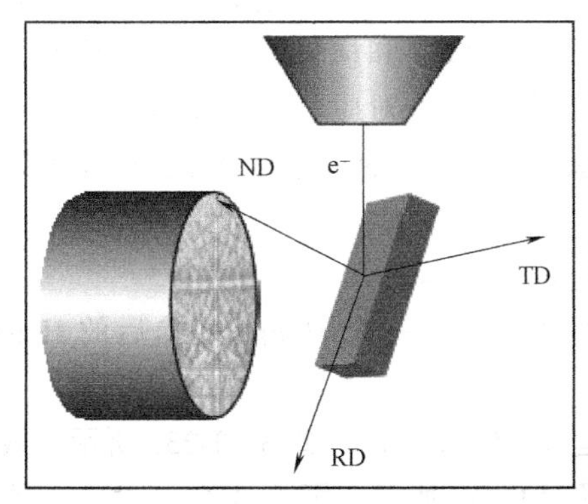

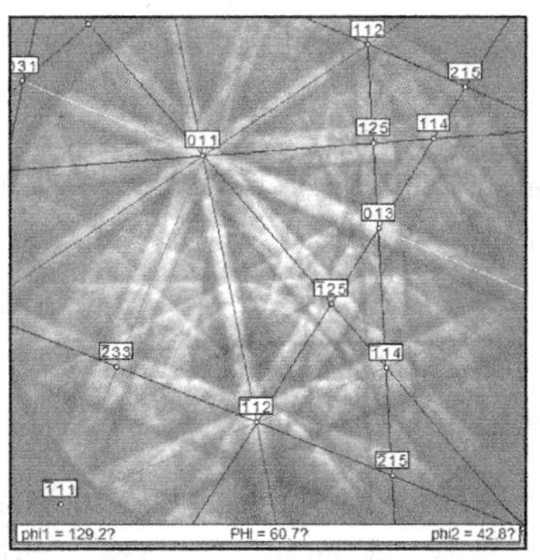

图 13-21　Al 的典型菊池带图谱

衍射过程中，样品倾斜 70°左右是因为倾斜角越大，背散射电子越多，形成的 EBSD 花样越强。但过大的倾斜角会导致电子束在样品表面定位不准，产生降低在样品表面的空间分辨率等负面效果，故现在的 EBSD 分析都将样品倾斜 70°左右。

从晶体学讲，电子背散射衍射花样包含以下几个和样品相关的信息：晶体对称性信息、晶体取向信息、晶体完整性信息和晶格常数信息。如图 13-21 所示，EBSD 花样上包含若干与不同晶面族对应的菊池带。只有结构因子不为零的晶面族才会发生布拉格衍射形成菊池带，而结构因子为零的晶面族由于衍射强度为零而不形成菊池带，不同的菊池带相交形成菊池极。由于菊池带与晶面族相对应，故菊池极相当于各相交菊池带所对应各晶面族的共有方向，即晶带轴方向。通常，菊池极具有旋转对称性。这种旋转对称性与晶体结构的对称性直接相关。

如前所述，每条菊池带的中心线相当于样品上受电子束照射处相应晶面扩展后与荧光屏的交截线，每个菊池极相当于电子束照射处相应晶面延长后与荧光屏交截形成的，因此，EBSD 包含了样品的晶体学取向信息。在样品的安放、入射电子束位置、荧光屏三者的几何位置已知的情况下，可以采用单菊池极或三菊池极法计算出样品的晶体学取向。

晶格的完整性与 EBSD 花样质量有明显的关系。晶格完整时，形成的 EBSD 花样中菊池带边缘明锐，甚至可观察到高阶衍射；晶格经受严重变形导致晶格扭曲、畸变，存在大量位错等缺陷时，形成的菊池带边缘模糊、漫散。原因是菊池带由布拉格衍射形成，反映的是原子周期性排列信息，晶体越完整，布拉格衍射强度越高，形成的菊池带边缘越明锐。菊池带宽度 w 与相应晶面族晶面间距 d 的关系为

$$w = R\theta \tag{13-20}$$

$$\lambda = 2d\sin\theta \tag{13-21}$$

式中，R 为荧光屏上菊池带与样品上电子束入射点之间的距离；λ 为入射电子束的波长。

二、衍射花样标定原理

衍射花样标定的基本过程是：EBSD 荧光屏接收到的菊池花样经 CCD 相机采集后传送至计算机，计算机将菊池花样进行 Hough 变换以探测各菊池带的位置，并计算菊池带间的夹角，然后与产生该菊池花样相的各晶面夹角理论值进行比较，从而对各菊池带和菊池极加以标定。

其中，Hough 变换是标定的关键。其原理如下：图像中的一点可以看作是无限条线在此点交叉，如图 13-22 所示直线 A、B、C。每一条线都可以通过 Hough 参数 ρ 和 θ 确定。其中 ρ 代表从原点到该线的垂直距离，θ 描述了该垂线 ρ 和横轴 x 的夹角。因此，图像中的点和 Hough 参数 ρ 和 θ 就可以联系起来，即：图像中的点对应一个坐标(x, y)，通过该点有无限条线，从原点到无限条线中的每一条线都对应着唯一的一个垂线 ρ，以及垂线 ρ 和横轴 x 的夹角 θ，即有下列表达式

$$\rho = x\cos\theta + y\sin\theta \tag{13-22}$$

这样一来，通过该点的所有交线都可以表示在一个 Hough 变换后的 Hough 空间，具有正弦曲线特征。

考虑一条线上不同的四个点，分别是 A、B、C、D，如图 13-23a 所示。线上的每一个点都对应着一条 Hough 变换正弦曲线，如图 13-23b 所示，那么 4 个点对应 4 条 Hough 正弦曲线。同时，由于这条直线穿过 4 个点，那么对于每个点来说这条直线都对应了同样的一个 ρ 和 θ，也就是说经过 Hough 变换后的 4 条 Hough 正弦曲线都会相交于一点。显然这样一来，图像空间的一条线就转化成 Hough 空间的一个点。

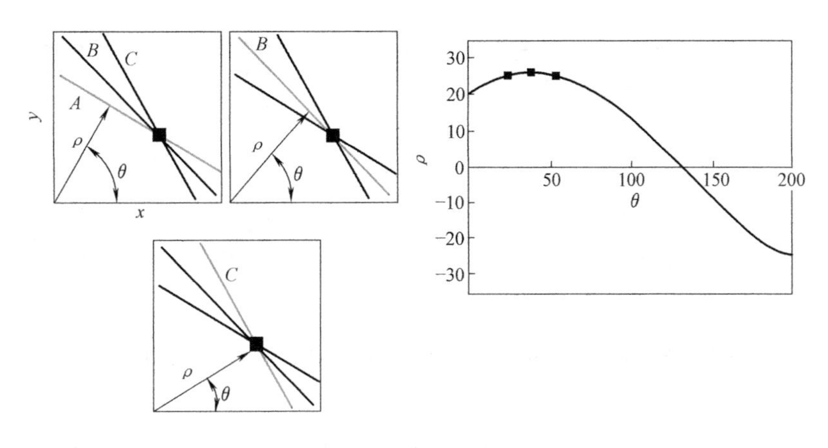

图 13-22 Hough 变换原理中的参数表达

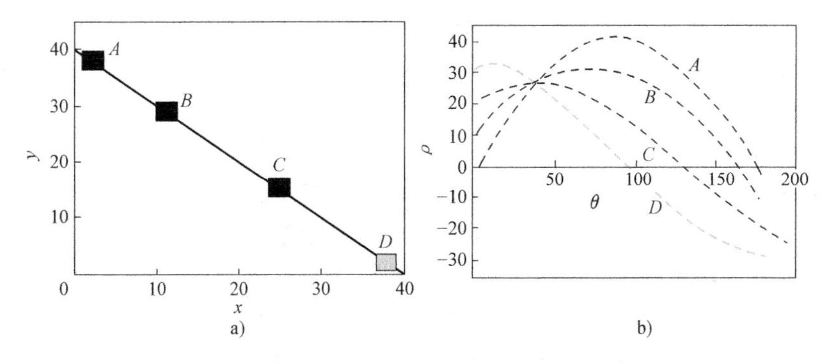

图 13-23 Hough 变换原理中线与点的转换

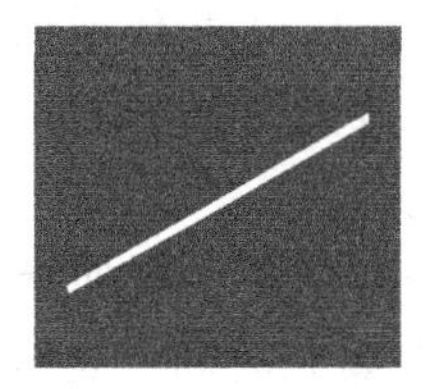
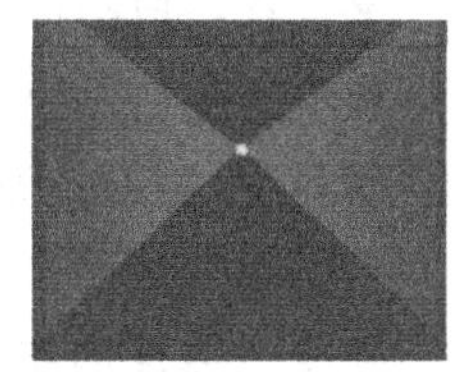

图 13-24 Hough 变换模拟示意图

图 13-24 所示为 Hough 变换模拟示意图。菊池带经过 Hough 变换后形成类似蝴蝶结的一个点。Hough 变换的基本原理在于利用点与线的对偶性，将原始图像空间给定的曲线通过曲线表达形式变为参数空间的一个点。这样就把原始图像中给定曲线的检测问题转化为寻找参数空间中的峰值问题，也即把检测整体特性转化为检测局部特性，如直线、椭圆、圆、弧线等。

图 13-25 所示为 EDAX-TSL 数据获取的软件自动标定取向时产生的 Hough 变换图像，选择 Hough 变换 Classic 模式。图 13-25a 内的每个点对应菊池花样中的一个带。图像空间中在同一个圆、直线、椭圆上的每一个点，都对应了参数空间中的一个图形，在图像空间中这些点都满足它们的方程这一个条件，所以这些点，每个投影后得到的图像都会经过这个参数空间中的点，也就是在参数空间中它们会相交于一点。所以，当参数空间中的这个相交点越大，那么说明原图像空间中满足这个参数的图形越饱满，越可能是要检测的目标。Hough 变换能够查找任意的曲线，只要给定它的方程。Hough 变换在检验已知形状的目标方面具有受曲线间断影响小和不受图形旋转的影响的优点，即使目标有稍许缺损或污染也能被正确识别。

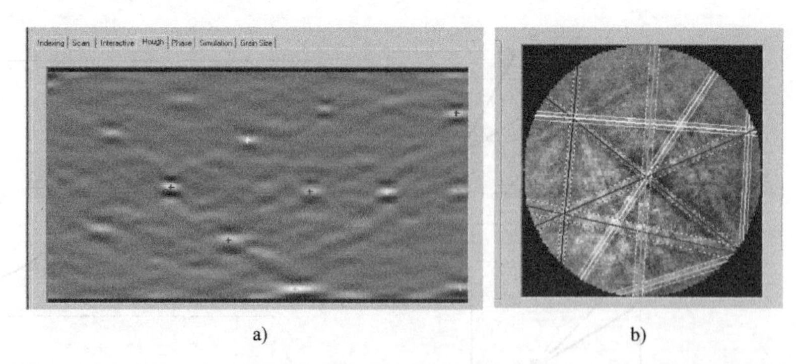

a) b)

图 13-25 EDAX-TSL 数据获取的软件自动标定取向时产生的 Hough 变换图像

第五节 电子背散射衍射技术成像及分析

首先，起动 SEM 电子显微镜、EBSD 控制计算机、EBSD 图像处理器，送入 EBSD 探头，装入样品，把样品置于倾转 70°的样品台上，使样品坐标系和电子显微镜坐标系重合。注意轧向和横向的区分与放置。

一、相机操作

打开 OIM Data Collection，首先开启相机控制窗口，如图 13-26 所示。在 Camera 窗口能够直接观察到试样表面是否有菊池花样以及花样的清晰程度。Camera 窗口下方的 Presets 选项设有 A、B、C、D 四种选择，这是扫描速度档位的设定，扫描速度依次降低。通常选择 B 项，只有在对图像要求非常高，或者试样衍射强度不好的情况下才选择 A 项。如果需要快速扫描或者试样衍射强度好，C 项和 D 项也是可以选取的。在这里调节相机增益(Gain)、曝光时间(Exposure)、分辨率(Binning)、背底衬度(Black)等。

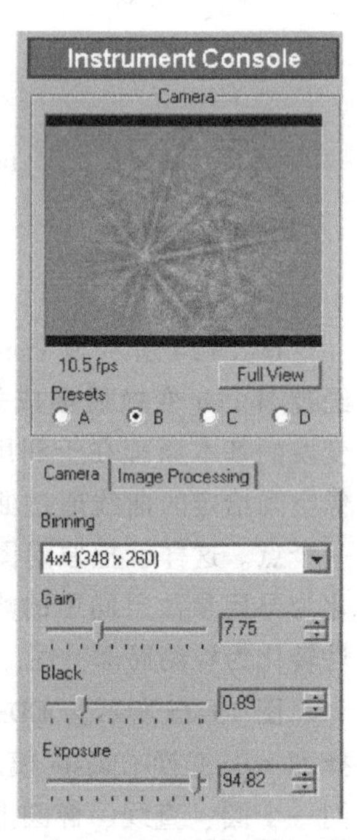

图 13-26 相机控制窗口

通常情况下调高增益、增加曝光时间可以提高菊池带的清晰度。但首选增加曝光时间，这样可以更好地提高图像质量，在此基础上再考虑调高增益。此外提高 SEM 电压及增大电子束 spots 及增大光阑孔径都可以提高菊池带的强度。另外材料的性质及样品在样品室的位置等也会影响菊池带的强度。因背散射信号数目随着原子序数的增加而增强，高原子序数的样品的电子穿透区小，背散射信号强，花样清晰度更高。样品到侧面 EBSD 探头的距离、倾转的角度以及工作距离都对花样清晰度有影响。

接着选择 EBSD 的图像分辨率，也就是 Binning 级别，包括以下几种，如图 13-27 所示。例如：4×4 表示一次采集的区域为 16 个像素点。显然 Binning 越大，一次采集的像素点越多，分辨率下降，相应的采集速度增大。8×8 一般用于面分布(Mapping)，10×10 用于最高速度。4×4 有时用于同时采集 EBSD-EDS 面分布。1×1 和 2×2 一般用于相鉴定(Phase ID)。

图 13-28 所示为不同 Binning 级别时图像的清晰度。Binning 级别越小，所对应的菊池带花样越清晰，但同时采集的速度相应要下降。

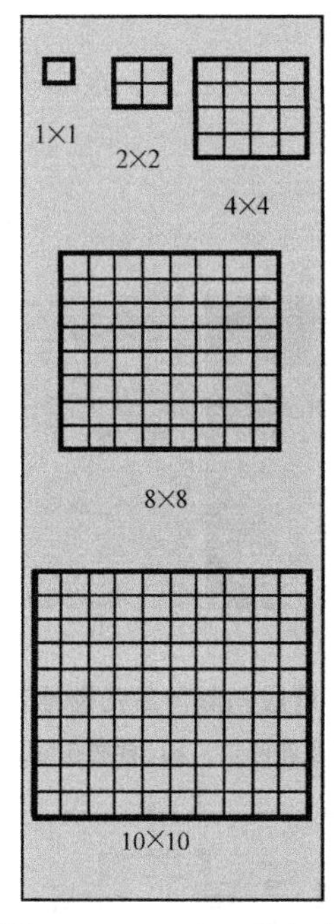

图 13-27　Binning 的含义

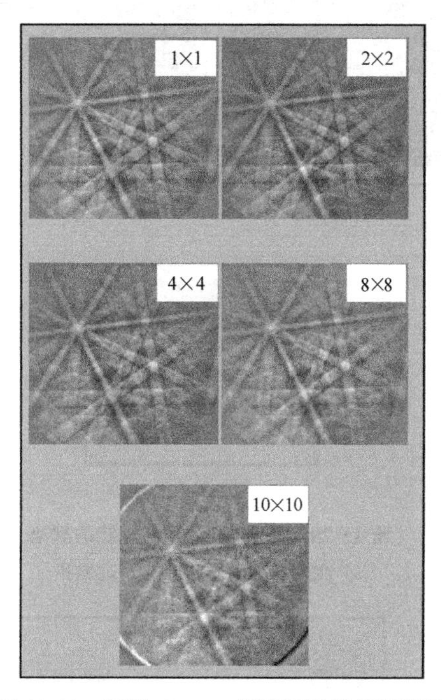

图 13-28　不同 Binning 级别时图像的清晰度

考虑到图像质量的高低和扫描时间的长短，常采用 4×4 Binning 级别，调节适当的曝光时间，这样能够得到比较高的分辨率来分析复杂材料。正确的信号水平应该产生刚接近饱和的信号。根据操作模式不同，用增益或曝光时间来调节信号水平。图 13-29 所示为各种信号水平所处的状态：欠饱和、最佳和过饱和。通常情况下，仍然是首选增加曝光时间，这样可以更好地提高图像质量，在此基础上再考虑改变增益。

信号水平确定好之后进行背底扣除。背底扣除可改善总体的 EBSD 花样，提高衬度，平滑 EBSD 花样所固有的强度梯度，有助于改善条带的测定。图 13-30 所示为背底扣除前后的菊池带花样。

采集背底前要选择合适的 SEM 放大倍数，要观察到足够数目的晶粒。所选的放大倍数取决于所研究材料的晶粒大小。如果做过 SEM 或者晶相观察而已知晶粒尺寸大小，则有利于 EBSD 操作；若是未知状态，可以通过 EBSD 的晶粒尺寸分析预先判断，从而确定扫描区域大小。

二、菊池带采集

在选定 SEM 放大倍数之后，在 TSL 软件首页出现 EBSD 交互界面，如图 13-31 所示，主要包括确定工作距离、基本操作选项以及结果显示区域。通常工作距离在 10～25cm 之间，一般在 15cm 左右成像质量较高。基本操作选项包括扫描区域采集、花样预览、晶粒尺寸确定、Hough 变换、物相选取、花样标定以及花样采集等操作。

在图 13-32 左图中，首先在交互（Interactive）页面采集（Capture）一幅 SEM 图像。选定感兴趣的区域，通常可以预览花样，从而得到最好的观察效果。检查在该区域内的所测试位置均可产生 EBSD 花样。图 13-32 中右图为相应点 Ni 的菊池花样。

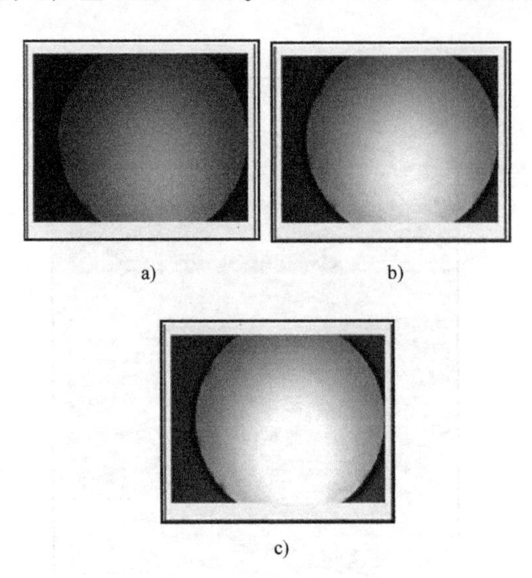

图 13-29　各种信号水平所处的状态

a）欠饱和　b）最佳　c）过饱和

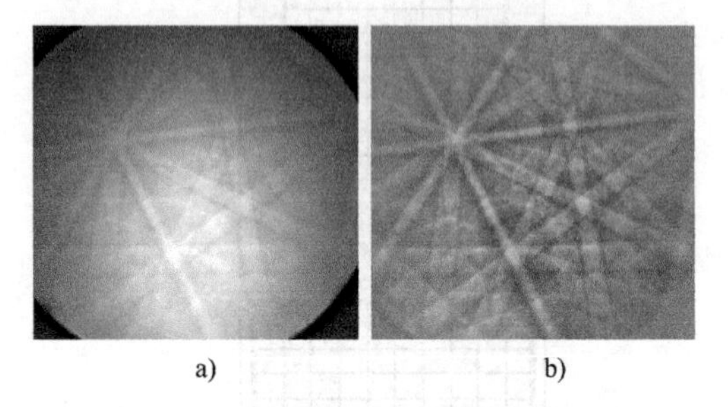

图 13-30　背底扣除前后的菊池带花样

a）背底扣除前　b）背底扣除后

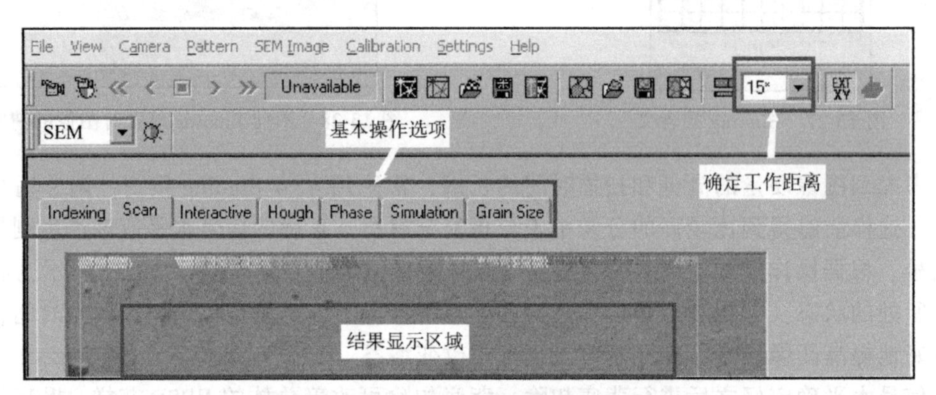

图 13-31　EBSD 图像采集软件交互界面

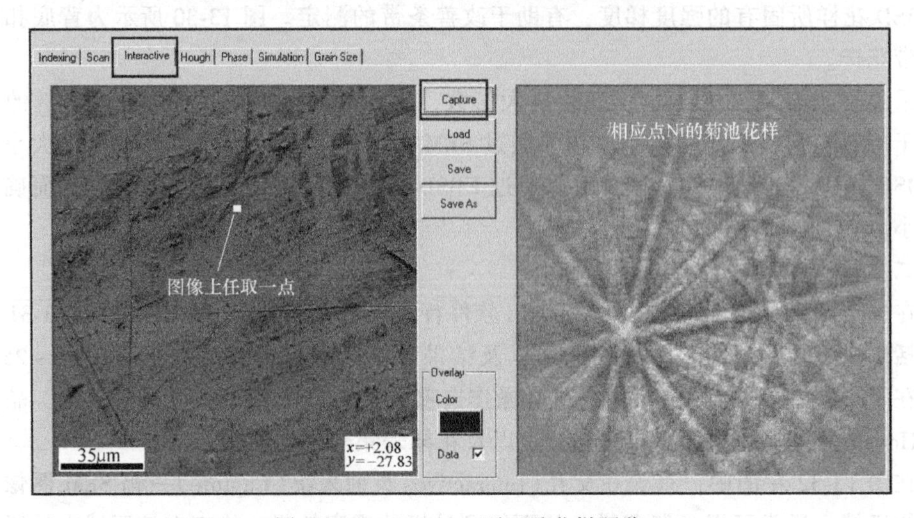

图 13-32　Interactive 页面及花样预览

选择 Grain Size 页面来测量晶粒大小，如图 13-33 所示。在 Grain Size 页面，用一定的步长，通常采用较小步长先预判，扫描一系列线扫描。Grain Size 页面通过对取向变化的测量来计算线性截点晶粒大小，测量并显示在 x 和 y 两个方向上的平均晶粒大小。这里，Ni 的平均晶粒大小约为 20μm。估算了晶粒大小之后，就可以选择步长（Step Size）。通常，晶粒大小除以 10 给出的步长大小较为合适。步长的选择对扫描分辨率有明显的影响，显然步长越大所得到的图像越差。

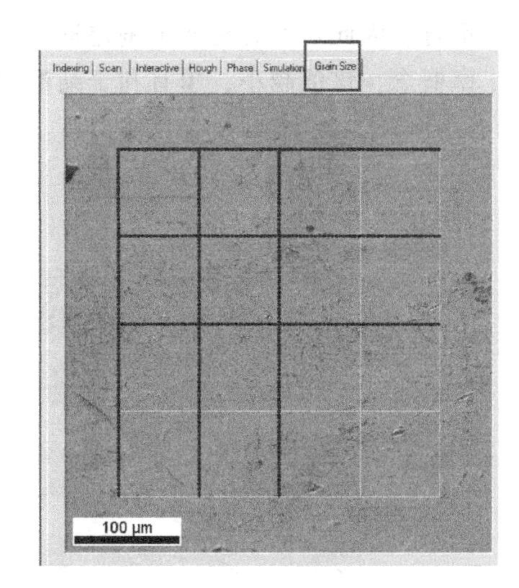

图 13-33　晶粒尺寸测试

收集花样之后就可以进行花样标定。首先进行标定相的选择，如图 13-34 所示，选择 Phase 选项，找到需要的材料数据库，如前面的镍。在元素菜单里面选择相应的元素，之后选择镍对应的数据库，数据库里面有镍的相关晶体学信息。

选定相之后，选择 Indexing 选项，对菊池带进行花样标定。图 13-35 所示为 Ni 的菊池花样标定结果。如图 13-35 所示，标定参数主要涉及 CI、Fit、Votes 等。其中 CI 值表示 EBSD 花样的标定可信度，定义为

$$CI = (V_1 - V_2)/V_{\text{Ideal}} \tag{13-23}$$

式中，V_1 和 V_2 为第一和第二自动标定解的“投票数”（Vote）；V_{Ideal} 是测到的菊池带上得到的所有可能的“投票”值。Vote 的计算原理为：菊池花样中各个菊池带间组成许多三角形，每个三角形的角度值都可以与自动识别并反计算出的各菊池带间夹角值比较，从而出现许多种可能性及投票结果。标定菊池带时可能有几组满足要求即角关系的解，根据计算结果偏差进行大小排序。CI 值越高，表明菊池带质量越高，花样越清晰。CI 值在 0~1 的范围内。当然，特殊情况有时会出现 $V_1 = V_2$，那么 CI=0，但此时并不意味着花样质量差。

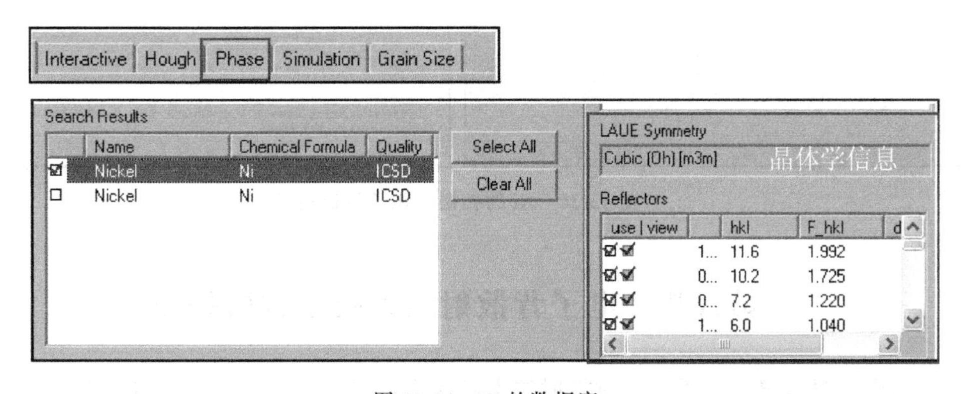

图 13-34　Ni 的数据库

Fit 表示平均角偏差。首先如图 13-35 所示，线段 $A'B'$ 为真实的菊池带的中心线，线段 AB 为计算机计算标定的菊池线，与真实采集的菊池带 $A'B'$ 会有一定的角度偏差，很难完全

重合。因此对所有菊池带偏差进行平均就可以获得 Fit 的值。因此，可以说 Fit 具有角分辨率概念，该值越小，越有利于菊池带的标定。

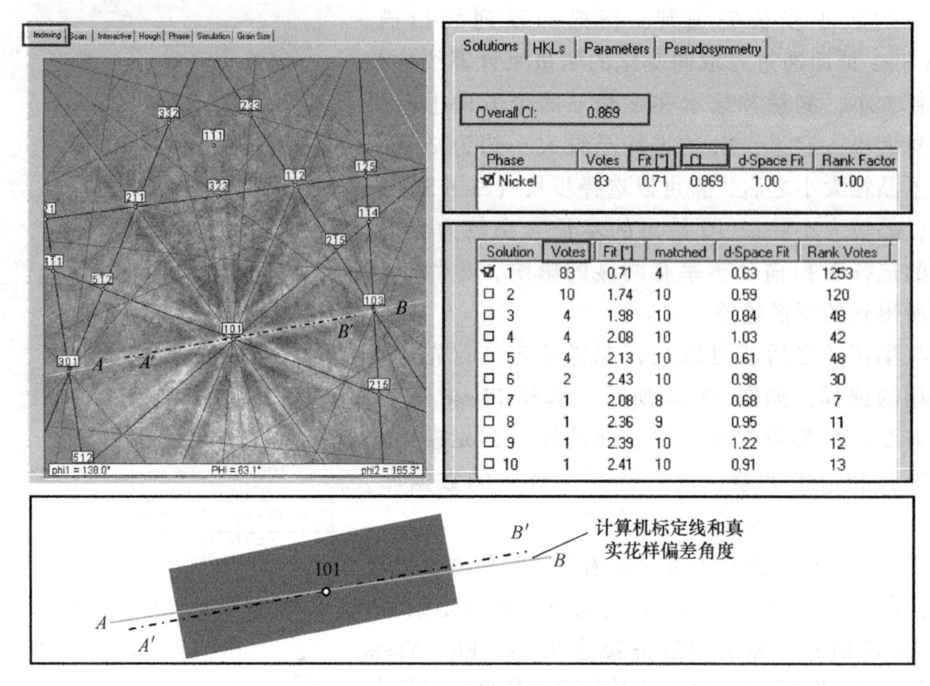

图 13-35 Ni 的菊池花样标定结果

在 Scan 扫描选项，如图 13-36 所示，定义扫描区域，按住鼠标左键定义一个角的位置。移动鼠标，扩大所选择的区域。例如，前面的镍，晶粒尺寸在 20μm 左右，确定扫描区域的宽度（x）和长度（y），扫描宽度和长度都是晶粒尺寸的 20 倍左右，甚至更大。对于步长，通常选择晶粒尺寸的 1/10，这里为 2μm，扫描区域为 360μm×360μm。

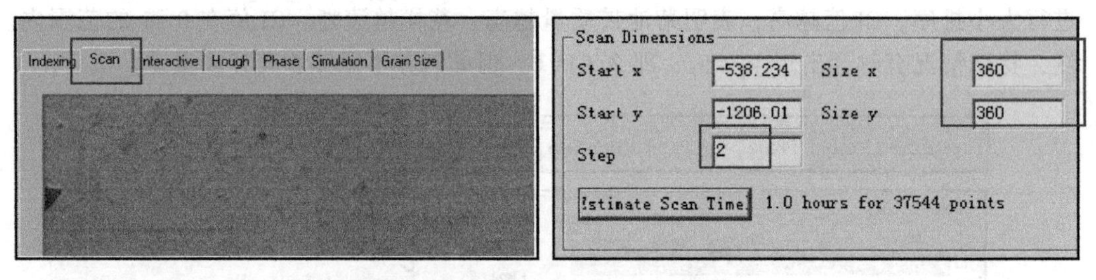

图 13-36 Ni 的扫描面积及步长确定

第六节 电子背散射衍射技术数据处理

扫描电子显微镜中电子背散射衍射技术已成为金属学家、陶瓷学家和地质学家分析显微结构及织构强有力的工具。EBSD 系统中自动花样分析技术的发展，加上显微镜电子束和样品台的自动控制使得试样表面的线或面扫描能够迅速自动地完成，利用采集到的数据可以绘制取向成像图 OIM、极图和反极图，还可计算取向(差)分布函数，这样在很短的时间内就能获得关于样品大量的晶体学信息，如：织构和取向差分析；晶粒尺寸及形状分布分析；晶界、亚晶界及孪晶界性质分析；应变和再结晶的分析；相鉴定及相比计算等。由于 EBSD 包含这些信息，因此应用于很多材料的结构分析。

一、晶粒取向分布及取向差

图 13-37 所示为镍的晶粒取向分布图(见插页)，可以明显地观察到晶粒的形态和尺寸，图中相同颜色的晶粒具有相同的取向。右方为对应的 ND 方向反极图，关于反极图的定义前已叙述，在这里就是 Ni 晶粒对应的法向方向在晶体坐标系中的分布，红色表示晶粒对应的法向方向平行于[001]方向，蓝色和绿色分别表示晶粒对应的法向方向平行于[111]和[101]方向。那么就可以根据每个晶粒的颜色确定其取向，将微观的组织结构和取向特征对应起来。

图 13-38 所示为 Ni 的晶粒取向差统计图。从图中可见，小于 3°及等于 60°左右的取向差所占份额相对较大。EBSD 技术可以测定样品每一点的取向，也可以测出晶界两侧晶粒间的取向差和旋转轴。图 13-39 所示是在晶粒图上画一条线（图 13-37 中白线所示），在这条线上，研究任意相邻两点之间的取向差，以及线上任意点相对于原点之间的取向差。由图可见，在晶界附近相邻两点之间的取向差显然非常大。

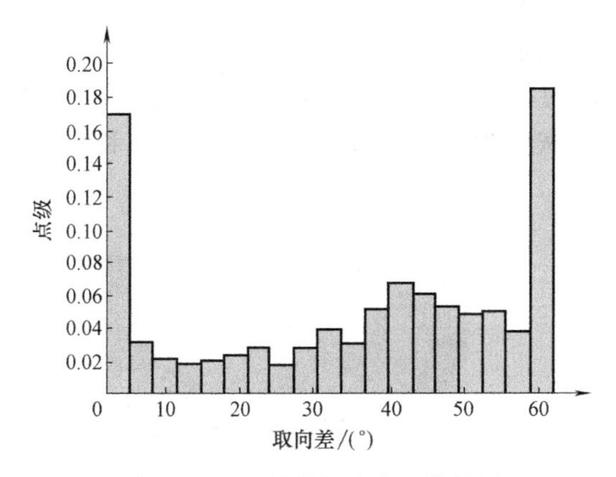

图 13-38　Ni 的晶粒取向差统计图

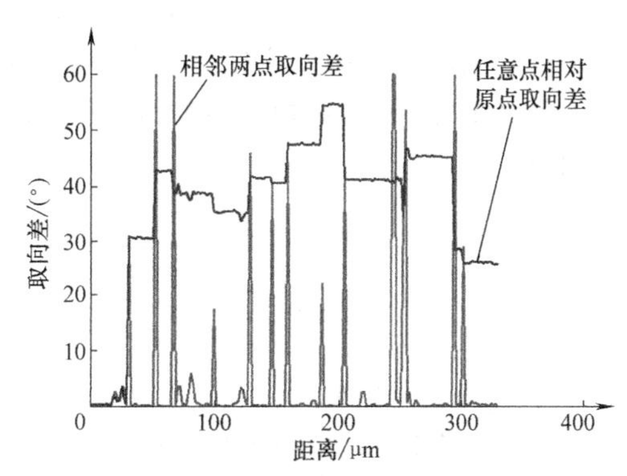

图 13-39　一条线上相邻两点的取向差以及线上任意点相对于原点的取向差

二、图像质量图及应力应变分析

晶格中有塑性应变会使菊池线变模糊，由菊池衍射花样的质量可以直观地定性分析超合金及铝合金中的应变、半导体中离子注入损伤、从部分再结晶组织中识别无应变晶粒等。应力和应变造成晶体畸变，一方面可导致菊池衍射花样带宽的改变；另一方面由于畸变晶体的衍射强度降低，使得菊池花样带的锐化程度降低。由于应变引起的带宽变化量极其微小，并且应变菊池带的边缘与背底衬度十分接近，很难直接测量出来。因此，可利用菊池花样的质量参数(IQ)来评价微区应力的分布。通常 IQ 值用于快速标定菊池花样，它由 EBSD 花样中几条菊池带的衍射强度之和求出。此外，IQ 值又与晶体学取向、晶粒尺寸及样品表面状态密切相关。在单晶材料系统中，较大的应力和应变梯度是影响 IQ 变化的主要因素。此外，应力和应变还会引起晶格转动和晶格错配增加。因此，可以将 IQ 值、晶格局部转动量和错配度作为应力敏感参数。

EBSD衍射菊池花样的质量或者清晰度与材料本身有关，包括材料的种类、表面质量及性质、应力状态等。影响衍射花样质量的因素很多，从材料科学的角度来讲，只有完美的晶体结构才能产生非常好的衍射花样，也就是任何影响晶体结构的因素，都会或多或少地影响衍射花样的质量，例如晶格扭曲，就会导致较差的衍射花样。正是因为这种原因，IQ参数可以用来定性地描述表面应变。但是它很难区分晶粒与晶粒之间细小的应变差。IQ是靠Hough变换后测出的峰的加和来定义的。

在EBSD中，每一张衍射花样根据其明锐程度用一花样质量数值来表示，且可用于作图。明亮的点对应高花样质量，暗的点对应低花样质量。低花样质量意味着晶格不完整，存在大量位错等缺陷。花样质量图法适合于单个晶粒内应变分布的测量，不适合于具有不同晶体取向的各个晶粒或不同相之间应变分布的测定，因为即使不存在应变，不同晶体取向的晶粒或不同相均具有不同的花样质量数值。图13-40所示为EBSD采集的IQ图像，从单个晶粒内部来看，呈现不同程度的衬度。图13-41所示为具有丝织构变形Al的IQ图，在变形程度大的丝织构区域，衬度相对较暗，花样清晰度较弱，其他区域衬度相对较浅。前面阐述了变形不同导致花样质量不一样，不同的相也可能产生不同清晰度的花样。图13-42所示为β-Ti和α-Ti双相材料的IQ图，图中深灰色为β-Ti，浅色为α-Ti。β-Ti和α-Ti的衬度相差较大。

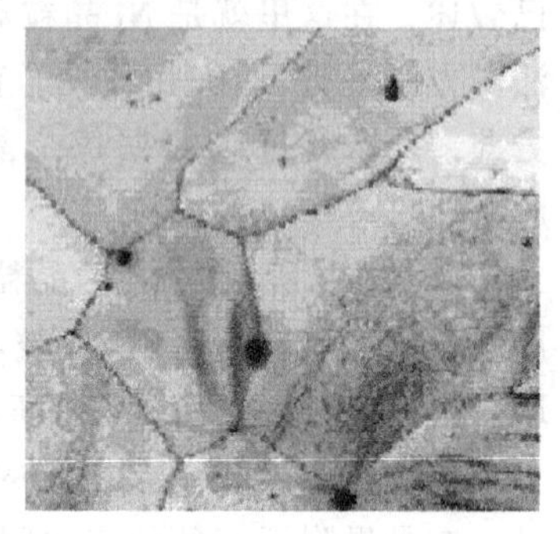

图13-40 EBSD采集的IQ图像
（晶粒内部应变成像）

图13-41 具有丝织构变形Al的IQ图

图13-42 β-Ti和α-Ti双相材料的IQ图

三、晶粒形貌图及尺寸分析

传统的晶粒尺寸测量是用显微镜成像方法，但是并不是所有晶界都能用腐蚀方法显露出来，如低角界、孪晶界等就很难显示。按定义，一个晶粒相对于样品表面只有单一的结晶学取向，这就使EBSD成为理想的晶粒尺寸测量工具，最简单的办法是对样品表面进行线扫描。EBSD是材料分析中的一个强有力的手段，它可以快速准确地测出单个晶体的取向，精度优于1°，最大优点是在要求分析的任一“点”上将显微组织和结晶学联系起来表征。目前EBSD的分辨率能够达到纳米级，可以研究纳米材料及重变形材料。

图13-43所示为镍的晶粒扫描图像（见插页）。描述晶粒尺寸的方法有两种：一是用面积来计算，首先确定晶粒含有多少个测量点，根据测量点的形状（也就是扫描栅格的形状，

可以是圆形，也可以是正四边形或者正六边形）及步长即可确定晶粒的面积；二是用直径来描述晶粒尺寸，通常情况下晶粒的形状为圆形或接近圆形及正方形。图 13-44 所示为镍的不同晶粒尺寸所占面积分数。晶粒尺寸为 40μm 的晶粒所占面积分数最大，达到 20%左右。

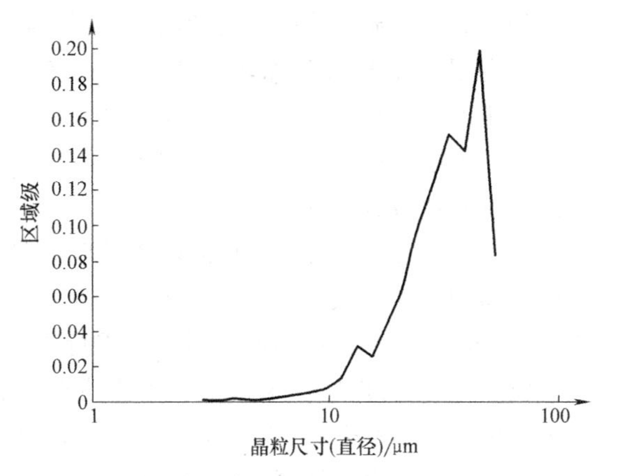

图 13-44　镍的不同晶粒尺寸所占面积分数

四、晶界类型分析

在测定各晶粒晶体学取向的情况下，可以方便地计算出晶粒间错配角，区分大角度晶界、小角度晶界、亚晶界等，并能根据重合位置点阵模型研究晶界是否为共格晶界。如：Σ3、Σ9、Σ27 等重合位置点阵晶界一般为孪晶界。此外，可以研究各种错配角所占的比例。用 EBSD 可以直接获得相邻晶体之间的取向差。测得晶界两边的取向，则能研究晶界或相界。界面研究是 EBSD 应用的一项内容，由取向数据结合显微组织原位观察，研究腐蚀、裂纹、断裂、原子迁移、偏析、沉淀、孪生和再结晶等。

传统的金相晶界为一条线分开两个晶粒。一般来说，在 OIM 中，晶界指的是一条线分开两个扫描测量点。为了完整地描述晶界需要五个参数，其中两个参数描述正常边界的晶面取向，其他三个参数描述取向差。边界面无法从 OIM 数据还原。由于 OIM 数据收集在一个平面上，而只有极微量宽度的边界难以观察到。然而，因为在分界线两边的两个点的取向方向是已知的，取向差可以计算出来。如图 13-45 所示（见插页），晶粒之间的取向差可以用不同颜色表示出来，如 2°~5°用红色线条表示、5°~15°用绿色线条表示、15°~180°用蓝色线条表示。这里的角度值根据需要可以自行设定。各种角度晶界所占分数及长度等可以计算出来，如图 13-45 所示。

五、物相鉴别与鉴定及相取向关系

EBSD 可以对材料进行相鉴别。通过已知的相的种类，选择其相应的数据库，可以利用采集的花样进行标定，从而鉴别物相。图 13-46 所示为 α-Ti 和 β-Ti 的显微结构图（见插页）。红色表示 α-Ti，绿色表示 β-Ti。两相各占面积分数可以计算出来，如图 13-46 所示。

物相鉴定就更为复杂，EBSD 用于物相鉴定是 CCD 相机快速发展后才实现的。物相鉴定要求相机具有足够多的灰度级数和足够高的分辨率，以便能探测到强度很弱的菊池线。用 EBSD 鉴定物相过程中需要借助能谱 EDS 的分析结果。通常用 EDS 首先能够检测物相的元素组成，然后采集该相的菊池花样。用这些元素可能形成的所有物相对菊池花样进行标定，只有完全与花样相吻合的物相才是所鉴定的物相。

EBSD 的物相鉴定原理不同于 TEM 和 X 射线衍射进行物相鉴定。TEM 是根据晶面间距及晶面夹角来鉴定物相，X 射线是根据晶面间距和各晶面相对衍射强度来鉴定物相。由于 X 射线能准确测定晶面间距，故 X 射线进行物相鉴定不需要预先知道物相成分。EBSD 主要是根据晶面间的夹角来鉴定物相。EBSD 和 TEM 在测定晶面间距方面误差较大，必须先测定出待鉴定相成分以缩小候选范围。尽管如此，三种衍射手段关于某一晶面是否发生衍射的条件是相同的，即该晶面的结构因子必须不为零。

用 EBSD 鉴定相结构对化学成分相近的矿物及某些元素的氧化物、碳化物、氮化物的区分特别有用。如 M_3C 和 M_7C_3（M 为 Cr、Fe、Mn 等），在 SEM 中用能谱、波谱进行成分分析是很难区分它们的，但是两种碳化物中一种具有六方对称性，另一种具有斜方对称性，因而用 EBSD 很容易区分它们。再如赤铁矿（Fe_2O_3）、磁铁矿（Fe_2O_4）和方铁石（FeO）用 EBSD 来区分也是比较容易的。

用 EBSD 同时测定两个相的晶体学取向时，可以确定两个相之间的晶体学关系。为了确定两相间的晶体学关系，一般需要测定几十处以上两相各自的晶体学取向，并将所有测定结果同时投影在同一极射赤面投影图上进行统计，才能确立两相间的晶体学关系。与透射电子显微镜和 X 射线相比，采用 EBSD 测定两相间晶体学取向关系具有显著的优越性。用于 EBSD 测试的样品表面平整、均匀，可以方便地找到几十个以上两相共存的位置。同时晶粒取向可以用软件自动计算。而透射电子显微镜由于样品薄区小的关系，难以在同一样品上找到几十个以上两相共存位置。另外，其晶粒取向需手动计算。X 射线一般由于没有成像装置，难以准确将 X 射线定位在所测定的位置上，当相尺寸细小时，采用 X 射线难以确定相间晶体学关系。另外，当第二相与基体间的惯习面、孪生面、滑移面等在样品表面留下迹线，尤其在两个以上晶粒表面留下迹线时，可以采用 EBSD 确定这些面的晶体学指数。

六、织构分析

EBSD 技术在织构分析方面有明显的优势。因为，EBSD 技术不仅能测定各种取向的晶粒在样品中所占的比例，而且还能确定各种取向在显微组织结构中的分布。许多材料在诸如热处理或塑性变形等加工后，晶粒的取向并非随机混乱分布，常常是选择取向，即织构。显微组织结构中晶粒的择优取向，将导致材料的力学性能和物理性能出现各向异性，例如弹性模量“弹性各向异性”，磁性能“磁晶各向异性”，强度（硬度）和塑性“力性各向异性”等，因此研究材料织构对于分析材料的各向异性，进而对材料的应用具有重要的意义。

EBSD 测定的织构可以用多种形式表达出来，如极图、反极图、ODF 等。与 X 射线衍射测织构相比，EBSD 具有能测微区织构、选区织构并将晶粒形貌与晶粒取向直接对应起来的优点。另外，X 射线测织构是通过测定衍射强度后，反推出晶粒取向情况，计算精确度受选用的计算模型、各种参数设置的影响，一般测出的织构与实际情况偏差 15% 以上。而 EBSD 通过测定各晶粒的绝对取向后，进行统计来测定织构，可以认为 EBSD 是目前测定织构最准确的手段。当然与 X 射线相比，EBSD 存在制样麻烦等缺点。

图 13-47 所示是变形铝晶粒取向成像图（见插页），可以清晰地显示晶粒的形状和大小，图中相同颜色的晶粒具有相同的取向。取向衬度图虽然可直接观察晶粒的取向特征，但还不能揭示取向分布规律，需要将所有的晶粒取向表示在极图、反极图以及 ODF 图中，以便全面反映实际的取向分布情况。

图 13-48 所示为变形铝晶粒{001}极图（见插页），显示变形铝在[001]晶向具有明显的取向。在 EBSD 分析软件界面上，将鼠标放置在取向程度最高的位置，软件自动识别所在点的位置。不过这个点的坐标通常是互质数，要注意这个点的坐标是指样品坐标系的坐标。图 13-49 所示为变形铝晶粒的 ND 反极图（见插页），将鼠标放在取向程度最高的位置，软件自动显示此处的晶体学坐标，图中所示为[112]取向，该方向和样品坐标系的法向方向平行。

图 13-50 所示为变形铝晶粒 ODF 取向图（见插页）。根据图像很容易读出 Ni 的欧拉角在

欧拉空间的分布，从而准确确定晶体取向。用 EBSD 研究材料的择优取向，不仅能够测得样品中每一种取向分量所占的比例，还能测出每一取向分量在显微组织中的分布，这是研究织构的全新方法。这就可能做到使取向分量的分布与相应的材料性能改变联系起来。EBSD 最常用的是测加工产品的局域取向分布，分析局域取向的密度和相应的性能改变，例如，通过对 BCC 金属板材的可成形性分析发现，只要{111}面平行于板面，则板材有良好的深加工性能，可避免深冲制耳问题。另外，还可以利用 EBSD 的取向测量获取第二相与基体的位向关系，研究疲劳机理、刻面和晶间裂纹、单晶完整性、断面晶体学、高温超导体中氧扩散和晶体方向及形变等。

七、晶格常数确定

通过测量菊池带宽度，可以计算出相应晶面族的晶面间距。需要指出的是，每条菊池带的边缘相当于两根双曲线，因此在菊池带不同位置测得的宽度值不同。一般应测菊池带上最窄处的宽度值来计算晶面间距。由于测量过程中存在误差，用 EBSD 测晶面间距误差一般达 1.5%左右，故 EBSD 并不是测量晶格常数的专门方法。

习　　题

1. 晶体取向的数字表示方法有哪些？晶体取向的指数法如何和欧拉空间法换算？
2. 晶体取向的图形表示方法有哪些？其形成原理是什么？
3. 说明电子背散射衍射菊池带的形成原理、电子背散射衍射分析的特点及优势。
4. 说明电子背散射衍射菊池带的标定原理。
5. 说明电子背散射衍射技术在材料研究中的应用。

第十四章　其他显微分析方法

本章将扼要地介绍几种有用的表面分析仪器和技术：离子探针分析仪(IMA)或二次离子质谱仪(SIMS)、低能电子衍射(LEED)、俄歇电子能谱仪(AES)、场离子显微镜(FIM)和原子探针(Atom Probe)、X射线光电子能谱仪(XPS)、扫描隧道显微镜(STM)与原子力显微镜(AFM)。此外，本章还简要介绍了核磁共振及常见光谱，包括红外光谱、激光拉曼光谱、紫外-可见吸收光谱、原子发射光谱、原子吸收光谱。

从空间分辨率而言，它们可以提供表面几个原子层范围内的化学成分(如SIMS、AES)，有的能分析表面层的晶体结构(如LEED)，而场离子显微镜和原子探针则可以在原子分辨的基础上显示表面的原子排列情况乃至鉴别单个原子的元素类别。

第一节　离子探针显微分析

到目前为止，电子探针仪仍然是微区成分分析最常用的主要工具。总的来说其定量分析的精度是比较高的，但是，由于高能电子束对样品的穿透深度和侧向扩展的限制，它难以满足薄层表面分析的要求。同时，电子探针对 $Z\leqslant 11$ 的轻元素的分析还很困难，因为荧光产额低，特征X射线光子能量小，使轻元素检测灵敏度和定量精度都较差。

离子探针仪利用电子光学方法把惰性气体等初级离子加速并聚焦成细小的高能离子束轰击样品表面，使之激发和溅射二次离子，经过加速和质谱分析，分析区域可降低到直径为 1~2μm 和深度<5nm，大大改善了表面成分分析的功能。从表14-1所给出的一些对比资料可以看到，离子探针在分析深度、采样质量、检测灵敏度、可分析元素范围和分析时间等方面，均优于电子探针，但初级离子束聚焦困难使束斑较大，影响了空间分辨率。

表14-1　几种表面微区成分分析技术的性能对比

分析性能	电子探针	离子探针	俄歇谱仪
空间分辨率/μm	0.5~1	1~2	0.1
分析深度/μm	0.5~2	<0.005	<0.005
采样体积质量/g	10^{-12}	10^{-13}	10^{-16}
可检测质量极限/g	10^{-16}	10^{-19}	10^{-18}
可检测浓度极限/$\times 10^{-6}$	50~10000	0.01~100	10~100
可分析元素	$Z\geqslant 4$ ($Z\leqslant 11$ 时灵敏度差)	全部(对He、Hg等灵敏度较差)	$Z\geqslant 3$
定量精度(w_C>10%)	±(1~5)%		
真空度要求/Pa	1.33×10^{-3}	1.33×10^{-6}	1.33×10^{-8}
对样品的损伤	对非导体损伤大，一般情况下无损伤	损伤严重，属消耗性分析，但可进行剥层	损伤少
定点分析时间/s	100	0.05	1000

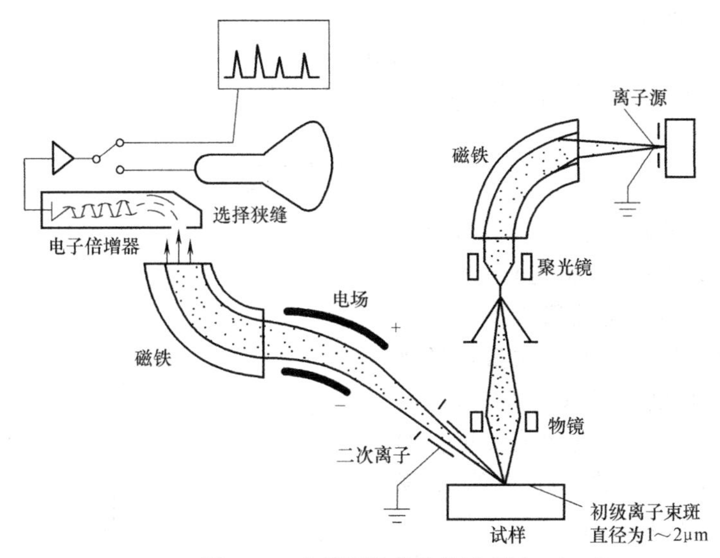

图 14-1 离子探针仪结构示意图

离子探针仪的结构如图 14-1 所示。双等离子流发生器将轰击气体电离，以 12～20kV 加速电压引出，通过扇形磁铁偏转（同时将能量差别较大的离子滤除）后进入电磁透镜聚焦成细小的初级离子束，轰击由光学显微镜观察选定的分析点。当用惰性气体（如 Ar^+）时，初级离子把动能转交给样品原子，使轰击区域深度小于 10nm 的表层内原子受到剧烈的搅动，变为高度浓集的等离子体，温度可达 6000～15000K，形成多种形式的化学体（包括原子和多原子团），并有不同程度的电离。等离子体存在的离子大多会被电子中和，但也有某些离子会逸出表面，即发生所谓“溅射过程”。二次离子逸出的概率取决于必须克服的表面位垒和它们的动能。如果采用化学性质活泼的气体离子（如 O^- 或 O_2^+ 等）轰击，则在溅射的同时表面化学组成会发生变化。但是由此生成的各种化合物和化合物离子，将使可能中和正离子的电子数目减少，或是提供产生带负电离子的最佳条件，并改变表面有效功函数的值，达到稳定的高离子产额，使痕量或定量元素分析得以进行。目前，大多数离子探针分析工作均以氧作为初级离子。

二次离子的平均初始能量为 10eV 数量级，也有不少能量高达几百电子伏。考虑到二次离子的能量非单一性，质谱分析采用图示的双聚焦系统。由 1kV 左右加速电压从表面引出的二次离子首先进入圆筒形电容器式静电分析器，径向电场 E 产生的向心力为

$$Ee = mv^2/r'$$

式中，e 和 m 是离子的电荷和质量；v 是离子的运动速度；r'为离子的轨迹半径，其计算公式为

$$r' = \frac{mv^2}{Ee} \tag{14-1}$$

这样，电荷和动能相同、质量未必相同的离子将有同样程度的偏转，因为 r'正比于离子的动能。接着，扇形磁铁内的均匀磁场（磁感应强度为 B）把离子按 e/m 比进行分类。若引出二次离子的加速电压为 U，则

$$eU = \frac{1}{2}mv^2$$

而磁场产生的偏转为

$$Bev = mv^2/r$$

其中，r 为磁场内离子轨迹的半径，由两式整理可得

$$r = \sqrt{\frac{2Um}{eB^2}} \propto \frac{1}{\sqrt{e/m}} \tag{14-2}$$

双聚焦系统的优点在于：①初始能量分散的同种离子(e/m 相同)最终可一起聚焦。②所有离子均被聚焦于同一平面内，便于照相记录或通过质量选择狭缝检测离子流强度。当以底片记录时，离子数量被显示为谱线的感光黑度；如果用电子倍增器计数，则谱线强度(cps)表明元素或同位素的相对含量。图14-2是典型的离子探针质谱分析结果。应当指出，质谱分析的背景强度几乎为零（如基体元素离子的计数率可达10^7cps数量级，而背景仅为10cps数量级），使检测灵敏度极高，可检测质量极限为10^{-19}g数量级，仅相当于几百个原子的存在量。

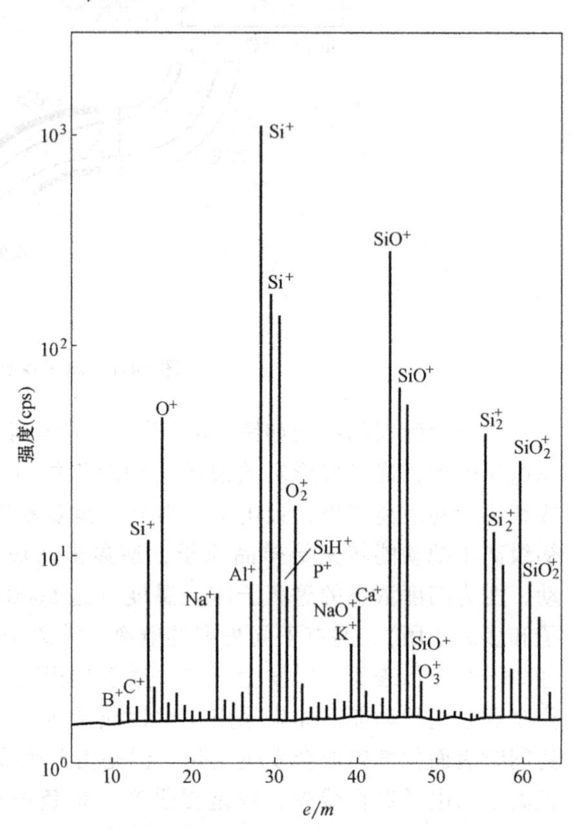

图 14-2 典型的离子探针质谱分析结果

（18.5keV 氧离子（O^-）轰击的硅半导体）

溅射过程的复杂机理以及多种形式离子的同时产生，包括单原子或多原子离子、化合物（氧化物、氢化物等）以及其他复合离子的出现，造成按 e/m 比分类时谱线的相互干扰，使离子探针的定量分析比较困难，但在某些情况下通过相对测量等方法，可以取得较好的结果。

在可控的条件下，利用初级离子轰击溅射剥层，可以获得元素浓度随深度变化的资料，蚀刻率为1~100nm/s，因轰击能量随样品而异。与电子探针的面分布相类似，当初级离子束在样品表面扫描时，选择某离子信号强度调制同步扫描的阴极射线管荧光屏亮度，可以显示元素面分布的图像。

第二节 低能电子衍射分析

低能电子衍射是利用10~500eV能量的电子入射，通过弹性背散射电子波的相互干涉产生衍射花样。由于样品物质与电子的强烈相互作用，常常使参与衍射的样品体积只是表面一个原子层。即使是稍高能量（≥100eV）的电子，也限于2~3层原子，分别以二维的方式参与衍射，仍不足以构成真正的三维衍射，只是使花样复杂一些而已。低能电子衍射的这个重要特点，使它成为固体表面结构分析时极为有效的工具。

显然，保持样品表面的清洁是十分重要的。据估计，在真空度为 1.33×10^{-4}Pa 的真空条件下，只需 1s，表面吸附层即可达到一个原子单层；真空度为 1.33×10^{-7}Pa 时，以原子单层覆盖表面约需 1000s。为此，低能电子衍射装置必须采用无油真空系统，以离子泵、升华泵等抽气并辅以 250℃左右烘烤，把真空度提高到 1.33×10^{-8}Pa。样品表面用离子轰击净化，并以液氦冷却以防止污染。为保证吸附杂质不产生额外的衍射效应，分析过程中表面污染度应始终低于 10^{12} 个/cm^2 杂质原子。

一、二维点阵的衍射

首先，考虑由散射质点构成的一维周期性点列（单位平移矢量为 $\boldsymbol{a}$），波长为 λ 的电子波垂直入射，如图 14-3 所示。通过简单的分析可知，在与入射反方向成 φ 角的背散射方向上，将得到相互加强的散射波为

$$a\sin\varphi = h\lambda \tag{14-3}$$

其中 h 为整数。如果考虑二维的情况，平移矢量分别为 $\boldsymbol{a}$ 和 $\boldsymbol{b}$，则衍射条件还需满足另一条件，即

$$b\sin\varphi' = k\lambda \tag{14-4}$$

此时，衍射方向即为以入射反方向为轴，半顶角为 φ 和 φ'的两个圆锥面的交线，这就是熟知的二维劳厄条件。

下面，以倒易点阵和埃瓦尔德球作图法处理二维点阵的衍射问题。对于图 14-4a 所示的点阵常数为 a 和 b 的二维点阵而言，定义一个相应的倒易点阵（图 14-4b），其点阵常数为 a^* 和 b^*，满足如下关系，即

$$\begin{aligned}\boldsymbol{a}\cdot\boldsymbol{a}^* &= \boldsymbol{b}\cdot\boldsymbol{b}^* = 1\\ \boldsymbol{a}^*\cdot\boldsymbol{b} &= \boldsymbol{b}^*\cdot\boldsymbol{a} = 0\\ \boldsymbol{a}^* = \boldsymbol{b}/A,&\quad \boldsymbol{b}^* = \boldsymbol{a}/A\end{aligned} \tag{14-5}$$

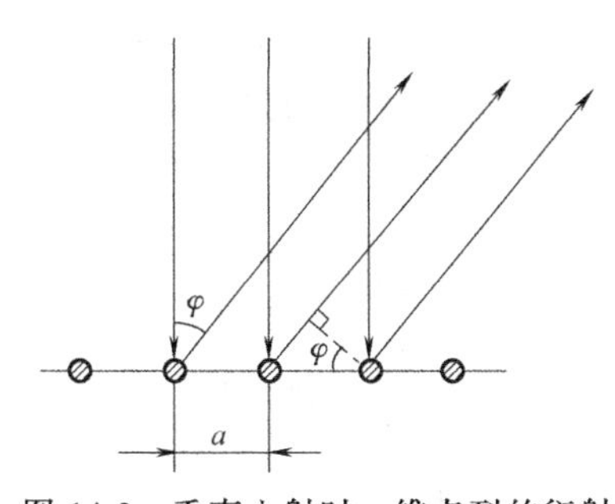

图 14-3　垂直入射时一维点列的衍射

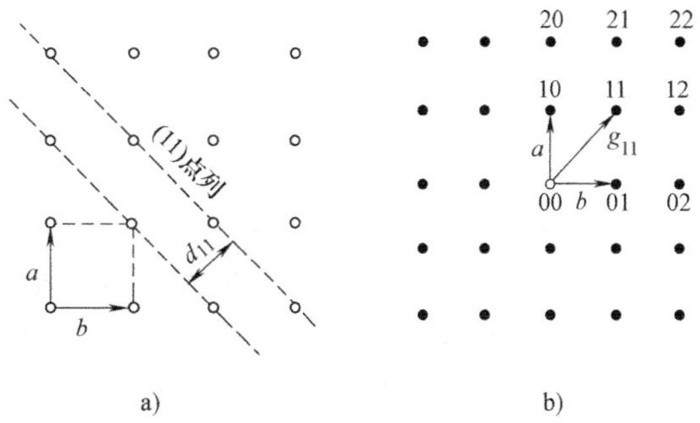

图 14-4　二维点阵及其倒易点阵
a）二维点阵　b）倒易点阵

其中，$A=|\boldsymbol{a}\times\boldsymbol{b}|$是二维点阵的“单胞”面积。显然，在这个倒易点阵中，倒易矢量 g_{hk} 垂直于(hk)点列，且

$$g_{hk} = 1/d_{hk} \tag{14-6}$$

其中，d_{hk} 为(hk)点列的间距。

对于单个原子层的二维点阵，其厚度仅为晶体内此原子平面的间距。例如，在简单立方情况下，(001)原子层的厚度为 c，所以它的每一个倒易阵点 hk 均在原子层平面的法线方向上扩展为很长的倒易杆。对于低能电子衍射，入射波的波长 $\lambda=0.05\sim0.5$nm，与固体内原

子间距离为同一数量级，所以在埃瓦尔德球作图法（图 14-5）中，球的半径（$1/\lambda$）也与 g 相差不大，倒易杆将与球面相交于两点 A 和 A'。在背散射方向上衍射波的波矢量 k' 如图 14-5 所示。显然，由于

$$k'\sin\varphi = g$$

即

$$\frac{1}{\lambda}\sin\varphi = \frac{1}{d}$$

得到

$$d\sin\varphi = \lambda \tag{14-7}$$

这就是二维点阵衍射的布拉格定律。

如果样品表面存在吸附原子，则呈规则的有序排列，如图 14-6a 所示。若在基体的平移矢量方向上它们的间距为 $2a$ 和 $2b$，则倒易平移矢量为 $\boldsymbol{a}^*/2$ 和 $\boldsymbol{b}^*/2$。倒易点阵（图 14-6b）中将在原有阵点的一半位置上出现超结构阵点，用空心圆点表示。此时，与原先“清洁”的表面相比较，衍射花样中也必将出现额外的超结构斑点。

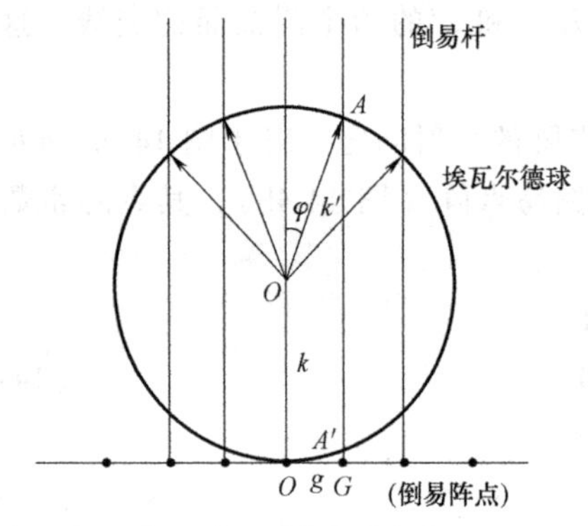

图 14-5 二维点阵衍射的埃瓦尔德球作图法

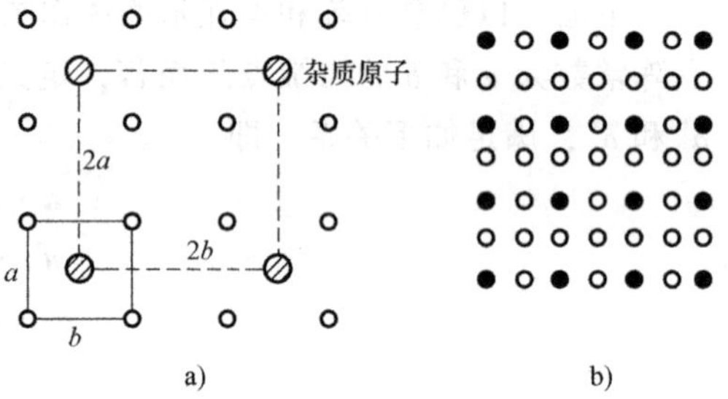

图 14-6 因吸附原子有序排列形成的二维点阵超结构及其倒易点阵
a）二维点阵超结构 b）倒易点阵

二、衍射花样的观察和记录

图 14-7 所示为利用后加速技术的低能电子衍射装置示意图。从电子枪钨丝发射的热电子，经三级聚焦杯加速、聚焦并准直，照射到样品(靶极)表面，束斑直径为 0.4~1mm，发散度约为 1°。样品处于半球形接收极的中心，两者之间还有 3~4 个半球形的网状栅极：G_1 与样品同电位(接地)，使靶极与 G_1 之间保持为无电场空间，使能量很低的入射和衍射电子束不发生畸变。栅极 G_2 和 G_3 相连并有略大于灯丝(阴极)的负电位，用来排斥损失了部分能量的非弹性散射电子。栅极 G_4 接地，主要起着

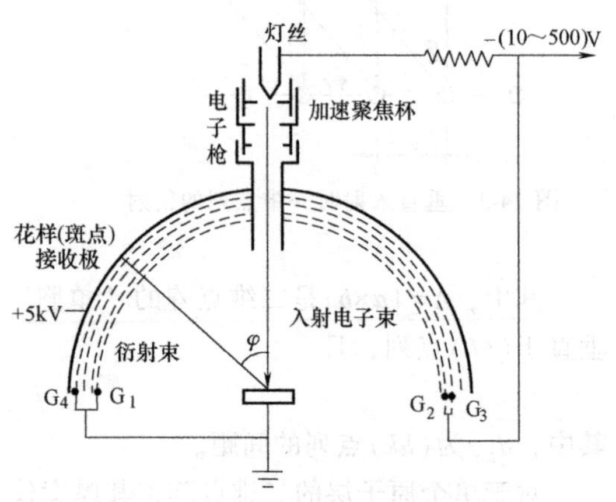

图 14-7 利用后加速技术的低能电子衍射装置示意图

对接收极的屏蔽作用，减少 G_3 与接收极之间的电容。半球形接收极上涂有荧光粉，并接5kV 正电位，对穿过栅极的衍射束(由弹性散射电子组成)起加速作用，增加其能量，使之在接收极的荧光面上产生肉眼可见的低能电子衍射花样，可从靶极后面直接观察或拍照记录。

在低能电子发生衍射以后再被加速，称为“后加速技术”，它能使原来不易被检测的微弱衍射信息得到加强，并不改变衍射花样的几何特性。比较图 14-7 与图 14-5 可以看到，半球形接收极上显示的花样，为倒易杆与埃瓦尔德球面交点图形的放大像，使得衍射花样的分析将非常直观和方便。

图 14-8 所示为 α-W(体心立方结构) 的(001)表面在吸附氧原子前后的低能电子衍射花样，把它们与图 14-4 和图 14-6 对照一下，不难得到有关表面位向和氧原子吸附方式的正确结论。

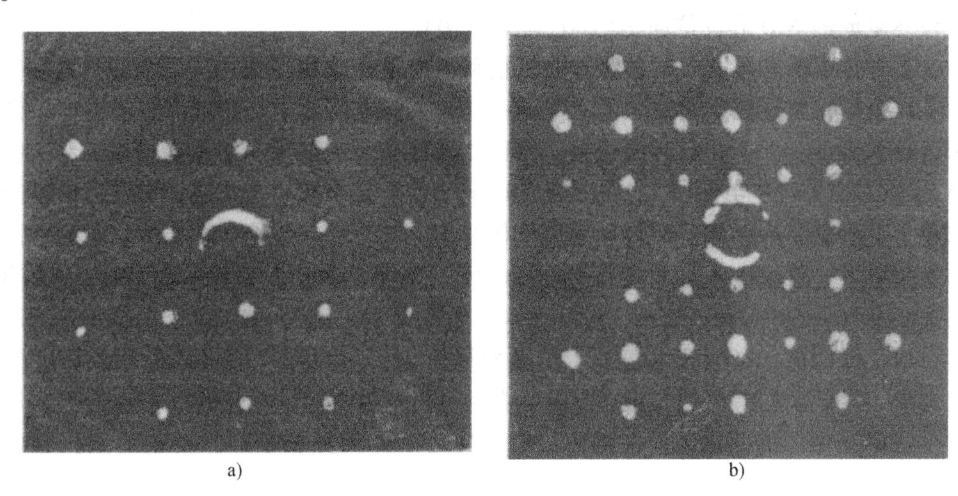

a)　　b)

图 14-8　α-W 的(001)表面在吸附氧原子前后的低能电子衍射花样
a) 清洁的表面　b) 吸附氧原子以后产生的超结构花样

三、低能电子衍射的应用

和 X 射线衍射三维晶体结构分析一样，低能电子衍射对于表面二维结构分析的重要性是不容置疑的。目前，它已在材料研究的许多领域中得到了广泛的应用，借此还发现了一些新的表面现象。

(1) 晶体的表面原子排列　低能电子衍射分析发现，金属晶体的表面二维结构并不一定与其整体相一致，也就是说，表面上原子排列的规则未必与内部平行的原子面相同。例如，在一定的温度范围内，某些贵金属(Au、Pt、Pd 等)和半导体材料(如 Si、Ge)的表面二维结构具有稳定的、不同于整体内原子的平移对称性。Si 在 800℃ 左右退火后，解理的或抛光的(111)表面发生了“改组”，出现所谓“Si(111)-7”超结构。曾经有人认为这可能是由于表面上有一薄层 Fe_5Si_3 的缘故，后来用俄歇电子能谱测量证明表面是“清洁”的，它确实是硅本身的一种特性。Ge 的(111)表面可能有几种不同的超结构，并已发现在表面结构和表面电子状态之间有着直接的联系。另外有许多金属，包括 Ni、Cu、W、Al、Cr、Nb、Ta、Fe、Mo、V 等，其表面与内层平行晶面的结构相同。

如果表面存在某种程度的长程有序结构，例如有一些大的刻面或规则间隔的台阶，也能成功地利用低能电子衍射加以鉴别。

(2) 气相沉积表面膜的生长 低能电子衍射对于研究表面膜生长过程是十分合适的，从而可以探索它与基底结构、缺陷和杂质的关系。例如，金属通过蒸发沉积在另一种晶体表面外延生长，在初始阶段，附着原子排列的二维结构常常与基底的表面结构有关。通常，它们先在基底的点阵位置上形成有序排列，其平移矢量是基底点阵间距的整数倍，这取决于沉积原子的尺寸、基底点阵常数和化学键性质。只有当覆盖超过一个原子单层或者发生了热激活迁移之后，才出现外延材料本身的结构。

(3) 氧化膜的形成 表面氧化膜的形成是一个复杂的过程，从氧原子吸附开始，通过氧与表面的反应，最后生成三维的氧化物。利用低能电子衍射详细地研究了镍表面的氧化，但至今还有一些新的现象正被陆续发现。当镍的(110)面暴露于氧气气氛时，随着表面吸附的氧原子渐渐增多，已发现有五个不同超结构转变阶段。两个阶段之间则为无序的或混合的结构，最终生成的 NiO 膜的位向是$(100)_{NiO}//(110)_{Ni}$。

(4) 气体吸附和催化 气体吸附是目前低能电子衍射最重要的应用领域。在物理吸附方面，花样显示了吸附层的“二维相变”——气体—液体—晶体，并对许多理论假设所预示的结果进行了验证。关于化学吸附现象，已经用低能电子衍射分析了一百多个系统。催化过程则是化学吸附的一种自然推广，虽然在低能电子衍射仪中难以模拟高压等实际环境条件，但已取得了不少重要的结果。例如，几种气体在催化剂表面的组合吸附结构常常比单一气体的吸附复杂得多，这反映了它们之间的相互作用，催化剂对不同气体原子间的结合具有促进的作用。

目前，低能电子衍射技术正处于迅速发展阶段，它对许多固体表面现象研究的贡献在于，至少已经使人们部分地知道了“表面发生了什么变化”，并开始逐步地能够回答“为什么发生这些变化”的问题。而在以往，由于缺乏必要的分析手段，对表面层真正的结构情况知之甚少。

第三节 俄歇电子能谱分析

在前文讨论高能电子束与固体样品相互作用时已经指出，当原子内壳层电子因电离激发而留下一个空位时，由较外层电子向这一能级跃迁使原子释放能量的过程中，可以发射一个具有特征能量的 X 射线光子，也可以将这部分能量交给另外一个外层电子引起进一步的电离，从而发射一个具有特征能量的俄歇电子。检测俄歇电子的能量和强度可以获得有关表层化学成分的定性或定量信息，这就是俄歇电子能谱仪的基本分析原理。近年来，由于超高真空($1.33\times10^{-8}\sim1.33\times10^{-7}$Pa)和能谱检测技术的发展，俄歇电子能谱仪作为一种极为有效的表面分析工具，为探索和澄清许多涉及表面现象的理论和工艺问题，做出了十分重要的贡献，日益受到人们普遍的重视。

一、俄歇跃迁及其概率

原子发射一个KL_2L_2 俄歇电子，其能量由下式给定

$$E_{KL_2L_2}=E_K-E_{L_2}-E_{L_2}-E_W$$

可见，俄歇跃迁涉及三个核外电子。普遍的情况应该是，由于 A 壳层电子电离，B 壳层电子向 A 壳层的空位跃迁，导致 C 壳层电子的发射。考虑到后一过程中 A 电子的电离将引

起原子库仑电场的改组，使C壳层能级略有变化，可以看成原子处于失去一个电子的正离子状态，因而对于原子序数为Z的原子，电离以后C壳层由$E_C(Z)$变为$E_C(Z+\Delta)$，于是俄歇电子的特征能量应为

$$E_{ABC}(Z)=E_A(Z)-E_B(Z)-E_C(Z+\Delta)-E_W \tag{14-8}$$

其中Δ是一个修正量，数值为1/2~3/4，近似地可以取作1。这就是说，式中E_C可以近似地认为是比Z高1的那个元素原子中C壳层电子的结合能。

可能引起俄歇电子发散的电子跃迁过程是多种多样的。例如，对于K层电离的初始激发状态，其后的跃迁过程中既可能发射各种不同能量的K系X射线光子（$K_{\alpha1}$、$K_{\alpha2}$、$K_{\beta1}$、$K_{\beta2}$…），也可能发射各种不同能量的K系俄歇电子（KL_1L_1、$KL_1L_{2,3}$、$K_{2,3}L_{2,3}$…），这是两个互相竞争的不同跃迁方式，它们的相对发射概率，即荧光产额ω_K和俄歇电子产额$\bar{\alpha}_K$应满足

$$\omega_K+\bar{\alpha}_K=1 \tag{14-9}$$

同样，以L或M层电子电离作为初始激发态时，也存在同样的情况。事实上，最常见的俄歇电子能量总是相应于最有可能发生的跃迁过程，也即那些给出最强X射线谱线的电子跃迁过程。各种元素在不同跃迁过程中发射的俄歇电子的能量可由图14-9表示。显然，选用强度较高的俄歇电子进行检测有助于提高分析的灵敏度。

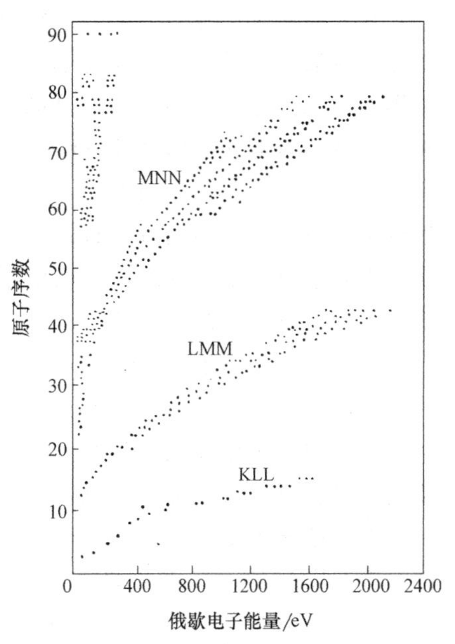

图14-9　各种元素的俄歇电子能量

平均俄歇电子产额$\bar{\alpha}$随原子序数的变化如图14-10所示。对于$Z<15$的轻元素的K系，以及几乎所有元素的L和M系，俄歇电子的产额都是很高的。由此可见，俄歇电子能谱分析对于轻元素是特别有效的；对于中、高原子序数的元素来说，采用L和M系俄歇电子也比采用荧光产额很低的长波长L或M系X射线进行分析灵敏度高得多。通常，对于$Z\leqslant14$的元素，采用KLL电子来鉴定；对于$Z>14$的元素，LMM电子比较合适；对于$Z\geqslant42$的元素，以MNN和MNO电子为佳。为了激发上述这些类型的俄歇电子跃迁，产生必要的初始电离所需的入射电子能量都不高，例如2keV以下就足够了。

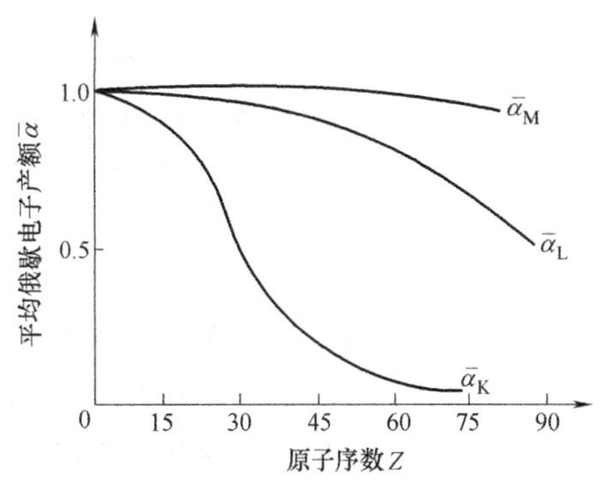

图14-10　平均俄歇电子产额$\bar{\alpha}$随原子序数的变化

大多数元素在50~1000eV能量范围内都有产额较高的俄歇电子，它们的有效激发体积取决于发射的深度和入射电子束的束斑直径d_p。虽然俄歇电子的实际发射深度取决于入射电子的穿透能力，但真正能够保持其特征能量而逸出表面的俄歇电子却仅限于表层以下0.1~1nm的深度范围。这是因为大于这一深度处发射的俄歇电子，在到达表面以前将由于

与样品原子的非弹性散射而被吸收，或者部分地损失能量而混同于大量二次电子信号的背景。0.1~1nm 的深度只相当于表面几个原子层，这就是俄歇电子能谱仪作为有效的表面分析工具的依据。显然，在这样的浅表层内，入射电子束的侧向扩展几乎完全不存在，其空间分辨率直接与束斑尺寸 d_p 相当。目前，利用细聚焦入射电子束的“俄歇探针仪”可以分析大约 50nm 的微区表面化学成分。

二、俄歇电子能谱的检测

在人们最感兴趣的俄歇电子能量范围内，由初级入射电子所激发产生的大量二次电子和非弹性背散射电子构成了很高的背景强度。俄歇电子的电流约为 10^{-12}A 数量级，而二次电子等的电流高达 10^{-10}A，所以俄歇电子谱的信噪比(S/N)极低，检测相当困难，需要某些特殊的能量分析器和数据处理方法。

(1) 阻挡场分析器(RFA)　俄歇谱仪与低能电子衍射仪在许多方面存在相似的地方，如电子光学系统、超高真空样品室等，它们需要检测的电子信号都是低能的微弱信息。因此，俄歇谱仪的早期发展大多利用原有的低能电子衍射仪，仅增加一些接收俄歇电子并进行微分处理的电子学线路而已。

在图 14-7 所示的低能电子衍射装置中，一方面提高电子枪的加速电压(200~3000V)，另一方面让半球形栅极 G_1 和 G_3 的负电位在 0~1000V 之间连续可调，即可用来检测俄歇电子能谱。把电子枪装在半球形分析器的外面，试样略有倾斜，使初级电子束以 15°~25°的小角度入射，可以大大降低背散射电子的信号强度，使分辨率提高。

如果使栅极 G_2 和 G_3 处于 $-U$ 电位，则它们将对表面发射的电子中能量低于 eU 的部分产生一个阻挡电场使之不能通过，而仅能量高于 eU 的电子才能到达接收极。这样的检测装置称为阻挡场分析器，具有“高通滤波器”的性质。接收极收集到的电流信号，包括所有的能量高于 eU 的电子，显然，要直接从这样得到的 $I(E)$-E 能谱曲线(如图 14-11 中的曲线 1)上检测到微弱的俄歇电子峰，将是十分困难的，至少灵敏度是极差的。

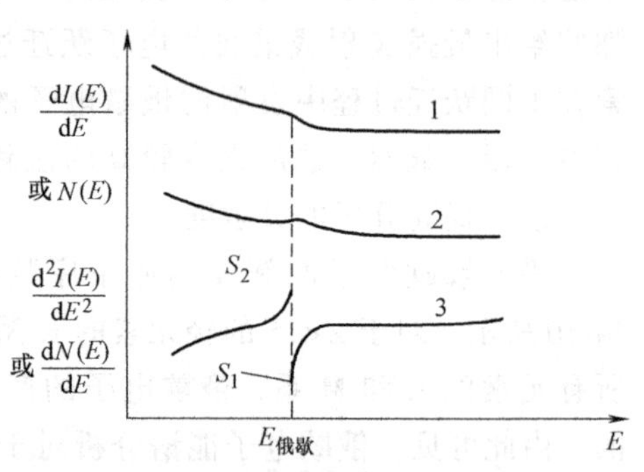

图 14-11　接收极信号强度的三种显示方式

为了提高测量灵敏度，在直流阻挡电压上叠加一个交流微扰电压 $\Delta U=k\sin\omega t$，典型的情况是 $k=0.5\sim5$V，$\omega=1\sim10$kHz。这样，接收极收集的电流信号 $I(E+\Delta E)$(其中 $\Delta E=eU$)也有微弱的调幅变化，用泰勒公式展开为

$$I(E+\Delta E)=I(E)+I'(E)\Delta E+\frac{I''(E)}{2!}\Delta E^2+\frac{I'''(E)}{3!}\Delta E^3+\cdots$$

其中，$I'(E)$、$I''(E)$、$I'''(E)$ ⋯是 $I(E)$ 对 E 的一次、二次、三次⋯微分。当 k 很小时，上式改写为

$$\begin{aligned}I&=I_0+\left(I'k+\frac{I'''k^3}{8}+\cdots\right)\sin\omega t-\left(\frac{I''k^2}{4}+\frac{I''''k^4}{48}+\cdots\right)\cos2\omega t+\cdots\\&\approx I_0+I'k\sin\omega t-\frac{I''k^2}{4}\cos2\omega t\end{aligned}$$

利用相敏检波器可以将频率为 ω 或 2ω 的信号挑选出来整流并放大，分别给出$\frac{\mathrm{d}I(E)}{\mathrm{d}E}$或$\frac{\mathrm{d}^2I(E)}{\mathrm{d}E^2}$随阻挡电压 U 或电子能量 $E=eU$ 的变化曲线，如图 14-11 中的曲线 2 或 3 所示。

由于接收极收集的电流信号 $I(E)\propto\int_E^\infty N(E)\mathrm{d}E$，其中 $N(E)$ 是能量为 E 的电子数目，于是有

$$N(E)\propto\frac{\mathrm{d}I(E)}{\mathrm{d}E} \tag{14-10}$$

所以，曲线 2 也可以看作是 $N(E)$ 随 E 的变化，即电子数目随能量分布的曲线，在二次电子等产生的较高背景上叠加有微弱的俄歇电子峰。曲线 3 则是电子能量分布的一次微分$\left[\frac{\mathrm{d}N(E)}{\mathrm{d}E}\right]$，背景低而峰明锐（典型的相对能量分辨率可达 0.3%~0.5%，S/N 比为 4000 左右），容易辨认，这是俄歇谱仪常用的显示方式。利用俄歇峰的能量可以进行元素定性分析，从峰的高度可以得到半定量或定量的分析数据。

（2）圆筒反射镜分析器（CMA）　1966 年出现的一种新型电子能量分析器，如图 14-12 所示，已为近代俄歇谱仪所广泛采用。它是由两个同轴的圆筒形电极所构成的静电反射系统，内筒上开有环状的电子入口（E）和出口（B）光阑，内筒和样品接地，外筒接偏转电压 U。两个圆筒的半径分别为 r_1 和 r_2，典型的 r_1 为 3cm 左右，而 $r_2=2r_1$。如果光阑选择的电子发射角为 42°18′，则由样品上轰击点 S 发射的能量为 E 的电子，将被聚焦于距离 S 点为 $L=6.19r_1$ 的 F 点，并满足如下关系

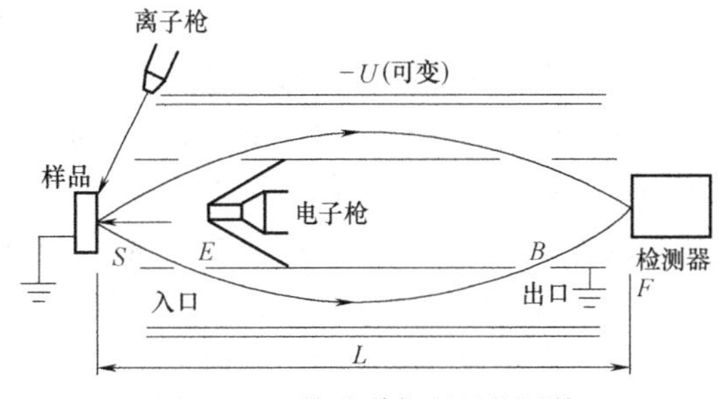

图 14-12　俄歇谱仪所用的圆筒反射镜电子能量分析器

$$\frac{E}{Ue}=1.31\ln\frac{r_1}{r_2} \tag{14-11}$$

连续地改变外筒的偏转电压 U，即可得到 $N(E)$ 随电子能量分布的谱曲线（同样可进行微分处理）。通常采用电子倍增管作为电子信号的检测器。显然，这是一种“带通滤波器”性质的能量分析装置，因为只有满足式（14-11）的能量为 $E+\Delta E$ 的电子才可以聚焦并被检测，ΔE 受到反射镜系统的球差、光阑的角宽度（约 ±3°）以及杂散电磁场的限制，能量分辨率理论上可达到 0.04%，实际上一般在 0.1%左右。总的灵敏度可比阻挡场分析器提高 2~3 个数量级。

俄歇电子能谱仪的电子枪常装在圆筒反射镜分析器的内筒腔里，形成同轴系统，而在侧面安放溅射离子枪作样品表面清洁或剥层之用（图 14-12）。

三、定量分析

目前，利用俄歇电子能谱仪进行表面成分的定量分析，精度还比较低，基本上只是半定量的水平。常规的情况下，相对误差约为 30%。如果能对俄歇电子的有效发射深度估计得

较为准确，并充分考虑到表面以下基底材料的背散射对俄歇电子产额的影响，精度可能提高到与电子探针相近，相对误差降低到约5%。

显然，微分俄歇能谱曲线(图14-11的曲线3)的峰-峰幅值 S_1S_2 的大小应是有效激发体积内元素浓度的标志。为了把测量得到的峰-峰幅值 I_A(A为某元素符号)换算成为它的摩尔分数 C_A，需要采用特定的纯元素标样——银，并通过下式计算，即

$$C_A = \frac{I_A}{I_{Ag}^0 S_A D_X} \tag{14-12}$$

式中，I_{Ag}^0 是纯银标样的峰-峰幅值；S_A 是元素A的相对俄歇灵敏度因子，它考虑了电离截面和跃迁概率的影响，可由专门的手册查得；D_X 为一标度因子，当 I_A 和 I_{Ag}^0 的测量条件完全相同时，$D_X=1$。

如果测得俄歇谱中所有存在元素（A、B、C、…、N）的峰-峰幅值，则摩尔分数的计算公式为

$$C_A = \frac{I_A/S_A}{\sum_{j=A}^{N}(I_j/S_j)} \tag{14-13}$$

四、俄歇电子能谱仪的应用

从自由能的观点来看，不同温度和加工条件下材料内部某些合金元素或杂质元素在自由表面或内界面(例如晶界)处发生偏析，以及它们对于材料性能的种种影响，早已为人们所猜测或预料到了。可是，由于这种偏析有时仅发生在界面的几个原子层范围以内，在俄歇电子能谱分析方法出现以前，很难得到确凿的实验证据。具有极高表面灵敏度的俄歇电子能谱仪技术为成功地解释各种和界面化学成分有关的材料性能特点提供了极其有效的分析手段。目前，在材料科学领域内，许多金属和合金晶界脆断、蠕变、腐蚀、粉末冶金、金属和陶瓷的烧结、焊接和扩散连接工艺、复合材料以及半导体材料和器件的制造工艺等，都是俄歇电子能谱仪应用得十分活跃的方面。以下仅举两个例子加以说明。

(1) 压力加工和热处理后的表面偏析　含Ti仅0.5%(质量分数)的06Cr18Ni11Ti不锈钢热轧成0.05mm厚的薄片后，用俄歇电子能谱仪分析发现，表面Ti的浓度大大高于它的平均成分。随后，把薄片加热到998K和1118K，Ti的偏析又稍有增高；当温度提高到1373K时，发现表面层含Ti竟高达40%(摩尔分数)左右。特别是极低能量(28eV)的Ti俄歇峰也被清楚地检测到了，间接地证明在最外表层中确实含有相当多的Ti原子。进一步加热到1473K，表面含钛量下降，硫浓度增高，氧消失，而镍、磷和硅出现。

在热处理过程中，金属与气氛之间的界面由于从两侧发生元素的迁移导致成分发生变化。例如，成分为60Ni-20Co-10Cr-6Ti-4Al的镍基合金，在真空热处理前后表面成分很不相同。原始表面沾染元素有S、Cl、O、C、Na等；热处理后，表面Al的浓度明显增高，而其他基体元素(Ni、Co、Cr等)的俄歇峰都很小，离子轰击剥层30nm左右后，近似成分为Al_2O_3。这表明，如果热处理时真空度较低，表面铝的扩散和氧化将生成相当厚的氧化铝，可能导致它与其他金属部件焊接时发生困难。

(2) 金属和合金的晶界脆断　钢在550℃左右回火时的脆性、难熔金属的晶界脆断、镍基合金的硫脆、不锈钢的脆化敏感性、结构合金的应力腐蚀和腐蚀疲劳等，都是杂质元素在

晶界偏析引起脆化的典型例子。引起晶界脆性的元素可能有 S、P、Sb、Sn、As、O、Te、Si、Pb、Se、Cl、I 等，有时它们的平均质量分数仅为 10^{-6} ~ 10^{-3}，在晶界附近的几个原子层内浓度竟富集到 10 ~ 10^4 倍。

为了研究晶界的化学成分，必须在超高真空样品室内用液氮冷却的条件下，直接敲断试样，以便提供未受污染的原始晶界表面供分析。低温晶间断裂得到的晶界表面俄歇谱如图 14-13 所示。在脆性状态(曲线 2)下，锑的浓度比平均成分高两个数量级；利用氩离子轰击剥层 0.5nm 以后，锑的含量即下降至原来的 20%左右，说明脆性状态下它的晶界富集层仅为几个原子层的厚度。在未脆化的状态，晶界上未检测到 Sb 的俄歇峰，如图 14-13 中曲线 1 所示。

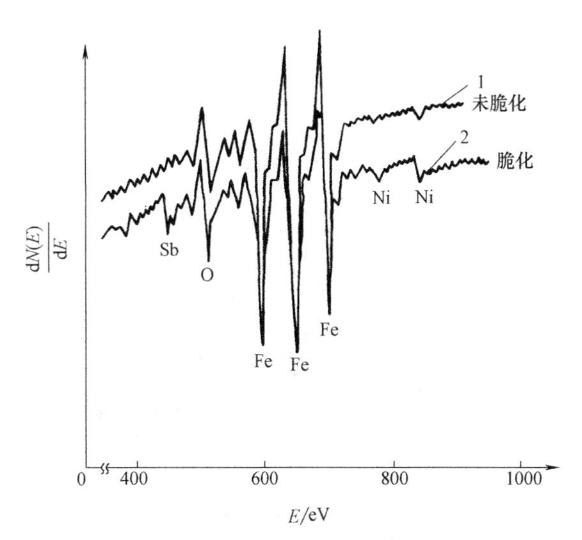

图 14-13 合金钢（$w_C=0.39\%$、$w_{Ni}=3.5\%$、$w_{Cr}=1.6\%$、$w_{Sb}=0.06\%$）的俄歇电子能谱曲线（注意正常态和回火脆性状态下 Sb 和 Ni 的双重峰变化）

第四节 场离子显微镜与原子探针

所有显微成像或分析技术的共同要求是尽量减少同时被检测的样品质量，避免过多的信息被激发和记录，以期提高它的分辨率。在现阶段，把固体内的原子直接分辨成像，可以被认为是一个现实的目标。例如，在透射电子显微镜和扫描透射电子显微镜中，利用衍射和相位衬度效应，以及对透射电子的特征能量损失谱分析，显示固体薄膜样品中原子或原子面的图像(晶格像和结构像)，以及在适当的基底膜上单个原子的成像等，均已取得许多重大的进展。由米勒(E. W. Müller)在 20 世纪 50 年代开创的场离子显微镜及其有关技术，则是别具一格的原子直接成像方法，它能清晰地显示样品表层的原子排列和缺陷，并在此基础上进一步发展到利用原子探针鉴定其中单个原子的元素类别。

一、场离子显微镜的结构

场离子显微镜的结构示意图如图 14-14 所示。场离子显微镜由一个玻璃真空容器组成，平坦的底部内侧涂有荧光粉，用于显示图像。样品一般采用单晶细丝，通过电解抛光得到曲率半径约为 100nm 的尖端，以液氮、液氢或液氦冷却至深低温，减小原子的热振动，使原子的图像稳定可辨。样品接 10~40kV 的高压作为阳极，而容器内壁(包括观察荧光屏)通过导电镀层接地，一般用氧化锡，以保持透明。

仪器工作时，首先将容器抽到 1.33×10^{-6}Pa 的真空度，然后通入压力约为 1.33×10^{-1}Pa 的成像气体，例如惰性气体氦。在样品上加足够高的电压时，气体原子发生极化和电离，荧光屏上即可显示尖端表层原子的清晰图像，如图 14-15 所示，其中每一亮点都是单个原子的像。

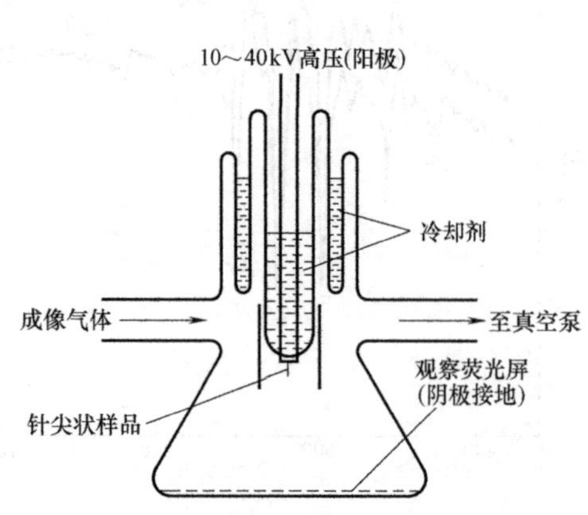

图 14-14 场离子显微镜的结构示意图

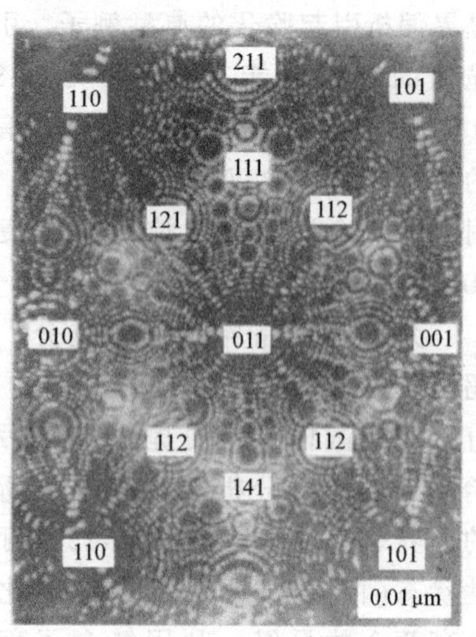

图 14-15 钨单晶尖端的场离子显微镜图像

二、场致电离和原子成像

如果样品细丝被加上数值为 U 的正电位，它与接地的阴极之间将存在一个发散的电场，并以曲率半径 r 极小的尖端表面附近产生的场强为最高

$$E \approx \frac{U}{5r} \tag{14-14}$$

当成像气体进入容器后，受到自身动能的驱使会有一部分到达阳极附近，在极高的电位梯度作用下气体原子发生极化，即使中性原子的正、负电荷中心分离而成为一个电偶极子。极化原子被电场加速并撞击样品表面，由于样品处于深低温，所以气体原子在表面经历若干次弹跳的过程中也将被冷却而逐步丧失其能量，如图 14-16 所示。

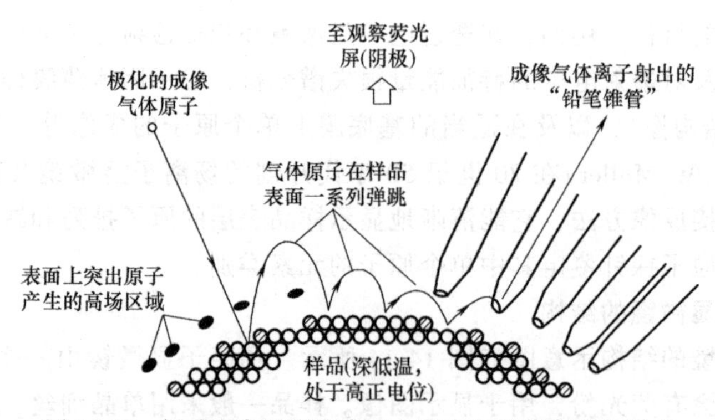

图 14-16 场致电离过程和表面上突出原子像亮点的形成

尽管单晶样品的尖端表面近似地呈半球形，可是由于原子单位的不可分性，使得这一表面实质上是由许多原子平面的台阶所组成的，处于台阶边缘的原子(图 14-16 中画有斜线的原子)总是突出于平均的半球形表面而具有更小的曲率半径，在其附近的场强亦更高。当弹跳中的极化原子陷入突出原子上方某一距离的高场区域时，若气体原子的外层电子能态符合样品中原子的空能级能态，该电子将有较高的概率通过“隧道效应”而穿过表面位垒进入样品，气体原子则发生场致电离变为带正电的离子。此时，成像气体的离子由于受到电场的

加速而径向射出，当它们撞击观察荧光屏时，即可激发光信号。

显然，在突出原子的高场区域内极化原子最易发生电离，由这一区域径向地投射到观察屏的“铅笔锥管”内，其中集聚着大量射出的气体离子，因此图像中出现的每一个亮点对应着样品尖端表面的一个突出原子。

使极化气体电离所需要的成像场强 E_i 主要取决于样品材料、样品温度和成像气体外层电子的电离激发能。几种典型的气体成像场强见表 14-2。对于常用的惰性气体氦和氖，$E_i \approx$ 400MV/cm。根据式(14-14)，当 $r=10\sim300$nm 时，在尖端表面附近产生这样高的场强所需要的样品电位 U 并不很高，仅为 5~50kV。

表 14-2　几种气体的成像场强

气　体	E_i/(MV/cm)	气　体	E_i/(MV/cm)
He	450	Ar	230
Ne	370	Kr	190
H_2	230		

三、图像的解释

如上所述，场离子显微镜图像中每一亮点实际上是样品尖端表面一个突出原子的像。由图 14-15 可以看到，整个图像由大量环绕若干中心的圆形亮点环所构成，其形成的机理可由图 14-17 得到解释。设想某一立方晶体单晶样品细丝的长轴方向为[011]，则以[011]为法线方向的原子平面[即(011)晶面]与半球形表面的交线即为一系列同心圆环，它们同时也就是表面台阶的边缘线。因为，图像中同一圆环上亮点，正是同一台阶边缘位置上突出原子的像，而同心亮点环的中心则为该原子平面法线的径向投影极点，可以用它的晶面指数表示。

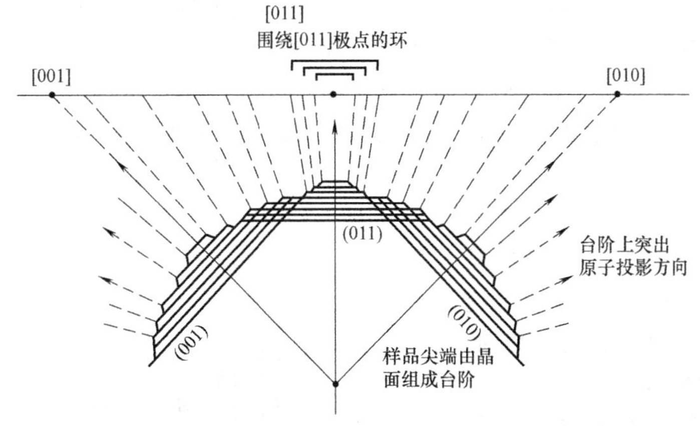

图 14-17　立方单晶体场离子显微镜图像中亮点环的形成及其极点的解释

图 14-17 也画出了另外两个低指数晶向及其相应的晶面台阶。不难看到，平整的观察荧光屏上所显示的同心亮点环中心的位置就是许多不同指数的晶向投影极点。如果回忆一下晶体学中有关“极射赤面投影图”的概念，便立即可以理解，两者极点所构成的图形将是完全一致的。所以，对于已知点阵类型的晶体样品，它的场离子图像的解释将是毫不困难的，尽管由于尖端表面不可能是精确的半球形，所得极点图形会有某种程度的畸变。事实上，场

离子图像总是直观地显示了晶体的对称性质。据此可以方便地确定样品的晶体学位向和各极点的指数(参看图14-15)。

从图14-17还可以看到，场离子显微镜图像的放大倍率可简单地表达为

$$M=R/r \tag{14-15}$$

其中，R是样品至观察屏的距离，典型的数值为5~10cm，所以M大约是10^6倍。

四、场致蒸发和剥层分析

在场离子显微镜中，如果场强超过某一临界值，将发生场致蒸发。E_e称为临界场致蒸发场强，它主要取决于样品材料的某些物理参数(如结合键强度)和温度。当极化的气体原子在样品表面弹跳时，其负极端总是朝向阳极，因而在表面附近存在带负电的“电子云”对样品原子的拉曳作用，使之电离并通过“隧道效应”或热激活过程穿越表面位垒而逸出，即样品原子以正离子形式被蒸发，并在电场的作用下射向观察屏。某些金属的蒸发场强E_e见表14-3。

表14-3 某些金属的蒸发场强

金属	难熔金属	过渡族金属	Sn	Al
E_e/(MV/cm)	400~500	300~400	220	160

显然，表面吸附的杂质原子将首先被蒸发，因而利用场致蒸发可以净化样品的原始表面。由于表面的突出原子具有较高的位能，总是比那些不处于台阶边缘的原子更容易产生蒸发，它们也正是最有利于引起场致电离的原子。所以，当一个处于台阶边缘的原子被蒸发之后，与它挨着的一个或几个原子将突出于表面，并随后逐个地被蒸发，据此，场致蒸发可以用来对样品进行剥层分析，显示原子排列的三维结构。

为了获得稳定的场离子图像，除了必须将样品深冷以外，表面场强必须保持在低于E_e而高于E_i的水平。对于不同的金属，通过选择适当的成像气体和样品温度，目前已能实现大多数金属的清晰场离子成像，其中难熔金属被研究得最多。显然，像Sn和Al这样的金属，稳定成像是困难的。采用较低的气体压强，以适当降低表面“电子云”密度，也许可以缓和场致蒸发，但同时又使像点亮度减弱，曝光时间延长，必须引入高增益的像增强装置。

五、原子探针

场致蒸发现象的另一应用是所谓的“原子探针”，可以用来鉴定样品表面单个原子的元素类别，其工作原理如图14-18所示。

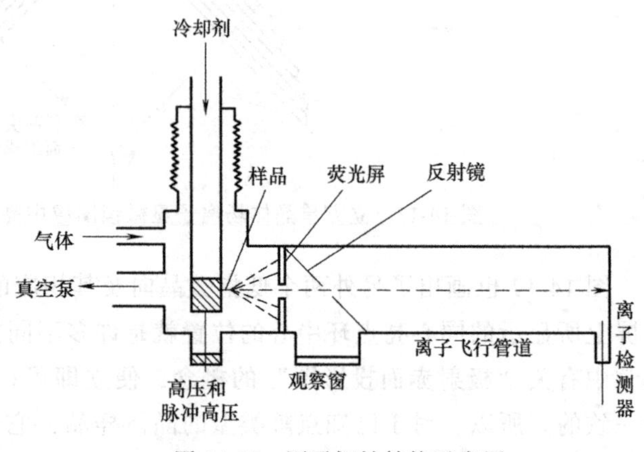

图14-18 原子探针结构示意图

首先，在低于E_e的成像条件下获得样品表面的场离子图像，通过观察窗监视样品位向的调节，使欲分析的某一原子像点对准荧光屏的小孔，它可以是偏析的溶质原子或细小沉淀物相等。当样品被加上一个高于蒸发场强的脉

冲高压时，该原子的离子可被蒸发，穿过小孔到达飞行管道的终端而被高灵敏度的离子检测器所检测。若离子的价数为 n，质量为 m，则其动能为

$$E_K = neU = \frac{1}{2}mv^2$$

其中，U 为脉冲高压。可见，离子的飞行速度取决于离子的质量。如果能够测得其飞行时间，而样品到检测器的距离为 s（通常长达 1~2m），则有

$$t \approx \frac{s}{v} = s\bigg/\sqrt{\frac{2neU}{m}} \tag{14-16}$$

由此可以计算离子的质量 m，从而达到原子分辨水平的化学成分分析的目的。

六、场离子显微镜的应用

场离子显微术的主要优点在于表面原子的直接成像，通常只有其中约 10%的台阶边缘原子给出像亮点。在某些理想情况下，台阶平面的原子也能成像，但衬度较差。对于单晶样品，图像的晶体学位向特征十分明显，台阶平面或极点的指数化纯粹是简单的几何方法。

由于参与成像的原子数量有限，实际分析体积仅约为 $10^{-21}m^3$，因而场离子显微镜只能研究在大块样品内分布均匀和密度较高的结构细节，否则观察到某一现象的概率有限。例如，若位错的密度为 10^8cm^{-2}，则在 $10^{-10}cm^2$ 的成像表面内将难以被发现。对于结合键强度或熔点较低的材料，由于蒸发场强太低，不易获得稳定的图像；对于多元合金，常常因为浓度起伏等造成图像的某种不规则性，其中组成元素的蒸发场强也不相同，图像不稳定，分析较困难。此外，在成像场强作用下，样品经受着极高的应力(如果 E_i=47.5MV/cm，应力高达 $10kN/mm^2$)，可能使样品发生组织结构的变化，如位错形核或重新排列、产生高密度的假象空位或形变孪晶等，甚至引起样品的崩裂。

尽管场离子显微术存在着上述一些困难和限制，但由于它能直接给出表面原子的排列图像，因此在材料科学许多理论问题的研究中，仍不失为一种独特的分析手段。

（1）点缺陷的直接观察　空位或空位集合、间隙或置换的溶质原子等点缺陷，目前还只有场离子显微镜可以使它们直接成像。在图像中，它们表现为缺少一个或若干个聚集在一起的像亮点，或者出现某些衬度不同的像亮点。问题在于很可能出现假象，例如荧光屏的疵点以及场致蒸发，都会产生虚假的空位点；同时，在大约 10^4 个像亮点中发现十来个空位，也不是一件容易的事情，如果空位密度高，又难以计数完全，所以，目前虽不能给出精确的定量信息，但在淬火空位、辐照空位、离子注入等方面，场离子显微镜提供了可用于比较分析的重要资料。

（2）位错　鉴于前述的困难，场离子显微镜不太可能用来研究形变样品内的位错排列及其交互作用。但是，当有位错在样品尖端表面露头时，其场离子图像所出现的变化却是与位错的模型非常符合的。图 14-19 中三角处即为一个位错的露头。本来，理想晶体的表面台阶所产生的图像应是规则的同心亮点环。若台阶平面的倒易矢量为 $\boldsymbol{g}$，由于柏氏矢量为 $\boldsymbol{b}$ 的全位错的存在，法线方向的位移分量将是晶面间距的 $\boldsymbol{g}\cdot\boldsymbol{b}$ 倍，对于低指数晶面，$\boldsymbol{g}\cdot\boldsymbol{b}$ 通常为0、1、2 等。于是，台阶边缘突出原子所产生的亮点环变为某种连续的螺旋形线，如图 14-19 所示，即为 $\boldsymbol{g}\cdot\boldsymbol{b}=1$ 的情况，其节距(台阶高度差)就等于晶面间距的数值。若 $\boldsymbol{g}\cdot\boldsymbol{b}=2$，则是围绕位错露头的双螺旋形线。

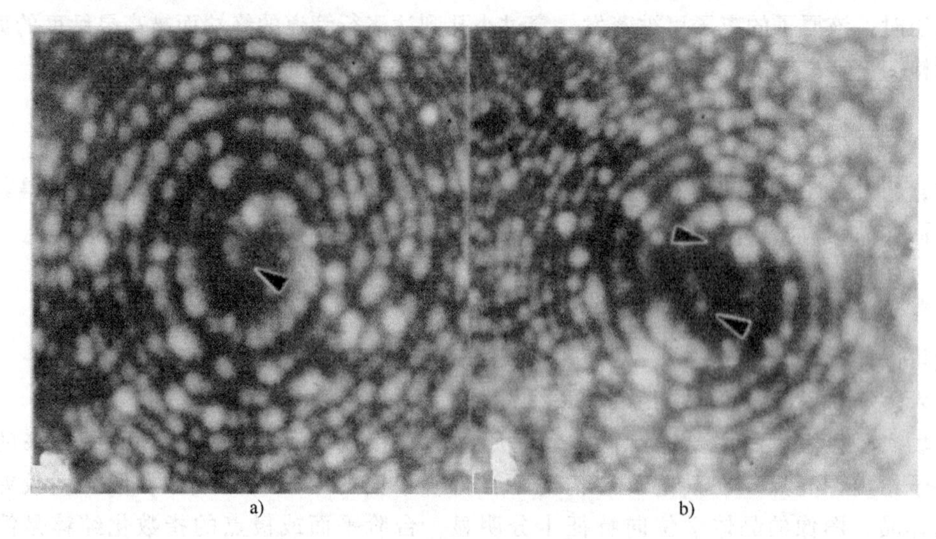

a) b)

图 14-19 含有位错样品的场离子显微镜图像

a）单螺旋 b）双螺旋

（3）界面缺陷 界面原子结构的研究是场离子显微镜最早的也是十分成功的应用之一。例如，现有的晶界构造理论在很大程度上依赖于它的许多观察结果，因为图像可以清晰地显示界面两侧原子的排列和位向的关系(精度达±2°)。

图 14-20 所示为含有一条晶界的场离子图像。显然，它由两个不同位向的单晶体所组成。可以看到，晶界两侧原子的配合是十分紧密的，处于晶界内的原子偏离其理想位置的位移，由于分辨率的限制尚无法精确测量。

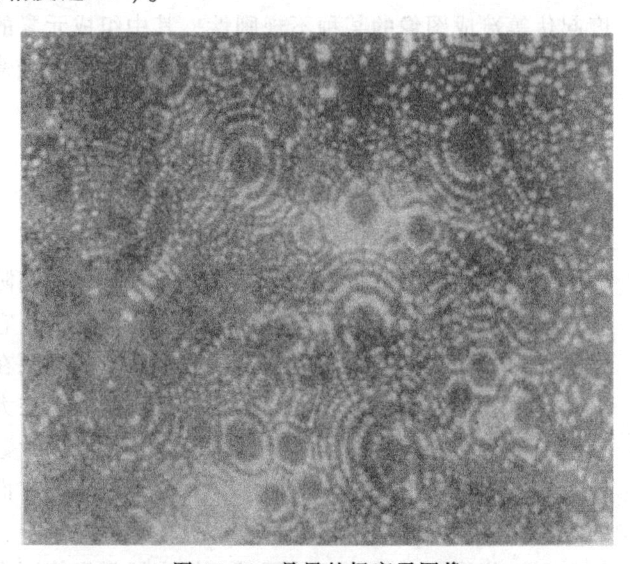

图 14-20 晶界的场离子图像

其他如亚晶界、孪晶界和层错界面等，场离子显微镜都给出了界面缺陷的许多细节结构图像。

（4）合金或两相系 为了在原子分辨的水平上研究沉淀或有序化转变过程，必须区分不同元素的原子类别。显然，把原子探针方法应用于这一目的将是十分适宜的，因为单靠像点亮度的差别有时不一定可靠。有关无序-有序转变中结构的变化、反相畴界的点阵缺陷以及细小的畴尺寸(约 7nm)的观察，都是非常成功的例子。

铁基和镍基等合金中细小弥散的沉淀相析出的早期阶段，包括它们的形核和粗化，只有利用场离子显微镜才能加以观察。因为在透射电子显微镜中，高密度的细小粒子图像将在深度方向上互相重叠而无法分辨。人们希望这类研究能提高到定量的水平，从而有助于合金设计和相变机理研究方面的进一步发展。

第五节　扫描隧道显微镜与原子力显微镜

一、扫描隧道显微镜(STM)的分辨率及其与其他分析仪器分辨率的比较

STM是哥德·宾尼格(Gerd Binnig)博士等于1983年发明的一种新型表面测试分析仪器。与SEM、TEM、FIM相比，STM具有结构简单、分辨本领高等特点，可在真空、大气或液体环境下，在实空间内进行原位动态观察样品表面的原子组态，并可直接用于观察样品表面发生的物理或化学反应的动态过程及反应中原子的迁移过程等。STM除具有一定的横向分辨本领外，还具有极优异的纵向分辨本领。STM的横向分辨率达0.1nm，在与样品垂直的z方向分辨率高达0.01nm。由此可见，STM具有极优异的分辨本领，可有效地填补SEM、TEM、FIM的不足，而且，从仪器工作原理上看，STM对样品的尺寸形状没有任何限制，不破坏样品的表面结构。目前，STM已成功地用于单质金属、半导体等材料表面原子结构的直接观察。

表14-4列出了STM、TEM、SEM、FIM及AES等几种分析测试仪器的特点及分辨本领。

表14-4　常用分析测试仪器的主要特点及分辨本领

分析技术	分辨本领	工作环境	工作温度	对样品的破坏程度	检测深度
STM	可直接观察原子 横向分辨率:0.1nm 纵向分辨率:0.01nm	大气、溶液、真空均可	低温 室温 高温	无	1~2 原子层
TEM	横向点分辨率:0.3~0.5nm 横向晶格分辨率:0.1~0.2nm 纵向分辨率:无	高真空	低温 室温 高温	中	等于样 品厚度 (<100nm)
SEM	采用二次电子成像 横向分辨率:1~3nm 纵向分辨率:低	高真空	低温 室温 高温	小	1μm
FIM	横向分辨:0.2nm 纵向分辨率:低	超高真空	30~80K	大	原子厚度
AES	横向分辨率:6~10nm 纵向分辨率:0.5nm	超高真空	室温 低温	大	2~3 原子层

二、扫描隧道显微镜(STM)

扫描隧道显微镜的工作原理示意图如图14-21所示，图中A为具有原子尺度的针尖，B为被分析样品。STM工作时，在样品和针尖间加一定电压，当样品与针尖间的距离小于一定值时，由于量子隧道效应，样品和针尖间会产生隧道电流。

在低温低压下，隧道电流I可近似地表达为

$$I \propto \exp(-2kd) \tag{14-17}$$

式中，I为隧道电流；d为样品与针尖间的距离；k为常数，在真空隧道条件下，k与有效局部功函数Φ有关，可近似表示为

$$k = \frac{2\pi}{h}\sqrt{2m\Phi} \tag{14-18}$$

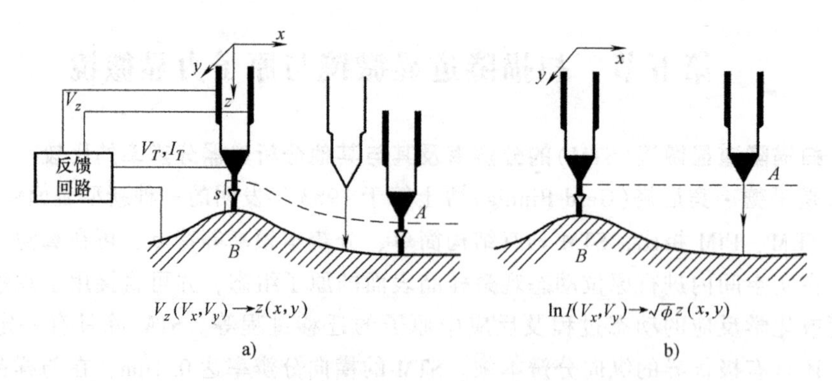

图 14-21 扫描隧道显微镜的工作原理示意图

a）恒电流模式 b）恒高度模式

s—针尖与样品间距 I_T—隧道电流 V_T—工作偏压 V_z—控制针尖在 z 方向高度的反馈电压

式中，m 为电子质量；Φ 为有效局部功函数；h 为普朗克常数。

典型条件下，Φ 近似为 4eV，$k=10\text{nm}^{-1}$，由式(14-17)算得，当间隙 d 每增加 0.1nm 时，隧道电流 I 将下降一个数量级。

需要指出，式(14-17)是非常近似的。STM 工作时，针尖与样品间的距离一般约为 0.4nm，此时隧道电流 I 可更准确地表达为

$$I=\frac{2\pi e}{h^2}\sum_{\mu\nu}f(E_\mu)[1-f(E_\nu+eU)]|M_{\mu\nu}|^2\delta(E_\mu-E_\nu) \tag{14-19}$$

式中，$M_{\mu\nu}$ 为隧道矩阵元；$f(E_\mu)$ 为费米函数；U 为跨越能垒的电压；E_μ 表示状态 μ 的能量。μ、ν 表示针尖和样品表面的所有状态，$M_{\mu\nu}$ 可表示为

$$M_{\mu\nu}=\frac{h^2}{2m}\int \mathrm{d}S\cdot(\Psi_\mu^*\nabla\Psi_\nu^*-\Psi_\nu^*\nabla\Psi_\mu^*) \tag{14-20}$$

式中，Ψ 为波函数。

由此可见，隧道电流 I 并非样品表面起伏的简单函数，它表征样品和针尖电子波函数的重叠程度。隧道电流 I 与针尖和样品之间的距离 d 以及平均功函数 Φ 之间的关系可表示为

$$I\propto V_b\exp(-A\Phi^{1/2}d) \tag{14-21}$$

式中，V_b 为针尖与样品之间所加的偏压；Φ 为针尖与样品的平均功函数；A 为常数，在真空条件下，A 近似为 1。根据量子力学的有关理论，由式(14-21)也可算得：当距离 d 减小 0.1nm 时，隧道电流 I 将增加一个数量级，即隧道电流 I 对样品表面的微观起伏特别敏感。

根据扫描过程中针尖与样品间相对运动的不同，可将 STM 的工作原理分为恒电流模式(图 14-21a)和恒高度模式(图 14-21b)。若控制样品与针尖间的距离不变，如图 14-21a 所示，则当针尖在样品表面扫描时，由于样品表面高低起伏，势必引起隧道电流变化。此时通过一定的电子反馈系统，驱动针尖随样品高低变化而做升降运动，以确保针尖与样品间的距离保持不变，此时针尖在样品表面扫描时的运动轨迹(如图 14-21a 中虚线所示)直接反映了样品表面态密度的分布。而在一定条件下，样品的表面态密度与样品表面的高低起伏程度有关，此即恒电流模式。

若控制针尖在样品表面某一水平面上扫描，针尖的运动轨迹如图 14-21b 所示，则随着

样品表面高低起伏，隧道电流不断变化。通过记录隧道电流的变化，可得到样品表面的形貌图，此即恒高度模式。

恒电流模式是目前 STM 仪器设计时常用的工作模式，适合于观察表面起伏较大的样品；恒高度模式适合于观察表面起伏较小的样品，一般不能用于观察表面起伏大于 1nm 的样品。但是，恒高度模式下，STM 可进行快速扫描，而且能有效地减少噪声和热漂移对隧道电流信号的干扰，从而获得更高分辨率的图像。

扫描隧道显微镜的主要技术问题在于精确控制针尖相对于样品的运动。目前，常用 STM 仪器中针尖的升降、平移运动均采用压电陶瓷控制，利用压电陶瓷特殊的电压、位移敏感性能，通过在压电陶瓷材料上施加一定电压，使压电陶瓷制成的部件产生变形，并驱动针尖运动。只要控制电压连续变化，针尖就可以在垂直方向或水平面上做连续的升降或平移运动，其控制精度达到 0.001nm。

图 14-22 给出 CO 在 Pt(111)面吸附后表面重构的 STM 像。可以看出，其横向分辨率已达到目前高档高分辨电子显微镜的水平，纵向分辨率也有显著改善。

三、原子力显微镜(AFM)

扫描隧道显微镜不能测量绝缘体表面的形貌。1986 年 G. Binnig 提出原子力显微镜的概念，它不但可以测量绝缘体的表面形貌，分辨率达到接近原子级，还可以测量表面原子间的力，测量表面的弹性、塑性、硬度、黏着力、摩擦力等性能。

AFM 的原理接近指针轮廓仪(Stylus Profilometer)，但采用 STM 技术。指针轮廓仪利用针尖(指针)，通过杠杆或弹性元件把针尖轻轻压在待测表面上，使针尖在待测表面上做光栅扫描，或使针尖固定，表面相对针尖做相应移动，针尖随表面的凹凸做起伏运动，用光学或电学方法测量起伏位移随位置的变化，于是得到表面三维轮廓图。指针轮廓仪所用针尖的半径约为 1μm，所加弹力（压力）为 $10^{-2}\sim10^{-5}$N，横向分辨率达 100nm，纵向分辨率达 1nm。而 AFM 利用 STM 技术，针尖半径接近原子尺寸，所加弹力可以小至 10^{-10}N，在空气中测量，横向分辨率达 0.15nm，纵向分辨率达 0.05nm。

力的测量通常用弹性元件或杠杆。对于弹性元件或杠杆，有

$$F=S\Delta z \tag{14-22}$$

式中，F 为所施加的力；Δz 为位移；S 为弹性系数。已知 S，测出 Δz 即可计算出力。

要测量小的力，S 和 Δz 都必须很小。在减小 S 时，测量系统的谐振频率 f_d 降低，因 $f_d=\dfrac{1}{2\pi}\sqrt{\dfrac{S}{m}}$，如 f_d 较低，振动影响将较大。因此，在降低 S 的同时必须降低 m。由于微细加工技术的进步，要制作 S 和 m 都很小的杠杆或弹性元件是可能的。图 14-23 中所用的是由 Au 箔做的微杠杆，质量 $m=10^{-10}$kg，谐振频率 $f_d=2$kHz，利用上面的公式算出 $S=2\times10^{-2}$N/m。在 AFM 中，利用 STM 测量微杠杆的位移，Δz 可小至 $10^{-3}\sim10^{-5}$nm，因此用 AFM 测量最小力的量级为

$$F=S\Delta z=2\times10^{-2}\times(10^{-12}\sim10^{-14})\text{N}=2\times(10^{-14}\sim10^{-16})\text{N}$$

图 14-23 所示为 Binnig 1986 年提出的 AFM 的结构原理图，有两个针尖和两套压电晶体控制机构。B 是 AFM 的针尖，C 是 STM 的针尖，A 是 AFM 的待测样品，D 既是微杠杆，又是 STM 的样品。E 是使微杠杆发生周期振动的调制压电晶体，用于调制隧道结间隙。当隧道结间隙用交流调制时，利用选放最小可测位移 Δz 可小至 10^{-5}nm。

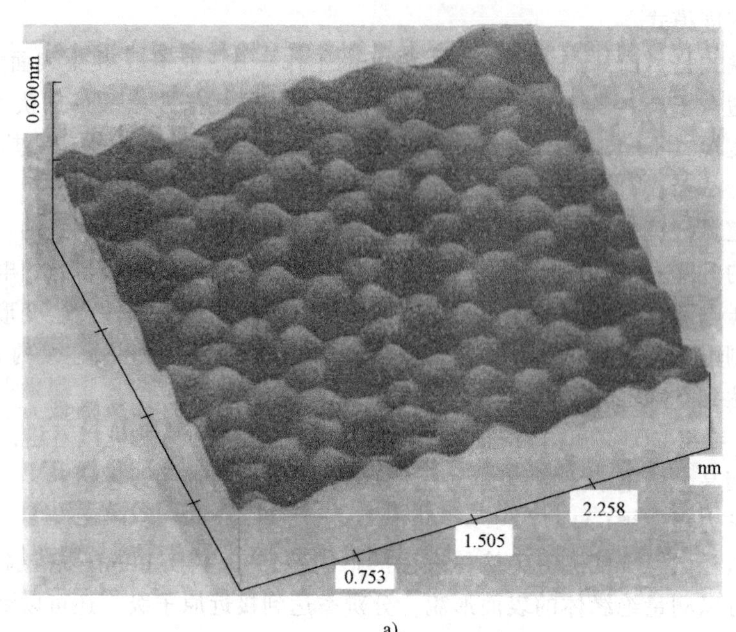

a)

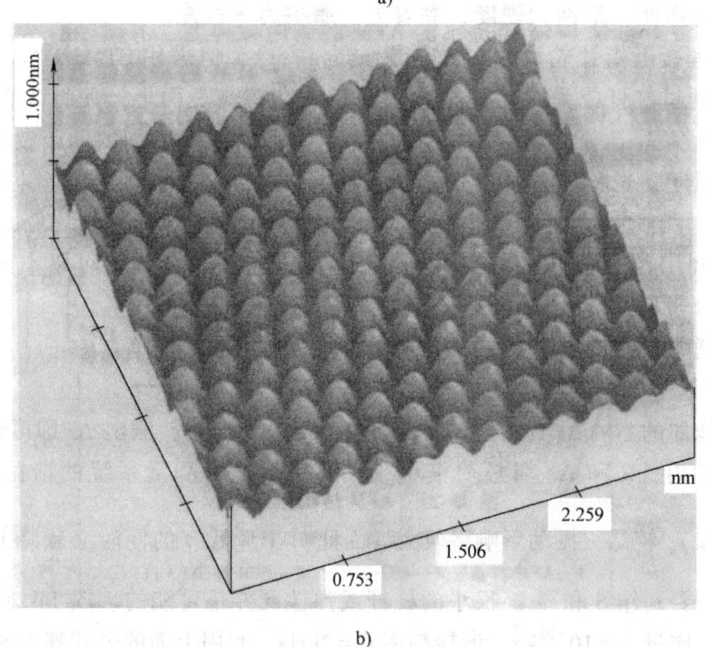

b)

图 14-22 CO 在 Pt(111)面上吸附后重构像

a) Pt(111)(2×2)-CO 重构表面 b) Pt(111)(2×2)-CO 表面上 CO 转变为 CO_2

测量针尖和样品表面之间的原子力的方法如下：先使样品 A 离针尖 B 很远，这时杠杆位于不受力的静止位置，然后使 STM 针尖 C 靠近杠杆 D，直至观察到隧道结电流 I_{STM}，使 I_{STM} 等于某一固定值 I_0，并开动 STM 的反馈系统使 I_{STM} 自动保持在 I_0 数值，这时由于 B 处在悬空状态，电流信号噪声很大。然后使 AFM 样品 A 向针尖 B 靠近，当 B 感受到 A 的原子力时，B 将稳定下来，STM 电流噪声明显减小。设样品表面势能和表面力的变化如图 14-24 所示，在距离样品表面较远时表面力是负的(负力表示吸引力)，随着距离减小，吸引力先增加然后减小直至降到零。当进一步减小距离时，表面力变正（排斥力)，并且表面力随距离进一步减小而迅速增加。如果表面力是这种性质，则当样品 A 向针尖 B 靠近时，B 首先感到 A 的吸力，B 将向左倾，STM 电流将减小，STM 的反馈系统将使 STM 尖向左移动 Δz 距离，以保持 STM 电流不变；从 STM 的 P_z 所加电压的变化，即可知道 Δz；知道 Δz 后，根据胡克定律即可求出样品表面对杠杆针尖的吸力 F，因为 $F=-S\Delta z$，S 是杠杆的弹性系数。样品继续右移，表面对针尖 B 的吸力增加，当吸力达到最大值时，杠杆 D 的针尖向左偏移(从 STM 感觉到 Δz)亦达到最大值。样品进一步右移时，表面吸力减小，位移 Δz 减小，直至样品和针尖 B 的距离相当于 z_0 时，表面力 $F=0$，杠杆回到原位(未受力的情况)。样品继续右移，针尖 B 感受到的将是排斥力，即杠杆 D 将后仰。总之，样品和针尖 B 之间的相对距离可由 AFM 的 P_z(控制 z 向位移的压电陶瓷)所加的电压和 STM 的 P_z 所加的电压确定，而表面力的大小和方向则由 STM 的 P_z 所加的电压的变化来确定。这样，就可求出针尖 B 的顶端原子感受到样品表面力随距离变化的曲线。当然，以上的分析是在不考虑 STM 针尖和微杠杆之间原子力的条件下做出的。

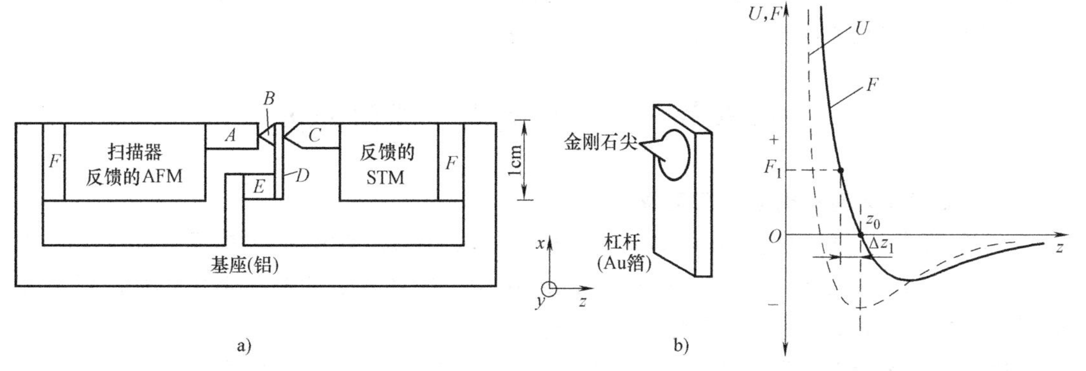

图 14-23　AFM 结构原理图

a) AFM 结构原理　b) 微杠杆尺寸

A—AFM 样品　B—AFM 针尖　C—STM 针尖(Au)

D—微杠杆，同时又是 STM 样品　E—调制压电晶体　F—氟橡胶

图 14-24　样品表面势能 U 及表面力 F 随表面距离 z 变化的曲线

以上分析未考虑针尖或样品在力的作用下的变形。假如针尖 B 是硬度很高的材料(如金刚石)，现要测量 AFM 样品的弹性或塑性变形随力的变化。在针尖与样品距离达到 z_0 以后，再进一步靠近，如果样品 A 是理想的弹性材料，则当 $|\Delta z|$ 增加时，排斥力 F 增加，F 和针尖进入样品的深度(即 $|\Delta z|$)为图 14-25a 所示的形状。但是当样品退回，$|\Delta z|$ 从大变小时，力 F 应按原曲线变小直至变至零，这是理想弹性材料的弹性变形。对于另一个极端，在针尖进入样品一定深度后，当样品 A 稍微回撤时，力 F 即降至零，这是理想的塑性材料。由此可测量材料的弹性、塑性、硬度等性质，即 AFM 可用作纳米量级的“压痕器”（Nanoindentor)。

利用 AFM 测量样品(包括绝缘体)的形貌或三维轮廓图的方法如下：使 AFM 针尖工作在排斥力 F_1 状态（图 14-24)，这时针尖相对零位向右移动 Δz_1 距离。此后保障 STM 的 P_z 固

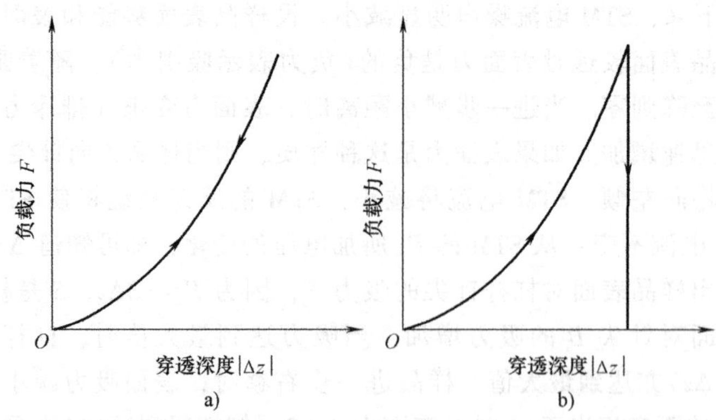

图 14-25 针尖和样品作用力与针尖进入样品深度的关系
a）对理想弹性材料 b）对理想塑性材料

定不变，并沿 x(和 y)方向移动 AFM 样品，如样品表面凹下，则杠杆向左移动，于是 STM 的电流 I_{STM} 减小，I_{STM} 控制的放大器立即使 AFM 的 P_I 推动样品向右移动以保持 I_{STM} 不变，即用 I_{STM} 反馈控制 AFM 的 P_z 以保持 I_{STM} 不变。这样，当 AFM 样品相对针尖 B 做(x, y)方向光栅扫描时，记录 AFM 的 P_z 随位置的变化，即得样品表面形貌的轮廓图。

AFM 尚有其他工作模式，此项技术正在发展中。

第六节 X 射线光电子能谱分析

一、X 射线光电子能谱的测量原理

“X 射线光电子能谱（X-ray Photoelectron Spectroscopy，XPS）”也就是“化学分析用电子能谱（Electron Spectroscopy for Chemical Analysis，ESCA）”，它是目前应用最广泛的表面分析方法之一，主要用于成分和化学态的分析。

用单色的 X 射线照射样品，具有一定能量的入射光子同样品原子相互作用，光致电离产生了光电子，这些光电子从产生之处输运到表面，然后克服逸出功而发射，这就是 X 射线光电子发射的三步过程。用能量分析器分析光电子的动能，得到的就是 X 射线光电子能谱。

根据测得的光电子动能可以确定表面存在什么元素以及该元素原子所处的化学状态，这就是 X 射线光电子能谱的定性分析。根据具有某种能量的光电子的数量，便可知道某种元素在表面的含量，这就是 X 射线光电子能谱的定量分析。为什么得到的是表面信息呢？这是因为：光电子发射过程的后两步，与俄歇电子从产生处输运到表面然后克服逸出功而发射出去的过程是完全一样的，只有深度极浅范围内产生的光电子，才能够能量无损地输运到表面，用来进行分析的光电子能量范围与俄歇电子能量范围大致相同。所以，和俄歇谱一样，从 X 射线光电子能谱得到的也是表面的信息，信息深度与俄歇谱相同。

如果用离子束溅射剥蚀表面，用 X 射线光电子能谱进行分析，两者交替进行，还可得到元素及其化学状态的深度分布，这就是深度剖面分析。

X 射线光电子能谱仪、俄歇谱仪和二次离子质谱仪是三种最重要的表面成分分析仪器。X 射线光电子能谱仪的最大特色是可以获得丰富的化学信息，三者相比，它对样品的损伤是

最轻微的，定量也是最好的。它的缺点是由于 X 射线不易聚焦，因而照射面积大，不适于微区分析。不过近年来在这方面的研究已取得一定进展，分析者已可用约 100μm 直径的小面积进行分析。最近英国 VG 公司制成了可成像的 X 射线光电子能谱仪，称为“ESCASCOPE”，除了可以得到 ESCA 外，还可得到 ESCA 像，其空间分辨率可达到 10μm，被认为是表面分析技术的一项重要突破。X 射线光电子能谱仪的检测极限与俄歇谱仪相近，这一性能不如二次离子质谱仪。

X 射线光电子能谱的检测原理很简单，它是建立在 Einstein 光电发射定律基础之上的，对于孤立原子，其光电子动能 E_k 为

$$E_k = h\nu - E_b \tag{14-23}$$

这里 $h\nu$ 是入射光子的能量，E_b 是电子的结合能。$h\nu$ 是已知的，E_k 可以用能量分析器测出，从而得出 E_b。同一种元素的原子，不同能级上的电子 E_b 不同，所以在相同的 $h\nu$ 下，同一元素会有不同能量的光电子，在能谱图上，就表现为不止一个谱峰。其中最强而又最易识别的，就是主峰，一般用主峰来进行分析。不同元素的主峰，E_b 和 E_k 不同，所以用能量分析器分析光电子动能，便能进行表面成分分析。

对于从固体样品发射的光电子，如果光电子出自内层，不涉及价带，由于逸出表面要克服逸出功 φ_s，所以光电子动能为

$$E'_k = h\nu - E_b - \varphi_s \tag{14-24}$$

这里 E_b 是从费米能级算起的。

实际用能量分析器分析光电子动能时，分析器与样品相连，存在着接触电位差（$\varphi_A - \varphi_s$），于是进入分析器的光电子动能

$$E'_k = h\nu - E_b - \varphi_s - (\varphi_A - \varphi_s) = h\nu - E_b - \varphi_A \tag{14-25}$$

式中，φ_A 是分析器材料的逸出功。

这些能量关系可以很清楚地从图 14-26 看出。在 X 射线光电子能谱中，电子能级符号以 nl_j 表示，例如 $n=2$，$l=1$（即 p 电子），$j=3/2$ 的能级，就以 $2p_{3/2}$ 表示。$1s_{1/2}$ 一般就写成 $1s$。图 14-26 表示 $2p_{3/2}$ 光电子能量，为清楚起见，其他内层电子能级及能带均未画出。

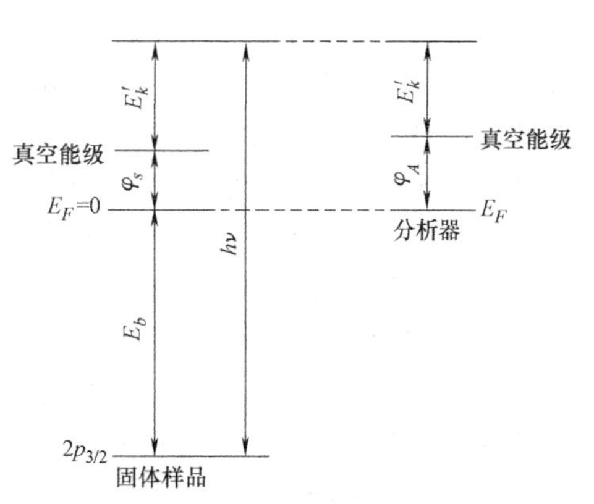

图 14-26　从固体发射的 $2p_{3/2}$ 光电子能量，E_F 是费米能级

在式(14-25)中，如 $h\nu$ 和 φ_A 已知，测 E_k 可知 E_b，便可进行表面分析了。X 射线光电子能谱仪最适于研究内层电子的光电子谱。如果要研究固体的能带结构，则利用紫外光电子能谱仪（Ultraviolet Photoelectron Spectroscopy，UPS）更为合适。

根据如上所述的基本工作原理，可以得出 X 射线光电子能谱仪最基本的原理框图如图 14-27 所示。

常用的 X 射线源有两种，一种是利用 Mg 的 K_α 线，另一种是利用 Al 的 K_α 线。它们的 K_α 双线之间的能量间隔很近，因此 K_α 双线可认为是一条线。MgK_α 线能量为 1254eV，线宽 0.7eV；AlK_α 线能量为 1486eV，线宽 0.9eV。Mg 的 K_α 线稍窄一些，但由于 Mg 的蒸气压较

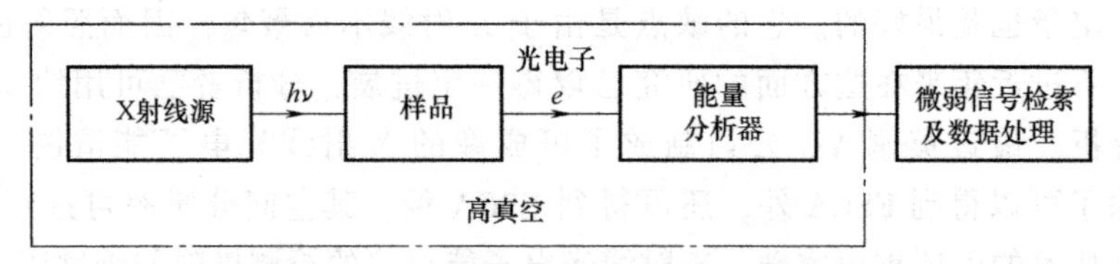

图 14-27 X 射线光电子能谱仪原理框图

高，用它作阳极时能承受的功率密度比 Al 阳极低。这两种 X 射线源所得射线线宽还不够理想，而且除主射线 K_α 线外，还产生其他能量的伴线，它们也会产生相应的光电子谱峰，干扰光电子谱的正确测量。此外，由于 X 射线源的轫致辐射还会产生连续的背底。用单色器可以使线宽变得更窄，且可除去 X 射线伴线引起的光电子谱峰，以及除去因轫致辐射造成的背底。不过，采用单色器会使 X 射线强度大大削弱。不用单色器，在数据处理时用卷积也能消除 X 射线线宽造成的谱峰重叠现象。测量小的化学位移，可采用以上两种方法中的一种。

X 射线光电子能谱仪所采用的能量分析器，主要是带预减速透镜的半球或接近半球的球偏转分析器(SDA)，其次是具有减速栅网的双通筒镜分析器(CMA)，因源面积较大而且能量分辨要求高，用前者比较合适。能量分析器的作用是把从样品发射出来的、具有某种能量的光电子选择出来，而把其他能量的电子滤除。对于以上两种能量分析器，选取的能量与加到分析器的某个电压成正比，控制电压就能控制选择的能量。如果加的是扫描电压，便可依次选取不同能量的光电子，从而得到光电子的能量分布，也就是 X 射线光电子能谱。采用预减速时，有两种扫描方式：一种是固定分析器通过(透射)能量方式(CAT 方式)，不管光电子能量是多少，都被减到一个固定的能量再进入分析部分；另一种是固定减速比方式(CRR)，光电子能量按一固定比例减小，然后进入分析部分。

X 射线光电子能谱的背底不像俄歇谱那样强大，因此不用微分法，而是直接测出能谱曲线。由于信号电流非常微弱，在 $1\sim10^5$cps 范围内，因此用脉冲记数法测量。与俄歇谱相比，分析速度较慢。电子倍增器一般采用通道电子倍增器，大体上能较好地满足要求。近年来各厂家在新的 X 射线光电子能谱仪中采用了位置灵敏检测器(PSD)，明显地提高了信号强度。

X 射线光电子能谱的检测极限受限于背底和噪声。X 射线照射样品产生的光电子在输运到表面的过程中受到非弹性散射损失部分能量后，就不再是信号而成为背底。对于性能良好的 X 射线光电子能谱仪，噪声主要是信号与背底的散粒噪声。所以，X 射线光电子能谱的背底和噪声与被测样品有关。一般说来，检测极限大约为 0.1%。采用位置灵敏检测器能检测含量更小的元素，但设备较复杂，价格较高。

二、定性分析

根据测量所得光电子谱峰位置，可以确定表面存在哪些元素以及这些元素存在于什么化合物中，这就是定性分析。定性分析可借助于手册进行，最常用的手册就是 Perkin-Elmer 公司的 X 射线光电子谱手册。在此手册中有在 MgK_α 和 AlK_α 照射下从 Li 开始各种元素的标准谱图。谱图上有光电子谱峰和俄歇峰的位置，还附有化学位移的数据。对照实测谱图与标准谱图，不难确定表面存在的元素及其化学状态。

定性分析所利用的谱峰，当然应该是元素的主峰（也就是该元素最强、最尖锐的峰）。有时会遇到含量少的某元素主峰与含量多的另一元素的非主峰相重叠的情况，造成识谱的困难。这时可利用“自旋-轨道耦合双线”，也就是不仅看一个主峰，还看与其 n、l 相同但 j 不同的另一峰，这两峰之间的距离及其强度比是与元素有关的，并且对于同一元素，两峰的化学位移又是非常一致的，所以可根据两个峰(双线)的情况来识别谱图。

伴峰的存在与谱峰的分裂会造成识谱的困难，因此，要进行正确的定性分析必须正确鉴别各种伴峰及正确判定谱峰分裂现象。

一般进行定性分析首先进行全扫描(整个 X 射线光电子能量范围扫描)，以鉴定存在的元素，然后再对所选择的谱峰进行窄扫描，以鉴定化学状态。在 XPS 谱图里，Cl_s、Ol_s、C_{KLL}、O_{KLL} 的谱峰通常比较明显，应首先鉴别出来，并鉴别其伴线；然后由强到弱逐步确定测得的光电子谱峰，最后用“自旋-轨道耦合双线”核对所得结论。

在 XPS 中，除光电子谱峰外，还存在 X 射线产生的俄歇峰。对某些元素，俄歇主峰相当强也比较尖锐。俄歇峰也携带着化学信息，如何合理利用它是一个重要问题。

第七节　红 外 光 谱

一、红外光谱概述

1666 年，英国物理学家牛顿做了一次非常著名的实验，他用三棱镜将太阳白光分解为红、橙、黄、绿、青、蓝、紫的七色色带。牛顿导入“光谱”（Spectrum）一词来描述这一现象。通常认为牛顿的研究是光谱科学开端的标志。1800 年 4 月 24 日英国伦敦皇家学会（ROYAL SOCIETY）的威廉·赫歇尔发表太阳光在可见光谱的红光之外还有一种不可见的延伸光谱，具有热效应。他所使用的方法很简单，用一支温度计测量经过棱镜分光后的各色光线温度，由紫到红，发现温度逐渐上升，可是当温度计放到红光以外的部分，温度仍持续上升，因而断定有红外线的存在。1887 年，人们在实验室中成功地产生了红外线，使人们认识到：可见光、红外线和无线电波在本质上都是一样的。

1881 年，Abney 和 Festing 第一次将红外线用于分子结构的研究。他们利用 Hilger 光谱仪拍下了 46 个有机液体的 0.7~1.2μm 区域的红外吸收光谱。由于这种仪器检测器的限制，所能够记录下的光谱波长范围十分有限。1880 年，天文学家 Langley 在研究太阳和其他星球发出的热辐射时发明一种检测装置。用该装置突破了照相的限制，能够在更宽的波长范围检测分子的红外光谱。瑞典科学家 Angstrem 采用 NaCl 作棱镜和测辐射热仪作检测器第一次记录了分子的基本振动（从基态到第一激发态）频率。1889 年，Angstrem 首次证实，尽管 CO 和 CO_2 都是由碳原子和氧原子组成，但因为是不同的气体分子而具有不同的红外光谱图。这个试验最根本的意义在于它表明了红外吸收产生的根源是分子而不是原子。整个分子光谱学科就是建立在这个基础上的。20 世纪，由于生产实践的需要，推动了各项新技术的发展，红外科学也从实验室走出来，开始应用到生产上，并形成了一门崭新的技术——红外技术。

二、红外光谱分类

红外线是一种电磁波，具有与无线电波及可见光一样的本质。红外线的波长在 0.76~1000μm 之间，位于无线电波与可见光之间。通常红外线按波长可进行简单分类，比如近红外、中红外、远红外等。物理学告诉我们，任何物体在常规环境下都会由于自身分子原子运动不停地辐射出红外能量，分子和原子的运动越剧烈，辐射的能量越大，反之，辐射的能量越小。温度在 0K 以上的物体，都会因自身的分子运动而辐射出红外线。物体的温度越高，辐射出的红外线越多。物体在辐射红外线的同时，也在吸收红外线，物体吸收了红外线后自身温度就升高。

红外光谱划分为近红外波段1~3μm，中红外波段3~40μm，远红外波段40~1000μm。一般说来，近红外光谱是由分子的倍频、合频产生的，中红外光谱属于分子的基频振动光谱，远红外光谱则属于分子的转动光谱和某些基团的振动光谱。由于绝大多数有机物和无机物的基频吸收带都出现在中红外区，因此中红外区是研究和应用最多的区域，积累的资料也最多，仪器技术最为成熟。通常所说的红外光谱即指中红外光谱。

三、红外光谱仪的研制及其类型

红外光谱仪的研制：1908年，Coblentz制备和应用了用氯化钠晶体为棱镜的红外光谱仪；1910年，Wood等研制了小阶梯光栅红外光谱仪；1918年，Sleator和Randall研制出高分辨仪器。20世纪40年代开始研究双光束红外光谱仪。1950年由美国PE公司开始商业化生产名为Perkin-Elmer 21的双光束红外光谱仪。现代红外光谱仪是以傅里叶变换为基础的仪器。该类仪器不用棱镜或者光栅分光，而是用干涉仪得到干涉图，采用傅里叶变换将以时间为变量的干涉图变换为以频率为变量的光谱图。

红外光谱可分为发射光谱和吸收光谱两类。物体的红外发射光谱主要取决于物体的温度和化学组成，由于测试比较困难，红外发射光谱只是一种正在发展的新的实验技术，如激光诱导荧光。将一束不同波长的红外射线照射到物质的分子上，某些特定波长的红外射线被吸收，形成这一分子的红外吸收光谱。每种分子都有由其组成和结构决定的独有的红外吸收光谱，它是一种分子光谱。红外吸收光谱是由分子不停地做振动和转动运动而产生的。分子振动是指分子中各原子在平衡位置附近做相对运动，多原子分子可组成多种振动图形。研究红外光谱的方法主要是吸收光谱法。使用的光谱仪有两种类型：一种是单通道或多通道测量的棱镜或光栅色散型光谱仪；另一种是利用双光束干涉原理，并进行干涉图的傅里叶变换数学处理的非色散型的傅里叶变换红外光谱仪。

（1）棱镜和光栅光谱仪 该类光谱仪属于色散型，它的单色器为棱镜或光栅，属单通道测量，即每次只测量一个窄波段的光谱元。转动棱镜或光栅，逐点改变其方位后，可测得光源的光谱分布。随着信息技术和电子计算机的发展，出现了以多通道测量为特点的新型红外光谱仪，即在一次测量中，探测器就可同时测出光源中各个光谱元的信息。

（2）傅里叶变换红外光谱仪 它是非色散型的，其核心部分是一台双光束干涉仪。常用的是迈克尔逊干涉仪。当仪器中的动镜移动时，经过干涉仪的两束相干光间的光程差就改变，探测器所测得的光强也随之变化，从而得到干涉图，干涉光的周期是$\lambda/2$。干涉光的强度可表示为

$$I(x)=B(\nu)\cos(2\pi\nu x) \tag{14-26}$$

式中，$I(x)$为干涉光信号强度，它与光程差x相关；$B(\nu)$为入射光的强度，它是入射光频率的函数。

由于入射光是多色光，频率连续变化，干涉光强度为各种频率单色光的叠加，因此对式(14-26)进行积分，可以得到总的干涉光强度为

$$I(x)=\int_{-\infty}^{\infty}B(\nu)\cos(2\pi\nu x)\mathrm{d}\nu \tag{14-27}$$

经过傅里叶变换的数学运算后，就可得到入射光的光谱为

$$B(\nu)=\int_{-\infty}^{\infty}I(x)\cos(2\pi\nu x)\,\mathrm{d}x \tag{14-28}$$

傅里叶变换红外光谱仪工作原理如图 14-28 所示。傅里叶变换红外光谱仪主要由光源、干涉仪、计算机系统等组成，其核心部分是迈克尔逊干涉仪。测定红外吸收光谱，需要能量较小的光源。黑体辐射是最接近理想光源的连续辐射。满足此要求的红外光源是稳定的固体在加热时产生的辐射，常见的有能斯特灯、碳化硅棒及白炽线圈。干涉仪由定镜、动镜、光束分离器和探测器组成，其中光束分离器是核心部分。光束分离器的作用是使进入干涉仪中的光，一半透射到动镜上，另一半反射到定镜上，又返回到光束分离器上，形成干涉光后送到样品上。不同红外光谱范围所用的光束分离器不同。当动镜、定镜到达探测器的光程差为 1/2 的偶数倍时，相干光相互叠加，其强度有最大值；当光程差为 1/2 的奇数倍时，相干光相互抵消，其强度有最小值；当连续改变动镜的位置时，可在探测器得到一个干涉强度对光程差和红外光频率的函数图。所用探测器主要有热探测器和光电探测器，前者有高莱池、热电偶、硫酸三甘肽、氘化硫酸三甘肽等；后者有碲镉汞、硫化铅、锑化铟等。常用的窗片材料有氯化钠、溴化钾、氟化钡、氟化锂、氟化钙，它们适用于近、中红外区。在远红外区可用聚乙烯片或聚酯薄膜。

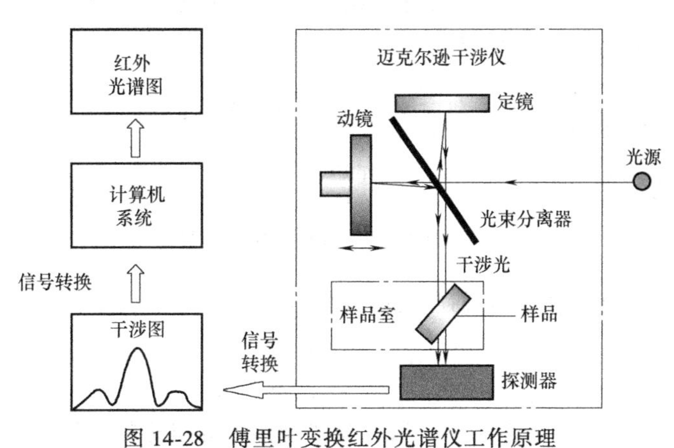

图 14-28　傅里叶变换红外光谱仪工作原理

由红外光源发出的红外光，经准直为平行红外光束进入干涉仪系统，经干涉仪调制后得到一束干涉光。干涉光通过样品，获得含有光谱信息的干涉信号到达探测器（即检测器）上，由检测器将干涉信号变为电信号。此处的干涉信号是一时间函数，即由干涉信号绘出的干涉图，其横坐标是动镜移动时间或动镜移动距离。这种干涉图经过信号转换送入计算机，由计算机进行傅里叶变换的快速计算，即可获得以波数为横坐标的红外光谱图。

这种仪器的优点：①多通道测量，使信噪比提高；②光通量高，提高了仪器的灵敏度；③波数值的精确度可达 0.01cm^{-1}；④增加动镜移动距离，可使分辨本领提高；⑤工作波段可从可见区延伸到毫米区，可以实现远红外光谱的测定。

四、红外光谱与分子振动

红外光谱的理论解释是建立在量子力学和群论的基础上的。1900 年，普朗克在研究黑体辐射问题时，给出了著名的普朗克常数 h，表示能量的不连续性。量子力学从此走上历史舞台。1911 年，W. Nernst 指出分子振动和转动的运动形态的不连续性是量子理论的必然结果。1912 年，丹麦物理化学家 Niels Bjerrum 提出 HCl 分子的振动是带负电的 Cl 原子和带正电的 H 原子之间的相对位移。分子的能量由平动、转动和振动组成，并且转动能量量子化的理论被称为旧量子理论或半经典量子理论。后来矩阵、群论等数学和物理方法被应用于分子光谱理论。

理解红外光谱的原理，首先需要明白分子振动问题。可以按照双原子振动和多原子振动来研究。双原子振动可以用谐振子和非谐振子模型来解释。谐振子振动模型可以看成两个用弹簧连接的小球的运动，如图 14-29 所示。根据这样的模型，双原子分子的振动方式就是在这两个原子的键轴方向做简谐振动。将两个原子视为质量为 m_1 和 m_2 的小球。可以把双原子分子称为谐振子，根据胡克定律可以推出

$$\nu'=\frac{1}{2\pi c}\sqrt{\frac{k}{\mu}} \tag{14-29}$$

式中，ν'为频率(Hz)；c 为光速，$c=3\times10^8\text{m/s}$；k 为化学键的力常数(N/m)；μ 为折合质量(kg)。

$$\mu=\frac{m_1m_2}{m_1+m_2} \tag{14-30}$$

由此可见，双原子分子的振动波数取决于化学键的力常数和原子的质量。化学键越强，k 值越大，折合质量越小，振动波数越高。

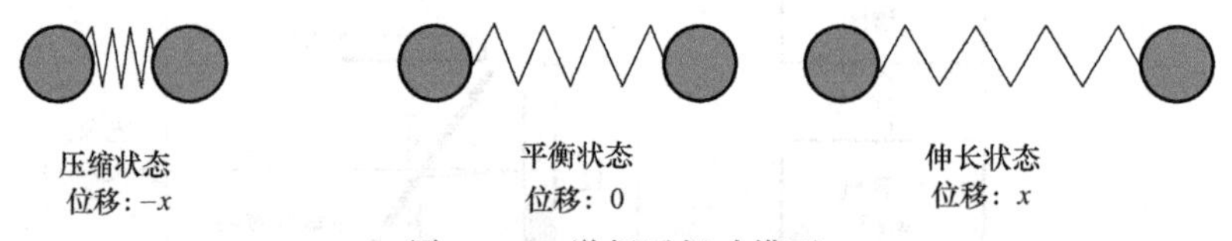

图 14-29 谐振子振动模型

根据量子力学，求解该体系的薛定谔方程解为

$$E=\left(\nu+\frac{1}{2}\right)\frac{h}{2\pi c}\sqrt{\frac{k}{\mu}} \tag{14-31}$$

式中，$\nu=0$，1，2，3…称为振动量子数，其势能函数为对称的抛物线形，如图 14-30a 所示；h 为普朗克常量，$h=6.626\times10^{-34}\text{J}\cdot\text{s}$。

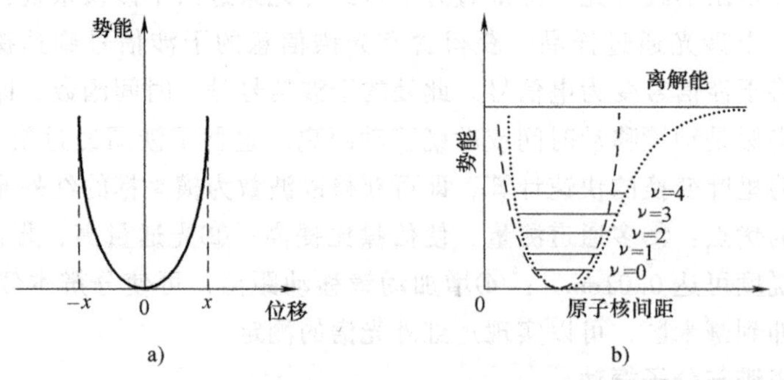

图 14-30 谐振子和非谐振子势能函数

a）谐振子 b）非谐振子

实际上双原子分子并不是理想的谐振子，因此其势能函数不再是对称的抛物线形，而是图 14-30b 所示的曲线。分子的实际势能随着原子核间距的增大而增大，当原子核间距达到一定程度之后，分子就离解成原子了其势能为一常数。

此时按照非谐振子的势能函数求解薛定谔方程，可以得到体系的势能为

$$E=\left(\nu+\frac{1}{2}\right)hc\nu'-\left(\nu+\frac{1}{2}\right)^2xhc\nu'+\cdots \tag{14-32}$$

式(14-32)实际可以看作对谐振子势能函数的进一步校正，通常校正项取到第二项，x 为非谐性常数，其值远小于 1。图 14-30b 中水平线为各个振动量子数 ν 所对应的能级，在原子振动振幅较小时，可以近似地用谐振子模型来研究；振幅较大时，则不能用谐振子模型来处理。常温下分子处于最低振动能级，$\nu=0$，此时称为基态。当分子吸收一定波长的红外光后，它可以从基态跃迁到第一激发态 $\nu=1$，此过程中产生的吸收带强度高，称为基频。当然也有从 $\nu=0$ 跃迁到 $\nu=2$、$\nu=3$ 等能级的，产生的吸收带强度依次减弱，称为第一、第二等倍频。

由两个以上原子组成的多原子分子是一个复杂的体系。多原子分子内包含的原子数目和种类较多，并有各种各样的排布，因此在研究与分子结构相关联的问题时，难以进行精确的理论处理，而往往采用粗略的近似方法。如果分子具有某些对称性，则群论工具是特别有用的。

分子处于确定的电子态并忽略分子的转动，就是纯振动的情况。要描述多原子分子的各种振动方式，首先必须确定各个原子的相对位置。那么需要建立空间坐标(x，y，z)，则每个原子具有三个自由度，由 N 个原子组成的分子则具有 $3N$ 个自由度。由于原子不是孤立存在的，而是通过化学键结合形成一个整体分子，因此还必须从分子整体来考虑自由度。分子整体有三个属于分子整体平动(质心沿 x、y、z 三个方向移动)、三个属于分子的转动(对线型分子，只有两个转动自由度)，其余的属于振动自由度，数目是 $3N-6$。每个振动自由度相当于一个基本振动，这些基本的振动构成分子的简正振动。

简正振动的振动状态是分子质心保持不变，整体不转动，每个原子都在其平衡位置附近做简谐振动，其振动频率和相位都相同，即每个原子都在同一瞬间通过其平衡位置，而且同时达到其最大位移值。分子中任何一个复杂振动都可以看成是这些简正振动的线性组合。简正振动的基本形式有伸缩振动和变形振动，如图 14-31 所示。

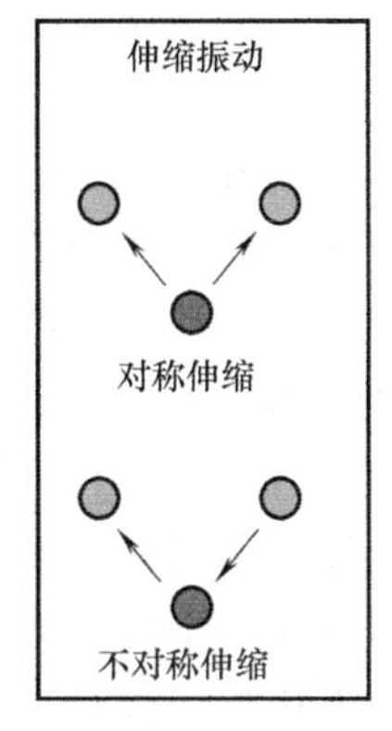

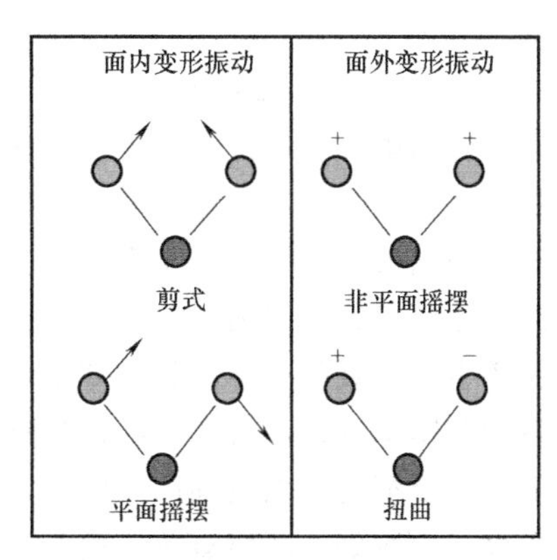

图 14-31　简正振动的基本形式

(1) 伸缩振动　原子沿键轴方向伸缩，键长发生变化而键角不变的振动称为伸缩振动，按其对称性它又可以分为对称伸缩振动和不对称伸缩振动。对同一基团，不对称伸缩振动的频率要稍高于对称伸缩振动。

(2) 变形振动(又称弯曲振动或变角振动) 基团键角发生周期变化而键长不变的振动称为变形振动。变形振动又分为面内变形振动和面外变形振动。面内变形振动是指振动方向位于分子的平面内。面外变形振动是指在垂直于分子平面方向上的振动。面内变形振动又分为剪式和平面摇摆振动。此时两个原子在同一平面内彼此相向弯曲称为剪式振动。若基团键角不发生变化只是作为一个整体在分子的平面内左右摇摆，则是平面摇摆振动。面外变形振动又分为非平面摇摆和扭曲振动。非平面摇摆是指基团作为整体在垂直于分子对称面的前后摇摆，而扭曲振动是指基团离开纸面，方向相反地来回扭动。由于变形振动的力常数比伸缩振动的小，因此，同一基团的变形振动都在其伸缩振动的低频端出现。

每种简正振动都有其特定的振动频率，似乎都应有相应的红外吸收带。实际上，绝大多数化合物在红外光谱图上出现的峰数远小于理论上计算的振动数，这是由如下原因引起的：没有偶极矩变化的振动，不产生红外吸收；相同频率的振动吸收重叠，即简并；仪器不能区别那些频率十分接近的振动，或吸收带很弱，仪器检测不出；有些吸收带落在仪器检测范围之外。

五、红外光谱产生的条件

当一束具有连续波长的红外光通过物质，物质分子中某个基团的振动频率或转动频率和红外光的频率一样时，分子就吸收能量由原来的基态振(转)动能级跃迁到能量较高的振(转)动能级，分子吸收红外辐射的能量后发生振动和转动能级的跃迁，该处波长的光就被物质吸收。所以，红外光谱法实质上是一种根据分子内部原子间的相对振动和分子转动等信息来确定物质分子结构和鉴别化合物的分析方法。将分子吸收红外光的情况用仪器记录下来，就得到红外光谱图。红外光谱图通常以波长或波数为横坐标，表示吸收峰的位置，以透光率或者吸光度为纵坐标，表示吸收强度。

当外界电磁波照射分子时，若照射的电磁波的能量与分子的两能级差相等，该频率的电磁波就被该分子吸收，从而引起分子对应能级的跃迁，宏观表现为透射光强度变小。电磁波能量与分子两能级差相等是物质产生红外吸收光谱必须满足的条件之一，这决定了吸收峰出现的位置。光量子的能量为 $E=h\nu$(ν 为红外辐射频率)，分子相邻的两个振动能级发生能级跃迁时，应满足

$$\Delta E = E_{(\nu+1)} - E_{(\nu)} = h\nu \tag{14-33}$$

红外吸收光谱产生的第二个条件是红外光与分子之间有耦合作用，为了满足这个条件，分子振动时其偶极矩必须发生变化。这实际上保证了红外光的能量能传递给分子，这种能量的传递是通过分子振动偶极矩的变化来实现的。并非所有的振动都会产生红外吸收，只有偶极矩发生变化的振动才能引起可观测的红外吸收，这种振动称为红外活性振动；偶极矩等于零的分子振动不能产生红外吸收，称为红外非活性振动。

组成分子的各种基团都有自己特定的红外特征吸收峰。不同化合物中，同一种官能团的吸收振动总是出现在一个窄的波数范围内，但它不是出现在一个固定波数上，具体出现在哪一波数，与基团在分子中所处的环境有关。引起基团频率位移的因素是多方面的，其中外部因素主要是分子所处的物理状态和化学环境，如温度效应和溶剂效应等。对于导致基团频率位移的内部因素，迄今为止已知的有分子中取代基的电性效应(如诱导效应、共轭效应、中介效应、偶极场效应等)，机械效应(如质量效应、张力引起的键角效应、振动之间的耦合效应等)。这些问题虽然已有不少研究报道，并有较为系统的论述，但是，若想按照某种效

应的结果来定量地预测有关基团频率位移的方向和大小，却往往难以做到，因为这些效应大都不是单一出现的。这样，在进行不同分子间的比较时就很困难。另外，氢键效应和配位效应也会导致基团频率位移，如果发生在分子间，则属于外部因素，若发生在分子内，则属于分子内部因素。红外谱带的强度是一个振动跃迁概率的量度，而跃迁概率与分子振动时偶极矩的变化大小有关，偶极矩变化越大，谱带强度越大。偶极矩的变化与基团本身固有的偶极矩有关，故基团极性越强，振动时偶极矩变化越大，吸收谱带越强；分子的对称性越高，振动时偶极矩变化越小，吸收谱带越弱。

六、基团振动与红外光谱区域

按吸收峰的来源，可以将 400~4000cm^{-1} 的红外光谱图大体上分为基团频率区（1300~4000cm^{-1}）以及指纹区（400~1300cm^{-1}）两个区域。其中特征频率区中的吸收峰基本是由基团的伸缩振动产生的，数目不是很多，但具有很强的特征性，因此在基团鉴定工作上很有价值，主要用于鉴定官能团，如羰基，在酮、酸、酯或酰胺等类化合物中，其伸缩振动总是在 1700cm^{-1} 左右出现一个强吸收峰。指纹区的情况不同，该区峰多而复杂，没有强的特征性，主要是由一些单键 C—O、C—N 和 C—X（卤素原子）等的伸缩振动及 C—H、O—H 等含氢基团的弯曲振动以及 C—C 骨架振动产生。当分子结构稍有不同时，该区的吸收就有细微的差异。这种情况就像每个人都有不同的指纹一样，因而称为指纹区。指纹区对于区别结构类似的化合物很有帮助。

（1）基团频率区　基团频率区也称为官能团区或特征区。区内的峰是由伸缩振动产生的吸收带，比较稀疏，容易辨认，常用于鉴定官能团。基团频率区大致又可以分为三个小区：①2500~4000cm^{-1}X—H 伸缩振动区，X 可以是 O、N、C 或 S 等原子。O—H 基的伸缩振动出现在 3200~3650cm^{-1} 范围内，它可以作为判断有无醇类、酚类和有机酸类的重要依据。C—H 的伸缩振动可分为饱和与不饱和两种：饱和的 C—H 伸缩振动出现在 3000cm^{-1} 以下，不饱和的 C—H 伸缩振动出现在 3000cm^{-1} 以上，以此来判别化合物中是否含有不饱和的 C—H 键。苯环的 C—H 键伸缩振动出现在 3030cm^{-1} 附近，它的特征是强度比饱和的 C—H 价键稍弱，但谱带比较尖锐。不饱和的双键═C—H 的吸收出现在 3010~3040cm^{-1} 范围内，末端═CH_2 的吸收出现在 3085cm^{-1} 附近。三键 ≡ CH 上的 C—H 伸缩振动出现在更高的区域（3300cm^{-1}）附近。②1900~2500cm^{-1} 为三键和累积双键区，主要包括—C ≡ C、—C ≡ N 等三键的伸缩振动，以及—C ═C ═C、—C ═C ═O 等累积双键的不对称性伸缩振动。—C ≡ N 基的伸缩振动在非共轭的情况下出现在 2240~2260cm^{-1} 附近。当与不饱和键或芳香核共轭时，该峰位移到 2220~2230cm^{-1} 附近。若分子中含有 C、H、N 原子，—C ≡ N 基吸收比较强而尖锐。若分子中含有 O 原子，且 O 原子离—C ≡ N 基越近，—C ≡ N 基的吸收越弱，甚至观察不到。③ 1200~1900cm^{-1} 为双键伸缩振动区。该区域主要包括三种伸缩振动：C ═O 伸缩振动出现在 1650~1900cm^{-1}，是红外光谱中特征峰且往往是最强的吸收，以此很容易判断酮类、醛类、酸类、酯类以及酸酐等有机化合物。酸酐的羰基吸收带由于振动耦合而呈现双峰。苯的衍生物的泛频谱带出现在 1650~2000cm^{-1} 范围，是 C—H 面外和 C ═C 面内变形振动的泛频吸收，虽然强度很弱，但它们的吸收特征在表征芳香核取代类型上有一定的作用。

（2）指纹区　900~1800（1300）cm^{-1} 区域是 C—O、C—N、C—F、C—P、C—S、P—O、Si—O 等单键的伸缩振动和 C ═S、S ═O、P ═O 等双键的伸缩振动吸收。其中 C—H 对称

弯曲振动，对识别甲基十分有用，C—O 的伸缩振动在 1000～1300cm^{-1} 的谱带为甲基的，是该区域最强的峰，也较易识别。

七、影响基团频率的因素

基团频率主要由基团中原子的质量和原子间的化学键力常数决定。然而，分子内部结构和外部环境的改变对它都有影响，因而，同样的基团在不同的分子和不同的外界环境中，基团频率可能会有一个较大的范围。因此了解影响基团频率的因素，对解析红外光谱和推断分子结构都十分有用。影响基团频率位移的因素大致可分为：

（1）诱导效应　由于取代基具有不同的电负性，通过静电诱导作用，引起分子中电子分布的变化，从而改变了键力常数，使基团的特征频率发生了位移。

（2）共轭效应　当含有孤对电子的原子（O、S、N 等）与具有多重键的原子相连时，也可起类似的共轭作用。由于含有孤对电子的原子的共轭作用，使 C ═O 上的电子云移向氧原子，C ═O 双键的电子云密度平均化，造成 C ═O 键的力常数下降，使吸收频率向低波数移动。对同一基团，若诱导效应和共轭效应同时存在，则振动频率最后移动的方向和程度取决于这两种效应的结果。当诱导效应大于共轭效应时，振动频率向高波数移动，反之，振动频率向低波数移动。

（3）氢键效应　氢键的形成使电子云密度平均化，从而使伸缩振动频率降低。

（4）振动耦合　当两个振动频率相同或相近的基团相邻具有一公共原子时，由于一个键的振动通过公共原子使另一个键的长度发生改变，产生一个“微扰”，从而形成了强烈的振动相互作用。其结果是使振动频率发生变化，一个向高频移动，另一个向低频移动，谱带分裂。

八、红外光谱分析应用

红外光谱法主要研究在振动中伴随有偶极矩变化的化合物（没有偶极矩变化的振动在拉曼光谱中出现）。因此，除了单原子和同核分子如 Ne、He、O_2、H_2 等之外，几乎所有的有机化合物在红外光谱区均有吸收。红外吸收带的波数位置、波峰的数目以及吸收谱带的强度反映了分子结构上的特点，红外光谱分析可用于研究分子的结构和化学键，也可以作为表征和鉴别化学物种的方法。红外光谱具有高度特征性，可以采用与标准化合物的红外光谱对比的方法来做分析鉴定。利用化学键的特征波数来鉴别化合物的类型，并可用于定量测定。因此，红外光谱法与其他许多分析方法一样，能进行定性和定量分析。

红外光谱是物质定性的重要方法之一。它的解析能够提供许多关于官能团的信息，可以帮助确定部分乃至全部分子类型及结构。其定性分析有特征性高、分析时间短、需要的试样量少、不破坏试样、测定方便等优点。传统的利用红外光谱法鉴定物质通常采用比较法，即与标准物质对照和查阅标准谱图的方法，但是该方法对于样品的要求较高，并且依赖于谱图库的大小。如果在谱图库中无法检索到一致的谱图，则可以用人工解谱的方法进行分析，这就需要有大量的红外知识及经验积累。大多数化合物的红外谱图是复杂的，即便是有经验的专家，也不能保证从一张孤立的红外谱图上得到全部分子结构信息，如果需要确定分子结构信息，就要借助其他的分析测试手段，如核磁、质谱、紫外光谱等。尽管如此，红外谱图仍是提供官能团信息最方便快捷的方法。

红外光谱定量分析法的依据是朗伯-比尔定律。红外光谱定量分析法与其他定量分析方法相比，存在一些缺点，因此只在特殊的情况下使用。它要求所选择的定量分析峰应有足够的强度，即摩尔吸光系数大的峰，且不与其他峰相重叠。红外光谱的定量分析方法主要有直接计算法、工作曲线法、吸收度比值法和内标法等，常用于异构体的分析。

由于分子中邻近基团的相互作用，使同一基团在不同分子中的特征波数有一定的变化范围。红外光谱分析特征性强，气体、液体、固体样品都可测定，并具有用量少、分析速度快、不破坏样品的特点。此外，在高聚物的构型、构象、力学性质的研究，以及物理、天文、气象、遥感、生物、医学等领域，红外光谱也有广泛的应用。

第八节　激光拉曼光谱

一、拉曼光谱概述及原理

拉曼光谱是一种散射光谱。拉曼光谱分析法是基于印度科学家 C. V. 拉曼所发现的拉曼散射效应，对与入射光频率不同的散射光谱进行分析以得到分子振动、转动方面的信息，并应用于分子结构研究的一种分析方法。

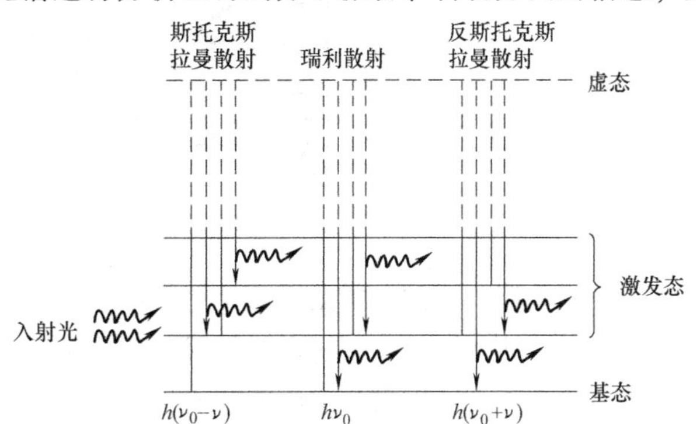

图 14-32　瑞利散射、斯托克斯拉曼散射及反斯托克斯拉曼散射的产生

1928 年，C. V. 拉曼在实验中发现，当光穿过透明介质时，被分子散射的光发生频率变化，这一现象称为拉曼散射，如图 14-32 所示。拉曼光谱的理论解释是，入射光子能量为 $h\nu_0$，与分子发生非弹性散射，处于基态或者激发态的分子吸收频率为 ν_0 的光子，达到虚态后又发射 $\nu_0-\nu_1$ 的光子，同时分子从低能态跃迁到高能态（斯托克斯线）；处于基态或者激发态的分子吸收频率为 ν_0 的光子，达到虚态后又发射 $\nu_0+\nu_1$ 的光子，同时分子从高能态跃迁到低能态（反斯托克斯线）。处于基态或者激发态的分子吸收频率为 ν_0 的光子，同时也发射频率为 ν_0 的光子，同时分子从原来的能级达到虚态后又返回原来的能级，称为瑞利散射。频率对称分布在 ν_0 两侧的谱线或谱带 $\nu_0\pm\nu_1$ 即为拉曼光谱，其中频率较小的成分 $\nu_0-\nu_1$ 又称为斯托克斯线，频率较大的成分 $\nu_0+\nu_1$ 又称为反斯托克斯线。靠近瑞利散射线两侧的谱线称为小拉曼光谱；远离瑞利线的两侧出现的谱线称为大拉曼光谱。瑞利散射线的强度只有入射光强度的 10^{-3}，拉曼光谱强度大约只有瑞利线的 10^{-3}。小拉曼光谱与分子的转动能级有关，大拉曼光谱与分子振动-转动能级有关。

分子能级的跃迁仅涉及转动能级时，发射的是小拉曼光谱；涉及振动-转动能级时，发射的是大拉曼光谱。与分子红外光谱不同，极性分子和非极性分子都能产生拉曼光谱。激光器的问世，提供了优质高强度单色光，有力地推动了拉曼散射的研究及其应用。拉曼光谱的应用范围遍及化学、物理学、生物学和医学等各个领域，对于纯定性分析、高度定量分析和测定分子结构都有很大价值。

斯托克斯与反斯托克斯散射光的频率与激发光源频率之差 $\Delta\nu$ 统称为拉曼位移。斯托克斯散射的强度通常要比反斯托克斯散射强度强得多，在拉曼光谱分析中，通常测定斯托克斯散射光线。拉曼位移取决于分子振动能级的变化，不同的化学键或基态有不同的振动方式，决定了其能级间的能量变化，因此，与之对应的拉曼位移是特征的。这是拉曼光谱进行分子结构定性分析的理论依据。

二、激光拉曼光谱仪工作原理

激光拉曼光谱仪的结构主要包括光源、外光路、色散系统、接收系统、信息处理与显示系统等几部分，如图 14-33 所示。

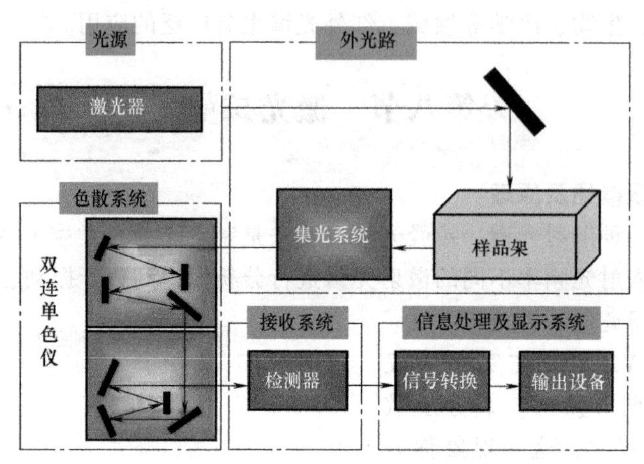

图 14-33 激光拉曼光谱仪的工作原理

（1）光源 它的功能是提供单色性好、功率大并且最好能多波长工作的入射光。目前拉曼光谱实验的光源已全部用激光器代替历史上用的汞灯。对常规的拉曼光谱实验，常见的气体激光器基本上可以满足实验的需要。在某些拉曼光谱实验中要求入射光的强度稳定，这就要求激光器的输出功率稳定。

（2）外光路 外光路部分包括聚光、集光、样品架、滤光和偏振等部件。

1）聚光：用一块或两块焦距合适的会聚透镜，使样品处于会聚激光束的腰部，以提高样品光的辐照功率，可使样品在单位面积上的辐照功率比不用透镜会聚前增强。

2）集光：常用透镜组或反射凹面镜作散射光的收集镜。通常是由相对孔径数值在 1 左右的透镜组成。为了更多地收集散射光，对某些实验样品可在集光镜对面和照明光传播方向上加反射镜。

3）样品架：样品架的设计要保证使照明最有效和杂散光最少，尤其要避免入射激光进入光谱仪的入射狭缝。为此，对于透明样品，最佳的样品布置方案是使样品被照明部分呈光谱仪入射狭缝形状的长圆柱体，并使收集光方向垂直于入射光的传播方向。

4）滤光：安置滤光部件的主要目的是抑制杂散光以提高拉曼散射的信噪比。在样品前面，典型的滤光部件是前置单色器或干涉滤光片，它们可以滤去光源中非激光频率的大部分光能。小孔光阑对滤去激光器产生的等离子线有很好的作用。在样品后面，用合适的干涉滤光片或吸收盒可以滤去不需要的瑞利线的一大部分能量，提高拉曼散射的相对强度。

5）偏振：做偏振谱测量时，必须在外光路中插入偏振元件。加入偏振旋转器可以改变入射光的偏振方向；在光谱仪入射狭缝前加入检偏器，可以改变进入光谱仪的散射光的偏振；在检偏器后设置偏振扰乱器，可以消除光谱仪的退偏干扰。

（3）色散系统 色散系统使拉曼散射光按波长在空间分开，通常使用单色仪。由于拉曼散射强度很弱，因而要求拉曼光谱仪有很好的杂散光水平。各种光学部件的缺陷，尤其是光栅的缺陷，是仪器杂散光的主要来源。当仪器的杂散光本领小于 10^{-4} 时，只能作气体、透明液体和透明晶体的拉曼光谱。

(4) 接收系统　拉曼散射信号的接收类型分单通道和多通道接收两种。光电倍增管接收就是单通道接收。

(5) 信息处理与显示系统　为了提取拉曼散射信息，常用的电子学处理方法是直流放大、选频和光子计数，然后用记录仪或计算机接口软件画出图谱。

三、拉曼光谱的特点

拉曼散射光谱具有以下明显的特征：

1) 拉曼散射谱线的波数虽然随入射光的波数而不同，但对同一样品，同一拉曼谱线的位移与入射光的波长无关，只和样品的振动、转动能级有关。

2) 在以波数为变量的拉曼光谱图上，斯托克斯线和反斯托克斯线对称地分布在瑞利散射线两侧，这是由于在上述两种情况下，分别相应得到或失去了一个振动量子的能量。

3) 一般情况下，斯托克斯线比反斯托克斯线的强度大。这是由于玻尔兹曼分布，处于振动基态上的粒子数远大于处于振动激发态上的粒子数。

此外，拉曼散射光谱还有以下特点：

① 由于水的拉曼散射很微弱，拉曼光谱是研究水溶液中的生物样品和化学化合物的理想工具。

② 拉曼光谱一次可以同时覆盖 $50 \sim 4000\text{cm}^{-1}$ 的区间，可对有机物及无机物进行分析。相反，若让红外光谱覆盖相同的区间则必须改变光栅、光束分离器、滤波器和检测器。

③ 拉曼光谱谱峰清晰尖锐，更适合定量研究、数据库搜索以及运用差异分析进行定性研究。在化学结构分析中，独立的拉曼光谱区间的强度和功能集团的数量相关。

④ 因为激光束的直径在它的聚焦部位通常只有 0.2~2mm，常规拉曼光谱只需要少量的样品就可以得到。这是拉曼光谱相对常规红外光谱一个很大的优势。而且，拉曼显微镜物镜可将激光束进一步聚焦至 20μm 甚至更小，可分析更小面积的样品。

⑤ 共振拉曼效应可以用来有选择性地增强大生物分子特征发色基团的振动，这些发色基团的拉曼光强能被选择性地增强 $10^3 \sim 10^4$ 倍。拉曼光谱技术可提供快速、简单、可重复且更重要的是无损伤的定性、定量分析，它无须样品准备，样品可直接通过光纤探头或者通过玻璃、石英和光纤测量。

四、红外光谱与拉曼光谱比较

(1) 相同点　对于一个给定的化学键，其红外吸收频率与拉曼位移相等，均代表第一振动能级的能量。因此，对某一给定的化合物，某些峰的红外吸收波数与拉曼位移完全相同，红外吸收波数与拉曼位移均在红外光区，两者都反映分子的结构信息。

(2) 不同点　红外光谱的入射光及检测光均是红外光，而拉曼光谱的入射光大多数是可见光，散射光也是可见光。红外光谱测定的是光的吸收，横坐标用波数或波长表示，而拉曼光谱测定的是光的散射，横坐标是拉曼位移。两者的产生机理不同。红外吸收是由于振动引起分子偶极矩或电荷分布变化产生的，拉曼散射是由于键上电子云分布产生瞬间变形引起暂时极化，是极化率的改变，产生诱导偶极，当返回基态时发生的散射，散射的同时电子云也恢复原态。红外光谱用能斯特灯、碳化硅棒或白炽线圈作光源，而拉曼光谱仪用激光作光源。用拉曼光谱分析时，样品不需预处理。而用红外光谱分析样品时，样品要经过预处理，液体样品常用液膜法，固体样品可用调糊法，高分子化合物常用薄膜法，气体样品的测定可使用窗板间隔为2.5~10cm的大容量气体池。红外光谱主要反映分子的官能团，而拉曼光谱主要反映分子的骨架，主要用于分析生物大分子。拉曼光谱和红外光谱可以互相补充，对于具有对称中心的分子来说，具有一互斥规则：与对称中心有对称关系的振动，红外不可见，拉曼可见；与对称中心无对称关系的振动，红外可见，拉曼不可见。

五、拉曼光谱分析应用

拉曼位移是分子结构的特征参数，它不随激发光频率的改变而改变。这是拉曼光谱可以作为分子结构定性分析的理论依据。激光拉曼光谱法可用于有机化学、高聚物、生物及表面和薄膜等方面。

(1) 有机化学　拉曼光谱在有机化学方面主要是用作结构鉴定的手段，拉曼位移的大小、强度及拉曼峰形状是鉴定化学键、官能团的重要依据。利用偏振特性，拉曼光谱还可以作为顺反式结构判断的依据。

(2) 高聚物　拉曼光谱可以提供关于碳链或环的结构信息。在确定异构体(单体异构、位置异构、几何异构等)的研究中，拉曼光谱可以发挥其独特的作用。电活性聚合物如聚吡咯、聚噻吩等的研究常利用拉曼光谱作为工具，在高聚物的工业生产方面，如对受挤压线型聚乙烯的形态、高强度纤维中紧束分子的观测，以及聚乙烯磨损碎片结晶度的测量等研究中都采用拉曼光谱。

(3) 生物　拉曼光谱是研究生物大分子的有力手段，由于水的拉曼光谱很弱，谱图又很简单，故拉曼光谱可以在接近自然状态、活性状态下来研究生物大分子的结构及其变化。拉曼光谱在蛋白质二级结构的研究、DNA和致癌物分子间的作用、动脉硬化操作中的钙化沉积和红细胞膜等研究中的应用均有文献报道。

第九节　紫外-可见吸收光谱

一、紫外-可见吸收光谱概述

约翰·威廉·里特在1801年发现紫外线光，紫外光是波长比可见光短，但比X射线长的电磁辐射。紫外光在电磁波谱中波长为10~400nm。这范围内开始于可见光的短波极限，而与长波X射线的波长相重叠。紫外光被划分为A射线、B射线和C射线(简称UVA、UVB和UVC)，波长分别为315~400nm、280~315nm、190~280nm。

可见光是电磁波谱中人眼可以感知的部分，可见光谱没有精确的范围。一般人的眼睛可以感知的电磁波的波长为400~700nm，但还有一些人能够感知到的波长为380~780nm的电磁波。正常视力的人眼对波长约为555nm的电磁波最为敏感，这种电磁波处于光学频谱的绿光区域。人眼可以看见的光的范围受大气层影响。大气层对于大部分的电磁波辐射来讲都是不透明的，只有可见光波段和其他少数(如无线电通信)波段等例外。

紫外-可见吸收光谱法是利用某些物质的分子吸收10~800nm光谱区的辐射来进行分析测定的方法，这种分子吸收光谱产生于价电子和分子轨道上的电子在电子能级间的跃迁，广泛用于有机和无机物质的定性和定量测定。该方法具有灵敏度高、准确度好、选择性优、操作简便、分析速度好等特点。

分子的紫外-可见吸收光谱法是基于分子内电子跃迁产生的吸收光谱进行分析的一种常用的光谱分析法。分子在紫外-可见光区的吸收与其电子结构紧密相关。紫外光谱的研究对象大多是具有共轭双键结构的分子。紫外-可见光研究对象大多在200~380nm的近紫外光区和(或)380~780nm的可见光区有吸收。紫外-可见吸收测定的灵敏度取决于产生光吸收分子的摩尔吸收系数。该法仪器设备简单，应用十分广泛。如医院的常规化验中，95%的定量分析都用紫外-可见分光光度法。在化学研究中，如平衡常数的测定、求算主-客体结合常数等都离不开紫外-可见吸收光谱。

二、紫外-可见吸收光谱产生机理

紫外吸收光谱、可见吸收光谱都属于电子光谱，它们都是由于价电子的跃迁而产生的。用一束具有连续波长的紫外-可见光照射材料，其中某些波长的光被材料的分子吸收。若用材料的吸光度对波长作图就可以得到该材料的紫外-可见吸收光谱。在紫外-可见吸收光谱中，常常用最大吸收位置处的波长 λ_{max} 和该波长的摩尔吸收系数 ε_{max} 来表征材料的吸收特征。

1. 分子轨道

在理解电子跃迁之前，首先需要明白分子轨道理论。分子轨道理论(MO理论)是处理双原子分子及多原子分子结构的一种有效的近似方法。它与价键理论不同，后者着重于用原子轨道的重组杂化成键来理解结构，而前者则注重于分子轨道的认知，即认为分子中的电子围绕整个分子运动。1932年，美国化学家R. S. Mulliken和德国化学家F. Hund提出了一种新的共价键理论——分子轨道理论（Molecular Orbital Theory），即MO法。该理论注意了分子的整体性，因此较好地说明了多原子分子的结构。目前，该理论在现代共价键理论中占有很重要的地位。

原子在形成分子时，所有电子都有贡献，分子中的电子不再从属于某个原子，而是在整个分子空间范围内运动。在分子中，电子的空间运动状态可用相应的分子轨道波函数 ψ(称为分子轨道)来描述。分子轨道和原子轨道的主要区别在于：

① 在原子中，电子的运动只受一个原子核的作用，原子轨道是单核系统；而在分子中，电子则在所有原子核势场作用下运动，分子轨道是多核系统。

② 原子轨道的名称用s、p、d…符号表示，而分子轨道的名称则相应地用σ、π、δ…符号表示。

分子轨道可以由分子中原子轨道波函数的线性组合(Linear Combination of Atomic Orbitals，LCAO)而得到。几个原子轨道可组合成几个分子轨道，其中有一半分子轨道分别由正负符号相同的两个原子轨道叠加而成，两核间电子的概率密度增大，其能量较原来的原子轨道能量低，有利于成键，称为成键分子轨道，如σ、π轨道（轴对称轨道）；另一半分子轨道分别由正负符号不同的两个原子轨道叠加而成，两核间电子的概率密度很小，其能量较原来的原子轨道能量高，不利于成键，称为反键分子轨道，如 σ^*、π^* 轨道（镜面对称轨道，反键轨道的符号上常加“*”以与成键轨道区别）。若组合得到的分子轨道的能量与组合前的原子轨道能量没有明显差别，也就是说化合物分子中存在未参与成键的电子对，是孤对电子也叫非键电子，简称为n电子，所得的分子轨道叫作非键分子轨道，即n轨道。

2. 原子轨道线性组合的原则

(1) 对称性匹配原则　只有对称性匹配的原子轨道才能组合成分子轨道，这称为对称性匹配原则。原子轨道有 s、p、d 等各种类型，从它们的角度分布函数的几何图形可以看出，它们对于某些点、线、面等有着不同的空间对称性。对称性是否匹配，可根据两个原子轨道的角度分布图中波瓣的正、负号对于键轴（设为 x 轴）或对于含键轴的某一平面的对称性决定。

(2) 能量近似原则　在对称性匹配的原子轨道中，只有能量相近的原子轨道才能组合成有效的分子轨道，而且能量越相近越好，这称为能量近似原则。

(3) 轨道最大重叠原则　对称性匹配的两个原子轨道进行线性组合时，其重叠程度越大，则组合成的分子轨道的能量越低，所形成的化学键越牢固，这称为轨道最大重叠原则。

在上述三条原则中，对称性匹配原则是首要的，它决定原子轨道有无组合成分子轨道的可能性。能量近似原则和轨道最大重叠原则是在符合对称性匹配原则的前提下，决定分子轨道组合效率的问题。

电子在分子轨道中的排布也遵循原子轨道电子排布的原则，即 Pauli 不相容原理、能量最低原理和 Hund 规则。具体排布时，应先知道分子轨道的能级顺序。目前这个顺序主要借助于分子光谱实验来确定。

在分子轨道理论中，用键级(Bond Order)表示键的牢固程度。键级的定义是：键级=(成键轨道上的电子数-反键轨道上的电子数)/2。键级也可以是分数。一般说来，键级越高，键越稳定；键级为零，则表明原子不可能结合成分子，键级越低(反键数越多)，键长越大。

在热力学温度为零时，将处于基态的双分子 AB 拆开成也处于基态的 A 原子和 B 原子时，所需要的能量叫 AB 分子的键离解能，常用符号 D(A—B)来表示。

键角是指键和键的夹角。如果已知分子的键长和键角，则分子的几何构型就确定了。

3. 电子跃迁类型

分子轨道的能量大小关系如图 14-34 所示，$\sigma<\pi<n<\pi^*<\sigma^*$。通常情况下，分子中能产生跃迁的电子都是处于较低的能量状态，如 σ 轨道、π 轨道和 n 轨道。当电子受到紫外-可见光的作用后吸收辐射能量，发生电子跃迁，可以从成键轨道跃迁到反键轨道，或者从非键轨道跃迁到反键轨道。具体包括以下六种跃迁：$n\rightarrow\pi^*$、$\pi\rightarrow\pi^*$、$n\rightarrow\sigma^*$、$\pi\rightarrow\sigma^*$、$\sigma\rightarrow\pi^*$、$\sigma\rightarrow\sigma^*$。其中 $n\rightarrow\pi^*$、$\pi\rightarrow\pi^*$ 两种跃迁的能量相对较小，相应波长多出现在紫外-可见光区域。而其他四种跃迁能量相对较大，所产生的吸收谱多位于真空紫外区(0~200nm)。也就是说不同的电子跃迁类型对应不同的跃迁能量，即吸收谱位置不一样。显然，电子跃迁类型和分子的结构及其基团密切相关。可以根据分子结构来预测可能产生的电子跃迁类型。反过来说，特殊的结构就会有特殊的电子跃迁，对应着不同的能量(波长)，反映在紫外-可见吸收光谱图上就有一定位置、一定强度的吸收峰，根据吸收峰的位置和强度就可以推知待测样品的结构信息。

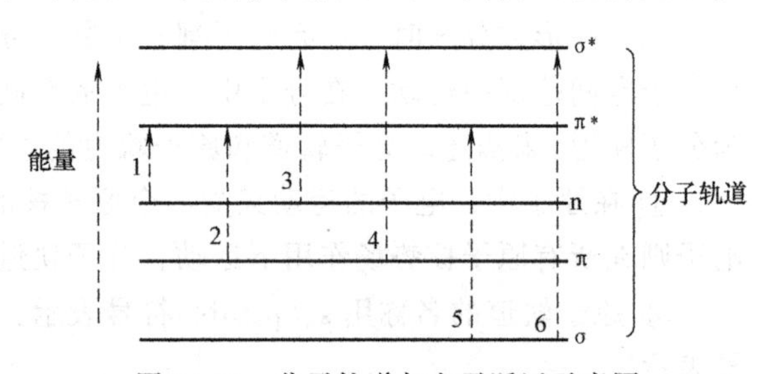

图 14-34　分子轨道与电子跃迁示意图

三、朗伯-比尔定律

当一束平行单色光(只有一种波长的光)照射有色溶液时，光的一部分被吸收，一部分透过溶液（图 14-35）。设入射光的强度为 I_0，溶液的浓度为 c，液层的厚度为 b，透射光强度为 I，则

$$\lg \frac{I_0}{I}=Kcb \quad (14\text{-}34)$$

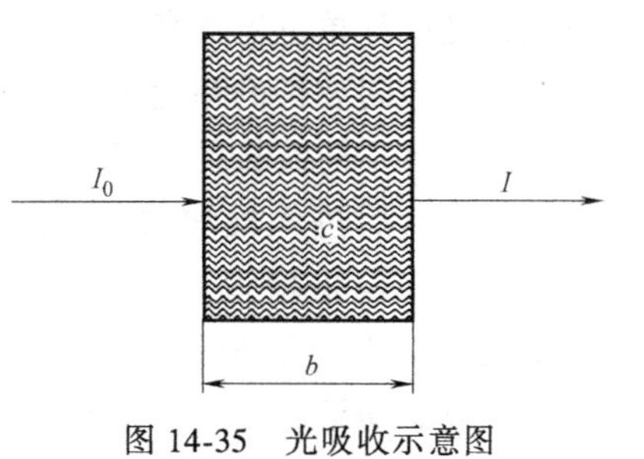

图 14-35　光吸收示意图

式中，$\lg(I_0/I)$ 表示光线透过溶液时被吸收的程度，一般称为吸光度(A)或消光度(E)。因此，式(14-34)又可写为

$$A=Kcb \quad (14\text{-}35)$$

式(14-35)为朗伯-比尔定律的数学表达式。它表示一束单色光通过溶液时，溶液的吸光度与溶液的浓度和液层厚度的乘积成正比。式中，K 为吸光系数，当溶液浓度 c 和液层厚度 b 的数值均为 1 时，$A=K$，即吸光系数在数值上等于 c 和 b 均为 1 时溶液的吸光度。对于同一物质和一定波长的入射光而言，它是一个常数。

比色法中常把 I/I_0 称为透光度，用 T 表示，透光度和吸光度的关系如下

$$A=\lg \frac{I_0}{I}=\lg \frac{1}{T}=-\lg T \quad (14\text{-}36)$$

当 c 以 $mol \cdot L^{-1}$ 为单位时，吸光系数称为摩尔吸光系数，用 ε 表示，其单位是 $L \cdot mol^{-1} \cdot cm^{-1}$。当 c 以质量体积浓度($g \cdot mL^{-1}$)表示时，吸光系数称为百分吸光系数，单位是 $mL \cdot g^{-1} \cdot cm^{-1}$。吸光系数越大，表示溶液对入射光越容易吸收，当 c 有微小变化时就可使 A 有较大的改变，故测定的灵敏度较高。一般 ε 值在 10^3 以上即可进行比色分析。

四、紫外-可见吸收光谱法的特点及其影响因素

紫外-可见吸收光谱所对应的电磁波长较短，能量大，它反映了分子中价电子能级跃迁情况。主要应用于共轭体系(共轭烯烃和不饱和羰基化合物)及芳香族化合物的分析。由于电子能级改变的同时，往往伴随有振动能级的跃迁，所以电子光谱图比较简单，但峰形较宽。一般来说，利用紫外-可见光吸收光谱进行定性分析信号较少。紫外-可见吸收光谱常用于共轭体系的定量分析，灵敏度高，检出限低。

影响紫外-可见光吸收光谱的因素有共轭效应、超共轭效应、溶剂效应、溶剂 pH 值。各种因素对吸收谱带的影响表现为谱带位移、谱带强度的变化、谱带精细结构的出现或消失等。谱带位移包括蓝移(或紫移)和红移。蓝移(或紫移)指吸收峰向短波长移动，红移指吸收峰向长波长移动。吸收峰强度变化包括增色效应和减色效应。前者指吸收强度增加，后者指吸收强度减小。各种因素对吸收谱带的影响结果如图 14-36 所示。

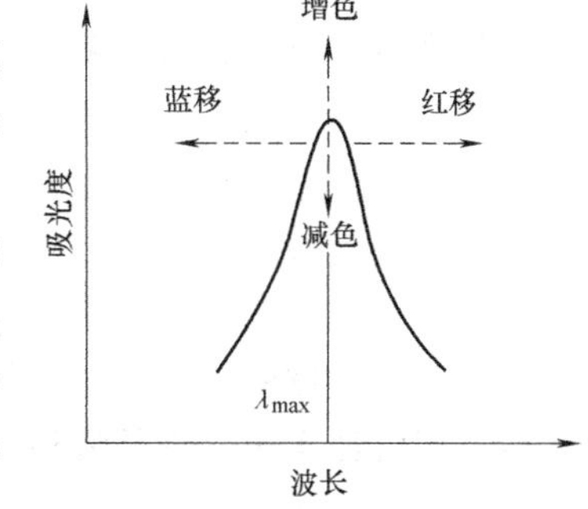

图 14-36　蓝移、红移、增色、减色效应示意图

五、紫外-可见吸收光谱仪工作原理

紫外-可见吸收光谱仪由光源、单色器、吸收池、检测器以及数据处理及记录(计算机)等部分组成，如图 14-37 所示。为得到全波长范围(200~800nm)的光，使用分立的双光源，其中氘灯的波长为 185~395nm，钨灯的为 350~800nm。绝大多数仪器都通过一个动镜实现光源之间的平滑切换，可以平滑地在全光谱范围扫描。光源发出的光通过光孔调制成光束，然后进入单色器；单色器由色散棱镜或衍射光栅

组成，光束从单色器的色散元件发出后成为多组分不同波长的单色光，通过光栅的转动分别将不同波长的单色光经狭缝送入样品池，然后进入检测器(检测器通常为光电管或光电倍增管)，最后由电子放大电路放大，从微安表或数字电压表读取吸光度，或驱动记录设备，得到光谱图。

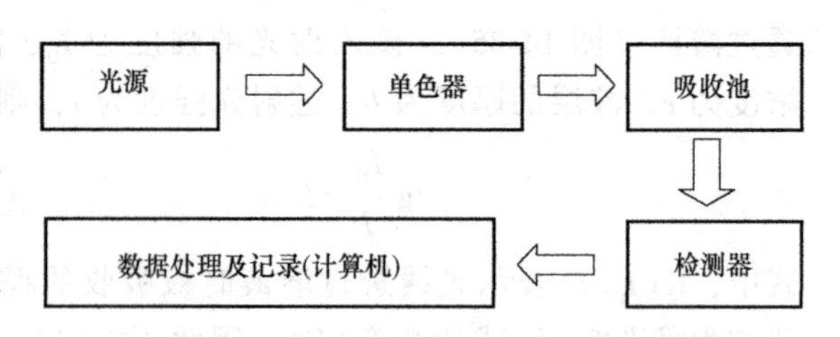

图 14-37 紫外-可见分光光度计的工作原理图

六、紫外-可见吸收光谱法的应用

物质的紫外吸收光谱基本上是其分子中生色团及助色团的特征，而不是整个分子的特征。分子中本身不吸收辐射，而能使分子中生色基团的吸收峰向长波长移动，并增强其强度的基团有羟基、胺基和卤素等。当吸电子基(如—NO_2)或给电子基(含未成键 p 电子的杂原子基团，如—OH、—NH_2 等)连接到分子中的共轭体系时，都能导致共轭体系电子云的流动性增大，分子中 $\pi\rightarrow\pi^*$ 跃迁的能级差减小，最大吸收波长移向长波，颜色加深。这些基团被称为助色团。助色团可分为吸电子助色团和给电子助色团。生色团是指分子中含有的能对光辐射产生吸收，具有跃迁的不饱和基团。某些有机化合物分子中存在含有不饱和键的基团，能够在紫外及可见光区域内(200~800nm)产生吸收，且吸收系数较大，这种吸收具有波长选择性，吸收某种波长(颜色)的光，而不吸收另外波长(颜色)的光，从而使物质显现颜色，所以称为生色团，又称发色团。

如果物质组成的变化不影响生色团和助色团，就不会显著地影响其吸收光谱，如甲苯和乙苯具有相同的紫外吸收光谱。另外，外界因素如溶剂的改变也会影响吸收光谱，在极性溶剂中某些化合物吸收光谱的精细结构会消失，成为一个宽带。所以，只根据紫外光谱是不能完全确定物质的分子结构的，还必须与红外吸收光谱、核磁共振波谱、质谱以及其他化学、物理方法共同配合才能得出可靠的结论。

(1) 化合物的鉴定　利用紫外光谱可以推导有机化合物的分子骨架中是否含有共轭结构体系，如 C═C—C═C、C═C—C═O、苯环等。利用紫外光谱鉴定有机化合物远不如利用红外光谱有效，因为很多化合物在紫外没有吸收或者只有微弱的吸收，并且紫外光谱一般比较简单，特征性不强。利用紫外光谱可以用来检验一些具有大的共轭体系或发色官能团的化合物，可以作为其他鉴定方法的补充。

(2) 纯度检查　如果有机化合物在紫外-可见光区没有明显的吸收峰，而杂质在紫外区有较强的吸收，则可利用紫外光谱检验化合物的纯度。

(3) 异构体的确定　对于异构体的确定，可以通过经验规则计算出 λ_{max} 值，与实测值比较，即可证实化合物是哪种异构体。

(4) 位阻作用的测定　由于位阻作用会影响共轭体系的共平面性质，当组成共轭体系的生色基团近似处于同一平面，两个生色基团具有较大的共振作用时，λ_{max} 不改变，ε_{max} 略微降低，空间位阻作用较小；当两个生色基团具有部分共振作用，两共振体系部分偏离共平面时，λ_{max} 和 ε_{max} 略有降低；当连接两生色基团的单键或双键被扭曲得很厉害，以致两生色基团基本未共轭，或具有极小共振作用或无共振作用，剧烈影响其紫外光谱特征时，情况较为复杂化。在多数情况下，该化合物的紫外光谱特征近似等于它所含孤立生色基团光谱的“加合”。

（5）氢键强度的测定　溶剂分子与溶质分子缔合生成氢键时，对溶质分子的紫外光谱有较大的影响。对于羰基化合物，根据在极性溶剂和非极性溶剂中 R 带的差别，可以近似测定氢键的强度。

（6）定量分析　朗伯-比尔定律是紫外-可见吸收光谱法进行定量分析的理论基础。

第十节　原子发射光谱

一、原子发射光谱概述

原子发射光谱法（Atomic Emission Spectrometry，AES）是指利用物质在热激发或电激发下，每种元素的原子或离子发射特征光谱来判断物质的组成，而进行元素的定性与定量分析的方法。原子发射光谱法可对约 70 种元素（金属元素及磷、硅、砷、碳、硼等非金属元素）进行分析。在一般情况下，用于 1%（质量分数）以下含量的组分测定，检出限可达 10^{-6}，精密度为±10%左右，线性范围约 2 个数量级。这种方法可有效地用于测量高、中、低含量的元素。

原子发射光谱法是指根据处于激发态的待测元素原子回到基态时发射的特征谱线对待测元素进行分析的方法。在正常状态下，元素处于基态，元素在受到热（火焰）或电（电火花）激发时，由基态跃迁到激发态，返回到基态时，发射出特征光谱（线状光谱）。原子发射光谱法包括了三个主要的过程：

1）由光源提供能量使样品蒸发，形成气态原子，并进一步使气态原子激发而产生光辐射。

2）将光源发出的复合光经单色器分解成按波长顺序排列的谱线，形成光谱。

3）用检测器检测光谱中谱线的波长和强度。

由于待测元素原子的能级结构不同，因此发射谱线的特征不同，据此可对样品进行定性分析；由于待测元素原子的浓度不同，因此发射强度不同，可实现元素的定量测定。

二、原子发射光谱基本原理

原子发射光谱分析是根据原子所发射的光谱来测定物质的化学组分的。不同物质由不同元素的原子所组成，而原子都包含着一个结构紧密的原子核，核外围绕着不断运动的电子。每个电子处于一定的能级上，具有一定的能量。在正常的情况下，原子处于稳定状态，它的能量是最低的，这种状态称为基态。但当原子受到能量（如热能、电能等）的作用时，原子与高速运动的气态粒子和电子相互碰撞而获得了能量，使原子中外层的电子从基态跃迁到更高的能级上，处在这种状态的原子称为激发态。电子从基态跃迁至激发态所需的能量称为激发电位。激发态是不稳定的，平均寿命为 $10^{-10}\sim10^{-8}$s，容易发射出相应特征频率的光子返回到基态或低（亚）激发态而呈现一系列特征光谱线。随后激发原子就要跃迁回到低能态或基态，同时释放出多余的能量，如果以辐射的形式释放能量，该能量就是释放光子的能量。因为原子核外电子能量是量子化的，因此伴随电子跃迁而释放的光子能量就等于电子发生跃迁的两能级的能量差。

$$\Delta E=\frac{hc}{\lambda} \tag{14-37}$$

式中，h 为普朗克常数；c 为光速；λ 为发射谱线的特征波长。

这些特征光谱线经过光学色散系统分别被会聚在感光板上或被光电器件所接收，根据特征谱线的波长及强度对元素进行定性或定量分析，这便是原子发射光谱法。

由于原子在激发时可能被激发到不同的高能级，又可能以不同形式跃迁到不同的低能级，所以可以发射出不同波长的谱线。电子在两个能级间每秒跃迁发生可能性的大小称为跃迁概率。

$$I=N_i Ah\nu \tag{14-38}$$

式中，I为谱线强度；N_i为单位体积内处于第i个能级的原子数；A为电子在某两个能级之间的跃迁概率；h为普朗克常数；ν为发射谱线的频率。

原子从最低激发态返回到基态所发射的谱线常称为第一共振线，它是众多光谱线中最强的，一般也是元素分析中最灵敏的谱线。通常将它作为元素定性、定量分析的主要分析线。

三、原子发射光谱仪组成

原子发射光谱仪主要由激发光源、分光系统和检测器三部分组成，如图14-38所示。首先激发光源对样品作用，使得样品元素的原子发生辐射，辐射的特征光经过分光系统之后被检测器接收，随后送入信号处理器及计算机系统。这里分光系统包括各类光路系统、狭缝、色散元件等。

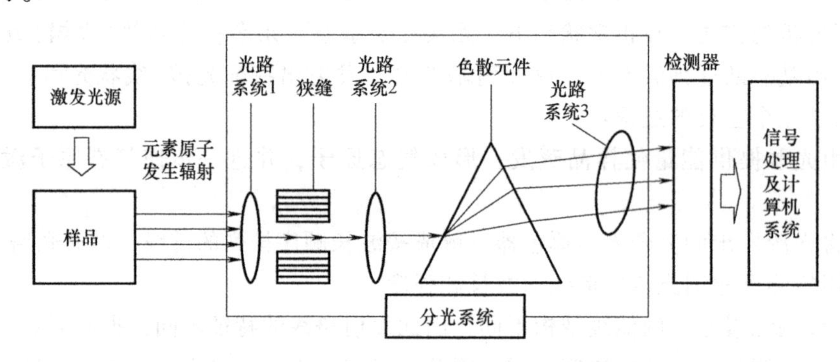

图14-38 原子发射光谱仪的工作原理图

（1）激发光源 光源具有使试样蒸发、解离、原子化、激发、跃迁产生光辐射的作用。光源对光谱分析的检出限、精密度和准确度都有很大的影响。目前常用的光源有火焰、直流电弧、交流电弧、电火花、激光及电感耦合高频等离子体(ICP)。火焰是最早的原子发射光谱光源。顾名思义就是通过燃气燃烧产生热量使得样品发生激发。优点是设备简单，操作方便，稳定性好，但是火焰温度一般只有2000~3000K，不能满足激发电位高的原子。电弧激发光源包括直流和交流电弧光源。原理是当较大的电流通过电极之间时产生强烈的电弧放电，能量高，当样品处于电弧放电区域时，能使样品激发，从而发射线光谱。直流电弧光源温度能够达到4000~7000K，优点是分析灵敏度高，适合定性分析。但是弧光稳定性差，不适合定量分析。交流电弧具有脉冲性，电流密度比直流电弧大得多，温度高，优点是稳定性好，但灵敏度稍差。电火花是指利用变压器把电压升高后，向电容器充电，当电容器的电压达到一定值之后将空气击穿发生放电。优点是稳定性好，温度高，缺点是灵敏度差。激光光源的单色性好，灵敏度高，焦点温度高。

ICP光源是指采用等离子体作为加热光源。等离子体又叫作电浆，是由部分电子被剥夺后的原子及原子被电离后产生的正负电子组成的离子化气体状物质，被视为除去固、液、气外，物质存在的第四态。ICP 光源具有温度高、基体效应小、检出限度低、线性范围宽等优点，是比较理想的光源。样品由载气(氩气)引入雾化系统进行雾化后，以气溶胶形式进入等离子体的中心通道，在高温和惰性气氛中被充分蒸发、原子化、电离和激发，使所含元素发射各自的特征谱线。根据各元素特征谱线的存在与否，鉴别样品中是否含有某种元素(定性分析)；由特征谱线的强度测定样品中相应元素的含量(定量分析)。电感耦合等离子体光源的“点燃”，需具备持续稳定的纯氩气流、炬管、感应圈、高频发生器、冷却系统等条件。样品气溶胶被引入等离子体光源后，在 6000~10000K 的高温下，发生去溶剂、蒸发、离解、激发、电离，发射谱线。

(2) 分光系统 由一些棱镜和光栅组合而成。不同波长的复合光通过棱镜后，因为波长不同而被分开。光栅是用玻璃或者金属板做成的，上面刻有大量宽度和距离都相等的平行线。利用单缝衍射和多缝干涉进行分光。

(3) 检测器 在原子发射光谱法中，常用的检测方法有目视法、摄谱法和光电法。目视法，顾名思义就是用眼看谱线的强度，此方法仅适合可见光波段，目前应用较少。摄谱法是指用感光板来记录光谱，通过对谱线的黑度来进行光谱定量分析的方法。光电法，以电感耦合等离子体原子发射光谱的检测系统为例，它的检测器为光电转换器，它是利用光电效应将不同波长光的辐射能转化成电信号。常见的光电转换器有光电倍增管和固态成像系统两类。固态成像系统是一类以半导体硅片为基材的光敏元件制成的多元阵列集成电路式的焦平面检测器，如电荷耦合器件(CCD)、电荷注入器件(CID)等，具有多谱线同时检测能力，检测速度快，动态线性范围宽，灵敏度高等特点。检测系统应保持性能稳定，具有良好的灵敏度、分辨率和光谱响应范围。

四、原子发射光谱的应用及特点

1. 原子发射光谱的应用

(1) 定性分析 每一种元素的原子都有它的特征光谱，根据原子光谱中的元素特征谱线就可以确定试样中是否存在被检元素。通常将元素特征光谱中强度较大的谱线称为元素的灵敏线。只要在试样光谱中检出了某元素的灵敏线，就可以确认试样中存在该元素。反之，若在试样中未检出某元素的灵敏线，就说明试样中不存在被检元素，或者该元素的含量在检测灵敏度以下。光谱定性分析常采用摄谱法，通过比较试样光谱与纯物质光谱或铁光谱来确定元素的存在。

(2) 半定量分析 摄谱法是目前光谱半定量分析最重要的手段，它可以迅速地给出试样中待测元素的大致含量，常用的方法有谱线黑度比较法和显现法等。

(3) 定量分析 由于发射光谱分析受实验条件波动的影响，使谱线强度测量误差较大，为了补偿这种因波动而引起的误差，通常采用内标法进行定量分析。内标法是利用分析线和比较线强度比对元素含量的关系来进行光谱定量分析的方法。所选用的比较线称为内标线，提供内标线的元素称为内标元素。

2. 原子发射光谱的特点

(1) 操作简单，分析快速 通常无需对试样进行处理（如化学转化等操作)，而可直接测量。对矿物、岩石等试样，可同时进行几十种金属元素的定性、半定量分析测定。利用光电光谱可在送入炼钢炉前 1~2min 内同时测定钢中 20 多种元素。用等离子体发射光谱甚至可在 1min 内同时测定水中 48 种元素，且灵敏度可达 ng/g 数量级。

(2) 灵敏度高 相对灵敏度可达 0.1~10μg/g，绝对灵敏度可达 10^{-9}g 甚至更小。但对非金属元素、卤素、氧族等元素测定灵敏度稍差。

(3) 选择性好 不需经化学分离，只要选择合适的条件，可同时测定几十种元素。对于化学性质相近的元素，如 Nb 与 Ta，Zr 与 Hf，特别是稀土元素，一般化学方法只能测定其总量，难以分别测定，而光谱分析却较易进行各元素的单独测定。

(4) 试样用量较少 一般只需几毫克至数十毫克。有时可在基本不损坏试样的情况下作全分析。用激光光源可进行直径在 10~300μm 的微区分析。

(5) 微量分析准确度高 通常情况下相对误差仅为 5%~20%，但在含量小于 0.1%时，准确度优于化学分析法。含量越低，其优越性越突出，因此非常适用于微量及痕量元素的分析，而广泛应用于核能、国防工业、半导体材料、高纯材料的分析中。

(6) 只能确定物质的元素组成与含量，不能给出物质分子及其结构的信息。

第十一节 原子吸收光谱

一、原子吸收光谱概述

1859 年，G. Kirchhoff 与 R. Bunson 在研究碱金属和碱土金属的火焰光谱时，发现钠蒸气发出的光通过温度较低的钠蒸气时，会引起钠光的吸收，并且根据钠发射线与暗线在光谱中位置相同这一事实，断定太阳连续光谱中的暗线，正是太阳外围大气圈中的钠原子对太阳光谱中的钠辐射吸收的结果。原子吸收光谱作为一种实用的分析方法是从 1955 年开始的。澳大利亚的 A. Walsh 针对“原子吸收光谱在化学分析中的应用”的研究奠定了原子吸收光谱法的基础。到了 20 世纪 60 年代中期，原子吸收光谱开始进入迅速发展的时期。

近年来，使用连续光源和中阶梯光栅，结合使用光导摄像管、二极管阵列多元素分析检测器，设计出了计算机控制的原子吸收分光光度计，为解决多元素同时测定开辟了新的途径。原子吸收光谱法根据蒸气相中被测元素的基态原子对其原子共振辐射的吸收强度来测定试样中被测元素的含量。它在地质、冶金、机械、化工、农业、食品、轻工、生物医药、环境保护、材料科学等各个领域都有广泛的应用。

二、原子吸收光谱基本原理

当有辐射通过自由原子蒸气，且入射辐射的频率等于原子中的电子由基态跃迁到较高能态(一般情况下都是第一激发态)所需要的能量频率时，原子就要从辐射场中吸收能量，产生共振吸收，电子由基态跃迁到激发态，同时伴随着原子吸收光谱的产生，如图 14-39 所示。

如图 14-40 所示，一束强度为 I_0 的入射光通过原子蒸气后，其透射光的强度为 I_x，设原子蒸气的长度为 b，则入射光和透射光的关系为

$$I_x = I_0 e^{-K_v b} \tag{14-39}$$

式中，K_v 为原子吸收系数。

由于原子能级是量子化的，因此，在所有的情况下，原子对辐射的吸收都是有选择性的。由于各元素的原子结构和外层电子的排布不同，元素从基态跃迁至第一激发态时吸收的能量不同，因而各元素的共振吸收线具有不同的特征。能量吸收应满足

$$\Delta E = E_1 - E_0 = h\nu \tag{14-40}$$

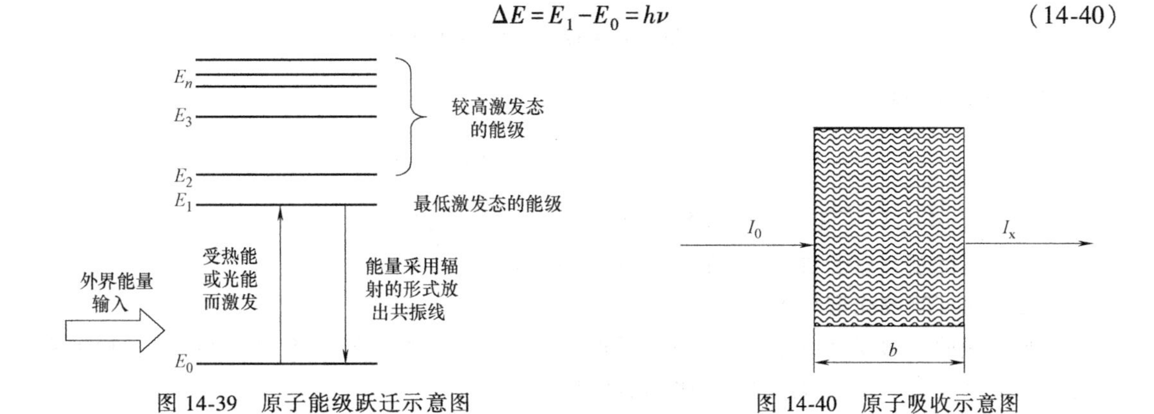

图 14-39　原子能级跃迁示意图

图 14-40　原子吸收示意图

原子吸收光谱位于光谱的紫外区和可见区。原子吸收光谱线并不是严格几何意义上的线，而是占据着有限的相当窄的频率或波长范围，即有一定的宽度。原子吸收光谱的轮廓以原子吸收谱线的中心波长和半宽度来表征。中心波长由原子能级决定。半宽度是指在中心波长的地方，极大吸收系数一半处，吸收光谱线轮廓上两点之间的频率差或波长差。半宽度受到很多实验因素的影响。原子吸收光谱的轮廓如图 14-41 所示。

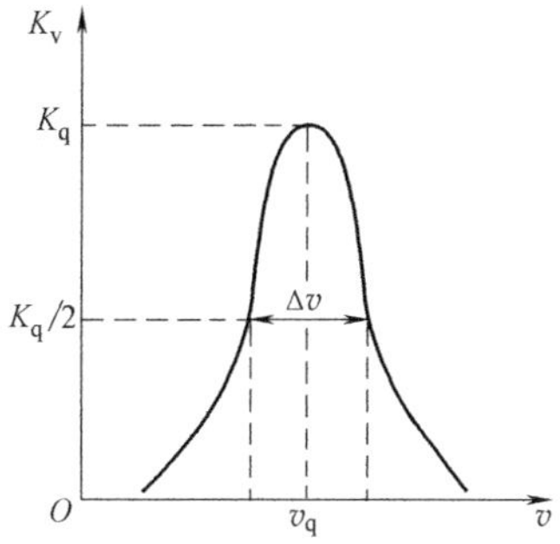

图 14-41　谱线轮廓与半高宽

原子吸收光谱产生于基态原子对特征谱线的吸收。在一定条件下，基态原子数 N_0 正比于吸收曲线下面所包括的整个面积。其定量关系式为

$$\int K_v \mathrm{d}v = sN_0 \tag{14-41}$$

$$s = \frac{\pi e^2}{mc} f \tag{14-42}$$

式中，e 为电子电荷；m 为电子质量；c 为光速；N_0 为单位体积原子蒸气中吸收辐射的基态原子数，亦即基态原子密度；f 为振子强度，代表每个原子中能够吸收或发射特定频率光的平均电子数，在一定条件下对一定元素，f 可视为一定值；s 为一常数。式(14-41)表明积分吸收与单位体积原子蒸气中能够吸收辐射的基态原子数成正比，这是原子吸收光谱分析的理论依据。

只要测得积分吸收值，即可算出待测元素的原子密度。但由于积分吸收测量较困难，通常以测量峰值吸收代替测量积分吸收。

峰值吸收法是直接测量吸收轮廓中心频率所对应的峰值原子吸收系数 K_q 来确认原子浓度

$$K_q = \frac{2w}{\Delta v}\int K_v \mathrm{d}v = \frac{2ws}{\Delta v} N_0 \tag{14-43}$$

式中，w 为谱线展宽过程中有关的常数；Δv 为吸收线半宽度。

根据吸光度的定义

$$A=\lg\left(\frac{I_0}{I_x}\right)=\lg e^{-K_v b}=0.434K_v b \tag{14-44}$$

在峰值处有 $K_q=K_v$，则

$$A=0.434K_q b=0.434\frac{2ws}{\Delta v}N_0 b \tag{14-45}$$

由式（14-45）可知，一旦体系确定，吸光度和 N_0 成正比。而 N_0 为单位体积原子蒸气中吸收辐射的基态原子数，那么由此可以进行定量分析。

三、原子吸收光谱仪组成

原子吸收光谱仪是由光源(如空心阴极灯)、原子化器、分光器(如单色器)、检测系统和信号处理及计算机系统组成，如图14-42所示。

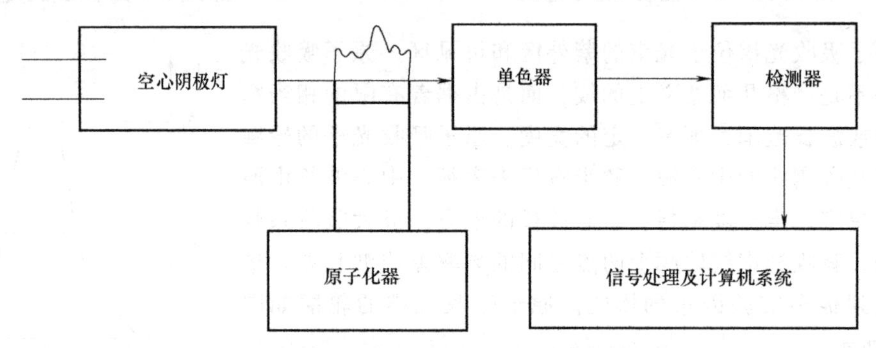

图14-42　原子吸收光谱仪的工作原理图

（1）光源　光源的功能是发射被测元素的特征共振辐射。对光源的基本要求是：发射的共振辐射的半宽度要明显小于吸收线的半宽度；辐射强度大，背景低，低于特征共振辐射强度的1%；稳定性好，30min之内漂移不超过1%；噪声小于0.1%；使用寿命长于5A·h。空心阴极灯是能满足上述各项要求的理想的锐线光源，应用最广。

（2）原子化器　可分为预混合型火焰原子化器、石墨炉原子化器、石英炉原子化器、阴极溅射原子化器。以火焰原子化器为例，火焰原子化器是原子吸收光谱仪的主要组成部分，是利用火焰使试液中的元素变为原子蒸气的装置。它由喷雾器、雾化室和燃烧器组成。它对原子吸收光谱法测定的灵敏度和精度有重大的影响。图14-43所示为预混合型火焰原子化器。

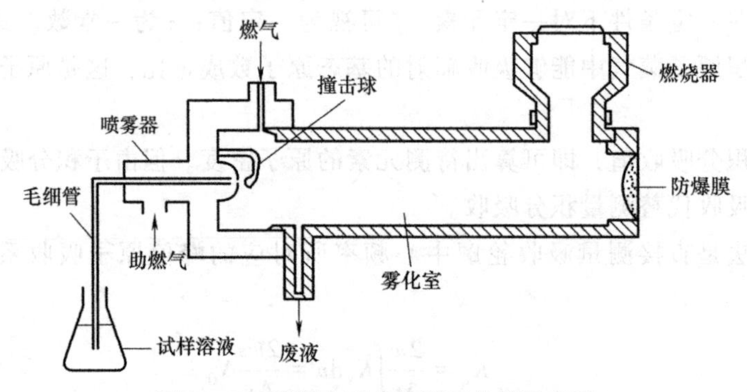

图14-43　预混合型火焰原子化器示意图

喷雾器能使试液变为细小的雾滴，并使其与气体混合成为气溶胶。要求其有适当的提升量(一般为 4~7mL/min)，高雾化率(10%~30%)和耐腐蚀，喷出的雾滴小、均匀、稳定。雾化室又称预混合室，它要求有一个充分混合的环境，能使较大的液滴得到沉降，里面的压力变化要平滑、稳定，不产生气体旋转噪声，排水畅通，记忆效应小，耐腐蚀。燃烧器是根据混合气体的燃烧速度设计成的，因此不同的混合气体有不同的燃烧头。它应是稳定的、再现性好的火焰，有防止回火的保护装置，耐腐蚀，受热不变形，在水平和垂直方向能准确、重复地调节位置。一般以钛或钛钢制品为好。该种原子化器的特点是操作简便、重现性好。

石墨炉原子化器是指一类将试样放置在石墨管壁、石墨平台、炭棒盛样小孔或石墨坩埚内用电加热至高温实现原子化的系统。其中管式石墨炉是最常用的原子化器。原子化程序分为干燥、灰化、原子化、高温净化。该种原子化器的特点是原子化效率高，在可调的高温下试样利用率达 100%；灵敏度高，其检测限达 10^{-14}~10^{-6}；试样用量少，适合难熔元素的测定。

石英炉原子化系统是指将气态分析物引入石英炉内，在较低温度下实现原子化的一种方法，又称低温原子化法。它主要是与蒸气发生法（氢化物发生、汞蒸气发生和挥发性化合物发生）配合使用。

阴极溅射原子化器是指利用辉光放电产生的正离子轰击阴极表面，从固体表面直接将被测定元素转化为原子蒸气。

(3) 分光器(单色器)　由凹面反射镜、狭缝或色散元件组成，色散元件为棱镜或衍射光栅，其作用是将所需要的共振吸收线分离出来。分光器的关键部件是色散元件，现在商品仪器都是使用光栅。原子吸收光谱仪对分光器的分辨率要求不高，曾以能分辨开镍三线(Ni 230.003、Ni 231.603、Ni 231.096nm）为标准，后采用 Mn 279.5nm 和 Mn 279.8nm 代替 Ni 三线来检定分辨率。光栅放置在原子化器之后，以阻止来自原子化器内的所有不需要的辐射进入检测器。

(4) 检测系统　由检测器(光电倍增管)、放大器、对数转换器和计算机组成。信号通过光电倍增管检测到之后进行放大、信号转换，最后经过计算机系统处理输出。

四、原子吸收光谱的特点

(1) 选择性强　这是因为原子吸收带宽很窄的缘故。因此，测定比较快速简便，并有条件实现自动化操作。在发射光谱分析中，当共存元素的辐射线或分子辐射线不能和待测元素的辐射线相分离时，会引起表观强度的变化。而对原子吸收光谱分析来说谱线干扰的概率小，由于谱线仅发生在主线系，而且谱线很窄，线重叠概率较发射光谱要小得多，所以光谱干扰较小。即便是和邻近线分离得不完全，由于空心阴极灯不发射那种波长的辐射线，所以辐射线干扰少，容易克服。在大多数情况下，共存元素不对原子吸收光谱分析产生干扰。

(2) 灵敏度高　原子吸收光谱分析法是目前最灵敏的方法之一。火焰原子吸收法的灵敏度是 10^{-9}~10^{-6} 级，石墨炉原子吸收法绝对灵敏度可达到 10^{-14}~10^{-10}g。常规分析中大多数元素均能达到 10^{-6} 数量级。

(3) 分析范围广　在原子吸收光谱分析中，只要使化合物离解成原子就行了，不必激发，所以测定的是大部分原子。目前应用原子吸收光谱法可测定的元素达 73 种。就含量而言，既可测定低含量元素和主量元素，又可测定微量、痕量甚至超痕量元素；就元素的性质而言，既可测定金属元素、类金属元素，又可间接测定某些非金属元素，也可间接测定有机物；就样品的状态而言，既可测定液态样品，也可测定气态样品，甚至可以直接测定某些固态样品，这是其他分析技术所不能及的。

(4) 抗干扰能力强 第三组分的存在、等离子体温度的变动，对原子发射谱线强度影响比较严重。而原子吸收谱线的强度受温度影响相对来说要小得多。和发射光谱法不同，不是测定相对于背景的信号强度，所以背景影响小。在原子吸收光谱分析中，待测元素只需从它的化合物中离解出来，而不必激发，故化学干扰也比发射光谱法少得多。

(5) 精密度高 火焰原子吸收法的精密度较好。在日常的一般低含量测定中，精密度为1%~3%。如果仪器性能好，采用高精度测量方法，精密度小于1%。无火焰原子吸收法较火焰法的精密度低，目前一般可控制在15%之内。若采用自动进样技术，则可改善测定的精密度。

第十二节 核磁共振

一、核磁共振概述

1930年，物理学家伊西多·拉比发现在磁场中的原子核会沿磁场方向呈正向或反向有序平行排列，而施加无线电波之后，原子核的自旋方向发生翻转。1946年，美国哈佛大学的珀塞尔和斯坦福大学的布洛赫发现，将具有奇数个核子(包括质子和中子)的原子核置于磁场中，再施加以特定频率的射频场，就会发生原子核吸收射频场能量的现象。

人们在发现核磁共振现象之后很快就产生了实际用途。早期核磁共振主要用于对核结构和性质的研究，如测量核磁矩、电四极距及核自旋等，化学家利用分子结构对氢原子周围磁场产生的影响，发展出了核磁共振谱，用于解析分子结构，随着时间的推移，核磁共振谱技术不断发展，从最初的一维氢谱发展到碳谱、二维核磁共振谱等高级谱图，核磁共振技术解析分子结构的能力也越来越强。

进入20世纪90年代以后，人们甚至发展出了依靠核磁共振信息确定蛋白质分子三级结构的技术，使得溶液相蛋白质分子结构的精确测定成为可能。后来核磁共振广泛应用于分子组成和结构分析、生物组织与活体组织分析、病理分析、医疗诊断、产品无损检测等方面。20世纪70年代，脉冲傅里叶变换核磁共振仪出现，它使^{13}C谱的应用也日益增多。

二、核磁共振原理

物质都是由分子构成，或直接由原子构成，而原子由带正电的原子核和带负电的核外电子构成，原子核是由带正电荷的质子和不带电荷的中子构成，原子中质子数=电子数，因此正负抵消，原子就不显电性，原子是个空心球体，原子中大部分的质量都集中在原子核上，电子几乎不占质量，通常忽略不计。

核磁共振现象来源于原子核的自旋角动量在外加磁场作用下的运动。根据量子力学原理，原子核与电子一样，也具有自旋角动量，其自旋角动量的具体数值由原子核的自旋量子数I决定。原子核由质子和中子组成，质子和中子都有确定的自旋角动量，它们在核内还有轨道运动，相应地有轨道角动量。所有这些角动量的总和就是原子核的自旋角动量，反映了原子核的内禀特性。通常以约化普朗克常数h为衡量单位，核自旋角动量的最大投影值I称为核自旋，它也就是核的自旋量子数。

实验结果显示，不同类型的原子核自旋量子数I不同。质量数和质子数均为偶数的原子核，自旋量子数为0；质量数为奇数的原子核，自旋量子数为半整数（$n/2$，$n=1$，3，5，…）；质量数为偶数，质子数为奇数的原子核，自旋量子数为整数（$n/2$，$n=2$，4，6，…）。迄今为止，只有自旋量子数等于1/2的原子核，其核磁共振信号才能够被人们利用，经常为人们所利用的原子核有：^{1}H、^{11}B、^{13}C、^{17}O、^{19}F、^{31}P。

原子核在自旋时产生自旋角动量，其自旋角动量P的大小满足下列关系式

$$P=\frac{h}{2\pi}\sqrt{I(I+1)} \tag{14-46}$$

式中，h为普朗克常数。

设一个空间坐标(x, y, z)。在该空间存在静磁场，其磁力线沿着z轴方向，根据量子力学，原子核自旋角动量P在直角坐标系z轴上的分量P_z由下式计算

$$P_z=\frac{h}{2\pi}m \tag{14-47}$$

式中，m为原子核的磁量子数，它的取值为I到$-I$，即：I、$I-1$、$I-2$、$I-3$、… $-I+2$、$-I+1$、I等。

由于原子核携带电荷，当原子核自旋时，会由自旋产生一个磁矩，这一磁矩的方向与原子核的自旋方向相同，大小与原子核的自旋角动量成正比。核磁矩用μ来表示

$$\mu=\gamma P \tag{14-48}$$

或

$$\mu_z=\gamma P_z=\gamma\frac{h}{2\pi}m \tag{14-49}$$

式中，γ为磁旋比，γ的值越大，磁性越强。

将原子核置于外加磁场B_0中，若原子核磁矩与外加磁场方向不同，则原子核磁矩会绕外磁场方向旋转，这一现象类似陀螺在旋转过程中转动轴的摆动，称为进动，如图14-44所示。进动具有能量，也具有一定的进动频率ν，其值可由下式求解

$$\nu=\frac{\gamma}{2\pi}B_0 \tag{14-50}$$

式中，γ为磁旋比；B_0为外加磁场强度。

原子核进动的频率由外加磁场的强度和原子核本身的性质决定，也就是说，对于某一特定原子，在一定强度的外加磁场中，其原子核自旋进动的频率是固定不变的。

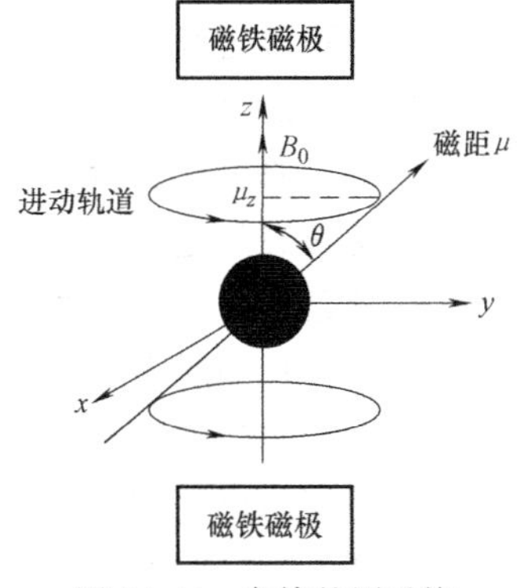

图14-44 自旋的原子核在外磁场中的进动

在外加磁场下，磁核具有一定能量，磁核的能量可以通过下式求解

$$E=-\mu B_0\cos\theta=-\gamma\frac{h}{2\pi}B_0 m \tag{14-51}$$

式中，θ是核磁矩μ与B_0间的夹角。

原子核发生进动的能量与磁场、原子核磁矩以及磁矩与磁场的夹角相关，根据量子力学原理，原子核磁矩与外加磁场之间的夹角并不是连续分布的，而是由原子核的磁量子数决定的，原子核磁矩的方向只能在这些磁量子数（不同的m值）之间跳跃，而不能平滑地变化，

这样就形成了一系列的能级。在外磁场的作用下，原来简并的能级发生分裂形成$(2I+1)$个不同的能级，外加磁场越大，不同能级间的间隔越大。

当原子核在外加磁场中接受其他来源的能量输入后，就会发生能级跃迁，也就是原子核磁矩与外加磁场的夹角会发生变化。这种能级跃迁是获取核磁共振信号的基础。为了让原子核自旋的进动发生能级跃迁，需要为原子核提供跃迁所需要的能量，这一能量通常是通过外加射频场来提供的。根据物理学原理，当外加射频场的频率与原子核自旋进动的频率相同时，射频场的能量才能够有效地被原子核吸收，为能级跃迁提供助力。因此某种特定的原子核，在给定的外加磁场中，只吸收某一特定频率射频场提供的能量，这样就形成了一个核磁共振信号。外加磁场的存在是核磁共振产生的必要条件。

根据选择定则，能级之间的跃迁只能发生在$\Delta m=\pm1$的能级之间，即相邻两能级之间的跃迁，那么此时跃迁能量的变化可由下式求解

$$\Delta E=\gamma\frac{h}{2\pi}B_0 \tag{14-52}$$

如果外加射频场提供的能量为$h\nu_0$，并满足下列等式

$$h\nu_0=\gamma\frac{h}{2\pi}B_0 \tag{14-53}$$

则可以引起原子核在两个能级之间跃迁，形成核磁共振现象。根据上式，容易求解ν_0的值

$$\nu_0=\frac{\gamma}{2\pi}B_0 \tag{14-54}$$

这也是发生核磁共振的条件。

三、弛豫过程

原子核的自旋系统平时处于平衡状态，在核磁共振(成像、波谱或其他分析)技术中，物质的大量原子核受射频场作用发生能级跃迁，但在射频场撤除后，以非辐射的方式逐步恢复到平衡状态的过程称为弛豫。弛豫过程的特征常数——弛豫时间是一个重要的参数，几乎所有用核磁共振技术对物质的分析都要涉及这个参数，并由它获取相关的信息。

单位体积物质中所有原子核磁矩的矢量和称为原子核的磁化强度矢量$\boldsymbol{M}_0$。无外磁场作用时，由于热运动，自旋核系统中各个核磁矩的空间取向杂乱无章，$\boldsymbol{M}_0=0$。有外磁场B_0(沿z轴方向)时，磁化强度矢量沿外磁场方向。若在垂直于磁场B_0(90°)方向施加射频场，磁化强度矢量将偏离z轴方向(偏离时称$\boldsymbol{M}_0$为M)；一旦射频脉冲场作用停止，自旋核系统自动由不平衡态恢复到平衡态，并释放从射频磁场中吸收的能量。

核磁共振中的弛豫按其机制的不同分为两类：一类是自旋-晶格弛豫。在射频场关断后，自旋核和周围晶格互相传递能量，使粒子的状态呈玻尔兹曼分布，也称为纵向弛豫，又叫T_1弛豫。这种弛豫过程反映了体系和环境的能量交换过程，结果是高能级的核数目减少，整个自旋体系的能量降低。弛豫时间T_1越小，纵向弛豫的效率越高，更加有利于核磁共振信号的检测。通常情况下，液体样品T_1时间很短，而固体样品T_1时间很长。

另一类是在射频场关断后，由于各个共振核的化学环境不同，致使它们的相位逐渐恢复到不同步，整个共振核系统的分布符合玻尔兹曼平衡状态的要求，这个过程称为横向弛豫过程，也叫T_2弛豫。由于是自旋核之间相互交换能量的过程，所以又叫自旋-自旋弛豫过程。

当两个自旋核频率相同时，就产生能量交换，高能级的原子核将能量交给另一个核或跃迁到低能级，而接受能量的核跃迁到高能级，整个过程中，能量不损失，但两个核的取向变化了。

四、化学位移

根据前面的核磁共振条件，某一种原子核的共振频率只与该核的磁旋比 γ 和外磁场 B_0 有关。实际上在恒定的射频场中，同种核的共振位置不是一个定值，随着原子核所在的化学环境而变化。比如化合物中处于不同化学环境的 ^1H 能够产生不同的谱线，如乙醇，分子中 CH_3、CH_2 和 OH 三种不同环境中的 ^1H 就会产生三条谱线，因此核磁共振为进行化合物的细微结构研究提供了很好的分析手段。

在前面的讨论中，把原子核当作了孤立的粒子，是裸核，实际上没有考虑核外电子的存在。由于核外电子的存在，它会因为外磁场 B_0 的诱导作用，形成一个新的感应磁场，如图 14-45 所示。该感应磁场方向与 B_0 相反，大小和 B_0 成正比。这样一来，自旋核受到的磁场不仅仅是 B_0，还有感应磁场的作用

$$B_{核}=B_0\ (1-\sigma) \tag{14-55}$$

式中，σ 为屏蔽常数，描述核外电子云对原子核的屏蔽作用大小。

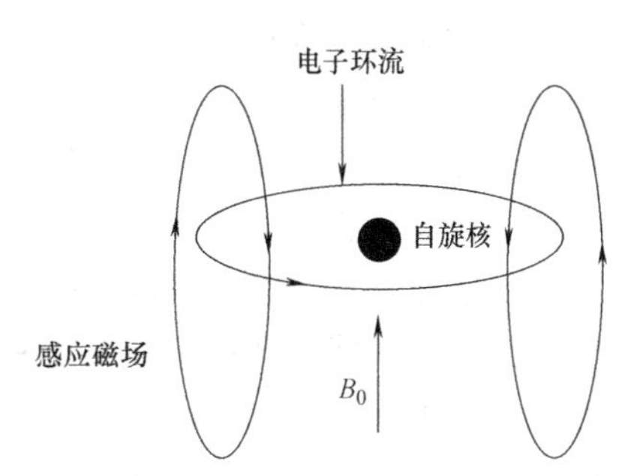

图 14-45　感应磁场的形成

相应的共振频率修正为

$$\nu=\frac{\gamma}{2\pi}B_0(1-\sigma) \tag{14-56}$$

屏蔽作用的大小和核外电子云有关，显然不同的化学环境，屏蔽系数不一样，同一种原子核的共振频率随之变化。但频率相差很小，很难测定其准确值。故实际操作时，采用标准物质作为基准，测定样品和标准物质之间的共振频率之差。具体描述如下：以基准物质的谱峰位置作为核磁图谱的坐标原点，采用不同功能团的原子核谱峰位置相对于原点的距离 δ 来表示化学位移。

$$\delta=\frac{(B_{标}-B_{样})}{(B_{标})}\times10^6=\frac{(\nu_{标}-\nu_{样})}{(\nu_{标})}\times10^6 \tag{14-57}$$

式中，$B_{标}$、$B_{样}$、$\nu_{标}$、$\nu_{样}$ 分别为标准物质和样品中磁核的共振吸收时的外磁场强度和磁核的共振频率。

测定化学位移时，通常选择的标准物质是四甲基硅烷（简称 TMS）。测定时一般都将 TMS 作为内标和样品一起溶解于合适的溶剂中。

五、耦合常数

前面讨论化学位移时，考虑了核外电子云对核产生的屏蔽作用，没有考虑同一分子中磁核间的相互作用。这种作用对化学位移没有明显影响，但是对峰的形态有明显影响，造成峰的分裂，即能级的进一步分裂。

核与核之间以价电子为媒介相互耦合引起谱线分裂的现象称为自旋裂分。由于自旋裂分形成的多重峰中相邻两峰之间的距离被称为自旋-自旋耦合常数，用 $^nJ_{A-B}$ 表示。耦合常数用来表征两核之间耦合作用的大小，单位是 Hz。A 和 B 为彼此相互耦合的核，n 为 A 与 B 之

间相隔化学键的数目。例如，${}^{3}J_{H-H}$ 表示相隔三个化学键的两个质子之间的耦合常数。

关于自旋-自旋耦合有如下解释：自旋-自旋之间的相互作用是通过化学键中的成键电子传递的。如图 14-46 所示，设自旋核 A 的取向向上，则和自旋核 A 相邻的价电子自旋取向应该向下，两者倾向于反平行。根据鲍利原则，另一个成键电子自旋应该取向向上。同样的原因，自旋核 B 的取向应该向下。如果自旋核 A 的状态发生变化，就会通过成键电子传递到自旋核 B，同样自旋核 B 的信息发生变化也会通过成键电子传递到自旋核 A。相互作用的结果导致了彼此能级的分裂。

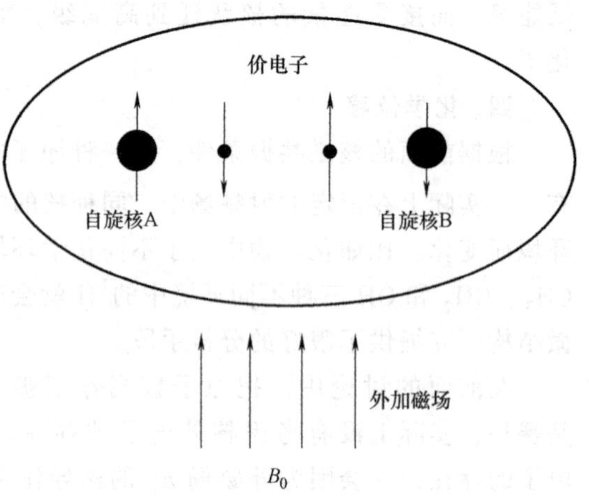

图 14-46 自旋-自旋耦合示意图

质子在外磁场中有两种取向，一种是顺磁场，此时能量低；一种是逆磁场，此时能量高。耦合常数与外磁场的大小无关。影响耦合常数的因素主要包括原子核的磁性及分子结构。核磁旋比描述了原子核的磁性大小，因此耦合常数和磁旋比相关。分子结构方面涉及键长和键角等，此外还涉及取代基的电负性、轨道杂化等。

六、核磁共振谱仪

根据射频的照射方式不同，核磁共振谱仪分为两大类，即连续谱核磁共振谱仪及脉冲傅里叶变换核磁共振谱仪。前者将单一频率的射频场连续加在核系统上，得到的是频率域上的吸收信号和色散信号。后者将短而强的等距脉冲所调制的射频信号加到核系统上，使不同共振频率的许多核同时得到激发，得到的是时间域上的自由感应衰减信号(FID)的相干图，再经过计算机进行快速傅里叶变换后才得到频率域上的信号。这里主要介绍连续波核磁共振谱仪。图 14-47 所示为连续波核磁共振谱仪的工作原理图。其主要由磁体、射频发生器、探头检测器、扫描单元、信号处理器及计算机系统等部件组成。

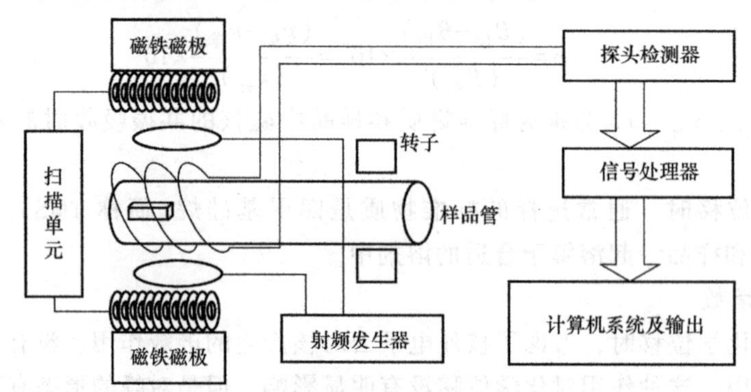

图 14-47 连续波核磁共振谱仪的工作原理图

磁体是各种类型的核磁共振谱仪的最基本组成。按照磁场来源不同可以分为：永磁体、电磁体和超导磁体。永磁体和电磁体能达到的磁场强度相对较低，而超导磁体能达到很强的磁场强度。射频发生器，产生一个和外磁场强度相匹配的射频频率，使得自旋核从低能级跃迁到高能级。探头检测器主要包括样品管、接收线圈等。样品管需要快速转动，使样品分子受到磁场的作用更加均匀。扫描单元涉及扫描速度、扫描范围、扫描类型等。扫描类型包括扫场和扫频两种。扫场是指固定射频发生器照射的电磁波频率，不断变化磁场强度 B_0，从低磁场强度向高强度变化，当 B_0 正好满足分子中某种化学环境的原子核的共振频率时，就产生吸收信号，在谱图上出现吸收峰。扫频是指采用固定的磁场强度 B_0，改变射频发生器产生的电磁波的频率。多数仪器采用的是扫场的方式。

七、核磁共振的应用

核磁共振波谱分析可广泛应用于结构确认，热力学、动力学和反应机理的研究，以及用于定量分析。

定性分析：核磁共振波谱是一个非常有用的结构解析工具，化学位移提供原子核环境信息，谱峰多重性提供相邻基团情况以及立体化学信息，耦合常数值大小可用于确定基团的取代情况，谱峰强度(或积分面积)可确定基团中质子的个数等。一些特定技术，如双共振实验、化学交换、使用位移试剂、各种二维谱等，可用于简化复杂图谱、确定特征基团以及确定耦合关系等。对于结构简单的样品可直接通过氢谱的化学位移值、耦合情况(耦合裂分的峰数及耦合常数)及每组信号的质子数来确定，或通过与文献值(图谱)比较确定样品的结构，以及是否存在杂质等。与文献值(图谱)比较时，需要注意一些重要的实验条件，如溶剂种类、样品浓度、化学位移参照物、测定温度等的影响。对于结构复杂或结构未知的样品，通常需要结合其他分析手段，如质谱等方能确定其结构。

定量分析：与其他核相比，^{1}H 核磁共振波谱更适用于定量分析。定量分析的基本依据是某类氢核共振吸收峰的峰面积与其对应的氢核数目成正比，基本公式为

$$A = nCA_0 \tag{14-58}$$

式中，A 为被测化合物中某类氢核的峰面积；n 为 1mol 被测化合物中某类氢核的数目；C 为被测化合物的物质的量；A_0 为一个氢核的峰面积。

习　题

1. 分析比较电子探针、离子探针和俄歇谱仪的分辨率、分析样品表层深度和分析精度。说明它们各自适用于分析哪类样品。
2. 离子探针仪是根据什么原理鉴别被测元素种类的？
3. 低能电子衍射和 TEM 中的电子衍射有何异同？低能电子衍射适用于分析什么样品？
4. 俄歇谱仪在信号检测与处理上采用了什么方法才使得俄歇电子谱峰清楚地显示出来？
5. 分析场离子显微镜与原子探针的原理与特点，举例说明其用途。
6. 扫描隧道显微镜与原子力显微镜主要功能是什么？它们的分辨率有何特点？适用于分析哪些样品？
7. X 射线光电子能谱仪的主要功能是什么？它能检测样品的哪些信息？举例说明其用途。
8. 简述红外及拉曼光谱的产生原理及其分析应用与特点。
9. 简述紫外-可见吸收光谱产生原理及其分析应用与特点。
10. 简述原子发射光谱和原子吸收光谱产生的原理及其分析应用与特点。
11. 简述核磁共振产生原理及其分析应用与特点。

实 验 指 导

实验一　用 X 射线衍射仪进行多晶体物质的相分析

一、实验目的

1）概括了解 X 射线衍射仪的结构与使用。

2）练习用 PDF(ICDD) 卡片及索引对多晶体物质进行相分析。

二、X 射线衍射仪简介

目前我国使用的 X 射线衍射仪既有进口仪器，也有大量国产仪器。

图实 1-1 所示为我国丹东浩元 DX—2700BH 型 X 射线衍射仪，图实 1-2 所示为该仪器测角仪细节。

图实 1-1　丹东浩元 DX—2700BH 型 X 射线衍射仪

图实 1-3 所示为 X 射线衍射仪工作原理框图。入射 X 射线经狭缝照射到多晶体试样上，衍射线经单色晶体反射后进入探测器，所生成的电脉冲经放大再进入脉冲高分析器。信号脉冲可送至数率仪，并在记录仪上画出衍射图。自动化衍射仪均设有计算机系统，可将衍射资料储存在机内或 U 盘上，并对衍射资料进行寻峰、扣除背底、计算衍射峰积分强度或宽度等，其结果可在屏幕上显示，或通过打印机、绘图仪将数据及图形打印出来。

三、用衍射仪进行物相分析

(1) 试样　衍射仪一般采用块状平面试样，可以用粉末压制而成或者直接使用整块的多晶体。粉末经研磨使颗粒细度在 1~10μm 数量级，再压至玻璃制的试样框中。金属、陶瓷、高分子材料、岩石等亦可使用块状样品，有时要经过磨平和浸蚀。

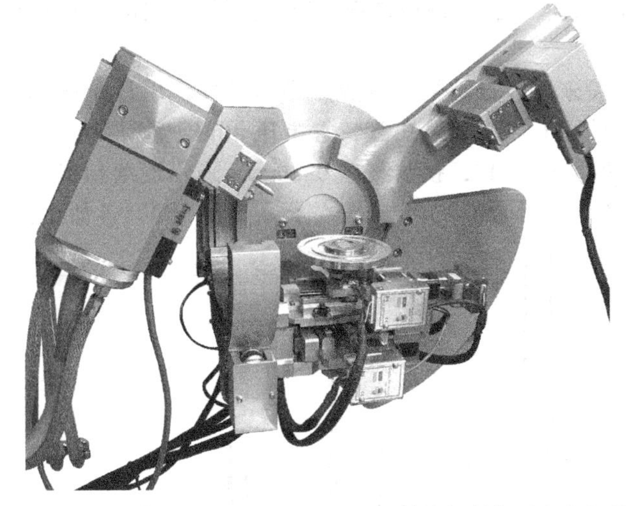

图实 1-2 丹东浩元 DX—2700BH 型 X 射线衍射仪测角仪细节

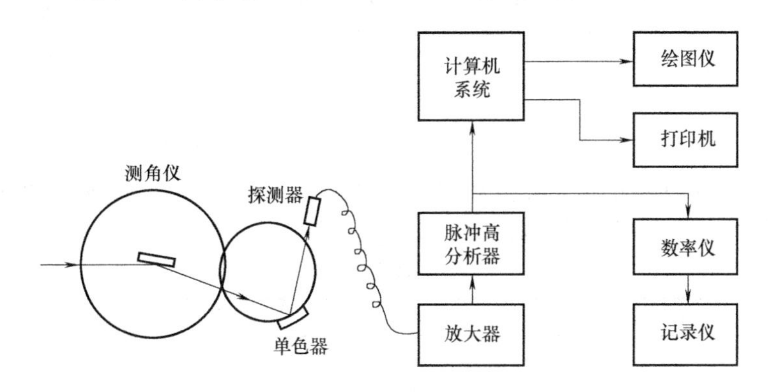

图实 1-3 X 射线衍射仪工作原理方框图

(2) 测试参数的选择　为测取衍射图，需考虑确定的实验参数很多，如 X 射线管的种类、滤片、管电压、管电流等(目前的 X 射线衍射仪多已有晶体单色器，对于常规的物相分析工作，一般采用 Cu 靶 X 射线管，也没有滤片的选用问题)。测角仪上的参数如发散狭缝、防散射狭缝、接收狭缝的选择；扫描方式（相分析通常采用连续扫描)、扫描速度、扫描起始和终止角度、计数率量程(即衍射图的纵坐标最大量程)的确定等。参数的选择可参考有关章节和下述举例。

(3) 衍射数据的采集　采集衍射数据的一般程序为：制备并放置试样，选换合适的狭缝，关好防护罩，接通冷却水和电源，加上高压并逐渐将管电压、管电流升至所需数值。在计算机上设置程序(数据采集一般在屏幕上有表格显示，通过键盘将所要求的参数输入）并启动，X 射线衍射仪即可按程序自动采集数据。衍射仪的关闭过程与开启相反。在切断高压 10min 后关闭冷却水。

(4) 物相检索　自动化衍射仪在采集到数据之后，可利用其“寻峰”程序将衍射峰的位置及其强度找出，并以表格形式打印出对应的 d 和 I 系列。如为了练习，亦可用电位差计描绘衍射图，以人工确定衍射峰的 2θ(以峰顶位置定峰)并计算出 d 值，再按衍射峰的高度估计 I 值。有了 d 和 I 系列之后，取前反射区三根最强线为依据，查阅 Hanawalt 索引，以最强线的 d 值确定所属的组，以次强线的 d 值(适当考虑误差)进一步确定物相的出现范围，用尝试法找到最可能的卡片，再进行详细对照。如果对试样中的物相已有初步估计，亦可借助字母索引来检索。

（5）举例 将粉末压入玻璃框内制成多晶体试样，用丹东浩元 DX—2700BH 型 X 射线衍射仪采集数据。采用 Cu 靶 X 射线管，管电压 40kV，管电流 30mA，采用石墨弯晶单色器；发散狭缝、防散射狭缝 1°，接收狭缝 0.2mm。采用连续扫描，扫描速度 3°/min，数率量程 1000cps，测量 2θ 范围 20°~100°。所测衍射图如图实 1-4 所示。

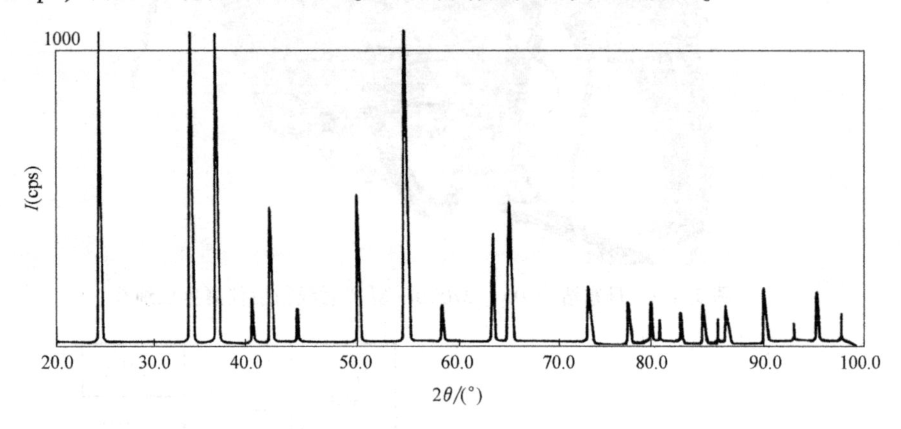

图实 1-4 本实验所采集的 X 射线衍射图

衍射数据经自动寻峰后，计算机打印出对应的 2θ、d、I/I_1 系列，见表实 1-1。此外，计算机尚在图中每个衍射峰顶上标示出峰位。

表实 1-1

实验数据				卡片数据（38—1479，Cr_2O_3）		
No.	2θ/(°)	d/0.1nm	I/I_1	d/0.1nm	Int	hkl
1	24.484	3.6327	79.1	3.631	73	012
2	33.590	2.6658	100.0	2.665	100	104
3	36.198	2.4795	86.4	2.480	93	110
4	39.744	2.2660	5.4	2.266	7	306
5	41.480	2.1852	29.6	2.1752	35	113
6	44.206	2.0471	4.1	2.0477	6	202
7	50.213	1.8154	32.1	1.8152	38	024
8	54.830	1.6729	73.9	1.6724	87	116
				1.6115	<1	211
9	58.405	1.5788	5.4	1.5799	7	122
10	63.446	1.4649	22.4	1.4649	28	214
11	65.106	1.4315	30.3	1.4316	39	300
12	72.915	1.2963	9.1	1.2959	14	1010
				1.2900	6	119
13	76.825	1.2397	5.1	1.2394	9	220
14	79.059	1.2102	4.2	1.2103	6	306
15	79.940	1.1991	0.0	1.1959	1	223
16	82.044	1.1736	2.0	1.1731	4	312
17	84.223	1.1487	4.5	1.1485	7	0210

（续）

实　验　数　据				卡片数据（38—1479，Cr_2O_3）		
No.	2θ/（°）	d/0.1nm	I/I_1	d/0.1nm	Int	hkl
18	85.667	1.1329	0.8	1.1329	2	0012
19	86.505	1.1241	4.9	1.1238	7	134
20	90.189	1.0875	9.1	1.0875	13	226
21	93.080	1.0612	0.0	1.0602	1	042
22	95.305	1.0422	7.7	1.0421	9	2110
23	97.599	1.0237	1.1	1.0306	1	1112

表中第二根线为最强线，以 $d=0.267$nm 进入 Hanawal 组，以次强线（第三线）$d=0.248$nm 在第二列中寻找物相出现的范围。下面给出在 $d=0.269\sim0.265$nm 范围内的一组，在第二列为 0.248nm 附近的几行：

$2.67_{\times}$	$2.48_{\times}$	4.57_6	1.81_5	2.63_3	1.92_3	1.50_3	2.12_2	…	Mn_2GeO_4	…	20—710
★$2.67_{\times}$	$2.48_{\times}$	1.67_9	3.63_7	1.43_4	1.82_4	2.18_4	1.47_3	…	Cr_2O_3	…	38—1479
$2.64_{\times}$	$2.48_{\times}$	$2.11_{\times}$	$2.01_{\times}$	$1.58_{\times}$	$1.54_{\times}$	2.20_7	3.36_5	…	$Sr_3Al_{32}O_{51}$	…	2—964

结合其他强线的 *d*、*I* 值，仔细对照，不难确定物相 Cr_2O_3 与待测样最为匹配。按卡片号 38—1479 找到卡片，将其 *d*、*Int*、*hkl* 系列抄于表实 1-1 的右边，以对照。

从表实 1-1 可以看出，实验数据与卡片数据的 *d* 系列对应得相当好，这是鉴定物相的依据；*I* 系列对应差一些，但强弱顺序基本是符合的。衍射强度的影响因素太多，很难完全吻合。

从这两项指标的对照可以得出结论：待鉴定的物相就是 Cr_2O_3，其卡片号为 38—1479。

为节约时间，本次衍射资料的测定范围较窄。在高角一边还有部分较弱的线没有测定。此外，从卡片的数据可看出，在第 8~9 根线之间应还有一根极弱的线，没有出现；在第 12~13 根线间有一根弱线未出现，这或缘于测定灵敏度稍差或者是样品中晶体出现择优取向所致。

四、实验安排

1）教师介绍 X 射线衍射仪的构造，进行操作演示，采集并描绘一张衍射图，有条件时进行物相自动检索演示。

2）学生以 2~3 人为一组，借助索引及卡片对事先准备好的衍射图进行物相检索分析。

五、实验报告要求

1）简述衍射图的采集过程。

2）记录衍射图的测试条件，将实验数据及结果以表格列出。

3）写出实验的体会与疑问。

实验二　宏观残余应力的测定

一、实验目的与任务

1）了解 X 射线应力测定仪的基本结构和主要技术特性。

2）在 X 射线应力测定仪上用固定 ψ_0 法测量一工件上的宏观残余应力（分别用 0°-45°法

及 $\sin^2\psi$ 法）。

二、测定原理

多晶体材料内的宏观残余应力是一种弹性应力，它将引起晶面间距有规律的变化。在X射线衍射试验中，晶面间距的变化就反映为衍射角的改变，X射线应力测定就是通过测量衍射角 2θ 相对于晶面方位（ψ：衍射面法线与试件表面法线的夹角）的变化率计算试件表面的残余应力。

用X射线方法测量宏观应力，一般是在平面应力状态的假设下进行的，即垂直于表面的正应力和切应力均为零，所测的是与表面平行方向上的应力。其计算公式为

$$\sigma_{\phi} = -\frac{E}{2(1+\nu)}\cot\theta_0 \frac{\pi}{180°} \frac{\partial(2\theta)}{\partial \sin^2\psi} = KM \tag{实 2-1}$$

式(实2-1)表明，测量任意方向的应力 σ_{ϕ}，必须选定适当的高角度衍射晶面，与选用的光源配合，在仪器允许的衍射角范围内有足够强的衍射线，以便在绝对值尽可能小的 K 值下测量应力。常用材料的应力测定常数参见附录J。式(实2-1)的应用条件是 2θ 与 $\sin^2\psi$ 呈线性关系。若所测 2θ 与 $\sin^2\psi$ 关系出现非线性，$\pm\psi$ 分裂或波动则会造成大的测量误差，因而对初次测定的材料都应作线性关系的检查。

三、X射线应力测定设备的特点

残余应力测定现均采用衍射仪法。尺寸较小、便于安置在衍射仪试样台上的试件可直接用衍射仪测定，而尺寸较大的零件或构件则必须用专门的X射线应力测定仪。下面介绍这两种设备的特点。

1. 衍射仪法测定宏观残余应力

在衍射仪上测定小试样的残余应力，可以采用的方法如下：

1）无须安装任何附件，直接在衍射仪上用同倾法的固定 ψ 法进行测量。当试样和计数管按常规的对称衍射方式放置时，$\psi=0°$；从 $\psi=0°$ 的起始位置，令试样轴单独转动一 ψ 角，即可完成固定 ψ 法测量。每设置一个 ψ 角后，都以 $\theta/2\theta$ 的方式对一选定的 $\{hkl\}$ 衍射峰进行扫描并定峰。图实2-1是这种测量方式的衍射几何特点，图实2-1a为 $\psi=0°$ 的情况；图实2-1b为 $\psi=45°$ 的情况。可以看出，当 $\psi=45°$ 时，聚焦圆发生较大变化，在常规衍射仪的设备条件下，计数管不可能跟踪衍射线的焦点进行测量，仍然只能沿衍射仪圆扫描记录强度，因而称之为“准”聚焦法测量。为了减小散焦的影响，X光管应取线焦点位置，并选用尽可能小的发散狭缝(DS)，减小光源的水平发散度。

2）利用衍射仪的应力测量附件。有的衍射仪配有应力测量附件。附件包括一个可以放置较大试件的试样台和两个平行光管。平行光管中的梭拉狭缝其金属片与衍射仪圆垂直(常规衍射仪梭拉狭缝的金属片与衍射仪圆平行)，这样就消除了入射束和衍射束的发散，而得到平行光束。平行光束法无散焦之虞，除用于固定 ψ 法外，还可用于试样在计数管扫描过程中不动的固定 ψ_0 法。另外，如图实2-2所示，平行光束法允许试样表面位置有较大的误差(γ)，而不造成衍射角明显的偏离。

应特别注意，1）、2）两种方式中，测量方向平面均平行于衍射仪圆，因而所测应力的方向亦与衍射仪圆平行。

3）利用侧倾附件进行应力测定。侧倾法适用于形状复杂零件或低衍射角情况下的应力测定，若在衍射仪轴上安置侧倾附件，则可实现这种测量。用侧倾法测量时，光源应取点焦

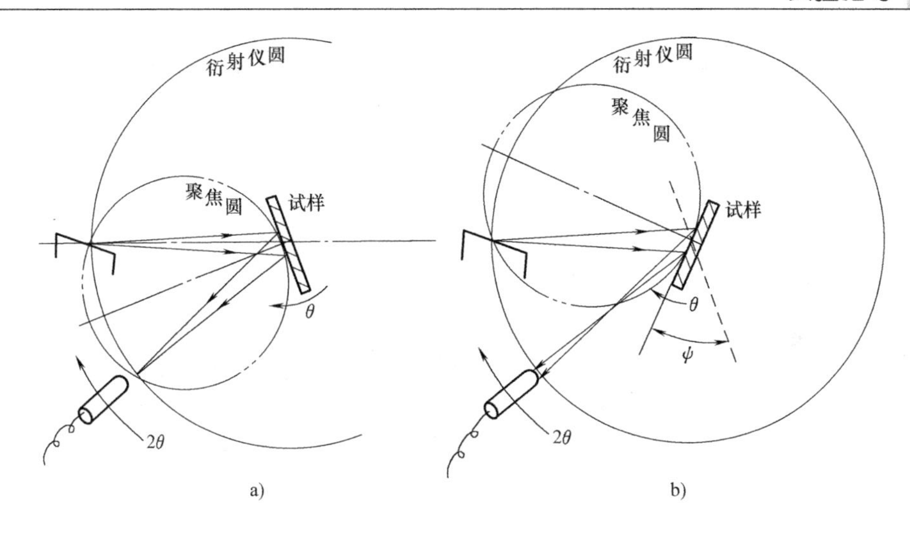

图实 2-1 衍射仪上的固定 ψ_0 法测量

a) $\psi=0°$ b) $\psi=45°$

点位置，选用较大的发散狭缝，但光阑在垂直高度上(沿衍射仪轴方向)应用挡板限制，以使光斑入射在 ψ 轴上的矩形内，避免在 $\psi\neq0°$时出现大的散焦。

2. X 射线应力仪法测定残余应力

专用的应力仪是一台具有轻便测角器的衍射仪（图实 2-3)。这类测角器有多种形式，如用立柱和横梁支撑，伸出在主机体外，垂直平面上的测角器可以升降、转动或取一定的仰角或俯角，被测的大型工件放在测角器下方不动，ψ 的设置及扫描均由测角器完成。为适应超大型构件的测量，装在轻便三脚架或电磁铁支座上的测角仪连用便携式主机和检测系统都可带到现场，安装在构件上进行实地测量。

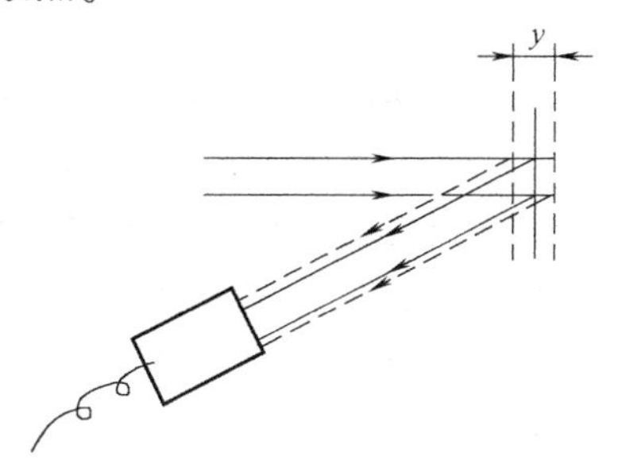

图实 2-2 平行光束法中试样位置的允许偏离

不同于衍射仪的测角器，应力仪测角器不能作试样的全谱扫描，它的 2θ 范围仅在高角度区，一般为 143°~164°。若采用小型 X 光管则最高衍射角可达 168°~170°，为了扩大应力仪的功能，有的应力仪配备了加长臂，使低角区扩展到 120°左右，增加了可测应力的材料，并可用来测定钢铁材料中的残留奥氏体量。

应力仪的光阑系统一般采用平行光管，以适应固定 ψ_0 法和实体工件的检测。近年来应力仪为向轻便化发展，以及扩大衍射角的需求，多使用小型 X 光管，为减少强度的损失和提高分辨本领，开始采用准聚焦法。

应力仪的测角器上没有带基准面的试样架，试样的设置和光路的调整需要一套校准工具。校准的原则是：①测试点落在测角仪的回转中心上；②待测应力方向应在测角器的测量方向平面(ψ 变动平面)内；③测角器处于 $\psi_0=0°$位置时，入射光束的中心线与测试点表面法线重合。各种仪器配有不同的校验工具，如标定杆、标定板和直角验块等。有的仪器在 $\psi_0=30°$的部位校准，有的则直接在 $\psi_0=0°$的位置校准。

应力仪多采用固定 ψ_0 法测量。为提高测量精度和功能，已向可实施固定 ψ 法和侧倾法的方向发展。

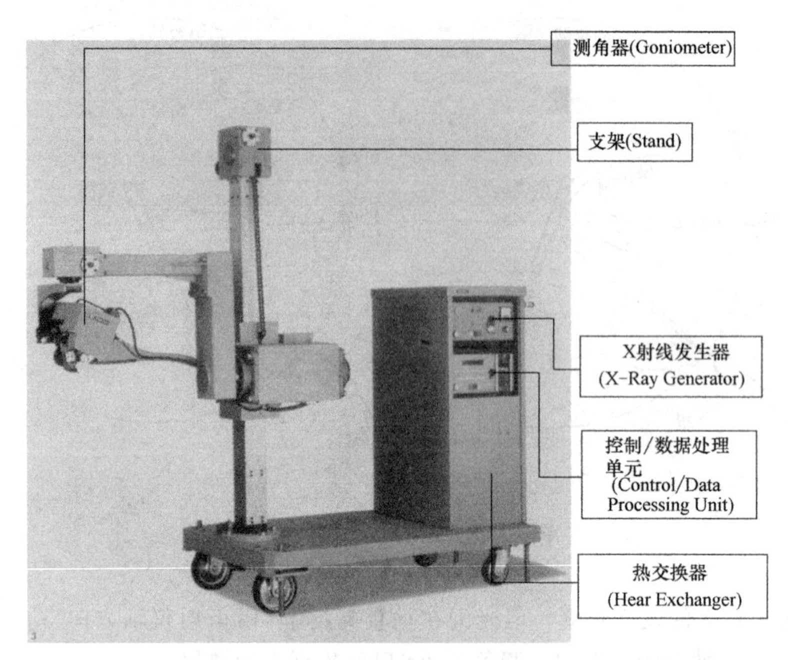

图实 2-3 X 射线应力分析仪

四、实验步骤(以固定 ψ_0 法为例)

(1) 准备好试样表面 X 射线的穿透深度对多数常用多晶结构材料在 10μm 数量级，因而试样表面处理对测量结果影响很大。测试部位应去除油污和氧化皮，用电解抛光或化学浸蚀方法将表面层去掉(对于测定表面处理层残余应力的情况不得破坏)，然后在测点做上标记。

(2) 选择适当的测试条件 根据被测材料查阅附录 J 选定 X 光管及相应的测试面 $\{hkl\}$，并可得知无应力的衍射角及应力常数值 K；若所测是表中未列出的材料，则需根据材料的点阵类型、点阵常数、现有 X 光管的种类及测角器的 2θ 范围确定一用于应力测定的衍射面。在某些情况下，K_β 衍射线亦可用于应力测定。

(3) 仪器的校验 在测量前，应对仪器的准确度进行校验。校验的方法是在选定的测试条件下对无应力的粉末状试样进行测试。一般以粉末的应力测量值在±20MPa 范围为合格。

(4) 试样安置和定位 将准备好的试样测试面朝上放在测角器下，按上文“2. X 射线应力仪法测定残余应力”中提出的原则校准试样的位置。准备开始测试。

(5) 测量 开机：与一般衍射仪相同，即先接通冷却水，然后先低压后高压开启电源，逐渐升至工作状态。

测量条件的调整：当前的应力仪均有计算机控制和数据处理系统，所以测量前可通过人机对话输入测量条件。测量条件一般包括：ψ_0 值、扫描范围、步距、停留时间、定峰方法、应力常数、打印内容等，令仪器按照操作者的意图执行测量。完成测量条件的设置后，发出“测量”指令，仪器将自动完成测试工作并处理数据给出结果。

若应力仪无计算机控制或衍射仪未安装应力测定软件，则 ψ_0 的改变、衍射峰位的确定和应力值的计算均需人工执行。虽然费时，但有利于了解宏观应力测定的原理和过程。

五、实验任务及实验报告要求

任务：用固定 ψ_0 法在 X 射线应力仪(或衍射仪)上测定试样上的指定方向的残余应力，

用 0°-45°法(两点法)及 $\sin^2\psi$ 法处理数据。

实验报告要求：

1）简述宏观应力测定的基本原理及所用设备在应力测定状态下的衍射几何特点。

2）写出测试报告，包括：

试样：名称、材料牌号、冷热加工过程及热处理状态。

测试条件：光源、所测衍射面、衍射测量各参数。

测量数据：列表给出 0°-45°法及 $\sin^2\psi$ 法的计算结果。

3）实验的体会。

实验三　金属板织构的测定

一、实验目的与任务

1）熟悉板织构测定中衍射图谱的特点及用衍射仪测定板材极图的方法。

2）熟悉极图的绘制过程及从极图确定试样织构类型的方法。

3）利用衍射仪的极图附件测量，并用手工方法绘制一块板材试样的反射法范围的极图，并初步确定其织构指数。

二、测定原理

具有织构的多晶体材料，其中晶粒的取向不是完全无序的，而是择优地偏聚于某些方位。这种特性在用衍射仪测量中的表现为：将计数管置于某晶面族的正常衍射位置(完全符合布拉格方程的情况)，若试样以其表面法线或表面内一直线为轴转动时，所得到的衍射强度计数将发生起伏变化(图实 3-1b)，这种强度的变化就反映了晶粒取向在空间的不均匀分布，利用极射赤面投影方法将这强度变化描绘在极网上，就得到表示晶面极点密度分布的极图。常用的试样转动方式是，试样绕图实 3-1a 中的 *A*—*A* 轴转到一定的 α 角位置上不动，在试样绕表面法线 *B*—*B* 转动 360°的过程中连续地记录强度，得到如图实 3-1b 所示的曲线。按一定间隔选取 α 角，重复进行 β 扫描，就得到绘制极图需要的强度曲线；试样的转动还可选取螺旋极网的扫描方式，即 α 和 β 的转动同时进行，如德国西门子衍射仪就采取这种转动方式，其螺距和扫描速度均可调节。

三、极图测量附件的结构特点

图实 3-2 所示是 D/max 衍射仪的极图附件(B—7)。它通过底座 B 安装在衍射仪的测角器轴上，可随测角器轴旋转，得到适当的衍射角 θ(即 *C*—*C* 轴转动)，试样置于板状支架 A 中心的试样环孔内，A 在电动机 M_1 经一系列齿轮及蜗杆蜗轮的带动下沿齿环 C 做 α 转动，夹持试样于其中的试样环则在电动机 M_2 的驱动下做 β 转动。为使更多的晶粒参加衍射，在 β 转动的同时，A 还可在其本身平面内在 45°方向上做上下振动，其驱动电动机 M_3。S_1 和 S_2 分别为背射法和透射法时用手动调节 α 倾角的旋钮。将附件在衍射仪轴上从背射法位置逆时针转动 90°就达到透射法位置。试样架的 α 倾动和 β 转动却可由微处理器或计算机控制。

四、背射法极图的测量步骤

背射法和透射法结合应用可绘制试样的完整极图。然而透射法试样难以制备(特别是标样)，不良的试样会造成很大的误差。而今用复合试样或由不完整极图测算 ODF 的方法均可

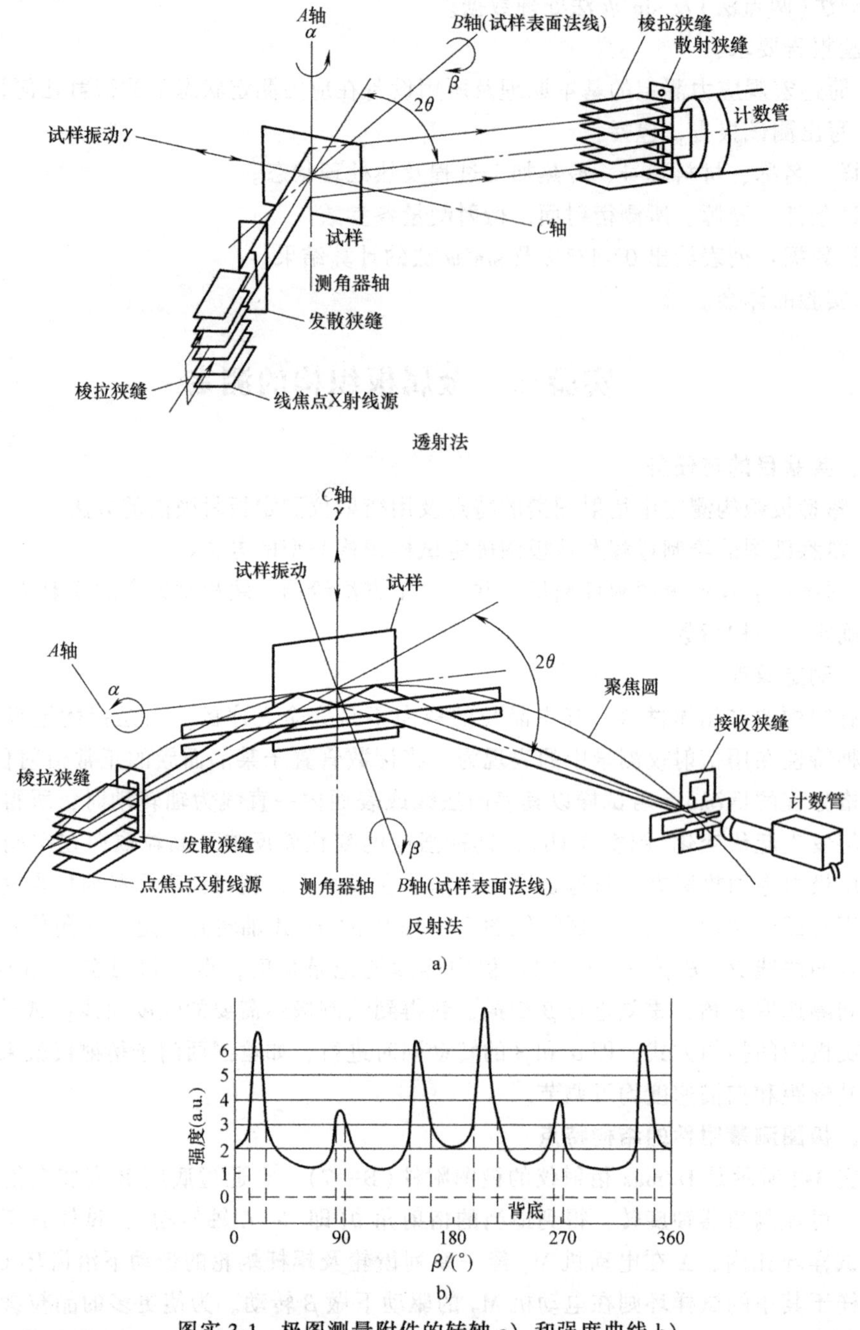

图实 3-1　极图测量附件的转轴 a) 和强度曲线 b)

(图中强度以无序试样衍射峰高度为 1)

省去透射法，因而惯常应用的极图测定方法是背射法。背射法极图的测量步骤如下：

(1) 附件安装、零点校正　按照仪器说明书将极图附件安装在测角器轴上，并根据试样材料选定 X 光管，做设备的零点校正。

(2) 试样制备和安装　试样表面用砂布磨平，并用化学腐蚀或电解抛光去除表面加工应变层，按织构附件上试样环孔的尺寸切割试样，用玻璃胶布或橡皮泥将试样固定在试样环上。特别注意：①试样表面与试样环的基准面齐平；②试样的轧向(RD)标记对准β转动的起点线($\beta=0°$)。

(3) 测量规范的选择　首先应确定用于测量织构的衍射面。为了能方便地利用极图确定织构类型，要选用低指数的晶面，根据材料的点阵类型选择{110}、{111}、{200}、{211}、{220}等晶面。若用不完整极图测算ODF，则应选择三组不同对称性的晶面。

图实3-2　用于D/max型衍射仪的B—7极图附件

光管的选择除考虑一般原则外(高衍射强度、低背底)，还应参照极图附件所提出的2θ范围要求，如B—7型附件在用于反射法测量时，其2θ范围为15°~90°。在用反射法时，焦点应放在点焦点位置，并在入射束和反射束光路上安置高度限制狭缝，以使光斑入射在A—A轴上的狭条形内。接收狭缝的宽度应依所测衍射峰的积分宽$\Delta 2\theta$选定。若用w表示接收狭缝(RS)的宽度，则

$$w=\Delta 2\theta R\frac{\pi}{180°}\ (R\text{为测角器半径})$$

当$R=185\text{mm}$，$\Delta 2\theta=1°$，算得$w\doteq 3.2\text{mm}$。在求测$\Delta 2\theta$时，应将α放在尽可能低的角度，RS用0.15mm，扫描全峰，计算积分宽度。测量时的防散射狭缝(SS)略宽于RS。

若用手工绘制极图，在选定测量的管电压、管电流时，应注意保证所有衍射强度都不超标，且所有测量应用同一规范进行。

(4) 极图测量

1) 在各个确定的α角度下进行β的0°~360°扫描，记录其衍射强度的变化，$\Delta\alpha$一般取5°，β可用连续扫描或步进扫描。连续扫描速度一般取40°/min，步进扫描的步宽可取5°。

2) 背底测量。描绘极图，要用扣除背底后的净强度。测定背底强度的方法：θ固定不动，将计数管(2θ)转到偏离布拉格角±(3°~5°)的位置上(具体度数视峰宽决定)，令计数管通过布拉格角扫描，得到一衍射峰，取峰两侧背底的平均值作为用于扣除背底的数据。测定背底的α间隔可取为10°。

3) 强度分级标准的测定。为消除吸收和散焦对强度的影响，采用标准无序取向试样的衍射强度作为强度分级标准，标样应与试样材料相同，但无织构，将其置于极图附件上，用与试样背底测量相同的条件测定其在各α角下的净峰高度，以此作为各α角下的一级强度标准。

4) 强度分级点的确定，将各α角的β扫描强度曲线扣除背底后，用测得的一级强度标准进行分级，求出各分级点对应的β角(图实3-1b)。

5) 绘制极图。将分级点标绘在极网的各α纬线同心圆周上，不同级别的点应用不同的颜色或符号，以便区别，注意点的转向应与试样测试时β的转向相反。将同级点连成光滑曲线，便得到极图。

6）用所测得的反射法部分极图确定试样的轧面指数{*hkl*}。

五、实验报告要求

1）简述板织构的概念及极图测量的基本原理。

2）写出测试报告，包括：

试样：名称、材料牌号、冷热加工过程及热处理状态。

测试条件：光源、衍射面、各测量参数。

测量结果：各 α 角状态下的强度曲线、分级情况及绘制的极图，并给出轧面指数{*hkl*}。

3）实验的问题和体会。

实验四 透射电子显微镜结构原理及明暗场成像

一、实验目的

1）结合透射电子显微镜实物，介绍其基本结构及工作原理，以加深对透射电子显微镜结构的整体印象，加深对透射电子显微镜工作原理的了解。

2）选用合适的样品，通过明暗场像操作的实际演示，了解明暗场成像原理。

二、透射电子显微镜的基本结构及工作原理

透射电子显微镜是一种具有高分辨率、高放大倍数的电子光学仪器，被广泛应用于材料科学等研究领域。透射电子显微镜以波长极短的电子束作为光源，电子束经由聚光镜系统的电磁透镜将其聚焦成一束近似平行的光线穿透样品，再经成像系统的电磁透镜成像和放大，然后电子束投射到主镜筒最下方的荧光屏上形成所观察的图像。在材料科学研究领域，透射电子显微镜主要用于材料微区的组织形貌观察、晶体缺陷分析和晶体结构测定。

透射电子显微镜按加速电压分类，通常可分为常规电子显微镜(100kV)、高压电子显微镜(300kV)和超高压电子显微镜(500kV 以上)。提高加速电压，可缩短入射电子的波长。一方面有利于提高电子显微镜的分辨率，同时又可以提高对试样的穿透能力，这不仅可以放宽对试样减薄的要求，而且厚试样与近二维状态的薄试样相比，更接近三维的实际情况。就当前各研究领域使用的透射电子显微镜来看，其三个主要性能指标大致如下：

加速电压：80~3000kV。

分辨率：点分辨率为0.2~0.35nm、线分辨率为0.1~0.2nm。

最高放大倍数：30万~100万倍。

尽管近年来商品电子显微镜的型号繁多，高性能多用途的透射电子显微镜不断出现，但总体说来，透射电子显微镜一般由电子光学系统、真空系统、电源及控制系统三大部分组成。此外，还包括一些附加的仪器和部件、软件等。有关透射电子显微镜的工作原理可参照第八章，结合本实验室的透射电子显微镜，根据具体情况进行介绍和讲解。以下仅对透射电子显微镜的基本结构作简单介绍。

1. 电子光学系统

电子光学系统通常又称为镜筒，是电子显微镜最基本的组成部分，是用于提供照明、成像、显像和记录的装置。整个镜筒自上而下顺序排列着电子枪、双聚光镜、样品室、物镜、中间镜、投影镜、观察室、荧光屏及照相室等。通常又把电子光学系统分为照明、成像和观察记录部分。

2. 真空系统

为保证电子显微镜正常工作，要求电子光学系统应处于真空状态下。电子显微镜的真空度一般应保持在 10^{-5}Torr(1Torr = 133.322Pa)，这需要机械泵和扩散泵两级串联才能得到保证。目前的透射电子显微镜增加一个离子泵以提高真空度，真空度可高达 1.33×10^{-6}Pa 或更高。如果电子显微镜的真空度达不到要求会出现以下问题：

1）电子与空气分子碰撞改变运动轨迹，影响成像质量。

2）栅极与阳极间空气分子电离，导致极间放电。

3）阴极炽热的灯丝迅速氧化烧损，缩短使用寿命甚至无法正常工作。

4）试样易于氧化污染，产生假象。

3. 供电控制系统

供电系统主要提供两部分电源：一是用于电子枪加速电子的小电流高压电源，二是用于各透镜励磁的大电流低压电源。目前先进的透射电子显微镜多已采用自动控制系统，其中包括真空系统操作的自动控制，从低真空到高真空的自动转换、真空与高压启闭的联锁控制，以及用计算机控制参数选择和镜筒合轴对中等。

三、明暗场成像原理及操作

1. 明暗场成像原理

晶体薄膜样品明暗场像的衬度(即不同区域的亮暗差别)，是由于样品相应的不同部位结构或取向的差别导致衍射强度的差异而形成的，因此称其为衍射衬度，以衍射衬度机制为主形成的图像称为衍衬像。如果只允许透射束通过物镜光阑成像，称其为明场像；如果只允许某支衍射束通过物镜光阑成像，则称为暗场像。有关明暗场成像的光路原理参见第九章图9-27。就衍射衬度而言，样品中不同部位结构或取向的差别，实际上表现在满足或偏离布拉格条件程度上的差别。满足布拉格条件的区域，衍射束强度较高，而透射束强度相对较弱，用透射束成明场像该区域呈暗衬度；反之，偏离布拉格条件的区域，衍射束强度较弱，透射束强度相对较高，该区域在明场像中显示亮衬度。而暗场像中的衬度则与选择哪支衍射束成像有关。如果在一个晶粒内，在双光束衍射条件下，明场像与暗场像的衬度恰好相反。

2. 明场像和暗场像

明暗场成像是透射电子显微镜最基本也是最常用的技术方法，其操作比较容易。这里仅对暗场像操作及其要点简单介绍如下：

1）在明场像下寻找感兴趣的视场。

2）插入选区光阑围住所选择的视场。

3）按“衍射”按钮转入衍射操作方式，取出物镜光阑，此时荧光屏上将显示选区内晶体产生的衍射花样。为获得较强的衍射束，可适当地倾转样品调整其取向。

4）倾斜入射电子束方向，使用于成像的衍射束与电子显微镜光轴平行，此时该衍射斑点应位于荧光屏中心。

5）插入物镜光阑套住荧光屏中心的衍射斑点，转入成像操作方式，取出选区光阑。此时，荧光屏上显示的图像即为该衍射束形成的暗场像。

通过倾斜入射束方向，把成像的衍射束调整至光轴方向，这样可以减小球差，获得高质量的图像。用这种方式形成的暗场像称为中心暗场像。在倾斜入射束时，应将透射斑移至原强衍射斑(hkl)位置，而(hkl)弱衍射斑相应地移至荧光屏中心，变成强衍射斑点，这一点应该在操作时引起注意。

图实 4-1 所示是 β-Si_3N_4 和晶间相的明场像和暗场像。由于 β-Si_3N_4 晶粒的晶面基本不满足布拉格条件，因此在明场像下，透射强度高，图像为亮衬度，对应在暗场像下，图像为暗衬度。而对于明场像下的晶间相，满足布拉格衍射条件，因此透射强度弱，而衍射强度强，因而在明场像中呈现暗衬度，而在暗场像中显示亮衬度。图实 4-2 所示为 Al-Ni 共晶合金的选区电子衍射及明暗场像。图实 4-2a 所示为 Al 的选区电子衍射花样，对应[011]晶带轴。图实 4-2b 所示为 Al_3Ni 相的选区电子衍射花样，对应[201]晶带轴。图实 4-2c 所示为 Al-Ni 共晶合金的明场像，暗色棒状像为 Al_3Ni 相，棒状像之间为 Al 像。此时若用衍射束 $g_{Al_3Ni}=(\bar{1}22)$ 成暗场像，图实 4-2b 中虚线圈所标识的衍射斑点，即为该衍射束，可以得到的暗场像如图实 4-2d 所示。此时，该棒状 Al_3Ni 相呈现亮衬度。图实 4-3 所示是位错的明暗场像，明场像中位错线显现暗线条，暗场像衬度恰好与此相反。图实 4-4 所示是面心立方结构的铜合金中层错的明暗场像。利用层错明暗场像外侧条纹的衬度，可以判定层错的性质。

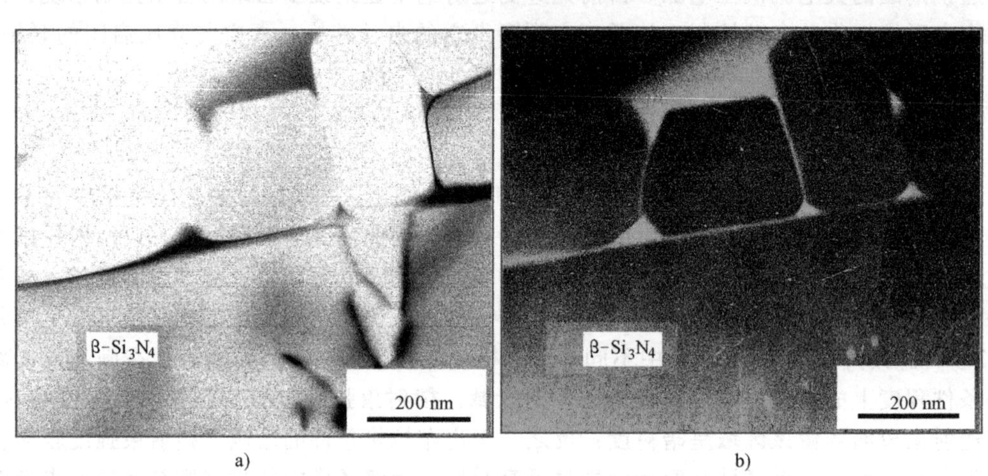

图实 4-1 β-Si_3N_4 和晶间相的明场像和暗场像

a) 明场像 b) 暗场像

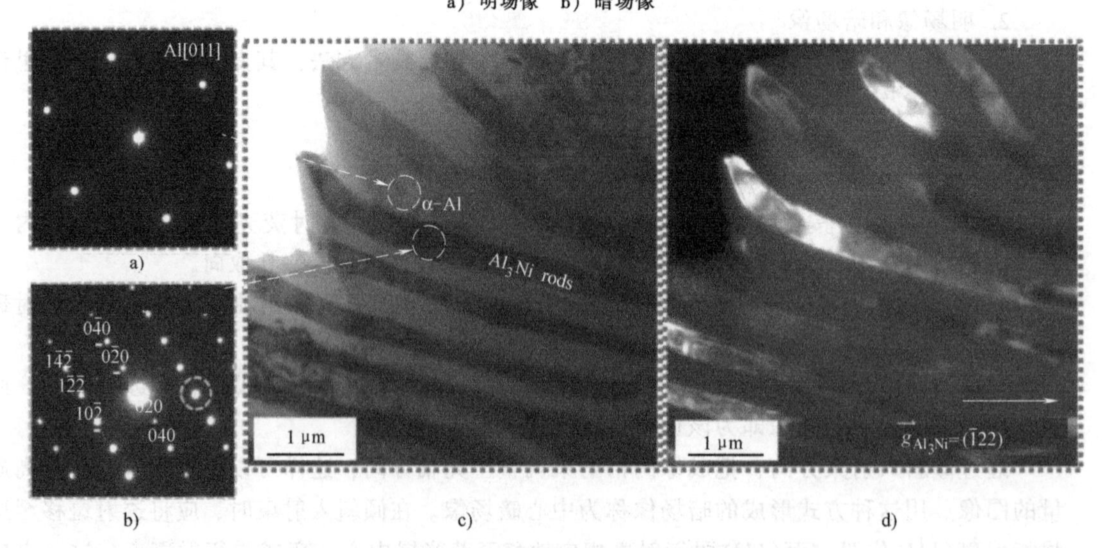

图实 4-2 Ai-Ni 共晶合金的选区电子衍射及明暗场像

a) 基体 Al 的选区电子衍射花样 b) Al_3Ni 相的选区电子衍射花样 c) Al-Ni 共晶合金的明场像 d) Al-Ni 共晶合金的暗场像

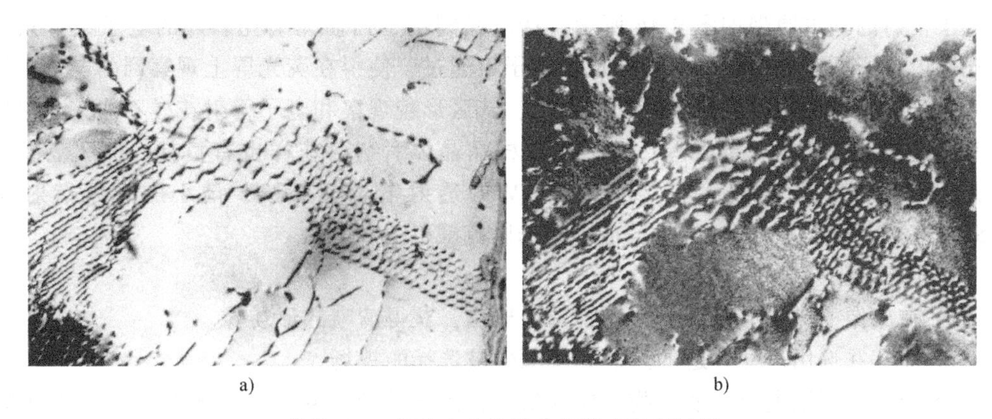

a)　　　　b)

图实 4-3　铝合金中位错分布形态的衍衬像

a）明场像　b）暗场像

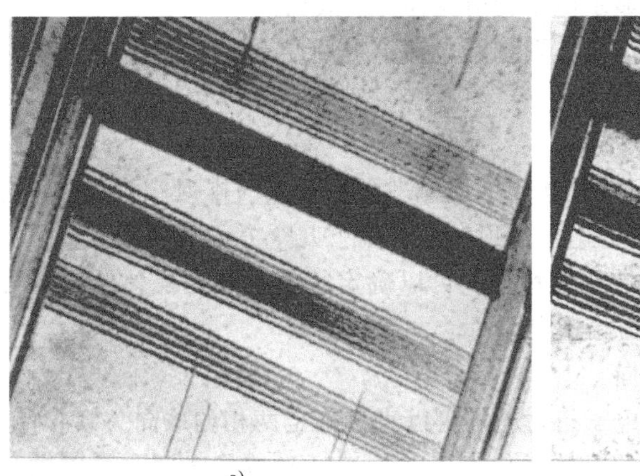

a)　　　　b)

图实 4-4　铜合金中层错的衍衬像

a）明场像　b）暗场像

四、实验报告要求

1）简述透射电子显微镜的基本结构。

2）绘图并举例说明暗场成像的原理。

实验五　选区电子衍射与晶体取向分析

一、实验目的

1）通过选区电子衍射的实际操作演示，加深对选区电子衍射原理的了解。

2）选择合适的薄晶体样品，利用双倾台进行样品取向的调整，使学生掌握利用电子衍射花样测定晶体取向的基本方法。

二、选区电子衍射的原理和操作

1. 选区电子衍射的原理

简单地说，选区电子衍射借助设置在物镜像平面的选区光阑，可以对产生衍射的样品区域进行选择，并对选区范围的大小加以限制，从而实现形貌观察和电子衍射的微观对应。选区电子衍射的基本原理如图 9-16 所示。选区光阑用于挡住光阑孔以外的电子束，只允许光阑孔以内视场所对应的样品微区的成像电子束通过，使得在荧光屏上观察到的电子衍射花样仅来自于选区范围内晶体的贡献。实际上，选区形貌观察和电子衍射花样不能完全对应，也就是说选区衍射存在一定误差，选区以外样品晶体对衍射花样也有贡献。选区范围不宜太小，否则将带来太大的误差。对于 100kV 的透射电子显微镜，最小的选区衍射范围约 0.5μm；加速电压为 1000kV 时，最小的选区范围可达 0.1μm。

2. 选区电子衍射的操作

1）在成像的操作方式下，使物镜精确聚焦，获得清晰的形貌像。

2）插入并选用尺寸合适的选区光阑围住被选择的视场。

3）减小中间镜电流，使其物平面与物镜背焦面重合，转入衍射操作方式。对于近代的电子显微镜，此步操作可按“衍射”按钮自动完成。

4）移出物镜光阑，在荧光屏上显示电子衍射花样可供观察。

5）需要拍照记录时，可适当减小第二聚光镜电流，获得更趋近平行的电子束，使衍射斑点尺寸变小。

三、选区电子衍射的应用

单晶电子衍射花样可以直观地反映晶体二维倒易平面上阵点的排列，而且选区衍射和形貌观察在微区上具有对应性，因此选区电子衍射一般有以下几个方面的应用：

1）根据电子衍射花样斑点分布的几何特征，可以确定衍射物质的晶体结构；再利用电子衍射基本公式 $Rd=L\lambda$，可以进行物相鉴定。

2）确定晶体相对于入射束的取向。

3）在某些情况下，利用两相的电子衍射花样可以直接确定两相的取向关系。

4）利用选区电子衍射花样提供的晶体学信息，并与选区形貌像对照，可以进行第二相和晶体缺陷的有关晶体学分析，如测定第二相在基体中的生长惯习面、位错的柏氏矢量等。

以下仅介绍其中两个方面的应用。

（1）特征平面的取向分析　特征平面是指片状第二相、惯习面、层错面、滑移面、孪晶面等平面。特征平面的取向分析（即测定特征平面的指数）是透射电子显微镜分析工作中经常遇到的一项工作。利用透射电子显微镜测定特征平面的指数，其根据是选区衍射花样与选区内组织形貌的微区对应性。这里特介绍一种最基本、较简便的方法。该方法的基本要点为：使用双倾台或旋转台倾转样品，使特征平面平行于入射束方向，在此位向下获得的衍射花样中将出现该特征平面的衍射斑点。把这个位向下拍照的形貌像和相应的选区衍射花样对照，经磁转角校正后，即可确定特征平面的指数。其具体操作步骤如下：

1）利用双倾台倾转样品，使特征平面处于与入射束平行的方向。

2）拍照包含有特征平面的形貌像，以及该视场的选区电子衍射花样。

3）标定选区电子衍射花样，经磁转角校正后，将特征平面在形貌像中的迹线画在衍射花样中。

4）由透射斑点作迹线的垂线，该垂线所通过的衍射斑点的指数即为特征平面的指数。

镍基合金中的片状 δ-Ni_3Nb 相常沿着基体（面心立方结构）的某些特定平面生长。当片状 δ 相表面相对入射束倾斜一定角度时，在形貌像中片状相的投影宽度较大（图实 5-1a）；如果倾斜样品使片状相表面逐渐趋近平行于入射束，其在形貌像中的投影宽度将不断减小；当入射束方向与片状相表面平行时，片状相在形貌像中显示最小的宽度(图实 5-1b)。图实 5-1c 所示是入射电子束与片状 δ 相表面平行时拍照的基体衍射花样。由图实 5-1c 所示的衍射花样的标定结果，可以确定片状 δ 相的生长惯习面为基体的(111)面。通常习惯用基体的晶面表示第二相的惯习面。

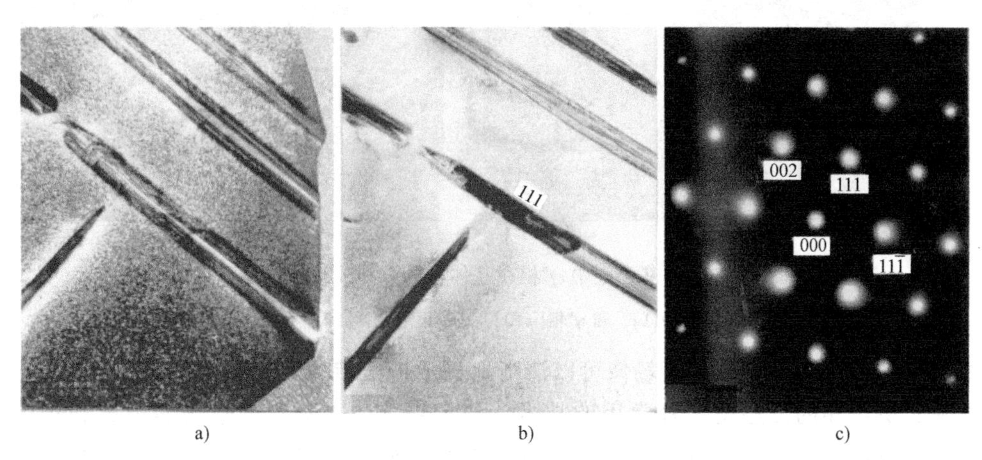

a) b) c)

图实 5-1 镍基合金中片状 δ 相的分布形态及选区衍射花样

a) δ 相在基体中的分布形态 b) δ 相表面平行于入射束时的形态 c) 基体[$1\bar{1}0$]晶带衍射花样

图实 5-2 所示为 $Ni_{54}Mn_{25}Ga_{21}$ 合金的孪晶形貌及电子衍射花样。图实 5-2a 所示为 $Ni_{54}Mn_{25}Ga_{21}$ 合金在低倍下观察的孪晶形貌。根据孪晶取向，可以分为 A、B、C 等形态。图 5-2b 所示为在高倍下观察的 A 形孪晶形貌，孪晶宽度为 10nm 左右。图中给出了纳米孪晶 Ⅰ 和 Ⅱ 的选区衍射，并标识了对应的电子衍射斑点。孪晶 Ⅰ 对应的晶带轴为 $[\bar{2}01]_{\mathrm{I}}$，孪晶 Ⅱ 对应的晶带轴为 $[20\bar{1}]_{\mathrm{II}}$，即 $[\bar{2}01]_{\mathrm{I}} /\!/ [20\bar{1}]_{\mathrm{II}}$，通过衍射斑点标定，孪晶 Ⅰ 和孪晶 Ⅱ 的孪晶面为(112)晶面。

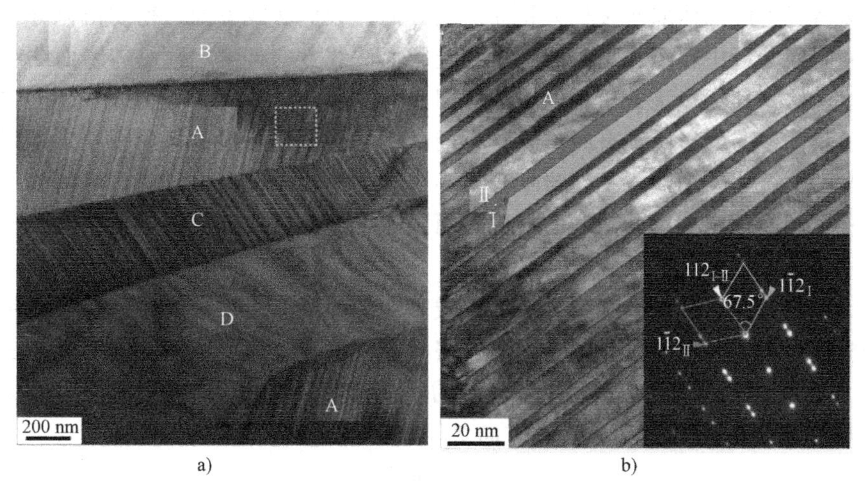

a) b)

图实 5-2 $Ni_{54}Mn_{25}Ga_{21}$ 合金的孪晶形貌及电子衍射花样

a) 低倍观察 b) 高倍观察及电子衍射花样

图实 5-3a 所示是镍基合金基体和 γ″相的电子衍射花样，图实 5-3b 所示是 γ″相(002) 衍

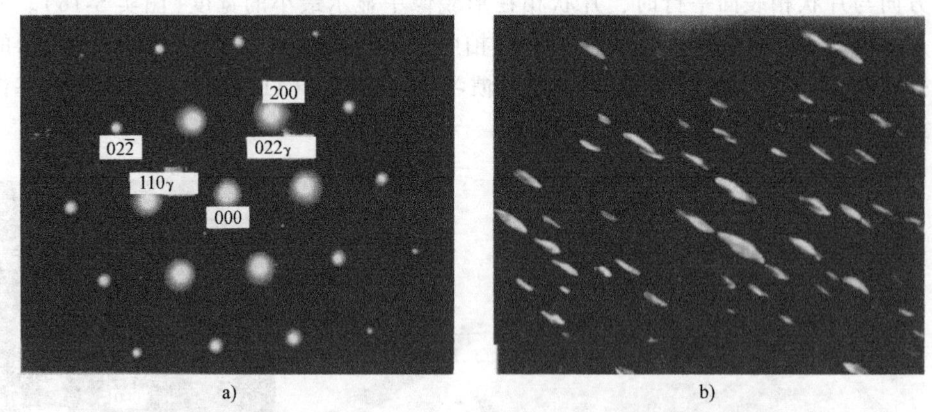

a) b)

图实 5-3 镍基合金中 γ″相在基体中的分布及选区电子衍射花样

a）基体$[011]_M$和 γ″相$[\bar{1}10]_{\gamma''}$晶带衍射花样 b）γ″相的暗场像

射成的暗场像。由图可见，暗场像可以清晰地显示析出相的形貌及其在基体中的分布，用暗场像显示析出相的形态是一种常用的技术。对照图实 5-3 所示的暗场形貌像和选区衍射花样，不难得出析出相 γ″相的生长惯习面为基体的(100)面。在有些情况下，利用两相合成的电子衍射花样的标定结果，可以直接确定两相间的取向关系。具体的分析方法是，在衍射花样中找出两相平行的倒易矢量，即两相的这两个衍射斑点的连线通过透射斑点，其所对应的晶面互相平行，由此可获得两相间一对晶面的平行关系；另外，由两相衍射花样的晶带轴方向互相平行，可以得到两相间一对晶向的平行关系。由图实 5-3a 给出的两相合成电子衍射花样的标定结果可确定两相的取向关系：$(200)_M // (002)_{\gamma''}$，$[011]_M // [\bar{1}10]_{\gamma''}$。

（2）利用选区电子衍射花样测定晶体取向 在透射电子显微镜分析工作中，把入射电子束的反方向$-\boldsymbol{B}$作为晶体相对于入射束的取向，简称晶体取向，常用符号 $\boldsymbol{B}$ 表示。在一般取向情况下，选区衍射花样的晶带轴就是此时的晶体取向。在入射束垂直于样品薄膜表面时，这种特殊情况下的晶体取向又称为膜面法线方向。膜面法线方向是衍射衍衬分析中常用的数据，晶体取向分析中较经常遇到的就是测定膜面法线方向。测定薄晶体膜面法线方向通常采用三菊池极法，其优点是分析精度较高。但是，这种方法在具体应用时往往存在一些困难，一是由于膜面取向的影响，有时不能获得同时存在三个菊池极的衍射图；二是因为分析区域样品的厚度不合适，菊池线不够清晰甚至不出现菊池线。即便可以获得清晰的三菊池极衍射图，分析时还需标定三对菊池线的指数，而且三个菊池极的晶带轴指数一般也比较高，因此分析过程烦琐且计算也比较麻烦。

本实验将根据三菊池极法测定膜面法线方向的原理，给出一个比较简便适用的方法。具体的分析过程为：利用双倾台倾转样品，将样品依次转至膜面法线方向附近的三个低指数晶带 $\boldsymbol{Z}_i = [u_i\ v_i\ w_i]$，记录双倾台两个倾转轴的转角读数$(\alpha_i, \beta_i)$。根据两晶向间夹角公式，膜面法线方向 $\boldsymbol{B} = [uvw]$ 与三个晶带轴方向 $\boldsymbol{Z}_i$ 间的夹角(Φ_i)余弦为

$$\cos\Phi_i = \frac{1}{Z_i B}[u_i v_i w_i]\boldsymbol{G}\begin{pmatrix} u \\ v \\ w \end{pmatrix} \qquad (i = 1, 2, 3) \qquad \text{（实 5-1）}$$

式(实 5-1)中，Z_i 和 B 是各自矢量的长度。为计算方便，不妨可假定 $\boldsymbol{B}$ 是这个方向上

的单位矢量，所以有 $B=1$。将式(实 5-1)中的三个矩阵式合并，再经过处理可得到计算膜面法线方向指数的公式为

$$\begin{pmatrix} u \\ v \\ w \end{pmatrix} = \boldsymbol{G}^{-1} \begin{pmatrix} u_1 & v_1 & w_1 \\ u_2 & v_2 & w_2 \\ u_3 & v_3 & w_3 \end{pmatrix}^{-1} \begin{pmatrix} Z_1 \cos \boldsymbol{\Phi}_1 \\ Z_2 \cos \boldsymbol{\Phi}_2 \\ Z_3 \cos \boldsymbol{\Phi}_3 \end{pmatrix} \tag{实 5-2}$$

对于双倾台操作，$\cos\boldsymbol{\Phi}_i=\cos\alpha_i\cos\beta_i$；式中的矩阵 $\boldsymbol{G}$ 和 $\boldsymbol{G}^{-1}$ 是正倒点阵指数变换矩阵，在表实 5-1 中列出了四个晶系的 $\boldsymbol{G}$ 和 $\boldsymbol{G}^{-1}$ 具体表达式。

下面举一个实例来进一步说明这一实验方法的具体应用过程。样品为面心立方晶体薄膜，在透射电子显微镜中利用双倾台倾转样品，将其取向依次调整至[101]、[112] 和[001]，这三个晶带的选区衍射花样如图实 5-4 所示。样品调整至每一取向时，双倾台转角的读数分别为：(18.5°，-2.0°)、(-3.0°，18.6°)、(-25.0°，-10.5°)。

表实 5-1 四个晶系的交换矩阵[G]和[G]$^{-1}$

晶系	立方	正方	正交	六方
$\boldsymbol{G}$	$\begin{pmatrix} a^2 & 0 & 0 \\ 0 & a^2 & 0 \\ 0 & 0 & a^2 \end{pmatrix}$	$\begin{pmatrix} a^2 & 0 & 0 \\ 0 & a^2 & 0 \\ 0 & 0 & c^2 \end{pmatrix}$	$\begin{pmatrix} a^2 & 0 & 0 \\ 0 & b^2 & 0 \\ 0 & 0 & c^2 \end{pmatrix}$	$\begin{pmatrix} a^2 & -a^2/2 & 0 \\ -a^2/2 & a^2 & 0 \\ 0 & 0 & c^2 \end{pmatrix}$
$\boldsymbol{G}^{-1}$	$\begin{pmatrix} 1/a^2 & 0 & 0 \\ 0 & 1/a^2 & 0 \\ 0 & 0 & 1/a^2 \end{pmatrix}$	$\begin{pmatrix} 1/a^2 & 0 & 0 \\ 0 & 1/a^2 & 0 \\ 0 & 0 & 1/c^2 \end{pmatrix}$	$\begin{pmatrix} 1/a^2 & 0 & 0 \\ 0 & 1/b^2 & 0 \\ 0 & 0 & 1/c^2 \end{pmatrix}$	$\begin{pmatrix} 4/(3a^2) & 2/(3a^2) & 0 \\ 2/(3a^2) & 4/(3a^2) & 0 \\ 0 & 0 & 1/c^2 \end{pmatrix}$

于是有

$$\begin{pmatrix} u_1 & v_1 & w_1 \\ u_2 & v_2 & w_2 \\ u_3 & v_3 & w_3 \end{pmatrix}^{-1} = \begin{pmatrix} 1 & 0 & 1 \\ 1 & 1 & 2 \\ 0 & 0 & 1 \end{pmatrix}^{-1} = \begin{pmatrix} 1 & 0 & -1 \\ -1 & 1 & -1 \\ 0 & 0 & 1 \end{pmatrix}$$

将其与 $\cos\boldsymbol{\Phi}_1=\cos18.5°\cos(-20°)$

$\cos\boldsymbol{\Phi}_2=\cos(-3.0°)\cos18.6°$

$\cos\boldsymbol{\Phi}_3=\cos(-25.0°)\cos(-10.5°)$

及 $Z_1=\sqrt{2}a$、$Z_2=\sqrt{6}a$、$Z_3=a$，一并代入式(实 5-2)，经计算得

$$\boldsymbol{B}=[u \quad v \quad w]=\frac{1}{a}[0.4492 \quad 0.0869 \quad 0.8911]$$

这是个单位矢量，其矢量长度为 1.0017，误差<2‰。实际上我们关心的仅是膜面的法线方向，并不是其大小，习惯上用这个方向上指数[uvw]均为最小整数的矢量。因此可将求出的单位矢量指数同乘以一个系数，变为最小的整数。通过这样的处理，可得到膜面法线方向的指数为[uvw]≈[5 1 10]，更接近准确的结果是[62 12 123]，二者仅相差 0.004°。因此把[5 1 10]作为膜面法线方向精度已经足够。

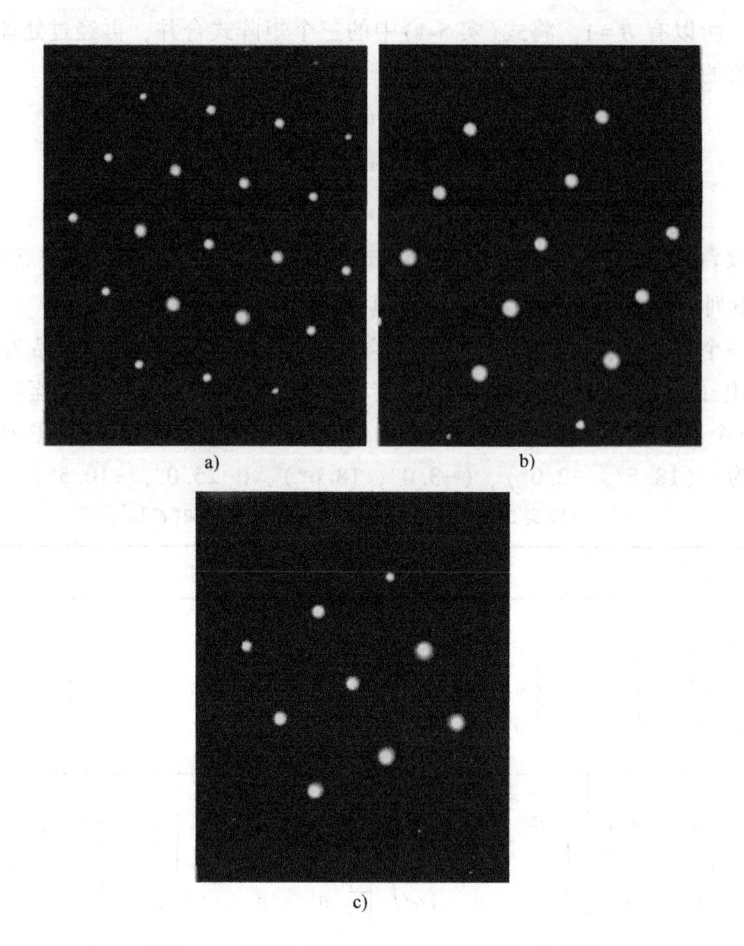

图实 5-4 面心立方晶体的选区电子衍射花样

a）[101] b）[112] c）[001]

四、实验报告要求

1）绘图说明选区电子衍射的基本原理。

2）举例说明利用选区衍射进行取向分析的方法及其应用。

实验六 扫描电子显微镜的结构原理及图像衬度观察

一、实验目的

1）结合扫描电子显微镜实物，介绍其基本结构和工作原理，加深对扫描电子显微镜结构及原理的了解。

2）选用合适的样品，通过对表面形貌衬度和原子序数衬度的观察，了解扫描电子显微镜图像衬度原理及其应用。

二、扫描电子显微镜的基本结构和工作原理

扫描电子显微镜利用细聚焦电子束在样品表面逐点扫描，与样品相互作用产生各种物理信号，这些信号经检测器接收、放大并转换成调制信号，最后在荧光屏上显示反映样品表面各种特征的图像。扫描电子显微镜具有景深大、图像立体感强、放大倍数范围大、连续可调、分辨率高、样品室空间大且样品制备简单等特点，是进行样品表面研究的有效分析工具。

扫描电子显微镜所需的加速电压比透射电子显微镜要低得多，一般为1~30kV，实验时可根据被分析样品的性质适当地选择，最常用的加速电压在20kV左右。扫描电子显微镜的图像放大倍数在一定范围内(几十倍到几十万倍)可以实现连续调整，放大倍数等于荧光屏上显示的图像横向长度与电子束在样品上横向扫描的实际长度之比。扫描电子显微镜的电子光学系统与透射电子显微镜有所不同，其作用仅仅是为了提供扫描电子束，作为使样品产生各种物理信号的激发源。扫描电子显微镜最常使用的是二次电子信号和背散射电子信号，前者用于显示表面形貌衬度，后者用于显示原子序数衬度。

扫描电子显微镜的基本结构可分为电子光学系统、扫描系统、信号检测放大系统、图像显示和记录系统、真空系统和电源及控制系统六大部分。这一部分的实验内容可参照教材第十章，并结合实验室现有的扫描电子显微镜进行，在此不作详细介绍。

三、扫描电子显微镜图像衬度观察

1. 样品制备

扫描电子显微镜的优点之一是样品制备简单，对于新的金属断口样品不需要做任何处理，可以直接进行观察。但在有些情况下需对样品进行必要的处理。

1）样品表面附着有灰尘和油污，可用有机溶剂(乙醇或丙酮)在超声波清洗器中清洗。

2）样品表面锈蚀或严重氧化，采用化学清洗或电解的方法处理。清洗时可能会失去一些表面形貌特征的细节，操作过程中应该注意。

3）对于不导电的样品，观察前需在表面喷镀一层导电金属或碳，镀膜厚度控制在5~10nm为宜。

2. 表面形貌衬度观察

二次电子信号来自于样品表面层5~10nm，信号的强度对样品微区表面相对于入射束的取向非常敏感，随着样品表面相对于入射束的倾角增大，二次电子的产额增多。因此，二次电子像适合于显示表面形貌衬度。

二次电子像的分辨率较高，一般为3~6nm。其分辨率的高低主要取决于束斑直径，而实际上真正达到的分辨率与样品本身的性质、制备方法，以及电子显微镜的操作条件如高压、扫描速度、光强度、工作距离、样品的倾斜角等因素有关，在最理想的状态下，目前可达到的最佳分辨率为1nm。

扫描电子显微镜图像表面形貌衬度几乎可以用于显示任何样品表面的超微信息，其应用已渗透到许多科学研究领域，在失效分析、刑事案件侦破、病理诊断等技术部门也得到广泛应用。在材料科学研究领域，表面形貌衬度在断口分析等方面显示有突出的优越性。下面就以断口分析等方面的研究为例说明表面形貌衬度的应用。

利用试样或构件断口的二次电子像所显示的表面形貌特征，可以获得有关裂纹的起源、裂纹扩展的途径以及断裂方式等信息，根据断口的微观形貌特征可以分析裂纹萌生的原因、裂纹的扩展途径以及断裂机制。图实6-1所示是比较常见的金属断口形貌二次电子像。较典型的解理断口形貌如图实6-1a所示，在解理断口上存在有许多台阶。在解理裂纹扩展过程中，台阶相互汇合形成河流花样，这是解理断裂的重要特征。准解理断口的形貌特征如图实6-1b所示，准解理断口与解理断口有所不同，其断口中有许多弯曲的撕裂棱，河流花样由点状裂纹源向四周放射。沿晶断口特征是晶粒表面形貌组成的冰糖状花样，如图实6-1c所示。图实6-1d显示的是韧窝断口的形貌，在断口上分布着许多微坑，在一些微坑的底部可以观察到夹杂物或第二相粒子。由图实6-1e可以看出，疲劳裂纹扩展区断口存在一系列大致相互平行、略有弯曲的条纹，称为疲劳条纹，这是疲劳断口在扩展区的主要形貌特征。图实6-1所示为具有不同形貌特征的断口，若按裂纹扩展途径分类，其中解理、准解理和韧窝型属于穿晶断裂，显然沿晶断口的裂纹扩展是沿晶粒表面进行的。

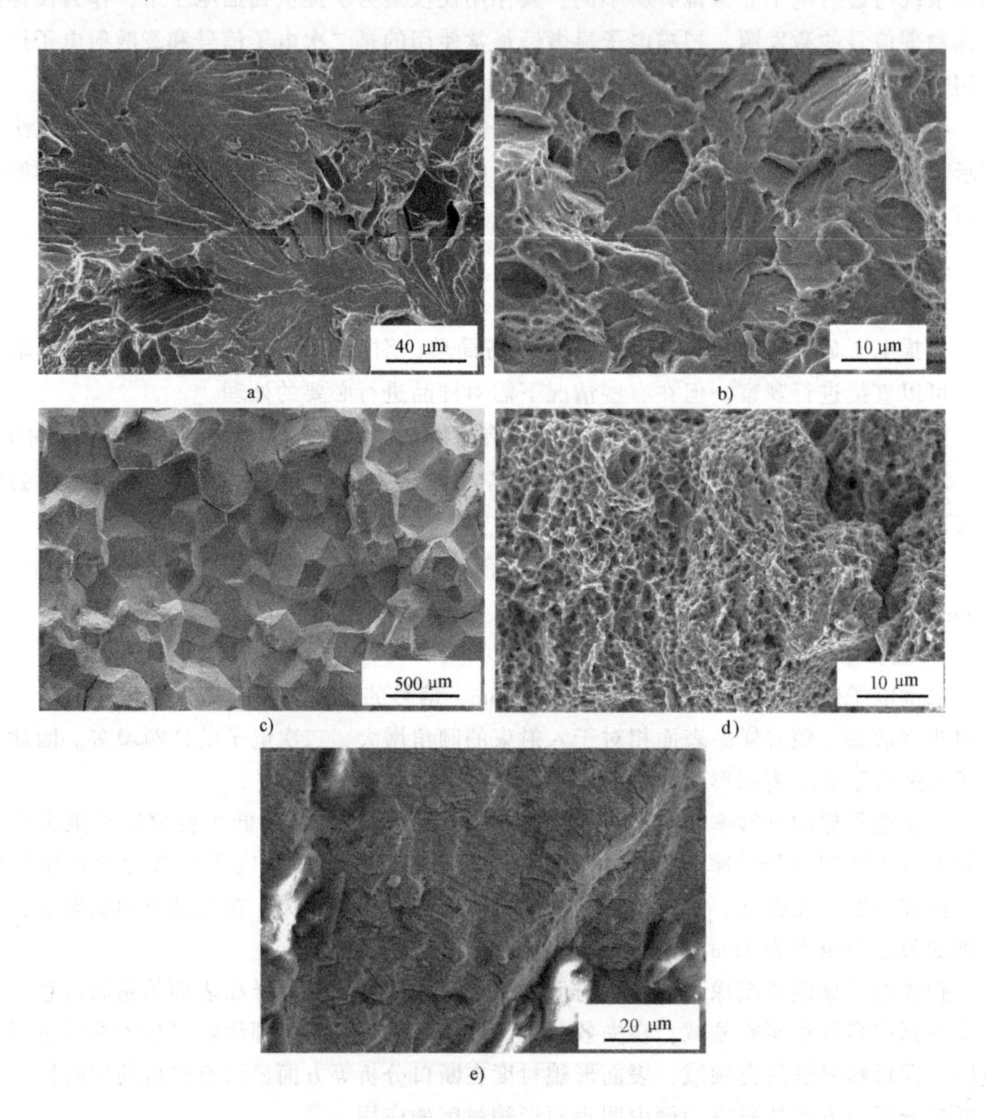

图实6-1 几种具有典型形貌特征的断口二次电子像

a）解理断口 b）准解理断口 c）沿晶断口 d）韧窝断口 e）疲劳断口

表面形貌衬度除了在断口分析应用外，在表面和截面形貌观察中也有大量应用。图实6-2a所示为羟基磷灰石纳米线形貌特征，纳米线直径约为100nm，长度在2μm以上。图实

6-2b 所示为钛金属材料表面微弧氧化涂层截面结构形貌。图中，箭头所指为微弧氧化涂层，可见涂层中具有多孔结构特征。图实 6-2c 所示为细胞在微弧氧化涂层表面的粘附形态，可见细胞在材料表面粘附、铺展良好。

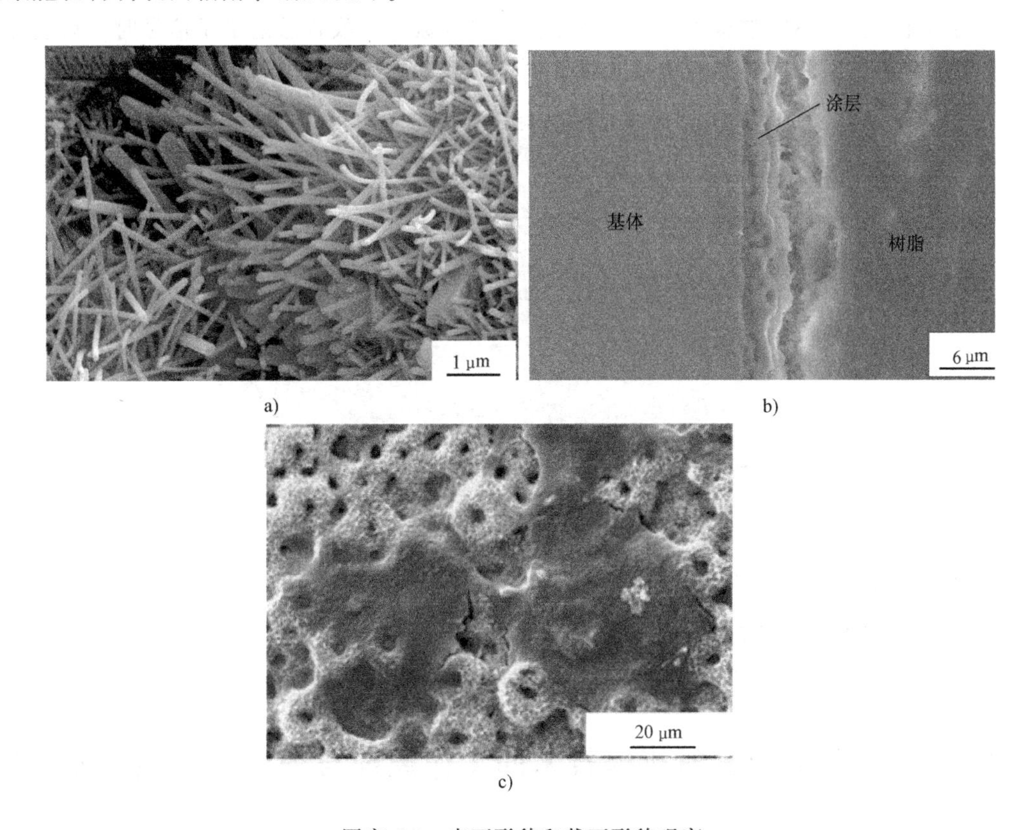

a) b) c)

图实 6-2 表面形貌和截面形貌观察

a）羟基磷灰石纳米线 b）钛金属材料表面微弧氧化涂层 c）细胞在微弧氧化涂层表面的粘附形态

3. 原子序数衬度观察

原子序数衬度是利用对样品表层微区原子序数或化学成分变化敏感的物理信号，如背散射电子、吸收电子等作为调制信号而形成的一种能反映微区化学成分差别的像衬度。实验证明，在实验条件相同的情况下，背散射电子信号的强度随原子序数增大而增大。在样品表层平均原子序数较大的区域，产生的背散射信号强度较高，背散射电子像中相应的区域显示较亮的衬度；而样品表层平均原子序数较小的区域则显示较暗的衬度。由此可见，背散射电子像中不同区域衬度的差别，实际上反映了样品相应不同区域平均原子序数的差异，据此可定性分析样品微区的化学成分分布。吸收电子像显示的原子序数衬度与背散射电子像相反，平均原子序数较大的区域图像衬度较暗，平均原子序数较小的区域显示较亮的图像衬度。原子序数衬度适合于研究钢与合金的共晶组织，以及各种界面附近的元素扩散。

图实 6-3 所示为钛铝铌合金中 α、β、γ 三相背散射电子像。三相分别对应了三种不同的衬度，α 相对应浅灰衬度，β 相对应亮衬度，γ 相对应深灰衬度。由于 β 相中，铌的含量较高，因此显示了亮衬度。而 α 相中钛的含量高于 γ 相，因此相对而言，α 相呈现浅灰，而 γ 相对应深灰衬度。

在此顺便指出，由于背散射电子是被样品原子反射回来的入射电子，其能量较高，离开样品表面后沿直线轨迹运动，因此信号探测器只能检测到直接射向探头的背散射电子，有效收集立体角小，信号强度较低。尤其是样品中背向探测器的那些区域产生的背散射电子，因无法到达探测器而不能被接收。所以利用闪烁体计数器接收背散射电子信号时，只适合于表面平整的样品，实验前样品表面必须抛光而不需腐蚀。

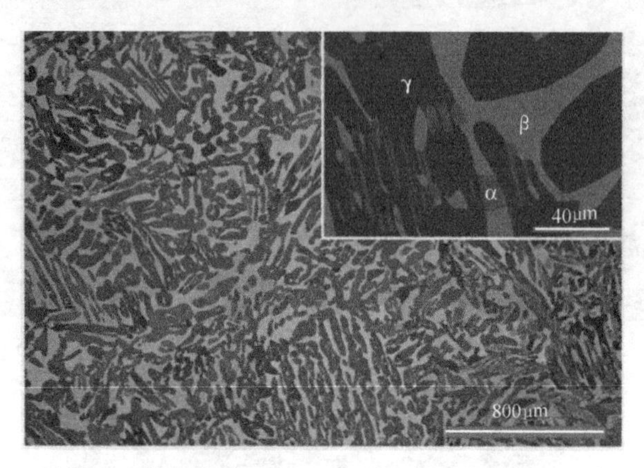

图实6-3 钛铝铌合金中α、β、γ三相背散射电子像

四、实验报告要求

1）简述扫描电子显微镜的基本结构及特点。

2）举例说明扫描电子显微镜表面形貌衬度和原子序数衬度的应用。

实验七 电子背散射衍射技术的工作原理与菊池花样观察及标定

一、实验目的

1）结合EBSD设备，介绍其基本结构和工作原理，加深对EBSD设备的结构及原理的了解。

2）选择合适的样品，通过对菊池花样的采集及标定，了解EBSD的菊池带的形成机理。

二、EBSD的工作原理及特点

在扫描电子显微镜（SEM）中，入射于样品上的电子束与样品作用产生几种不同效应，其中之一就是在每一个晶体或晶粒内规则排列的晶格面上产生衍射。从所有原子面上产生的衍射组成“衍射花样”，可看成是一张晶体中原子面间的角度关系图。衍射花样包含晶系对称性的信息，而且晶面和晶带轴间的夹角与晶系种类和晶体的晶格参数相对应，这些数据可用于EBSD相鉴定。对于已知相，则花样的取向与晶体的取向直接对应。

系统设备的基本要求是一台扫描电子显微镜和一套EBSD系统。EBSD采集的硬件部分通常包括一台灵敏的CCD摄像仪和一套用来花样平均化和扣除背底的图像处理系统。在扫描电子显微镜中得到一张电子背散射衍射花样的基本操作是简单的。相对于入射电子束，样品被高角度倾斜，以便背散射信号被充分强化到能被荧光屏接收（在显微镜样品室内），荧光屏与一个CCD相机相连，EBSD能直接或经放大储存图像后在荧光屏上观察到。只需很少的输入操作，软件程序可对花样进行标定以获得晶体学信息。目前最快的EBSD系统每秒钟可进行 700~900 个点的测量。现代 EBSD 系统和能谱 EDS 探头可同时安装在 SEM 上，这样，在快速得到样品取向信息的同时，可以进行成分分析。

三、菊池花样采集及标定

1. 样品制备

对样品的要求：样品能产生计算机可以识别且能正确标定的菊池衍射花样，要求样品表面平整，无较大的应变，样品表面必须清洁，导电性能必须好。通常对于金属样品而言，样品首先通过机械抛光，然后进行电解抛光或者化学抛光。对于工业纯铝及钛合金通常使用高氯酸甲醇电解抛光，钢采用硝酸抛光，硅采用氢氟酸抛光，纯镁采用硝酸甲醇抛光，此外镁还可以采用离子轰击抛光及商业电解液 AC-2 抛光，铜可以采用硝酸浸蚀。在机械抛光过程，通常使用石英硅乳胶体进行最后抛光。

陶瓷样品制备相对困难，陶瓷样品表面不导电，电子束照射表面时，会引起电荷积累、图像畸变、图像漂移等，无法采集信号。首先陶瓷表面需要喷上导电层。通常是喷碳和喷金，喷碳对背散射电子衍射信号影响较小，但是信号强度相对较弱。喷金导电性较好，但对背散射衍射信号具有影响，需要根据材料的种类做更细致的分类。喷膜的厚度对菊池花样具有明显影响，通常喷导电层太薄，表面导电性较差，如果喷膜太厚，样品的菊池带反而无法观察到，因此需要根据试样进行适当的摸索。

2. 设备起动与样品放置

起动 SEM 扫面电子显微镜、EBSD 控制计算机、EBSD 图像处理器。装入样品，使样品坐标系与电子显微镜坐标系重合；样品台位于样品室中心；样品台呈现 70°的倾转，和 EBSD 探头正面相对。工作距离调到 15cm 左右；由外部自动控制器伸入 EBSD 探头。进入 SEM 观察界面，选择一个表面比较合适的区域，打开 OIM Data Collection，首先开启相机控制窗口，如图实 7-1 所示，进入 EBSD 花样采集系统，获取 SEM 图像，初步观察此区域的菊池花样。最后确定观察区域。

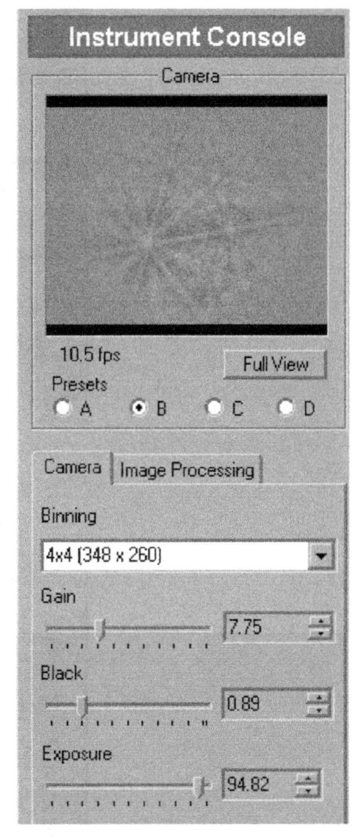

图实 7-1 相机控制窗口

3. 参数选择

通常工作距离选择在 15cm 左右。选择扫描速度挡位，通常选择 B 项。接着选择 EBSD 的图像分辨率，也就是 Binning 级别，通常选择 4×4 用于采集 EBSD 信号。在这里调节相机增益、曝光时间、背底衬度和背底扣除。通常情况下调高增益，增加曝光时间可以提高菊池带的清晰度。但首选增加曝光时间，这样可以更好地提高图像质量，在此基础上再考虑调高增益。此外提高 SEM 电压及增大电子束 spots 及增大光阑孔径都可以提高菊池带的强度。

4. 花样采集及标定

首先选择已知物相的数据库，确定样品晶粒尺寸。然后在 Hough 变换页面合理选择参数，之后在 Indexing 页面进行花样标定。花样标定之后进行微调精确。最后在 Scan 页面进行花样采集。

图实 7-2 所示为 Ni 的扫描分析界面。主要可以分为 4 个区域：A 区为扫描区域显示已经扫描的位置和未扫描的区域位置。B 区为扫描基本参数，包括扫描面积尺寸、步长、总的扫描点数、物相等。C 区为扫描进程及信息，扫描信息主要包括每一点的坐标、欧拉角、IQ/CI、物相、极图及晶体取向示意图，如图实 7-3 所示。D 区域为扫描花样及信息。可以观察到每一点的 Hough 变换、菊池带及其标定，如图实 7-3 所示。

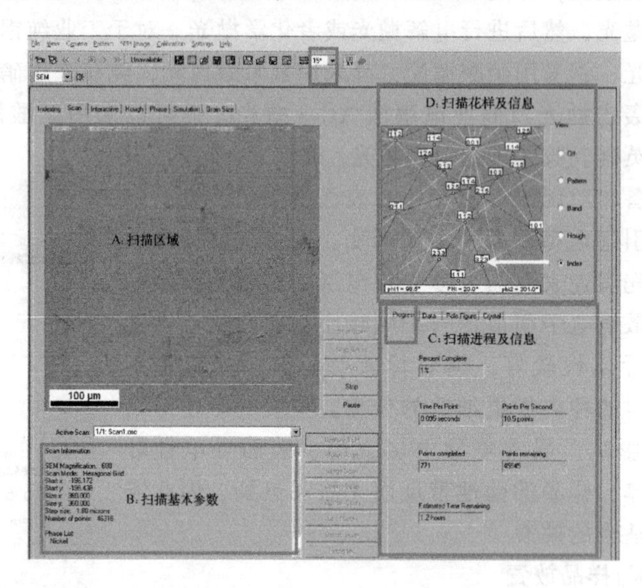

图实 7-2 Ni 的扫描分析界面

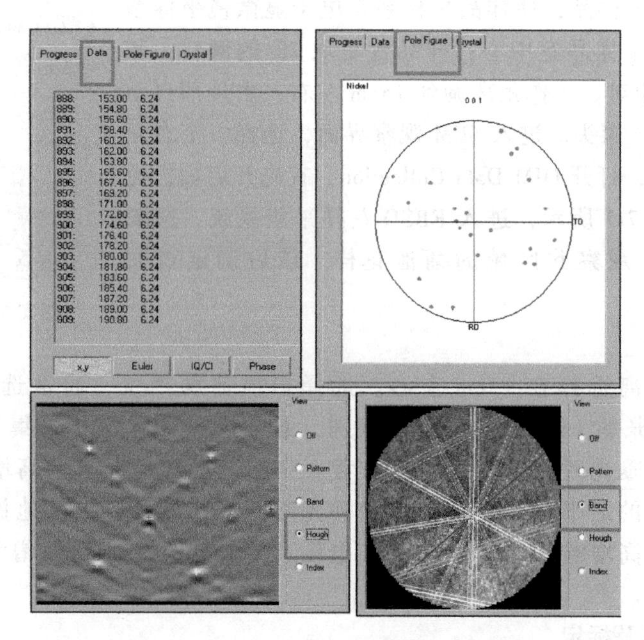

图实 7-3 Ni 的扫描分析的其他相关信息

四、实验报告要求

1）说明 EBSD 菊池带的成像原理及样品要求。

2）说明 EBSD 菊池带采集过程及图像质量的影响因素。

实验八　电子背散射衍射技术的数据处理及其分析应用

一、实验目的

1）结合 EBSD 分析软件，介绍 EBSD 软件能实现的功能，加深对 EBSD 分析特点的理解及对各种数据的处理方法的学习。

2）选择合适的样品，通过对采集的 EBSD 数据进行分析，了解 EBSD 在材料分析中的应用及价值。

二、EBSD 分析的特点

显微组织结构分析和结晶学传统分析方法有光学显微镜、扫描电子显微镜、X 射线衍射和透射电子显微镜及选区电子衍射等。这些传统分析技术是相互平行的，但又各自独立。金相只能获得晶粒尺寸和形貌信息，SEM 可以同时得到晶粒尺寸和形貌及成分分布数据，还可用选区电子通道花样(SAC)分析取向，但是 SAC 的空间分辨率较差，且需要严格的样品制备。X 射线衍射和中子衍射没有点衍射能力，只能获得成千上万个晶体或晶粒的平均尺寸分布和平均原子面向分布。TEM 是长期用于原位相鉴定、组织观察和位向测量的分析手段，但是所观察的薄膜样品制备困难，每一薄膜又只有少数晶粒可以看到，所得信息很难反馈到大块样品。由此可见，传统的分析技术各有优点，但总体上有以下几大缺点：

1）显微组织与结晶学之间没有直接联系起来。

2）不能从测得的数据中得到单个晶粒的取向。

3）不能得到包括晶体连接界面等在内的关于晶体空间组元的大量信息。

4）不能区分成分相同(或相似)但有不同结晶学，且共存于显微组织中的相。

EBSD 又称背散射菊池衍射，以一种独特的衍射获得晶体的结晶学数据。它作为 SEM 的一个附件，可以与 SEM、电子探针的其他功能结合起来：原位成像、成分分析、分析大块样品、粗糙表面成像等。克服了传统分析方法中的一些缺点。EBSD 能从样品中获得各类信息，如取向及取向差、相标定、应变。

三、软件分析系统简介

图实 8-1 所示为 EBSD 数据处理分析界面，主要包括以下五部分：A 区主要涉及文件的常规操作；B 区主要涉及显微的单个及多个晶体之间的取向以及晶体自身的一些特征，如晶体与晶体之间的取向差、晶面指数、晶体取向、单个晶体选取、相同晶体取向晶体选取等；C 区主要是各类取向图表，主要实现功能：晶体取向图、质量图、晶体分布图、晶界角度分析图、相分析图、极图、反极图、ODF、晶粒尺寸分布表、晶体取向分布表等；D 区是数据树形显示结构；E 区主要是结果显示输出部分。

此外，鼠标右键功能十分强大，如在 E 区的图片上单击右键会出现图实 8-2 所示的下拉菜单，下拉菜单又可以进一步扩展功能选项，如单击“Properties…”，出现右图所示关于图片的相关信息分析选项。同理 D 区的选项也具有大量的右键展开功能。总的来讲需要对软

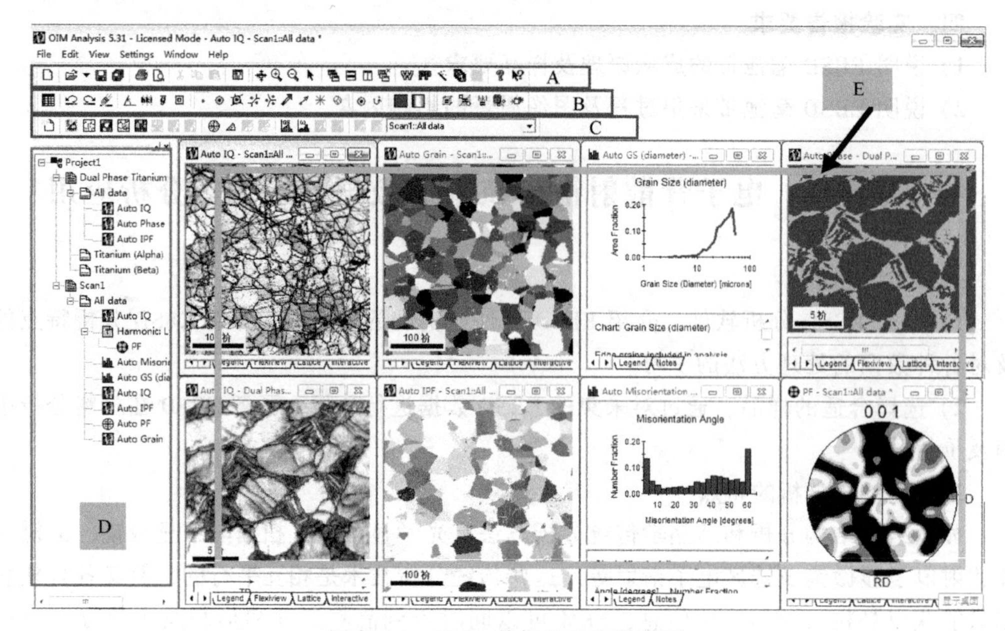

图实 8-1 EBSD 数据处理分析界面

件非常熟悉以后，才可以熟练应用。由于 EBSD 的实验人员对于进行分析的样品不一定非常了解，这需要委托者对 EBSD 的功能比较了解，以及明确需要获得什么样的实验数据及结果，这样才能达到有效的实验分析目的。因此对于软件分析系统的掌握十分必要。

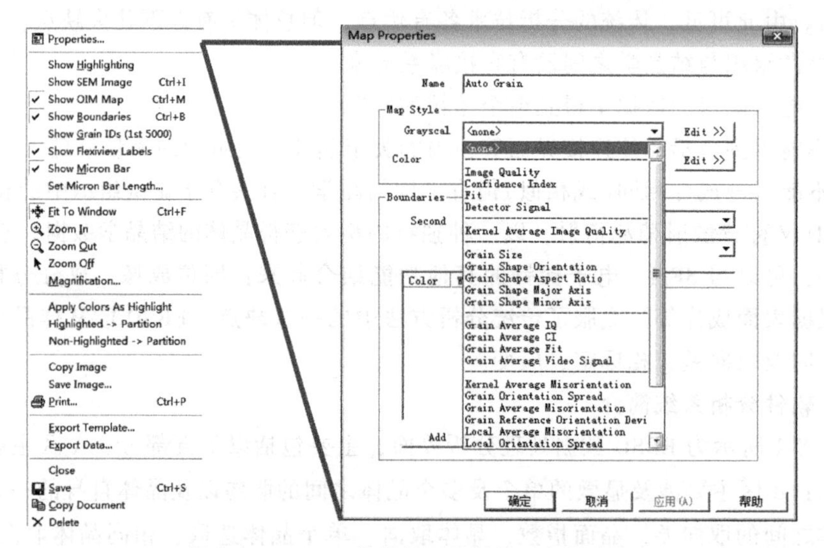

图实 8-2 EBSD 数据处理分析界面右键功能

归纳起来讲，从一张取向成像的组织形貌图像中，不仅能获得晶粒、亚晶粒和相的形状、尺寸及分布的信息，而且可以获得晶体结构、晶粒取向、相邻晶粒取向差等晶体学信息，可以方便地利用极图、反极图和取向分布函数显示晶粒的取向及其分布。此外，还可以分别显示不同取向晶粒的形状及尺寸分布，晶粒间取向差的分布等。EBSD 技术具有分析精度高、检测速度快、样品制备简单等优点。近年来，随着其空间分辨率的不断提高，应用范围在不断扩大。EBSD 技术的应用主要体现在以下几个方面：利用取向成像显示晶粒、亚晶粒或相的形态、尺寸及分布；利用极图和反极图对织构进行定性分析，及分析材料中是否有织构存在或出现织构类型；利用取向分布函数 ODF 对织构进行定量分析，即显示不同织构成分所对应的晶粒形态、尺寸及分布；研究相邻晶粒取向差在某些特定方向(如轧向)上的变化规律；研究材料在某一区域内晶粒间取向差的宏观分布，即不同取向差出现的概率；物相鉴定及相含量测定；根据菊池带的质量进行应变分析等。

四、EBSD 软件分析应用

1. 织构及取向差分析

EBSD 不仅能测量各取向在样品中所占的比例，还能知道这些取向在显微组织中的分布，这是织构分析的全新方法。既然 EBSD 可以分析微织构，那么就可以进行织构梯度的分析，在进行多个区域的微织构分析后，也就获得了宏观织构。EBSD 可应用于取向关系测量的范例有：推断第二相和基体间的取向关系、穿晶裂纹的结晶学分析、单晶体的完整性、断口面的结晶学、高温超导体沿结晶方向的氧扩散、形变研究、薄膜材料晶粒生长方向测量。EBSD 测量的是样品中每一点的取向，那么不同点或不同区域的取向差异也就可以获得，从而可以研究晶界或相界等界面。图实 8-3 所示为 CVD 沉积钽的晶粒取向成像图(见插页)。不同的颜色代表晶体取向不同，同时可以观察到晶粒的形貌。

图实 8-4 所示为对应的钽晶粒{001}极图和 ND 方向反极图(见插页)，呈现明显的取向特征。由图可见，在[001]方向 Ta 晶粒具有明显的取向特征。由反极图可见，大量晶粒的[001]方向平行于 ND 方向。

2. 晶粒尺寸及形状的分析

传统的晶粒尺寸测量依赖于显微组织图像中晶界的观察。自从 EBSD 出现以来，并非所有晶界都能被常规浸蚀方法显现这一事实已变得很清楚，特别是那些被称为“特殊”的晶界，如孪晶和小角晶界。因为其复杂性，严重孪晶显微组织的晶粒尺寸测量就变得十分困难。由于晶粒主要被定义为均匀结晶学取向的单元，EBSD 是作为晶粒尺寸测量的理想工具。最简单的方法是进行横穿试样的线扫描，同时观察花样的变化。

3. 晶界、亚晶及孪晶性质的分析

在得到 EBSD 整个扫描区域相邻两点之间的取向差信息后，可进行研究的界面有晶界、亚晶界、相界、孪晶界、特殊界面(重合位置点阵 CSL 等)。

4. 相鉴定及相比计算

目前来说，相鉴定是指根据固体的晶体结构来对其物理上的区别进行分类。EBSD 发展成为进行相鉴定的工具，其应用还不如取向关系测量那样广泛，但是应用于这方面的技术潜力很大，特别是与化学分析相结合。已经用 EBSD 鉴定了某些矿物和一些复杂相。EBSD 最有用的就是区分化学成分相似的相，如在扫描电子显微镜中很难在能谱成分分析的基础上区别某元素的氧化物、碳化物或氮化物，但应用 EBSD，这些相的晶体学关系经常能毫无疑问地区分开。而且在相鉴定和取向成像图绘制的基础上，很容易地进行多相材料中相百分含量的计算。

5. 应变测量

存在于材料中的应变影响其抗拉强度或韧性等性能，进而影响零件的使用性能。衍射花样中菊池线的模糊证明晶格内存在塑性应变。因此从花样质量可直观地定性评估晶格内存在的塑性应变。

五、实验报告要求

1）说明与传统取向分析方法相比，EBSD 技术分析的特点。

2）说明 EBSD 技术在材料学中的分析应用。

实验九　电子探针结构原理及分析方法

一、实验目的

1）结合电子探针仪实物，介绍其结构特点和工作原理，加深对电子探针的了解。

2）选用合适的样品，通过实际操作演示，了解电子探针的分析方法及其应用。

二、电子探针的结构特点及原理

电子探针 X 射线显微分析仪(简称电子探针)利用约 1μm 的细焦电子束，在样品表层微区内激发元素的特征 X 射线，根据特征 X 射线的波长和强度，进行微区化学成分定性或定量分析。电子探针的光学系统、真空系统等部分与扫描电子显微镜基本相同，通常也配有二次电子和背散射电子信号检测器，同时兼有组织形貌和微区成分分析两方面的功能。电子探针的构成除了与扫描电子显微镜结构相似的主机系统以外，还主要包括分光系统、检测系统等部分。本实验这部分内容将参照第十二章，并结合实验室现有的电子探针，简要介绍与 X 射线信号检测有关部分的结构和原理。

三、电子探针的分析方法

电子探针有三种基本工作方式：点分析用于选定点的全谱定性分析或定量分析，以及对其中所含元素进行定量分析；线分析用于显示元素沿选定直线方向上的浓度变化；面分析用于观察元素在选定微区内的浓度分布。

1. 实验条件

(1) 样品　样品表面要求平整，必须进行抛光；样品应具有良好的导电性，对于不导电的样品，表面需喷镀一层不含分析元素的薄膜。实验时要准确调整样品的高度，使样品分析表面位于分光谱仪聚焦圆的圆周上。

(2) 加速电压　电子探针电子枪的加速电压一般为 3~50kV，分析过程中加速电压的选择应考虑待分析元素及其谱线的类别。原则上，加速电压一定要大于被分析元素的临界激发电压，一般选择加速电压为分析元素临界激发电压的 2~3 倍。若加速电压选择过高，导致电子束在样品深度方向和侧向的扩展增加，使 X 射线激发体积增大，空间分辨率下降。同时过高的加速电压将使背底强度增大，影响微量元素的分析精度。

(3) 电子束流　特征 X 射线的强度与入射电子束流呈线性关系。为提高 X 射线信号强度，电子探针必须使用较大的入射电子束流，特别是在分析微量元素或轻元素时，更需选择大的束流，以提高分析灵敏度。在分析过程中要保持束流稳定，在定量分析同一组样品时应控制束流条件完全相同，以获取准确的分析结果。

(4) 分光晶体　实验时应根据样品中待分析元素及 X 射线线系等具体情况，选用合适的分光晶体。常用的分光晶体及其检测波长的范围见表 12-2。这些分光晶体配合使用，检测 X 射线信号的波长范围为 0.1~11.4nm。波长分散谱仪的波长分辨率很高，可以将波长十分接近(相差约 0.0005nm)的谱线清晰地分开。

2. 点分析

(1) 全谱定性分析　驱动分光谱仪的晶体连续改变衍射角 θ，记录 X 射线信号强度随波长的变化曲线。检测谱线强度峰值位置的波长，即可获得样品微区内所含元素的定性结果。电子探针分析的元素范围可从铍(原子序数 4)到铀(原子序数 92)，检测的最低浓度(灵敏度)大致为 0.01%，空间分辨率约在微米数量级。全谱定性分析往往需要花费很长时间。

(2) 半定量分析　在分析精度要求不高的情况下，可以进行半定量计算。依据是元素的特征 X 射线强度与元素在样品中的浓度成正比的假设条件，忽略了原子序数效应、吸收效应和荧光效应对特征 X 射线强度的影响。实际上，只有样品是由原子序数相邻的两种元素组成的情况下，这种线性关系才能近似成立。在一般情况下，半定量分析可能存在较大的误差，因此其应用范围受到限制。

(3) 定量分析　在此仅介绍一些有关定量分析的概念，而不涉及计算公式。

样品原子对入射电子的背散射，使能激发 X 射线信号的电子减少；此外入射电子在样品内要受到非弹性散射，使能量逐渐损失，这两种情况均与样品的原子序数有关，这种修正称为原子序数修正。由入射电子激发产生的 X 射线，在射出样品表面的路程中与样品原子相互作用而被吸收，使实际接收到的 X 射线信号强度降低，这种修正称为吸收修正。在样品中由入射电子激发产生的某元素的 X 射线，当其能量高于另一元素的特征 X 射线的临界激发能量时，将激发另一元素产生特征 X 射线，结果使得两种元素的特征 X 射线信号的强度发生变化。这种由 X 射线间接地激发产生的元素特征 X 射线称为二次 X 射线或荧光 X 射线，故称此修正为荧光修正。

在定量分析计算时，对接收到的特征 X 射线信号强度必须进行原子序数修正(Z)、吸收修正(A)和荧光修正(F)，这种修正方法称为 ZAF 修正。采用 ZAF 修正法进行定量分析所获得的结果，相对精度一般可达 1%～2%，这在大多数情况下是足够的。但是，对于轻元素(O、C、N、B 等)的定量分析结果还不能令人满意，在 ZAF 修正计算中往往存在相当大的误差，分析时应该引起注意。

3. 线分析

使入射电子束在样品表面沿选定的直线扫描，谱仪固定接收某一元素的特征 X 射线信号，其强度在这一直线上的变化曲线可以反映被测元素在此直线上的浓度分布，线分析法较适合于分析各类界面附近的成分分布和元素扩散。

实验时，首先在样品上选定的区域拍摄一张背散射电子像(或二次电子像)，再把线分析的位置和线分析结果照在同一张底片上，也可将线分析结果照在另一张底片上，如图实 9-1 所示。图实 9-1a 所示为钛铝铌合金 α、β、γ 三相的背散射图像，被选定的扫描直线通过了这三相，如图中所示。图实 9-1b 所示为该直线上 α、β、γ 三相的成分含量。其中，α、γ 相中钛和铝含量高，铌的含量较低。而在 β 相中铌的含量较高，由于铌的原子序数大，因此在背散射图像中呈现亮衬度。

4. 面分析

使入射电子束在样品表面选定的微区内作光栅扫描，谱仪固定接收某一元素的特征 X 射线信号，并以此调制荧光屏的亮度，可获得样品微区内被测元素的分布状态。元素的面分布图像可以清晰地显示与基体成分存在差别的第二相和夹杂物，能够定性地显示微区内某元素的偏析情况。在显示元素特征 X 射线强度的面分布图像中，较亮的区域对应的样品位置

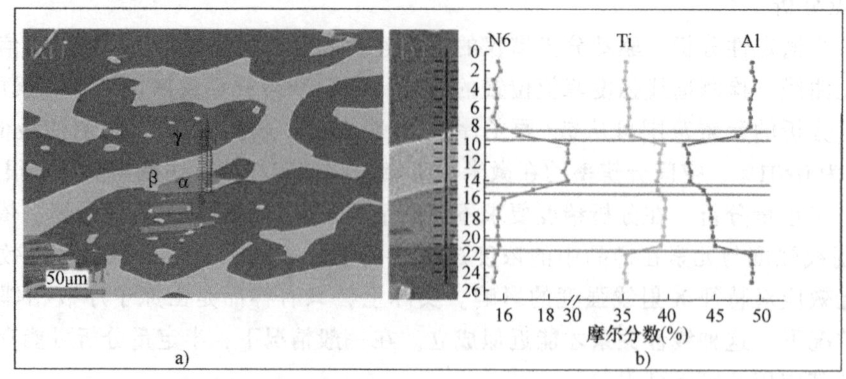

a) b)

图实 9-1 钛铝铌合金中 α、β、γ 三相成分线扫描

a）背散射图像 b）线扫描

该元素含量较高(富集)，暗的区域对应的样品位置该元素含量较低(贫化)。

图实 9-2 所示为铜锡界面的背散射照片和 Sn 元素面扫描对照。可以清晰观察到 Sn 元素在界面的分布。

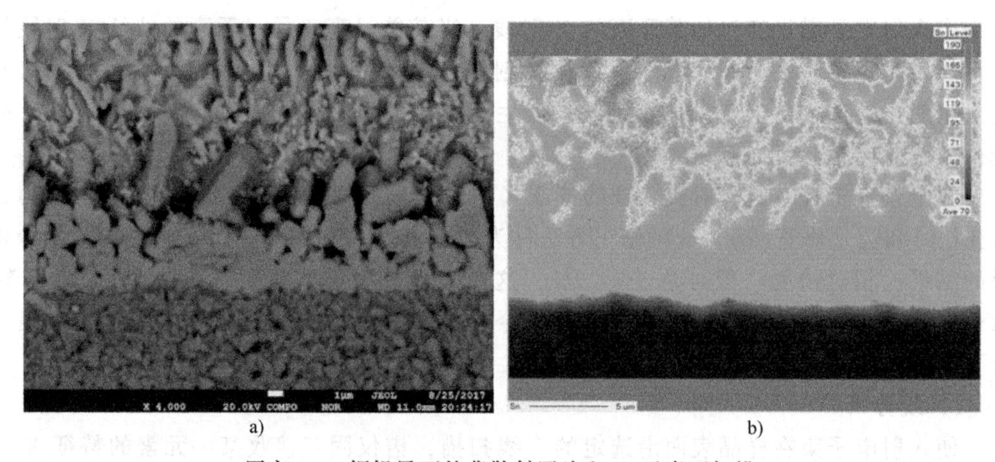
a) b)

图实 9-2 铜锡界面的背散射照片和 Sn 元素面扫描

a）铜锡界面的背散射照片 b）Sn 元素面扫描

四、实验报告要求

1）简述电子探针的分析原理。

2）为什么电子探针应使用抛光样品？

3）举例说明电子探针在材料研究中的应用。

附　　录

附录 A　物 理 常 数

元电荷 e　　$=1.602\times10^{-19}$C

电子［静止］质量 m　　$=9.10904\times10^{-28}$g

　　$=9.109\times10^{-31}$kg

原子质量常量 mu　　$=1.66042\times10^{-24}$g

　　$=1.660\times10^{-27}$kg

光速 c　　$=2.997925\times10^{10}$cm/s

　　$=2.998\times10^{8}$m/s

普朗克常数 h　　$=6.626\times10^{-34}$J·s

玻尔兹曼常数 k　　$=1.380\times10^{-23}$J/K

阿伏伽德罗常数 N_A　　$=6.022\times10^{23}$mol^{-1}

附录 B　质量吸收系数 μ_l/ρ

元素	原子序数	密度 ρ /g·cm^{-3}	质量吸收系数/cm^2·g^{-1}				
			MoK$_\alpha$ $\lambda=$ 0.07107nm	CuK$_\alpha$ $\lambda=$ 0.15418nm	CoK$_\alpha$ $\lambda=$ 0.17903nm	FeK$_\alpha$ $\lambda=$ 0.19373nm	CrK$_\alpha$ $\lambda=$ 0.22909nm
B	5	2.3	0.45	3.06	4.67	5.80	9.37
C	6	2.22(石墨)	0.70	5.50	8.05	10.73	17.9
N	7	1.1649×10^{-3}	1.10	8.51	13.6	17.3	27.7
O	8	1.3318×10^{-3}	1.50	12.7	20.2	25.2	40.1
Mg	12	1.74	4.38	40.6	60.0	75.7	120.1
Al	13	2.70	5.30	48.7	73.4	92.8	149
Si	14	2.33	6.70	60.3	94.1	116.3	192
P	15	1.82(黄)	7.98	73.0	113	141.1	223
S	16	2.07(黄)	10.03	91.3	139	175	273
Ti	22	4.54	23.7	204	304	377	603
V	23	6.0	26.5	227	339	422	77.3
Cr	24	7.19	30.4	259	392	490	99.9
Mn	25	7.43	33.5	284	431	63.6	99.4
Fe	26	7.87	38.3	324	59.5	72.8	114.6
Co	27	8.9	41.6	354	65.9	80.6	125.8
Ni	28	8.90	47.4	49.2	75.1	93.1	145
Cu	29	8.96	49.7	52.7	79.8	98.8	154
Zn	30	7.13	54.8	59.0	88.5	109.4	169

（续）

元素	原子序数	密度 ρ /g·cm^{-3}	质量吸收系数/cm^2·g^{-1}				
			MoK_α λ = 0.07107nm	CuK_α λ = 0.15418nm	CoK_α λ = 0.17903nm	FeK_α λ = 0.19373nm	CrK_α λ = 0.22909nm
Ca	31	5.91	57.3	63.3	94.3	116.5	179
Ce	32	5.36	63.4	69.4	104	128.4	196
Zr	40	6.5	17.2	143	211	260	391
Nb	41	8.57	18.7	153	225	279	415
Mo	42	10.2	20.2	164	242	299	439
Rh	45	12.44	25.3	198	293	361	522
Pd	46	12.0	26.7	207	308	376	545
Ag	47	10.49	28.6	223	332	402	585
Cd	48	8.65	29.9	234	352	417	608
Sn	50	7.30	33.3	265	382	457	681
Sb	51	6.62	35.3	284	404	482	727
Ba	56	3.5	45.2	359	501	599	819
La	57	6.19	47.9	378	—	632	218
Ta	73	16.6	100.7	164	246	305	440
W	74	19.3	105.4	171	258	320	456
Ir	77	22.5	117.9	194	292	362	498
Au	79	19.32	128	214	317	390	537
Pb	82	11.34	141	241	354	429	585

附录 C 原子散射因子 f

轻原子或离子	$\lambda^{-1}\sin\theta$/nm^{-1}												
	0.0	1.0	2.0	3.0	4.0	5.0	6.0	7.0	8.0	9.0	10.0	11.0	12.0
B	5.0	3.5	2.4	1.9	1.7	1.5	1.4	1.2	1.2	1.0	0.9	0.7	
C	6.0	4.6	3.0	2.2	1.9	1.7	1.6	1.4	1.3	1.16	1.0	0.9	
N	7.0	5.8	4.2	3.0	2.3	1.9	1.65	1.54	1.49	1.39	1.29	1.17	
Mg	12.0	10.5	8.6	7.25	5.95	4.8	3.85	3.15	2.55	2.2	2.0	1.8	
Al	13.0	11.0	8.95	7.75	6.6	5.5	4.5	3.7	3.1	2.65	2.3	2.0	
Si	14.0	11.35	9.4	8.2	7.15	6.1	5.1	4.2	3.4	2.95	2.6	2.3	
P	15.0	12.4	10.0	8.45	7.45	6.5	5.65	4.8	4.05	3.4	3.0	2.6	
S	16.0	13.6	10.7	8.95	7.85	6.85	6.0	5.25	4.5	3.9	3.35	2.9	
Ti	22.0	19.3	15.7	12.8	10.9	9.5	8.2	7.2	6.3	5.6	5.0	4.6	4.2
V	23.0	20.2	16.6	13.5	11.5	10.1	8.7	7.6	6.7	5.9	5.3	4.9	4.4
Cr	24.0	21.1	17.4	14.2	12.1	10.6	9.2	8.0	7.1	6.3	5.7	5.1	4.6
Mn	25.0	22.1	18.2	14.9	12.7	11.1	9.7	8.4	7.5	6.6	6.0	5.4	4.9
Fe	26.0	23.1	18.9	15.6	13.3	11.6	10.2	8.9	7.9	7.0	6.3	5.7	5.2
Co	27.0	24.1	19.8	16.4	14.0	12.1	10.7	9.3	8.3	7.3	6.7	6.0	5.5
Ni	28.0	25.0	20.7	17.2	14.6	12.7	11.2	9.8	8.7	7.7	7.0	6.3	5.8
Cu	29.0	25.9	21.6	17.9	15.2	13.3	11.7	10.2	9.1	8.1	7.3	6.6	6.0
Zn	30.0	26.8	22.4	18.6	15.8	13.9	12.2	10.7	9.6	8.5	7.6	6.9	6.3
Ca	31.0	27.8	23.3	19.3	16.5	14.5	12.7	11.2	10.0	8.9	7.9	7.3	6.7
Ce	32.0	28.8	24.1	20.0	17.1	15.0	13.2	11.6	10.4	9.3	8.3	7.6	7.0
Nb	41.0	37.3	31.7	26.8	22.8	20.2	18.1	16.0	14.3	12.8	11.6	10.6	9.7
Mo	42.0	38.2	32.6	27.6	23.5	20.3	18.6	16.5	14.8	13.2	12.0	10.9	10.0
Rh	45.0	41.0	35.1	29.9	25.4	22.5	20.2	18.0	16.1	14.5	13.1	12.0	11.0

（续）

轻原子或离子	$\lambda^{-1}\sin\theta/\mathrm{nm}^{-1}$												
	0.0	1.0	2.0	3.0	4.0	5.0	6.0	7.0	8.0	9.0	10.0	11.0	12.0
Pd	46.0	41.9	36.0	30.7	26.2	23.1	20.8	18.5	16.6	14.9	13.6	12.3	11.3
Ag	47.0	42.8	36.9	31.5	26.9	23.8	21.3	19.0	17.1	15.3	14.0	12.7	11.7
Cd	48.0	34.7	37.7	32.2	27.5	24.4	21.8	19.6	17.6	15.7	14.3	13.0	12.0
In	49.0	44.7	38.6	33.0	28.1	25.0	22.4	20.1	18.0	16.2	14.7	13.4	12.3
Sn	50.0	45.7	39.5	33.8	28.7	25.6	22.9	20.6	18.5	16.6	15.1	13.7	12.7
Sb	51.0	46.7	40.4	34.6	29.5	26.3	23.5	21.1	19.0	17.0	15.5	14.1	13.0
La	57.0	52.6	45.6	39.3	33.8	29.8	26.9	24.3	21.9	19.7	17.0	16.4	15.0
Ta	73.0	67.8	59.5	52.0	45.3	39.9	36.2	32.9	29.8	27.1	24.7	22.6	20.9
W	74.0	68.8	60.4	52.8	46.1	40.5	36.8	33.5	30.4	27.6	25.2	23.0	21.3
Pt	78.0	72.6	64.0	56.2	48.9	43.1	39.2	35.6	32.5	29.5	27.0	24.7	22.7
Pb	82.0	76.5	67.5	59.5	51.9	45.7	41.6	37.9	34.6	31.5	28.8	26.4	24.5

附录 D 各种点阵的结构因子 F_{HKL}^2

<table>
<tr><th>点阵类型</th><th>简单点阵</th><th>底心点阵</th><th>体心立方点阵</th><th>面心立方点阵</th><th>密排六方点阵</th></tr>
<tr><td rowspan="4">结构因子
F_{HKL}^2</td><td rowspan="4">f^2</td><td rowspan="2">$H+K$=偶数时
$4f^2$</td><td rowspan="2">$H+K+L$=偶数时
$4f^2$</td><td rowspan="2">H、K、L
为同性数时
$16f^2$</td><td>$H+2K=3n$
（n 为整数），L=奇数时
0</td></tr>
<tr><td>$H+2K=3n$
L=偶数时
$4f^2$</td></tr>
<tr><td rowspan="2">$H+K$=奇数时
0</td><td rowspan="2">$H+K+L$=奇数时
0</td><td rowspan="2">H、K、L
为异性数时
0</td><td>$H+2K=3n+1$
L=奇数时
$3f^2$</td></tr>
<tr><td>$H+2K=3n+1$
L=偶数时
f^2</td></tr>
</table>

附录 E 粉末法的多重性因数 P_{hkl}

<table>
<tr><th>晶系指数</th><th>$h00$</th><th>$0k0$</th><th>$00l$</th><th>hhh</th><th>$hh0$</th><th>$hk0$</th><th>$0kl$</th><th>$h0l$</th><th>hhl</th><th>hkl</th></tr>
<tr><td>立方晶系</td><td colspan="3">6</td><td>8</td><td>12</td><td colspan="3">24①</td><td>24</td><td>48①</td></tr>
<tr><td>六方和菱方晶系</td><td colspan="2">6</td><td>2</td><td></td><td>6</td><td>12①</td><td colspan="2">12①</td><td>12①</td><td>24①</td></tr>
<tr><td>正方晶系</td><td colspan="2">4</td><td>2</td><td></td><td>4</td><td>8①</td><td colspan="2">8</td><td>8</td><td>16①</td></tr>
<tr><td>斜方晶系系</td><td>2</td><td>2</td><td>2</td><td></td><td></td><td>4</td><td>4</td><td>4</td><td></td><td>8</td></tr>
<tr><td>单斜晶系</td><td>2</td><td>2</td><td>2</td><td></td><td></td><td>4</td><td>4</td><td>2</td><td></td><td>4</td></tr>
<tr><td>三斜晶系</td><td>2</td><td>2</td><td>2</td><td></td><td></td><td>2</td><td>2</td><td>2</td><td></td><td>2</td></tr>
</table>

① 系指通常的多重性因数，在某些晶体中具有此种指数的两族晶面，其晶面间距相同，但结构因子不同，因而每族晶面的多重性因数应为上列数值的一半。

附录F 角因数$\frac{1+\cos^2 2\theta}{\sin^2\theta\cos\theta}$

θ/(°)	0.0	0.1	0.2	0.3	0.4	0.5	0.6	0.7	0.8	0.9
2	1639	1486	1354	1239	1138	1048	968.9	898.3	835.1	778.4
3	727.2	680.9	638.8	600.5	565.6	533.6	504.3	477.3	452.3	429.3
4	408.0	388.2	369.9	352.7	336.8	321.9	308.0	294.9	282.6	271.1
5	260.3	250.1	240.5	231.4	222.9	214.7	207.1	199.8	192.9	186.3
6	180.1	174.2	168.5	163.1	158.0	153.1	148.4	144.0	139.7	135.6
7	131.7	128.0	124.4	120.9	117.6	114.4	111.4	108.5	105.6	102.9
8	100.3	97.80	95.37	93.03	90.78	88.60	86.51	84.48	82.52	80.63
9	78.79	77.02	75.31	73.66	72.05	70.49	68.99	67.53	66.12	64.74
10	63.41	62.12	60.87	59.65	58.46	57.32	56.20	55.11	54.06	53.03
11	52.04	51.06	50.12	49.19	48.30	47.43	46.58	45.75	44.94	44.16
12	43.39	42.64	41.91	41.20	40.50	39.82	39.16	38.51	37.88	37.27
13	36.67	36.08	35.50	34.94	34.39	33.85	33.33	32.81	32.31	31.82
14	31.34	30.87	30.41	29.96	29.51	29.08	28.66	28.24	27.83	27.44
15	27.05	26.66	26.29	25.92	25.56	25.21	24.86	24.52	24.19	23.86
16	23.54	23.23	22.92	22.61	22.32	22.02	21.74	21.46	21.18	20.91
17	20.64	20.38	20.12	19.87	19.62	19.38	19.14	18.90	18.67	18.44
18	18.22	18.00	17.78	17.57	17.36	17.15	16.95	16.75	16.56	16.38
19	16.17	15.99	15.80	15.62	15.45	15.27	15.10	14.93	14.76	14.60
20	14.44	14.28	14.12	13.97	13.81	13.66	13.52	13.37	13.23	13.09
21	12.95	12.81	12.68	12.54	12.41	12.28	12.15	12.03	11.91	11.78
22	11.66	11.54	11.43	11.31	11.20	11.09	10.98	10.87	10.76	10.65
23	10.55	10.45	10.35	10.24	10.15	10.05	9.951	9.857	9.763	9.671
24	9.579	9.489	9.400	9.313	9.226	9.141	9.057	8.973	8.891	8.819
25	8.730	8.651	8.573	8.496	8.420	8.345	8.271	8.198	8.126	8.054
26	7.984	7.915	7.846	7.778	7.711	7.645	7.580	7.515	7.452	7.389
27	7.327	7.266	7.205	7.145	7.086	7.027	6.969	6.912	6.856	6.800
28	6.745	6.692	6.637	6.584	6.532	6.480	6.429	6.379	6.329	6.279
29	6.230	6.183	6.135	6.088	6.042	5.995	5.950	5.905	5.861	5.817
30	5.774	5.731	5.688	5.647	5.605	5.564	5.524	5.484	5.445	5.406
31	5.367	5.329	5.292	5.254	5.218	5.181	5.145	5.110	5.075	5.049
32	5.006	4.972	4.939	4.906	4.873	4.841	4.809	4.777	4.746	4.715
33	4.685	4.655	4.625	4.959	4.566	4.538	4.509	4.481	4.453	4.426
34	4.399	4.372	4.346	4.320	4.294	4.268	4.243	4.218	4.193	4.169
35	4.145	4.121	4.097	4.074	4.052	4.029	4.006	3.984	3.962	3.941
36	3.919	3.898	3.877	3.857	3.836	3.816	3.797	3.777	3.758	3.739
37	3.720	3.701	3.683	3.665	3.647	3.629	3.612	3.594	3.577	3.561
38	3.544	3.527	3.513	3.497	3.481	3.465	3.449	3.434	3.419	3.404
39	3.389	3.375	3.361	3.347	3.333	3.320	3.306	3.293	3.280	3.268

（续）

θ/(°)	0.0	0.1	0.2	0.3	0.4	0.5	0.6	0.7	0.8	0.9
40	3.255	3.242	3.230	3.218	3.206	3.194	3.183	3.171	3.160	3.149
41	3.138	3.127	3.117	3.106	3.096	3.086	3.076	3.067	3.057	3.048
42	3.038	3.029	3.020	3.012	3.003	2.994	2.986	2.978	2.970	2.962
43	2.954	2.946	2.939	2.932	2.925	2.918	2.911	2.904	2.897	2.891
44	2.884	2.876	2.872	2.866	2.860	2.855	2.849	2.844	2.838	2.833
45	2.828	2.824	2.819	2.814	2.810	2.805	2.801	2.797	2.793	2.789
46	2.785	2.782	2.778	2.775	2.772	2.769	2.766	2.763	2.760	2.757
47	2.755	2.752	2.750	2.748	2.746	2.744	2.742	2.740	2.738	2.737
48	2.736	2.735	2.733	2.732	2.731	2.730	2.730	2.729	2.729	2.728
49	2.728	2.728	2.728	2.728	2.728	2.728	2.729	2.729	2.730	2.730
50	2.731	2.732	2.733	2.734	2.735	2.737	2.738	2.740	2.741	2.743
51	2.745	2.747	2.749	2.751	2.753	2.755	2.758	2.760	2.763	2.766
52	2.769	2.772	2.775	2.778	2.782	2.785	2.788	2.792	2.795	2.799
53	2.803	2.807	2.811	2.815	2.820	2.824	2.828	2.833	2.838	2.843
54	2.848	2.853	2.858	2.863	2.868	2.874	2.879	2.885	2.890	2.896
55	2.902	2.908	2.914	2.921	2.927	2.933	2.940	2.946	2.953	2.960
56	2.967	2.974	2.981	2.988	2.996	3.004	3.011	3.019	3.026	3.034
57	3.042	3.050	3.059	3.067	3.075	3.084	3.092	3.101	3.110	3.119
58	3.128	3.137	3.147	3.156	3.166	3.175	3.185	3.195	3.205	3.215
59	3.225	3.235	3.246	3.256	3.267	3.278	3.289	3.300	3.311	3.322
60	3.333	3.345	3.356	3.368	3.380	3.392	3.404	3.416	3.429	3.441
61	3.454	3.466	3.479	3.492	3.505	3.518	3.532	3.545	3.559	3.573
62	3.587	3.601	3.615	3.629	3.643	3.658	3.673	3.688	3.703	3.718
63	3.733	3.749	3.764	3.780	3.796	3.812	3.828	3.844	3.861	3.878
64	3.894	3.911	3.928	3.946	3.963	3.980	3.998	4.016	4.034	4.052
65	4.071	4.090	4.108	4.127	4.147	4.166	4.185	4.205	4.225	4.245
66	4.265	4.285	4.306	4.327	4.348	4.369	4.390	4.412	4.434	4.456
67	4.478	4.500	4.523	4.546	4.569	4.592	4.616	4.640	4.664	4.688
68	4.712	4.737	4.762	4.787	4.812	4.838	4.864	4.890	4.916	4.943
69	4.970	4.997	5.024	5.052	5.080	5.109	5.137	5.166	5.195	5.224
70	5.254	5.284	5.315	5.345	5.376	5.408	5.440	5.471	5.504	5.536
71	5.569	5.602	5.636	5.670	5.705	5.740	5.775	5.810	5.846	5.883
72	5.919	5.956	5.994	6.032	6.071	6.109	6.149	6.189	6.229	6.270
73	6.311	6.352	6.394	6.437	6.480	6.524	6.568	6.613	6.658	6.703
74	6.750	6.797	6.844	6.892	6.941	6.991	7.041	7.091	7.142	7.194
75	7.247	7.300	7.354	7.409	7.465	7.521	7.578	7.636	7.694	7.753
76	7.813	7.874	7.936	7.999	8.063	8.128	8.193	8.259	8.327	8.395
77	8.465	8.536	8.607	8.680	8.754	8.829	8.905	8.982	9.061	9.142
78	9.223	9.305	9.389	9.474	9.561	9.649	9.739	9.831	9.924	10.02
79	10.12	10.21	10.31	10.41	10.52	10.62	10.73	10.84	10.95	11.06

（续）

θ/(°)	0.0	0.1	0.2	0.3	0.4	0.5	0.6	0.7	0.8	0.9
80	11.18	11.30	11.42	11.54	11.67	11.80	11.93	12.06	12.20	12.34
81	12.48	12.63	12.78	12.93	13.08	13.24	13.40	13.57	13.74	13.92
82	14.10	14.28	14.47	14.66	14.86	15.07	15.28	15.49	15.71	15.94
83	16.17	16.41	16.66	16.91	17.17	17.44	17.72	18.01	18.31	18.61
84	18.93	19.25	19.59	19.94	20.30	20.68	21.07	21.47	21.89	22.32
85	22.77	23.24	23.73	24.24	24.78	25.34	25.92	26.52	27.16	27.83
86	28.53	29.27	30.04	30.86	31.73	32.64	33.60	34.63	35.72	36.88
87	38.11	39.43	40.84	42.36	44.00	45.76	47.68	49.76	52.02	54.50

附录G 德拜函数$\frac{\phi(x)}{x}+\frac{1}{4}$之值

x	$\frac{\phi(x)}{x}+\frac{1}{4}$	x	$\frac{\phi(x)}{x}+\frac{1}{4}$
0.0	∞	3.0	0.411
0.2	5.005	4.0	0.347
0.4	2.510	5.0	0.3412
0.6	1.683	6.0	0.2952
0.8	1.273	7.0	0.2834
1.0	1.028	8.0	0.2756
1.2	0.867	9.0	0.2703
1.4	0.753	10.0	0.2664
1.6	0.668	12.0	0.2614
1.8	0.604	14.0	0.25814
2.0	0.554	16.0	0.25644
2.5	0.466	20.0	0.25411

附录H 某些物质的特征温度Θ

物质	Θ/K	物质	Θ/K	物质	Θ/K	物质	Θ/K
Ag	210	Cr	485	Mo	380	Sn(白)	130
Al	400	Cu	320	Na	202	Ta	245
Au	175	Fe	453	Ni	375	Tl	96
Bi	100	Ir	285	Pb	88	W	310
Ca	230	K	126	Pd	275	Zn	235
Cd	168	Mg	320	Pi	230	金刚石	~2000
Co	410						

附录 I $\frac{1}{2}\left(\frac{\cos^2\theta}{\sin\theta}+\frac{\cos^2\theta}{\theta}\right)$ 的数值

θ/(°)	0.0	0.1	0.2	0.3	0.4	0.5	0.6	0.7	0.8	0.9
10	5.572	5.513	5.456	5.400	5.345	5.291	5.237	5.185	5.134	5.084
1	5.034	4.986	4.939	4.892	4.846	4.800	4.756	4.712	4.669	4.627
2	4.585	4.544	4.504	4.464	4.425	4.386	4.348	4.311	4.274	4.238
3	4.202	4.167	4.133	4.098	4.065	4.032	3.999	3.967	3.935	3.903
4	3.872	3.842	3.812	3.782	3.753	3.724	3.695	3.667	3.639	3.612
5	3.584	3.558	3.531	3.505	3.479	3.454	3.429	3.404	3.379	3.355
6	3.331	3.307	3.284	3.260	3.237	3.215	3.192	3.170	3.148	3.127
7	3.105	3.084	3.063	3.042	3.022	3.001	2.981	2.962	2.942	2.922
8	2.903	2.884	2.865	2.847	2.828	2.810	2.792	2.774	2.756	2.738
9	2.721	2.704	2.687	2.670	2.653	2.636	2.620	2.604	2.588	2.572
20	2.556	2.540	2.525	2.509	2.494	2.479	2.464	2.449	2.434	2.420
1	2.405	2.391	2.376	2.362	2.348	2.335	2.321	2.307	2.294	2.280
2	2.267	2.254	2.241	2.228	2.215	2.202	2.189	2.177	2.164	2.152
3	2.140	2.128	2.116	2.104	2.092	2.080	2.068	2.056	2.045	2.034
4	2.022	2.011	2.000	1.980	1.978	1.967	1.956	1.945	1.934	1.924
5	1.913	1.903	1.892	1.882	1.872	1.861	1.851	1.841	1.831	1.821
6	1.812	1.802	1.792	1.782	1.773	1.763	1.754	1.745	1.735	1.726
7	1.717	1.708	1.699	1.690	1.681	1.672	1.663	1.654	1.645	1.637
8	1.628	1.619	1.611	1.602	1.594	1.586	1.577	1.569	1.561	1.553
9	1.545	1.537	1.529	1.521	1.513	1.505	1.497	1.489	1.482	1.474
30	1.466	1.459	1.451	1.444	1.436	1.429	1.421	1.414	1.407	1.400
1	1.392	1.385	1.378	1.371	1.364	1.357	1.350	1.343	1.336	1.329
2	1.323	1.316	1.309	1.302	1.296	1.289	1.282	1.276	1.269	1.263
3	1.256	1.250	1.244	1.237	1.231	1.225	1.218	1.212	1.206	1.200
4	1.194	1.188	1.182	1.176	1.170	1.164	1.158	1.152	1.146	1.140
5	1.134	1.128	1.123	1.117	1.111	1.106	1.100	1.094	1.088	1.083
6	1.078	1.072	1.067	1.061	1.056	1.050	1.045	1.040	1.034	1.029
7	1.024	1.019	1.013	1.008	1.003	0.998	0.993	0.988	0.982	0.977
8	0.972	0.967	0.962	0.958	0.953	0.948	0.943	0.938	0.933	0.928
9	0.924	0.919	0.914	0.909	0.905	0.900	0.895	0.891	0.886	0.881
40	0.877	0.872	0.868	0.863	0.859	0.854	0.850	0.845	0.841	0.837
1	0.832	0.828	0.823	0.819	0.815	0.810	0.806	0.802	0.798	0.794
2	0.789	0.785	0.781	0.777	0.773	0.769	0.765	0.761	0.757	0.753
3	0.749	0.745	0.741	0.737	0.733	0.729	0.725	0.721	0.717	0.713
4	0.709	0.706	0.702	0.698	0.694	0.690	0.687	0.683	0.679	0.676
5	0.672	0.668	0.665	0.661	0.657	0.654	0.650	0.647	0.643	0.640
6	0.636	0.632	0.629	0.625	0.622	0.619	0.615	0.612	0.608	0.605
7	0.602	0.598	0.595	0.591	0.588	0.585	0.582	0.578	0.575	0.572

（续）

θ/(°)	0.0	0.1	0.2	0.3	0.4	0.5	0.6	0.7	0.8	0.9
8	0.569	0.565	0.562	0.559	0.556	0.553	0.549	0.546	0.543	0.540
9	0.537	0.534	0.531	0.528	0.525	0.522	0.518	0.515	0.512	0.509
50	0.506	0.504	0.501	0.498	0.495	0.492	0.489	0.486	0.483	0.480
1	0.477	0.474	0.472	0.469	0.466	0.463	0.460	0.458	0.455	0.452
2	0.449	0.447	0.444	0.441	0.439	0.436	0.433	0.430	0.428	0.425
3	0.423	0.420	0.417	0.415	0.412	0.410	0.407	0.404	0.402	0.399
4	0.397	0.394	0.392	0.389	0.387	0.384	0.382	0.379	0.377	0.375
5	0.372	0.370	0.367	0.365	0.363	0.360	0.358	0.356	0.353	0.351
6	0.349	0.346	0.344	9.342	0.339	0.337	0.335	0.333	0.330	0.328
7	0.326	0.324	0.322	0.319	0.317	0.315	0.313	0.311	0.309	0.306
8	0.304	0.302	0.300	0.298	0.296	0.294	0.292	0.290	0.288	0.286
9	0.284	0.282	0.280	0.278	0.276	0.274	0.272	0.270	0.268	0.266
60	0.264	0.262	0.260	0.258	0.256	0.254	0.252	0.250	0.249	0.247
1	0.245	0.243	0.241	0.239	0.237	0.236	0.234	0.232	0.230	0.229
2	0.227	0.225	0.223	0.221	0.220	0.218	0.216	0.215	0.213	0.211
3	0.209	0.208	0.206	0.204	0.203	0.201	0.199	0.198	0.196	0.195
4	0.193	0.191	0.190	0.188	0.187	0.185	0.184	0.182	0.180	0.179
5	0.177	0.176	0.174	0.173	0.171	0.170	0.168	0.167	0.165	0.164
6	0.162	0.161	0.160	0.158	0.157	0.155	0.154	0.152	0.151	0.150
7	0.148	0.147	0.146	0.144	0.143	0.141	0.140	0.139	0.138	0.136
8	0.135	0.134	0.132	0.131	0.130	0.128	0.127	0.126	0.125	0.123
9	0.122	0.121	0.120	0.119	0.117	0.116	0.115	0.114	0.112	0.111
70	0.110	0.109	0.108	0.107	0.106	0.104	0.103	0.102	0.101	0.100
1	0.099	0.098	0.097	0.096	0.095	0.094	0.092	0.091	0.090	0.089
2	0.088	0.087	0.086	0.085	0.084	0.083	0.082	0.081	0.080	0.079
3	0.078	0.077	0.076	0.075	0.075	0.074	0.073	0.072	0.071	0.070
4	0.069	0.068	0.067	0.066	0.065	0.065	0.064	0.063	0.062	0.061
5	0.060	0.059	0.059	0.058	0.057	0.056	0.055	0.055	0.054	0.053
6	0.052	0.052	0.051	0.050	0.049	0.048	0.048	0.047	0.046	0.045
7	0.045	0.044	0.043	0.043	0.042	0.041	0.041	0.040	0.039	0.039
8	0.038	0.037	0.037	0.036	0.035	0.035	0.034	0.034	0.033	0.032
9	0.032	0.031	0.031	0.030	0.029	0.029	0.028	0.028	0.027	0.027
80	0.026	0.026	0.025	0.025	0.024	0.023	0.023	0.023	0.022	0.022
1	0.021	0.021	0.020	0.020	0.019	0.019	0.018	0.018	0.017	0.017
2	0.017	0.016	0.016	0.015	0.015	0.015	0.014	0.014	0.013	0.013
3	0.013	0.012	0.012	0.012	0.011	0.011	0.010	0.010	0.010	0.010
4	0.009	0.009	0.009	0.008	0.008	0.003	0.007	0.007	0.007	0.007
5	0.006	0.006	0.006	0.006	0.005	0.005	0.005	0.005	0.005	0.004
6	0.004	0.004	0.004	0.003	0.003	0.003	0.003	0.003	0.003	0.002
7	0.002	0.002	0.002	0.002	0.002	0.002	0.001	0.001	0.001	0.001
8	0.001	0.001	0.001	0.001	0.001	0.001	0.001	0.000	0.000	0.000

附录 J 应力测定常数

材料	点阵类型	点阵常数 /0.1nm	$E/$ $\times10^3$MPa	ν	rad.	(hkl)	2θ /(°)	K /[MPa/(°)]
α-Fe (Ferrite, Martensite)	BCC	2.8664	206~216	0.28~0.3	CrK_α CoK_α	(211) (310)	156.08 161.35	-297.23 -230.4
γ-Fe (Austenite)	FCC	3.656	192.1	0.28	CrK_β MnK_α	(311) (311)	149.6 154.8	-355.35 -292.73
Al	FCC	4.049	68.9	0.345	CrK_α CoK_α CoK_α CuK_α	(222) (420) (331) (333)	156.7 162.1 148.7 164.0	-92.12 -70.36 -125.24 -62.82
Cu	FCC	3.6153	127.2	0.364	CrK_β CoK_α CuK_α	(311) (400) (420)	146.5 163.5 144.7	-245.0 -118.0 -258.92
Cu-Ni	FCC	3.595	129.9	0.333	CoK_α	(400)	158.4	-162.19
WC	HCP	a2.91 c2.84	523.7	0.22	CoK_α CuK_α	(121) (301)	162.5 146.76	-466.0 -1118.18
Ti	HCP	a2.9504 c4.6831	113.4	0.321	CoK_α CoK_α	(114) (211)	154.2 142.2	-171.60 -256.47
Ni	FCC	3.5238	207.8	0.31	CrK_β CuK_α	(311) (420)	157.7 155.6	-273.22 -289.39
Ag	FCC	4.0856	81.1	0.367	CrK_α CoK_α CoK_α	(222) (331) (420)	152.1 145.1 156.4	-128.48 -162.68 -108.09
Cr	BCC	2.8845	—	—	CrK_α CoK_α	(211) (310)	153.0 157.5	—
Si	diamond	5.4282	—	—	CoK_α	(531)	154.1	—

附录K 立方系晶面间夹角

{HKL}	{hkl}	HKL与hkl晶面(或晶向)间夹角的数值/(°)									
100	100	0	90								
	110	45	90								
	111	54.73									
	210	26.57	64.43	90							
	211	35.27	65.90								
	221	48.19	70.53								
	310	18.44	71.56	90							
	311	25.24	72.45								
	320	33.69	56.31	90							
	321	36.70	57.69	74.50							
	322	43.31	60.98								
	410	14.03	75.97	90							
	411	19.47	76.37								
110	110	0	60	90							
	111	35.27	90								
	210	18.44	50.77	71.56							
	211	30	54.73	73.22	90						
	221	19.47	45	73.37	90						
	310	26.57	47.87	63.43	77.08						
	311	31.48	64.76	90							
	320	11.31	53.96	66.91	78.69						
	321	19.11	40.89	55.46	67.79	79.11					
	322	30.97	46.69	80.13	90						
	410	30.97	46.69	59.03	80.13						
	411	33.55	60	79.53	90						
	331	13.27	49.56	71.07	90						
111	111	0	70.53								
	210	39.23	75.04								
	211	19.47	61.87	90							
	221	15.81	54.73	78.90							
	310	43.10	68.58								
	311	29.50	58.52	79.98							
	320	36.81	80.79								

（续）

{HKL}	{hkl}	HKL 与 hkl 晶面（或晶向）间夹角的数值/(°)									
111	321	22.21	51.89	72.02	90						
	322	11.42	65.16	81.95							
	410	45.57	65.16								
	411	35.27	57.02	74.21							
	331	21.99	48.53	82.39							
210	210	0	36.87	53.13	66.42	78.46	90				
	211	24.09	43.09	56.79	79.43	90					
	221	26.57	41.81	53.40	63.43	72.65	90				
	310	8.13	31.95	45	64.90	73.57	81.87				
	311	19.29	47.61	66.14	82.25						
	320	7.12	29.75	41.91	60.25	68.15	75.64	82.88			
	321	17.02	33.21	53.50	61.44	68.99	83.13	90			
	322	29.80	40.60	49.40	64.29	77.47	83.77				
	410	12.53	29.80	40.60	49.40	64.29	77.47	83.77			
	411	18.43	42.45	50.57	71.57	77.83	83.95				
	331	22.57	44.10	59.14	72.07	84.11					
211	211	0	33.56	48.19	60	70.53	80.41				
	221	17.72	35.26	47.12	65.90	74.21	82.18				
	310	25.35	49.80	58.91	75.04	82.59					
	311	10.02	42.39	60.50	75.75	90					
	320	25.07	37.57	55.52	63.07	83.50					
	321	10.90	29.21	40.20	49.11	56.94	70.89	77.40	83.74	90	
	322	8.05	26.98	53.55	60.33	72.72	78.58	84.32			
	410	26.98	43.13	53.55	60.33	72.72	78.58				
	411	15.80	39.67	47.66	54.73	61.24	73.22	84.48			
	331	20.51	41.47	68.00	79.20						
221	221	0	27.27	38.94	63.61	83.62	90				
	310	32.51	42.45	58.19	65.06	83.95					
	311	25.24	45.29	59.83	72.45	84.23					
	320	22.41	42.30	49.67	68.30	79.34	84.70				
	321	11.49	27.02	36.70	57.69	63.55	74.50	79.74	84.89		
	322	14.04	27.21	49.70	66.16	71.13	75.96	90			
	410	36.06	43.31	55.53	60.98	80.69					
	411	30.20	45	51.06	56.64	66.87	71.68	90			
	331	6.21	32.73	57.64	67.52	85.61					

（续）

{HKL}	{hkl}	HKL与hkl晶面(或晶向)间夹角的数值/(°)									
310	310	0	25.84	36.86	53.13	72.54	84.26	90			
	311	17.55	40.29	55.10	67.58	79.01	90				
	320	15.25	37.87	52.13	58.25	74.76	79.90				
	321	21.62	32.31	40.48	47.46	53.73	59.53	65.00	75.31	85.15	90
	322	32.47	46.35	52.15	57.53	72.13	76.70				
	410	4.40	23.02	32.47	57.53	72.13	76.70	85.60			
	411	14.31	34.93	58.55	72.65	81.43	85.73				
311	311	0	35.10	50.48	62.97	84.78					
	320	23.09	41.18	54.17	65.28	75.47	85.20				
	321	14.77	36.31	49.86	61.08	71.20	80.73				
	322	18.08	36.45	48.84	59.21	68.55	85.81				
	410	18.08	36.45	59.21	68.55	77.33	85.81				
	411	5.77	31.48	44.72	55.35	64.76	81.83	90			
	331	25.95	40.46	51.50	61.04	69.77	78.02				
320	320	0	22.62	46.19	62.51	67.38	72.08	90			
	321	15.50	27.19	35.38	48.15	53.63	58.74	68.25	77.15	85.75	90
	322	29.02	36.18	47.73	70.35	82.27	90				
	410	19.65	36.18	47.73	70.35	82.27	90				
	411	23.77	44.02	49.18	70.92	86.25					
	331	17.37	45.58	55.07	63.55	79.00					
321	321	0	21.79	31.00	38.21	44.42	50.00	60	64.62	73.40	85.90
	322	13.52	24.84	32.58	44.52	49.59	63.02	71.08	78.79	82.55	86.28
	410	24.84	32.58	44.52	49.59	54.31	63.02	67.11	71.08	82.55	86.28
	411	19.11	35.02	40.89	46.14	50.95	55.46	67.79	71.64	79.11	86.39
	331	11.18	30.87	42.63	52.18	60.63	68.42	75.80	82.95	90	
322	322	0	19.75	58.03	61.93	76.39	86.63				
	410	34.56	49.68	53.97	69.33	72.90					
	411	23.85	42.00	46.99	59.04	62.78	66.41	80.13			
	331	18.93	33.42	43.97	59.95	73.85	80.39	86.81			
410	410	0	19.75	28.07	61.93	76.39	86.63	90			
	411	13.63	30.96	62.78	73.39	80.13	90				
	331	33.42	43.67	52.26	59.95	67.08	86.81				
411	411	0	27.27	38.94	60	67.12	86.82				
	331	30.10	40.80	57.27	64.37	77.51	83.79				
331	331	0	26.52	37.86	61.73	80.91	86.98				

附录L 常见晶体标准电子衍射花样

（一）面心立方

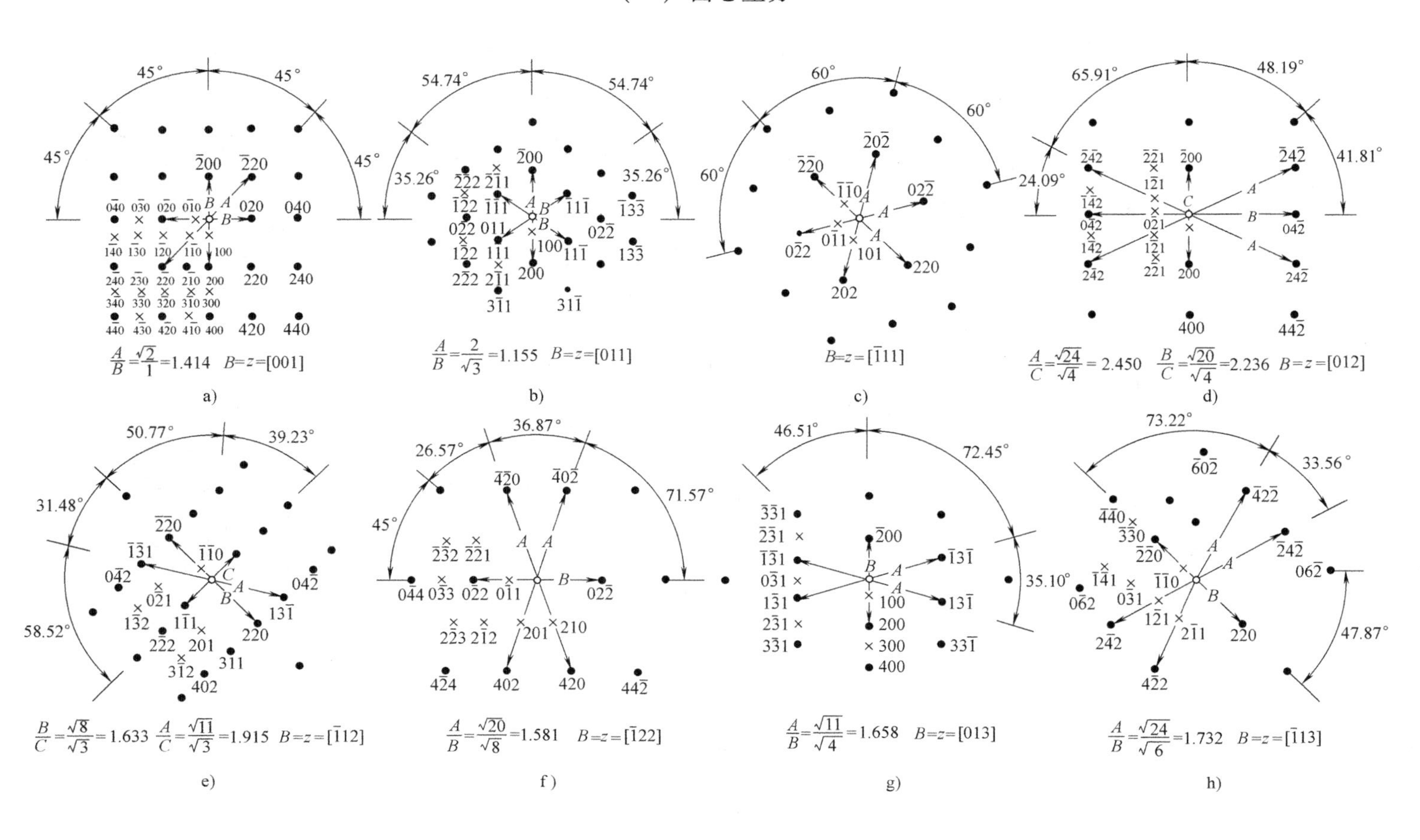

$\frac{A}{B}=\frac{\sqrt{2}}{1}=1.414$ $B=z=[001]$

a)

$\frac{A}{B}=\frac{2}{\sqrt{3}}=1.155$ $B=z=[011]$

b)

$B=z=[\bar{1}11]$

c)

$\frac{A}{C}=\frac{\sqrt{24}}{\sqrt{4}}=2.450$ $\frac{B}{C}=\frac{\sqrt{20}}{\sqrt{4}}=2.236$ $B=z=[012]$

d)

$\frac{B}{C}=\frac{\sqrt{8}}{\sqrt{3}}=1.633$ $\frac{A}{C}=\frac{\sqrt{11}}{\sqrt{3}}=1.915$ $B=z=[\bar{1}12]$

e)

$\frac{A}{B}=\frac{\sqrt{20}}{\sqrt{8}}=1.581$ $B=z=[\bar{1}22]$

f)

$\frac{A}{B}=\frac{\sqrt{11}}{\sqrt{4}}=1.658$ $B=z=[013]$

g)

$\frac{A}{B}=\frac{\sqrt{24}}{\sqrt{6}}=1.732$ $B=z=[\bar{1}13]$

h)

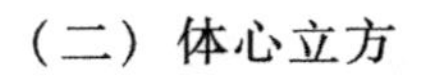
（二）体心立方

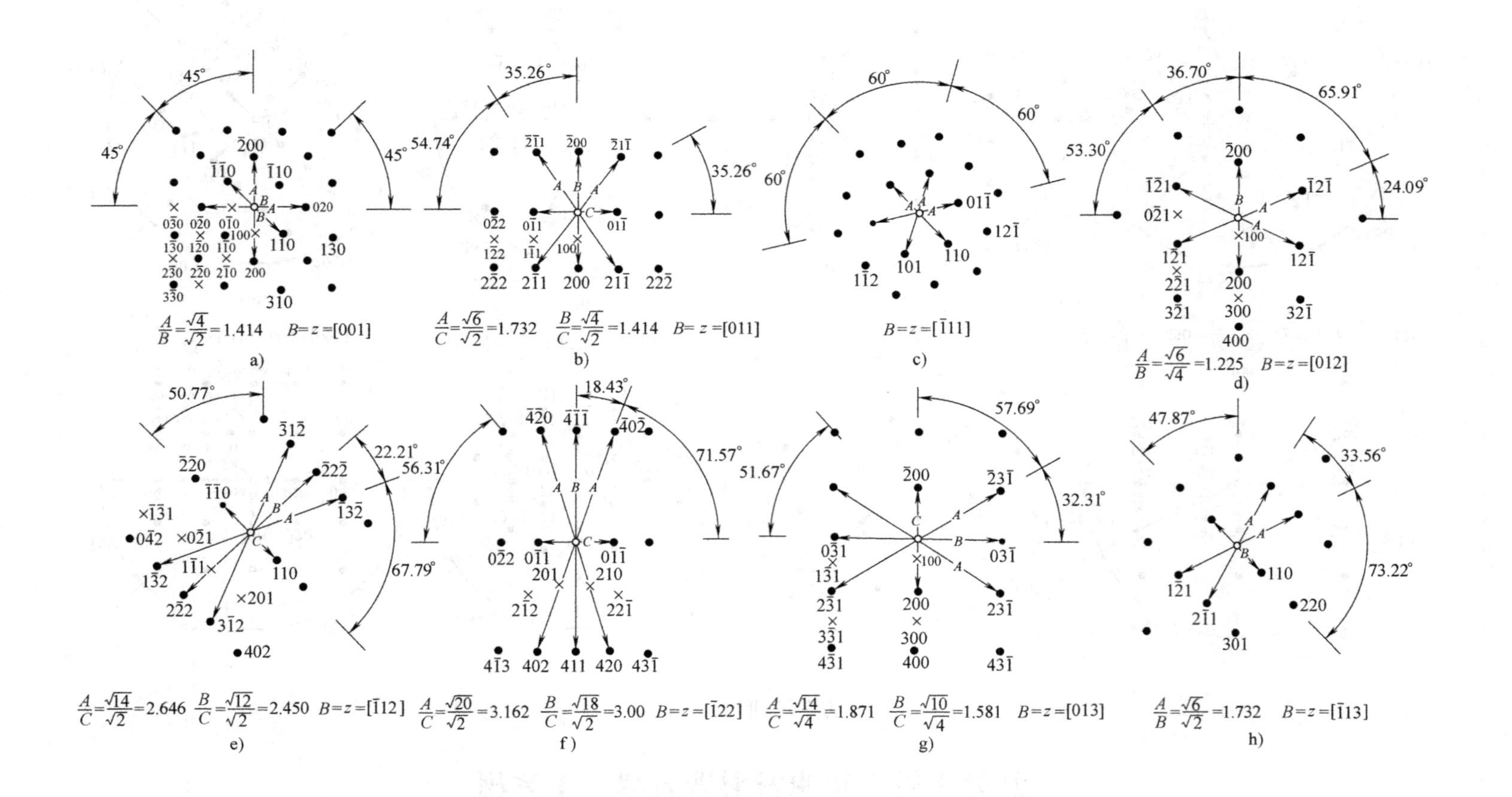

$\frac{A}{B}=\frac{\sqrt{4}}{\sqrt{2}}=1.414$ $B=z=[001]$
a)
$\frac{A}{C}=\frac{\sqrt{6}}{\sqrt{2}}=1.732$ $\frac{B}{C}=\frac{\sqrt{4}}{\sqrt{2}}=1.414$ $B=z=[011]$
b)
$B=z=[\bar{1}11]$
c)
$\frac{A}{B}=\frac{\sqrt{6}}{\sqrt{4}}=1.225$ $B=z=[012]$
d)
$\frac{A}{C}=\frac{\sqrt{14}}{\sqrt{2}}=2.646$ $\frac{B}{C}=\frac{\sqrt{12}}{\sqrt{2}}=2.450$ $B=z=[\bar{1}12]$
e)
$\frac{A}{C}=\frac{\sqrt{20}}{\sqrt{2}}=3.162$ $\frac{B}{C}=\frac{\sqrt{18}}{\sqrt{2}}=3.00$ $B=z=[\bar{1}22]$
f)
$\frac{A}{C}=\frac{\sqrt{14}}{\sqrt{4}}=1.871$ $\frac{B}{C}=\frac{\sqrt{10}}{\sqrt{4}}=1.581$ $B=z=[013]$
g)
$\frac{A}{B}=\frac{\sqrt{6}}{\sqrt{2}}=1.732$ $B=z=[\bar{1}13]$
h)

（三）密排六方（$c/a=1.633$）

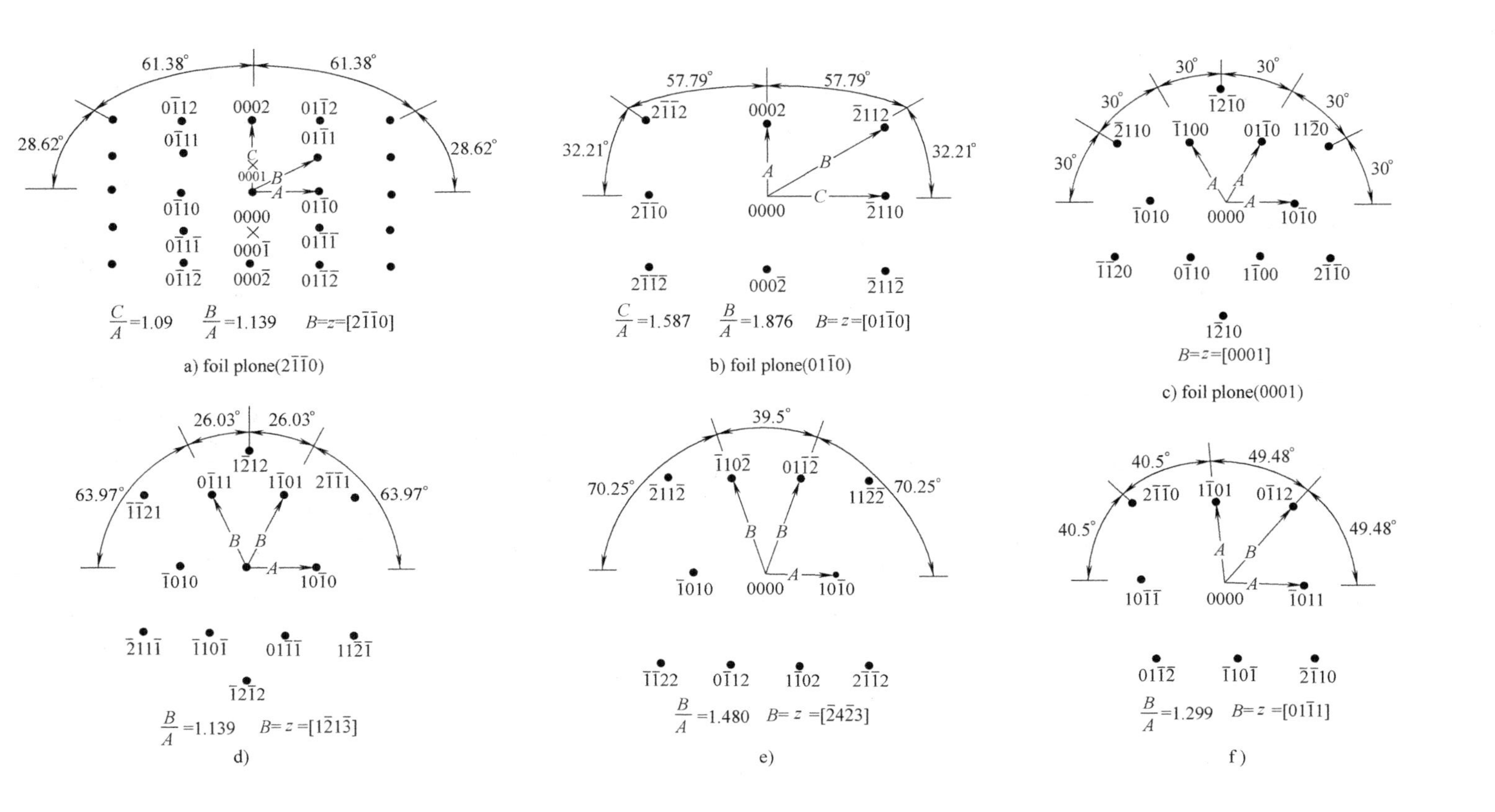

$\frac{C}{A}=1.09$　$\frac{B}{A}=1.139$　$B=z=[2\bar{1}\bar{1}0]$

a) foil plone($2\bar{1}\bar{1}0$)

$\frac{C}{A}=1.587$　$\frac{B}{A}=1.876$　$B=z=[01\bar{1}0]$

b) foil plone($01\bar{1}0$)

$B=z=[0001]$

c) foil plone(0001)

$\frac{B}{A}=1.139$　$B=z=[1\bar{2}1\bar{3}]$

d)

$\frac{B}{A}=1.480$　$B=z=[\bar{2}4\bar{2}3]$

e)

$\frac{B}{A}=1.299$　$B=z=[01\bar{1}1]$

f)

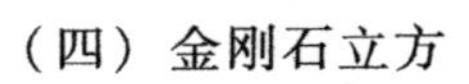

（四）金刚石立方

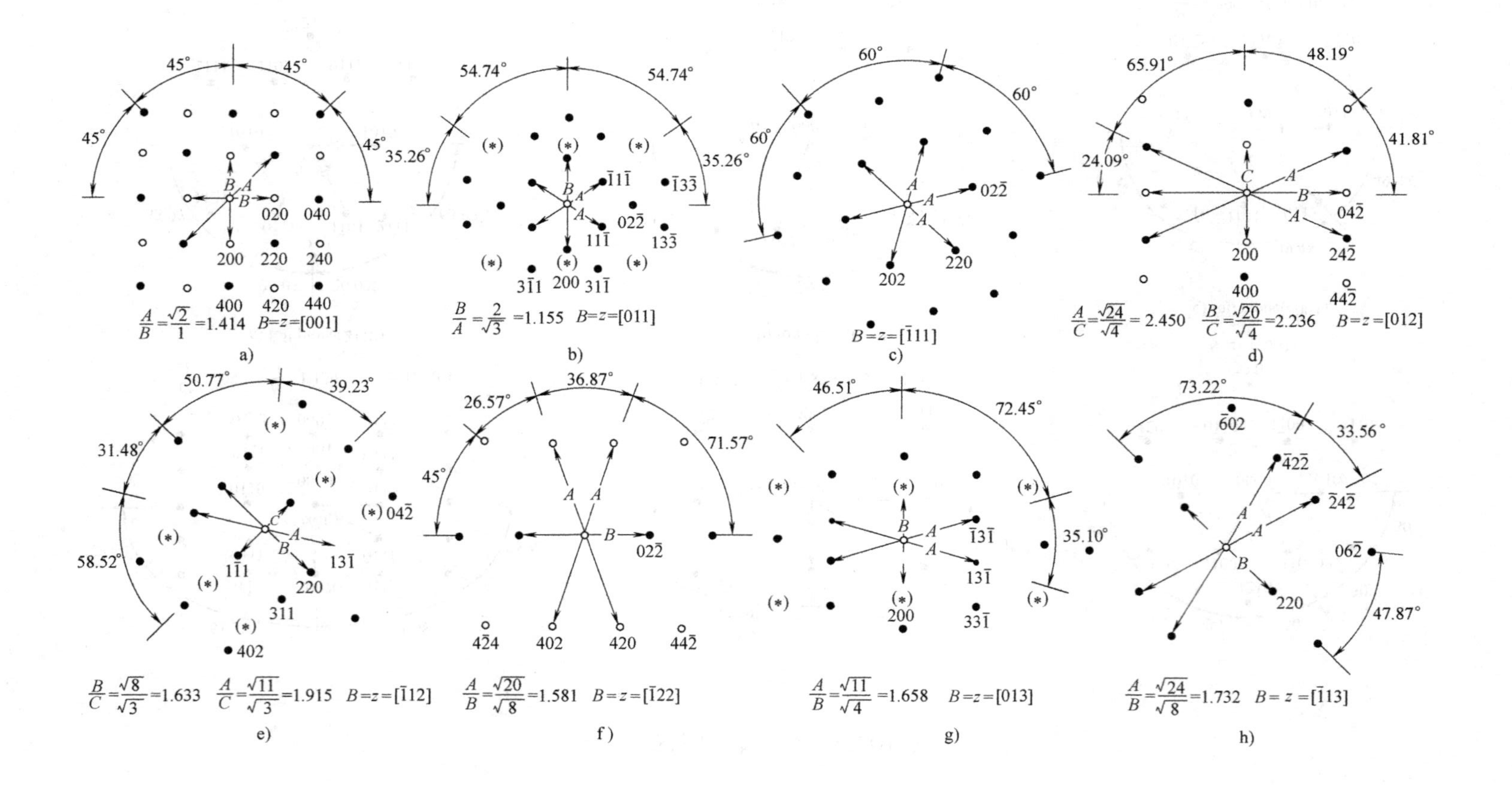
A/B=√2/1=1.414 B=z=[001]
a)
B/A=2/√3=1.155 B=z=[011]
b)
B=z=[1̄11]
c)
A/C=√24/√4=2.450 B/C=√20/√4=2.236 B=z=[012]
d)
B/C=√8/√3=1.633 A/C=√11/√3=1.915 B=z=[1̄12]
e)
A/B=√20/√8=1.581 B=z=[1̄22]
f)
A/B=√11/√4=1.658 B=z=[013]
g)
A/B=√24/√8=1.732 B=z=[1̄13]
h)

附录 M　立方与六方晶体可能出现的反射

立方					六方	
$h^2+k^2+l^2$	*hkl*				h^2+hk+k^2	*hk*
	简单立方	面心立方	体心立方	金刚石立方		
1	100				1	10
2	110	…	110		2	
3	111	111	…	111	3	11
4	200	200	200		4	20
5	210				5	
6	211	…	211		6	
7					7	21
8	220	220	220	220	8	
9	300,221				9	30
10	310	…	310		10	
11	311	311	…	311	11	
12	222	222	222		12	22
13	320				13	31
14	321	…	321		14	
15					15	
16	400	400	400	400	16	40
17	410,322				17	
18	411,330	…	411,330		18	
19	331	331	…	331	19	32
20	420	420	420		20	
21	421				21	41
22	332	…	332		22	
23					23	
24	422	422	422	422	24	
25	500,430				25	50
26	510,431	…	510,431		26	
27	511,333	511,333	…	511,333	27	33
28					28	42
29	520,432				29	
30	521	…	521		30	
31					31	51
32	440	440	440	440	32	
33	522,441				33	
34	530,433	…	530,433		34	
35	531	531	…	531	35	
36	600,442	600,442	600,442		36	60
37	610				37	43
38	611,532	…	611,532		38	
39					39	52
40	620	620	620	620	40	

附录N 特征X射线的波长和能量表

元素		$K_{\alpha1}$		$K_{\beta1}$		$L_{\alpha1}$		$M_{\alpha1}$	
Z	符号	λ/0.1nm	*E*/keV	λ/0.1nm	*E*/keV	λ/0.1nm	*E*/keV	λ/0.1nm	*E*/keV
4	Be	114.00	0.109						
5	B	67.6	0.183						
6	C	44.7	0.277						
7	N	31.6	0.392						
8	O	23.62	0.525						
9	F	18.32	0.677						
10	Ne	14.61	0.849	14.45	0.858				
11	Na	11.91	1.041	11.58	1.071				
12	Mg	9.89	1.254	9.52	1.032				
13	Al	8.339	1.487	7.96	1.557				
14	Si	7.125	1.740	6.75	1.836				
15	P	6.157	2.014	5.796	2.139				
16	S	5.372	2.308	5.032	2.464				
17	Cl	4.728	2.622	4.403	2.816				
18	Ar	4.192	2.958	3.886	3.191				
19	K	3.741	3.314	3.454	3.590				
20	Ca	3.358	3.692	3.090	4.103				
21	Sc	3.031	4.091	2.780	4.461				
22	Ti	2.749	4.511	2.514	4.932	27.42	0.452		
23	V	2.504	4.952	2.284	5.427	24.25	0.511		
24	Cr	2.290	5.415	2.085	5.947	21.64	0.573		
25	Mn	2.102	5.899	1.910	6.490	19.45	0.637		
26	Fe	1.936	6.404	1.757	7.058	17.59	0.705		
27	Co	1.789	6.980	1.621	7.649	15.97	0.776		
28	Ni	1.658	7.478	1.500	8.265	14.56	0.852		
29	Cu	1.541	8.048	1.392	8.905	13.34	0.930		
30	Zn	1.435	8.639	1.295	9.572	12.25	1.012		
31	Ga	1.340	9.252	1.208	10.26	11.29	1.098		
32	Ge	1.254	9.886	1.129	10.98	10.44	1.188		
33	As	1.177	10.53	1.057	11.72	9.671	1.282		
34	Se	1.106	11.21	0.992	12.49	8.99	1.379		
35	Br	1.041	11.91	0.933	13.29	8.375	1.480		
36	Kr					7.817	1.586		
37	Rb					7.318	1.694		
38	Sr					6.863	1.807		
39	Y					6.449	1.923		
40	Zr					6.071	2.042		
41	Nb					5.724	2.166		
42	Mo					5.407	2.293		
43	Tc					5.115	2.424		
44	Ru					4.846	2.559		
45	Rh					4.597	2.697		
46	Pd					4.368	2.839		
47	Ag					4.154	2.984		

（续）

元素		$K_{\alpha1}$		$K_{\beta1}$		$L_{\alpha1}$		$M_{\alpha1}$	
Z	符号	λ/0.1nm	E/keV	λ/0.1nm	E/keV	λ/0.1nm	E/keV	λ/0.1nm	E/keV
48	Cd					3.956	3.134		
49	In					3.772	3.287		
50	Sn					3.600	3.444		
51	Sb					3.439	3.605		
52	Te					3.289	3.769		
53	I					3.149	3.938		
54	Xe					3.017	4.110		
55	Cs					2.892	4.287		
56	Ba					2.776	4.466		
57	La					2.666	4.651		
58	Ce					2.562	4.840		
59	Pr					2.463	5.034		
60	Nd					2.370	5.230		
61	Pm					2.282	5.433		
62	Sm					2.200	5.636	11.47	1.081
63	Eu					1.212	5.846	10.96	1.131
64	Gd					2.047	6.057	10.46	1.185
65	Tb					1.977	6.273	10.00	1.240
66	Dy					1.909	6.495	9.590	1.293
67	Ho					1.845	6.720	9.200	1.347
68	Er					1.784	6.949	8.820	1.405
69	Tm					1.727	7.180	8.480	1.462
70	Yb					1.672	7.416	8.149	1.521
71	Lu					1.620	7.656	7.840	1.581
72	Hf					1.570	7.899	7.539	1.645
73	Ta					1.522	8.146	7.252	1.710
74	W					1.476	8.398	6.983	1.775
75	Re					1.433	8.653	6.729	1.843
76	Os					1.391	8.912	6.490	1.910
77	Ir					1.351	9.175	6.262	1.980
78	Pt					1.313	9.442	6.047	2.051
79	Au					1.276	9.713	5.840	2.123
80	Hg					1.241	9.989	5.645	2.196
81	Tl					1.207	10.27	5.460	2.271
82	Pb					1.175	10.55	5.286	2.346
83	Bi					1.144	10.84	5.118	2.423
84	Po					1.114	11.13		
85	At					1.085	11.43		
86	Rn					1.057	11.73		
87	Fr					1.030	12.03		
88	Ra					1.005	12.34		
89	Ac					0.9799	12.65		
90	Th					0.956	12.97	4.138	2.996
91	Pa					0.933	13.29	4.022	3.082
92	U					0.911	13.61	3.910	3.171

参 考 文 献

[1] 范雄. 金属X射线学 [M]. 北京：机械工业出版社，1989.

[2] 范雄. X射线金属学 [M]. 北京：机械工业出版社，1981.

[3] 李树棠. 晶体X射线衍射学基础 [M]. 北京：冶金工业出版社，1990.

[4] 裴光文，等. 单晶、多晶和非晶物质的X射线衍射 [M]. 济南：山东大学出版社，1989.

[5] 黄胜涛. 固体X射线学 [M]. 北京：高等教育出版社，1985.

[6] 周上祺. X射线衍射分析 [M]. 重庆：重庆大学出版社，1991.

[7] 杨传铮，等. 物相衍射分析 [M]. 北京：冶金工业出版社，1989.

[8] 漆璿，等. X射线衍射与电子显微分析 [M]. 上海：上海交通大学出版社，1992.

[9] 何崇智，等. X射线衍射实验技术 [M]. 上海：上海科学技术出版社，1988.

[10] 黄胜涛，等. 非晶态材料的结构和结构分析 [M]. 北京：科学出版社，1987.

[11] 理学电机株式会社. X射线衍射手册（中译本）[M]. 杭州：出版单位不详，1987.

[12] 陈世朴，王永瑞. 金属电子显微分析 [M]. 北京：机械工业出版社，1982.

[13] 李树堂. 金属X射线衍射与电子显微分析技术 [M]. 北京：冶金工业出版社，1980.

[14] 谈育煦. 金属电子显微分析 [M]. 北京：机械工业出版社，1989.

[15] 赵伯麟. 薄晶体电子显微像的衬度理论 [M]. 上海：上海科学技术出版社，1980.

[16] 刘文西，黄孝瑛，陈玉如. 材料结构电子显微分析 [M]. 天津：天津大学出版社，1989.

[17] 黄孝瑛. 透射电子显微学 [M]. 上海：上海科学技术出版社，1987.

[18] 郭可信，叶恒强，吴玉琨. 电子衍射图在晶体学中的应用 [M]. 北京：科学出版社，1989.

[19] 朱宜，张存珪. 电子显微镜的原理和使用 [M]. 北京：北京大学出版社，1983.

[20] 洪班德，崔约贤. 电子显微术在热处理质量检验中的应用 [M]. 北京：机械工业出版社，1990.

[21] 方鸿生，郑燕康，王家军，等. 材料科学中的扫描隧道显微分析 [M]. 北京：科学出版社，1993.

[22] EDINGTON J W. Practical Electron Microscopy in Materials Science [M]. Londres: Philips Technical Library, 1976.

[23] GABRIEL B L. SEM: A User's Manual for Materials Science [J]. Journal of Electron Microscopy Technology, 1985, 5 (1): 105-106.

[24] WATT I M. The Principles and Practice of Electron Microscopy [M]. London: Combridge University Press, 1985.

[25] 陆家和，陈长彦. 现代分析技术 [M]. 北京：清华大学出版社，1991.

[26] FUJJTA H. History of Electron Microscopes [M]. Tokyo: Japan Scientific Societics Press, 1986.

[27] ZHOU Y, GE Q L, LEI T C, et al. Microstructure and Mechanical Properties of ZrO_2-2mol%Y_2O_3 Cerarnics [J]. Ceramics International, 1990, 16: 349-354.

[28] LEI T C, ZHOU Y. Effect of Sintering Processes on Microstructure and Properties of Al_2O_3-ZrO_2 Ceramics [J]. Mater. Chem. Phys., 1990, 25: 269-276.

[29] GE Q L, LEI T C, ZHOU Y. Microstructure and Mechanical Properties of Hot Pressed Al_2O_3-ZrO_2 Ceramics Prepared from Ulitrafine Powders [J]. Mater Sci. Tech, 1991 (7): 490-494.

[30] LEI T C, ZHU W Z, ZHOU Y. Mechanical Properties of Hot Pressed Al_2O_3-ZrO_2 Ceramic Composites [J]. Mater. Chem. Phys, 1991, 28: 89-97.

[31] ZHOU Y, LEI T C, SAKUMA T. Diffusionless Cubic-to-Tetragonal Transition and Microstructural Evolution in Sintered Zirconia-yttria Ceramics [J]. J. Am Ceram. Soc., 1991, 74 (3): 633-640.

[32] ZHOU Y, GE Q L, LEI T C, et al. Diffusional Cubic-to-Tetragonal Phase Transformation and Microstructural Evolution in ZrO_2-Y_2O_3 Ceramics [J]. J. Mater. Sci., 1991, 26: 4461-4467.

[33] ZHOU Y. Microstructural Development of Sintered ZrO_2-CeO_2 Ceramics [J]. Ceramics International, 1991, 17 (6): 343-346.

[34] ZHOU Y, ZHU W Z, LEI T C. Mechanical Properties and Toughening Mechanisms of SiCw/ZrO_2 Ceramic Composites [J]. Ceramics International, 1992, 18 (3): 141-145.

[35] ZHOU Y, LEI T C, LU Y X. Growth and Phase Separation of ZrO_2-Y_2O_3 Ceramics Annealed at High Temperature [J]. Ceramics International, 1992, 18 (4): 237-242.

[36] 赫什，等. 薄晶体电子显微学 [M]. 刘安生，李永洪，译. 北京：科学出版社，1992.

[37] JIA C L, LENTZEN M, URBAN K. Atomic-Resolution Imaging of Oxygen in Perovskite Ceramics [J]. Science, 2003, 299: 870-873.

[38] MENTER J W. The Direct Study by Electron Microscopy of Crystal Lattices and Their Imperfections [J]. Proc. Roy. Soc., 1956, 236 (1204): 119-135.

[39] FULLERTON E E, KELLY D M, GUIMPEL J, et al. Poughness and Giant Magnetoresistance in Fe/Cr Superlattices [J]. Phys. Rev. Lett., 1992, 68 (6): 859.

[40] KRISHNAN K M. Magnetism and Microstructure: The Role of Interfaces [J]. Acta. Mater., 1999, 47 (15-16): 4233-4244.

[41] MCGIBBON A J, PENNYCOOK S J, ANGELO J E. Direct Observation of Dislocation Core Structures in Cdte/Gaas (001) [J]. Science, 1995, 269 (5223): 519-521.

[42] IIJIMA S. Helical Microtubules of Graphitic Carbon [J]. Nature, 1991, 354 (6348): 56.

[43] IIJIMA S. Direct Observation of the Tetrahedral Bonding in Graphitized Carbon Black by High Resolution Electron Microscopy [J]. J Cryst. Growth, 1980, 50 (3): 675-683.

[44] SPENCE J C H. The Future o Atomic Resolution Eldctron Microscopy for Materials Science [J]. Materials Science and Engineering: R: Reports, 1999, 26 (1-2): 1-49.

[45] KIRKLAND A I, SAXTON W O, CHAU K L, et al. Super-Resolution by Aperture Synthesis: Tilt Series Reconstruction in CTEM [J]. Ultramicroscopy, 1995, 57 (4): 355-374.

[46] ORCHOWSKIA A, RAU W D, LICHTE H. Electron Holography Surmounts Resolution Limit of Electron Microscopy [J]. Phys. Rev. Lett., 1995, 74 (3): 399.

[47] ZANDBERGEN H W, BOKEL R, CONNOLLY E, et al. The Use of Through Focus Esit Wave Reconstruction and Quantitative Electron Diffraction in The Srtucture Determination of Superconductors [J]. Micron, 1999, 30 (3): 395-416.

[48] JANSEN J, TANG D, ZANDBERGEN H W, et al. MSLS, a Least-Squares Procedure for Accurate Crystal Structure Refinement from Dynamical Electron Diffraction Patterns [J]. Acta Cryst, 1998, 54 (1): 91-101.

[49] ANDERSEN S J, ZANDBERGEN H W, JANSEN J, et al. The Crystal Structuer of the β″Phase in Al-Mg-Si Alloys [J]. Acta Mater, 1998, 46 (9): 3283-3298.

[50] HE W Z, LI F H, CHEN H, et al. Image Deconvolution for Defected Crystals in Field-Emission High-Resolution Electron Microscopy [J]. Ultramicroscopy, 1997, 70 (1-2): 1-11.

[51] PÉNISSON J M, DAHMEN U, MILLS M J. HREM Srudy of a $\Sigma=3$ {112} Twin Boundsry in Aluminium [J]. Philos. Mag. Lett., 1991, 64 (5): 277-283.

[52] WANG Y C, YE H Q. On the Tilt Grain Boundaries in Hcp Ti With [0001] Orientation [J]. Philos Mag, 1997, 75 (1): 261-272.

[53] WANG Y C. A High-Resolution Transmission Electron Microscopy Study of the {1011} Twin-Boundary

Structure in Alpha-Ti [J]. Philos. Mag. Lett, 1996, 74 (5): 367-373.

[54] MILLS M J, DAW M S, FOILES S M. High-Resolution Transmission Electron Microscopy Studies of Dislocation Cores in Metals and Intermetallic Compounds [J]. Ultramicroscopy, 1994, 56 (1-3): 79-93.

[55] OVERWIJK M H F, BLEEKER A J, THUST A. Correction of Three-Fold Astigmatism for Ultra-High-Resolution TEM [J]. Ultramicroscopy, 1997, 67 (1-4): 163-170.

[56] MERKLE K L, CSENCSITS R, RYNES K L, et al. The Effect of Three-Fold Astigmatism on Measurements of Grain Boundary Volume Expansion by High-Resolution Transmission Electron Microscopy [J]. Journal of Microscopy, 1998, 190 (1-2): 204-213.

[57] 周玉，武高辉. 材料分析测试技术：材料X射线衍射与电子显微分析 [M]. 哈尔滨：哈尔滨工业大学出版社，1998.

[58] 李树棠. X射线衍射实验方法 [M]. 北京：冶金工业出版社，1993.

[59] 杨于兴，漆璿. X射线衍射分析 [M]. 修订版. 上海：上海交通大学出版社，1994.

[60] 姜传海，杨传铮. X射线衍射技术及其应用 [M]. 上海：华东理工大学出版社，2010.

[61] 姜传海，杨传铮. 材料射线衍射和散射分析 [M]. 北京：高等教育出版社，2010.

[62] 张定铨，何家文. 材料中残余应力的X射线衍射分析和作用 [M]. 西安：西安交通大学出版社，1999.

[63] 姜传海，杨传铮. 内应力衍射分析 [M]. 北京：科学出版社，2013.

[64] 周玉，等. 材料分析方法 [M]. 3版. 北京：机械工业出版社，2011.

[65] 潘峰，等. X射线衍射技术 [M]. 北京：化学工业出版社，2016.

[66] 江超华. 多晶X射线衍射技术与应用 [M]. 北京：化学工业出版社，2014.

[67] 朱育平. 小角X射线散射：理论、测试、计算及应用 [M]. 北京：化学工业出版社，2008.

[68] 梁敬魁. 粉末衍射法测定晶体结构：上、下册 [M]. 北京：科学出版社，2011.

[69] 邵欣. 透射阳极X射线管靶结构设计的第一原理研究 [D]. 沈阳：沈阳师范大学，2012.

[70] SCHIFF L I. Energy-angle Distribution of Thin Target Bremsstrahlung [J]. Physical Review, 1951 (83): 252-253.

[71] 袁吉. 微纳CT的数据采集和传输系统设计 [D]. 重庆：重庆大学，2014.

[72] 杨安坤. 微纳CT系统扫描方法研究 [D]. 重庆：重庆大学，2014.

[73] MCDONALD S A, REISCHIG P, HOLZNER C, et al. Non-destructive Mapping of Grain Orientations in 3D by Laboratory X-ray Microscopy [J]. Scientific Reports, 2015 (5): 14665.

[74] HOLZNER C, LAVERY L, BALE H, et al, Diffraction Contrasct Tomography in the Laboratory Applications and Future Directions [J]. Microscopy Tody, 2016, 24 (4): 34-42.

[75] MCDONALD S A, HOLZNER C, LAURIDSEN E M, et al. Microstructural Evolution During Sintering of Copper Particles Studied by Laborabory Diffraction Contrast Tomography (LabDCT) [J]. Scientific Reports, 2017 (7): 5251.

[76] 潘志豪，周光妮，陈凯. 晶体材料微观结构的同步辐射白光劳厄微衍射研究 [J]. 中国材料进展，2017 (3): 175-180.

[77] GELB J, FINEGAN D P, BRETT D J L, et al. Multi-Scale 3D Investigations of a Commercial 18650 Li-ion Battery with Correlative Electron and X-ray Microscopy [J]. Journal of Power Sources, 2017 (357): 77-86.

[78] WANG Y, LI C H, HAO J, et al. X-ray Micro-tomography for Investigation of Meso-Structural Changes and Crack Evolution in Longmaxi Formation Shale During Compression Deformation [J]. Journal of Petroleum Science and Engineering, 2018 (164): 278-288.

[79] SUN J, LYCKEGAARD A, ZHANG Y B, et al. 4D Study of Grain Growth in Armco Iron Using Laboratory

X-ray Diffraction Contrast Tomography [J]. IOP Conference Series: Materials Science and Engineering, 2017 (219): 012039.

[80] SUN J, ZHANG Y, LYCKEGAARD A, et al. Grain Boundary Wetting Correlated to the Grain Boundary Properties: A Laboratory-based Multimodal X-ray Tomography Investigation [J]. Scripta Materialia, 2019 (163): 77-81.

[81] KEINAN R, BALE H, GUENINCHAULT N, et al. Integrated Imaging in Three Dimensions: Providing a New Lens on Grain Boundaries, Particles, and Their Correlations in Polycrystalline Silicon [J]. Acta Materialia, 2018 (148): 225-234.

[82] EGERTON R F. 电子显微镜中的电子能量损失谱学 [M]. 段晓峰, 高尚朋, 张志华, 等译. 2版. 北京: 高等教育出版社, 2011.

[83] COLLETT S A, BROWN L M, JACOBS M H. Demonstration of Superior Resolution of EELS Over EDX in Microanalysis [J]. Developments in Electron Microscopy and Analysis, 1983 (68): 103-106.

[84] EGERTON R F. Parallel-Recording Systems for Electron Energy-loss Spectroscopy (EELS) [J]. Journal of Electron Microscopy. Technique, 1984 (1): 37-52.

[85] KRIVANEK O L, MORY C, TENCE M, et al. EELS Quantification Near the Single-Atom Detection Level [J]. Microscopy Microanalysis Microstructures, 1991 (2): 257-267.

[86] KRIVANEK O L, GUBBENS A J, DELLBY N. Developments in EELS Instrumentation for Spectroscopy and Imaging [J]. Microscopy Microanalysis Microstructures, 1991 (2): 315-332.

[87] JOHNSON D E. Energy-Loss Spectrometry for Biological Research [M]. New York: Plenum Press, 1979.

[88] LEAPMAN R D, FEJES P L, SILCOX J. Orentation Dependence of Core Edges From Anisotropic Materials Determined by Inelastic Scattering of Fast Electrons [J]. Physical Review, 1983 (28): 2361-2373.

[89] EGERTON R F. Formulae for Light-Element Microanalysis by Electron Energy-Loss Spectrometry [J]. Ultramicroscopy, 1978 (3): 243-251.

[90] BUTLER J H, WATARI F, HIGGS A. Simultaneous Collection and Processing of Energy-Filtered STEM Images Using a Fast Digital Data Acquisition System [J]. Ultramicroscopy, 1982 (8): 327-334.

[91] COLLIEX C. New Trends in STEM Based Nano-EELS Analysis [J]. Journal of Electron Microscopy, 1996 (45): 44-50.

[92] SCHMID H K, MADER W. Oxidation States of Mn and Fe in Various Compound Oxide Systems [J]. Micron, 2006 (37): 426-432.

[93] GROGGER W, HOFER F, KOTHLEITNER G, et al. An Introduction to High Resolution EELS in Transmission Electron Microscopy [J]. Topics in Catalysis, 2008 (50): 200-207.

[94] 蒋奥克, 赵雅文, 龙重, 等. EXELFS对二氧化铀晶格结构的分析 [J]. 物理化学学报, 2017 (2): 364-369.

[95] LONGO P, TWESTEN R D, KOTHLEITNER G. Fast STEM EELS Spectrum Imaging Analysis of Pd-Au Based Catalysts [J]. Microscopy and Microanalysis, 2017, 33: 364-369.

[96] YOKOBAYASHI H, KISHIDA K, INUI H, et al. Enrichment of Gd and Al Atoms in the Quadruple Close Packed Planes and Their In-Plane Long-range Ordering in the Long Period Stacking-Ordered Phase in the Mg-Gd-Al System [J]. Acta Materialia , 2011, 59: 7287-7299.

[97] XU S, XU X, XU Y, et al. Phase Transformations and Phase Equilibria of A Ti-46.5A1-16.5Nb Alloy [J]. Materials & Design, 2016, 101: 88-94.

[98] RAO J C, ZHANG X X, QIN B, et al. TEM Study of The Structural Dependence of the Epitaxial Passive Oxide Films on Crystal Facets in Polyhedral Nanoparticles of Chromium [J]. Ultramicroscopy, 2004, 98 (2): 231-238.

[99] XIE X W, LI Y, LIU Z Q, et al. Low-Temperature Oxidation of CO Catalysed by Co_3O_4Nanorods [J]. Nature, 2009, 458: 746-749.

[100] ZHANG W, TRUNSCHKE A, SCHLÖGL R, et al. Real-Space Observation of Surface Termination of a Complex Metal Oxide Catalyst [J]. Angewandte Chemie, 2010, 49 (35): 6084-6089.

[101] REN Z, ZHAO R, CHEN X, et al. Mesopores Induced Zero Thermal Expansion in Single-Crystal Ferroelectrics [J]. Nature Communications , 2018 , 9 (1): 1638.

[102] WANG H, LIU Z R, YOONG H Y, et al. Direct Observation of Room-Temperature Out-of-Plane Ferroelectricity and Tunneling Electroresistance at the Two-Dimensional Limit [J]. Nature Communications, 2018, 9 (1): 3319.

[103] JIA C L, URBAN K. Atomic-Resolution Measurement of Oxygen Concentration in Oxide Materials [J]. Science, 2004, 303 (5666): 2001-2004.

[104] WEI D Q, MENG Q C, JIA D C. Microstructure of Hot-Pressed H-BN/Si_3N_4 Ceramic Composites with Y_2O_3-Al_2O_3 Sintering Additive [J]. Ceramics International, 2007, 33: 221-226.

[105] OUYANG S, YANG Y Q, HAN M, et al. Twin Relationships Between Nanotwins Inside A-C Type Variant Pair in Ni-Mn-Ga Alloy [J]. Acta Materialia, 2015, 84: 484-496.

[106] PANDEY P, MAKINENI S K, GAULT B, et al. On the Origin of a Remarkable Increase in the Strength and Stability of an Al Rich Al-Ni Eutectic Alloy by Zr Addition [J]. Acta Materialia, 2019, 170: 205-217.

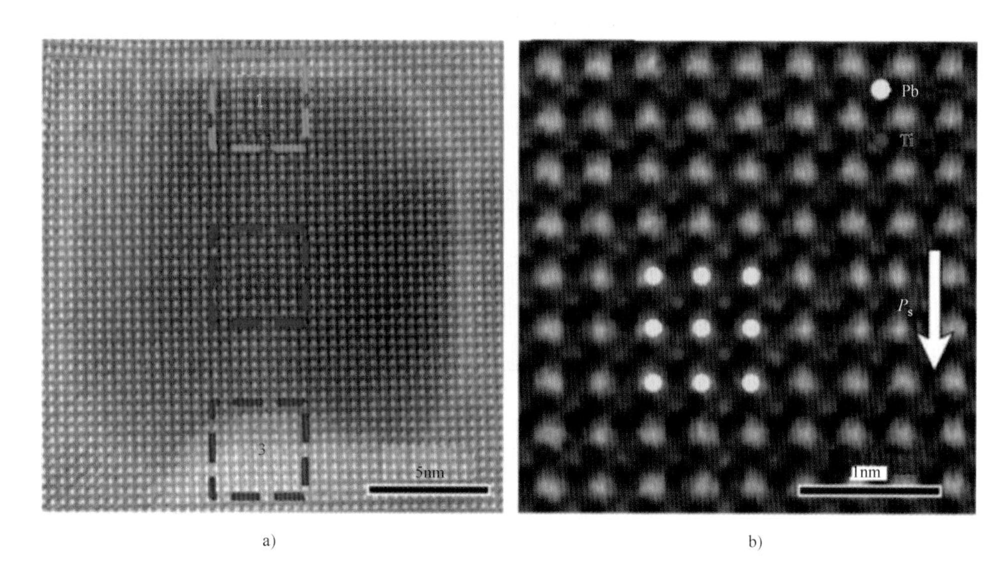

图 10-25 介孔钛酸铅(PTO)纤维某一单独介孔周围区域的高分辨高角环形暗场扫描透射(HAADF-STEM)像 a) 及区域 2 的放大像 b) (Pb 和 Ti 原子位置分别用黄色、红色圆点于图中示意标识出)

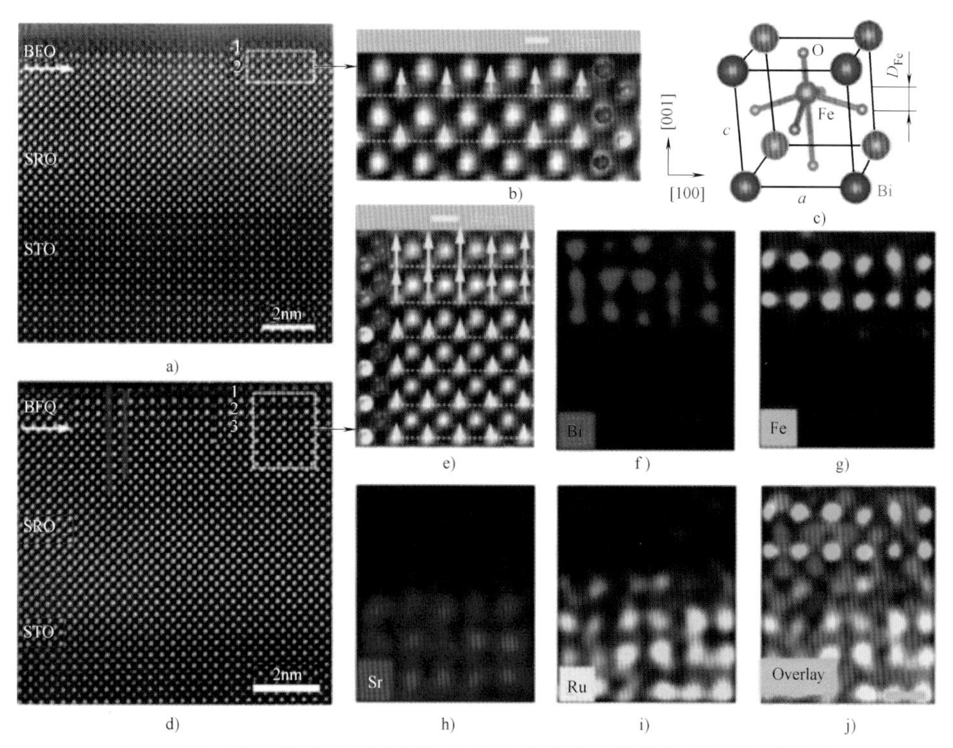

图 10-26 高分辨原子尺度观察 2~3 个单胞厚的铁酸铋 $BiFeO_3$(BFO)

a) 2 个单胞厚 BFO 的原子分辨率 HAADF-STEM 像 b) 图 10-26a 中白框区域局部放大像的超级位置及黄色箭头表示的 B 位原子位移矢量图，箭头长度和方向表示了位移矢量的幅度和方向 c) 铁电 BFO 的单胞结构示意图，D_{Fe} 标识 Fe 原子的相对位移 d) 3 个单胞厚 BFO 的原子分辨率 HAADF-STEM 像 e) 图 10-26d 中白框区域局部放大像的超级位置及黄色箭头表示的 B 位原子位移矢量图 f)~j) Bi、Fe、Sr、Ru 元素的能量分散 X 射线谱(EDS)元素分布图及与图 10-26e 重合的复合图，标尺为 5nm

图 13-43 镍的晶粒形貌及尺寸

图 13-45 钛的晶界表示线

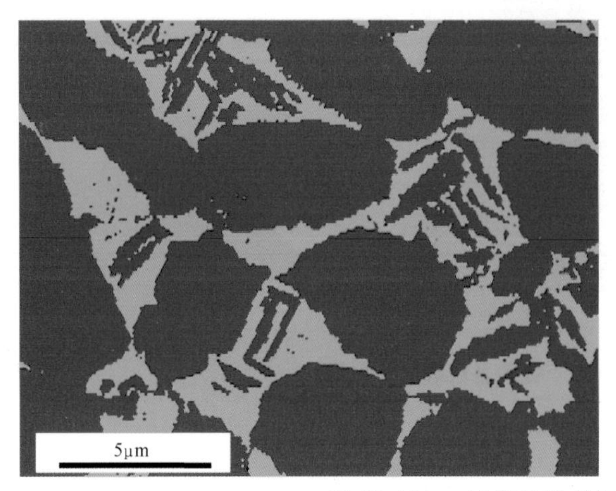

图 13-46 α-Ti 和 β-Ti 的显微结构图

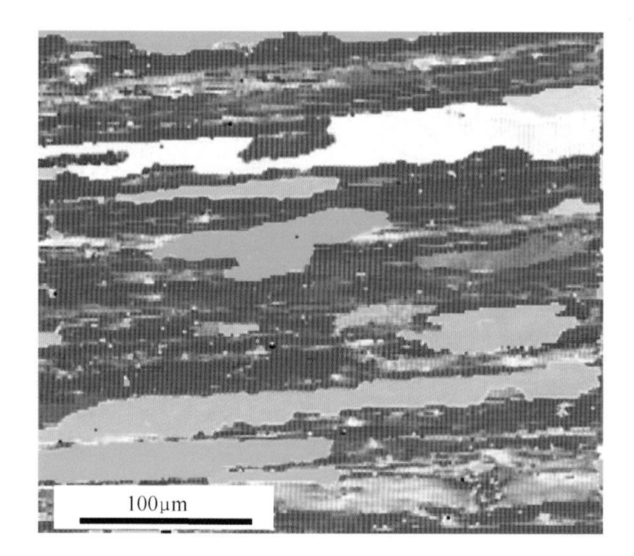

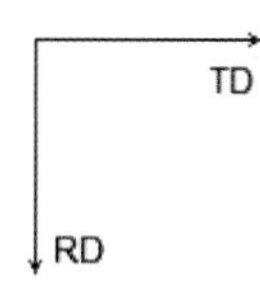

Gray Scale Map Type:<none>

Color Coded Map Type: Inverse Pole Figure [001]

Aluminum

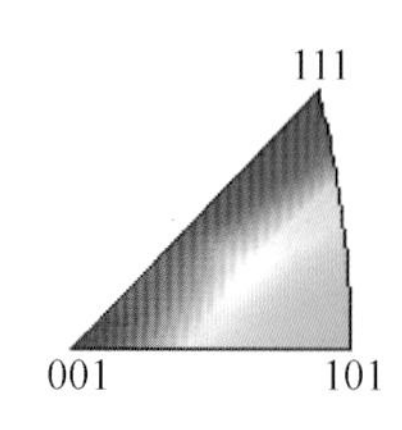

图 13-47　变形铝晶粒取向成像图

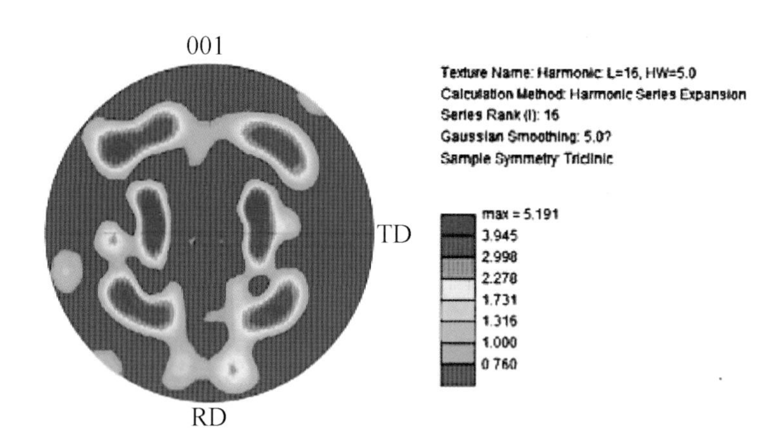

图 13-48　变形铝晶粒{001}极图

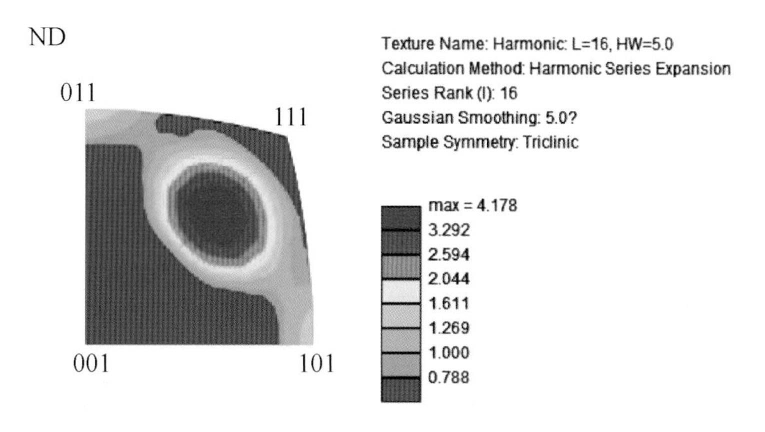

图 13-49　变形铝晶粒 ND 反极图

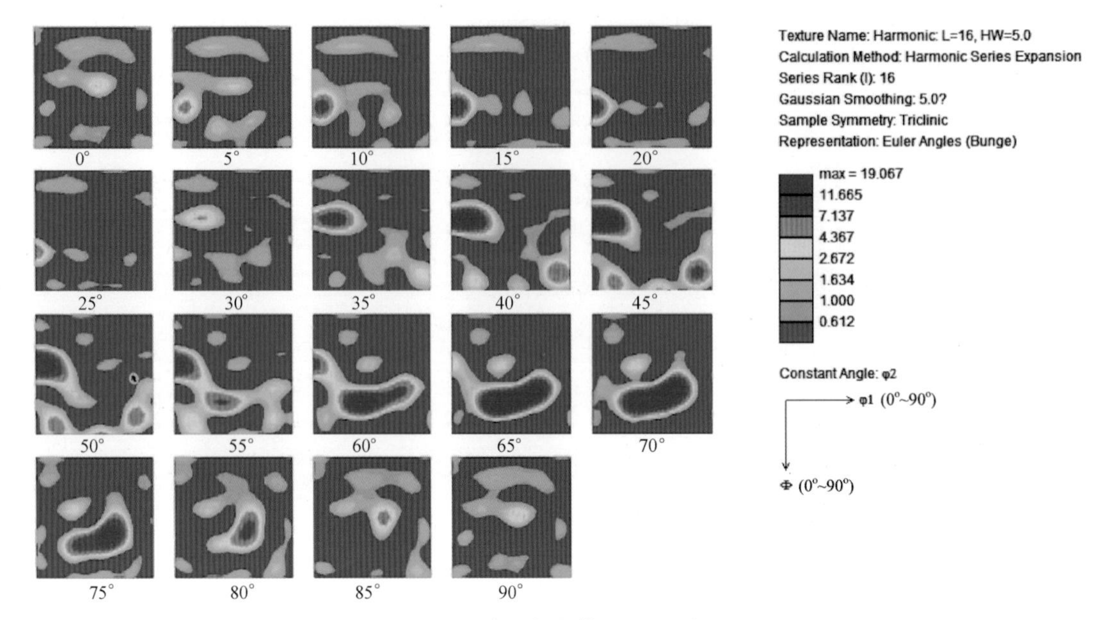

图 13-50 变形铝晶粒 ODF 取向图

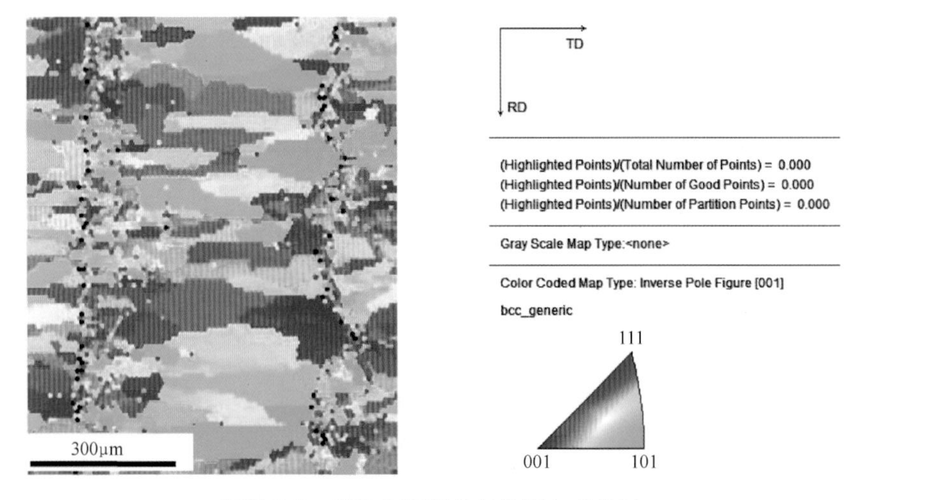

图实 8-3 CVD 沉积钽的晶粒取向成像图

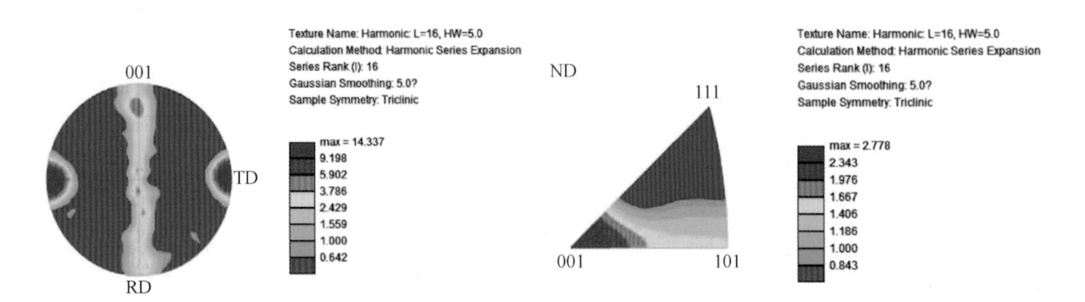

图实 8-4 钽晶粒{001}极图及 ND 方向反极图